國家古籍整理出版專項經費資助項目

中國古代河工技術通解

中國水利史典編委會辦公室　整理

中国水利水电出版社
www.waterpub.com.cn
·北京·

内容提要

本書包括六個編纂單元，均是與河工水利技術相關的專著，其中：《河工蠡測》主要記述了河工制度、工程構件製作方法、治河搶險方法及管理等；《欽定河工則例章程》記載了有關河道水利工程修築、維護及河渠治理等費用，以及各種物料價錢、人力工費的使用規章；《河工器具圖說》以『一圖一說』的形式，圖文并茂地介紹了各種河工器具的結構、作用和原理；《木龍書》記述了治河工具木龍的製作方法、規格、用料、用工定額等；《粟恭勤公磚壩成案》以奏章公牘的形式記述了古人對築壩技術的創造性運用——拋磚築壩法；《中國河工辭源》匯輯了二十七種清代及之前的水利典籍中的水利工程專業術語，是一部瞭解河工水利名詞源流不可或缺的重要工具書。

图书在版编目（CIP）数据

中国古代河工技术通解 / 中国水利史典编委会办公室整理. -- 北京 : 中国水利水电出版社, 2018.3
ISBN 978-7-5170-6372-8

Ⅰ. ①中… Ⅱ. ①中… Ⅲ. ①河工学－研究－中国－古代 Ⅳ. ①TV81

中国版本图书馆CIP数据核字(2018)第059669号

項目負責人：陳東明 馬愛梅
輔文編寫：張小思
編輯整理：宋建娜 王 藝 楊春霞
責任印製：焦 岩 王 凌

書 名 中國古代河工技術通解
ZHONGGUO GUDAI HEGONG JISHU TONGJIE
作 者 中國水利史典編委會辦公室 整理
出版發行 中國水利水電出版社
（北京市海淀區玉淵潭南路1號D座 100038）
網址：www.waterpub.com.cn
E-mail：sales@waterpub.com.cn
電話：(010) 68367658（營銷中心）
經 售 北京科水圖書銷售中心（零售）
電話：(010) 88383994 63202643 68545874
全國各地新華書店和相關出版物銷售網點
排 版 中國水利水電出版社微機排版中心
印 刷 北京科信印刷有限公司
規 格 184mm×260mm 16開本 38印張 671千字
版 次 2018年3月第1版 2018年3月第1次印刷
印 數 0001—2000冊
定 價 298.00圓

前言

自古以來，中原大地上奔流着黄河、長江、淮河等歷史悠久、支流衆多的大江大河，中華先民們擇水而居，豐富而穩定的水源孕育了古老的華夏文明。在幾千年平定水患的艱難嘗試與興修水利的勇敢實踐中，華夏文明古國也以『治水國家』和『水利社會』而聞名於世。從大禹治水開始，幾千年來，歷朝歷代的統治者莫不把興修水利作爲一件興國興民的大事來抓，水利興則國興。

自明清以來，河患頻發，歷朝皇帝更是把治理河患、興水除害作爲治國安邦的頭等要務。我國歷史上的水利典籍不可勝數，但多以記載河患歷程、治河思想、水政方針、農田灌溉爲主，而專門記載河工技術的書籍却爲數不多。一方面，是由於我國封建社會普遍認爲『形而上者謂之道，形而下者謂之器』，將『學貴達道』奉爲治學真理，『重道輕器』的思想根深蒂固，因此古人并不十分重視對工程器物形制、機理、使用方法、效用及歷史沿革等的記載；另一方面，治河工程技術種類多、繁瑣複雜，從事河道治理的工人又多文化水平較低，無法將他們掌握的河工技術原理、治河實踐經驗轉化爲文字，保存流傳下來。因此，輾轉至今，許多凝結着古人智慧的河工技術已經湮没在歷史的洪流中，亡佚無考，許多曾經在治河過程中發揮過重要效用的治河工具，已再難尋其形制。

清代中期以後，一些主管河道治理的官員突破封建思想的禁錮，撰寫了一些河工技術著作，此類著作大多從某一特定視角對河工技術進行解讀和總結，如有的從規章制度角度對河工諸務進行定性描述，有的從財政支出角度對治河工費進行分類估算，有的從治河工具角度闡述河工器具的功用，等等。這種題材的河工著作，

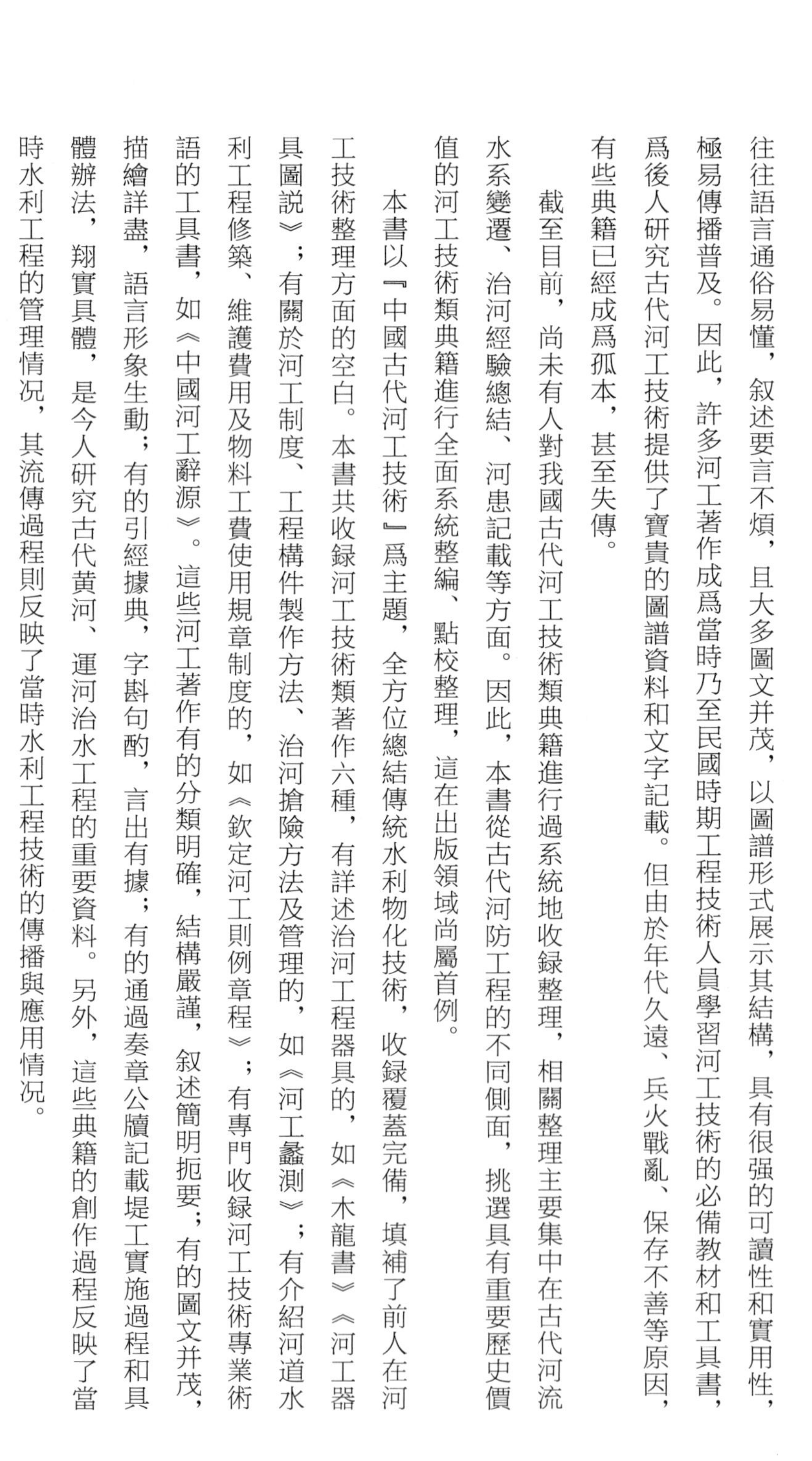

往往語言通俗易懂，叙述要言不煩，且大多圖文并茂，以圖譜形式展示其結構，具有很强的可讀性和實用性，極易傳播普及。因此，許多河工著作成爲當時乃至民國時期工程技術人員學習河工技術的必備教材和工具書，爲後人研究古代河工技術提供了寶貴的圖譜資料和文字記載。但由於年代久遠、兵火戰亂、保存不善等原因，有些典籍已經成爲孤本，甚至失傳。

截至目前，尚未有人對我國古代河工技術類典籍進行過系統地收録整理，相關整理主要集中在古代河流水系變遷、治河經驗總結、河患記載等方面。因此，本書從古代河防工程的不同側面，挑選具有重要歷史價值的河工技術類典籍進行全面系統整編、點校整理，這在出版領域尚屬首例。

本書以『中國古代河工技術』爲主題，全方位總結傳統水利物化技術，收録覆蓋完備，填補了前人在河工技術整理方面的空白。本書共收録河工技術類著作六種，有詳述治河工程器具的，如《木龍書》《河工器具圖説》；有關於河工制度、工程構件製作方法、治河搶險方法及管理的，如《河工蠡測》；有介紹河道水利工程修築、維護費用及物料工費使用規章制度的，如《欽定河工則例章程》；有專門收録河工技術專業術語的工具書，如《中國河工辭源》。這些河工著作有的分類明確，結構嚴謹，叙述簡明扼要；有的圖文并茂，描繪詳盡，語言形象生動；有的引經據典，字斟句酌，言出有據；有的通過奏章公牘記載堤工實施過程和具體辦法，翔實具體，是今人研究古代黄河、運河治水工程的重要資料。另外，這些典籍的創作過程反映了當時水利工程的管理情況，其流傳過程則反映了當時水利工程技術的傳播與應用情況。

通過本書所收河工典籍，讀者可以詳細瞭解古代河工技術原理，揚棄地繼承仍能在現代水利社會發揮積極作用的優秀水利經驗。如通過閱讀《木龍書》，讀者可知木龍作爲一種河工器具，爲何能在其發明後的幾百年中經久不衰，在黄河的治理過程中持續有效地發揮重要作用，從而受到歷代治河專家的推崇。民國時期，河南省河務局對比了中西方水利技術在黄河治理方面的效果，最終决定啓用我國傳統河工器具治理黄河，因此將記載古代治河工具使用方法的《河工器具圖説》重新刊印。時至今日，這些水利典籍中記載的治河工具、河工制度、治河方法等有些仍在沿用，或經後人不斷發明創造、昇華總結，在當今水利工作中依然具有寶貴的指導和借鑒價值。

可以説，本書對古代河工技術類典籍進行地系統整理，既有助於爲我國古代河工技術的研究提供全面素材，豐富古籍文獻整理的類型，又有助於保留中國古代水利遺産，繼承、傳播和弘揚中華優秀治水文化。本書的出版實現了對中華民族水文化遺産的深入挖掘、整理，以及對中華優秀傳統文化的創造性轉化和創新性發展，具有重要的思想價值、實用價值和文化積累價值。

本書對所收水利典籍所作的整理工作主要有以下幾點：

一、對所收典籍按照現代標點符號用法進行點校整理。標點遵循《標點符號用法》(GB/T 15834—2011)。

二、對原文獻進行校勘。凡有可能影響理解的文字差異和訛誤（脱、衍、倒、誤）均標出并改正。正文改字，

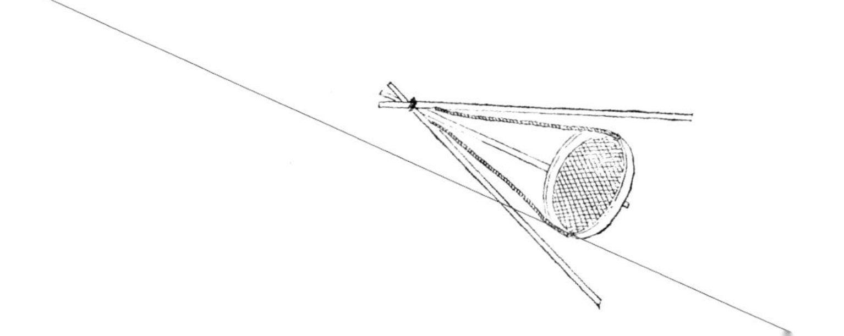

在正文中標注增删符號，擬删文字用圓括號標記，正確文字用六角括號標記，如把擬删的『下』改成『卜』，格式爲『（下）〔卜〕』。

三、對於史實記載過於簡略、文字生澀難懂、明顯謬誤之處，以及古代水利技術專有術語、專業管理機構、工程專有名詞等，進行注釋。

四、整理後的文獻采用新字形繁體字。除錯字外，通假字、異體字原則上保留底本用字，不出校。

五、每種典籍前均附有文獻整理人撰寫的『整理説明』。其主要内容包括：文獻的版本情况、文献産生的時代背景，作者的簡介，文獻的内容脉絡、主旨和歷史價值，文獻整理工作中需特别介紹的内容，等等。

《中國古代河工技術通解》爲人們瞭解我國古代河工技術原貌打開了一扇有益之窗，由於編校繁雜，加之編者水平有限、編纂時間短促，雖盡力而爲，但書中仍不免存在錯誤與疏漏之處，熱忱歡迎各位讀者、專家批評指正。

編者

目录

〔清〕劉永錫 著

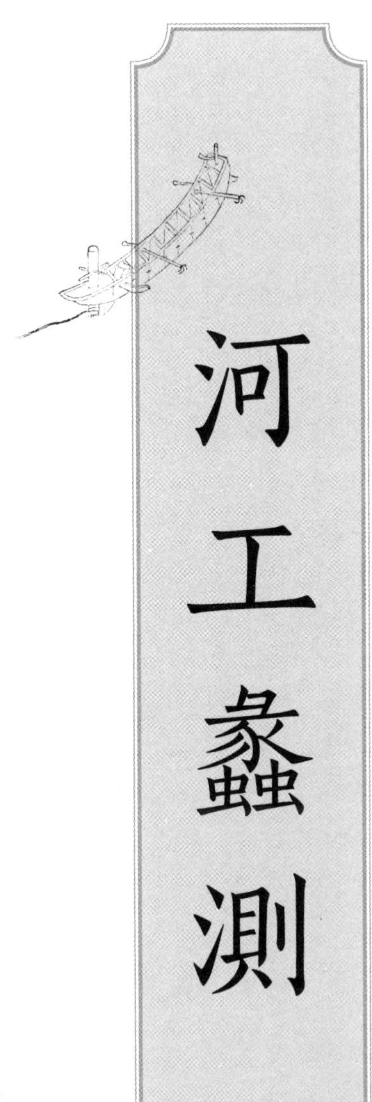

河工蠡測

吴朋飛 整理

整理説明

《河工蠡測》，水利著作，清劉永錫著。

劉永錫，字我彭，又字竹邨，又字松濤，清奉天府寧海縣（今遼寧省大連市金州區）鑲紅旗漢軍王佐佐領下人。生於康熙三十六年（一六九七年），卒年不詳。雍正時曾任知县，乾隆朝時考中举人，一生輯撰有《河工蠡測》《运河總圖説不分卷》（美國國會圖書館藏抄本，已收入《美國國會圖書館藏中文善本書續録》）等著作。康熙五十五年（一七一六年）九月由監生在河工效力，康熙五十七年（一七一八年）正月捐升同知，康熙五十九年（一七二〇年）十月補授河南開封府下南河同知，康熙六十一年（一七二二年）曾修建滎澤縣嶽山寺白龍王廟。參與了雍正元年（一七二三年）楊橋官堤和雍正三年（一七二五年）儀封大堤決口的堵禦工作。雍正四年（一七二六年），本有機會升遷，後因遲報河清案而被革職留任。雍正五年（一七二七年），疏治中牟縣城附近賈魯河。雍正七年（一七二九年）十一月二十二日，署理開封府知府。雍正八年（一七三〇年），補授河南管河道。乾隆三年（一七三八年）三月，署理江西撫州府知府。從康熙五十五年在河南治河始，到乾隆三年調離河南，刘氏如其所言『任中州巡河』『余閱歷河干二十年』，凡所歷經，留心考核，遂勒成一編《河工蠡測》。

是書卷首除『自序』外，有乾隆四年（一七三九年）『李紱序』；末附『防河歌訣』（雍正九年秋七月巡視工次時所作）。《續四庫全書總目提要·史部·地理類》著録此書。據『自序』稱其『閱歷河干二十年，鄙見所及凡經驗者，撮記一編。余弟奔走南工，遽付諸黎棗』，則是書已有刻本，當成於乾隆二年（一七三七年）。是書全編分爲十門：曰二難，曰四要，曰三急，曰五備，曰六宜，曰五忌，曰四慎，曰二禁，曰四約，曰三信，皆治河之綱要，而詳爲論説。首述河工有二難，知河難、得人難；四要，要明晰利害、要因勢利導、要因地制宜、要先事預防；三急，頂冲大溜急相機下埽、河勢灣曲急挑挖引河、堤身卑薄急加幫高厚；五備，備要工積土、備葦稭柳草、備椿蔴綆纜、備應用器具、備廠棚住屋；六宜，支河分流宜設法堵截、水將平堤宜搶築子堰、堤根汕刷宜修做防風、拖溜坍崖宜切坡掛柳、對岸長灘宜切去沙嘴、新築堤工宜多種柳草；五忌，忌臨河築堤、忌埽上加堤、忌堤頂種樹、忌堤身簽椿，忌順堤行車；四慎，慎毋忙迫、慎毋自恃、慎微細、慎始終；二禁，禁浮議、禁紛更；四約，約同誠敬、約共甘苦、約無虚糜、約無累民；三信，信專任、信正人、信賞罰。所論有的采自前人成説，有的則加以具體發揮，内容系統、具體。其中對於河工之各種制度、河勢及工程構件的製作方法、治河搶險的方法及管理，述之甚詳，是當時的實用之書，今仍有諸多可借鑒之處。

是书中多有自己的觀點。例如，對於劉天和的『植柳六法』，劉永錫就認爲堤身不應栽柳。他説劉天和『論臥柳、低柳、編柳，俱自堤根至堤頂偏栽，其法似有未盡然者。公之所論，蓋指中土遥堤而言。三法止可護堤以防漲溢，如倒岸冲堤之水，恐亦無濟。……若堤工悉系柳樹，根株枝格，急切礙難砍伐盡去，如何搶救下埽？是柳僅可以種於堤根及近堤之地，堤身止可栽草，勢難栽柳』。他进一步指出，堤頂不宜栽柳，『堤頂既高而爲地甚窄，樹根横生直長，俱能攻鬆土脉，堤反不堅，况樹之枝葉最善招風，脱遇風狂雨驟，以無多之地力受枝木之摇撼，堤之不敗者幾希矣。故堤頂不特不宜種柳，即偶然生長樹木，皆當剷去，不可存留』。

是書末後有『四約』和『三信』。歷代河工是個肥職的差事，常出現營私舞弊行爲，劉氏提出『四約』『三信』有一定的道理。雖是針對治河而言，但在今天講求誠信和公德心的社會，也是值得學習的。

是書爲歷代藏書家所重視，如八旗麟慶嫏嬛妙境藏抄本、存素堂藏影抄等。今國家圖書館、北京大學圖書館、中國科學院大學圖書館、中國水利水電科學研究院圖書館等都藏有抄本，水利部黄河水利委員會圖書館藏有寫本。本次點校的底本爲國家圖書館館藏抄本，可惜此抄本缺作者的『自序』和『附録　防河歌訣』，增補内容由中國科學院自然科學史研究所劉亮同志複印於中國科學院大學圖書館古籍庫。

本編纂單元由吴朋飛點校整理，若有不當之處，敬請批評指正。

整理者

目録

自序

天一生水，地六成之。天積氣，地積形，水則因寒暖之氣爲消長，循高卑之形爲游衍，縈迴萬里，周流八荒，呼吸變遷，澒洞瀰茫，蓋不可以小知小見測也。聖人成天平地，水土乂安，用瀹、用決、用排，而必先之以疏河，且河之患，史不勝書矣。自漢唐以至元明，代有名臣，功績懋著。最可慮也，挾其智力，以爲隄防，因決而塞，既塞復決，患弭而患已伏，工竣而工又興，偶有踈虞，非築室道旁，即盈庭聚訟，日治河而河愈不治，豈古今人不相及哉？亦講求之不願也。或者謂明三百年，治河諸公出其精神智慮，各有著述，而潘宫保《河防一覽》爲最詳悉。本朝靳文襄河書於法尤備，遵守勿失，河工將一勞永逸（乎）〔也〕[一]？余曰：『唯唯，否否。』古人良法非不精詳，而用之則存乎其人，執蠹簡之陳言，違現在之形勢，不惟不能奏厥功，抑且敗乃事。夫河者，天地之血脈也，譬人一身順其性，則氣和而體適，逆其性則決瘤而潰癰，彼執私見以治河，無異舍古方以藥今病。然泥於古亦足以悞人，惟陶鎔古人之成法，習熟今日之情形，師其意勿師其跡，神而明之，乃可應用而不窮。余閱歷河干二十年，險易緩急，脩防諸〔務〕[二]，無不遵守前人之法，未嘗執守前人之法，賴國家之福，幸無僨事。泥塗畚鍤間，鄙見所及凡經驗者，撮記一編，自知固陋，不敢示人。余弟奔走南工，遽付諸梨棗，爰名之曰《蠡測》。見無當於建大功、稱大智之君子爾。

時乾隆二年夏四月，寧海劉永錫書於祥符之柳園口

〔一〕『乎』，《續四庫全書總目提要》中爲『也』。
〔二〕『務』，原文缺，據《續四庫全書總目提要·史部·地理類》補。

李紱序

治河之家，動成聚訟，尤甚於議禮，而河道關係國計民生，利害爲患尤鉅。余自通籍後，往来京師，奔走南北，凡所經歷，留心考核，思欲折衷羣哲，勒成一編，雖未敢自信知可，然有見于衷，亦略言之。顧事未深，悉執古方，以治今病，紙上之陳言，苦難盡信。况前明潘宫保云：『治河者必無一勞永逸之功，惟有補偏救弊之策。』豈易言哉？竹邨劉公監司攝吾郡，廉明寧静，興利除害，惟恐不及。且能動中窺要，撫卹周至，誠賢太守之空前絶後者，復於郡治曾子固先生興魯坊舊址創建書院，四方之士聞風来學，多至二百人。適余丁艱在籍，延掌教其中，暇日出所著《河工蠡測》示余，属爲之序。並言其寒暑風雨，經理於泥淖畚鍤間，垂二十年。凡所論列，皆其躬嘗試者。余受而讀之，胸有全局，目無全牛，鉅細畢該，纖悉備舉，森如挈領，豁若列眉。先事勤其備，臨事撮其要，既事慎其防，而終之以約誠敬，專委任，信河工之金(料)〔科〕[一]玉律哉。昔稼書陸先生見陳天一《河防述言》，歎爲有用之書，非尋章摘句者比。今觀天一之書，已理法兼備，陸公故歎賞不置。若使得見此書，其稱許又當何如？劉公遇事精勤，有如飢渴，每逢課期，進院中肄業生徒，孜孜講論，立説一本程朱，並刊課程以勵諸生。更舉吾鄉之先賢先儒、忠臣名士，若宋之陸、曾、歐、王，明之艾、陳、湯、董，諸先生苗裔羅致而薰沐之，拔取書院，俾無墜其先緒。用心之勤懇如此。兹《蠡測》一編，本其起而行者，坐而言字字脚踏寔地，不啻燭照数計而著蔡卜也。余故樂爲之序，以質世之治司治河之職者。

乾隆四年荷月，治年家世弟臨川李紱拜撰

〔一〕『料』，當爲『科』，係抄謄之誤。

二難

二難者何？難於知河也，難於得人也。

河何以難知？今昔異形，南北異勢，變生於眉睫之前，患在於千里之外。人何以難得？才需幹練，識需明達，善謀者貴善斷，有爲者貴有守也。

黄河源出星宿海，踰積石西域，歷関陜、山西、豫東，經江南徐邳而下，至清河縣之清口，會淮而東，於安東縣之雲梯関入海。運河由浙江至京口，有苕霅諸溪及宜溧諸山，並京口所入江湖等水，自瓜儀至淮安，則有高寶諸湖，及清口所入洪澤湖之水，清口至鎮口閘，向資黄河，與山東汶、泗之水，自開通中河之後，只渡越黄河，不盡資黄河之水矣。鎮口至臨清，則有汶泗諸泉源之水，臨清至天津，則有漳衛由直沽入海之水，自天津至張家灣則有潞河、白河、桑乾諸水，此黄運兩河情形大略如是。

自洚水用警，迄今幾千百年，興變倚伏不可勝數，河形既遷徙靡常，河工亦平險易位，然河之性，則千百年無移易也。善治水者，惟順其性，無違其勢，疏之束之，不令横流傍决。而修防之法，總在相機籌畫，随處施宜，古人成書，不可拘執。北則土鬆而地廣，南則土堅而地狹；北則須防漫衍而猶可以容納，南則須使約束而不至於漫淫；北則易修而難守，南則難修而易防。或變生於上游，而其患乃在下，或变起於下流，而其患乃在上，是必會通兩河形勢於胸中，知當然復知所以然，知現在復知將來，而後可施防守之工，爲久安長治之計。

至於大概机要，灣者當直，衝者當紓，不可合者當分，不可分者當合，成敗在瞬息之間，功宜速奏效。需時日之久功，可緩搶救於一時者，一分人力可勝十分水勢，期保守於永久者，一分水勢當盡十分人力，築防疏濬一定之法也。每假疏以爲防，亦借築以爲濬，導水行沙，一（成）〔定〕之矩也。或以河治水，即以水攻沙，随時通变，以助化工，非融貫全河，豫有成算，無從措手，是治河固難，知河不易。

知知河者固難，任知河者爲尤難。昔禹播九河，滌九川，陂九澤，八年三過，經營勞瘁，備極艱難，以垂萬古平成之業，使後代世世守之。效禹之精誠，運禹之成法，随時修治，雖千百世可無水患。乃殷承夏之後，已數遷都，至周之衰，侯國分争，築堤以包沃饒之利，堵塞壅滯隣國爲壑，爲害不可勝言，遂無復九河故道，以致遺患無窮。漢决瓠子，武帝沈白馬玉璧，令群臣從官自將軍以下皆負薪填决。宣房既建，水復舊跡，禹道遂復。陳登築高堰以障淮水，淮不爲害。《唐書》載水患較少，謂諸節度使各爲修治，多不上聞，或亦享漢成平之福，未可知也。至宋修守盡廢，執迂濶之論，惟偏重疏濬，或力遏北來故道，强使之東注，卒無寧日，而國大疲。至元而黄河下經徐、邳，由安東會淮入海，元末雖竭力修治，事未竟而患已生。禹之故道久失，勢難復矣。明初海運粮艘漂没，淹斃人民每至千萬計，當時治河之名臣，若宋尚書、陳平江，其精神專注，多在運河。劉莊襄、潘宫保、萬少司馬，兩河俱有成績。我朝（蘄）〔靳〕文襄創治於前，張文端守成於後。文襄《河工八疏》，切中窾要；文端甫下車首陳三事，備合机宜；聖祖仁皇帝洞悉河務，指授方略，河乃夫治。然二公之功，於中河爲尤鉅。前明於黄、運兩河三百年經營籌畫，一經冲决，運道遂梗，仍復海運。文襄開闢中河，不特避黄河一百八十里之險，即加康熙六十年武陟漫决，幾至奪河，不聞有運艘阻滯之患。文襄之功，可謂超越前古。武陟漫口，陳勤恪堵築得法，克期竣事，勞瘁病殁，士民感戴，立祠工所。豫東黄河，嵇文敏經理合宜，工程鞏固，此皆得人而治。

然國家倚重者，固在總理公忠之大臣，而分任者亦須慎選賢才。蓋數千里之地，千百處之工，非一二人耳目心力之所能普遍，則凡修守事宜在在需人，堤工有創築增培，埽工有增估歲搶，導河有開挑疏濬，撈淺打冰，并預備料物等事，胥藉衆力以供指臂。大凡修築堤工，當識土脉堅鬆，察夯硪之弊，知簽識之法，謹防護之道，方可鞏固。否則，餙觀一時，不久即圮，終無實用。倘遇頂冲極溜險工之處，洪流暴漲，排山倒海而來，成敗安危繫于呼吸，雖疾風暴雨，必窮日徹夜，急急搶護。使埽基不得其要，捲埽不得其法，下埽不合其宜，壓土簽樁不中其窾，則已决者必潰敗不可收拾，而未决者必及致崩塌。失之毫釐，謬以千里，糜國帑而害民生，莫此爲甚。

至開浚河身，亦有緩急，平時爲未雨綢繆之計，猶可從容辦理，如溜趋此岸，或竟至潰决，急賴彼岸疏洩，以緩其勢，則開浚即搶救也。故萬人畚鍤，必調度董率盡合机宜，使之歡欣鼓舞，趋事恐後，人不知勞而工倍，方能刻期告竣。再備辦料物之多寡，亦須酌工程之平險，倘緊工需用，立待應手，有備無患，方免臨時倉皇。凡此數者，孰不賴人督理，分任于其間哉？然而非明白通達不能識机宜也，非果敢直前不能應倉卒也，非精神强幹不能耐况瘁也，非威愛兼行不能鼓兵役而盡群力也，非公忠並著不能濟寔用而安民生也。總非熟悉之深，經歷之久，不能批隙導窾而恢恢游刃也，則得人抑又難矣。使大臣誠深悉河防全局之綱領，而又得賢能以收指臂，即遇異常暴漲，可以隨時補救，旋即平穩，又何難之有哉！

四要

凡事必得其要，斯先後鉅細，可以次第舉行，否則茫然無緒，顛倒錯亂，訖難成功。況治河，何事而可不得其要哉？

其一在明晰利害也。利之與害本相反，而時或相因，有利小而害大，利近而害遠，利在目前而害在日後，利彼而害此，利此而害彼，此則不可不知也。如水既泛濫漫溢，必須堵築收束，倘下流淤淺，不知疏洩引導之法，徒於上流堵塞增高堤岸，蓄極怒發，勢將大潰，害且不測矣。洪流洶湧，誠宜洩水分流，以殺其勢，而支流散漫，分泄太過，以致水緩沙停，不能冲刷，河身漸至墊高，水無所歸，奔軼四出，危險將不止一處。即在在堵禦，費帑勞民，其害無窮。歐陽文忠公有言：『智者之於事有所不能，必則較其利害之輕重，擇其害少而利多者爲之，尤愈於害多而利少。』夫近小之利，利在目前，遠大之害，害在日後。審於利害之故者，毋務小而遺大，毋顧近而忽遠，一隅之災必審全河之勢，一日之工必爲百世之謀。

故其疏流也，要在因勢而利導。其隄防也，要在因地而制宜。《周禮·考工記》曰：『溝必因水勢，防必因地勢，善溝者水漱之，善防者水淫之。』王昭註曰：『溝所以導水，不因水勢，則其流易壅。防所以止水，不因地勢，則其土易崩。』蓋地中之有水，如人身中之有血脈，血脈過盛而有餘，則爲癰爲腫，遂至外潰。血脈衰弱而不足，則爲癱瘓爲痿痺，漸成廢人。其於水也，亦然。水勢就下，治之者必順其性，顧有以順爲順者，有以逆爲順者，其勢不同，導之亦異。從来水勢强瀉之，使平水勢弱，束之使急，水勢停緩引之使直，水勢猛疾行之使曲，瀉之引之以順爲順也，束之紆之以逆爲順也。總而言之，瀉與紆者不使水之有餘，束與引者無使水之不足，抑其盈而濟其虛，惟令安流循軌，常行於地中，如人血氣和平，則身無疾痛耳。

至於築堤禦水，即《禹貢》之所謂『陂』，《考工記》之所謂『防』也。近世之堤，其名不一，有縷堤、遥堤、夾堤、重堤、格堤、横堤、撑堤、月堤、魚鱗堤、岔堤、斜堤、戧堤之别，要皆因乎其地，非可以私智造作，近水之地約束其流則宜縷堤。去水雖遠，漲流必及，且地本寬濶，高阜断續，可以聯絡，則宜遥堤。地當頂冲，縷堤一綫，其勢難恃，則宜夾堤，即名重堤。夾縷兩堤，既已重護，恐縷堤衝塌，水灌兩堤之間，長驅莫制，則宜格堤，即名横堤，又名撑堤。地勢短促，欲築夾堤不能綿亘，則宜月堤。層遞建築之月堤，又名魚鱗堤。月堤兩頭與縷堤相接之處，最易冲塌，則宜斜築岔堤，又名斜堤，亦格堤之意也。堵築漫口之後，埽壩一時不能断流，則宜戧堤。凡陂堤之上游，必留宣洩之處，如減水、滚水等壩是也。因其地爲水之所趋，湯湯浩浩，慮堤不能容，則設壩以少縱其泛濫，分洩盈餘之水，而後堤可保全。譬之列隙禦寇，陣固期堅，使敵無可乘之隙，苟四面攻圍，絶無活路，則敵必急鬭潰圍而出。故築堤者堅其陣也，設垻者開其路也，此皆因地而斟酌之者也。

然濬流築堤，非臨危卒辦，故其要又在先事而預防。就一歲言之，桃、伏、秋、凌，爲四大汛。桃汛春水方生，凌汛水已歸漕，其勢常緩。惟伏汛當大雨時行之候，又西北一帶深山窮谷堅冰盡解，會歸於河。秋汛則莊子所云『秋水時至，百川灌河，兩崖之間，不辨牛馬』者也。蓋秋令屬金，金爲水母，水每至秋而大旺。然異常之漲，四汛咸有，特桃、凌少而伏、秋多耳。凡預驗汛水之大小，清明前一日汲水稱重若干，於次日清明節正刻復汲水較量輕重，如水重，發水必大。其立夏、立秋較量水信，法亦如之。寗夏人至清明日，候水河干，驗水之消長尺寸，即預知一歲水勢之大小，亦此意也。司防河者於四汛未至之先，查工程之平險，其間有昔平今險，昔險今平，如明險、暗險、指舊堤不堅而言。古險、今險、久險、暫險、似險而非險、似平而寔險、指形勢而言。更察天時之寒燠陰晴，地形之高下寬窄，水勢之趋向順逆，則工程之大小緩急，瞭如指掌。以此先事預防，當濬者濬之，當築者築之，下埽積土等類，早爲辦理妥協。其需用物料預儲河干，及正當四汛戒嚴，官弁督率兵目夫役無分晝夜，時時廵警，處處防護，脱遇疾風暴雨水勢陡長，審量危險之勢，即施保守搶救之法，庶得隄防鞏固，可慶安全。蓋未雨綢繆，則有備而無患；臨渴掘井，則倉皇而莫措。

此四要者，悉河務吃緊之處，余寔身親經歷，故不覺言之瑣瑣也。

三急

治河之務，其大要既有四矣，而其至急者，則有三焉：頂冲大溜，急相機下埽也；河勢灣曲，急挑挖引河也；堤身卑薄，急加帮高厚也。

古稱守險三方，一曰埽，二曰逼水壩，三曰引河。而逼水壩，亦埽壩也，故列下埽、引河、帮堤爲急救三法。水汛之來，有高至一二丈不等者，值頂冲大溜，湍激洶湧，水勢滙崖，危堤難保，須下埽以禦之。埽名有等埽、乾埽、護崖埽、順埽、魚鱗埽、邊埽、雁翅埽、丁頭埽、沉水埽、套埽、面埽、肚埽、神仙埽、兜纜廂、扎枕加廂、丁廂、順廂、软廂、硬廂等類；并挑水壩、順水壩、逼水壩、雞嘴堤、鉄心壩、月壩、盤馬頭、裹頭埽，皆埽工也。如大溜將至，堤根相離數丈，即於堤根乾崖挖刨深漕，預下等埽，又名乾埽。其漕須深至丈餘或八九尺，寬一丈二三尺，方可下高一丈之埽，漕内先廂软草二尺，再將埽箇推下壓於軟草之上，埽係圓箇，埽底廂平，庶水勢驟至不致陡蜇，屢經試驗，頗爲平穩。人每於乾崖等埽易於忽略，不知大溜轉瞬即下，埽箇未能蟄寔，一時手足無措。至於樁栚繩纜，一如沉水埽用法，方免走埽之慮。水已至堤根，則下護崖埽，即名順埽。初下埽，每个埽頭緊靠堤根，埽尾少出，第二埽頭藏於第一埽尾之内，其餘依式，而下則溜開往外，不使逼近堤根。魚鱗埽亦然，惟埽尾多出埽頭，深藏於内，節節護衛，有似魚鱗，既可護堤而又可挑水，最爲有益。埽壩兩傍之埽用以帮護正壩者，則曰邊壩。正壩上下恐防回溜滙崖，則宜斜下雁翅埽，凡横下者則名丁頭埽，如下大埽須直入水底，則曰沉水埽。埽上加埽，則曰套埽，第一路則名面埽，第二路裹首之埽則曰肚埽，用繩兜住加廂，則曰神仙埽，又名兜纜廂。埽箇初次加廂，則捆扎埽，由高二三尺，名曰埽枕上加廂，蟄其後則繩用丁廂，其堤埽相接之處及兩埽相並夾縫之間，俱名埽眼，則用順廂。以草廂蟄則名軟廂，以柳廂蟄則名硬廂。至大溜頂冲河勢寬濶，宜建挑水大壩，挑開溜頭，以下工程自可化險爲平。如河勢較窄，須建順水壩以逼水勢，又名逼水壩。雖係頂冲而溜勢較小，撞激堤根隨即折回，則應做雞嘴壩。其勢尖斜如雞嘴者然，乃挑水壩之小者。凡下一埽，楸頭滚肚繩纜，皆須堅寔，並細看留栚上楸頭繩之寬緊，楸頭寬鬆無力，埽始蜇定，簽樁穩妥，不致摇動，然後再下一埽，否則一埽有失，更能掣動他埽，其堤愈危。樁要長大粗寔，深入土内，埽上相間一丈或五尺，即下一樁，不可樁樁簽埽中心，致樁木排偶，使埽裂開，直縫遂易過水，須正中偏左偏右參差簽下爲妥。如一丈高寬之埽箇，簽樁有裹四外六、裹六外四之分。樁木有面背反正，木之正面向外簽釘者則名卧樁，最爲堅固。反面向外則曰挑樁，多不得力，而樁手等每以挑樁簽釘省力，只圖易便，須稽察詳審，毋得草率，致有後患。其簽釘留橛亦要参差，毋使排偶致傷堤埽。下埽必用土壓，初下埽時埽未到底，壓土稍薄，埽已到底，壓土須略厚，方能蟄寔，然又不可用土太多，致土被水冲，埽便不穩。若溜急勢猛，埽下欲淌急，將已釘之樁橛用繩絆住加添留橛，再於上縛粗繩，兩邊一齊繫住，使大尾迎溜，小頭廂進，便可合龍，此埽名鼠頭埽，又名蜈蚣埽，大頭必長出幾尺，蓋急溜推送，其力甚大，埽頭必長而有餘，方恰好也。料物等項，須預集埧上，以便不時加厢。合龍之後，若尚有漏入之水，趁翻花大浪，急於埧外再添下邉埽。須於上水平穩之處，捲成埽箇，推入水中，拉至過水處所，簽樁穩寔，遂不碍正埧搶護加厢。埽眼用軟草厢填，晝夜壓截，更於正埧急連加厢重壓厚土，復令善水之人探（者）〔看〕埽底，如有洞隙不平之處，即用軟草包土捆扎埽牛埧入，則埽埧自不致過水矣。一經断流，於埽埧背後搶築戧堤，再於背後築成月堤，以防塞後復決，不可怠忽。至若決有數處，缺口大小相等，施工當先上而後下。如缺口大小不一，施工當先小而後大。毋得執先上後下之説，使大口在上先爲堵塞，則水勢逼下，彌加猛烈，下之小口悉決而大矣，此又不可不知者。

然此猶非所論於奪河之決口也，苟河勢過爲彎曲，既決之後，大溜盡歸決口，口不能塞，即防奪河，挑水埽埧亦上，少減其勢，必挑挖引河使河流直瀉缺口，方可施工堵築，正河不致淤断。急審決口上流對岸老灘，用水平打量地勢，不致高低灘形如牛舌，則引河難開。如葫蘆形，如耳形者，便可挑挖。即於上流陡崖形少凹處，置引河頭以迎溜於彎灘盡頭處，置引河尾以歸正河，先於中間挑挖河身，如面濶十五丈、底寛十二丈，面寛二十丈、底寛十六丈，深一丈至一丈二三尺不等，崖勢欲陡，長一二千丈至數百丈，俱可，過爲短促便不能引溜成河。河頭須大，河尾須小，河身須寛濶，勢少屈曲，河底一律深通，上半段則間段刨挖横坑，少留土埂，使水入之時，激湍冲盪，其力方猛，河身開就。疏河器具預行備就，俟汛水大漲之時，將河頭河尾開通，引溜土埂盡行挖開，河頭迎溜處開溝三道，并各刨挖深坑，多集船隻停於下脣，或做船埧，或於下脣下埽，以逼水勢，頃刻之間，河便成矣。此言黄水之引河，如（桃）〔挑〕開清水之引河，法亦如之，惟水勢力弱，河身崖勢欲坦，如面寛十五丈、底寛九丈，面寛二十丈、底寛十二丈，深一丈至一丈二三尺不等，凡有土埂俱須挖净，不致淤蟄河身，庶可經久。倘開放之後，水勢尚緩，則又須用濬沙杷、杏葉杷、柳葉杷等器具，駕舟於河頭河尾，上下不時疏濬，必令暢流。而止如舊河水涸，即行堵截，使溜專趋引河，蓋引河之水暢流，則決口之水勢自緩，堵塞便不難矣。

以上各條，或搶護於將潰之際，或救全於已潰之時，一面搶救此處，又一面防攻他處。雖平時堤身卑薄，固宜增高培厚，當漫溢堵築之時，尤須急加廵察加帮高厚，不致疎虞。且塞者既塞，逼者復逼，大溜遷徙，非復舊時，有面趋於彼而或趋於此。脱不急爲加帮，將一波未平一波復起，潰敗決裂，遂無底止。帮堤之法，須先將舊堤草根去浄，爬鬆舊土再加新土，使新舊交粘，最忌井穿洞隙。更察土脉堅鬆，如係真淤老土固好，不宜土塊堆築，預令夫役人等先於土塘内打成碎土，始行加築。每一坯虚土不得過厚，高至一尺即發水行硪，人力須齊，石硪須重，行硪三遍，硪跡如連環，層層加築，自能堅寔。但淤泥每難行硪，乾後又多裂縫，少用沙土，蓋面行硪，方可得力。如兩崖多係沙土，必須尋覓淤土攙合，兩合土築成之堤，最爲堅牢。取土須離十五丈之外，土塘間断挑挖切忌挖成河形，以致日後順堤引流。築堤不宜過陡，臨河一面尤須斜坦，俗名走馬坡，方能經久。如堤高一丈，頂寬三丈，底寬十丈，高下揔以三七收分，即爲合式。堤身頂坦要修築豊滿，切忌膛腰戴帽之弊。堤頂中心須高起數寸，名鯽魚背，始不存水。簽試之法每加築三尺，即簽試一回，庶得一律堅寔。堤既高厚堅固，以此捍禦決流，可無他慮。是帮堤與下埽引河同爲急務，切不可忽者也。

五備

夫險處搶救，在乎人工，應手濟急，需乎物料，物料不齊，雖有智巧，無可復施。此有五者，當預備於平時也。

五行相尅，制水以土加帮。堤岸之土，所取至廣，即平時堆積，亦不敷用，是在臨時酌量。至壓蟄埽箇填塞罅漏之土，宜乘水汛未至，人力閒暇，於清明以前派定兵夫或僱覔民，人照土方，科算按日計工，於堤外十餘丈間段挖取硬灘老土，堆積堤上，險工緊急，即可就近取用。迨水汛暴漲過後，淤泥填漏土塘，又使挑挖是始，則取土以濟川，継則藉水以補土，可以取之不竭。設平時未備，直待汛至危急之候，始行挑取，恐桃汛春雨連綿，伏汛大雨時行，秋汛秋霖積潦，凌汛沍寒土凍，挑土艱難，勢必誤工。此要工積土宜備者，一也。

大溜衝激，惟埽可禦。埽本以柳爲骨，以草爲筋，從前捆埽十分之中，柳居其七，草居其三。令歲歲砍伐，柳枝所産漸少，大約十分之中，柳止一二分。北工則代柳以稭，南工代柳以葦。用稭用葦半襍以草，埽土厢填亦必用葦稭草束。大埽用柳數百斤，稭葦與草數千斤，中埽、小埽以次遞減，用柳數十斤者，草與稭葦亦須數百斤。大小縺纜，非用葦紵打，即用草絞合，所需極其浩繁。此葦、稭、柳、草宜備者，二也。

埽上簽樁，大率相間一丈，每埽箇長十丈，簽樁十根。如過深水，須一路一層，二路二層，三路三層，統計埽六個，約簽六十樁。極險之處，尤須倍用。如埽高丈餘以至二丈，樁木須長數丈，此種大木來自遠方，一時不能至工，安可不預爲採辦？捲埽首重繩纓，捆埽粗細繩索，用蘇蔴者居多，寧使繩勝料，莫使料勝繩。初將柳枝縛成埽心，茆用繩纓，若充心繩、揪頭繩、滚肚繩及小纓，俱總係於埽心，然後將柳草葦稭相間勻鋪小纓之上，鼓衆牽拉捆捲，捲完取小纓胥縛於埽外，并用箍頭繩縛緊兩頭。每大埽一個，約草小纓六十套，每套四十二條，每長二丈四尺，揪頭滚肚等繩，須用數十根，每根須重至數十斤及一二百斤，方能得力。北工多用蔴繩，南工多用葦繩，又名光纜。是埽非蔴繩纓纜不能堅，并簽釘長樁不能牢，埽不堅牢，何能當衝抵溜？此樁蔴纓纜當備者，三也。

防險器具，則有盛土之筐，起土之鍬，築土之夯，杵集衆之鑼，塞洞穴之鐵鍋、綿衭，夜工之灯籠、火把，禦雨之簑衣、斗笠，防環堤獸穴之獾兜、鼠弓。埽工器具，則有上樁之雲梯，簽樁之天硪，推埽之戧桿、木犁，削樁之鐵斧、刮刀，探水深淺之打水杆，繩穩梯脚之木鞋，架雲梯之高橙，銷樁之木斧，催犁之木槓。挑河疏濬器具，則有測地勢高下之水平，戽水之戽斗，淤泥站挑夫之踹板，濬淺之揚泥車，濬沙杷、杏葉杷、柳葉杷、混江龍鐵篦子。築堤器具，則有築堅之木夯地硪，潑水之水桶，驗堤堅鬆之鐵簽，打土塊之小木柳頭，測量堤高厚長短之丈桿、丈繩，五尺加帮舊堤之剷草鉄鏟。石工器具，則有煮糯米汁和灰之汁鍋，盛糯米汁之汁桶，兜米汁之鉄勺，扛巨石之鉄索，扛小石之蔴繩，連石縫之鉄錠、鉄鋦、鉄銷，以上諸項，至纖至悉，然一物偶缺，必至周張。此應用器具當備者，四也。

夫樁木、稭葦、柳草，可以露積，至如蘇蔴纓纜等類，不勝風雨，及易於散失之物，此皆上費國帑，下勞人力，幾許經營，始得應用。若不急謀蓋藏，難免遺失朽蠹，及至臨期需用，反不凑手。非徒虚糜經費，而且遺誤工程，應於險工處所，搭蓋廠棚堆聚，以防散失，以避燥湿。當桃、伏、秋、凌四汛極險次險之地，官弁兵夫俱宜齊集工所，晝夜防護，一有危險，即爲搶救。而汛至之時，非烈日酷暑，即西風凛冽，或披星帶月，或冲冒雨雪，堤上聞隔一二里，固須修建堡房，但不能容集多人，又必另造住房於險工之處，使官弁有所依棲，兵夫藉以休息。庶得自朝至暮，寸步不離，併力同心，共相救護，無致疎虞。此廠棚住屋宜備者，五也。

凡此五者，有似緩而不可忽，至順而不可厭，辦之時頗覺其煩，用之時甚覺其便。古人云：『適百里者宿舂粮，適千里者聚粮。師旅未興，先謀軍儲。』即此意矣。

六宜

有五備以救三急，其於危險之工，約略盡矣。然有工非危險，而平時宜加意整頓，使不至釀成大患者，又不可不知也。

如黃水漫漲之後，凡近堤老灘土脉鬆處，即衝成支河，初甚微細，似乎無關緊要，乃涓涓不絶，日漸深濶，必至奪溜。夫河不兩行，有支河以分泄其勢，正河水反停緩，淤沙墊高，大溜將盡趋支河，險工林立，而堤甚危矣。設正河與支河分溜，水俱停緩，不能刷沙，漸至淤淺壅塞，一遇大汛暴漲，水不暢流，泛濫奔軼，其害尤大。故一有支河，即宜於進水之上口兩邊修做埧笲，或下埽，或鑲埧，有似塞决口之意，築成埽埧，背後加築寬厚土戧，即可断流。再於以下支河内截築土埧數道，如漫灘水至，河形遂漸次淤平，使溜歸正河，束水攻沙，河流條暢，方免後患。蓋支河爲患甚大，故雖無水，凡有河形亦須截築土埧，外加鑲埽，不可忽略。

至於汛水卒至，一時驟高丈餘，將與堤平，此際欲加幫堤岸，恐陡漲迅疾，措手不及，脱或洪流漫過，勢遂難保，宜速搶築子堰。如底寬八九尺或五六尺，頂寬三四尺，高三四尺，加於大堤之（土）〔上〕攔其水勢，不使漫溢。如水過後，堤工應行加帮，仍將子堰攤平，層層堅築。此一時搶築子堰禦水之法也。

若堤身本高，雖大水漫至不虞其溢，然水来汕刷堤根，加以風力助勢，浪頭冲拍，堤便不能卒固，宜於堤根修做防風埽，用料加鑲，而堤埽相間之處，再以土埧，平似可卧羊，即名卧羊陂。有埽擋水，則堤根賴以防護，自無慮乎汕刷矣。

以上三條，皆施於水已到堤之候。如水未到堤而溜勢拖遏之處，灘崖坍卸，其形陡立，若不預爲防備，老灘漸次崩塌。蓋近河灘崖名爲河唇，比裏灘較高，因水勢出槽之際，黃水多帶沙泥，沙重而行近，泥輕而行遠，諺有『勤泥懶沙』之説，是河唇多高於灘地。今將高崖坍去，灘地低窪，水易出槽必至堤根，遂成險處。宜將灘崖陡處斜切，使爲坦坡，取柳枝倒掛於坡外，水中坡坦則不迎溜，其勢差緩及以柳枝抵當，逐漸掛淤，溜更無力，灘崖自不至於復塌矣。

況此崖既坍，對岸必長，對岸既長，此岸終坍，諺云『東坍西長，南坍北長』，亦盈虛消息不易之理。故此崖陡絶，對岸長灘定有沙嘴，既有沙嘴，以桃水則逼急溜勢，趋射此岸，坡柳之力幾何而能禦之哉？對岸沙嘴所宜削去，以順其流，流順自不移患，於此岸運河沙積之處，尤宜削去，是猶『揚湯止沸，鍋底抽薪』乃衛灘崖之善法也。

若夫新築堤工，尤宜有以衛之，而堤始可經久。堤慮水攻，亦虞雨瀉。慮水攻衛之以柳，虞雨瀉衛之以草，薪堤土浮，雖加夯硪，終未堅老，如遇大雨滂沱，淋漓冲卸，有所不免，應於堤身上下通行移草栽植，并密布草子，再將堤之兩坦間段做成極淺溝痕，將軟草密種溝痕，草一暢茂，根株交結，莖葉遮護，土便堅牢，雖有暴雨亦從溝中草上瀉下，土難冲動，此即謂之草過龍也。以柳衛堤，莫如劉莊襄《問水集·植柳六法》，至詳且悉。凡春初築堤，即横卧二三尺長柳枝於堤根内外，兩頭露出三寸，其餘築入土内，曰卧柳。築成之堤，候初春時取一尺二三寸柳枝，於堤根歷一尺許，即用引橛簽種一株，曰低柳。近河緊要堤岸，用鷄子大、長四尺柳樁，間六七寸用引橛簽種一株，入土三尺，上留一尺，將小柳卧栽一層，内入二尺、外留二三寸，却用柳條將柳樁編高五寸，如編籬法，内以土築滿，曰編柳。河勢將冲之處，堤外縱横五尺，即將長一丈及七八尺、四五尺勁直柳條，用鐵裹長引橛釘穴深深栽入外，止露出十分之三，如水勢急，可栽十餘層，緩栽四五層，曰深柳。坡水漫流之處，難以築堤，惟沿河兩岸密栽低柳數十層，曰漫柳。照常於堤内外用高大柳樁成行栽植，運河則但種於堤内，以便牽挽，曰高柳。柳既栽活，數年之後，根株固結，枝葉綢繆，既可抵擋風浪，而柳枝亦廣，可備工需，其利無窮，誠爲良法。但莊襄論卧柳、低柳、編柳，俱自堤根至堤頂偏栽，其法似有未盡然者，公之所論，葢指中土遥堤而言，三法止可護堤以防漲溢，如倒岸冲堤之水，恐亦無濟。况河流遷徙靡常，今日之遥堤，日後溜走，近堤則與縷堤無異，倒岸冲堤，自必用埽護禦。若堤工悉係柳樹，根株枝格，急切碍難砍伐盡去，如何搶救下埽？是柳僅可種於堤根及近堤之地，堤身止可栽草，勢難栽柳。其弊，詳五忌内。莊襄《植柳六法》須少通變，始可無弊。而卧柳、深柳、高柳，最爲得濟，宜責令兵夫於初春廣爲栽植，不時灌溉，務令株株成活，而衛堤之法備矣。

葢防河如防邊，治河如用兵，兵可百年不用，不可一日不備，堤可終歲不險，不可一日不防。有埽無堤與無埽同，有堤無防與無堤同。安不忘危，加意防守，補偏救弊，安得有漫決之患哉！

五忌

治河之務，有所宜即有所忌，知宜而不知忌，雖自以爲利而適滋其害矣。故臨河忌築堤，埽上忌加堤，堤身忌簽樁，堤頂忌種樹，堤上忌行車，治河者所當至講也。

江南河工多係縷堤，皆近河而築，只因地窄人稠，不得不然之勢。又淤土堅實，猶易得禦，然已覺險工林立，歲搶修治費帑數倍於河東。河東人民稀少，地本遼濶，可以任水漫衍。如人盛怒隨而順之，其氣漸平，若逼迫愈緊，其怒愈盛，故但築遥堤不與水争，向日河深岸高而有棄地還堤之説，且河東土少沙多，臨河地脉更爲虛鬆，使近水築堤，不但不能堅固，亦易於坍塌，况近水堤壞雖有遥堤，亦隨崩潰，蓋水受束力猛，决口直射遥堤，勢不能禦，乃居民有利堤外灘地，或搭蓋棚屋，或住成村落，只圖一時之利，不顧久後之患，多懇求築堤以自衛，所謂民堤是也。向日河南中牟之楊橋十里店及儀封之大寨，蘭陽之板廠，其决口緣由皆因民堤有失，大堤隨開，是即近水堤崩，遥堤遂壞之明驗。然小民貪利，成功難棄，惟隨地制宜，於下首堤尾不令接連大堤，使水過民堤得有去路，而遥堤可保，亦官民兩便之法也。

至於埽之與堤當使合而爲一，又當使分而爲二。合爲一者，堤埽相接之處，鑲填令滿，不留罅隙，可免注水潰堤之患。分而爲二者，埽上不可築堤，堤上不可加埽，埽係築柳，質本虛鬆，夾入堤內，何能築令堅固？且柴柳日久，終須消爛焉。能常保鞏固，每見舊埽掛淤，漸長新灘，即便於埽上加堤，不知新長嫩灘，非老崖可比，一時水至，即便汕去，而堤下埽既朽爛，勢必崩塌，故舊埽朽敝，即當以埽加修，移新换舊，方可平穩。一或加堤，便難加埽，此舊埽之上斷斷不可加堤也。

若夫埽工，本以護堤，不可反因埽以傷堤。下埽須在水中，埽上簽樁亦須直至水底，工始堅牢。如樁木簽在堤身，夯硪震動，堤即裂開，是欲護堤而適以傷堤，害將不測。夫下埽自一層以至二層、三層不等，二三層之埽，去堤較遠，直出水中，不須慮此，惟第一層埽，緊靠堤邊，所宜加慎也。

堤傍種樹，皆可衛堤，而最宜於柳者。以柳易長成，且性喜濕而不畏水，一經水淹，根株深茂，所以前載劉公六柳法，獨加詳晰。但劉公論卧柳、編柳、低柳，俱言種至堤頂，似乎不可，蓋堤頂既高而爲地甚窄，樹根横生直長，俱能攻鬆土脉，堤反不堅，况樹之枝葉最善招風，脱遇風狂雨驟，以無多之地力受枝木之摇撼，堤之不敗者幾希矣。故堤頂不特不宜種柳，即偶然生長樹木，皆當剷去，不可存留。設遇洪流暴漲，即須下埽，堤頂樹木一時不能砍伐盡去，有碍捲埽。

至若淮北、河東等處，堤上時有車輛來往，須留車路埠口以通行旅，惟將埠口修填寬濶，祇許横行過往，不得在堤上長驅壓損，葢堤根濶十餘丈者，堤頂不過二三丈，雖夯硪堅實，而上既高築，豈同平陸？大車或駕驢騾，或駕牛馬，少則二三頭，多至五六頭，揚鞭疾驅，勢若雷轟電掣； 人推小車，其勢雖小，然偶爾徑行，猶不至大損，使日積月累，震撼既久，堤之通體皆鬆，踐踏殘損，其害豈可勝言！守堤官弁必當嚴行禁止，令行人大車毋許堤上來往，方得無碍。

凡此五忌，於堤工最爲緊要。 司河防者，其毋忽諸。

四慎

書云：『率作興事，慎乃憲。』古今鉅細之務，莫不成於謹慎，而敗於疎忽，則治河之當慎也，明矣。而玆首列以慎毋忙迫者，何哉？葢洪流暴漲，頃刻尋丈，衝堤拍岸，處處危急，雖有智勇之材，不免驚心動魄。然惟鎮之以静，始可審察形勢，相度機宜，緩急重輕，昭然方寸，施工搶救，自能應手奏績。否則倉皇急遽，非神消氣沮，茫然無策，即顛倒錯乱，鹵莽無功矣。古人有言『天下事都從忙裏錯了』，旨哉言乎問！嘗考康熙十六年以前，黄河兩岸南北運河及高堰等處，俱漫溢决口，有堵塞一二次不能成者，其危急豈可勝言！是時総河靳文襄公安心静氣以臨之，卒皆拱手告成，則甚矣忙迫之不可也。

治河之人有善於經畫者，有工於製作者，有詳於考訂者，一節之長，皆足取用。世無全才，能何可恃？必虚公採擇，宣力者自衆，『智者千慮，必有一失； 愚者千慮，必有一得』，此千古至論也。前明河患爲最，其治河著名者，宋尚書禮、潘宫保季馴。宋尚書績著山左，以採白英老人之言。潘宫保自謂嘉靖乙丑承総河之命，惶懼無措，乃進田間老叟與長年三老而問之，始知河性，因喟然曰：『河在是矣。』夫以二公什百庸衆之才，猶不敢自恃，後人遠遜二公，而可自以爲是哉！要之，臨時忙迫者失之不及，恃才自用者失之太過，太過不及俱非中道，不可不慎也。

至若細微之處，將釀大患，所當慎者，其類頗多，而莫甚於過水穴洞。古語云『蟻漏可以決堤』，況若獾、或鼠、若蛇窟穴，百倍蟻漏，頃刻之間，竟成缺口者乎？水屬陰，故危險每在黑夜陰晦之時，巡防之人須執燈燭在堤背後往来查看，一有過水穴洞，即鳴鑼集衆救護。横洞用鉄鍋扣住，外護以土，便可止水。直斜之洞，用綿襖填塞，一人將手按定，急呼衆人取鬆土團團堆上，土高數尺，其流遂斷。切忌用草塞洞，及方堆鬆土上用夯杵震動，並人足踐踏，一或犯此，則必開矣。俟水勢大定，始加帮築，再於臨河一面下埽攩護，至水落歸漕，刨開堤身根尋穴底，用土榩寔堅固，患方可除。故於平時當搜捉獾鼠，捉獾或用繩兜，或養田犬。至夜半，俟獾出洞覓食之際，即可獲住。捉鼠或張小竹弓箭，或備細小鉄簽，鼠性畏風，俟起風之時，將洞穴刨開，迎風吹入，鼠必出，即易捉獲。兵夫須令時刻搜尋，廳備汛弁亦須加意督率，按期巡查，懸以資罰，務盡拿獲，不留餘類。司河防者，萬勿輕忽。填墊穴竇。浪窩水溝刨挖到底，用細土築寔，並防折樁之壞埽，爛繩之壞堤。禁堤上牧放牛羊，堆積污穢。工所聚物料處，謹防火燭。凡此皆細微之當慎者也。

仲虺曰：『慎厥終惟其始，始固宜慎。』詩曰：『靡不有初，鮮克有終。』終亦宜加慎矣。夫千里之行，始於跬步，一得一失，争在毫釐。脱興工不慎，措置乖張，後雖費帑勞民，終歸無濟。遠而言之，鯀九載績用勿成。近而言之，明紀河南封邱荆隆口，築至十餘年，帑費不貲，可為炯戒。若乃施工既有成效，危堤已固，河流已安，似可高枕而卧矣，不知河性遷徙不常，汛水大小不一，少或怠忽，前功盡棄。旨哉陳子天一之言曰：『黄之不能常治，究人事之不能有恒耳。』或始勤終怠，或顧此失彼，或遷官罷去，或處安忘危，或喜新厭舊，種種無恒，河患随作。我朝靳文襄、張文端河工告成，諄諄於善後事宜，職是故耳。大抵忙迫者多不能善始，自恃者多不能善終，苟自始至終無忙迫無恃才，謹於艱鉅而更無忽乎細微，自可以收治河之全功矣。

二禁

河之爲患，因乎天者半，因乎人者半。因人之才識短淺而爲患猶小，因人之炫智矜奇而爲患甚大。何則？才識短淺者恃不能捍患於已，至炫智矜奇者更足以致患於未形。此浮議與紛更之所以當禁也。

同一治河之工，有宜於北而不宜于南，有宜于南而不宜于北，使不知其宜，獨創一議，其害非小。如挑挖引河，救埽灣之善法也。河東兩省地勢寬濶，土脉虛鬆，易于衝刷，故逢灣取直，挑挖如式，開放中竅引河，最爲有益；江南土脉堅硬，河崖盡屬膠泥，且多係縷堤，灘形不致過爲曲折，即開挖引河不能隨勢利導，衝刷寬深，所以有十河九不成之説。此宜于北而不宜于南也。黄河堤上建減水滚水石垻，分殺暴漲之善法也。江南土（惟）〔性〕堅實，可以建築垻基，不慮衝塌；若于河東兩省黄河兩岸鬆土，建垻非特基不能堅，恐引溜成河，反致奪河之患。是宜于南而不宜于北也。

至若水性就下，本一定之理，使概執此論，欲引高處之水令趋于下，則卑下郡邑盡致陸沉，而患且不測。即如淮揚一帶運河，人多爲以淮郡地勢低窪，河高於城，城如釜底，恐罹水患。余獨曰：『不然。』淮揚城郭人民千百年可免水患者，正喜置運河於高阜之地耳。蓋上古原無此河，乃前明平江伯陳公諱瑄開通運漕並濟商船，人民感戴，立廟袁浦，西資洪澤湖水，中藉高寶湖水，東接潮汐之水，三水連續，成此運河。其水只須七捺，江、廣重運糧艘遂可遄行無滯，而商船更無慮淺阻，是運河本無庸過爲深廣，即偶有淺滯，随時挑濬，即可復舊制。其寬深之處，豈能與洪湖相等？按淮河發源於河南桐栢山，又滙諸山水同入於洪澤，鄉民稱有七千二道山河。余向任中州巡河時，曾細加查勘，通計大小山河不下數百道，盡歸於湖。無恠水發之時，洪湖漲漫，一望無際，有如瀚海。清口出湖之水，雖曰三分濟運，七分會黄歸海，其寔以全湖計之，濟運者不及十分之一，運河所藉乃湖面盈餘之水，幸運河地勢尚高，易入易消，不致壅積。倘運河移於窪下之地，將湖水勢若建瓴盡歸於運，其勢豈能容納？必至淮揚郡邑滙爲巨浸，其害可勝言哉！

往時豫省賈魯河，經中牟縣城南低下之處，每嵗泛溢爲害。雍正五年間，余治此河，引至城北高阜之地，以歸正河，水患隨弭，田盧安堵，此亦效法運河之遺意。蓋下地不可過水而可積水，高地不可積水而可過水。或謂運河宜在低下之地，猶夫欲開引河於南河，築石垻於北河，未可輕議舉行也。

再如引沁入衛之説，余在中州幾二十年，（會）〔曾〕兩次確勘，不特豫省土鬆，沁水猛暴，難以建閘引流，且武陟地勢高衛郡數丈，即平時水面與衛郡塔頂相等，一遇漲發，水頭高至數丈，洶湧異常，如引沁至衛，則衛郡之城郭田盧俱遭淹没。況沁河水發，渾濁無異黄河，衛河細小水清，何能容納？是以前人有言：『以高臨下，不可也；以大入小，不可也；以清納濁，以强歸弱，俱不可也。』潘印川先生亦曰：『沁，不可引。』是引沁入運，亦浮議之當禁者也。

夫倡浮議者，大抵炫耀才智，矜詡新奇，好事紛更之人耳。然其紛更也，猶僅託諸空言，使見諸寔事，而禍彌烈矣。

本朝自靳文襄公開通中河以後，既免波濤之險，又免倒灌之虞，可以百世不易。考潘宫保治河書，前明嘉靖、隆慶、萬曆間，北運河口屢經更改，自大小溜溝改而爲梁山北，改而爲茶城，改而爲張孤山東，復改而爲茶城，又改而爲古洪，勞民傷財，旋即淤淺，究竟無益。彼時徐邳等處全恃護城一堤以爲保障。徐州張牧初任未諳，爲義民官所愚，開隄放水不加築塞，消凌水發，黄水灌入内濠，侵及街衢，致有沉灶産蛙之厄。此前明紛更致患之明驗也。

康熙十五六年間，河患時有，靳文襄公將雲梯関下流入海之口開通宣洩，並加帮高堰接建周橋一帶埧堤，使淮水不致東洩，盡出清口，既得全力敵黄，不復倒灌，又可助黄刷沙，直趋海口，誠爲萬全之策。自康熙三十五年雲梯関漸淤後，人不遵成法，别挑挖馬家港導河入海，又於清河縣南河嘴築攔黄大埧，以致上源水勢停緩，河漸墊高，海口流細，不能暢泄，遂節年漫溢，下河淹没，徒費錢粮，終歸無濟。恭逢聖祖仁皇帝軫念民生，廵幸河（于）〔干〕，以攔黄埧灣曲，馬家港窄狹，黄水不能暢流，各處險工甚爲可虞，因指示方略，神謨聖智，功並夏王。當時張文端公同心一德，能仰遵聖訓，將攔黄埧拆去，并疏通雲梯関海口，堵塞馬家港，悉復舊規，河流始安。

再，王家營地方，靳文襄公修減水大埧洩黄河漫溢之水，嗣後築堤堵塞，遇黄河大漲，王家營民房盡淹。張文端公請動帑開若干丈，洩黄漲之水，王家營居民方免其患。

東省運河，自前明于東平州戴村汶水入塩河之處，建玲瓏、乱石、戴村三埧，蓄洩随時，分流濟運。雍正四年，廷臣勘議于三埧内增添石埧，冀東水濟運，乃汛水漲發，洪濤洶湧，水不得洩，沙汙運道，瀕河地方田盧被患，田端肅公奏復舊制，民患乃除。此又近時紛更致患之明驗也。

河南馬營以下二鋪營等處，沁、黄交會，向有十八里無隄之地，所以防沁水暴漲，任其散漫使下流水勢差緩，亦即滾水、減水之意。自馬營决後，十八里無隄之地盡築堤工，雖救全一時，而黄、沁漲發或先或後，則豫東兩省工尚易保，倘一時並漲，則處處危險，竟與南工無異，是豫東兩省防守險工，今昔異形，切毋稍懈。向聞武陟縣土著老民云：『前靳文襄公曾經親歷查閲，有沁、黄交會十八里空澗處，不宜築堤之語。』惜治河書並未開載，不知將來形勢若何，自必因時制宜，追溯前規，保護全局，又非余之淺陋所敢預料耳。

總之，紛更者浮議之，已成浮議者紛更之，方兆在彼不過炫己之才、聳人之聽，而豈知公私受害，至於此極哉。潘印川先生有云：『成功不難，守成爲難。使禹之成業，世世弁之，盤庚不必遷也，周定以後，河必不南徙也。』又曰：『治河者，必無一勞永逸之功，惟有救偏補弊之策。不可有喜新炫奇之智，惟當收安常處順之休。毋厭已試之規，惑於道聽之説，循兩河之故道，守先哲之成規，便是行所無事。』又曰：『治河者，惟定議論，闢紛更爲主，河決未足深慮也。』旨哉斯言，所當三復。

四約

國家艱鉅之事，既任大吏以專司，亦賴同寅之襄贊。設群工盡瘁，而一人異志，多有因之僨事者。故辨理河務，必同事之人，内盡其心，外竭其力，上重國帑，下惜民生，和衷共濟，方能奏績。

稽古陶唐，洪水汎溢，懷山襄陵，爲亘古未有，帝堯命鯀之辭，惟曰『往欽哉』，而他無及焉，是則治水之法，括於欽哉一言，鯀果遵帝命，克敬厥職，昏墊早除，何至九載之久，訖無成效哉。舜贊禹曰：『成允成功，惟汝賢。』當時禹乘四載，決九川，濬畎澮，身歷九州，時更八稔，其功甚多，而舜總以成允稱其賢，可知奏成天平地之績者，全賴禹之誠信，誠敬，有以致之耳。蓋誠則能動物，誠則能格天，在工之員，真有公忠體國之心，一切兵夫人等咸爲感動，赴工趋事，自相踴躍，而河伯陽侯，亦俱默應。是以凡有工程之責者，兢兢業業，謹慎小心，由大而至小，由暫而至久，不敢一毫疎忽，則既誠以立其體，而又敬以致其用，上下一心，無虞事之不集者。詩曰：『普天之下，莫非王土；率土之濵，莫非王臣。』盖言同此。

王事則當共任，不可偏有所勞，偏有所逸也。河工地分險夷，即功分難易，倘此欲避險而趋夷，則彼亦思避難而競易，互相推諉，工何由濟？是以遇有緊急，督理者固當不畏寒暑，不避風雨，巡歷河干，親爲指示，與微末同其况，瘁而分任之，人必須爾我關照，彼此策應，一處有險並集搶救，視國事如家事，視人急如己急，則憂同其憂者，不即樂同其樂耶！

朝廷爲黄、運兩河歲費帑金多至百萬，少亦不下數十萬，從來人臣食君之禄，即當忠君之事，凡有可以節省之處，自宜随在酌減，然有似費而實省，似省而實費，此又司河防者所當神而明之者也。有如堤之卑者加高，薄者帮厚，河之淺者濬深，狹者開廣，埽工增料，防守添人，似乎多費錢粮。然加帮費終有限，而漫溢可除，開濬費究無幾，而淤塞可免，埽工堅寔，便不憂冲決，衆力防護，即不至疎虞。一日之工，足經數年之久，每歲所省已多，况田廬皆朝廷外庫，而人民又無非赤子，俾無淹没之患，其所保全者，豈特倍蓰十伯千萬哉！倘築防疏濬，祇圖減省，概從苟簡，所築者必随築随圮，所濬者必旋濬旋淤，所做之埽，方下輙走，所防之工，顧此失彼，時時補救，處處施工，費反浩繁，積弊因循，久必大壞，一朝潰決，瀕河沃野居民俱歸烏有。重須整頓，費且不貲，故多費而有益，雖多非虚糜也，少費而致害，雖少寔虚糜也。

歷考前代河工，有大興作工，料多派出，民間追呼騷擾，民不堪命，甚至釀成厲階。本朝設立河營兼有堡夫，月發粮餉工食，平時小小修葺，兵夫足供役使，閭閻若無其事。即間有大工，河兵、堡夫之外動支帑項，現僱民夫一切所需物料，預行平買，不至累民。然河員苟不細心辨理，疎於覺察，則所發僱夫之錢銀，或被夫頭扣尅，或被管工短少，方作之時，督責過嚴，雨暘寒暑，飢飽勞苦，不加體恤，小民易致受累。至於木植柴草等項，雖有一定價值，如數給發，若以重秤收料，輕戥出銀，窮苦黔黎，何堪剥削？且近工之處，料物幾何，勢必分頭採買。南工多用葦柴，有葦蕩聚集之處，分委河員，即可辦就。北工俱用稭草，須就民間零星採買，必有司協辦，乃能齊集。凡自遠處運至工所，船運尚易，陸運較難，數十里之内運脚幾與物價相等。脱在百里之外，運脚將倍於物價，而憑官給發價值之外，雖仍給運脚，然随到随收，尚不覺苦，倘遲滯勒措，守候逾日，不獨廢時失業，而旅食需費累更無窮。夫國家治河，本以衛民，若河員疎縱，反致累民，是河患之外，更添剥削之患矣。

烏乎！可故既約同誠敬，約共甘苦，約無虚糜，而又當約無累民也。守此四約，則身歷河濱時凛天威咫尺，大僚屬吏協力同心，居上位者誠得指臂之使，在下位者亦有將伯之助，度支無耗斁之虞，草野無酷烈之慮。悦以使民，民忘其勞，歡樂之氣且足以感召太和矣。於以治河也，何有？

三信

古人有云：『疑事無功，疑行無名。』從來建立事功多敗於疑而成於信。顧有當信其在人者，亦有當信之自我者，惟彼此交孚，法令畫一，則既無虞掣肘，又共知所趨向。上下之間自如身之使臂，臂之使指，隨所投而輒效矣。

河工之事，最慮十羊九牧，政出多門，又忌一人已任此職，復兼署他缺，或數人統辦一工，並不各分執事。蓋政出於一，則從違去就，有可遵守。使此驅彼，策既命之東，復令之西，兼辦既不能分身，退縮又或恐取咎。設遇險工搶救，安危呼吸，首鼠兩端，如何辦理？人之聰明才力全備者少，而偏長者多。防河工次利害非小，使一人專任一缺，耳目之見聞，心思之周到，相度施工可無舛錯。故才浮於事，從容而有餘；事浮於才，急遽而不足。至若數人統辦一工，每易互相觀望，爾我推卸，因有功不能獨居，有過猶可分任，局量偏淺、寡識無謀之輩，往往懈弛從事，而且意見不同，彼此牽制，即有緊急不肯勇往趋赴，因而僨事者甚多。惟一事專責一人，功既無所争，過亦無所委，隨機應变，得以自主。精神專一，自易奏績。

是委任不可以不專，專任不可以不信。固已乃有任之專信之篤，或反因之致患者，何哉？則以所信未必正人，而正人轉不深信也。夫帑項出入，公忠者始無浮冒；工當危險，練達者始能幹濟。誠不可使立品不端、事機不諳者，濫竽其間。顧截截諞言易於投合，而老誠忠直不善逢迎，此不當信者或爲所誤，當信者或覿面失之耳。善用人者，始則以事試才，《書》曰：『試可乃已，誠不容於輕信也。』如歷試既多，才能優裕，居心坦白，辦事勤慎，即當開誠布公，委以心腹，如此則無輕信之愆，亦無失人之慮。

然不爲威惕，不爲利動，上等之資殊不易得，至於中材流輩必因賞而勸，因罰而懲。苟賞不當功，罰不當罪，勤劳者從兹解体，偷惰者愈以懈弛。古云：『賞如山，罰如溪。』如山者確乎其不可拔，乃以明重而不輕也；如溪者淵乎其不可測，又以明深而不寛也。河工人員艱苦倍嘗，如有寔心辦事，任勞任怨，不侵帑、不避險，修防鞏固者，工成之日，即請優叙。其怠玩推諉、虛冒錢粮、工程不堅者，題条究治。將見勸懲立而賢者知勉，不肖者知懼矣。如昔靳文襄公(子)〔于〕監理分管諸員劃彊别務以任之，俾各治所事各展所能，群策群力，而責成以專，是信專任也。遴其公忠諳練者以召用，及既受事，綿其歲月，責其歲功，是信正人也。嚴其考覈，課其殿最，减則陟，否則黜，是信賞罰也。斯深得鼓舞人材之方，而握治河之樞要者矣。故文襄督河之日，人心悦脱，效忠者衆，卒能削平災害，奠定兩河，功建于當時，名垂於後世。凡司河務者則而效之，不亦與文襄先後頡頏也哉！

附録　防河歌訣

叙

河源發於星宿，入中國萬有餘里。《書》記：『禹導河自積石，委蛇次第，勞瘁經營，歷八年而告厥成功。』《傳》曰：『禹之行水，順水之性也。』又曰：『行其所無事也。』則欲修禹之功，當先識河之性。商周而還，策治河者代不乏人，築防疏濬，法亦無不備，然往往塞其南則潰於北，障於彼而奔突又在此，震蕩渺瀰，一瀉千里，莫可遏抑。我皇上御極以來，恩波淪浹，四海庥徵，協應復給帑金數百萬，指示方略，修葺堤工，增培鞏固，惟陽侯亦効其靈而河清叠告。余承乏河干幾二十年矣，暑熱霜寒，風餐露處，謹小慎微，綢繆未雨，量堤岸之高卑，計修築之長短，選器具、率徒役，或疏、或濬、或塞，因天之時，度地之勢，用人之力，焦勞布置，防護而宣洩者亦惟有順其性而已矣。巡視之時坐金堤憩柳下，耳聞目見，隨意成詠，非敢曰足以備治河者之採擇，殆猶之硪歌者藉以忘其勞也云爾。遼海劉永錫偶書於祥符之一覽臺工次時。

雍正辛亥年秋七月上浣

竹村稿　防河歌　遼海劉永錫，我彭字松濤著

平成共慶績崇隆，波偃桃花汛偃風。浩渺星河縈睿慮，輝煌天語勗臣工。屢奉上諭，堤工增卑培薄，添設官兵，增估埽工。當伏秋汛時，着令加意防護。金堤日煖思光溥，緑柳烟凝化雨中。從此陽侯廻巨浪，群黎樂業效呼嵩。

桃伏秋凌信有期，四防二守費提撕。風雨晝夜爲四防，官民爲二守。綢繆未雨心先竭，補救隨時力欲齊。迎溜從來須進埽，臨河切記莫添堤。諺云：『頂冲須下堤，臨河莫築堤。』恐堤工近逼水勢，反有冲决之患，所謂『莫與水争尺寸地』是也。經營謾道無長策，因地施宜賴指迷。

長堤蜿蜒勢嵯峨，捍禦狂瀾永不波。坦〔一〕須同走馬路，堤坦坡平斜可以走馬，方能經久，故名走馬坡。培根藉〔二〕卧羊坡。凡有埽工者，堤埽相間處，用土填平，爲卧羊坡。雨淋魚背分流速，堤頂中間須高，名鯽魚背，方不存水。土覆蝗腰一簣多。堤堤如有低窪爲蝗腰，築堤之所最忌。堅築層層動潑水，土乾不能結實，須潑水然後行硪。連環起落聽硪歌。行硪着土處，硪迹如环相連，方能一律堅實。

龍門萬丈不須嗟，諺云：『不怕龍門深萬丈，只須埽上用工夫。』

〔一〕『坦』前疑缺『堤』字。
〔二〕『藉』前疑缺『須』字。

龍門，塞口處也。埽上工夫仔細加。紮枕鑲填如馬面，鑲埽平斜如馬面。簽樁釘橛像梅花。簽釘樁橛參差形如海花。揪頭着力紵蘆荻，揪頭，繩名，以蘆柴爲之。滾肚經心選苧蔴。滾肚，亦繩名，以麻爲之。挑水也應隨水勢，大溜頂冲處，應建埽垻，以挑水勢。半藏半護莫教差。凡下埽，其埽頭宜藏，次第衛護。

西河鞏固似金甌，慎小防微在熟籌。撥艸迎風張鼠箭，尋踪帶月置獾兜。獾鼠最爲堤患，鼠性畏風，張弓箭于迎風穴口，鼠必出，觸箭即獲。獾于月夜出穴覓食，往來必有一溝，置繩兜於穴口，即獲獾。參差夾岸栽春柳，有栽六柳法。迤邐沿堤積土牛。最是輪蹄頻踐踏，叮嚀埠口及時修。兩岸堤工各留車路埠口，以便行人，須不時填墊，不致輾壓殘缺。

波濤浩瀚動鯨鯢，溜走如梭東復西。黄河大溜或東或西，勢如織梭。雁翅加修分上下，修做正垻，頭尾須下埽護衛，名爲雁翅。馬頭安置酌高低。修正垻，埽个名曰馬頭。束薪端在繩花結，用繩捆扎埽心，名結花。鋪埽還將木板齊。鋪料須用木板敲拍，其外面方得整齊。沉水埽名。全憑壓土法，諺云『下埽無法，全憑土壓』，蓋欲壓土得厚薄緩急之法。護崖埽名。自可保金堤。

聲聲共聽號鑼提，兵目立於埽上，鳴鑼以齊人力。稭葦重重捲結齊。樁索慢敲憑銷斧，以索縛樁，用木斧敲平，以便行硪，名銷樁斧。木鞋穩步上雲梯。簽樁用木梯撑駕梯脚，做成木鞋套上，以便推挽。垻頭拍浪多相柳，垻頭多相柳株，乃有筋骨，足資捍禦。埽尾四流重壓土。埽尾壓土加厚，方能墊實堅固。欲奏安瀾非易事，風餐露宿遍沙堤。

從來安固不忘危，事在機先慎勿遲。交接築成鐵心垻，兩面相料，中間用土填心，名鉄心垻，堵截旁流，宜築此垻。從中填實月牙池。塞口垻後必築月堤，以爲重門保障中間空處，以上填實更爲永固。稭麻辦自秋成後，樁柳堆齊冬暮明。艸子沿堤仍密布，風風雨雨好維持。

溜緩沙傷奈若何，中泓最喜走洪波。支流堵截修横垻，支河堵截不致旁洩，自能束水攻沙，修築横堤外加鑲埽，謂之横垻。曲岸隨灣鑿引河。逢灣鑿直，挑挖引河，以導水勢。龍尾埽防桃浪激，龍尾，埽名。雞心灘碍雪濤過。河内長灘突出如雞心。揚泥杏葉疏壅滯，揚泥車、杏葉耙，皆疏河器具。指點兵夫駕小舸。切坡挂柳非無益，陡崖切坡令其斜坦，以免塌卸，挂柳于涯以免汕刷。等埽刨漕預做根。凡頂冲迎溜處所，大溜將近堤岸，須先下埽預防，是爲等埽必須刨挖深漕，使埽深入土内，根基方爲堅固。雞嘴垻堪爲外障，垻形外突以挑水勢，如雞嘴然。魚（鱗）〔鱗〕堤好作重門。層遞建築月堤如魚鱗。木騎馬繫鑲填穩，以木爲十字架，用大繩。草過龍防雨水熕。新築堤工於坦坡處，做成小溝出水，用細草遍種溝内，以防大雨淋漓，爲草過龍。荷插經年毋少懈，交勞心力不須論。

長堤切勿恃高寬，鼠穴蟻封豈細端。筐土斷流原最易，斗金塞决始知難。戒嚴搶護鑼聲急，凡堤工倉率險要，即鳴鑼齊集兵夫搶護。向夜巡行燈色寒。汛水長發之時，預備燈燭徹夜巡防。爲語河干從事者，修防莫作等閒看。

滾滾黄流天上來，溯源星宿幾紆迴。梁雍灌溉洪波静，究豫奔騰雪浪堆。自昔嘉謨從利導，而今良策復增培。雲梯闕口朝宗順，疏瀹全憑作楫才。

整理人：吴朋飛，歷史地理學博士，環境地理學博士後，河南大學黄河文明與可持續發展研究中心副教授、碩士生導師。主要從事中國歷史地理學、黄河環境變遷研究，已發表學術論文四十餘篇，代表作有《歷史水文地理學的理論與實踐：基於涑水河流域的個案研究》等。

欽定河工則例章程

田志光　整理

整理說明

《欽定河工則例章程》是清朝嘉慶十三年（一八〇八年）工部奉旨編修的一部有關清朝河渠修築、治理、維護等費用，以及各種物料價錢、人力工費的規章匯總。該書共計十五卷，分爲歲修章程、奏減則例、碎石方價、人工價目等卷。

清代具有較爲完善的河渠治理和防災體系，在中央設有工部，統籌全國的河流治理工作。地方設有河道總督，之下分設道、廳、汛、堡四級。該則例章程介紹了河渠治理和維護的工程類型，主要分爲歲修、搶修等。歲修即每年霜降後，各廳在所管轄境内查驗河堤不建或損壞情況，在第二年開春即對出現上述狀况的河堤进行修築。搶修是在每年汛期河堤出現滲漏、河流堵塞等危險情況時，及時組織力量進行搶修。歲修和搶修通常合稱爲『歲搶修』。另案工程，一般是指工程量較大的工程，又可分爲『常年另案』和『專款另案』。堤防的增培、修砌磚口，河灘的挑切取直以及新埽廂的製作，甚至閘壩的啓閉等均爲常年另案；專款另案指特别撥款的重大工程或急迫工程，包括决口堵塞、挑河築堤等。

該則例章程詳細記述了各工程類型的經費使用規範，并附有多篇河道大臣的奏疏，體現了清代河渠治理經費使用的細密和繁瑣。例如，在木材價格規定中，按照木材的粗細和長度分爲四十二個等級，每個等級價格僅相差幾分銀價。另外，石料、河磚、石灰、雜草等價錢上也有細致的規定。在修築河堤過程中的用土問題，則按照取土地點的遠近、干濕以及工期是否爲閑月、忙月等，分爲二十餘項，分别規定了取土的費用。各種匠役的雇傭經費規定更爲嚴格，有石匠、木匠、爐匠、鋸匠、漆匠、鐵匠等各工種，每個工種均有確定的工資，如石匠一項即分爲九類，按照加工石料的新舊、單雙、裡外來區分價錢。各種工程使用經費嚴格、明確、清晰，爲前代所未有。

河道大臣的奏疏主要闡明各類工程經費使用的執行情况，以及對部分工程建設的建議、意見。各地的治河大臣將地方河渠治理的具體情况如實上奏朝廷，供皇帝和朝廷做出正確科學的决策，這對於河渠治理具有重要意義。書中針對不同地區和不同時間，記述了不同的河渠治理措施和工作方法的運用，説明清朝已經有了很多河渠治理的經驗教訓，爲當今的河患治理提供了重要的指導和借鉴價值。

《欽定河工則例章程》所反映出的各種價目細則和河渠修築維護的具體規定，説明了清代十分重視對江河湖泊的治理，形成了較爲完善和細致的法律規定。該則例章程反映出的物價細則具有極高的史料價值，通過對不同地區河渠修繕所用各種物料價格的記載，如石料、雜草、土磚、木料等，可以瞭解當時的物價水準和特點。人工費用可以爲我們瞭解當時人民的收入和消費水準提供有力證據。因此，此書具有重要的史料價值。另外，此書一些河渠治理的奏章奏疏，反映出清代奏疏的寫作格式，以及臣僚與皇帝信息溝通的形式。這些奏疏均有一定的寫作範式，有着嚴格的寫作標準，如空格、頂格、轉行、避諱等均有體現。通過這些寫作格式，我們可以瞭解清代奏疏的基本樣式，以及寫作規範。因此，此書還具有重要的學術價值。

此書所用版本爲國家圖書館古籍叢刊本，即國家圖書館影印江南河庫道衙門藏版。該版雖爲孤本叢刊，但字迹清晰，印刷規範。

本編纂單元由田志光點校整理，若有不當之處，敬請批評指正。

整理者

目録

欽定河工實價則例章程

一、報銷歲修工程，仍循照舊章辦理，以臻覈實也。查歲修埽壩各工在於臨黄迎溜之處，俱係常年修守要工。每年霜降後水落歸槽，總河親率該管道將、廳營，將次年應修各工埽壩逐細查勘，或舊埽高整，即無庸估鑲；或舊埽卑矮，即估加鑲；或舊埽朽壞，即估拆鑲；或舊埽蟄塌，即估補鑲。挨段核實確估，飭令該廳營於開歲春融時，照估鑲修，報候覆驗，是爲春修之工。迨春修後或春工未加舊埽見溜刷蟄，或春工加鑲、拆鑲、補鑲之埽，因溜勢趨刷，水勢加深，以致埽段遊蟄、行蟄，皆須隨時鑲做。該廳營一面動料鑲修，即一面馳禀該管道確勘轉報查核，經歷桃、伏、秋三汛皆有蟄鑲之工，仍待霜後水落歸槽，方能停修。如大汛内有非常大溜將舊埽撞掣，連塌多段。動用工料錢糧較大之工，總河接據禀報，即親往督、同搶護，於搶護平穩後，即爲附摺奏明，歷經循辦在案。前准貴部咨議。今將歲修工程，河督於水落歸槽親身履勘，即將各處應修情形及丈尺銀數，確核估計，彙案具奏，並繪圖貼説，送部備查等因。查黄河溜勢變遷不一，是以歲修埽工於春修後，歷桃、伏、秋三汛，仍有蟄鑲之工，若年前霜後勘估，即經彙案具奏，則桃、伏、秋三汛續鑲工程，又需隨時陳奏，案牘既恐煩瑣，而稽考亦難周到。應請嗣後歲修工程仍循照舊例，於該年十月造册題估，以臻核實。

一、搶修工程，向例除動用工料錢糧數在伍百兩以下者，照例具題。其數逾伍百兩以上者，即專案具奏。今料物已按實價，較例價加增兩三倍不等，凡照例具題之案，前此數在伍百兩以下者，查照加至兩倍之數，應以壹千伍百兩爲率，其數逾壹千伍百兩以上者，即專案具奏辦理。

一、另案新生工程，係向本無工處所，大溜忽然趨注，立時搶鑲新埽抵禦，自應將水勢情形及如何搶辦緣由隨時具奏。嗣後遇有新生工段，遵照部議，無論動用銀数多寡，皆據實奏明辦理。仍於霜降後，將所做工長丈尺、動用銀数，彙開清单具奏，以嚴稽核。

一、各項料物已蒙聖恩，准照實價核銷，前經節次奏明。自此次議增加價之後，如遇工穩歲豐，奏明酌減，如遇歲歉，物價稍昂，亦不准再行（瀆）〔續〕請加增，設有漫口大工，事非恒有，仍准臨時據實陳奏酌辦，以昭限制。

一、向例每年歲搶修報用錢粮，總不逾於伍拾萬兩之數。今以料價核算，加增至兩倍及叁倍有零不等，所有原額伍拾萬兩不敷採辦。歲搶修工用之料物，應請嗣後於年前新料登場之後，即將各廳來年歲修、搶修所需工料，按照工程平險情形，約計需用銀款，除運藩關榷各庫額解外，仍有不敷若干，於隔年秋間預爲奏請酌撥，以資及早儲備，庶免購辦不及，致多糜費。所銷歲搶修報銷錢粮数目，即祇遵現奉諭旨，稽料加兩倍，柴料加叁倍，有零銀数比照核算，不任浮混。

一、酌定軟廂、埽工應用雜料数目，以昭限制，以免浮冒也。查，向例廂做埽壩工程法則，凡捆下埽箇，動用正雜料物，繁費甚大，其加廂埽工，每单長壹丈，報用正料叁拾捌束，土半方，軟廂埽工用正料亦係叁拾捌束，惟雜料每单長拾丈，有用繩纜兩條、杙木兩根，以至用繩纜肆條、杙木肆根之不同，俱經奉部准銷在案。今下埽簽椿之工，必須奏明實在溜勢，拾分湧急，方准辦理。其應用正雜料物，仍照舊時章程報用，以及加廂工程只准用土，無庸置議外，其軟廂工程，雖較捆埽簡省，實非加廂可比，應請查照水勢淺深，分別報用。計，每单長拾丈，如水深貳丈以内之工，准報用兩繩兩木。水深至貳丈以外至叁丈之工，准報用叁繩叁木。如水深至叁丈以外以到肆伍丈者，准報用肆繩肆木。此外水勢即再加深，亦不准逾於肆繩肆木之数。如此於修做工程機宜，既資穩實而報用料物之数，亦得有限制，易於稽核。

一、酌定動用楊椿、杉椿並尺寸大小、数目，以資撙節，以杜牽混也。查，向來報銷工用錢粮，惟椿木一項所費較大。嗣後廂做埽工，如溜勢拾分湧急，必須簽椿之工，方准奏明動用。而椿木之内有楊椿、杉椿以及尺碼大小圍圓之不同，價值亦復不等，若不立定章程，尚恐有遷就浮混之弊。今查楊木産自豫省一帶，杉木由江廣購運來工，遠近不同，運脚各異，如蕭南、豐北、銅沛三廳，地處上游，離豫較近，嗣後如有必須動用椿木之工，只准報用楊椿。睢南、邳北並宿南北、桃南北等廳，離豫較遠，准以楊椿、杉椿各半報用。裡、外、山、海、埝、盱等廳，地處下游，離豫太遠，准其全用杉椿。至尺碼之圍圓大小如水深至貳丈以外至叁丈者，准用貳尺柒捌寸木起，至叁尺伍陸寸之木爲止。水深至叁丈以外以及肆伍丈者，准用叁尺木起至肆尺之木爲止。如此定以限制，既可杜其牽混，而報銷錢粮亦得有以稽考。再查楊木一款産自豫省，其作何定價之處，現已咨查豫省，俟覆到再行核咨。至嘉慶拾年以前題報。簽椿各案，查各該工，俱因水深溜急，簽釘椿木各按實用銀数，照舊例開報動用。其中所用正雜各料物，悉照例價造報，細核所報錢粮，究属實用在工，除逐案覆核題請照舊准銷外，合併咨覆。

一、稭柴各料計束核價以便科算也。稭柴二項業將某某廳、某某料，每觔價銀若干，奏准数目在案，查，向來報銷廂工所用錢粮，係按照束数科算，今即照依奏准之價計觔成束，計束論價。其間有尾数畸零，應即刪除俾報銷科算，得臻簡便，所有某某廳、某某料束、某某價值核開於後。

稭料向係以叁拾觔爲壹束，今仍循照科算價值，内：

豐、蕭二廳稭料，現定每觔銀貳厘，每束應准銷銀陸分。

銅、沛廳稭料，現定每觔銀貳厘貳毫，每束應准銷銀陸分陸厘。

睢、邳、運三廳稭料，現定每觔銀貳厘叁毫，每束應准銷銀陸分玖厘。

宿南、北兩廳稭料，現定每觔銀貳厘玖毫，每束應准銷銀捌分柒厘。

桃南、北兩廳稭料，現定每觔銀叁厘，每束應准銷銀玖分。

外、中河兩廳稭料，現定每觔銀叁厘壹毫，每束應准銷銀玖分叁厘，如裡河廳購辦稭料亦請照外、中河兩廳之價。

高堰廳稭料，現定每觔銀叁厘叁毫，每束應准銷銀玖分玖厘。

山盱廳稭料，現定每觔銀叁厘肆毫，每束應准銷銀壹錢貳厘。

葦柴向係以叁拾觔爲壹束，今仍循照科算價值，內：

桃南、北兩廳海柴料，現定每觔銀叁厘叁毫肆絲，每束合銀壹錢零貳毫。除零不計外，每束應准銷銀壹錢。

中河、裡河兩廳海柴料，現定每觔銀叁厘壹毫捌絲，每束合銀玖分伍厘肆毫。除毫不計外，每束應准銷銀玖分伍厘。

外河廳海柴料，現定每觔銀貳厘玖毫叁絲叁忽，每束應准銷銀捌分捌厘。

山、海兩廳海柴料，現定每觔銀叁厘伍毫叁絲叁忽，每束應准銷銀柒分陸厘。

高堰廳海柴料，現定每觔銀叁厘叁毫肆絲，每束合銀壹錢零貳毫。除零不計外，每束應准銷銀壹錢。

山盱廳海柴料，現定每觔銀叁厘叁毫陸絲，每束合銀壹錢零捌毫。除零不計外，每束應准銷銀壹錢。

揚河廳海柴料，現定每觔銀貳厘玖毫肆絲陸忽，每束合銀捌分捌厘伍毫捌絲。除毫零不計外，每束應准銷銀捌分捌厘。

湖蘆向係以叁拾觔爲壹束，今仍循照科算價值，內銅沛廳湖蘆料，原請每觔銀叁厘，今照例價加至兩倍爲止，每束應准銷銀伍分柒厘。

邳、睢兩廳湖蘆料，原請每觔銀貳厘伍毫，今照例價加至兩倍爲止，每束應准銷銀伍分肆厘。

運河、宿南、北三廳湖蘆料，原請每觔銀貳厘伍毫，今照例價加至兩倍爲止。每束應准銷銀伍分壹厘。

江柴向係以壹百觔爲壹束，今亦改照以叁拾觔爲壹束，計束核價，以歸畫一報銷。內：

揚河廳江柴料，現定每觔銀叁厘，每束應准銷銀玖分。

江防、揚粮兩廳江柴料，現定每觔銀貳厘陸毫，每束應准銷銀柒分捌厘。

一、酌定木龍成規，以便建紮報銷也。查建紮木龍所需料物、匠工各項，料則杉木並雜木、毛竹、繩纜等物，匠則鈎手並日計夫役等人，各欵價目具有成規。今時價增昂，自應一體議定，以便報銷。查杉木一欵業於請增實價案内，照例價加增倍半，減去增價拾分之貳，所有木龍應用之杉木應即循照核銷，又匠工一欵亦於請增實價案内奏准，照例價加給一倍，所有紮龍應用之鈎手並日計人夫，亦應循照開報。惟雜木、毛竹、繩纜等欵，原定成規不敷購辦。但前准欽差侍郎英等咨稱覆奏時價案内，原奏石工項下雜料、鐵炭等項，照例價無庸加增在案。所有紮龍應用雜木、竹纜等項與石工項下所用雜料情形相等，亦毋庸奏請議增。嗣後凡建紮木龍，應請將杉木及鈎手、夫匠按照新定實價報銷。其餘雜木、竹纜等項仍照向例成規開報，以免參差。

一、稭柴、柳草、檾蔴、木石、磚灰、土方、汁米、鐵器、雜料、煤炭、匠夫等款，有奏明加壹倍、倍半、兩倍以及叁倍有零之数者，並有照例價不准增加者，謹逐款查明，核照欽定價目，分晰另繕清册，一併咨送，查照備案。

河工實價則例卷之一

淮揚道屬

桃南、桃北廳：

秫稭，每觔實價銀叁厘，每束叁拾觔，銀玖分。

葦柴，每觔實價銀叁厘叁毫肆絲，每束叁拾觔，銀壹錢零貳毫，除零不計外，每束應准寔價銀壹錢。

縈，每觔實價銀叁分叁厘。

杉木：

不登尺木，長壹丈貳尺，每根實價銀壹錢捌分玖厘貳毫。

尺木，長壹丈叁尺，每根實價銀貳錢柒分貳厘捌毫。

尺壹木，長壹丈肆尺，每根實價銀叁錢伍分捌厘陸毫。

尺貳木，長壹丈伍尺，每根實價銀肆錢捌分肆厘。

尺叁木，長壹丈陸尺，每根實價銀伍錢陸分玖厘捌毫。

尺肆木，長壹丈柒尺，每根實價銀陸錢陸分肆厘肆毫。

尺伍木，長壹丈捌尺，每根實價銀捌錢伍分叁厘陸毫。

尺陸木，長壹丈玖尺，每根實價銀玖錢伍分玖厘貳毫。

尺柒木，長貳丈，每根實價銀壹兩壹錢壹分柒厘陸毫。

尺捌木，長貳丈壹尺，每根實價銀壹兩肆錢壹分肆厘陸毫。

尺玖木，長貳丈貳尺，每根實價銀壹兩柒錢伍分壹厘貳毫。

貳尺木，長貳丈叁尺，每根實價銀貳兩陸分捌厘。

貳尺壹木，長貳丈肆尺，每根實價銀貳兩伍錢伍分肆厘貳毫。

貳尺貳木，長貳丈伍尺，每根實價銀叁兩壹錢肆厘貳毫。

貳尺叁木，長貳丈陸尺，每根實價銀叁兩陸錢伍分貳厘。

貳尺肆木，長貳丈柒尺，每根實價銀肆兩貳錢陸分伍厘捌毫。

貳尺伍木，長貳丈捌尺，每根實價銀肆兩捌錢玖分玖厘肆毫。

貳尺陸木，長貳丈玖尺，每根實價銀伍兩柒錢零貳厘肆毫。

貳尺柒木，長叁丈，每根實價銀陸兩伍錢捌分玖厘。

貳尺捌木，長叁丈壹尺，每根實價銀柒兩伍錢叁分玖厘肆毫。

貳尺玖木，長叁丈貳尺，每根實價銀捌兩伍錢玖分伍厘肆毫。

叁尺木，長叁丈叁尺，每根實價銀玖兩玖錢貳分陸厘肆毫。

叁尺壹木，長叁丈肆尺，每根實價銀拾兩柒錢柒分壹厘貳毫。

叁尺貳木，長叁丈伍尺，每根實價銀拾壹兩玖錢柒分肆厘陸毫。

叁尺叁木，長叁丈陸尺，每根實價銀拾叁兩貳錢肆分壹厘捌毫。

叁尺肆木，長叁丈柒尺，每根實價銀拾肆兩伍錢柒分貳厘捌毫。

叁尺伍木，長叁丈捌尺，每根實價銀拾伍兩玖錢陸分伍厘肆毫。

叁尺陸木，長叁丈玖尺，每根實價銀拾柒兩肆錢貳分肆厘。

叁尺柒木，長肆丈，每根實價銀拾捌兩玖錢肆分肆厘貳毫。

叁尺捌木，長肆丈壹尺，每根實價銀貳拾兩伍錢貳分捌厘貳毫。

叁尺玖木，長肆丈貳尺，每根實價銀貳拾貳兩壹錢柒分陸厘。

肆尺木，長肆丈叁尺，每根實價銀貳拾叁兩捌錢捌分伍厘肆毫。

肆尺壹木，長肆丈肆尺，每根實價銀貳拾伍兩陸錢陸分捌毫。

肆尺貳木，長肆丈伍尺，每根實價銀貳拾柒兩伍錢。

肆尺叁木，長肆丈陸尺，每根實價銀貳拾玖兩叁錢玖分捌厘陸毫。

肆尺肆木，長肆丈柒尺，每根實價銀叁拾壹兩叁錢陸分叁厘貳毫。

肆尺伍木，長肆丈捌尺，每根實價銀叁拾叁兩叁錢捌分玖厘肆毫。

肆尺陸木，長肆丈玖尺，每根實價銀叁拾伍兩肆錢捌分壹厘陸毫。

肆尺柒木，長伍丈，每根實價銀叁拾柒兩陸錢叁分伍厘肆毫。

肆尺捌木，長伍丈壹尺，每根實價銀叁拾玖兩捌錢柒分貳厘捌毫。

肆尺玖木，長伍丈貳尺，每根實價銀肆拾貳兩壹錢叁分肆厘肆毫。

伍尺木，長伍丈叁尺，每根實價銀肆拾肆兩肆錢柒分柒厘肆毫。

石料：

雙料墻面丁石，每塊寬厚俱壹尺貳寸，每丈實價銀叁兩伍錢貳分伍厘。

单料墙面丁石，每塊寛壹尺貳寸、厚陸寸，每丈實價銀壹兩伍錢伍分壹厘。

雙料裡石，每塊寛厚壹尺貳寸，每丈實價銀壹兩玖錢陸分。

单料裡石，每塊寛壹尺貳寸、厚陸寸，每丈實價銀玖錢捌分。

河磚，每塊寛伍寸、厚叁寸叁分、長壹尺貳寸，實價銀貳分陸厘肆毫。

大料河磚，每塊寛柒寸五分、厚肆寸壹分、長壹尺貳寸，實價銀肆分玖厘貳毫捌絲。

汁米，每石實價銀叁兩壹錢貳分。

石灰，每石實價銀叁錢柒分肆厘肆毫。

雜草，每束重陸觔，實價銀柒厘捌毫，合每觔實價銀壹厘叁毫。

購柳，每束青、温、乾。重捌、陸、肆。拾觔，實價銀玖分。

築堤土方，並填㙠壓埽工程，內：

近處乾地取土，離堤拾伍丈至伍拾丈土方。內：

閒月緩工，忙月歲搶修常辦工，每方實價銀貳錢伍分。

忙月閒工，閒月急工，忙月另案急工，每方實價銀叁錢壹分貳厘伍毫。

遠處乾地取土，離堤伍拾丈以外至壹百丈，及近處灣地取土，離堤拾伍丈至伍拾丈土方。內：

閒月緩工，忙月歲搶修常辦工，每方實價銀貳錢柒分貳厘。

忙月閒工，閒月急工，忙月另案急工，每方實價銀叁錢肆分。

遠處灣地取土，離堤伍拾丈以外至壹百丈土方。內：

閒月緩工，忙月歲搶修常辦工，每方實價銀叁錢。

忙月閒工，閒月急工，忙月另案急工，每方實價銀叁錢柒分伍厘。

堤根有積水坑塘佔碍，遶越乾地取土，離堤伍拾丈以外至壹百伍拾丈土方。內：

閒月緩工，忙月歲搶修常辦工，每方實價銀叁錢肆分。

忙月閒工，閒月急工，忙月另案急工，每方實價銀肆錢貳分伍厘。

堤工有積水坑塘佔碍，遶越灣地取土，離堤伍拾丈以外至壹百伍拾丈土方。內：

閒月緩工，忙月歲搶修常辦工，每方實價銀叁錢陸分。

忙月閒工，閒月急工，忙月另案急工，每方實價銀肆錢伍分。

隔堤隔河，遠處乾地取土，離堤貳百丈以外至叁百丈土方。內：

閒月緩工，忙月歲搶修常辦工，每方實價銀叁錢捌分。

忙月閒工，閒月急工，忙月另案急工，每方實價銀肆錢柒分伍厘。

隔堤隔河，遠處濘地取土，離堤貳百丈以外至叁百丈土方。內：

閒月緩工，忙月歲搶修常辦工，每方實價銀肆錢。

忙月閒工，閒月急工，忙月另案急工，每方實價銀伍錢。

若於水底取土，離堤叁拾丈至伍拾丈土方。內：

閒月緩工，忙月歲搶修常辦工，每方實價銀五錢。

忙月閒工，閒月急工，忙月另案急工，每方實價銀陸錢貳分伍厘。

挑河土方：

乾地挑挖河土，如有積水，外加戽水工。

閒月緩工，忙月常辦工，每方實價銀壹錢陸分。如有積水，外加戽水工，實價銀叁分。

忙月閒工，閒月急工，忙月另案急工，每方實價銀貳錢。如有積水，外加戽水工，實價銀叁分柒厘伍毫。

淤土原係淤沙爛泥，鍬不能挖，筐不能盛，須用木杓插起，以布兜盛送，夫工較多土方。內：

閒月緩工，忙月常辦工，每方實價銀貳錢柒分貳厘。

忙月閒工，閒月急工，忙月另案急工，每方實價銀叁錢肆分。

稀淤土猶如渾漿，人夫不能站立，須用跳板接脚，以木杓插入木桶，挨次排立傳遞，方能運送上岸，倍費人力土方。內：

閒月緩工，忙月常辦工，每方實價銀叁錢。

忙月閒工，閒月急工，忙月另案急工，每方實價銀叁錢柒分伍厘。

瓦礫土係逼近城市，居民稠密，瓦礫等類倒卸河內，深入泥中結成一塊，需用鐵鈀刨挖，挑送遠處堆積，工力倍費土方。內：

閒月緩工，忙月常辦工，每方實價銀叁錢。

忙月閒工，閒月急工，忙月另案急工，每方實價銀叁錢柒分伍厘。

一、小砂礓土猶如石子，與土凝結，畚插難施，需用鐵鈀築起挑挖，工力艱難土方。內：

閒月緩工，忙月常辦工，每方實價銀叁錢。

忙月閒工，閒月急工，忙月另案急工，每方實價銀叁錢柒分伍厘。

一、大砂、礓土堅硬如石，施工更難，需用鐵鷹嘴、努角各器具鑿破，逐塊刨挖、挑送，工多倍費土方。內：

閒月緩工，忙月常辦工，每方實價銀肆錢。

忙月閒工，閒月急工，忙月另案急工，每方實價銀五錢。

一、罱撈土多在河湖巨蕩之内，碍難築壩，戽水必須僱募船隻，用罱撈浚淤泥，運送崖岸，一切僱船撈浚等費土方。内：

閒月緩工，忙月常辦工，每方實價銀叁錢伍分。

忙月閒工，閒月急工，忙月另案急工，每方銀肆錢叁分柒厘伍毫。

以上築堤、挑河兩項工程以拾月至次年叁月俱爲閒月，肆月至玖月俱爲忙月，理合聲明。

箍接口、灰桶、灰插等項，用尺伍木照實價銷算。

熬汁柴束照實價銷算。

各匠役工食：

石匠鏨鑿新雙料墻面丁石，每丈連砌工，實價銀陸錢。

石匠鏨鑿新单料墻面丁石，每丈連砌工，實價銀叁錢。

石匠鏨鑿舊雙料墻面丁石，每丈連砌工，實價銀貳錢。

石匠鏨鑿舊单料墻面丁石，每丈連砌工，實價銀壹錢。

石匠鏨鑿雙料新舊裡石，每丈連砌工，實價銀壹錢貳分。

石匠鏨鑿单料新舊裡石，每丈連砌工，實價銀陸分。

石匠鏨鑿錠眼，每個實價銀壹分。

石匠鏨鑿鋦眼，每個實價銀陸厘。

石匠鏨鑿閘工、金門兩墻，上下裹頭四轉角，石塊，每塊工實價銀壹錢。

木匠刨馬牙、梅花樁，每段實價角貳厘。

刨砍、排樁，每丈工實價銀肆分捌厘。

瓦匠砌河磚，每塊實價銀捌毫。

小爐匠，箍桶、劈篾、打笆、撕纜等匠，每名日給實價銀陸分。

椿手，每班拾貳名，每名日給實價銀壹錢。

日計夫，每名日給實價銀捌分。

木匠，每工實價銀陸分。

鋸匠，每工實價銀陸分。

漆匠，每工實價銀陸分。

排樁用尺伍陸木不等，照實價銷算。

撕木借用，不銷錢粮。

盤礮、打辮子、做千觔、攅扣等項，用縈觔，照實價銷算。

蘆笆柴束，照實價銷算。

大扳纜，每條用柴壹束，照實價銷算。

壩中填土，按取土遠近，照方計算。

木料估用大小尺寸，照實價銷算。

生鐵錠，每個重肆觔，仍照向例漕規銀陸分。

熟鐵鋦，每個重壹觔，仍照向例漕規銀肆分。

熟鐵銷，每個重壹觔，仍照向例漕規銀肆分。

鐵繩，每條重叁拾觔，仍照向例漕規，每觔銀叁分。

鐵撬，每把重捌觔，仍照向例漕規，每觔銀叁分。

鐵鍬，每把重叁觔，仍照向例漕規，每觔銀叁分。

鐵鷹嘴，每把重貳觔，仍照向例漕規，每觔銀叁分。

鐵幌錘，每把重拾伍觔，仍照向例漕規，每觔銀肆分。

鐵釘，仍照向例漕規，每觔銀叁分。

灰籮，仍照向例漕規，每隻銀陸分。

灰篩，仍照向例漕規，每面銀伍分。

汁鍋，仍照向例漕規，每口銀伍錢。

汁鐧，仍照向例漕規，每口銀貳錢。

木掀，仍照向例漕規，每把銀肆分。

箍桶、竹篾，仍照向例漕規，每觔銀捌厘。

煤炭，仍照向例漕規，每石銀貳錢伍分。

弔石木、鈴鐺仍照向例漕規，每個銀叁分。

石硪，仍照向例漕規，每部銀伍錢。

硪肘，每肆副用雜木壹段，仍照向例漕規，銀叁錢。

毛竹：

壹尺圓，仍照向例漕規，每根銀玖分。

尺壹圓，仍照向例漕規，每根銀壹錢柒厘。

尺貳圓，仍照向例漕規，每根銀壹錢貳分肆厘。

尺叁圓，仍照向例漕規，每根銀壹錢肆分壹厘。如圓加壹寸，增銀壹分柒厘。

蘆蓆，仍照向例漕規，每片銀壹分伍厘。

水車，仍照向例漕規，每部長壹丈銀貳兩，如添長壹尺加銀貳錢。

松板，每塊長伍尺、寬壹尺、厚壹寸，仍照向例漕規，銀捌分。

桐油，仍照向例漕規，每觔銀叁分。

水膠，仍照向例漕規，每觔銀叁分。

它參，仍照向例漕規，每觔銀捌分。

錠紅，仍照向例漕規，每觔銀貳分。

河工實價則例卷之二

裡河廳：

葦柴，每觔實價銀叁厘壹毫捌絲，每束重叁拾觔，合銀玖分伍厘肆毫，除毫不計外，每束准銷銀玖分伍厘。

穄，每觔實價銀叁分玖厘。

杉木：

不登尺木，長壹丈貳尺，每根實價銀壹錢伍分肆厘。

壹尺木，長壹丈叁尺，每根實價銀貳錢壹分柒厘捌毫。

尺壹木，長壹丈肆尺，每根實價銀貳錢柒分柒厘貳毫。

尺貳木，長壹丈伍尺，每根實價銀叁錢伍分陸厘肆毫。

尺叁木，長壹丈陸尺，每根實價銀肆錢伍分伍厘肆毫。

尺肆木，長壹丈柒尺，每根實價銀伍錢叁分肆厘陸毫。

尺伍木，長壹丈捌尺，每根實價銀陸錢柒分叁厘貳毫。

尺陸木，長壹丈玖尺，每根實價銀捌錢伍分壹厘肆毫。

尺柒木，長貳丈，每根實價銀壹兩肆分玖厘肆毫。

尺捌木，長貳丈壹尺，每根實價銀壹兩叁錢貳分陸厘陸毫。

尺玖木，長貳丈貳尺，每根實價銀壹兩陸錢肆分叁厘肆毫。

貳尺木，長貳丈叁尺，每根實價銀壹兩玖錢肆分肆毫。

貳尺壹木，長貳丈肆尺，每根實價銀貳兩叁錢玖分伍厘捌毫。

貳尺貳木，長貳丈伍尺，每根實價銀貳兩玖錢壹分陸毫。

貳尺叁木，長貳丈陸尺，每根實價銀叁兩肆錢貳分伍厘肆毫。

貳尺肆木，長貳丈柒尺，每根實價銀叁兩玖錢玖分玖厘陸毫。

貳尺伍木，長貳丈捌尺，每根實價銀肆兩伍錢玖分叁厘陸毫。

貳尺陸木，長貳丈玖尺，每根實價銀伍兩叁錢肆分陸厘。

貳尺柒木，長叁丈，每根實價銀陸兩壹錢柒分柒厘陸毫。

貳尺捌木，長叁丈壹尺，每根實價銀柒兩陸分捌厘陸毫。

貳尺玖木，長叁丈貳尺，每根實價銀捌兩伍分捌厘陸毫。

叁尺木，長叁丈叁尺，每根實價銀玖兩叁錢陸厘。

叁尺壹木，長叁丈肆尺，每根實價銀拾兩玖分捌厘。

叁尺貳木，長叁丈伍尺，每根實價銀拾壹兩貳錢貳分陸厘陸毫。

叁尺叁木，長叁丈陸尺，每根實價銀拾貳兩肆錢壹分肆厘陸毫。

叁尺肆木，長叁丈柒尺，每根實價銀拾叁兩陸錢陸分貳厘。

叁尺伍木，長叁丈捌尺，每根實價銀拾肆兩玖錢陸分捌厘捌毫。

叁尺陸木，長叁丈玖尺，每根實價銀拾陸兩叁錢叁分伍厘。

叁尺柒木，長肆丈，每根實價銀拾柒兩柒錢陸分陸毫。

叁尺捌木，長肆丈壹尺，每根實價銀拾玖兩貳錢肆分伍厘陸毫。

叁尺玖木，長肆丈貳尺，每根實價銀貳拾兩柒錢玖分。

肆尺木，長肆丈叁尺，每根實價銀貳拾貳兩叁錢玖分叁厘捌毫。

肆尺壹木，長肆丈肆尺，每根實價銀貳拾肆兩伍分柒厘。

肆尺貳木，長肆丈伍尺，每根實價銀貳拾伍兩柒錢柒分玖厘陸毫。

肆尺叁木，長肆丈陸尺，每根實價銀貳拾柒兩伍錢陸分壹厘陸毫。

肆尺肆木，長肆丈柒尺，每根實價銀貳拾玖兩肆錢叁厘。

肆尺伍木，長肆丈捌尺，每根實價銀叁拾壹兩叁錢叁厘捌毫。

肆尺陸木，長肆丈玖尺，每根實價銀叁拾叁兩貳錢陸分肆厘。

肆尺柒木，長伍丈，每根實價銀叁拾伍兩貳錢捌分叁厘陸毫。

肆尺捌木，長伍丈壹尺，每根實價銀叁拾柒兩叁錢捌分貳厘肆毫。

肆尺玖木，長伍丈貳尺，每根實價銀叁拾玖兩伍錢壹厘。

伍尺木，長伍丈叁尺，每根實價銀肆拾壹兩陸錢玖分捌厘捌毫。

石料：

雙料墻面丁石，每塊俱寬厚壹尺貳寸，每丈實價銀叁兩玖錢玖分伍厘。

单料墻面丁石，每塊寬壹尺貳寸、厚陸寸，每丈實價銀壹兩玖錢玖分柒厘伍毫。

雙料裡石，每塊寛厚俱壹尺貳寸，每丈實價銀貳兩貳錢肆分。

单料裡石，每塊寛壹尺貳寸、厚陸寸，每丈實價銀壹兩壹錢貳分。

河磚，每塊寛伍寸、厚叁寸叁分、長壹尺貳寸，實價銀貳分陸厘肆毫。

大料河磚，每塊寛柒寸伍分、厚肆寸壹分、長壹尺貳寸，實價銀肆分玖厘貳毫捌絲。

汁米，每石實價銀叁兩壹錢貳分。

石灰，每石實價銀叁錢柒分肆厘肆毫。

雜草，每束重拾觔，實價銀壹分捌厘，合每觔銀壹厘捌毫。

購柳，每束青、温、乾。重捌、陸、肆。拾觔，實價銀玖分。

築埽土方並填壩壓埽工程：

近處乾地取土，離堤拾伍丈至伍拾丈土方。內：

閒月緩工，忙月歲搶修常辦工，每方實價銀貳錢伍分。

忙月閒工，閒月急工，忙月另案急工，每方實價銀叁錢壹分貳厘伍毫。

遠處乾地取土，離堤伍拾丈以外至壹百丈，及近處濘地取土，離堤拾伍丈至伍拾丈土方。內：

閒月緩工，忙月歲搶修常辦工，每方實價銀貳錢柒分貳厘。

忙月閒工，閒月急工，忙月另案急工，每方實價銀叁錢肆分。

遠處濘地取土，離堤伍拾丈以外至壹百丈土方。內：

閒月緩工，忙月歲搶修常辦工，每方實價銀叁錢。

忙月閒工，閒月急工，忙月另案急工，每方實價銀叁錢柒分伍厘。

堤根有積水坑塘估碍，遶越乾地取土，離堤伍拾丈以外至壹百伍拾丈土方。內：

閒月緩工，忙月歲搶修常辦工，每方實價銀叁錢肆分。

忙月閒工，閒月急工，忙月另案急工，每方實價銀肆錢貳分伍厘。

堤根有積水，坑塘估得遶越，濘地取土，離堤伍拾丈以外至壹百伍拾丈土方。內：

閒月緩工，忙月歲搶修常辦工，每方實價銀叁錢陸分。

忙月閒工，閒月急工，忙月另案急工，每方實價銀肆錢伍分。

隔堤隔河，遠處乾地取土，離堤貳百丈以外至叁百丈土方。內：

閒月緩工，忙月歲搶修常辦工，每方實價銀叁錢

捌分。

忙月閒工，閒月急工，忙月另案急工，每方實價銀肆錢柒分伍厘。

隔堤隔河，遠處澪地取土，離堤貳百丈以外至叁百丈土方。内：

閒月緩工，忙月歲搶修常辦工，每方實價銀肆錢。

忙月閒工，閒月急工，忙月另案急工，每方實價銀伍錢。

若於水底取土，離堤叁拾丈至伍拾丈土方。内：

閒月緩工，忙月歲搶修常辦工，每方實價銀伍錢。

忙月閒工，閒月急工，忙月另案急工，每方實價銀陸錢貳分伍厘。

挑河土方：

乾地挑挖河土，如有積水，外加戽水工。

閒月緩工，忙月常辦工，每方實價銀壹錢陸分，如有積水，外加戽水工，實價銀叁分。

忙月閒工，閒月急工，忙月另案急工，每方實價銀貳錢，如有積水，外加戽水工，實價銀叁分柒厘伍毫。

淤土原係淤沙爛泥，鍬不能挖，筐不能盛，須用木杓舀起，以布兜盛送，夫工較多。内：

閒月緩工，忙月常辦工，每方實價銀貳錢柒分貳厘。

忙月閒工，閒月急工，忙月另案急工，每方實價銀叁錢肆分。

如渾漿，人夫不能站立，須用跳板接脚，以木杓舀入木桶，挨次排立傳遞，方能運送上岸，倍費人力土方。内：

閒月緩工，忙月常辦工，每方實價銀叁錢。

忙月閒工，閒月急工，忙月另案急工，每方實價銀叁錢柒分伍厘。

瓦礫土係逼近城市，居民稠密，瓦礫等類倒卸河内，深入泥中結成一塊，需用鐵鈀刨挖，挑送遠處堆積，工力倍費土方。内：

閒月緩工，忙月常辦工，每方實價銀叁錢。

忙月閒工，閒月急工，忙月另案急工，每方實價銀叁錢柒分伍厘。

一、小砂礓土猶如石子，與土凝結，畚挿難施，需用鐵鈀築起挑挖，工力艱難土方。内：

閒月緩工，忙月常辦工，每方實價銀叁錢。

忙月閒工，閒月急工，忙月另案急工，每方實價銀叁錢柒分伍厘。

一、大砂礓土堅硬如石，施工更難，需用鐵鷹嘴、努角各器具鑿破，逐塊刨挖、挑送，工多倍費土方。内：

閒月緩工，忙月常辦工，每方實價銀肆錢。

忙月閒工，閒月急工，忙月另案急工，每方實價銀伍錢。

一、罱撈土多在河湖巨蕩之内，碍難築壩，戽水必須僱募船隻，用罱撈浚淤泥，運送崖岸，一切僱船撈浚等費土方。内：

閒月緩工，忙月常辦工，每方實價銀叁錢伍分。

忙月閒工，閒月急工，忙月另案急工，每方實價銀肆錢叁分柒厘伍毫。

以上築堤、挑河兩項工程以拾月至次年叁月俱爲閒月，肆月至玖月俱爲忙月，理合聲明。

箍接口、灰桶、灰舀等項，用尺伍木照實價銷算。

熬汁柴束，照實價銷算。

各匠役工食：

石匠鏨鑿新雙料墻面丁石，每丈連砌工，實價銀陸錢。

石匠鏨鑿新单料墻面丁石，每丈連砌工，實價銀叁錢。

石匠鏨鑿舊雙料墻面丁石，每丈連砌工，實價銀貳錢。

石匠鏨鑿舊单料墻面丁石，每丈連砌工，實價銀壹錢。

石匠鏨鑿雙料新舊裡石，每丈連砌工，實價銀壹錢貳分。

石匠鏨鑿单料新舊裡石，每丈連砌工，實價銀陸分。

石匠鏨鑿錠眼，每個實價銀壹分。

石匠鏨鑿鋦眼，每個實價銀陸厘。

石匠鏨鑿閘工、金門兩墻，上下裹頭四轉角石塊，每塊工實價銀壹錢。

木匠刯馬牙、梅花樁，每段實價銀貳厘。

刯砍排樁，每丈工實價銀肆分捌厘。

瓦匠砌沔磚，每塊實價銀捌毫。

小爐匠箍桶、劈篾、打笆、撕纜等匠，每名日給實價銀陸分。

樁手，每班拾貳名，每名日給實價銀壹錢。

日計夫，每名日給實價銀捌分。

木匠，每工實價銀陸分。

鋸匠，每工實價銀陸分。

漆匠，每工實價銀陸分。

排樁用尺伍、陸木不等，照實價銷算。

撕木借用，不銷錢粮。

盤硪、打辮子、做千觔、摃扣等項，用縈觔，照實價銷算。

蘆笆柴束，照實價銷算。

大扳纜，每條用柴壹束，照實價銷算。

壩中填土，按取土遠近照方計算。

木料估用大小尺寸，照實價銷算。

生鐵錠，每個重肆觔，仍照向例漕規銀陸分。

熟鐵鋦，每個重壹觔，仍照向例漕規銀肆分。

熟鐵銷，每個重壹觔，仍照向例漕規銀肆分。

鐵繩，每條重叁拾觔，每觔仍照向例漕規銀叁分。

鐵撬，每把重捌觔，仍照向例漕規，每觔銀叁分。
鐵鍬，每把重叁觔，仍照向例漕規，每觔銀叁分。
鐵鷹嘴，每把重貳觔，每觔仍照向例漕規銀叁分。
鐵幌錘，每把重拾伍觔，每觔仍照向例漕規銀肆分。
鐵釘，每觔仍照向例漕規銀叁分。
灰籮，每隻仍照向例漕規銀陸分。
灰篩，每面仍照向例漕規銀伍分。
汁鍋，每口仍照向例漕規銀陸錢。
汁鋼，每口仍照向例漕規銀肆錢。
木掀，每把仍照向例漕規銀伍分。
箍桶、竹篾，每觔仍照向例漕規銀捌厘。
煤炭，每石仍照向例漕規銀叁錢。
弔石、木鈴鐺，每個仍照向例漕規銀叁分。
石硪，每部仍照向例漕規銀伍錢。
硪肘，每肆副用雜木壹段，仍照向例漕規銀叁錢。

毛竹：

一尺圓，每根仍照向例漕規銀玖分。
尺壹圓，每根仍照向例漕規銀壹錢柒厘。
尺貳圓，每根仍照向例漕規銀壹錢貳分肆厘。
尺叁圓，每根仍照向例漕規銀壹錢肆分壹厘，如圓加壹寸，增銀壹分柒厘。
蘆蓆，每片仍照向例漕規銀壹分伍厘。
水車，每部長壹丈，仍照向例漕規銀貳兩，如添長壹尺加銀貳錢。
松板，每塊長伍尺、寬壹尺、厚壹寸，仍照向例漕規銀柒分。
桐油，每觔仍照向例漕規，每觔銀叁分。
水膠，每觔仍照向例漕規銀叁分。
它参，每觔仍照向例漕規銀捌分。
錠紅，每觔仍照向例漕規銀貳分。

河工實價則例卷之三

外河廳：

秫稭，每觔實價銀叁厘壹毫，每束重叁拾觔，合銀玖分叁厘。

葦柴，每觔實價銀貳厘玖毫叁絲叁忽，每束重叁拾觔，合銀捌分捌厘。

檾，每觔實價銀叁分玖厘。

杉木：

不登尺木，長壹丈貳尺，每根實價銀壹錢伍分肆厘。

尺木，長壹丈叁尺，每根實價銀貳錢貳分貳厘貳毫。

尺壹木，長壹丈肆尺，每根實價銀貳錢捌分壹厘陸毫。

尺貳木，長壹丈伍尺，每根實價銀叁錢陸分叁厘。

尺叁木，長壹丈陸尺，每根實價銀肆錢陸分肆厘貳毫。

尺肆木，長壹丈柒尺，每根實價銀伍錢肆分伍厘陸毫。

尺伍木，長壹丈捌尺，每根實價銀陸錢捌分陸厘肆毫。

尺陸木，長壹丈玖尺，每根實價銀捌錢陸分玖厘。

尺柒木，長貳丈，每根實價銀壹兩零柒分壹厘肆毫。

尺捌木，長貳丈壹尺，每根實價銀壹兩叁錢伍分伍厘貳毫。

尺玖木，長貳丈貳尺，每根實價銀壹兩陸錢柒分捌厘陸毫。

貳尺木，長貳丈叁尺，每根實價銀壹兩玖錢捌分貳厘貳毫。

貳尺壹木，長貳丈肆尺，每根實價銀貳兩肆錢肆分捌厘陸毫。

貳尺貳木，長貳丈伍尺，每根實價銀貳兩玖錢柒分肆厘肆毫。

貳尺叁木，長貳丈陸尺，每根實價銀叁兩伍錢零貳毫。

貳尺肆木，長貳丈柒尺，每根實價銀肆兩零捌分柒厘陸毫。

貳尺伍木，長貳丈捌尺，每根實價銀肆兩陸錢玖分肆厘捌毫。

貳尺陸木，長貳丈玖尺，每根實價銀伍兩肆錢陸分肆厘捌毫。

貳尺柒木，長叁丈，每根實價銀陸兩叁錢壹分肆厘。

貳尺捌木，長叁丈壹尺，每根實價銀柒兩貳錢貳分肆厘捌毫。

貳尺玖木，長叁丈貳尺，每根實價銀捌兩貳錢叁分陸厘捌毫。

叁尺木，長叁丈叁尺，每根實價銀玖兩貳錢貳分玖厘。

叁尺壹木，長叁丈肆尺，每根實價銀拾兩叁錢貳分貳厘肆毫。

叁尺貳木，長叁丈伍尺，每根實價銀拾壹兩肆錢柒分伍厘貳毫。

叁尺叁木，長叁丈陸尺，每根實價銀拾貳兩陸錢捌分玖厘陸毫。

叁尺肆木，長叁丈柒尺，每根實價銀拾叁兩玖錢陸分伍厘陸毫。

叁尺伍木，長叁丈捌尺，每根實價銀拾伍兩叁錢零壹厘。

叁尺陸木，長叁丈玖尺，每根實價銀拾陸兩陸錢玖分捌厘。

叁尺柒木，長肆丈，每根實價銀拾捌兩壹錢伍分肆厘肆毫。

叁尺捌木，長肆丈壹尺，每根實價銀拾玖兩陸錢柒分貳厘肆毫。

叁尺玖木，長肆丈貳尺，每根實價銀貳拾壹兩貳錢伍分貳厘。

肆尺木，長肆丈叁尺，每根實價銀貳拾貳兩捌錢玖分壹厘。

肆尺壹木，長肆丈肆尺，每根實價銀貳拾肆兩伍錢玖分壹厘陸毫。

肆尺貳木，長肆丈伍尺，每根實價銀貳拾陸兩叁錢伍分壹厘陸毫。

肆尺叁木，長肆丈陸尺，每根實價銀貳拾捌兩壹錢柒分叁厘貳毫。

肆尺肆木，長肆丈柒尺，每根實價銀叁拾兩零伍分陸厘肆毫。

肆尺伍木，長肆丈捌尺，每根實價銀叁拾壹兩玖錢玖分玖厘。

肆尺陸木，長肆丈玖尺，每根實價銀叁拾肆兩零叁厘貳毫。

肆尺柒木，長伍丈，每根實價銀叁拾陸兩零陸分陸厘捌毫。

肆尺捌木，長伍丈壹尺，每根實價銀叁拾捌兩貳錢壹分肆厘。

肆尺玖木，長伍丈貳尺，每根實價銀肆拾兩叁錢柒分捌厘捌毫。

伍尺木，長伍丈叁尺，每根實價銀肆拾貳兩陸錢貳分伍厘。

石料：

雙料墻面丁石，每塊寬厚俱壹尺貳寸，每丈實價銀叁兩玖錢玖分伍厘。

单料墻面丁石，每塊寬壹尺貳寸、厚陸寸，每丈實價銀壹兩玖錢玖分柒厘伍毫。

雙料裡石，每塊寬厚俱壹尺貳寸，每丈實價銀貳兩貳錢肆分。

单料裡石，每塊寬壹尺貳寸、厚陸寸，每丈實價銀壹兩壹錢貳分。

河磚，每塊寬伍寸、厚叁寸叁分、長壹尺貳寸，實價銀貳分陸厘肆毫。

大料河磚，每塊寬柒寸伍分、厚肆寸壹分、長壹尺貳寸，實價銀肆分玖厘貳毫捌絲。

汁米，實價每担銀叁兩壹錢貳分。

石灰，實價每担銀叁錢柒分肆厘肆毫。

雜草，每束重拾觔，實價銀壹分捌厘，合每觔銀壹厘捌毫。

購柳，每束青、温、乾。重捌、陸、肆。拾觔，實價銀玖分。

築堤土方並填壩壓埽工程：

近處乾地取土，離堤拾伍丈至伍拾丈土方。內：

閒月緩工，忙月歲搶修常辦工，每方實價銀貳錢伍分。

忙月閒工，閒月急工，忙月另案急工，每方實價銀叁錢壹分貳厘伍毫。

遠處乾地取土，離堤伍拾丈以外至壹百丈，及近處濘地取土，離堤拾伍丈至伍拾丈土方。內：

閒月緩工，忙月歲搶修常辦工，每方實價銀貳錢柒分貳厘。

忙月閒工，閒月急工，忙月另案急工，每方實價銀叁錢肆分。

遠處濘地取土，離堤伍拾丈以外至壹百丈土方。內：

閒月緩工，忙月歲搶修常辦工，每方實價銀叁錢。

忙月閒工，閒月急工，忙月另案急工，每方實價銀叁錢柒分伍厘。

堤根有積水坑塘佔碍，遶越乾地取土，離堤伍拾丈以外至壹百伍拾丈土方。內：

閒月緩工，忙月歲搶修常辦工，每方實價銀叁錢肆分。

忙月閒工，閒月急工，忙月另案急工，每方實價銀肆錢貳分伍厘。

堤根有積水坑塘佔碍，遶越濘地取土，離堤伍拾丈以外至壹百伍拾丈土方。內：

閒月緩工，忙月歲搶修常辦工，每方實價銀叁錢陸分。

忙月閒工，閒月急工，忙月另案急工，每方實價銀肆錢伍分。

隔堤隔河，遠處乾地取土，離堤貳百丈以外至叁百丈土方。內：

閒月緩工，忙月歲搶修常辦工，每方實價銀叁錢

捌分。

忙月閒工，閒月急工，忙月另案急工，每方實價銀肆錢柒分伍厘。

隔堤隔河，遠處灣地取土，離堤貳百丈以外至叁百丈土方。內：

閒月緩工，忙月歲搶修常辦工，每方實價銀肆錢。

忙月閒工，閒月急工，忙月另案急工，每方實價銀伍錢。

若於水底取土，離堤叁拾丈至伍拾丈土方。內：

閒月緩工，忙月歲搶修常辦工，每方實價銀伍錢。

忙月閒工，閒月急工，忙月另案急工，每方實價銀陸錢貳分伍厘。

挑河土方：

乾地挑挖河土，如有積水，外加戽水工。

閒月緩工，忙月常辦工，每方實價銀壹錢陸分，如有積水，外加戽水工，實價銀叁分。

忙月閒工，閒月急工，忙月另案急工，每方實價銀貳錢，如有積水，外加戽水工，實價銀叁分柒厘伍毫。

淤土原係淤沙爛泥，鍬不能挖，筐不能盛，須用木杓舀起，以布兜盛送，夫工較多土方。內：

閒月緩工，忙月常辦工，每方實價銀貳錢柒分貳厘。

忙月閒工，閒月急工，忙月另案急工，每方實價銀叁錢肆分。

稀淤土猶如渾漿，人夫不能站立，須用跳板接脚，以木杓舀入木桶，挨次排立傳遞，方能運送上岸，倍費人力。內：

閒月緩工，忙月常辦工，每方實價銀叁錢。

忙月閒工，閒月急工，忙月另案急工，每方實價銀叁錢柒分伍厘。

瓦礫土係逼近城市，居民稠密，瓦礫等類倒卸河內，深入泥中結成一塊，需用鐵鈀刨挖，挑送遠處堆積，工力倍費土方。內：

閒月緩工，忙月常辦工，每方實價銀叁錢。

忙月閒工，閒月急工，忙月另案急工，每方實價銀叁錢柒分伍厘。

小砂礓土猶如石子，與土凝結，畚揷難施，需用鐵鈀築起挑挖，工力艱難土方。內：

閒月緩工，忙月常辦工，每方實價銀叁錢。

忙月閒工，閒月急工，忙月另案急工，每方實價銀叁錢柒分伍厘。

大砂礓土堅硬如石，施工更難，需用鐵鷹嘴、努角各器具鑿破，逐塊刨挖、挑送，工多倍費土方。內：

閒月緩工，忙月常辦工，每方實價銀肆錢。

忙月閒工，閒月急工，忙月另案急工，每方實價銀伍錢。

一、罱撈土多在河湖巨蕩之內，碍難築壩，戽水必須僱募船隻，用罱撈浚淤泥，運送崖岸，一切僱船撈浚等費土方。內：

閒月緩工，忙月常辦工，每方實價銀叁錢伍分。

忙月閒工，閒月急工，忙月另案急工，每方實價銀肆錢叁分柒厘伍毫。

以上築堤、挑河兩項工程，以拾月至次年叁月俱爲閒月肆月至玖月俱爲忙月，理合聲明。

箍接口、灰桶、灰舀等項，用尺伍木照實價銷算。

熬汁柴束，按照實價銷算。

各匠役工食：

石匠鏨鑿，新雙料墻面，丁石每丈連砌工實價銀陸錢。

石匠鏨鑿新单料墻面丁石，每丈連砌工實價銀叁錢。

石匠鏨鑿舊雙料墻面丁石，每丈連砌工實價銀貳錢。

石匠鏨鑿舊单料墻面丁石，每丈連砌工實價銀壹錢。

石匠鏨鑿雙料新舊裡石，每丈連砌工實價銀壹錢貳分。

石匠鏨鑿单料新舊裡石，每丈連砌工實價銀陸分。

石匠鏨鑿錠眼，每個實價銀壹分。

石匠鏨鑿鍋眼，每個實價銀陸厘。

石匠鏨鑿閘工、金門兩墻，上下裹頭肆轉角石塊，每塊實價工銀壹錢。

木匠刨馬牙、梅花樁，每段實價銀貳厘。

刨砍排樁，每丈實價工銀肆分捌厘。

瓦匠砌河磚，每塊實價銀捌毫。

小爐匠箍桶、劈篾、打笆、撕纜等匠，每名實價日給銀陸分。

樁手，每班拾貳名，每名實價日給銀壹錢。

日計夫，每名實價日給銀捌分。

木匠，實價每工銀陸分。

鋸匠，實價每工銀陸分。

漆匠，實價每工銀陸分。

排樁用尺伍陸木不等，按實價銷算。

撕木借用，不銷錢粮。

盤硪、打辮子、做千觔、損扣等項，用檾觔，照實價銷算。

蘆笆柴束，照實價銷算。

大扳纜，每條用柴壹束，按實價銷算。

壩中填土，按取土遠近照方計算。

木料估用大小尺寸，照實價銷算。

生鐵錠，每個重肆觔，仍照向例漕規銀陸分。

熟鐵鍋，每個重壹觔，仍照向例漕規銀肆分。

熟鐵銷，每個重壹觔，仍照向例漕規銀肆分。

鐵縄，每條重叁拾觔，仍照向例漕規，每觔銀叁分。

鐵撬，每把重捌觔，仍照向例漕規，每觔銀叁分。

鐵鍬，每把重叁觔，仍照向例漕規，每觔銀叁分。

鐵鷹嘴，每把重貳觔，仍照向例漕規，每觔銀叁分。

鐵榥錘，每把重拾伍觔，仍照向例漕規，每觔銀肆分。

鐵釘，仍照向例漕規，每觔銀叁分。

灰籮，仍照向例漕規，每隻銀陸分。

灰篩，仍照向例漕規，每面銀伍分。

汁鍋，仍照向例漕規，每口銀陸錢。

汁鋼，仍照向例漕規，每口銀肆錢。

木掀，仍照向例漕規，每把錢伍分。

箍桶、竹篾，仍照向例漕規，每觔銀捌厘。

煤炭，仍照向例漕規，每担銀叁錢。

弔石、木鈴鐺，仍照向例漕規，每個銀叁分。

石硪，仍照向例漕規，每部銀伍錢。

硪肘，每肆副用雜木壹段，仍照向例漕規銀叁錢。

毛竹：

壹尺圓，每根仍照向例漕規銀玖分。

尺壹圓，每根仍照向例漕規銀壹錢零柒厘。

尺貳圓，每根仍照向例漕規銀壹錢貳分肆厘。

尺叁圓，每根仍照向例漕規銀壹錢肆分壹厘，如圓加壹寸，增銀壹分柒厘。

蘆蓆，每片仍照向例漕規銀壹分伍厘。

水車，每部長壹丈，仍照向例漕規銀貳兩，如添長壹尺加銀貳錢。

松板，每塊長伍尺、寬壹尺、厚壹寸，仍照向例漕規銀柒分。

桐油，每觔仍照向例漕規銀叁分。

水膠，每觔仍照向例漕規銀叁分。

它参，每觔仍照向例漕規銀捌分。

錠紅，每觔仍照向例漕規銀貳分。

河工實價則例卷之四

山安、海防廳：

葦柴，每觔實價銀貳厘伍毫叁絲叁忽，每束叁拾觔，銀柒分陸厘。

檾，每觔實價銀叁分玖厘。

杉木：

不登尺木，長壹丈貳尺，每根實價銀壹錢伍分肆厘。

壹尺木，長壹丈叁尺，每根實價銀貳錢貳分陸厘陸毫。

尺壹木，長壹丈肆尺，每根實價銀貳錢捌分捌厘貳毫。

尺貳木，長壹丈伍尺，每根實價銀叁錢柒分壹厘捌毫。

尺叁木，長壹丈陸尺，每根實價銀肆錢柒分伍厘貳毫。

尺肆木，長壹丈柒尺，每根實價銀伍錢伍分陸厘陸毫。

尺伍木，長壹丈捌尺，每根實價銀柒錢零肆厘。

尺陸木，長壹丈玖尺，每根實價銀捌錢捌分捌厘捌毫。

尺柒木，長貳丈，每根實價銀壹兩玖分伍厘陸毫。

尺捌木，長貳丈壹尺，每根實價銀壹兩叁錢捌分陸厘。

尺玖木，長貳丈貳尺，每根實價銀壹兩柒錢壹分陸厘。

貳尺木，長貳丈叁尺，每根實價銀貳兩貳分陸厘貳毫。

貳尺壹木，長貳丈肆尺，每根實價銀貳兩伍錢壹厘肆毫。

貳尺貳木，長貳丈伍尺，每根實價銀叁兩叁分捌厘貳毫。

貳尺叁木，長貳丈陸尺，每根實價銀叁兩伍錢柒分柒厘貳毫。

貳尺肆木，長貳丈柒尺，每根實價銀肆兩壹錢柒分伍厘陸毫。

貳尺伍木，長貳丈捌尺，每根實價銀肆兩柒錢玖分陸厘。

貳尺陸木，長貳丈玖尺，每根實價銀伍兩伍錢捌分叁厘陸毫。

貳尺柒木，長叁丈，每根實價銀陸兩肆錢伍分肆毫。

貳尺捌木，長叁丈壹尺，每根實價銀柒兩叁錢捌分壹厘。

貳尺玖木，長叁丈貳尺，每根實價銀捌兩肆錢壹分伍厘。

叁尺木，長叁丈叁尺，每根實價銀玖兩肆錢貳分玖厘貳毫。

叁尺壹木，長叁丈肆尺，每根實價銀拾兩伍錢肆分陸厘捌毫。

叁尺貳木，長叁丈伍尺，每根實價銀拾壹兩柒錢貳分陸厘。

叁尺叁木，長叁丈陸尺，每根實價銀拾貳兩玖錢陸分肆厘陸毫。

叁尺肆木，長叁丈柒尺，每根實價銀拾肆兩貳錢陸分玖厘貳毫。

叁尺伍木，長叁丈捌尺，每根實價銀拾伍兩伍錢肆分玖厘陸毫。

叁尺陸木，長叁丈玖尺，每根實價銀拾柒兩陸分壹厘。

叁尺柒木，長肆丈，每根實價銀拾捌兩伍錢肆分捌厘貳毫。

叁尺捌木，長肆丈壹尺，每根實價銀貳拾兩玖分玖厘貳毫。

叁尺玖木，長肆丈貳尺，每根實價銀貳拾壹兩柒錢壹分肆厘。

肆尺木，長肆丈叁尺，每根實價銀貳拾叁兩叁錢捌分捌厘貳毫。

肆尺壹木，長肆丈肆尺，每根實價銀貳拾伍兩壹錢貳分陸厘貳毫。

肆尺貳木，長肆丈伍尺，每根實價銀貳拾陸兩玖錢貳分叁厘陸毫。

肆尺叁木，長肆丈陸尺，每根實價銀貳拾捌兩柒錢捌分肆厘捌毫。

肆尺肆木，長肆丈柒尺，每根實價銀叁拾兩柒錢玖厘捌毫。

肆尺伍木，長肆丈捌尺，每根實價銀叁拾貳兩陸錢玖分肆厘貳毫。

肆尺陸木，長肆丈玖尺，每根實價銀叁拾肆兩柒錢肆分貳厘肆毫。

肆尺柒木，長伍丈，每根實價銀叁拾陸兩捌錢伍分。

肆尺捌木，長伍丈壹尺，每根實價銀叁拾玖兩肆分叁厘肆毫。

肆尺玖木，長伍丈貳尺，每根實價銀肆拾壹兩貳錢伍分陸厘陸毫。

伍尺木，長伍丈叁尺，每根實價銀肆拾叁兩伍錢伍分壹厘貳毫。

石料：

雙料墻面丁石，每塊寬厚俱壹尺貳寸，每丈實價銀肆兩肆錢陸分伍厘。

单料墻面丁石，每塊寬壹尺貳寸、厚陸寸，每丈實價銀貳兩貳錢叁分貳厘伍毫。

雙料裡石，每塊寬厚俱壹尺貳寸，每丈實價銀貳兩伍錢貳分。

单料裡石，每塊寬壹尺貳寸厚陸寸，每丈實價銀壹兩貳錢陸分。

河磚，每塊寬伍寸、厚叁寸叁分、長壹尺貳寸，實價銀貳分陸厘肆毫。

大料河磚，每塊寬柒寸伍分、厚肆寸壹分、長壹尺貳寸，實價銀肆分玖厘貳毫捌絲。

汁米，每担實價銀叁兩壹錢貳分。

石灰，每担實價銀叁錢柒分肆厘肆毫。

雜草，每束重拾觔，實價銀壹分捌厘，每觔銀壹厘捌毫。

購柳，每束青、温、乾。重捌、陸、肆。拾觔，實價銀玖分。

築堤土方並填壩壓埽工程：

近處乾地取土，離堤拾伍丈至伍拾丈土方。内：

閒月緩工，忙月歲搶修常辦工，每方實價銀貳錢伍分。

忙月閒工，閒月急工，忙月另案急工，每方實價銀叁錢壹分貳厘伍毫。

遠處乾地取土，離堤伍拾丈以外至壹百丈，及近處濘地取土，離堤拾伍丈至伍拾丈土方。内：

閒月緩工，忙月歲搶修常辦工，每方實價銀貳錢柒分貳厘。

忙月閒工，閒月急工，忙月另案急工，每方實價銀叁錢肆分。

遠處濘地取土，離堤伍拾丈以外至壹百丈土方。内：

閒月緩工，忙月歲搶修常辦工，每方實價銀叁錢。

忙月閒工，閒月急工，忙月另案急工，每方實價銀叁錢柒分伍厘。

堤根有積水坑塘佔碍，遶越乾地取土，離堤伍拾丈以外至壹百伍拾丈土方。内：

閒月緩工，忙月歲搶修常辦工，每方實價銀叁錢肆分。

忙月閒工，閒月急工，忙月另案急工，每方實價銀肆錢貳分伍厘。

堤根有積水坑塘佔碍，遶越濘地取土，離堤伍拾丈以外至壹百伍拾丈土方。内：

閒月緩工，忙月歲搶修常辦工，每方實價銀叁錢陸分。

忙月閒工，閒月急工，忙月另案急工，每方實價銀肆錢伍分。

隔堤隔河，遠處乾地取土，離堤貳百丈以外至叁百丈土方。内：

閒月緩工，忙月歲搶修常辦工，每方實價銀叁錢捌分。

忙月閒工，閒月急工，忙月另案急工，每方實價銀肆錢柒分伍厘。

隔堤隔河，遠處濘地取土，離堤貳百丈以外至叁百丈土方。內：

閒月緩工，忙月歲搶修常辦工，每方實價銀肆錢。

忙月閒工，閒月急工，忙月另案急工，每方實價銀伍錢。

若於水底取土，離堤叁拾丈至伍拾丈土方，內：

閒月緩工，忙月歲搶修常辦工，每方實價銀伍錢。

忙月閒工，閒月急工，忙月另案急工，每方實價銀陸錢貳分伍厘。

挑河土方：

乾地挑挖河土，如有積水，外加戽水工。

閒月緩工，忙月常辦工，每方實價銀壹錢陸分，如有積水，外加戽水工，實價銀叁分。

忙月閒工，閒月急工，忙月另案急工，每方實價銀貳錢，如有積水，外加戽水工，實價銀叁分柒厘伍毫。

淤土原係淤沙爛泥，鍬不能挖，筐不能盛，須用木杓舀起，以布兜盛送，夫工較多土方。內：

閒月緩工，忙月常辦工，每方實價銀貳錢柒分貳厘。

忙月閒工，閒月急工，忙月另案急工，每方實價銀叁錢肆分。

稀淤土猶如渾漿，人夫不能跕立，須用跳板接脚，以木杓舀入木桶，挨次排立傳遞，方能運送上岸，倍費人力土方。內：

閒月緩工，忙月常辦工，每方實價銀叁錢。

忙月閒工，閒月急工，忙月另案急工，每方實價銀叁錢柒分伍厘。

瓦礫土係逼近城市，居民稠密，瓦礫等類倒卸河內，深入泥中結成一塊，需用鐵鈀刨挖，挑送遠處堆積，工力倍費土方。內：

閒月緩工，忙月常辦工，每方實價銀叁錢。

忙月閒工，閒月急工，忙月另案急工，每方實價銀叁錢柒分伍厘。

小砂礓土猶如石子，與土凝結，畚插難施，需用鐵鈀築起挑挖，工力艱難土方。內：

閒月緩工，忙月常辦工，每方實價銀叁錢。

忙月閒工，閒月急工，忙月另案急工，每方實價銀叁錢柒分伍厘。

大砂礓土堅硬如石，施工更難，需用鐵鷹嘴、弩角各器具鑿破，逐塊刨挖、挑送，工多倍費土方。內：

閒月緩工，忙月常辦工，每方實價銀肆錢。

忙月閒工，閒月急工，忙月另案急工，每方實價銀伍錢。

罱撈土多在湖河巨蕩之內，碍難築壩，戽水必須僱募船隻，用罱撈浚淤泥運送崖岸，一切僱船撈浚等費土方。內：
閒月緩工，忙月常辦工，每方實價銀叁錢伍分。
忙月閒工，閒月急工，忙月另案急工，每方實價銀肆錢叁分柒厘伍毫。
以上築堤、挑河兩項工程，以拾月至次年叁月俱爲閒月，肆月至玖月俱爲忙月，理合聲明。
籠接口、灰桶、灰舀等項，用尺伍木，照實價銷算。
熬汁柴束，照實價銷算。
各匠役工食：
石匠鏨鑿新雙料墻面丁石，每丈連砌工實價銀陸錢。
石匠鏨鑿新单料墻面丁石，每丈連砌工實價銀叁錢。
石匠鏨鑿舊雙料墻面丁石，每丈連砌工實價銀貳錢。
石匠鏨鑿舊单料墻面丁石，每丈連砌工實價銀壹錢。
石匠鏨鑿雙料新舊裡石，每丈連砌工實價銀壹錢貳分。
石匠鏨鑿单料新舊裡石，每丈連砌工實價銀陸分。
石匠鏨鑿錠眼，每個實價銀壹分。
石匠鏨鑿鍋眼，每個實價銀陸厘。
石匠鏨鑿閘工、金門兩墻，上下裹頭肆轉角石塊，每塊實價工銀壹錢。
木匠刨馬牙梅花樁，每段實價銀貳厘。
刨砍排樁，每丈實價工銀肆分捌厘。
瓦匠砌河磚，每塊實價銀捌毫。
小爐匠箍桶、劈篾、打笆、撕纜等匠，每名日給實價銀陸分。
樁手，每班拾貳名，每名日給實價銀壹錢。
日計夫，每名日給實價銀捌分。
木匠，每工實價銀陸分。
鋸匠，每工實價銀陸分。
漆匠，每工實價銀陸分。
排樁用尺伍陸木不等，照實價銷算。
撕木借用，不銷錢粮。
盤礮、打辮子、做千觔、搨扣等項，用緥觔，照實價銷算。
蘆笆柴束，照實價銷算。
大扳纜，每條用柴壹束，照實價銷算。
壩中填土，按取土遠近照方計算。
木料估用大小尺寸，照實價銷算。
生鐵錠，每個重肆觔，仍照向例漕規銀陸分。
熟鐵鍋，每個重壹觔，仍照向例漕規銀肆分。
熟鐵鎖，每個重壹觔，仍照向例漕規銀肆分。
鐵繩，每條重叁拾觔，仍照向例漕規，每觔銀叁分。
鐵撬，每把重捌觔，仍照向例漕規，每觔銀叁分。
鐵鍬，每把重叁觔，仍照向例漕規，每觔銀叁分。
鐵鷹嘴，每把重貳觔，仍照向例漕規，每觔銀叁分。
鐵幌錘，每把重拾伍觔，仍照向例漕規，每觔銀肆分。

鐵釘，仍照向例漕規，每觔銀叁分。

灰籮，每隻仍照向例漕規銀陸分。

灰篩，每面仍照向例漕規銀伍分。

汁鍋，每口仍照向例漕規銀陸錢。

汁鋼，每口仍照向例漕規銀肆錢。

木掀，每把仍照向例漕規銀伍分。

箍桶、竹篾，仍照向例漕規，每觔銀捌厘。

煤炭，每担仍照向例漕規銀叁錢。

弔石、木鈴鐺，每個仍照向例漕規銀叁分。

石礎，每部仍照向例漕規銀伍錢。

礎肘，每肆副用雜木壹段，仍照向例漕規銀叁錢。

毛竹：

壹尺圓，仍照向例漕規，每根銀玖分。

尺壹圓，仍照向例漕規，每根銀壹錢柒厘。

尺貳圓，仍照向例漕規，每根銀壹錢貳分肆厘。

尺叁圓，仍照向例漕規，每根銀壹錢肆分壹厘，如圓加壹寸，增銀壹分柒厘。

蘆蓆，仍照向例漕規，每片銀壹分伍厘。

水車，每部仍照向例漕規，長壹丈銀貳兩，如添長壹尺加銀貳錢。

松板，每塊仍照向例漕規，長伍尺、寬壹尺、厚壹寸銀柒分。

桐油，每觔仍照向例漕規銀叁分。

水膠，每觔仍照向例漕規銀叁分。

它参，每觔仍照向例漕規銀捌分。

錠紅，每觔仍照向例漕規銀貳分。

河工實價則例卷之五

中河廳：

秫稭，每觔實價銀叁厘壹毫，每束叁拾觔，銀玖分叁厘。

葦柴，每觔實價銀叁厘壹毫捌絲，每束叁拾觔，銀玖分伍厘肆毫，除毫不計外，每束准銷銀玖分伍厘。

檾，每觔實價銀叁分伍厘。

杉木：

不登尺木，長壹丈貳尺，每根實價銀壹錢伍分肆厘。

壹尺木，長壹丈叁尺，每根實價銀貳錢貳分陸厘陸毫。

尺壹木，長壹丈肆尺，每根實價銀貳錢捌分捌厘貳毫。

尺貳木，長壹丈伍尺，每根實價銀叁錢柒分壹厘捌毫。

尺叁木，長壹丈陸尺，每根實價銀肆錢柒分伍厘貳毫。

尺肆木，長壹丈柒尺，每根實價銀伍錢伍分陸厘陸毫。

尺伍木，長壹丈捌尺，每根實價銀柒錢肆厘。

尺陸木，長壹丈玖尺，每根實價銀捌錢捌分捌厘捌毫。

尺柒木，長貳丈，每根實價銀壹兩玖分伍厘陸毫。

尺捌木，長貳丈壹尺，每根實價銀壹兩叁錢捌分陸厘。

尺玖木，長貳丈貳尺，每根實價銀壹兩柒錢壹分陸厘。

貳尺木，長貳丈叁尺，每根實價銀貳兩貳分陸厘貳毫。

貳尺壹木，長貳丈肆尺，每根實價銀貳兩伍錢壹厘肆毫。

貳尺貳木，長貳丈伍尺，每根實價銀叁兩叁分捌厘貳毫。

貳尺叁木，長貳丈陸尺，每根實價銀叁兩伍錢柒分柒厘貳毫。

貳尺肆木，長貳丈柒尺，每根實價銀肆兩壹錢柒分伍厘陸毫。

貳尺伍木，長貳丈捌尺，每根實價銀肆兩柒錢玖分陸厘。

貳尺陸木，長貳丈玖尺，每根實價銀伍兩伍錢捌分叁厘陸毫。

貳尺柒木，長叁丈，每根實價銀陸兩肆錢伍分肆毫。

貳尺捌木，長叁丈壹尺，每根實價銀柒兩叁錢捌分壹厘。

貳尺玖木，長叁丈貳尺，每根實價銀捌兩肆錢壹分伍厘。

叁尺木，長叁丈叁尺，每根實價銀玖兩肆錢貳分玖厘貳毫。

叁尺壹木，長叁丈肆尺，每根實價銀拾兩伍錢肆分陸厘捌毫。

叁尺貳木，長叁丈伍尺，每根實價銀拾壹兩柒錢貳分陸厘。

叁尺叁木，長叁丈陸尺，每根實價銀拾貳兩玖錢陸分肆厘陸毫。

叁尺肆木，長叁丈柒尺，每根實價銀拾肆兩貳錢陸分玖厘貳毫。

叁尺伍木，長叁丈捌尺，每根實價銀拾伍兩伍錢肆分玖厘陸毫。

叁尺陸木，長叁丈玖尺，每根實價銀拾柒兩陸分壹厘。

叁尺柒木，長肆丈，每根實價銀拾捌兩伍錢肆分捌厘貳毫。

叁尺捌木，長肆丈壹尺，每根實價銀貳拾兩玖分玖厘貳毫。

叁尺玖木，長肆丈貳尺，每根實價銀貳拾壹兩柒錢壹分肆厘。

肆尺木，長肆丈叁尺，每根實價銀貳拾叁兩叁錢捌分捌厘貳毫。

肆尺壹木，長肆丈肆尺，每根實價銀貳拾伍兩壹錢貳分陸厘貳毫。

肆尺貳木，長肆丈伍尺，每根實價銀貳拾陸兩玖錢貳分叁厘陸毫。

肆尺叁木，長肆丈陸尺，每根實價銀貳拾捌兩柒錢捌分肆厘捌毫。

肆尺肆木，長肆丈柒尺，每根實價銀叁拾兩柒錢玖厘捌毫。

肆尺伍木，長肆丈捌尺，每根實價銀叁拾貳兩陸錢玖分肆厘貳毫。

肆尺陸木，長肆丈玖尺，每根實價銀叁拾肆兩柒錢肆分貳厘肆毫。

肆尺柒木，長伍丈，每根實價銀叁拾陸兩捌錢伍分。

肆尺捌木，長伍丈壹尺，每根實價銀叁拾玖兩肆分叁厘肆毫。

肆尺玖木，長伍丈貳尺，每根實價銀肆拾壹兩貳錢伍分陸厘陸毫。

伍尺木，長伍丈叁尺，每根實價銀肆拾叁兩伍錢伍分壹厘貳毫。

石料：

雙料墻面丁石，每塊寬厚俱壹尺貳寸，每丈實價銀叁兩柒錢陸分。

单料墻面丁石，每塊寬壹尺貳寸、厚陸寸，每丈實價銀壹兩捌錢捌分。

雙料裡石，每塊寬厚俱壹尺貳寸，每丈實價銀貳兩壹錢。

单料裡石，每塊寬壹尺貳寸、厚陸寸，每丈實價銀壹兩伍分。

河磚，每塊寬伍寸、厚叁寸叁分、長壹尺貳寸，實價銀貳分陸厘肆毫。

大料河磚，每塊寬柒寸伍分、厚肆寸壹分、長壹尺貳寸，實價銀肆分玖厘貳毫捌絲。

汁米，每担實價銀叁兩壹錢貳分。

石灰，每担實價銀叁錢柒分肆厘肆毫。

雜草，每束重拾觔，實價銀壹分捌厘，每觔實價銀壹厘捌毫。

購柳，每束青、温、乾。重捌、陸、肆。拾觔，實價銀玖分。

築堤土方並填壖壓埽工程：

近處乾地取土，離堤拾伍丈至伍拾丈土方。內：

閒月緩工，忙月歲搶修常辦工，每方實價銀貳錢伍分。

忙月閒工，閒月急工，忙月另案急工，每方實價銀叁錢壹分貳厘伍毫。

遠處乾地取土，離堤伍拾丈以外至壹百丈，及近處濘地取土，離堤拾伍丈至伍拾丈土方。內：

閒月緩工，忙月歲搶修常辦工，每方實價銀貳錢柒分貳厘。

忙月閒工，閒月急工，忙月另案急工，每方實價銀叁錢肆分。

遠處濘地取土，離堤伍拾丈以外至壹百丈土方內。

閒月緩工，忙月歲搶修常辦工，每方實價銀叁錢。

忙月閒工，閒月急工，忙月另案急工，每方實價銀叁錢柒分伍厘。

堤根有積水坑塘佔碍，遶越乾地取土，離堤伍拾丈以外至壹百伍拾丈土方。內：

閒月緩工，忙月歲搶修常辦工，每方實價銀叁錢肆分。

忙月閒工，閒月急工，忙月另案急工，每方實價銀肆錢貳分伍厘。

堤根有積水坑塘佔碍，遶越濘地取土，離堤伍拾丈以外至壹百伍拾丈土方。內：

閒月緩工，忙月歲搶修常辦工，每方實價銀叁錢陸分。

忙月閒工，閒月急工，忙月另案急工，每方實價銀肆錢伍分。

隔堤隔河，遠處乾地取土，離堤貳百丈以外至叁百丈土方。內：

閒月緩工，忙月歲搶修常辦工，每方實價銀叁錢

捌分。

忙月閒工，閒月急工，忙月另案急工，每方實價銀肆錢柒分伍厘。

隔堤隔河，遠處濘地取土，離堤貳百丈以外至叁百丈土方。內：

閒月緩工，忙月歲搶修常辦工，每方實價銀肆錢。

忙月閒工，閒月急工，忙月另案急工，每方實價銀伍錢。

若於水底取土，離堤叁拾丈至伍拾丈土方。內：

閒月緩工，忙月歲搶修常辦工，每方實價銀伍錢。

忙月閒工，閒月急工，忙月另案急工，每方實價銀陸錢貳分伍厘。

挑河土方：

乾地挑挖河土，如有積水，外加戽水工。

閒月緩工，忙月常辦工，每方實價銀壹錢陸分，如有積水，外加戽水工，實價銀叁分。

忙月閒工，閒月急工，忙月另案急工，每方實價銀貳錢，如有積水，外加戽水工，實價銀叁分柒厘伍毫。

淤土原係淤沙爛泥，鍬不能挖，筐不能盛，須用木杓舀起，以布兜盛送，夫工較多土方。內：

閒月緩工，忙月常辦工，每方實價銀貳錢柒分貳厘。

忙月閒工，閒月急工，忙月另案急工，每方實價銀叁錢肆分。

稀淤土猶如渾漿，人夫不能跕立，須用跳板接脚，以木杓舀入木桶，挨次排立傳遞，方能運送上岸，倍費人力土方。內：

閒月緩工，忙月常辦工，每方實價銀叁錢。

忙月閒工，閒月急工，忙月另案急工，每方實價銀叁錢柒分伍厘。

瓦礫土係逼近城市，居民稠密，瓦礫等類倒卸河內，深入泥中結成壹塊，需用鐵鈀刨挖，挑送遠處堆積，工力倍費土方。內：

閒月緩工，忙月常辦工，每方實價銀叁錢。

忙月閒工，閒月急工，忙月另案急工，每方實價銀叁錢柒分伍厘。

小砂礓土猶如石子，與土凝結，畚插難施，需用鐵鈀築起挑挖，工力艱難土方。內：

閒月緩工，忙月常辦工，每方實價銀叁錢。

忙月閒工，閒月急工，忙月另案急工，每方實價銀叁錢柒分伍厘。

大砂礓土堅硬如石，施工更難，需用鐵鷹嘴、弩角各器具鑿破，逐塊刨挖、挑送，工多倍費土方。內：

閒月緩工，忙月常辦工，每方實價銀肆錢。

忙月閒工，閒月急工，忙月另案急工，每方實價銀伍錢。

罱撈土多在河湖巨蕩之內，碍難築壩，戽水必須僱募船隻，用罱撈浚淤泥運送崖岸，一切僱船撈浚等費土方。內：

閒月緩工，忙月常辦工，每方實價銀叁錢伍分。

忙月閒工，閒月急工，忙月另案急工，每方實價銀肆錢叁分柒厘伍毫。

以上築堤、挑河兩項工程拾月至次年叁月俱爲閒月，肆月至玖月俱爲忙月，理合聲明。

各匠役工食：

石匠鑿鏨新雙料墻面丁石，每丈連砌工實價銀陸錢。

石匠鑿鏨新单料墻面丁石，每丈連砌工實價銀叁錢。

石匠鑿鏨舊雙料墻面丁石，每丈連砌工實價銀貳錢。

石匠鑿鏨舊单料墻面丁石，每丈連砌工實價銀壹錢。

石匠鑿鏨雙料新舊裡石，每丈連砌工實價銀壹錢貳分。

石匠鑿鏨单料新舊裡石，每丈連砌工實價銀陸分。

石匠鑿鏨錠眼，每個實價銀壹分。

石匠鑿鏨鍋眼，每個實價銀陸厘。

石匠鑿鏨閘工、金門兩墻，上下裹頭肆轉角石塊，每塊實價工銀壹錢。

木匠刨馬牙、梅花樁，每段實價銀貳厘。

刨砍排樁，每丈實價工銀肆分捌厘。

瓦匠砌河磚，每塊實價銀捌毫。

小爐匠箍桶、劈篾、打笆、撕纜等匠，每名實價日給銀陸分。

樁手，每班拾貳名，每名實價日給銀壹錢。

日計夫，每名實價日給銀捌分。

木匠，實價每工銀陸分。

鋸匠，實價每工銀陸分。

漆匠，實價每工銀陸分。

箍接口、灰桶、灰舀等項，用尺伍木，照實價銷算。

熬汁柴束，照實價銷算。

排樁用尺伍陸木不等，照實價銷算。

撕木借用，不銷錢粮。

盤硪、打辮子、做千觔、擯扣等項，用檾觔，照實價銷算。

蘆笆柴束，照實價銷算。

大扳纜，每條用柴壹束，照實價銷算。

壩中填土，按取土遠近，照方計算。

木料估用大小尺寸，照實價銷算。

生鐵錠，每個重肆觔，仍照向例漕規銀陸分。

熟鐵鍋，每個重壹觔，仍照向例漕規銀肆分。

熟鐵銷，每個重壹觔，仍照向例漕規銀肆分。

鐵繩，每條重叁拾觔，仍照向例漕規，每觔銀叁分。

鐵撬，每把重捌觔，仍照向例漕規，每觔銀叁分。

鐵鍬，每把重叁觔，仍照向例漕規，每觔銀叁分。

鐵鷹嘴，每把重貳觔，仍照向例漕規，每觔銀叁分。

鐵幌錘，每把重拾伍觔，仍照向例漕規，每觔銀肆分。
鐵釘，仍照向例漕規，每觔銀叁分。
灰籮，仍照向例漕規，每隻銀陸分。
灰篩，仍照向例漕規，每面銀伍分。
汁鍋，仍照向例漕規，每口銀陸錢。
汁鋼，仍照向例漕規，每口銀肆錢。
木掀，仍照向例漕規，每把銀伍分。
箍桶、竹篾，仍照向例漕規，每觔銀捌厘。
煤炭，仍照向例漕規，每担銀叁錢。
弔石、木鈴鐺，仍照向例漕規，每個銀叁分。
石硪，仍照向例漕規，每部銀伍錢。
硪肘，每肆副用雜木壹段，仍照向例漕規銀叁錢。
毛竹：
壹尺圓，仍照向例漕規，每根銀玖分。
尺壹圓，仍照向例漕規，每根銀壹錢柒厘。
尺貳圓，仍照向例漕規，每根銀壹錢貳分肆厘。
尺叁圓，仍照向例漕規，每根銀壹錢肆分壹厘，如圓加壹寸，增銀壹分柒厘。
　蘆席，仍照向例漕規，每片銀壹分伍厘。
　水車，每部長壹丈，仍照向例漕規銀貳兩，如添長壹尺，加銀貳錢。
　松板，每塊長伍尺、寬壹尺、厚壹寸，仍照向例漕規銀柒分。

桐油，仍照向例漕規，每觔銀叁分。
水膠，仍照向例漕規，每觔銀叁分。
它参，仍照向例漕規，每觔銀捌分。
錠紅，仍照向例漕規，每觔銀貳分。

河工實價則例卷之六

高堰廳：

秫稭，每觔實價銀叁厘叁毫，每束重叁拾觔，合銀玖分玖厘。

葦柴，每觔實價銀叁厘叁毫肆絲，每束重叁拾觔，合銀壹錢零貳毫，除零不計外，每束准銷銀壹錢。

檾，每觔實價銀叁分玖厘。

杉木：

不登尺木，長壹丈貳尺，每根實價銀壹錢伍分肆厘。

壹尺木，長壹丈叁尺，每根實價銀貳錢肆分貳厘。

尺壹木，長壹丈肆尺，每根實價銀叁錢零捌厘。

尺貳木，長壹丈伍尺，每根實價銀叁錢玖分陸厘。

尺叁木，長壹丈陸尺，每根實價銀伍錢零陸厘。

尺肆木，長壹丈柒尺，每根實價銀伍錢玖分肆厘。

尺伍木，長壹丈捌尺，每根實價銀柒錢肆分捌厘。

尺陸木，長壹丈玖尺，每根實價銀玖錢肆分陸厘。

尺柒木，長貳丈，每根實價銀壹兩壹錢陸分陸厘。

尺捌木，長貳丈壹尺，每根實價銀壹兩肆錢柒分肆厘。

尺玖木，長貳丈貳尺，每根實價銀壹兩捌錢貳分陸厘。

貳尺木，長貳丈叁尺，每根實價銀貳兩壹錢伍分陸厘。

貳尺壹木，長貳丈肆尺，每根實價銀貳兩陸錢陸分貳厘。

貳尺貳木，長貳丈伍尺，每根實價銀叁兩貳錢叁分肆厘。

貳尺叁木，長貳丈陸尺，每根實價銀叁兩捌錢零陸厘。

貳尺肆木，長貳丈柒尺，每根實價銀肆兩肆錢肆分肆厘。

貳尺伍木，長貳丈捌尺，每根實價銀伍兩壹錢零肆厘。

貳尺陸木，長貳丈玖尺，每根實價銀伍兩玖錢肆分。

貳尺柒木，長叁丈，每根實價銀陸兩捌錢陸分肆厘。

貳尺捌木，長叁丈壹尺，每根實價銀柒兩捌錢伍分肆厘。

貳尺玖木，長叁丈貳尺，每根實價銀捌兩玖錢伍分肆厘。

叁尺木，長叁丈叁尺，每根實價銀拾兩零叁分貳厘。

叁尺壹木，長叁丈肆尺，每根實價銀拾壹兩貳錢貳分。

叁尺貳木，長叁丈伍尺，每根實價銀拾貳兩肆錢柒分肆厘。

叁尺叁木，長叁丈陸尺，每根實價銀拾叁兩柒錢玖分肆厘。

叁尺肆木，長叁丈柒尺，每根實價銀拾伍兩壹錢捌分。

叁尺伍木，長叁丈捌尺，每根實價銀拾陸兩陸錢叁分貳厘。

叁尺陸木，長叁丈玖尺，每根實價銀拾捌兩壹錢伍分。

叁尺柒木，長肆丈，每根實價銀拾玖兩柒錢叁分肆厘。

叁尺捌木，長肆丈壹尺，每根實價銀貳拾壹兩叁錢捌分肆厘。

叁尺玖木，長肆丈貳尺，每根實價銀貳拾叁兩壹錢。

肆尺木，長肆丈叁尺，每根實價銀貳拾肆兩捌錢捌分貳厘。

肆尺壹木，長肆丈肆尺，每根實價銀貳拾陸兩柒錢叁分。

肆尺貳木，長肆丈伍尺，每根實價銀貳拾捌兩陸錢肆分肆厘。

肆尺叁木，長肆丈陸尺，每根實價銀叁拾兩陸錢貳分肆厘。

肆尺肆木，長肆丈柒尺，每根實價銀叁拾貳兩陸錢柒分。

肆尺伍木，長肆丈捌尺，每根實價銀叁拾肆兩柒錢捌分貳厘。

肆尺陸木，長肆丈玖尺，每根實價銀叁拾陸兩玖錢陸分。

肆尺柒木，長伍丈，每根實價銀叁拾玖兩貳錢零肆厘。

肆尺捌木，長伍丈壹尺，每根實價銀肆拾壹兩伍錢叁分陸厘。

肆尺玖木，長伍丈貳尺，每根實價銀肆拾叁兩捌錢玖分。

伍尺木，長伍丈叁尺，每根實價銀肆拾陸兩叁錢叁分貳厘。

石料：

雙料墻面丁石，每塊寬厚俱壹尺貳寸，每丈實價銀肆兩肆錢陸分伍厘。

単料墻面丁石，每塊寬壹尺貳寸、厚陸寸，每丈實價銀貳兩貳錢叁分貳厘伍毫。

雙料裡石，每塊寬厚俱壹尺貳寸，每丈實價銀貳兩伍錢貳分。

単料裡石，每塊寬壹尺貳寸、厚陸寸，每丈實價銀壹兩貳錢陸分。

河磚，每塊寬伍寸、厚叁寸叁分、長壹尺貳寸，實價銀貳分陸厘肆毫。

大料河磚，每塊寬柒寸伍分、厚肆寸壹分、長壹尺貳寸，實價銀肆分玖厘貳毫捌絲。

汁米，實價每石銀叁兩壹錢貳分。

石灰，實價每石銀叁錢柒分肆厘肆毫。

雜草，每束重拾觔，實價銀壹分捌厘，合每觔銀壹厘捌毫。

購柳，每束青、温、乾。重捌、陸、肆。拾觔，實價銀玖分。

築堤土方並填壩壓埽工程：

近處乾地取土，離堤拾伍丈至伍拾丈土方。內：

閒月緩工，忙月歲搶修常辦工，每方實價銀貳錢伍分。

忙月閒工，閒月急工，忙月另案急工，每方實價銀叁錢壹分貳厘伍毫。

遠處乾地取土，離堤伍拾丈以外至壹百丈，及近處濘地取土，離堤拾伍丈至伍拾丈土方。內：

閒月緩工，忙月歲搶修常辦工，每方實價銀貳錢柒分貳厘。

忙月閒工，閒月急工，忙月另案急工，每方實價銀叁錢肆分。

遠處濘地取土，離堤伍拾丈以外至壹百丈土方，內：

閒月緩工，忙月歲搶修常辦工，每方實價銀叁錢。

忙月閒工，閒月急工，忙月另案急工，每方實價銀叁錢柒分伍厘。

堤根有積水坑塘估碍，遶越乾地取土，離堤伍拾丈以外至壹百伍拾丈土方。內：

閒月緩工，忙月歲搶修常辦工，每方實價銀叁錢肆分。

忙月閒工，閒月急工，忙月另案急工，每方實價銀肆錢貳分伍厘。

堤根有積水坑塘估碍，遶越濘地取土，離堤伍拾丈以外至壹百伍拾丈土方。內：

閒月緩工，忙月歲搶修常辦工，每方實價銀叁錢陸分。

忙月閒工，閒月急工，忙月另案急工，每方實價銀肆錢伍分。

隔堤隔河，遠處乾地取土，離堤貳百丈以外至叁百丈土方。內：

閒月緩工，忙月歲搶修常辦工，每方實價銀叁錢捌分。

忙月閒工，閒月急工，忙月另案急工，每方實價銀肆錢柒分伍厘。

隔堤隔河，遠處濘地取土，離堤貳百丈以外至叁百丈土方。內：

閒月緩工，忙月歲搶修常辦工，每方實價銀肆錢。

忙月閒工，閒月急工，忙月另案急工，每方實價銀伍錢。

若於水底取土，離堤叁拾丈至伍拾丈土方。內：

閒月緩工，忙月歲搶修常辦工，每方實價銀伍錢。

忙月閒工，閒月急工，忙月另案急工，每方實價銀陸錢貳分伍厘。

挑河土方：

乾地挑挖河土，如有積水，外加戽水工。

閒月緩工，忙月常辦工，每方實價銀壹錢陸分，如有積水，外加戽水工，實價銀叁分。

忙月閒工，閒月急工，忙月另案急工，每方實價銀貳錢，如有積水，外加戽水工，實價銀叁分柒厘伍毫。

淤土原係淤沙爛泥，鍬不能挖，筐不能盛，須用木杓舀起，以布兜盛送，夫工較多土方。內：

閒月緩工，忙月常辦工，每方實價銀貳錢柒分貳厘。

忙月閒工，閒月急工，忙月另案急工，每方實價銀叁錢肆分。

稀淤土猶如渾漿，人夫不能站立，須用跳板接脚，以木杓舀入木桶，挨次排立傳遞方能運送上岸，倍費人力土方。內：

閒月緩工，忙月常辦工，每方實價銀叁錢。

忙月閒工，閒月急工，忙月另案急工，每方實價銀叁錢柒分伍厘。

瓦礫土係逼近城市，居民稠密，瓦礫等類倒卸河內，深入泥中結成壹塊，需用鐵鈀刨挖，挑送遠處堆積，工力倍費土方。內：

閒月緩工，忙月常辦工，每方實價銀叁錢。

忙月閒工，閒月急工，忙月另案急工，每方實價銀叁錢柒分伍厘。

小砂礓土猶如石子，與土凝結，畚插難施，需用鐵鈀築起挑挖，工力艱難土方。內：

閒月緩工，忙月常辦工，每方實價銀叁錢。

忙月閒工，閒月急工，忙月另案急工，每方實價銀叁錢柒分伍厘。

大砂礓土堅硬如石，施工更難，需用鐵鷹嘴、努角各器具鑿破，逐塊刨挖、挑送，工多倍費土方。內：

閒月緩工，忙月常辦工，每方實價銀肆錢。

忙月閒工，閒月急工，忙月另案急工，每方實價銀伍錢。

罱撈土多在河湖巨蕩之內，碍難築壩，戽水必須僱募船隻，用罱撈浚淤泥運送崖岸，一切僱船撈浚等費土方。內：

閒月緩工，忙月常辦工，每方實價銀叁錢伍分。

忙月閒工，閒月急工，忙月另案急工，每方實價銀肆錢叁分柒厘伍毫。

以上築堤、挑河兩項工程，以拾月至次年叁月俱爲閒月，肆月至玖月俱爲忙月，理合聲明。

箍接口、灰桶、灰舀等項，用尺伍木，照實價銷算。

熬汁柴束，按照實價銷算。

各匠役工食：

石匠鏨鑿新雙料墻面丁石，每丈連砌工實價銀陸錢。

石匠鏨鑿新单料墻面丁石，每丈連砌工實價銀叁錢。

石匠鏨鑿舊雙料墻面丁石，每丈連砌工實價銀貳錢。

石匠鏨鑿舊单料墻面丁石，每丈連砌工實價銀壹錢。

石匠鏨鑿雙料新舊裡石，每丈連砌工實價銀壹錢貳分。

石匠鏨鑿单料新舊裡石，每丈連砌工實價銀陸分。

石匠鏨鑿錠眼，每個實價銀壹分。

石匠鏨鑿鋦眼，每個實價銀陸厘。

石匠鏨鑿閘工、金門兩墻，上下裹頭肆轉角石塊，每塊實價工銀壹錢。

木匠刨馬牙、梅花樁，每段實價銀貳厘。

刨砍排樁，每丈實價工銀肆分捌厘。

瓦匠砌河磚，每塊實價銀捌毫。

小爐匠箍桶、劈篾、打笆、撕纜等匠，每名日給實價銀陸分。

樁手，每班拾貳名，每名日給實價銀壹錢。

日計夫，每名日給實價銀捌分。

木匠，每工實價銀陸分。

鋸匠，每工實價銀陸分。

漆匠，每工實價銀陸分。

排樁用尺伍陸木不等，按實價銷算。

撕木借用，不銷錢粮。

盤礮、打辮子、做千觔、損扣等項，用檾觔，照實價銷算。

蘆笆柴束，照實價銷算。

大扳纜，每條用柴壹束，按實價銷算。

壩中填土，按取土遠近，照方計算。

木料估用大小尺寸，照實價銷算。

生鐵錠，每個重肆觔，仍照向例漕規銀陸分。

熟鐵鋦，每個重壹觔，仍照向例漕規銀肆分。

熟鐵銷，每個重壹觔，仍照向例漕規銀肆分。

鐵繩，每條重叁拾觔，每觔仍照向例漕規銀叁分。

鐵撬，每把重捌觔，每觔仍照向例漕規銀叁分。

鐵鍬，每把重叁觔，每觔仍照向例漕規銀叁分。

鐵鷹嘴，每把重貳觔，每觔仍照向例漕規銀叁分。

鐵幌錘，每把重拾伍觔，每觔仍照向例漕規銀肆分。

鐵釘，每觔仍照向例漕規銀叁分。

灰籮，每隻仍照向例漕規銀陸分。

灰篩，每面仍照向例漕規銀伍分。

汁鍋，每口仍照向例漕規銀陸錢。

汁鋼，每口仍照向例漕規銀肆錢。

木掀，每把仍照向例漕規銀伍分。

箍桶、竹篾，每觔仍照向例漕規銀捌厘。

煤炭，每石仍照向例漕規銀叁錢。

弔石、木鈴鐺，每個仍照向例漕規銀叁分。

石硪，每部仍照向例漕規銀伍錢。

硪肘，每肆副用雜木壹段，仍照向例漕規銀叁錢。

毛竹：

壹尺圓，每根仍照向例漕規銀玖分。

尺壹圓，每根仍照向例漕規銀壹錢零柒厘。

尺貳圓，每根仍照向例漕規銀壹錢貳分肆厘。

尺叁圓，每根仍照向例漕規銀壹錢肆分壹厘，如圓加壹寸，增銀壹分柒厘。

蘆蓆，每片仍照向例漕規銀壹分伍厘。

水車，每部長壹丈，仍照向例漕規銀貳兩，如添長壹尺，加銀貳錢。

松板，每塊長伍尺、寬壹尺、厚壹寸，仍照向例漕規銀捌分。

桐油，每觔仍照向例漕規銀叁分。

水膠，每觔仍照向例漕規銀叁分。

它參，每觔仍照向例漕規银捌分。

錠紅，每觔仍照向例漕規银貳分。

河工實價則例卷之七

山盱廳：

秫稭，每觔實價銀叁厘肆毫，每束重叁拾觔，銀壹錢貳厘。

葦柴，每觔實價銀叁厘叁毫陸絲，每束重叁拾觔，銀壹錢捌毫，除零不計外，每束准銷銀壹錢。

檾，每觔實價銀叁分玖厘。

杉木：

不登木，長壹丈貳尺，每根實價銀壹錢伍分肆厘。

尺木，長壹丈叁尺，每根實價銀貳錢肆分貳厘。

尺壹木，長壹丈肆尺，每根實價銀叁錢捌厘。

尺貳木，長壹丈伍尺，每根實價銀叁錢玖分陸厘。

尺叁木，長壹丈陸尺，每根實價銀伍錢陸厘。

尺肆木，長壹丈柒尺，每根實價銀伍錢玖分肆厘。

尺伍木，長壹丈捌尺，每根實價銀柒錢肆分捌厘。

尺陸木，長壹丈玖尺，每根實價銀玖錢肆分陸厘。

尺柒木，長貳丈，每根實價銀壹兩壹錢陸分陸厘。

尺捌木，長貳丈壹尺，每根實價銀壹兩肆錢柒分肆厘。

尺玖木，長貳丈貳尺，每根實價銀壹兩捌錢貳分陸厘。

貳尺木，長貳丈叁尺，每根實價銀貳兩壹錢伍分陸厘。

貳尺壹木，長貳丈肆尺，每根實價銀貳兩陸錢陸分貳厘。

貳尺貳木，長貳丈伍尺，每根實價銀叁兩貳錢叁分肆厘。

貳尺叁木，長貳丈陸尺，每根實價銀叁兩捌錢零陸厘。

貳尺肆木，長貳丈柒尺，每根實價銀肆兩肆錢肆分肆厘。

貳尺伍木，長貳丈捌尺，每根實價銀伍兩壹錢肆厘。

貳尺陸木，長貳丈玖尺，每根實價銀伍兩玖錢肆分。

貳尺柒木，長叁丈，每根實價銀陸兩捌錢陸分肆厘。

貳尺捌木，長叁丈壹尺，每根實價銀柒兩捌錢伍分肆厘。

貳尺玖木，長叁丈貳尺，每根實價銀捌兩玖錢伍分肆厘。

叁尺木，長叁丈叁尺，每根實價銀拾兩叁分貳厘。

叁尺壹木，長叁丈肆尺，每根實價銀拾壹兩貳錢貳分。

叁尺貳木，長叁丈伍尺，每根實價銀拾貳兩肆錢柒分肆厘。

叁尺叁木，長叁丈陸尺，每根實價銀拾叁兩柒錢玖分肆厘。

叁尺肆木，長叁丈柒尺，每根實價銀拾伍兩壹錢捌分。

叁尺伍木，長叁丈捌尺，每根實價銀拾陸兩陸錢叁分貳厘。

叁尺陸木，長叁丈玖尺，每根實價銀拾捌兩壹錢伍分。

叁尺柒木，長肆丈，每根實價銀拾玖兩柒錢叁分肆厘。

叁尺捌木，長肆丈壹尺，每根實價銀貳拾壹兩叁錢捌分肆厘。

叁尺玖木，長肆丈貳尺，每根實價銀貳拾叁兩壹錢。

肆尺木，長肆丈叁尺，每根實價銀貳拾肆兩捌錢捌分貳厘。

肆尺壹木，長肆丈肆尺，每根實價銀貳拾陸兩柒錢叁分。

肆尺肆木，長肆丈伍尺，每根實價銀貳拾捌兩陸錢肆分肆厘。

肆尺叁木，長肆丈陸尺，每根實價銀叁拾兩陸錢貳分肆厘。

肆尺肆木，長肆丈柒尺，每根實價銀叁拾貳兩陸錢柒分。

肆尺伍木，長肆丈捌尺，每根實價銀叁拾肆兩柒錢捌分貳厘。

肆尺陸木，長肆丈玖尺，每根實價銀叁拾陸兩玖錢陸分。

肆尺柒木，長伍丈，每根實價銀叁拾玖兩貳錢零肆厘。

肆尺捌木，長伍丈壹尺，每根實價銀肆拾壹兩伍錢叁分陸厘。

肆尺玖木，長伍丈貳尺，每根實價銀肆拾叁兩捌錢玖分。

伍尺木，長伍丈叁尺，每根實價銀肆拾陸兩叁錢叁分貳厘。

石料：

雙料墻面丁石，每塊寬厚俱壹尺貳寸，每丈實價銀肆兩肆錢陸分伍厘。

单料墻面丁石，每塊寬壹尺貳寸、厚陸寸，每丈實價銀貳兩貳錢叁分貳厘伍毫。

雙料裡石，每塊寬厚俱壹尺貳寸，每丈實價銀貳兩伍錢貳分。

单料裡石，每塊寬壹尺貳寸、厚陸寸，每丈實價銀壹兩貳錢陸分。

河磚，每塊寬伍寸、厚叁寸叁分、長壹尺貳寸，實價銀貳分陸厘肆毫。

大料河磚，每塊寬柒寸伍分、厚肆寸壹分、長壹尺貳寸，實價銀肆分玖厘貳毫捌絲。

汁米，每石實價銀叁兩壹錢貳分。

石灰，每石實價銀叁錢柒分肆厘肆毫。

雜草，每束重拾觔，實價銀壹分捌厘，每觔銀壹厘捌毫。

購柳，每束青、温、乾。重捌、陸、肆。拾觔，實價銀玖分。

築堤土方並填壩壓埽工程：

山盱五壩土方，隔湖用船裝運，必須避流遶行，實非他處可比，遵照欽差侍郎英蔣，原奏嗣後五壩用土，俱於未經啟壩之。先預行積土備用，以歸節省其五壩，以外堤工止須查照，隔水取土，遶越叁肆百丈之例，一律加增，准照。

部議，每方價銀伍錢至積土不敷應用，仍須購辦之土需價若干，臨時奏明辦理。

挑河土方：

乾地挑挖河工，如有積水，外加戽水工。

閒月緩工，忙月常辦工，每方實價銀壹錢陸分，如有積水，外加戽水工，實價銀叁分。

忙月閒工，閒月急工，忙月另案急工，每方實價銀貳錢，如有積水，外加戽水工，實價銀叁分柒厘伍毫。

淤土原係淤沙爛泥，鍬不能挖，筐不能盛，須用木杓舀起，以布兜盛送，夫工較多。內：

閒月緩工，忙月常辦工，每方實價銀貳錢柒分貳厘。

忙月閒工，閒月急工，忙月另案急工，每方實價銀叁錢肆分。

稀淤土猶如渾漿，人夫不能站立，須用跳板接脚，以木杓舀入木桶，挨次排立傳遞方能運送上岸，倍費人力土方內。

閒月緩工，忙月常辦工，每方實價銀叁錢。

忙月閒工，閒月急工，忙月另案急工，每方實價銀叁錢柒分伍厘。

瓦礫土係逼近城市，居民稠密，瓦礫等類倒卸河內，深入泥中結成壹塊，需用鐵鈀刨挖，挑送遠處堆積，工力倍費土方。內：

閒月緩工，忙月常辦工，每方實價銀叁錢。

忙月閒工，閒月急工，忙月另案急工，每方實價銀叁錢柒分伍厘。

小砂礓土猶如石子，與土凝結，畚插難施，需用鐵鈀築起挑挖，工力艱難土方。內：

閒月緩工，忙月常辦工，每方實價銀叁錢。

忙月閒工，閒月急工，忙月另案急工，每方實價銀叁錢柒分伍厘。

大砂礓土堅硬如石，施工更難，需用鐵鷹嘴、努角各器具鑿破，逐塊刨挖、挑送，工力倍費土方。內：

閒月緩工，忙月常辦工，每方銀肆錢。

忙月閒工，閒月急工，忙月另案急工，每方實價銀伍錢。

罱撈土多在河湖巨蕩之内，碍難築壩，戽水必須僱募船隻，用罱撈浚淤泥運送崖岸，一切僱船撈浚等費土方。内：

閒月緩工，忙月常辦工，每方實價銀叁錢伍分。

忙月閒工，閒月急工，忙月另案急工，每方實價銀肆錢叁分柒厘伍毫。

以上築堤、挑河兩項工程以拾月至次年叁月俱爲閒月，肆月至玖月俱爲忙月，理合聲明。

箍接口、灰桶、灰舀等項，用尺伍木，照實價銷算。

熬汁柴束，照實價銷算。

各匠役工食：

石匠鏨鑿新雙料墻面丁石，每丈連砌工實價銀陸錢。

石匠鏨鑿新单料墻面丁石，每丈連砌工實價銀叁錢。

石匠鏨鑿舊雙料墻面丁石，每丈連砌工實價銀貳錢。

石匠鏨鑿舊单料墻面丁石，每丈連砌工實價銀壹錢。

石匠鏨鑿雙料新舊裡石，每丈連砌工實價銀壹錢貳分。

石匠鏨鑿单料新舊裡石，每丈連砌工實價銀陸分。

石匠鏨鑿錠眼，每個實價銀壹分。

石匠鏨鑿鍋眼，每個實價銀陸厘。

石匠鏨鑿閘工、金門兩墻，上下裹頭肆轉角石塊，每塊實價工銀壹錢。

木匠刨馬牙、梅花樁，每段實價銀貳厘。

刨砍排樁，每丈實價工銀肆分捌厘。

瓦匠砌河磚，每塊實價銀捌毫。

小爐匠箍桶、劈篾、打笆、撕纜等匠，每名實價日給銀陸分。

日計夫，每名實價日給銀捌分。

樁手，每班拾貳名，每名日給實價銀壹錢。

木匠，每工實價銀陸分。

鋸匠，每工實價銀陸分。

漆匠，每工實價銀陸分。

排樁用尺伍陸木不等，照實價銷算。

撕木借用，不銷錢粮。

盤礮、打辮子、做千觔、損扣等項，用檾觔，照實價銷算。

蘆笆柴束，照實價銷算。

大扳纜，每條用柴壹束，照實價銷算。

壩中填土，按取土遠近，照方計算。

木料估用大小尺寸，照實價銷算。

生鐵錠，每個重肆觔，仍照向例漕規銀陸分。

熟鐵鍋，每個重壹觔，仍照向例漕規銀肆分。

熟鐵銷，每個重壹觔，仍照向例漕規銀肆分。

鐵繩，每條重叁拾觔，仍照向例漕規，每觔銀叁分。

鐵撬，每把重捌觔，仍照向例漕規，每觔銀叁分。

鐵鍬，每把重叁觔，仍照向例漕規，每觔銀叁分。

鐵鷹嘴，每把重貳觔，仍照向例漕規，每觔銀叁分。

鐵幌錘，每把重拾伍觔，仍照向例漕規，每觔銀肆分。

鐵釘，仍照向例漕規，每觔銀叁分。

灰籮，仍照向例漕規每隻銀陸分。

灰篩，仍照向例漕規，每面銀伍分。

汁鍋，仍照向例漕規，每口銀陸錢。

汁鋼，仍照向例漕規，每口銀肆錢。

木掀，仍照向例漕規，每把銀伍分。

箍桶、竹篾，仍照向例漕規，每觔銀捌厘。

煤炭，仍照向例漕規，每石銀叁錢。

弔石、木鈴鐺，仍照向例漕規，每個銀叁分。

石硪，仍照向例漕規，每部銀伍錢。

硪肘，每肆副用雜木壹段，仍照向例漕規銀叁錢。

毛竹：

壹尺圓，仍照向例漕規，每根銀玖分。

尺壹圓，仍照向例漕規，每根銀壹錢柒厘。

尺貳圓，仍照向例漕規，每根銀壹錢貳分肆厘。

尺叁圓，仍照向例漕規，每根銀壹錢肆分壹厘，如圓加壹寸，增銀壹分柒厘。

蘆蓆，仍照向例漕規，每片銀壹分伍厘。

水車，仍照向例漕規，每部長壹丈銀貳兩，如添長壹尺，加銀貳錢。

松板，每塊長伍尺、寬壹尺、厚壹寸，仍照向例漕規銀捌分。

桐油，仍照向例漕規，每觔銀叁分。

水膠，仍照向例漕規，每觔銀叁分。

它参，仍照向例漕規，每觔銀捌分。

錠紅，仍照向例漕規，每觔銀貳分。

河工實價則例卷之八

揚河廳：

葦柴，每觔銀貳厘玖毫肆絲陸忽，每束重叁拾觔，合銀捌分捌厘叁毫捌絲，除毫零不計外，每束應准銷實價銀捌分捌厘。

江柴，每觔銀叁厘，每束重叁拾觔，合實價銀玖分。

檾，每觔實價銀叁分玖厘。

杉木：

不登尺木，每根長壹丈貳尺，實價銀壹錢伍分肆厘。

壹尺木，長壹丈叁尺，每根實價銀貳錢貳厘肆毫。

尺壹木，長壹丈肆尺，每根實價銀貳錢叁分玖厘捌毫。

尺貳木，長壹丈伍尺，每根實價銀貳錢柒分柒厘貳毫。

尺叁木，長壹丈陸尺，每根實價銀叁錢壹分肆厘陸毫。

尺肆木，長壹丈柒尺，每根實價銀叁錢伍分貳厘。

尺伍木，長壹丈捌尺，每根實價銀叁錢捌分玖厘肆毫。

尺陸木，長壹丈玖尺，每根實價銀伍錢陸分壹厘。

尺柒木，長貳丈，每根實價銀柒錢貳分捌厘貳毫。

尺捌木，長貳丈壹尺，每根實價銀捌錢陸分貳毫。

尺玖木，長貳丈貳尺，每根實價銀壹兩貳分玖厘陸毫。

貳尺木，長貳丈叁尺，每根實價銀壹兩壹錢玖分陸厘捌毫。

貳尺壹木，長貳丈肆尺，每根實價銀壹兩叁錢玖分肆厘捌毫。

貳尺貳木，長貳丈伍尺，每根實價銀壹兩伍錢陸分肆厘貳毫。

貳尺叁木，長貳丈陸尺，每根實價銀壹兩柒錢貳分肆厘捌毫。

貳尺肆木，長貳丈柒尺，每根實價銀壹兩玖錢玖厘陸毫。

貳尺伍木，長貳丈捌尺，每根實價銀貳兩玖分捌厘捌毫。

貳尺陸木，長貳丈玖尺，每根實價銀貳兩肆錢壹分伍厘陸毫。

貳尺柒木，長叁丈，每根實價銀貳兩捌錢伍分伍厘陸毫。

貳尺捌木，長叁丈壹尺，每根實價銀叁兩肆錢伍厘陸毫。

貳尺玖木，長叁丈貳尺，每根實價銀肆兩陸分伍厘陸毫。

叁尺木，長叁丈叁尺，每根實價銀肆兩捌錢肆分。

石料：

雙料墻面丁石，每塊寬厚俱壹尺貳寸，每丈實價銀叁兩叁分陸厘貳毫。

单料墻面丁石，每塊寬壹尺貳寸、厚陸寸，每丈實價銀壹兩伍錢壹分捌厘壹毫。

雙料裡石，每塊寬厚俱壹尺貳寸，每丈實價銀貳兩貳錢肆分。

单料裡石，每塊寬壹尺貳寸、厚陸寸，每丈實價銀壹兩壹錢貳分。

河磚，每塊寬伍寸、厚叁寸叁分、長壹尺貳寸，實價銀貳分陸厘肆毫。

大料河磚，每塊寬柒寸伍分、厚肆寸壹分、長壹尺貳寸，實價銀肆分玖厘貳毫捌絲。

汁米，每石實價銀叁兩壹錢貳分。

石灰，每石實價銀叁錢柒分肆厘肆毫。

雜草，每束重拾觔，實價銀壹分柒厘伍毫，合每觔銀壹厘柒毫伍絲。

稻草，每束重伍觔，實價銀柒厘伍毫，合每觔銀壹厘伍毫。

購柳，每束青、温、乾。重捌、陸、肆。拾觔，實價銀玖分。

築堤土方並填壩壓埽工程：

近處乾地取土，離堤拾伍丈至伍拾丈土方。內：

閒月緩工，忙月歲搶修常辦工，每方實價銀貳錢伍分。

忙月閒工，閒月急工，忙月另案急工，每方實價銀叁錢壹分貳厘伍毫。

遠處乾地取土，離堤伍拾丈以外至壹百丈，及近處濘地取土，離堤拾伍丈至伍拾丈土方。內：

閒月緩工，忙月歲搶修常辦工，每方實價銀貳錢柒分貳厘。

忙月閒工，閒月急工，忙月另案急工，每方實價銀叁錢肆分。

遠處濘地取土，離堤伍拾丈以外至壹百丈土方內。

閒月緩工，忙月歲搶修常辦工，每方實價銀叁錢。

忙月閒工，閒月急工，忙月另案急工，每方實價銀叁錢柒分伍厘。

堤根有積水坑塘估碍，遶越乾地取土，離堤伍拾丈以外至壹百伍拾丈土方。內：

閒月緩工，忙月歲搶修常辦工，每方實價銀叁錢肆分。

忙月閒工，閒月急工，忙月另案急工，每方實價銀肆錢貳分伍厘。

堤根有積水坑塘估碍，遶越濘地取土，離堤伍拾丈以外至壹百伍拾丈土方。內：

閒月緩工，忙月歲搶修常辦工，每方實價銀叁錢

陸分。

忙月閒工，閒月急工，忙月另案急工，每方實價銀肆錢伍分。

隔堤隔河，遠處乾地取土，離堤貳百丈以外至叁百丈土方。內：

閒月緩工，忙月歲搶修常辦工，每方實價銀叁錢捌分。

忙月閒工，閒月急工，忙月另案急工，每方實價銀肆錢柒分伍厘。

隔堤隔河，遠處濘地取土，離堤貳百丈以外至叁百丈土方。內：

閒月緩工，忙月歲搶修常辦工，每方實價銀肆錢。

忙月閒工，閒月急工，忙月另案急工，每方實價銀伍錢。

若於水底取土，離堤叁拾丈至伍拾丈土方。內：

閒月緩工，忙月歲搶修常辦工，每方實價銀伍錢。

忙月閒工，閒月急工，忙月另案急工，每方實價銀陸錢貳分伍厘。

挑河土方：

乾地挑挖河土，如有積水，外加戽水工。

閒月緩工，忙月常辦工，每方實價銀壹錢陸分，如有積水，外加戽水工，實價銀叁分。

忙月閒工，閒月急工，忙月另案急工，每方實價銀貳錢，如有積水，外加戽水工實價銀叁分柒厘伍毫。

淤土原係淤沙爛泥，鍬不能挖，筐不能盛，須用木杓舀起，以布兜盛送，夫工較多內。

閒月緩工，忙月常辦工，每方實價銀貳錢柒分貳厘。

忙月閒工，閒月急工，忙月另案急工，每方實價銀叁錢肆分。

稀淤土猶如渾漿，人夫不能站立，須用跳板接脚，以木杓舀入木桶，挨次排立傳遞方能運送上岸，倍費人力土方內。

閒月緩工，忙月常辦工，每方實價銀叁錢。

忙月閒工，閒月急工，忙月另案急工，每方實價銀叁錢柒分伍厘。

瓦礫土係逼近城市，居民稠密，瓦礫等類倒卸河內，深入泥中結成壹塊，需用鐵鈀刨挖，挑送遠處堆積，工力倍費土方。內：

閒月緩工，忙月常辦工，每方實價銀叁錢。

忙月閒工，閒月急工，忙月另案急工，每方實價銀叁錢柒分伍厘。

小砂礓土猶如石子，與土凝結，畚插難施，需用鐵鈀築起挑挖，工力艱難土方。內：

閒月緩工，忙月常辦工，每方實價銀叁錢。

忙月閒工，閒月急工，忙月另案急工，每方實價銀叁錢柒分伍厘。

大砂礓土堅硬如石，施工更難，需用鐵鷹嘴、努角各器具鑿破，逐塊刨挖、挑送，工多倍費土方。內：

閒月緩工，忙月常辦工，每方實價銀肆錢。

忙月閒工，閒月急工，忙月另案急工，每方實價銀伍錢。

罱撈土多在河湖巨蕩之内，碍難築壩，戽水必須僱募船隻，用罱撈浚淤泥運送崖岸，一切僱船撈浚等費土方。內：

閒月緩工，忙月常辦工，每方實價銀叁錢伍分。

忙月閒工，閒月急工，忙月另案急工，每方實價銀肆錢叁分柒厘伍毫。

以上築堤、挑河兩項工程，以拾月至次年叁月俱爲閒月，肆月至玖月俱爲忙月，理合聲明。

箍接口、灰桶、灰舀等項，用尺伍木，照實價銷算。

熬汁柴束，照實價銷算。

各匠役工食：

石匠鏨鑿新雙料墻面丁石，每丈連砌工實價銀陸錢。

石匠鏨鑿新单料墻面丁石，每丈連砌工實價銀叁錢。

石匠鏨鑿舊雙料墻面丁石，每丈連砌工實價銀貳錢。

石匠鏨鑿舊单料墻面丁石，每丈連砌工實價銀壹錢。

石匠鏨鑿雙料新舊裡石，每丈連砌工實價銀壹錢貳分。

石匠鏨鑿单料新舊裡石，每丈連砌工實價銀陸分。

石匠鏨鑿錠眼，每個實價銀壹分。

石匠鏨鑿鍋眼，每個實價銀陸厘。

石匠鏨鑿閘工、金門兩墻，上下裹頭肆轉角石塊，每塊工實價銀壹錢。

木匠刨馬牙、梅花樁，每段實價銀貳厘。

刨砍排樁，每丈工實價銀肆分捌厘。

瓦匠砌河磚，每塊實價銀捌毫。

小爐匠箍桶、劈篾、打笆、撕纜等匠，每名日給實價銀陸分。

樁手，每班拾貳名，每名日給實價銀壹錢。

日計夫，每名日給實價銀捌分。

木匠，每工實價銀陸分。

鋸匠，每工實價銀陸分。

漆匠，每工實價銀陸分。

排樁用尺伍陸木不等，照實價銷算。

撕木借用，不銷錢粮。

盤礅、打辮子、做千觔、揁扣等項，用綮觔，照實價銷算。

蘆笆柴束，於葦柴内選用，照實價銷算。

大扳纜，每條用柴壹束，於葦柴内選用，照實價銷算。

壩中填土，按取土遠近，照方計算。

木料估用大小尺寸，照實價銷算。

生鐵錠，每個重肆觔，仍照向例漕規銀陸分。

熟鐵鍋，每個重壹觔，仍照向例漕規銀肆分。

熟鐵銷，每個重壹觔，仍照向例漕規銀肆分。

鐵繩，每條重叁拾觔，每觔仍照向例漕規銀叁分。

鐵撬，每把重捌觔，每觔仍照向例漕規銀叁分。

鐵鍬，每把重叁觔，每觔仍照向例漕規銀叁分。

鐵鷹嘴，每把重貳觔，每觔仍照向例漕規銀叁分。

鐵幌錘，每把重拾伍觔，每觔仍照向例漕規銀肆分。

鐵釘，每觔仍照向例漕規銀叁分。

灰籮，每隻仍照向例漕規銀伍分。

灰篩，每面仍照向例漕規銀貳分。

汁鍋，每口仍照向例漕規銀伍錢。

汁鐧，每口仍照向例漕規銀叁錢。

木掀，每把仍照向例漕規銀貳分。

箍桶舀接口用山竹劈篾，每根仍照向例漕規銀叁分。

煤炭，每石仍照向例漕規銀叁錢。

弔石、木鈴鐺，每個仍照向例漕規銀叁分。

石礅，每部仍照向例漕規銀伍錢。

礅肘，每肆副用雜木壹段，仍照向例漕規銀叁錢。

毛竹：

壹尺圓，每根仍照向例漕規銀玖分。

尺壹圓，每根仍照向例漕規銀壹錢柒厘。

尺貳圓，每根仍照向例漕規銀壹錢貳分。

尺叁圓，每根仍照向例漕規銀壹錢肆分壹厘，如圓加壹寸，增銀壹分柒厘。

蘆蓆，每片仍照向例漕規銀壹分伍厘。

水車，每部長壹丈，仍照向例漕規銀貳兩，如添長壹尺，加銀貳錢。

松板，每塊長伍尺、寬壹尺、厚壹寸，仍照向例漕規銀陸分。

桐油，每觔仍照向例漕規銀叁分。

水膠，每觔仍照向例漕規銀叁分。

它參，每觔仍照向例漕規銀捌分。

錠紅，每觔仍照向例漕規銀貳分。

河工實價則例卷之九

常鎮道屬

揚粮、江防廳：

江柴，每觔實價銀貳厘陸毫，每束重叁拾觔銀柒分捌厘。

檾，每觔實價銀叁分玖厘。

杉木：

不登木，長壹丈貳尺，每根實價銀壹錢肆分玖厘陸毫。

壹尺木，長壹丈叁尺，每根實價銀壹錢玖分捌厘。

尺壹木，長壹丈肆尺，每根實價銀貳錢叁分伍厘肆毫。

尺貳木，長壹丈伍尺，每根實價銀貳錢柒分貳厘捌毫。

尺叁木，長壹丈陸尺，每根實價銀叁錢壹分貳毫。

尺肆木，長壹丈柒尺，每根實價銀叁錢肆分柒厘陸毫。

尺伍木，長壹丈捌尺，每根實價銀叁錢捌分伍厘。

尺陸木，長壹丈玖尺，每根實價銀伍錢伍分陸厘陸毫。

尺柒木，長貳丈，每根實價銀柒錢貳分叁厘捌毫。

尺捌木，長貳丈壹尺，每根實價銀捌錢伍分伍厘捌毫。

尺玖木，長貳丈貳尺，每根實價銀壹兩貳分伍厘貳毫。

貳尺木，長貳丈叁尺，每根實價銀壹兩壹錢玖分貳厘肆毫。

貳尺壹木，長貳丈肆尺，每根實價銀壹兩叁錢玖分肆毫。

貳尺貳木，長貳丈伍尺，每根實價銀壹兩伍錢伍分玖厘捌毫。

貳尺叁木，長貳丈陸尺，每根實價銀壹兩柒錢貳分肆毫。

貳尺肆木，長貳丈柒尺，每根實價銀壹兩玖錢伍厘貳毫。

貳尺伍木，長貳丈捌尺，每根實價銀貳兩玖分捌厘捌毫。

貳尺陸木，長貳丈玖尺，每根實價銀貳兩肆錢壹分伍厘陸毫。

貳尺柒木，長叁丈，每根實價銀貳兩捌錢伍分伍厘陸毫。

貳尺捌木，長叁丈壹尺，每根實價銀叁兩肆錢伍厘陸毫。

貳尺玖木，長叁丈貳尺，每根實價銀肆兩陸分伍厘陸毫。

陸毫。

叁尺木，長叁丈叁尺，每根實價銀肆兩捌錢肆分。

石料：

雙料墻面丁石，每塊寬厚俱壹尺貳寸，每丈實價銀叁兩叁分陸厘貳毫。

单料墻面丁石，每塊寬壹尺貳寸、厚陸寸，每丈實價銀壹兩伍錢壹分捌厘壹毫。

雙料裡石，每塊寬厚俱壹尺貳寸，每丈實價銀貳兩貳錢肆分。

单料裡石，每塊寬壹尺貳寸、厚陸寸，每丈實價銀壹兩壹錢貳分。

河磚，每塊寬伍寸、厚叁寸叁分、長壹尺貳寸，實價銀貳分陸厘肆毫。

大料河磚，每塊寬柒寸伍分、厚肆寸壹分、長壹尺貳寸，實價銀肆分玖厘貳毫捌絲。

汁米，每石實價銀叁兩壹錢貳分。

石灰，每石實價銀叁錢柒分肆厘肆毫。

雜草，每束重拾觔，實價銀壹分柒厘伍毫，每觔實價銀壹厘柒毫伍絲。

稻草，每束重伍觔，實價銀柒厘伍毫，每觔實價銀壹厘伍毫。

購柳，每束青、温、乾。重捌、陸、肆。拾觔，實價銀玖分。

築堤土方並填壩壓埽工程：

近處乾地取土，離堤拾伍丈至伍拾丈土方。內：

閒月緩工，忙月歲搶修常辦工，每方實價銀貳錢伍分。

忙月閒工，閒月急工，忙月另案急工，每方實價銀叁錢壹分貳厘伍毫。

遠處乾地取土，離堤伍拾丈以外至壹百丈，及近處濘地取土，離堤拾伍丈至伍拾丈土方。內：

閒月緩工，忙月歲搶修常辦工，每方實價銀貳錢柒分貳厘。

忙月閒工，閒月急工，忙月另案急工，每方實價銀叁錢肆分。

遠處濘地取土，離堤伍拾丈以外至壹百丈土方。內：

閒月緩工，忙月歲搶修常辦工，每方實價銀叁錢。

忙月閒工，閒月急工，忙月另案急工，每方實價銀叁錢柒分伍厘。

堤根有積水坑塘佔碍，遶越乾地取土，離堤伍拾丈以外至壹百伍拾丈土方。內：

閒月緩工，忙月歲搶修常辦工，每方實價銀叁錢肆分。

忙月閒工，閒月急工，忙月另案急工，每方實價銀肆錢貳分伍厘。

堤根有積水坑塘佔碍，遶越濘地取土，離堤伍拾丈以外至壹百伍拾丈土方。內：

閒月緩工，忙月歲搶修常辦工，每方實價銀叁錢陸分。

忙月閒工，閒月急工，忙月另案急工，每方實價銀肆錢伍分。

隔堤隔河，遠處乾地取土，離堤貳百丈以外至叁百丈土方。內：

閒月緩工，忙月歲搶修常辦工，每方實價銀叁錢捌分。

忙月閒工，閒月急工，忙月另案急工，每方實價銀肆錢柒分伍厘。

隔堤隔河，遠處濘地取土，離堤貳百丈以外至叁百丈土方。內：

閒月緩工，忙月歲搶修常辦工，每方實價銀肆錢。

忙月閒工，閒月急工，忙月另案急工，每方實價銀伍錢。

若於水底取土，離堤叁拾丈至伍拾丈土方。內：

閒月緩工，忙月歲搶修常辦工，每方實價銀伍錢。

忙月閒工，閒月急工，忙月另案急工，每方實價銀陸錢貳分伍厘。

挑河土方：

乾地挑挖河工，如有積水，外加戽水工。

閒月緩工，忙月常辦工，每方實價銀壹錢陸分，如有積水，外加戽水工，實價銀叁分。

忙月閒工，閒月急工，忙月另案急工，每方實價銀貳錢，如有積水，外加戽水工，實價銀叁分柒厘伍毫。

淤土原係淤沙爛泥，鍬不能挖，筐不能盛，須用木杓舀起，以布兜盛送，夫工較多。內：

閒月緩工，忙月常辦工，每方實價銀貳錢柒分貳厘。

忙月閒工，閒月急工，忙月另案急工，每方實價銀叁錢肆分。

稀淤土猶如渾漿，人夫不能站立，須用跳板接脚以木杓舀入木桶，挨次排立傳遞方能運送上岸，倍費人力土方。內：

閒月緩工，忙月常辦工，每方實價銀叁錢。

忙月閒工，閒月急工，忙月另案急工，每方實價銀叁錢柒分伍厘。

瓦礫土係逼近城市，居民稠密，瓦礫等類倒卸河內，深入泥中結成壹塊，需用鐵鈀刨挖，挑送遠處堆積，工力倍費土方。內：

閒月緩工，忙月常辦工，每方實價銀叁錢。

忙月閒工，閒月急工，忙月另案急工，每方實價銀叁錢柒分伍厘。

小砂礓土猶如石子，與土凝結，畚插難施，需用鐵鈀築起挑挖，工力艱難土方。內：

閒月緩工，忙月常辦工，每方實價銀叁錢。

忙月閒工，閒月急工，忙月另案急工，每方實價銀叁錢柒分伍厘。

大砂礓土堅硬如石，施工更難，需用鐵鷹嘴、努角各器具鑿破，逐塊刨挖、挑送，工多倍費土方。內：

閒月緩工，忙月常辦工，每方實價銀肆錢。

忙月閒工，閒月急工，忙月另案急工，每方實價銀伍錢。

罱撈土多在河湖巨蕩之内，碍難築壩，戽水必須僱募船隻，用罱撈浚淤泥運送崖岸，一切僱船撈浚等費土方。内：

閒月緩工，忙月常辦工，每方實價銀叁錢伍分。

忙月閒工，閒月急工，忙月另案急工，每方實價銀肆錢叁分柒厘伍毫。

以上築堤、挑河兩項工程以拾月至次年叁月俱爲閒月，肆月至玖月俱爲忙月，理合聲明。

各匠役工食：

石匠鏨鑿新雙料墻面，丁石每丈連砌工實價銀陸錢。

石匠鏨鑿新单料墻面丁石，每丈連砌工實價銀叁錢。

石匠鏨鑿舊雙料墻面丁石，每丈連砌工實價銀貳錢。

石匠鏨鑿舊单料墻面丁石，每丈連砌工實價銀壹錢。

石匠鏨鑿雙料新舊裡石，每丈連砌工實價銀壹錢貳分。

石匠鏨鑿单料新舊裡石，每丈連砌工實價銀陸分。

石匠鏨鑿錠眼，每個實價銀壹分。

石匠鏨鑿鋦眼，每個實價銀陸厘。

石匠鏨鑿閘工、金門兩墻，上下裹頭肆轉角石塊，每塊工實價銀壹錢。

木匠刨馬牙、梅花樁，每段實價銀貳厘。

刨砍排樁，每丈工實價銀肆分捌厘。

瓦匠砌河磚，每塊實價銀捌毫。

小爐匠箍桶、劈篾、打笆、撕纜等匠，每名日給實價銀陸分。

樁手，每班拾貳名，每名日給實價銀壹錢。

日計夫，每名日給實價銀捌分。

木匠，每工實價銀陸分。

鋸匠，每工實價銀陸分。

漆匠，每工實價銀陸分。

樁木用尺伍陸木不等，按照實價銷算。

盤礮、打辮子、做千觔、揁扣等項，用縈觔，照實價銷算。

蘆笆柴束於葦柴内選用，照實價銷算。

大扳纜，每條於葦柴内選用，壹束照實價銷算。

木料估用大小尺寸，照實價銷算。

箍接口、灰桶、灰舀等項，用尺伍木，照實價銷算。

熬汁柴束，照實價銷算。

撕木借用，不銷錢粮。

壩中填土，按取土遠近，照方計算。

絆樁篾䌫，每條仍照向例漕規銀貳錢。

生鐵錠，每個重肆觔，仍照向例漕規銀陸分。

熟鐵鍋，每個重壹觔，仍照向例漕規銀肆分。

熟鐵銷，每個重壹觔，仍照向例漕規銀肆分。

鐵繩，每條重叁拾觔，仍照向例漕規，每觔銀叁分。

鐵撬，每把重捌觔，仍照向例漕規，每觔銀叁分。

鐵鍬，每把重叁觔，仍照向例漕規，每觔銀叁分。

鐵鷹嘴，每把重貳觔，仍照向例漕規，每觔銀叁分。

鐵榥錘，每把重拾伍觔，仍照向例漕規，每觔銀肆分。

鐵釘，仍照向例漕規，每觔銀叁分。

灰籮，仍照向例漕規，每隻銀伍分。

灰籮，仍照向例漕規，每面銀貳分。

汁鍋，仍照向例漕規，每口銀伍錢。

汁鋼，仍照向例漕規，每口銀叁錢。

木掀，仍照向例漕規，每把銀貳分。

箍桶舀接口用山竹劈篾，仍照向例漕規，每根銀貳分。

煤炭，仍照向例漕規，每石銀叁錢。

弔石、木鈴鐺，仍照向例漕規，每個銀叁分。

石礎，仍照向例漕規，每部銀伍錢。

礎肘，每肆副用雜木壹段，仍照向例漕規銀叁錢。

毛竹：

壹尺圓，仍照向例漕規銀玖分。

尺壹圓，仍照向例漕規銀壹錢柒厘。

尺貳圓，仍照向例漕規銀壹錢貳分肆厘。

尺叁圓，仍照向例漕規銀壹錢肆分壹厘，如圓增壹寸，加銀壹分柒厘。

蘆席，仍照向例漕規，每片銀壹分伍厘。

水車，每部長壹丈，仍照向例漕規銀貳兩，如添長壹尺，加銀貳錢。

松板，每塊長伍尺、寬壹尺、厚壹寸，仍照向例漕規銀陸分。

桐油，仍照向例漕規，每觔銀叁分。

水膠，仍照向例漕規，每觔銀叁分。

它参，仍照向例漕規，每觔銀捌分。

錠紅，仍照向例漕規，每觔銀貳分。

河工實價則例卷之十

徐州道屬

豐北、蕭南廳：

秫稭，每觔實價銀貳厘，每束叁拾觔銀陸分。

檾，每觔實價銀叁分。

杉木：

不登尺木，長壹丈貳尺，每根實價銀壹錢玖分捌厘。

壹尺木，長壹丈叁尺，每根實價銀貳錢捌分陸厘。

尺壹木，長壹丈肆尺，每根實價銀叁錢柒分肆厘。

尺貳木，長壹丈伍尺，每根實價銀伍錢陸厘。

尺叁木，長壹丈陸尺，每根實價銀伍錢玖分肆厘。

尺肆木，長壹丈柒尺，每根實價銀陸錢玖分叁厘。

尺伍木，長壹丈捌尺，每根實價銀捌錢玖分壹厘。

尺陸木，長壹丈玖尺，每根實價銀壹兩壹厘。

尺柒木，長貳丈，每根實價銀壹兩壹錢陸分陸厘。

尺捌木，長貳丈壹尺，每根實價銀壹兩肆錢柒分肆厘。

尺玖木，長貳丈貳尺，每根實價銀壹兩捌錢貳分陸厘。

貳尺木，長貳丈叁尺，每根實價銀貳兩壹錢伍分陸厘。

貳尺壹木，長貳丈肆尺，每根實價銀貳兩陸錢陸分貳厘。

貳尺貳木，長貳丈伍尺，每根實價銀叁兩貳錢叁分肆厘。

貳尺叁木，長貳丈陸尺，每根實價銀叁兩捌錢陸厘。

貳尺肆木，長貳丈柒尺，每根實價銀肆兩肆錢肆分肆厘。

貳尺伍木，長貳丈捌尺，每根實價銀伍兩壹錢肆厘。

貳尺陸木，長貳丈玖尺，每根實價銀伍兩玖錢肆分。

貳尺柒木，長叁丈，每根實價銀陸兩捌錢陸分肆厘。

貳尺捌木，長叁丈壹尺，每根實價銀柒兩捌錢伍分肆厘。

貳尺玖木，長叁丈貳尺，每根實價銀捌兩玖錢伍分肆厘。

叁尺木，長叁丈叁尺，每根實價銀拾兩叁錢肆分。

叁尺壹木，長叁丈肆尺，每根實價銀拾壹兩貳錢貳分。

叁尺貳木，長叁丈伍尺，每根實價銀拾貳兩肆錢柒分肆厘。

叁尺叁木，長叁丈陸尺，每根實價銀拾叁兩柒錢玖分肆厘。

叁尺肆木，長叁丈柒尺，每根實價銀拾伍兩壹錢捌分。

叁尺伍木，長叁丈捌尺，每根實價銀拾陸兩陸錢叁分貳厘。

叁尺陸木，長叁丈玖尺，每根實價銀拾捌兩壹錢伍分。

叁尺柒木，長肆丈，每根實價銀拾玖兩柒錢叁分肆厘。

叁尺捌木，長肆丈壹尺，每根實價銀貳拾壹兩叁錢捌分肆厘。

叁尺玖木，長肆丈貳尺，每根實價銀貳拾叁兩壹錢。

肆尺木，長肆丈叁尺，每根實價銀貳拾肆兩捌錢捌分貳厘。

肆尺壹木，長肆丈肆尺，每根實價銀貳拾陸兩柒錢叁分。

肆尺貳木，長肆丈伍尺，每根實價銀貳拾捌兩陸錢肆分肆厘。

肆尺叁木，長肆丈陸尺，每根實價銀叁拾兩陸錢貳分肆厘。

肆尺肆木，長肆丈柒尺，每根實價銀叁拾貳兩陸錢柒分。

肆尺伍木，長肆丈捌尺，每根實價銀叁拾肆兩柒錢捌分貳厘。

肆尺陸木，長肆丈玖尺，每根實價銀叁拾陸兩玖錢陸分。

肆尺柒木，長伍丈，每根實價銀叁拾玖兩貳錢肆厘。

肆尺捌木，長伍丈壹尺，每根實價銀肆拾壹兩伍錢叁分陸厘。

肆尺玖木，長伍丈貳尺，每根實價銀肆拾叁兩捌錢玖分。

伍尺木，長伍丈叁尺，每根實價銀肆拾陸兩叁錢叁分貳厘。

石料：

雙料墻面丁石，每塊寬厚俱壹尺貳寸，每丈實價銀貳兩壹錢壹分伍厘。

单料墻面丁石，每塊寬壹尺貳寸、厚陸寸，每丈實價銀捌錢肆分陸厘。

雙料裡石，每塊寬厚俱壹尺貳寸，每丈實價銀壹兩壹錢貳分。

单料裡石，每塊寬壹尺貳寸、厚陸寸，每丈實價銀伍錢陸分。

河磚，每塊寬伍寸、厚叁寸叁分。長壹尺貳寸，實價銀貳分陸厘肆毫。

大料河磚，每塊寬柒寸伍分、厚肆寸壹分、長壹尺貳寸，實價銀肆分玖厘貳毫捌絲。

汁米，每担實價銀叁兩壹錢貳分。

石灰，每担實價銀壹錢捌分柒厘貳毫。

雜草，每束重陸觔，實價銀柒厘捌毫，每觔實價銀壹厘叁毫。

購柳，每束青、温、乾。重捌、陸、肆。拾觔，實價銀玖分。

築堤土方並填壩壓埽等工。內：

近處乾地取土，離堤拾伍丈至伍拾丈土方。內：

閒月緩工，忙月歲搶修常辦工，每方實價銀貳錢伍分。

忙月閒工，閒月急工，忙月另案急工，每方實價銀叁錢壹分貳厘伍毫。

遠處乾地取土，離堤伍拾丈以外至壹百丈，及近處濘地取土，離堤拾伍丈至伍拾丈土方。內：

閒月緩工，忙月歲搶修常辦工，每方實價銀貳錢柒分貳厘。

忙月閒工，閒月急工，忙月另案急工，每方實價銀叁錢肆分。

遠處濘地取土，離堤伍拾丈以外至壹百丈土方。內：

閒月緩工，忙月歲搶修常辦工，每方實價銀叁錢。

忙月閒工，閒月急工，忙月另案急工，每方實價銀叁錢柒分伍厘。

堤根有積水坑塘佔碍，遶越乾地取土，離堤伍拾丈以外至壹百伍拾丈土方。內：

閒月緩工，忙月歲搶修常辦工，每方實價銀叁錢肆分。

忙月閒工，閒月急工，忙月另案急工，每方實價銀肆錢貳分伍厘。

堤根有積水坑塘佔碍，遶越濘地取土，離堤伍拾丈以外至壹百伍拾丈土方。內：

閒月緩工，忙月歲搶修常辦工，每方實價銀叁錢陸分。

忙月閒工，閒月急工，忙月另案急工，每方實價銀肆錢伍分。

隔堤隔河，遠處乾地取土，離堤貳百丈以外至叁百丈土方。內：

閒月緩工，忙月歲搶修常辦工，每方實價銀叁錢捌分。

忙月閒工，閒月急工，忙月另案急工，每方實價銀肆錢柒分伍厘。

隔堤隔河，遠處濘地取土，離堤貳百丈以外至叁百丈土方。內：

閒月緩工，忙月歲搶修常辦工，每方實價銀肆錢。

忙月閒工，閒月急工，忙月另案急工，每方實價銀伍錢。

若於水底取土，離堤叁拾丈至伍拾丈土方。內：

閒月緩工，忙月歲搶修常辦工，每方實價銀伍錢。

忙月閒工，閒月急工，忙月另案急工，每方實價銀陸錢貳分伍厘。

挑河土方：

乾地挑挖河土，如有積水，外加戽水工。

閒月緩工，忙月常辦工，每方實價銀壹錢陸分，如有積水，外加戽水工實價銀叁分。

忙月閒工，閒月急工，忙月另案急工，每方實價銀貳錢，如有積水，外加戽水工，實價銀叁分柒厘伍毫。

淤土原係淤沙爛泥，鍬不能挖，筐不能盛，須用木杓舀起，以布兜盛送，夫工較多土方。內：

閒月緩工，忙月常辦工，每方實價銀貳錢柒分貳厘。

忙月閒工，閒月急工，忙月另案急工，每方實價銀叁錢肆分。

稀淤土猶如渾漿，人夫不能站立，須用跳板接脚，以木杓舀入木桶，挨次排立傳遞方能運送上岸，倍費人力土方。內：

閒月緩工，忙月常辦工，每方實價銀叁錢。

忙月閒工，閒月急工，忙月另案急工，每方實價銀叁錢柒分伍厘。

瓦礫土係逼近城市，居民稠密，瓦礫等類倒卸河內，深入泥中結成壹塊，需用鐵鈀刨挖，挑送遠處堆積，工力倍費土方。內：

閒月緩工，忙月常辦工，每方實價銀叁錢。

忙月閒工，閒月急工，忙月另案急工，每方實價銀叁錢柒分伍厘。

小砂礓土猶如石子，與土凝結，畚插難施，需用鐵鈀築起挑挖，工力艱難土方。內：

閒月緩工，忙月常辦工，每方實價銀叁錢。

忙月閒工，閒月急工，忙月另案急工，每方實價銀叁錢柒分伍厘。

大砂礓土堅硬如石，施工更難，需用鐵鷹嘴、努角各器具鑿破，逐塊刨挖、挑送，工多倍費土方。內：

閒月緩工，忙月常辦工，每方實價銀肆錢。

忙月閒工，閒月急工，忙月另案急工，每方實價銀伍錢。

罱撈土多在河湖巨蕩之內，碍難築壩，戽水必須僱募船隻，用罱撈濬淤泥運送崖岸，一切僱船撈濬等費土方。內：

閒月緩工，忙月常辦工，每方實價銀叁錢伍分。

忙月閒工，閒月急工，忙月另案急工，每方實價銀肆錢叁分柒厘伍毫。

以上築堤、挑河兩項工程，以拾月至次年叁月俱爲閒月，肆月至玖月俱爲忙月，理合聲明。

箍接口、灰桶、灰舀等項，用尺伍木，照實價銷算。

熬汁柴束，照實價銷算。

各匠役工食：

石匠鏨鑿新雙料墻面丁石，每丈連砌工實價銀陸錢。

石匠鏨鑿新单料墻面丁石，每丈連砌工實價銀叁錢。

石匠鏨鑿舊雙料墻面石，每丈連砌工實價銀貳錢。
石匠鏨鑿舊单料墻面石，每丈連砌工實價銀壹錢。
石匠鏨鑿雙料新舊裡石，每丈連砌工實價銀壹錢貳分。
石匠鏨鑿单料新舊裡石，每丈連砌工實價銀陸分。
石匠鏨鑿錠眼，每個實價銀壹分。
石匠鏨鑿鋦眼，每個實價銀陸厘。
石匠鏨鑿閘工、金門兩墻，上下裹頭肆轉角石塊，每塊實價工銀壹錢。
木匠剷馬牙、梅花樁，每段實價銀貳厘。
剷砍排樁，每丈實價工銀肆分捌厘。
瓦匠砌河磚，每塊實價銀捌毫。
小爐匠箍桶、劈篾、打笆、撕纜等匠，每名實價日給銀陸分。
樁手，每班拾貳名，每名實價日給銀壹錢。
日計夫，每名實價日給銀捌分。
木匠，實價每工銀陸分。
鋸匠，實價每工銀陸分。
漆匠，實價每工銀陸分。
排樁用尺伍陸木不等，照實價銷算。
撕木借用，不銷錢糧。
盤硪、打辮子、做千觔、損扣等項，用糅觔，照實價銷算。

蘆笆柴束，照實價銷算。
大扳纜，每條用柴壹束，照實價銷算。
壩中填土，按取土遠近，照方計算。
木料估用大小尺寸，照實價銷算。
生鐵錠，每個重肆觔，仍照向例漕規銀陸分。
熟鐵鋦，每個重壹觔，仍照向例漕規銀肆分。
熟鐵銷，每個重壹觔，仍照向例漕規銀肆分。
鐵繩，每條重叁拾觔，仍照向例漕規每觔銀叁分。
鐵撬，每把重捌觔，仍照向例漕規每觔銀叁分。
鐵鍬，每把重叁觔，仍照向例漕規每觔銀叁分。
鐵鷹嘴，每把重貳觔，仍照向例漕規每觔銀叁分。
鐵幌錘，每把重拾伍觔，仍照向例漕規，每觔銀肆分。
鐵釘，仍照向例漕規，每觔銀叁分。
灰籮，仍照向例漕規，每隻銀陸分。
灰篩，仍照向例漕規，每面銀伍分。
汁鍋，仍照向例漕規，每口銀伍錢。
汁鋼，仍照向例漕規，每口銀貳錢。
木掀，仍照向例漕規，每把銀肆分。
箍桶、竹篾，仍照向例漕規，每觔銀捌厘。
煤炭，仍照向例漕規，每担銀貳錢伍分。
弔石、木鈴鐺，仍照向例漕規，每個銀叁分。
石硪，仍照向例漕規，每部銀叁錢。
硪肘，每肆副用雜木一段，仍照向例漕規銀叁錢。

毛竹：

壹尺圓，仍照向例漕規，每根銀玖分。

尺壹圓，仍照向例漕規，每根銀壹錢柒厘。

尺貳圓，仍照向例漕規，每根銀壹錢貳分肆厘。

尺叁圓，仍照向例漕規，每根銀壹錢肆分壹厘，每圓加壹寸，增銀壹分柒厘。

蘆蓆，仍照向例漕規，每片銀壹分伍厘。

水車，仍照向例漕規，每部長壹丈銀貳兩，如添長壹尺，加銀貳錢。

松板，每塊長伍尺、寬壹尺、厚壹寸，仍照向例漕規銀玖分。

桐油，仍照向例漕規，每觔銀叁分。

水膠，仍照向例漕規，每觔銀叁分。

它參，仍照向例漕規，每觔銀捌分。

錠紅，仍照向例漕規，每觔銀貳分。

河工實價則例卷之十一

銅沛廳：

秫稭，每觔實價銀貳厘貳毫，每束叁拾觔，銀陸分陸厘。

湖蘆，每觔實價銀壹厘玖毫，每束叁拾觔，銀伍分柒厘。

檾，每觔實價銀叁分。

杉木：

不登尺木，長壹丈貳尺，每根實價銀壹錢玖分捌厘。

壹尺木，長壹丈叁尺，每根實價銀貳錢捌分陸厘。

尺壹木，長壹丈肆尺，每根實價銀叁錢柒分肆厘。

尺貳木，長壹丈伍尺，每根實價銀伍錢陸厘。

尺叁木，長壹丈陸尺，每根實價銀伍錢玖分肆厘。

尺肆木，長壹丈柒尺，每根實價銀陸錢玖分叁厘。

尺伍木，長壹丈捌尺，每根實價銀捌錢玖分壹厘。

尺陸木，長壹丈玖尺，每根實價銀壹兩壹厘。

尺柒木，長貳丈，每根實價銀壹兩壹錢陸分陸厘。

尺捌木，長貳丈壹尺，每根實價銀壹兩肆錢柒分肆厘。

尺玖木，長貳丈貳尺，每根實價銀壹兩捌錢貳分陸厘。

貳尺木，長貳丈叁尺，每根實價銀貳兩壹錢伍分陸厘。

貳尺壹木，長貳丈肆尺，每根實價銀貳兩陸錢陸分貳厘。

貳尺貳木，長貳丈伍尺，每根實價銀叁兩貳錢叁分肆厘。

貳尺叁木，長貳丈陸尺，每根實價銀叁兩捌錢陸厘。

貳尺肆木，長貳丈柒尺，每根實價銀肆兩肆錢肆分肆厘。

貳尺伍木，長貳丈捌尺，每根實價銀伍兩壹錢肆厘。

貳尺陸木，長貳丈玖尺，每根實價銀伍兩玖錢肆分。

貳尺柒木，長叁丈，每根實價銀陸兩捌錢陸分肆厘。

貳尺捌木，長叁丈壹尺，每根實價銀柒兩捌錢伍分肆厘。

貳尺玖木，長叁丈貳尺，每根實價銀捌兩玖錢伍分肆厘。

叁尺木，長叁丈叁尺，每根實價銀拾兩叁錢肆分。

叁尺壹木，長叁丈肆尺，每根實價銀拾壹兩貳錢貳分。

叁尺貳木，長叁丈伍尺，每根實價銀拾貳兩肆錢柒分肆厘。

叁尺叁木，長叁丈陸尺，每根實價銀拾叁兩柒錢玖分肆厘。

叁尺肆木，長叁丈柒尺，每根實價銀拾伍兩壹錢捌分。

叁尺伍木，長叁丈捌尺，每根實價銀拾陸兩陸錢叁分貳厘。

叁尺陸木，長叁丈玖尺，每根實價銀拾捌兩壹錢伍分。

叁尺柒木，長肆丈，每根實價銀拾玖兩柒錢叁分肆厘。

叁尺捌木，長肆丈壹尺，每根實價銀貳拾壹兩叁錢捌分肆厘。

叁尺玖木，長肆丈貳尺，每根實價銀貳拾叁兩壹錢。

肆尺木，長肆丈叁尺，每根實價銀貳拾肆兩捌錢捌分貳厘。

肆尺壹木，長肆丈肆尺，每根實價銀貳拾陸兩柒錢叁分。

肆尺貳木，長肆丈伍尺，每根實價銀貳拾捌兩陸錢肆分肆厘。

肆尺叁木，長肆丈陸尺，每根實價銀叁拾兩陸錢貳分肆厘。

肆尺肆木，長肆丈柒尺，每根實價銀叁拾貳兩陸錢柒分。

肆尺伍木，長肆丈捌尺，每根實價銀叁拾肆兩柒錢捌分貳厘。

肆尺陸木，長肆丈玖尺，每根實價銀叁拾陸兩玖錢陸分。

肆尺柒木，長伍丈，每根實價銀叁拾玖兩貳錢肆厘。

肆尺捌木，長伍丈壹尺，每根實價銀肆拾壹兩伍錢叁分陸厘。

肆尺玖木，長伍丈貳尺，每根實價銀肆拾叁兩捌錢玖分。

伍尺木，長伍丈叁尺，每根實價銀肆拾陸兩叁錢叁分貳厘。

石料：

雙料墻面丁石，每塊寬厚俱壹尺貳寸，每丈實價銀貳兩壹錢壹分伍厘。

单料墻面丁石，每塊寬壹尺貳寸、厚陸寸，每丈實價銀捌錢肆分陸厘。

雙料裡石，每塊寬厚俱壹尺貳寸，每丈實價銀壹兩壹錢貳分。

单料裡石，每塊寬壹尺貳寸、厚陸寸，每丈實價銀伍錢陸分。

河磚，每塊寬伍寸、厚叁寸叁分、長壹尺貳寸，實價銀貳分陸厘肆毫。

大料河磚，每塊寬柒寸伍分、厚肆寸壹分、長壹尺貳寸，實價銀肆分玖厘貳毫捌絲。

汁米，每担實價銀叁兩壹錢貳分。

石灰，每担實價銀壹錢捌分柒厘貳毫。

雜草，每束重陸觔，實價銀柒厘捌毫，每觔實價銀壹厘叁毫。

購柳，每束青、温、乾。重捌、陸、肆。拾觔，實價銀玖分。

築堤土方並填墹壓埽等工。内：

近處乾地取土，離堤拾伍丈至伍拾丈土方。内：

閒月緩工，忙月歲搶修常辦工，每方實價銀貳錢伍分。

忙月閒工，閒月急工，忙月另案急工，每方實價銀叁錢壹分貳厘伍毫。

遠處乾地取土，離堤伍拾丈以外至壹百丈，及近處濘地取土，離堤拾伍丈至伍拾丈土方。内：

閒月緩工，忙月歲搶修常辦工，每方實價銀貳錢柒分貳厘。

忙月閒工，閒月急工，忙月另案急工，每方實價銀叁錢肆分。

遠處濘地取土，離堤伍拾丈以外至壹百丈土方。内：

閒月緩工，忙月歲搶修常辦工，每方實價銀叁錢。

忙月閒工，閒月急工，忙月另案急工，每方實價銀叁錢柒分伍厘。

堤根有積水，坑塘佔碍遠越，乾地取土，離堤伍拾丈以外至壹百伍拾丈土方。内：

閒月緩工，忙月歲搶修常辦工，每方實價銀叁錢肆分。

忙月閒工，閒月急工，忙月另案急工，每方實價銀肆錢貳分伍厘。

堤根有積水坑塘佔碍，遠越濘地取土，離堤伍拾丈以外至壹百伍拾丈土方。内：

閒月緩工，忙月歲搶修常辦工，每方實價銀叁錢陸分。

忙月閒工，閒月急工，忙月另案急工，每方實價銀肆錢伍分。

隔堤隔河，遠處乾地取土，離堤貳百丈以外至叁百丈土方。内：

閒月緩工，忙月歲搶修常辦工，每方實價銀叁錢捌分。

忙月閒工，閒月急工，忙月另案急工，每方實價銀肆錢柒分伍厘。

隔堤隔河，遠處濘地取土，離堤貳百丈以外至叁百丈土方。内：

閒月緩工，忙月歲搶修常辦工，每方實價銀肆錢。

忙月閒工，閒月急工，忙月另案急工，每方實價銀伍錢。

若於水底取土，離堤叁拾丈至伍拾丈土方。内：

閒月緩工，忙月歲搶修常辦工，每方實價銀伍錢。

忙月閒工，閒月急工，忙月另案急工，每方實價銀陸錢貳分伍厘。

挑河土方：

乾地挑挖河土，如有積水，外加戽水工。

閒月緩工，忙月常辦工，每方實價銀壹錢陸分，如有積水，外加戽水工，實價銀叁分。

忙月閒工，閒月急工，忙月另案急工，每方實價銀貳錢，如有積水，外加戽水工，實價銀叁分柒厘伍毫。

淤土原係淤沙爛泥，鍬不能挖，筐不能盛，須用木杓舀起，以布兜盛送，夫工較多土方。內：

閒月緩工，忙月常辦工，每方實價銀貳錢柒分貳厘。

忙月閒工，閒月急工，忙月另案急工，每方實價銀叁錢肆分。

稀淤土猶如渾漿，人夫不能站立，須用跳板接脚，以木杓舀入木桶，挨次排立傳遞方能運送上岸，倍費人力土方。內：

閒月緩工，忙月常辦工，每方實價銀叁錢。

忙月閒工，閒月急工，忙月另案急工，每方實價銀叁錢柒分伍厘。

瓦礫土係逼近城市，居民稠密，瓦礫等類倒卸河內，深入泥中結成壹塊，需用鐵鈀刨挖，挑送遠處堆積，工力倍費土方。內：

閒月緩工，忙月常辦工，每方實價銀叁錢。

忙月閒工，閒月急工，忙月另案，急工每方實價銀叁錢柒分伍厘。

小砂礓土猶如石子，與土凝結，畚插難施，需用鐵鈀築起挑挖，工力艱難土方。內：

閒月緩工，忙月常辦工，每方實價銀叁錢。

忙月閒工，閒月急工，忙月另案急工，每方實價銀叁錢柒分伍厘。

大砂礓土堅硬如石，施工更難，需用鐵鷹嘴、努角各器具鑿破，逐塊刨挖、挑送，工多倍費土方。內：

閒月緩工，忙月常辦工，每方實價銀肆錢。

忙月閒工，閒月急工，忙月另案急工，每方實價銀伍錢。

罱撈土多在河湖巨蕩之內，碍難築壩，戽水必須僱募船隻，用罱撈濬淤泥運送崖岸，一切僱船撈濬等費土方。內：

閒月緩工，忙月常辦工，每方實價銀叁錢伍分。

忙月閒工，閒月急工，忙月另案急工，每方實價銀肆錢叁分柒厘伍毫。

以上築堤、挑河兩項工程，以拾月至次年叁月俱爲閒月，肆月至玖月俱爲忙月，理合聲明。

篐接口、灰桶、灰舀等項，用尺伍木，照實價銷算。

熬汁柴束，照實價銷算。

各匠役工食：

石匠鏨鑿新雙料墻面丁石，每丈連砌工實價銀陸錢。

石匠鏨鑿新単料墻面丁石，每丈連砌工實價銀叁錢。

石匠鏨鑿舊雙料墻面石，每丈連砌工實價銀貳錢。

石匠鏨鑿舊単料墻面石，每丈連砌工實價銀壹錢。

石匠鏨鑿雙料新舊裡石，每丈連砌工實價銀壹錢貳分。

石匠鏨鑿単料新舊裡石，每丈連砌工實價銀陸分。

石匠鏨鑿錠眼，每個實價銀壹分。

石匠鏨鑿鍋眼，每個實價銀陸厘。

石匠鏨鑿閘工、金門兩墻，上下裹頭肆轉角石塊，每塊實價工銀壹錢。

木匠刨馬牙、梅花樁，每段實價銀貳厘。

刨砍排樁，每丈實價工銀肆分捌厘。

瓦匠砌河磚，每塊實價銀捌毫。

小爐匠箍桶、劈篾、打笆、撕纜等匠，每名實價日給銀陸分。

樁手，每班拾貳名，每名實價日給銀壹錢。

日計夫，每名實價日給銀捌分。

木匠，實價每工銀陸分。

鋸匠，實價每工銀陸分。

漆匠，實價每工銀陸分。

排樁用尺伍陸木不等，照實價銷算。

撕木借用，不銷錢糧。

盤碱、打辮子、做千觔、損扣等項，用檾觔，照實價銷算。

蘆笆柴束，照實價銷算。

大扳纜，每條用柴壹束，照實價銷算。

壩中填土，按取土遠近，照方計算。

木料估用大小尺寸，照實價銷算。

生鐵錠，每個重肆觔，仍照向例漕規銀陸分。

熟鐵鍋，每個重壹觔，仍照向例漕規銀肆分。

熟鐵銷，每個重壹觔，仍照向例漕規銀肆分。

鐵繩，每條重叁拾觔，仍照向例漕規，每觔銀叁分。

鐵撬，每把重捌觔，仍照向例漕規，每觔銀叁分。

鐵鍬，每把重叁觔，仍照向例漕規，每觔銀叁分。

鐵鷹嘴，每把重貳觔，仍照向例漕規，每觔銀叁分。

鐵榥錘，每把重拾伍觔，仍照向例漕規，每觔銀肆分。

鐵釘，仍照向例漕規，每觔銀叁分。

灰籮，仍照向例漕規，每隻銀陸分。

灰篩，仍照向例漕規，每面銀伍分。

汁鍋，仍照向例漕規，每口銀伍錢。

汁鋼，仍照向例漕規，每口銀貳錢。

木掀，仍照向例漕規，每把銀肆分。

箍桶、竹篾仍照向例漕規，每觔銀捌厘。

煤炭，仍照向例漕規，每担銀貳錢伍分。

弔石、木鈴鐺仍照向例漕規，每個銀叁分。

石礅，仍照向例漕規，每部銀叁錢。

礅肘，每肆副用雜木壹段，仍照向例漕規銀叁錢。

毛竹：

壹尺圓，仍照向例漕規，每根銀玖分。

尺壹圓，仍照向例漕規，每根銀壹錢柒厘。

尺貳圓，仍照向例漕規，每根銀壹錢貳分肆厘。

尺叁圓，仍照向例漕規，每根銀壹錢肆分壹厘，每圓加壹寸，增銀壹分柒厘。

蘆蓆，仍照向例漕規，每片銀壹分伍厘。

水車，仍照向例漕規，每部長壹丈銀貳兩，如添長壹尺，加銀貳錢。

松板，每塊長伍尺寬壹尺、厚壹寸，仍照向例漕規銀玖分。

桐油，仍照向例漕規，每觔銀叁分。

水膠，仍照向例漕規，每觔銀叁分。

它参，仍照向例漕規，每觔銀捌分。

錠紅，仍照向例漕規，每觔銀貳分。

河工實價則例卷之十二

睢南、邳北廳：

秫稭，每觔實價銀貳厘叁毫，每束重叁拾觔，合銀陸分玖厘。

湖蘆，每觔實價銀壹厘捌毫，每束重叁拾觔，合銀伍分肆厘。

縈，每觔實價銀叁分。

杉木：

不登尺木，長壹丈貳尺，每根實價銀壹錢玖分叁厘陸毫。

壹尺木，長壹丈叁尺，每根實價銀貳錢柒分玖厘肆毫。

尺壹木，長壹丈肆尺，每根實價銀叁錢陸分伍厘貳毫。

尺貳木，長壹丈伍尺，每根實價銀肆錢玖分伍厘。

尺叁木，長壹丈陸尺，每根實價銀伍錢捌分捌毫。

尺肆木，長壹丈柒尺，每根實價銀陸錢柒分柒厘陸毫。

尺伍木，長壹丈捌尺，每根實價銀捌錢柒分壹厘貳毫。

尺陸木，長壹丈玖尺，每根實價銀玖錢捌分壹厘貳毫。

尺柒木，長貳丈，每根實價銀壹兩壹錢肆分肆厘。

尺捌木，長貳丈壹尺，每根實價銀壹兩肆錢肆分叁厘貳毫。

尺玖木，長貳丈貳尺，每根實價銀壹兩柒錢捌分捌厘陸毫。

貳尺木，長貳丈叁尺，每根實價銀貳兩壹錢壹分貳厘。

貳尺壹木，長貳丈肆尺，每根實價銀貳兩陸錢柒厘。

貳尺貳木，長貳丈伍尺，每根實價銀叁兩壹錢陸分捌厘。

貳尺叁木，長貳丈陸尺，每根實價銀叁兩柒錢貳分玖厘。

貳尺肆木，長貳丈柒尺，每根實價銀肆兩叁錢伍分陸厘。

貳尺伍木，長貳丈捌尺，每根實價銀伍兩陸毫。

貳尺陸木，長貳丈玖尺，每根實價銀伍兩捌錢貳分壹厘貳毫。

貳尺柒木，長叁丈，每根實價銀陸兩柒錢貳分伍厘肆毫。

貳尺捌木，長叁丈壹尺，每根實價銀柒兩陸錢玖分伍厘陸毫。

貳尺玖木，長叁丈貳尺，每根實價銀捌兩柒錢柒分叁厘陸毫。

叁尺木，長叁丈叁尺，每根實價銀拾兩壹錢叁分叁厘貳毫。

叁尺壹木，長叁丈肆尺，每根實價銀拾兩玖錢玖分伍厘陸毫。

叁尺貳木，長叁丈伍尺，每根實價銀拾貳兩貳錢貳分叁厘貳毫。

叁尺叁木，長叁丈陸尺，每根實價銀拾叁兩伍錢壹分陸厘捌毫。

叁尺肆木，長叁丈柒尺，每根實價銀拾肆兩捌錢柒分陸厘肆毫。

叁尺伍木，長叁丈捌尺，每根實價銀拾陸兩貳錢玖分柒厘陸毫。

叁尺陸木，長叁丈玖尺，每根實價銀拾柒兩柒錢捌分柒厘。

叁尺柒木，長肆丈，每根實價銀拾玖兩叁錢叁分捌厘。

叁尺捌木，長肆丈壹尺，每根實價銀貳拾兩玖錢伍分伍厘。

叁尺玖木，長肆丈貳尺，每根實價銀貳拾貳兩陸錢叁分捌厘。

肆尺木，長肆丈叁尺，每根實價銀貳拾肆兩叁錢捌分貳厘陸毫。

肆尺壹木，長肆丈肆尺，每根實價銀貳拾陸兩壹錢玖分伍厘肆毫。

肆尺貳木，長肆丈伍尺，每根實價銀貳拾捌兩陸分玖厘捌毫。

肆尺叁木，長肆丈陸尺，每根實價銀叁拾兩壹分貳毫。

肆尺肆木，長肆丈柒尺，每根實價銀叁拾貳兩壹分陸厘陸毫。

肆尺伍木，長肆丈捌尺，每根實價銀叁拾肆兩捌分肆厘陸毫。

肆尺陸木，長肆丈玖尺，每根實價銀叁拾陸兩貳錢貳分捌毫。

肆尺柒木，長伍丈，每根實價銀叁拾捌兩肆錢壹分捌厘陸毫。

肆尺捌木，長伍丈壹尺，每根實價銀肆拾兩柒錢肆厘肆毫。

肆尺玖木，長伍丈貳尺，每根實價銀肆拾叁兩零壹分貳厘貳毫。

伍尺木，長伍丈叁尺，每根實價銀肆拾伍兩肆錢叁厘陸毫。

石料：

雙料面石，每塊寬厚俱壹尺貳寸，每丈實價銀貳兩伍錢捌分伍厘。

单料面石，每塊寛壹尺貳寸、厚陸寸，每丈實價銀壹兩捌分壹厘。

雙料裡石，每塊寛厚俱壹尺貳寸，每丈實價銀壹兩肆錢。

单料裡石，每塊寛壹尺貳寸、厚陸寸，每丈實價銀柒錢。

河磚，每塊寛伍寸、厚叁寸叁分、長壹尺貳寸，實價銀貳分陸厘肆毫。

大料河磚，每塊寛柒寸伍分、厚肆寸壹分、長壹尺貳寸，實價銀肆分玖厘貳毫捌絲。

汁米，每石實價銀叁兩壹錢貳分。

石灰，每石實價銀叁錢壹分貳厘。

雜草，每束重陸觔，銀柒厘捌毫，每觔實價銀壹厘叁毫。

購柳，每束青、温、乾。重捌、陸、肆。拾觔，實價銀玖分。

築堤土方並填壩壓埽等工。內：

近處乾地取土，離堤拾伍丈至伍拾丈土方。內：

閒月緩工，忙月歲搶修常辦工，每方實價銀貳錢伍分。

忙月閒工，閒月急工，忙月另案急工，每方實價銀叁錢壹分貳厘伍毫。

遠處乾地取土，離堤伍拾丈以外至壹百丈，及近處濘地取土，離堤拾伍丈至伍拾丈土方內。

閒月緩工，忙月歲搶修常辦工，每方實價銀貳錢柒分貳厘。

忙月閒工，閒月急工，忙月另案急工，每方實價銀叁錢肆分。

遠處濘地取土，離堤伍拾丈以外至壹百丈土方。內：

閒月緩工，忙月歲搶修常辦工，每方實價銀叁錢。

忙月閒工，閒月急工，忙月另案急工，每方實價銀叁錢柒分伍厘。

堤根有積水坑塘估碍，遶越乾地取土，離堤伍拾丈以外至壹百伍拾丈土方。內：

閒月緩工，忙月歲搶修常辦工，每方實價銀叁錢肆分。

忙月閒工，閒月急工，忙月另案急工，每方實價銀肆錢貳分伍厘。

堤根有積水坑塘估碍，遶越濘地取土，離堤伍拾丈以外至壹百伍拾丈土方。內：

閒月緩工，忙月歲搶修常辦工，每方實價銀叁錢陸分。

忙月閒工，閒月急工，忙月另案急工，每方實價銀肆錢伍分。

隔堤隔河，遠處乾地取土，離堤貳百丈以外至叁百丈土方。內：

閒月緩工，忙月歲搶修常辦工，每方實價銀叁錢捌分。

忙月閒工，閒月急工，忙月另案急工，每方實價銀肆錢柒分伍厘。

隔堤隔河，遠處濘地取土，離堤貳百丈以外至叁百丈土方。內：

閒月緩工，忙月歲搶修常辦工，每方實價銀肆錢。

忙月緩工，閒月急工，忙月另案急工，每方實價銀伍錢。

若於水底取土，離堤叁拾丈至伍拾丈土方。內：

閒月緩工，忙月歲搶修常辦工，每方實價銀伍錢。

忙月閒工，閒月急工，忙月另案急工，每方實價銀陸錢貳分伍厘。

挑河土方：

乾地挑挖河土，如有積水，外加戽水工。

閒月緩工，忙月常辦工，每方實價銀壹錢陸分，如有積水，外加戽水工，實價銀叁分。

忙月閒工，閒月急工，忙月另案急工，每方實價銀貳錢，如有積水，外加戽水工，實價銀叁分柒厘伍毫。

淤土原係淤沙爛泥，鍬不能挖，筐不能盛，須用木杓舀起，以布兜盛送，夫工較多土方內。

閒月緩工，忙月常辦工，每方實價銀貳錢柒分貳厘。

忙月閒工，閒月急工，忙月另案急工，每方實價銀叁錢肆分。

稀淤土猶如渾漿，人夫不能站立，須用跳板接脚，以木杓舀入木桶，挨次排立傳遞方能運送上岸，倍費人力土方內。

閒月緩工，忙月常辦工，每方實價銀叁錢。

忙月閒工，閒月急工，忙月另案急工，每方實價銀叁錢柒分伍厘。

一、瓦礫土係逼近城市，居民稠密，瓦礫等類倒卸河內，深入泥中結成一塊，需用鐵鈀刨挖，挑送遠處堆積，工力倍費土方。內：

閒月緩工，忙月常辦工，每方實價銀叁錢。

忙月閒工，閒月急工，忙月另案急工，每方實價銀叁錢柒分伍厘。

一、小砂礓土猶如石子，與土凝結，畚插難施，需用鐵鈀築起挑挖，工力艱難土方。內：

閒月緩工，忙月常辦工，每方實價銀叁錢。

忙月閒工，閒月急工，忙月另案急工，每方實價銀叁錢柒分伍厘。

一、大砂礓土堅硬如石，施工更難，需用鐵鷹嘴、努角各器具鑿破，逐塊刨挖、挑送，工多倍費土方。內：

閒月緩工，忙月常辦工，每方實價銀肆錢。

忙月閒工，閒月急工，忙月另案急工，每方實價銀伍錢。

一、罱撈土多在河湖巨蕩之内，碍難築壩，戽水必須僱募船隻，用罱撈浚淤泥運送崖岸，一切僱船撈浚等費土方。内：

閒月緩工，忙月常辦工，每方實價銀叁錢伍分。

忙月閒工，閒月急工，忙月另案急工，每方實價銀肆錢叁分柒厘伍毫。

以上築堤、挑河兩項工程，以拾月至次年叁月俱爲閒月，肆月至玖月俱爲忙月，理合聲明。

箍接口、灰桶、灰舀等項，用尺伍木，照實價銷算。

熬汁柴束，照實價銷算。

各匠役工食：

石匠鏨鑿新雙料墻面丁石，每丈連砌工實價銀陸錢。

石匠鏨鑿新单料墻面丁石，每丈連砌工實價銀叁錢。

石匠鏨鑿舊雙料墻面石，每丈連砌工實價銀貳錢。

石匠鏨鑿舊单料墻面石，每丈連砌工實價銀壹錢。

石匠鏨鑿雙料新舊裡石，每丈連砌工實價銀壹錢貳分。

石匠鏨鑿单料新舊裡石，每丈連砌工實價銀陸分。

石匠鏨鑿錠眼，每個實價銀壹分。

石匠鏨鑿鋦眼，每個實價銀陸厘。

石匠鏨鑿閘工、金門兩墻，上下裹頭肆轉角石塊，每塊實價工銀壹錢。

木匠剷馬牙、梅花樁，每段實價銀貳厘。

剷砍排樁，每丈實價工銀肆分捌厘。

瓦匠砌河磚，每塊實價銀捌毫。

小爐匠箍桶、劈篾、打笆、撕纜等匠，實價每名日給銀陸分。

樁手，每班拾貳名實價，每名日給銀壹錢。

日計夫實價，每名日給銀捌分。

木匠實價，每工銀陸分。

鋸匠實價，每工銀陸分。

漆匠實價，每工銀陸分。

排樁用尺伍陸木不等，照實價銷算。

撕木借用，不銷錢粮。

盤礮、打辮子、做千觔、摃扣等項，用𦃃觔，照實價銷算。

蘆笆柴束，照實價銷算。

大扳纜，每條用柴壹束，照實價銷算。

壩中填土，按取土遠近，照方計算。

木料估用大小尺寸，照實價銷算。

生鐵錠，每個重肆觔，仍照向例漕規銀陸分。

熟鐵鋦，每個重壹觔，仍照向例漕規銀肆分。

熟鐵銷，每個重壹觔，仍照向例漕規銀肆分。

鐵繩，每條重叁拾觔，仍照向例漕規，每觔銀叁分。

鐵撬，每把重捌觔，仍照向例漕規，每觔銀叁分。

鐵鍬，每把重叁觔，仍照向例漕規，每觔銀叁分。

鐵鷹嘴，每把重貳觔，仍照向例漕規，每觔銀叁分。

鐵幌錘，每把重拾伍觔，仍照向例漕規，每觔銀肆分。

鐵釘，每觔仍照向例漕規銀叁分。

灰籮，仍照向例漕規，每隻銀陸分。

灰篩，仍照向例漕規，每面銀伍分。

汁鍋，仍照向例漕規，每口銀伍錢。

汁鋼，仍照向例漕規，每口銀貳錢。

木掀，仍照向例漕規，每把銀肆分。

箍桶、竹簸，仍照向例漕規，每觔銀捌厘。

煤炭，仍照向例漕規，每担銀貳錢伍分。

弔石、木鈴鐺，仍照向例漕規，每個銀叁分。

石硪，仍照向例漕規，每部銀叁錢。

硪肘，每肆副用雜木壹段，仍照向例漕規銀叁錢。

毛竹：

壹尺圓，仍照向例漕規，每根銀玖分。

尺壹圓，仍照向例漕規，每根銀壹錢柒厘。

尺貳圓，仍照向例漕規，每根銀壹錢貳分肆厘。

尺叁圓，仍照向例漕規，每根銀壹錢肆分壹厘，每圓加壹寸，增銀壹分柒厘。

蘆蓆，仍照向例漕規，每片銀壹分伍厘。

水車，仍照向例漕規，每部長壹丈銀貳兩，如添長壹尺，加銀貳錢。

松板，仍照向例漕規，每塊長伍尺、寬壹尺、厚壹寸，銀玖分。

桐油，仍照向例漕規，每觔銀叁分。

水膠，仍照向例漕規，每觔銀叁分。

它参，仍照向例漕規，每觔銀捌分。

錠紅，仍照向例漕規，每觔銀貳分。

河工實價則例卷之十三

宿南、宿北廳：

秫稭，每觔實價銀貳厘玖毫，每束叁拾觔，銀捌分柒厘。

湖蘆，每觔實價銀壹厘柒毫，每束叁拾觔，銀伍分壹厘。

檾，每觔實價銀叁分叁厘。

杉木：

不登尺木，長壹丈貳尺，每根實價銀壹錢捌分玖厘貳毫。

壹尺木，長壹丈叁尺，每根實價銀貳錢柒分貳厘捌毫。

尺壹木，長壹丈肆尺，每根實價銀叁錢伍分捌厘陸毫。

尺肆木，長壹丈伍尺，每根實價銀肆錢捌分肆厘。

尺叁木，長壹丈陸尺，每根實價銀伍錢陸分玖厘捌毫。

尺肆木，長壹丈柒尺，每根實價銀陸錢陸分肆厘肆毫。

尺伍木，長壹丈捌尺，每根實價銀捌錢伍分叁厘陸毫。

尺陸木，長壹丈玖尺，每根實價銀玖錢伍分玖厘貳毫。

尺柒木，長貳丈，每根實價銀壹兩壹錢壹分柒厘陸毫。

尺捌木，長貳丈壹尺，每根實價銀壹兩肆錢壹分肆厘陸毫。

尺玖木，長貳丈貳尺，每根實價銀壹兩柒錢伍分壹厘貳毫。

貳尺木，長貳丈叁尺，每根實價銀貳兩陸分捌厘。

貳尺壹木，長貳丈肆尺，每根實價銀貳兩伍錢伍分肆厘貳毫。

貳尺貳木，長貳丈伍尺，每根實價銀叁兩壹錢肆厘貳毫。

貳尺叁木，長貳丈陸尺，每根實價銀叁兩陸錢伍分貳厘。

貳尺肆木，長貳丈柒尺，每根實價銀肆兩貳錢陸分伍厘捌毫。

貳尺伍木，長貳丈捌尺，每根實價銀肆兩捌錢玖分玖厘肆毫。

貳尺陸木，長貳丈玖尺，每根實價銀伍兩柒錢貳厘肆毫。

貳尺柒木，長叁丈，每根實價銀陸兩伍錢捌分玖厘。

貳尺捌木，長叁丈壹尺，每根實價銀柒兩伍錢叁分玖厘肆毫。

貳尺玖木，長叁丈貳尺，每根實價銀捌兩伍錢玖分伍厘肆毫。

叁尺木，長叁丈叁尺，每根實價銀玖兩玖錢貳分陸厘肆毫。

叁尺壹木，長叁丈肆尺，每根實價銀拾兩柒錢柒分壹厘貳毫。

叁尺貳木，長叁丈伍尺，每根實價銀拾壹兩玖錢柒分肆厘陸毫。

叁尺叁木，長叁丈陸尺，每根實價銀拾叁兩貳錢肆分壹厘捌毫。

叁尺肆木，長叁丈柒尺，每根實價銀拾肆兩伍錢柒分貳厘捌毫。

叁尺伍木，長叁丈捌尺，每根實價銀拾伍兩玖錢陸分伍厘肆毫。

叁尺陸木，長叁丈玖尺，每根實價銀拾柒兩肆錢貳分肆厘。

叁尺柒木，長肆丈，每根實價銀拾捌兩玖錢肆分肆厘貳毫。

叁尺捌木，長肆丈壹尺，每根實價銀貳拾兩伍錢貳分捌厘貳毫。

叁尺玖木，長肆丈貳尺，每根實價銀貳拾貳兩壹錢柒分陸厘。

肆尺木，長肆丈叁尺，每根實價銀貳拾叁兩捌錢捌分伍厘肆毫。

肆尺壹木，長肆丈肆尺，每根實價銀貳拾伍兩陸錢陸分捌毫。

肆尺貳木，長肆丈伍尺，每根實價銀貳拾柒兩伍錢。

肆尺叁木，長肆丈陸尺，每根實價銀貳拾玖兩叁錢玖分捌厘陸毫。

肆尺肆木，長肆丈柒尺，每根實價銀叁拾壹兩叁錢陸分叁厘貳毫。

肆尺伍木，長肆丈捌尺，每根實價銀叁拾叁兩叁錢捌分玖厘肆毫。

肆尺陸木，長肆丈玖尺，每根實價銀叁拾伍兩肆錢捌分壹厘陸毫。

肆尺柒木，長伍丈，每根實價銀叁拾柒兩陸錢叁分伍厘肆毫。

肆尺捌木，長伍丈壹尺，每根實價銀叁拾玖兩捌錢柒分貳厘捌毫。

肆尺玖木，長伍丈貳尺，每根實價銀肆拾貳兩壹錢叁分肆厘肆毫。

伍尺木，長伍丈叁尺，每根實價銀肆拾肆兩肆錢柒分柒厘肆毫。

石料：

雙料墻面丁石，每塊寬厚俱壹尺貳寸，每丈實價銀叁兩伍分伍厘。

单料墻面丁石，每塊寬壹尺貳寸、厚陸寸，每丈實價銀壹兩叁錢壹分陸厘。

雙料裡石，每塊寬厚俱壹尺貳寸，每丈實價銀壹兩陸錢捌分。

单料裡石，每塊寬壹尺貳寸、厚陸寸，每丈實價銀捌錢肆分。

河磚，每塊寬伍寸、厚叁寸叁分、長壹尺貳寸，實價銀貳分陸厘肆毫。

大料河磚，每塊寬柒寸伍分、厚肆寸壹分、長壹尺貳寸，實價銀肆分玖厘貳毫捌絲。

汁米，每担實價銀叁兩壹錢貳分。

石灰，每担實價銀叁錢柒分肆厘肆毫。

雜草，每束重陸觔，實價銀柒厘捌毫，每觔實價銀壹厘叁毫。

購柳，每束青、温、乾。重捌、陸、肆。拾觔，實價銀玖分。

築堤土方並填壩壓埽等工內。

近處乾地取土，離堤拾伍丈至伍拾丈土方。內：

閒月緩工，忙月歲搶修常辦工，每方實價銀貳錢伍分。

忙月閒工，閒月急工，忙月另案急工，每方實價銀叁錢壹分貳厘伍毫。

遠處乾地取土，離堤伍拾丈以外至壹百丈，及近處灣地取土，離堤拾伍丈至伍拾丈土方。內：

閒月緩工，忙月歲搶修常辦工，每方實價銀貳錢柒分貳厘。

忙月閒工，閒月急工，忙月另案急工，每方實價銀叁錢肆分。

遠處灣地取土，離堤伍拾丈以外至壹百丈土方。內：

閒月緩工，忙月歲搶修常辦工，每方實價銀叁錢。

忙月閒工，閒月急工，忙月另案急工，每方實價銀叁錢柒分伍厘。

堤根有積水坑塘佔碍，遶越乾地取土，離堤伍拾丈以外至壹百伍拾丈土方內。

閒月緩工，忙月歲搶修，常辦工每方實價銀叁錢肆分。

忙月閒工，閒月急工，忙月另案，急工每方實價銀肆錢貳分伍厘。

堤根有積水坑塘佔碍，遶越灣地取土，離堤伍拾丈以外至壹百伍拾丈土方。內：

閒月緩工，忙月歲搶修常辦工，每方實價銀叁錢陸分。

忙月閒工，閒月急工，忙月另案急工，每方實價銀肆錢伍分。

隔堤隔河，遠處乾地取土，離堤貳百丈以外至叁百丈土方。內：

閒月緩工，忙月歲搶修常辦工，每方實價銀叁錢捌分。

忙月閒工，閒月急工，忙月另案急工，每方實價銀肆錢柒分伍厘。

隔堤隔河，遠處濘地取土，離堤貳百丈以外至叁百丈土方內。

閒月緩工，忙月歲搶修常辦工，每方實價銀肆錢。

忙月閒工，閒月急工，忙月另案急工，每方實價銀伍錢。

若於水底取土，離堤叁拾丈至伍拾丈土方。內：

閒月緩工，忙月歲搶修常辦工，每方實價銀伍錢。

忙月閒工，閒月急工，忙月另案急工，每方實價銀陸錢貳分伍厘。

挑河土方：

乾地挑挖河土，如有積水，外加戽水工。

閒月緩工，忙月常辦工，每方實價銀壹錢陸分，如有積水，外加戽水工，實價銀叁分。

忙月閒工，閒月急工，忙月另案急工，每方實價銀貳錢，如有積水，外加戽水工，實價銀叁分柒厘伍毫。

淤土原係淤沙爛泥，鍬不能挖，筐不能盛，須用木杓舀起，以布兜盛送，夫工較多土方內。

閒月緩工，忙月常辦工，每方實價銀貳錢柒分貳厘。

忙月閒工，閒月急工，忙月另案急工，每方實價銀叁錢肆分。

稀淤土猶如渾漿，人夫不能跕立，須用跳板接脚，以木杓舀入木桶，挨次排立傳遞方能運送上岸，倍費人力土方。內：

閒月緩工，忙月常辦工，每方實價銀叁錢。

忙月閒工，閒月急工，忙月另案急工，每方實價銀叁錢柒分伍厘。

瓦礫土係逼近城市，居民稠密，瓦礫等類倒卸河。內：

深入泥中結成一塊，需用鐵鈀刨挖，挑送遠處堆積，工力倍費土方。內：

閒月緩工，忙月常辦工，每方實價銀叁錢。

忙月閒工，閒月急工，忙月另案急工，每方實價銀叁錢柒分伍厘。

小砂礓土猶如石子，與土凝結，畚插難施，需用鐵鈀築起挑挖，工力艱難土方。內：

閒月緩工，忙月常辦工，每方實價銀叁錢。

忙月閒工，閒月急工，忙月另案急工，每方實價銀叁錢柒分伍厘。

大砂礓土堅硬如石，施工更難，需用鐵鷹嘴努角各器具鑿破，逐塊刨挖、挑送，工多倍費土方。內：

閒月緩工，忙月常辦工，每方實價銀肆錢。

忙月閒工，閒月急工，忙月另案急工，每方實價銀伍錢。

罱撈土多在河湖巨蕩之内，碍難築壩，戽水必須僱募船隻，用罱撈浚淤泥運送崖岸。一切僱船撈浚等費土方内。

閒月緩工，忙月常辦工，每方實價銀叁錢伍分。

忙月閒工，閒月急工，忙月另案急工，每方實價銀肆錢叁分柒厘伍毫。

以上築堤、挑河兩項工程，以拾月至次年叁月俱爲閒月，肆月至玖月俱爲忙月，理合聲明。

各匠役工食：

石匠鏨鑿新雙料墻面丁石，每丈連砌工實價銀陸錢。

石匠鏨鑿新单料墻面丁石，每丈連砌工實價銀叁錢。

石匠鏨鑿舊雙料墻面石，每丈連砌工實價銀貳錢。

石匠鏨鑿舊单料墻面石，每丈連砌工實價銀壹錢。

石匠鏨鑿雙料新舊裡石，每丈連砌工實價銀壹錢貳分。

石匠鏨鑿单料新舊裡石，每丈連砌工實價銀陸分。

石匠鏨鑿錠眼，每個實價銀壹分。

石匠鏨鑿鋦眼，每個實價銀陸厘。

石匠鏨鑿閘工、金門兩墻，上下裹頭肆轉角石塊，每塊實價工銀壹錢。

木匠刨馬牙、梅花樁，每段實價銀貳厘。

刨砍排樁，每丈實價工銀肆分捌厘。

瓦匠砌河磚，每塊實價銀捌毫。

小爐匠箍桶、劈篾、打笆、撕纜等匠，每名實價日給銀陸分。

樁手，每班拾貳名，每名實價日給銀壹錢。

日計夫，實價每名日給銀捌分。

木匠實價，每工銀陸分。

鋸匠，實價每工銀陸分。

漆匠，實價每工銀陸分。

箍接口、灰桶、灰舀等項，用尺伍木，照實價銷算。

熬汁柴束，照實價銷算。

排樁用尺伍陸木不等，照實價銷算。

撕木借用，不銷錢粮。

盤礅、打辮子、做千觔、損扣等項，用檾觔，照實價銷算。

蘆笆柴束，照實價銷算。

大扳纜，每條用柴壹束，照實價銷算。

壩中填土，按取土遠近，照方計算。

木料估用大小尺寸，照實價銷算。

生鐵錠，每個重肆觔，仍照向例漕規銀陸分。

熟鐵鋦，每個重壹觔，仍照向例漕規銀肆分。

熟鐵銷，每個重壹觔，仍照向例漕規銀肆分。

鐵繩，每條重叁拾觔，仍照向例漕規，每觔銀叁分。

鐵撬，每把重捌觔，仍照向例漕規，每觔銀叁分。

鐵鍬，每把重叁觔，仍照向例漕規，每觔銀叁分。

鐵鷹嘴，每把重貳觔，仍照向例漕規，每觔銀叁分。

鐵幌錘，每把重拾伍觔，仍照向例漕規，每觔銀肆分。

鐵釘，仍照向例漕規，每觔銀叁分。

灰籮，仍照向例漕規，每隻銀陸分。

灰篩，仍照向例漕規，每面銀伍分。

汁鍋，仍照向例漕規，每口銀伍錢。

汁鋼，仍照向例漕規，每口銀貳錢。

木掀，仍照向例漕規，每把銀肆分。

箍桶、竹簸，仍照向例漕規，每觔銀捌厘。

煤炭，仍照向例漕規，每担銀貳錢伍分。

弔石、木鈴鐺，仍照向例漕規，每個銀叁分。

石硪，仍照向例漕規，每部銀伍錢。

硪肘，每肆副用雜木壹段，仍照向例漕規銀叁錢。

毛竹：

壹尺圓，仍照向例漕規，每根銀玖分。

尺壹圓，仍照向例漕規，每根銀壹錢柒厘。

尺貳圓，仍照向例漕規，每根銀壹錢貳分肆厘。

尺叁圓，仍照向例漕規，每根銀壹錢肆分壹厘，每圓加壹寸，增銀壹分柒厘。

蘆蓆，仍照向例漕規，每觔銀壹分伍厘。

水車，每部長壹丈，仍照向例漕規銀貳兩，如添長壹尺，加銀貳錢。

松板，每塊長伍尺、寬壹尺、厚壹寸，仍照向例漕規銀捌分伍厘。

桐油，仍照向例漕規，每觔銀叁分。

水膠，仍照向例漕規，每觔銀叁分。

它参，仍照向例漕規，每觔銀捌分。

錠紅，仍照向例漕規，每觔銀貳分。

河工實價則例卷之十四

運河廳：

秫稭，每觔實價銀貳厘叁毫，每束叁拾觔，銀陸分玖厘。

湖蘆，每觔實價銀壹厘柒毫，每束叁拾觔，銀伍分壹厘。

縈，每觔實價銀叁分叁厘。

杉木：

不登尺木，長壹丈貳尺，每根實價銀壹錢捌分柒厘。

壹尺木，長壹丈叁尺，每根實價銀貳錢柒分陸毫尺壹木，長壹丈肆尺，每根實價銀叁錢伍分肆厘貳毫。

尺貳木，長壹丈伍尺，每根實價銀肆錢柒分玖厘陸毫。

尺叁木，長壹丈陸尺，每根實價銀伍錢陸分叁厘貳毫。

尺肆木，長壹丈柒尺，每根實價銀陸錢陸分。

尺伍木，長壹丈捌尺，每根實價銀捌錢肆分肆厘捌毫。

尺陸木，長壹丈玖尺，每根實價銀玖錢伍分肆毫。

尺柒木，長貳丈，每根實價銀壹兩壹錢陸厘陸毫。

尺捌木，長貳丈壹尺，每根實價銀壹兩叁錢玖分玖厘貳毫。

尺玖木，長貳丈貳尺，每根實價銀壹兩柒錢叁分叁厘陸毫。

貳尺木，長貳丈叁尺，每根實價銀貳兩肆分捌厘貳毫。

貳尺壹木，長貳丈肆尺，每根實價銀貳兩伍錢叁分。

貳尺貳木，長貳丈伍尺，每根實價銀叁兩柒分壹厘貳毫。

貳尺叁木，長貳丈陸尺，每根實價銀叁兩陸錢壹分肆厘陸毫。

貳尺肆木，長貳丈柒尺，每根實價銀肆兩貳錢貳分壹厘捌毫。

貳尺伍木，長貳丈捌尺，每根實價銀肆兩捌錢肆分捌厘捌毫。

貳尺陸木，長貳丈玖尺，每根實價銀伍兩陸錢肆分叁厘。

貳尺柒木，長叁丈，每根實價銀陸兩伍錢貳分捌毫。

貳尺捌木，長叁丈壹尺，每根實價銀柒兩肆錢陸分貳毫。

貳尺玖木，長叁丈貳尺，每根實價銀捌兩伍錢伍厘貳毫。

叁尺木，長叁丈叁尺，每根實價銀玖兩捌錢貳分叁厘。

叁尺壹木，長叁丈肆尺，每根實價銀拾兩陸錢伍分玖厘。

叁尺貳木，長叁丈伍尺，每根實價銀拾壹兩捌錢肆分玖厘貳毫。

叁尺叁木，長叁丈陸尺，每根實價銀拾叁兩壹錢叁厘貳毫。

叁尺肆木，長叁丈柒尺，每根實價銀拾肆兩肆錢貳分壹厘。

叁尺伍木，長叁丈捌尺，每根實價銀拾伍兩捌錢肆毫。

叁尺陸木，長叁丈玖尺，每根實價銀拾柒兩貳錢肆分壹厘肆毫。

叁尺柒木，長肆丈，每根實價銀拾捌兩柒錢肆分陸厘貳毫。

叁尺捌木，長肆丈壹尺，每根實價銀貳拾兩叁錢壹分肆厘捌毫。

叁尺玖木，長肆丈貳尺，每根實價銀貳拾壹兩伍錢伍厘。

肆尺木，長肆丈叁尺，每根實價銀貳拾叁兩陸錢叁分陸厘捌毫。

肆尺壹木，長肆丈肆尺，每根實價銀貳拾伍兩叁錢玖分貳厘肆毫。

肆尺貳木，長肆丈伍尺，每根實價銀貳拾柒兩貳錢壹分壹厘捌毫。

肆尺叁木，長肆丈陸尺，每根實價銀貳拾玖兩玖分貳厘捌毫。

肆尺肆木，長肆丈柒尺，每根實價銀叁拾壹兩叁分伍厘肆毫。

肆尺伍木，長肆丈捌尺，每根實價銀叁拾叁兩肆分肆厘。

肆尺陸木，長肆丈玖尺，每根實價銀叁拾伍兩壹錢壹分貳厘。

肆尺柒木，長伍丈，每根實價銀叁拾柒兩貳錢肆分叁厘捌毫。

肆尺捌木，長伍丈壹尺，每根實價銀叁拾玖兩肆錢伍分玖厘貳毫。

肆尺玖木，長伍丈貳尺，每根實價銀肆拾壹兩陸錢玖分肆厘肆毫。

伍尺木，長伍丈叁尺，每根實價銀肆拾肆兩壹分伍厘肆毫。

石料：

雙料墻面丁石，每塊寬厚俱壹尺貳寸，每丈實價銀叁兩伍分伍厘。

单料墻面丁石，每塊寬壹尺貳寸、厚陸寸，每丈實價銀壹兩叁錢壹分陸厘。

雙料裡石，每塊寬厚俱壹尺貳寸，每丈實價銀壹兩陸錢捌分。

单料裡石，每塊寬壹尺貳寸、厚陸寸，每丈實價銀捌錢肆分。

河磚，每塊寬伍寸、厚叁寸叁分、長壹尺貳寸，實價銀貳分陸厘肆毫。

大料河磚，每塊寬柒寸伍分、厚肆寸壹分、長壹尺貳寸，實價銀肆分玖厘貳毫捌絲。

汁米，每担實價銀叁兩壹錢貳分。

石灰，每担實價銀叁錢柒分肆厘肆毫。

雜草，每束重陸觔，實價銀柒厘捌毫，每觔銀壹厘叁毫。

購柳，每束青、温、乾。重捌、陸、肆。拾觔，實價銀玖分。

築堤土方並填壩壓埽等工。內：

近處乾地取土，離堤拾伍丈至伍拾丈土方。內：

閒月緩工，忙月歲搶修常辦工，每方實價銀貳錢伍分。

忙月閒工，閒月急工，忙月另案急工，每方實價銀叁錢壹分貳厘伍毫。

遠處乾地取土，離堤伍拾丈以外至壹百丈，及近處濘地取土，離堤拾伍丈至伍拾丈土方。內：

閒月緩工，忙月歲搶修常辦工，每方實價銀貳錢柒分貳厘。

忙月閒工，閒月急工，忙月另案急工，每方實價銀叁錢肆分。

遠處濘地取土，離堤伍拾丈以外至壹百丈土方。內：

閒月緩工，忙月歲搶修常辦工，每方實價銀叁錢。

忙月閒工，閒月急工，忙月另案急工，每方實價銀叁錢柒分伍厘。

堤根有積水坑塘佔碍，遶越乾地取土，離堤伍拾丈以外至壹百伍拾丈土方。內：

閒月緩工，忙月歲搶修常辦工，每方實價銀叁錢肆分。

忙月閒工，閒月急工，忙月另案急工，每方實價銀肆錢貳分伍厘。

堤根有積水坑塘佔碍，遶越濘地取土，離堤伍拾丈以外至壹百伍拾丈土方。內：

閒月緩工，忙月歲搶修常辦工，每方實價銀叁錢陸分。

忙月閒工，閒月急工，忙月另案急工，每方實價銀肆錢伍分。

隔堤隔河，遠處乾地取土，離堤貳百丈以外至叁百丈土方。內：

閒月緩工，忙月歲搶修常辦工，每方實價銀叁錢捌分。

忙月閒工，閒月急工，忙月另案急工，每方實價銀肆錢柒分伍厘。

隔堤隔河，遠處濘地取土，離堤貳百丈以外至叁百丈土方。內：

閒月緩工，忙月歲搶修常辦工，每方實價銀肆錢。

忙月閒工，閒月急工，忙月另案急工，每方實價銀伍錢。

若於水底取土，離堤叁拾丈至伍拾丈土方。內：

閒月緩工，忙月歲搶修常辦工，每方實價銀伍錢。

忙月閒工，閒月急工，忙月另案急工，每方實價銀陸錢貳分伍厘。

挑河土方：

乾地挑挖河工，如有積水，外加戽水工。

閒月緩工，忙月常辦工，每方實價銀壹錢陸分，如有積水，外加戽水工，實價銀叁分。

忙月閒工，閒月急工，忙月另案急工，每方實價銀貳錢，如有積水，外加戽水工，實價銀叁分柒厘伍毫。

淤土原係淤沙爛泥，鍬不能挖，筐不能盛，須用木杓舀起，以布兜盛送，夫工較多。內：

閒月緩工，忙月常辦工，每方實價銀貳錢柒分貳厘。

忙月閒工，閒月急工，忙月另案急工，每方實價銀叁錢肆分。

稀淤土猶如渾漿，人夫不能站立，須用跳板接脚，以木杓舀入木桶內，挨次排立傳遞方能運送上岸，倍費人力土方。內：

閒月緩工，忙月常辦工，每方實價銀叁錢。

忙月閒工，閒月急工，忙月另案急工，每方實價銀叁錢柒分伍厘。

瓦礫土係逼近城市，居民稠密，瓦礫等類倒卸河內，深入泥中結成壹塊，需用鐵鈀刨挖，挑送遠處堆積，工力倍費土方。內：

閒月緩工，忙月常辦工，每方實價銀叁錢。

忙月閒工，閒月急工，忙月另案急工，每方實價銀叁錢柒分伍厘。

小砂礓土猶如石子，與土凝結，畚插難施，需用鐵鈀築起挑挖，工力艱難土方。內：

閒月緩工，忙月常辦工，每方實價銀叁錢。

忙月閒工，閒月急工，忙月另案急工，每方實價銀叁錢柒分伍厘。

大砂礓土堅硬如石，施工更難，需用鐵鷹嘴、努角各器具鑿破，逐塊刨挖、挑送，工多倍費土方。內：

閒月緩工，忙月常辦工，每方實價銀肆錢。

忙月閒工，閒月急工，忙月另案急工，每方實價銀伍錢。

罱撈土多在河湖巨蕩之內，碍難築壩，戽水必須僱募船隻，用罱撈浚淤泥運送崖岸，一切僱船撈浚等費土方。內：

閒月緩工，忙月常辦工，每方實價銀叁錢伍分。

忙月閒工，閒月急工，忙月另案急工，每方實價銀肆錢叁分柒厘伍毫。

以上築堤、挑河兩項工程，以拾月至次年叁月俱爲閒月，以肆月至玖月俱爲忙月，理合聲明。

箍接口、灰桶、灰舀等項，用尺伍木，照實價銷算。

熬汁柴束，照實價銷算。

各匠役工食：

石匠鏨鑿新雙料墻面丁石，每丈實價連砌工銀陸錢。

石匠鏨鑿新单料墻面丁石，每丈實價連砌工銀叁錢。

石匠鏨鑿舊雙料墻面石，每丈實價連砌工銀貳錢。

石匠鏨鑿舊单料墻面石，每丈實價連砌工銀壹錢。

石匠鏨鑿雙料新舊裡石，每丈實價連砌工銀壹錢貳分。

石匠鏨鑿单料新舊裡石，每丈實價連砌工銀陸分。

石匠鏨鑿錠眼，每個實價銀壹分。

石匠鏨鑿鋦眼，每個實價銀陸厘。

石匠鏨鑿閘工、金門兩墻，上下裹頭肆轉角石塊，每塊實價工銀壹錢。

木匠刯馬牙、梅花樁，每段實價銀貳厘。

刯砍排樁，每丈實價工銀肆分捌厘。

瓦匠砌河磚，每塊實價銀捌毫。

小爐匠箍桶、劈篾、打笆、撕纜等匠，實價每名日給銀陸分。

椿手，每班拾貳名，實價每名日給銀壹錢。

日計夫，每名日給實價銀捌分。

木匠，實價每工銀陸分。

鋸匠，實價每工銀陸分。

漆匠，實價每工銀陸分。

排樁用尺伍陸木不等，照實價銷算。

撕木借用，不銷錢粮。

盤硪、打辮子、做千觔、摃扣等項，用縈觔，照實價銷算。

蘆笆柴束，照實價銷算。

大扳纜，每條用柴壹束，照實價銷算。

壩中填土，按取土遠近，照方計算。

木料估用大小尺寸，照實價銷算。

生鐵錠，每個重肆觔，仍照向例漕規銀陸分。

熟鐵鋦，每個重壹觔，仍照向例漕規銀肆分。

熟鐵銷，每個重壹觔，仍照向例漕規銀肆分。

鐵縄，每條重叁拾觔，每觔仍照向例漕規銀叁分。

鐵撬，每把重捌觔，每觔仍照向例漕規銀叁分。

鐵鍬，每把重叁觔，每觔仍照向例漕規銀叁分。

鐵鷹嘴，每把重貳觔，每觔仍照向例漕規銀叁分。

鐵幌錘，每把重拾伍觔，每觔仍照向例漕規銀肆分。

鐵釘，每觔照向例漕規銀叁分。

灰籮，每隻仍照向例漕規銀陸分。

灰篩，每面仍照向例漕規銀伍分。

汁鍋，每口仍照向例漕規銀伍錢。

木掀，每把仍照向例漕規銀肆分。

汁鋼，每口仍照向例漕規銀貳錢。

箍桶、竹篾，每觔仍照向例漕規銀捌厘。

煤炭，每担仍照向例漕規銀貳錢伍分。

弔石、木鈴鐺，仍照向例漕規，每個銀叁分。

石硪，每部仍照向例漕規銀伍錢。

硪肘，每肆副仍照向例漕規用雜木壹段，銀叁錢。

毛竹：

壹尺圓，仍照向例漕規，每根銀玖分。

尺壹圓，仍照向例漕規，每根銀壹錢柒厘。

尺貳圓，仍照向例漕規，每根銀壹錢貳分肆厘。

尺叁圓，仍照向例漕規，每根銀壹錢肆分壹厘，每圓加壹寸，增銀壹分柒厘。

蘆蓆，每片仍照向例漕規銀壹分伍厘。

水車，每部長壹丈，仍照向例漕規銀貳兩，如添長壹尺，加銀貳錢。

松板，每塊長伍尺、寬壹尺、厚壹寸，仍照向例漕規銀捌分伍厘。

桐油，每觔仍照向例漕規銀叁分。

水膠，每觔仍照向例漕規銀叁分。

它参，每觔仍照向例漕規銀捌分。

錠紅，每觔仍照向例漕規銀貳分。

河工修築事宜奏摺卷之十五

臣黎跪奏爲黃河工程，採用碎石酌定方價，以便循照發辦造報核銷，據實具奏，仰祈聖鑒事。竊照江境黃河工程，向来徐州護城石工外，歷用碎石抛護，並於埽外抛砌碎石工程甚爲得力。近年以来各廳臨黄迎溜兜灣埽工，間有蟄廂不已之處。用碎石於埽外抛護，無不挑溜開行。工程即見平穩，各前任河臣先於銅沛、睢南、邳北等廳辦理，試有成效。臣接任者来，随時察看，請求抛護碎石工程，實可化險爲平。雖辦理之時於埽工之外，似乎不免多費，而辦成之後，每段碎石即可盖護下首数段埽工，而且永遠存站，即經年隔歲間，有蟄矮之事量爲加抛，較之埽工經二三年後柴質朽腐，即見蟄塌，廂修不已者實爲節省通工。文武官弁以至兵夫、居民無不異口同聲，以爲得力，是以近兩年来，准令各廳辦用碎石抛護要工，節經奏蒙聖鑒在案，所有採運方價，各廳向無定例，惟銅沛廳各工離山較近，向来購辦定有例價。其餘各廳辦用碎石離山遠近不一，随時就採辦情形核給方價，多寡不同。至十九年起，各廳購辦碎石漸多，臣督飭各道將各廳採運碎石遠近難易情形逐加確核，分別酌中定價。較之從前有減無增，相應開具清单。恭呈御覽，仰祈聖鑒。飭部查核，自嘉慶十九年起，江境黄河各廳辦理碎石工程准照单，開酌定之例發辦造册，報部核銷以定成規，而便稽核，再蕭南、豐北、海安、海阜四廳，均未辦用碎石，未經定價列入单内合併陳明，爲此專摺具奏，伏乞皇上睿鑒。謹奏。

嘉慶二十一年八月二十一日附驛拜進

謹將南河、黄河各廳採用碎石，分别核定辦運價值繕具清单，恭呈御覽。

銅沛廳採辦碎石，離山較近，向例每方准給銀一兩一錢七分六厘。採工運費均在其内，應仍照舊例發辦。

睢南、邳北兩廳，採辦碎石，離山較遠，由黄河船運遠近牽計，酌中定價，每方採工運費共給銀二兩九錢一分六厘。

宿南、宿北兩廳採辦碎石，比邳睢離山更遠，由黄河船運遠近牽計，酌中定價，每方採工運費共給銀四兩八錢六分六厘。

桃南、桃北兩廳採辦碎石，比宿南、宿北離山更遠，由黄河船運遠近牽計，酌中定價，每方採工運費共給銀六兩四錢一分六厘。

外南外北兩廳採辦碎石，於洪澤湖老子等山開採，由湖運出清口到工，遠近牽計酌中定價，每方採工運費共給銀四兩六錢三分六厘。

山安、海防兩廳採辦碎石，於洪澤湖老子等山開採，由湖運出清口到工，比外南外北程途較多，遠近牽計酌中定價，每方採工運費共給銀五兩九錢三分六厘。

以上各廳船運碎石方價係臨河工程應用，如非臨河工程，船運碎石止到水口，尚須用車接運到工者，應准按照用車接運里数，每里加給車脚銀八分，又水中抛填碎石不用砌工，如於乾地築砌滚壩及包砌坦坡等工，每方用夫三名，合併陳明。

嘉慶二十一年十月二十四日，准工部咨爲遵旨等事，都水司案呈本部，奏前事一案，相應抄録原奏行文。

江南總河欽遵查照可也，須至咨者。

工部謹奏爲遵旨議奏事。嘉慶二十一年九月初三日，内閣抄出江南河道總督黎奏稱『江境黄河工程，向来徐州護城石工外應用碎石抛護，並於埽外抛砌碎石甚爲淂力。近年以来各廳營臨黄迎溜埽工於埽外，用碎石抛護，無不挑溜開行。工程即見平稳，前任河臣先於銅沛等廳辦理，試有成效，臣接任以来，随時察看，講求抛護碎石工程實堪化險爲平，雖辦理之時似不免多費，而辦成之後，每段碎石即可盖護各埽，永遠存站，即經年隔歲間，有蟄矮量爲加抛較之埽工〔經〕二三年後柴質朽腐，即見蟄塌，厢修不已者，實爲節省。是以近兩年来，准令各廳辦用碎石抛護要工即經奏奉。聖鑒在案，所有採運方價，各廳向無定例，惟銅沛廳各工離山較近，向来購辦定有例價。其餘各廳辦用碎石，離山遠近不一，随時就採辦情形核給方價多寡不同。至十九年起，各廳購辦碎石漸多，臣督飭各道，將各廳採運碎石遠近難易情形逐加確核，分别酌中定價，較之從前有減無增』等因，嘉慶二十一年八月二十八日奉硃批：『工部議奏。欽此。』臣等查南河各廳，採用碎石方價向未核定，成規惟銅沛廳各工需用碎石准有成價。其餘各廳遇有需用碎石之案，向係該河督於報銷册内聲明。離山道路里数遠近，分别船運、車運，核給方價。並每方每里船運脚價銀三分，車運脚價銀八分，包砌碎石，每方用夫三名，今既據該河督奏稱，埽外抛護碎石甚爲得力。各廳採運方價，請酌定成規以便遵循，自應如該督所奏辦理，惟查清单内所開各廳酌定價值，除銅沛廳每方銀一兩一錢七分六厘，仍照舊辦理。又各廳工用碎石尚須用車接運到工者，按照接運里数，每里加給車脚銀八分。水中抛填碎石，不用砌工。乾地築砌滚垻及包砌坦坡等工，每方用夫三名，各款俱係照舊辦理，毋庸置議外，其餘各廳採辦碎石，係按離山遠近分别定價。自應將各廳離山道路里数開明，方可核定。今該河督清单内所開睢南等十廳，採辦碎石方價僅稱某廳，離山較遠，某廳離山更遠，按船運遠近牽計酌中定價。開列每方共需銀数，並未將各該廳離小道路里数若干，分别開明其如何酌中定價之處。臣部無凴查核，應令該督將各廳離山道路里数詳細查明，開单覆奏到日再行核辦。至奏稱『蕭南、豐北、海安、海阜四廳均未辦用碎石，未經定價列入单内』等語。臣等查蕭南等四廳及運河各廳，現在雖未辦用碎石，倘將来遇有碎石工程，未免無所遵循，應令該督一併於清单内逐一開載。俾江南、黄運兩河各廳採運碎石，所有方價均有核定成規，則將来俱可一律遵循辦理矣。所有臣等核議緣由，理合恭摺具奏，伏乞皇上睿鑒。謹奏請旨。

嘉慶二十一年九月二十二日奏，本日奉旨：『依議。欽此。』

臣黎跪奏爲遵旨將江南、黄運兩河各廳採辦碎石方價，詳細查明開单恭摺具奏，仰祈聖鑒事。竊臣因江境黄河工程，近年各廳採辦碎石於迎溜兜灣埽外抛護，無不挑溜開行，實能化險爲平，且比埽工經久可期節省，而碎石方價各廳向無定例。前經督飭，各道將各廳辦運碎石遠年難易情形逐加確核，分别酌中定價開具清单。恭呈御覽。仰蒙勅部議奏『兹臣接准部咨内開查清单内，所開各廳酌定碎石價值，除銅沛廳方價，照舊例辦理外，其餘各廳採辦碎石，係按離山遠近，分别定價，飭令將各廳離山道路里数詳細查明開单覆奏，到日再行核辦，並令將蕭南、豐北、海安、海阜四廳，及運河各廳，一併查開。俾江南、黄運兩河各廳，採運碎石方價均有核定成規，將来均可一律遵循辦理』等因，奉旨：『依議。欽此。』咨行到臣。遵即飭據各道，分别查開前来。臣復加確核所有前奏清单内，各廳採辦碎石方價，原係按照各該廳離山道路里数，及車運船運遠近難易各情形分别定價。今遵部議，另開詳細清单，其前奏单内未經查開之蕭南、豐北、海安、海阜及運河各廳内，惟海安、海阜兩廳採辦碎石情形，可以照黄河各廳，分别酌中定價。其蕭南、豐北兩廳採辦碎石，止能車運，而離山遠近難以牽計定價，其邳宿運河、桃清中河、裡河、揚河、揚粮江防六廳，運河内均係漕船經行之處，未便用碎石工程，惟臨湖、臨江及閘壩等項工程，有可以估用碎石之處，而離山遠近，更多不一，難以牽計酌中定價。惟有酌定按里運脚随時確核辦理，以歸核實。均於清单内詳細查明，一併開列。恭呈御覽，仰祈聖鑒。飭部查核示覆，遵行爲此。專摺具奏伏乞皇上睿鑒。謹奏。

嘉慶二十二年二月二十三日，專差拜進。於三月二十八日奉到硃批：『該部議奏。欽此。』

謹將南河、黄運兩河各廳採用碎石，分別核定辦運，價值繕具清单，恭呈御覽。

蕭南廳採辦碎石，嘉慶六年辦理，毛城舖滚垻採用保安山片石。每方刨㓂銀三錢三分六厘，用車運到工，每方每里給銀八分，今查該廳採辦碎石，水運無路，惟有車運，應就各工離山遠近，照毛城舖之例。随時核給方價，以歸核實。

豐北廳採辦碎石，向無辦過成例，左近無山，遠處採石，水運無路，惟有車運，應就各工離山遠近，照毛城舖之例。随時核給方價，以歸核實。

銅沛廳採辦碎石，離山遠近牽計十里有零，車運到工。舊例，每方採工運費共給銀一兩一錢七分六厘，今仍照辦。

睢南、邳北兩廳採辦碎石，比銅沛、離山較遠，向用車運，照蕭南毛城舖之例，随時核給方價，今查由山車運黄河水口，可以用船裝送到工，所費比車運較省計，自山開挖車運黄河水口，遠近牽計十里有零，照銅沛採辦之例，每方給銀一兩一錢七分六厘。由車搬送上船裝叠，每方用夫三名，每名工銀八分，計銀二錢四分。船自水口裝送各工，遠近牽計六十里。每方每里給水脚銀二分五厘，計銀一兩五錢。統計每方採工運費，共給銀二兩九錢一分六厘。

宿南、宿北兩廳採辦碎石，離山較睢南、邳北更遠，自山開㓂車運黄河水口，遠近牽計十里有零，照銅沛採辦之例，每方給銀一兩一錢七分六厘，由車搬送上船裝叠，每方用夫三名，每名工銀八分，計銀二錢四分。船自水口裝送各工，遠近牽計一百五十里，查水脚原運等候，裝盛時日在内，同一裝盛而程途里数較多，按里所給水脚應行酌減，每方每里給銀二分三厘，計銀三兩四錢五分。統計採工運費，每方共給銀四兩八錢六分六厘。

桃南、桃北兩廳採辦碎石，離山比宿南、宿北更遠，自山開挖車運黄河水口，遠近牽計十里有零，照銅沛採辦之例，每方給銀一兩一錢七分六厘，由車搬送上船，每方用夫三名，每名工銀八分，計銀二錢四分，船自水口裝送各工，遠近牽計二百五十里，查水脚原運等候裝盛時日在内，同一裝盛而程途里数較多，按里所給水脚應比宿南北再行酌減，每方每里酌給銀二分，計銀五兩，統計每方採工運費，共給銀六兩四錢一分六厘。

外南、外北兩廳採辦碎石，於洪湖老子等山開挖，每方採工銀三錢三分六厘，山與水口相近，即可上船惟渡，越洪湖来往皆須守候，順風照外河廳、吴城七堡採辦碎石之例，每方連接裝上船夫工在内，每里給水脚銀三分。至吴城七堡計程一百二十里，計銀三兩六錢，自吴城七堡至外南北兩廳，遠近牽計三十五里，有縴挽可通，比湖中守風行走較易，每方每里給銀二分，計銀七錢，統計每方採工運費，共給銀四兩六錢三分六厘。

山安、海防兩廳採辦碎石，於洪澤湖老子等山開挖，每方採工銀三錢三分六厘，山與水口相近，照外河吴城七堡採辦碎石之例，每方連接裝上船夫工在内，每里給水脚銀三分，至吴城七堡計程一百三十里，計銀三兩六錢，自吴城七堡至山安、海防兩廳，遠近牽計一百里，有縴挽可通比湖中守風行走較易，每方每里給水脚銀二分該銀二兩，統計每方採工運費共給銀五兩九錢三分六厘。

海安、海阜兩廳採辦碎石，於洪澤湖老子山開挖，每方採工銀三錢三分六厘，山與水口相近，照外河吴城七堡辦用碎石之例，連接裝上船夫工在内，每里給水脚銀三分，至吴城七堡計程一百二十里，計銀三兩六錢，自吴城七堡至海安、海阜兩廳，遠近牽計二百里，有縴挽可通比湖中守風行走較易，每方每里准給銀二分，計銀四兩，統計每方採工運費，共給銀七兩九錢三分六厘。

邳宿運河、桃清中河兩廳係漕船經行河道，兩岸未便用碎石工程，致有碰磕惟兩岸各河港湖渠蓄洩水势堤垻等工，間有可用碎石之處，須於上游東境候遷閘以上之花山江境，黄林庄迤南之王母山採辦。每方採工，照老子等山之例，給銀三錢三分六厘。車運至運河水口，計程七八里不等，照各山開採之例，每方給車脚銀八分，以七里核算，計銀五錢六分，自車搬送上船裝叠，每方用夫三名，每名工銀八分，計銀二錢四分，船自水口運送各工，程途近者，止数十里，遠者有二三百里，難以牽計，如有估辦碎石之處，應随時查照程途里数，每方每里給水脚銀三分以歸核實。

裡河廳。漕船經行之處，未便用碎石工程，惟臨湖及並無漕船經行之處，可以估用舊例。臨湖工採用碎石於老子山開挖，每方給水脚銀三錢三分六厘，船運到工，計程一百二十里，每方每里給水脚銀三分，計銀三兩六錢，應即照辦，如有工清口以外程途較遠之處，照外南北採運老子山碎石之例，自臨湖工次起每里再加運脚銀二分，随時按程途里数准給以歸核實。

揚河、揚粮、江防三廳均係漕船經行之處，兩岸未便用碎石工程，惟兩岸各閘垻之内，並臨湖臨江各工可用查舊例，江防廳江洲城外壓瀾垻辦，用鎮江各山碎石，每方准給銀一兩零九分三厘二毫。此外並兼辦用碎石之處，嗣後三廳估用碎石，如工在大江以南，就近各山採用應照各山開採之例。每方給採工銀三錢三分六厘，船運每方每里給銀二分，車運每方每里給銀八分，随時按照核給，如工在大江以北，程途近者，止数十里，遠者有二三百里，難以牽計，應以江洲城向例，准給銀一兩零九分三厘二毫爲例。再自江洲起，按照程途遞加水脚，係重船逆流，挽運比運中河順水行走較難，應每方每里給水脚銀二分五厘，随時按照准給，以歸核實。

以上各廳船運碎石，係臨河工程，應用者船即到工方價之外，别無費用，如非臨河工程，船運碎石止到水口，尚須用車接運到工者，應再准按照用車接運里数，每里給車脚銀八分，又碎石工水中抛填者，不用砌工，如於乾地築砌滚垻坦坡等工，每方須用夫三名，合併陳明。

嘉慶二十二年四月十八日，准工部咨爲遵旨議奏事。都水司案呈，嘉慶二十二年三月初八日，內閣抄出江南河道總督黎將江南、黄運兩河各廳採辦碎石方價，詳細查明，開单具奏一摺。嘉慶二十二年三月初六日，奉硃批該部議奏，欽此。臣等查南河各廳採運碎石方價，向未核定成規，惟銅沛廳各工碎石准有成價，其餘各廳遇有需用碎石之案，每方准給開山刨挖，銀三錢三分六厘，船運每里運價銀三分，車運每里運價銀八分，按其離山道路遠近，分別核給。其水中抛填不用砌工，乾地築砌每方准用夫二名，歷年遵循辦理在案。嘉慶二十一年九月，據江南河。臣黎奏稱，近年以来，埽外抛砌碎石甚爲得力，將各廳採運碎石方價開具清单，奏請酌定成規以便遵循等因。經臣部查清单內，開各廳酌定價值，除銅沛廳方價仍照舊辦理。又各廳工用碎石尚須用車接運到工者，按照接運里数，每里加給車脚銀八分，水中抛填碎石，不用砌工，乾地築砌滚坝及包砌坦坡等工，每方用夫三名，各款俱係照舊辦理，毋庸置議外，其餘各廳採辦碎石係按離山遠近，分別定價，該河督清单內所開睢南等十廳，採辦碎石方價。並未將離山道路里数若干分別開明。臣部無凴查核，應令該河督將各廳離山道路里数，詳細查明，開具清单，並將蕭南、豐北、海安、海阜等四廳，及運河各廳一併於清单內逐一開載，覆奏到日，再行核辦去後。今據該河督奏稱『各廳採辦碎石方價原係按照各該廳離山道路里数，及車運船運遠近難易各情形，分別定價，今遵部議，另開詳細清单。蕭南、豐北兩廳採辦碎石，止能車運，而離山遠近難以牽計定價。邳宿運河、桃源中河、裡河、揚河、揚粮、江防六廳運河內向係漕船經行之處，未便用碎石工程，其臨湖臨江及閘壩等項工程，有可以估用碎石之處，而離山遠近不一，難以定價，惟有酌定按里運脚，隨時確核辦理，至海安、海阜兩廳採辦碎石情形，可以分別酌中定價，均於清单內詳細查明，一併開列』等語。臣等查单開銅沛廳採辦碎石，每方照舊例，連運脚定價銀一兩一錢七分六厘。睢南、邳北、宿南、宿北、桃南、桃北六廳，自山運至水口，照銅沛廳方價核給，自水口運至工所，按其道路遠近、難易情形，加給運費。外南、外北、山安、海防、海安、海阜六廳，照向例准給開山刨挖銀三錢三分六厘，按其離山道路遠近難易情形加給運費，所開船運脚價，每方每里給銀三分，係照向例辦理，其餘酌定每里給銀二分及二分三厘、二分五厘不等。較之向例有減無增，應如所奏辦理。至蕭南、豐北、運河、中河、裡河、揚河、揚粮、江防八廳，據該河督单內聲稱各廳工所無定，離山遠近亦難預爲牽計，仍照向例每方給刨挖銀三錢三分六厘，車運每里給銀八分，船運每里酌給銀二分至二分五厘及三分不等。隨時分別核給方價，係屬按照舊例核實辦理，應令該河督遇有工用碎石之處，於估報册內，將離山道路遠近里数據實分晰，開明以凴核辦所有。臣等核議緣由理合恭摺具奏，伏乞皇上睿鑒。謹奏。嘉慶二十二年三月二十三日奏，本日奉旨：『依議。欽此。』爲此合咨前去，欽遵施行。

臣黎跪奏爲察訪南河料價稍平，應請酌減發辦，以歸撙節，據實奏聞事。竊照南河料價，自嘉慶十二年奏奉諭旨。加增定例之後，歷年循照發辦在案。原因市價過於昂貴，實在不敷辦理，不得不寬爲增定。若市價漸平，即應隨時據實奏聞酌減以歸核實，臣於接任南河之後，每遇發辦各料，即隨時留心察訪市價，向均未能平減前因，督臣百清查蕩地産柴確数，採運到工者，比從前較多，是以各廳購料比前較少，且兩年来南河未有大工，民間料物不至搜購無餘。近日，柴稭市價稍減，臣與督臣百稔知經費支絀，當料物昂貴之時，固不敢圖節省而啟偷減之弊，及市價平賤之際，尤不敢任浮糜而開侵冒之端。密于通工，逐加訪詢，通算籌計，除徐屬，豐蕭、銅沛、睢南、邳北、運河六廳原增例價本輕，且界連豫東稍爲被旱，現在市價未能較賤，毋庸議減外，其餘各廳柴稭均照現行例價酌減一成，足敷購辦本年應行備料。各廳即應援照辦理，以歸核實撙節，如將来再能平減，或仍復昂貴，總當随時具奏核實辦理，所有柴稭減價發辦緣由，謹會同兩江督臣百恭摺奏聞，伏乞皇上睿鑒。謹奏。

嘉慶十九年閏二月初七日，專差拜進於閏二月二十七日，奉到硃批：『另有旨。欽此。』

軍機大臣字寄，協辦大學士、兩江總督百，署江南河道總督黎，河東河道總督吴：　嘉慶十九年閏二月十七日奉上諭：『據黎奏「察訪南河，料價稍平，除徐屬、豐蕭等六廳，現在市價未賤，毋庸議減，其餘各廳柴稭照現行例價酌減一成購辦」等語。近日，南河柴稭市價稍平，自應將原增例價隨時酌減，以歸核實，惟所奏酌減一成之處，殊未明晰，著將該處料垜現行例價若干，應議酌減若干，詳晰查開具奏。該省按所減之價發辦，部中按数核銷，以杜浮冒。上年，豫省被旱，購料昂貴，將来堵築睢工需用較多，此時南河市價既平，料物自屬充裕。著百等與吴札商如合計運脚，可以節省錢粮，此時即可多爲購備，以爲協濟睢工之用。該督等察看情形，會同妥辦再睢工，現已緩堵，全注洪湖汛水長發時，清江一帶及堰盱各工均関緊要。百、黎當相度機宜及早籌備，盡心防護，務期計出萬全痛改因循疲玩惡習，毋稍踈虞。將此諭令知之。欽此。』遵旨寄信前来。

臣百臣黎跪奏爲遵旨詳查江境應減各廳料價，開单具奏，並會商辦料協濟睢工，據實陳覆，仰祈聖鑒事。本年閏二月二十七日，接准軍機大臣字寄，奉上諭：『據黎奏「察訪南河，料價稍平，除徐屬豐、蕭等六廳，現在市價未賤，毋庸議減，其餘各廳柴稭照現行例價酌減一成購辦」等語。近日南河柴稭市價稍平，自應將原增例價随時酌減以歸核實，惟所奏酌減一成之處，殊未明晰，着將該處料垜現行例價若干，應議酌減若干，詳晰查開具奏。該省按所減之價發辦，部中按数核銷，以杜浮冒。上年豫省被旱，購料昂貴，將来堵築睢工需用較多，此時南河市價既平，料物自屬充裕。着百等與吴札商如合計運脚，可以節省錢粮，此時即可多爲購備，以爲協濟睢工之用。該督等察看情形，會同妥辦等因。欽此。』仰見我皇上俯籌帑料，垂訓諄詳，欽感無以名喻，伏查南河購辦柴稭兩項，均以觔束定價，每束定例重叁拾觔，各廳離産地遠近不一，例價多寡不同，嘉慶十二年，照原定例價奏明，加增按照觔束，分别發銀，令各廳購辦。部中即照数核銷，歷經遵循辦理在案。臣黎前摺具奏酌減一成，係照各廳增加之例價，分爲十成，酌減一成，如每銀壹錢，應減銀壹分，原擬俟奉旨後再行查開細数清单。咨部核辦，兹蒙諭旨飭令詳晰查奏，謹開具清单，恭呈御覽，其徐屬、豐北、蕭南、銅沛、睢南、邳北、運河六廳，原增例價本少，且距葦營道遠，毋庸議減，及例用江柴之揚粮、江防二廳，均未列入单內，仰祈勅部查照，自本年起照減定之数發辦報銷，以昭核實。至購辦協濟睢工料物，臣等昨與東河臣吴詳細面商，江境、淮揚一帶料價現雖稍爲平減，惟距睢工甚遠，現在上游黄河無水，既不能通舟，若由洪湖達淮沂流，運送計程千有餘里，不特湖中風色靡常，每虞漂失即淮河逆流，挽運計其所費運脚倍于購價，斷不能比豫省減省，應俟秋料登場之時，察看豐蕭一帶，如果料價可減於豫境，再爲具奏辦理，謹先合詞繕摺覆奏伏乞皇上睿鑒。謹奏。

嘉慶十九年三月一十九日，附驛拜進於四月初十日，奉到硃批：『工部知道。欽此。』

謹將南河各廳購辦柴稭奏請照現行例價酌減一成，分别開具清单，恭呈御覽。

柴料：

山安、海防、海安、海阜四廳現行例價，每束重叁拾觔，銀柒分陸厘，今酌減一成，銀柒厘陸毫，每束發辦銀陸分捌厘肆毫。

外南、外北、揚河三廳現行例價，每束重叁拾觔，銀捌分捌厘，今酌減一成，銀捌厘捌毫，每束發辦銀柒分玖厘貳毫。

裡河、中河兩廳現行例價，每束重叁拾觔，銀玖分伍厘，今酌減一成，銀玖厘伍毫，每束發辦銀捌分伍厘伍毫。

稭料：

桃南、桃北、高堰、山盱四廳現行例價，每束重叁拾觔，銀壹錢，今酌減一成，銀壹分，每束發辦銀玖分。

宿南、宿北兩廳現行例價，每束重叁拾觔，銀捌分柒厘，今酌減一成，銀捌厘柒毫，每束發辦銀柒分捌厘叁毫。

桃南、桃北兩廳現行例價，每束重叁拾觔，銀玖分，今酌減一成，銀玖厘，每束發辦銀捌分壹厘。

外南、外北、中河三廳現行例價，每束重叁拾觔，銀玖分叁厘，今酌減一成，銀玖厘叁毫，每束發辦銀捌分叁厘柒毫。

高堰廳現行例價，每束重叁拾觔，銀玖分玖厘，今酌減一成，銀玖厘玖毫，每束發辦銀捌分玖厘壹毫。

山盱廳現行例價，每束重叁拾觔，銀壹錢零貳厘，今酌減一成，銀壹分零貳毫，每束發辦銀玖分壹厘捌毫。

工部曹等謹奏爲南河料物時價漸平，現據該河督等止將淮揚、海、宿各廳柴稭查明酌減，其餘各款未據随同核減，請旨飭下河，臣核實辦理，恭摺奏聞，仰祈聖鑒事。竊查嘉慶拾貳年前兩江督，臣鐵等將河工加價物料開单列款具奏，經前大學士慶等會同臣部議，奏奉上諭：『着派侍郎英、蔣揀帶工部精細司員，馳驛前往南河，將河工應用稭蔴、椿木以及土方等項，均一一親身查訪，時價採試，切勿假手河員，將寔價詳細開单具奏。候朕裁酌。欽此。』旋據英等奏到，奏旨發交工部，按其所列各款，分晰計算，另行開单進呈臣部。遵即繕单呈覽奉上諭：『所有单内增添價值，着將較舊價多半倍、一倍、倍半以及兩倍者，均照所擬辦理，其有較舊價加至兩倍以外，至三倍、四倍半有零者，着減至兩倍爲止，于兩倍之外，不得再有浮多，違者工部仍前不准。欽此。』旋又據鐵等奏准『將揚屬及宿南、宿北葦柴于准加兩倍之外，再加一倍有零』等因。臣部當將加價各項物料價值刊刻現行事例，按照該督等奏明原案，請自拾壹年正月初壹日起以後工程，均照加價核銷。迄今奉行在案，拾玖年，據河督黎等將淮揚、淮海二道屬及宿南、宿北柴稭奏減一成，貳拾壹年又將此例海安、海阜二廳復加節減各在案。臣等檢查河工奏請加價，原奏本稱『部價自有定例，一切工料按照時價給發，不能開銷遂雲。估工段、寛報丈尺以符部價，移此就彼，而承辦廳員即又生弊混，惟有仰懇聖恩俯允，按照時價寔用寔，銷則所費錢粮仍止此数，而造報不致虚假』等語，本爲核寔辦公起見，惟查拾壹年未經加價以前，南河歲搶修，每年額定用銀伍拾萬兩，加價以後，每年用銀幾及壹百伍拾萬兩，自加價至今已越拾年，費用銀数即就歲搶修一項核計已加至千萬兩之多，如果寔用在工，則歷年另案常辦埽壩以及随時堵築、挑培各工，自宜量爲減少乃自拾壹年加價之後，本年另案，挑培建砌各工用銀至肆百陸拾萬餘兩，拾叁年用銀伍百玖拾叁萬餘兩，拾伍年用銀至伍百陸拾陸萬餘兩，拾柒年用銀至伍百陸拾壹萬餘兩，其餘用銀較少年分亦俱報銷至叁百陸柒拾萬兩不等。臣等溯查拾壹年加價以前工程，自乾隆伍拾玖陸拾等年起，至嘉慶捌玖等年止，除嘉慶拾年另案，用銀肆百陸拾柒萬餘兩，爲数較多外，其餘拾数年内用銀最多年分不過叁百拾玖萬及貳百玖拾壹萬兩，其最少年分有捌拾壹萬及柒拾萬兩不等，而加價以後，拾数年内另案，用銀最多年分有伍百玖拾叁萬及伍百陸拾陸萬餘兩，其最少年分亦不下叁百陸拾叁萬及叁百陸拾陸萬兩等数。臣等通算核計，自乾隆伍拾玖年起，至嘉慶拾年止，南河除去豐北六堡及蕭南貳次邵工等處漫口大工銀叁百柒拾玖萬餘兩不計外，寔在另案挑培、建砌各工，用銀貳千陸百玖拾玖萬餘兩，自嘉慶拾壹年加價起，至貳拾壹年止，除去郭家房、王營貳次減壩，瓫家營、百子堂、千根、旗杆、平橋、陳家浦六壩，馬港口、義禮二壩等處漫口大工銀壹千貳百肆拾玖萬餘兩不計外，寔在另案，挑培、建砌各工用銀至肆千捌百玖拾柒萬餘兩，其間多寡相殊爲数，竟至懸絶，核之加價，原奏所稱費用錢粮仍止此数！而造報不致虚假之語，寔屬大相矛盾，是價值雖以增加，而工程仍未核寔，已可概見。拾玖年欽奉諭旨。近日，南河柴稭市價稍平，自應將原增例價随時酌減以歸核寔，欽此。該督等欽遵查辦，將淮揚、淮海二道属及宿南、宿北柴稭酌減一成，合之例價貳倍計算，纔及拾分之壹，即止在加價中計算，亦止及柒分之壹，爲数甚爲微細，而其中徐属六廳常鎮二廳柴稭尚不在議減之列，其餘河工需用之縈觔、柳束、湖蘆、襍草、杉椿、石料、河磚、土方夫匠等項，款目繁多，数載以来並未議及，查南省年歲，料價漸平，自係物力稍豐，各項物價亦應一律具寔查訪，有可減省之處，即當盡心籌畫，以期不致虚糜。

絜項若任聽報銷，年復一年，經費有常，于何節止，臣部職在工官專司考核，不敢因循常例，坐視浮糜，爲此查明例時貳價物料，開具簡明清单。恭呈御覧，請旨，勅下河臣會同兩江總督，詳晰查核，據寔裁減，列款奏明伏候。欽定勿任河員浮開虚報，虚有查辦之名，寔無節省之效，臣等爲慎重錢粮起見，爲此恭摺奏聞，伏乞皇上訓示遵行。謹奏請旨。

嘉慶貳拾叁年叁月貳拾肆日

大學士管理工部事務臣曹振鏞

工部尚書臣蘇楞額

尚書臣茹芬

左侍郎臣德文

左侍郎臣王以銜

右侍郎臣誠安

右侍郎臣陸以莊

謹將南河各廳料物、匠工新舊價值，開具簡明清单恭呈御覽。

桃南、桃北二廳：

秫稭，每束舊例價銀貳分。新例價銀玖分，拾玖年減銀玖厘，銷銀捌分壹厘。

葦柴，每束舊例價銀貳分壹厘。新例價銀壹錢，拾玖年減銀壹分，銷銀玖分。

查高埝廳葦柴價值同。

檾，每觔舊例價銀壹分壹厘，新例價銀叁分叁厘。

查宿南、宿北、運河等三廳，檾觔價值同。

杉木自不登尺木至伍尺木共肆拾貳則，每根舊例價銀捌分陸厘，至貳拾兩貳錢壹分柒厘。新例價銀壹錢捌分玖厘貳毫，至肆拾肆兩肆錢柒分柒厘肆毫。

查宿南、宿北二廳木料價值同。

石料自雙料墻面，丁石至单料裡石共肆則，每丈舊例價銀壹兩伍錢至叁錢伍分。新例價銀叁兩伍錢貳分伍厘至玖錢捌分。

河磚，每塊舊例價銀壹分貳厘，新例價銀貳分陸厘肆毫。

大料河磚，每塊舊例價銀無，新例價銀肆分玖厘貳毫捌絲。

汁米，每石舊例價銀壹兩貳錢，新例價銀叁兩壹錢貳分。

查裡河、外南、外北、山安、海防、海安、海阜、中河、高埝、山盱、揚河、揚糧、江防、豐北、蕭南、銅沛、睢南、邳北、宿南、宿北、運河等貳拾壹廳，河磚、大料河磚、汁米，價值俱同。

石灰，每石舊例價銀壹錢肆分肆厘，新例價銀叁錢柒分肆厘肆毫。查裡河、外南、外北、山安、海防、海安、海阜、中河、高埝、山盱、揚河、揚糧、江防、宿南、宿北、運河等拾陸廳，石灰價值同。

襍草，每束舊例價銀貳厘陸毫，新例價銀柒厘捌毫。查豐北、蕭南、銅沛、睢南、邳北、宿南、宿北、運河等捌廳，襍草價值同。

購柳，每束舊例價銀叁分，新例價銀玖分。

查裡河、外南、外北、山安、海防、海安、海阜、中河、高埝、山盱、揚河、揚糧、江防、豐北、蕭南、銅沛、睢南、邳北、宿南、宿北、運河等貳拾壹廳，購柳價值同。

築堤並填壩壓埽土，自近處乾地取土至水底取土共捌則，每方舊例價銀壹錢貳分伍厘至貳錢伍分，新例價銀，閒月緩工，忙月歲搶修常辦工，貳錢伍分至伍錢，忙月閒工，閒月急工，忙月另案急工，叁錢壹分貳厘伍毫至陸錢貳分伍厘。

挑河土，自乾地挑河土至罱撈土共柒則，每方舊例價銀捌分至貳錢。新例價銀，閒月緩工，忙月歲搶修常辦工，壹錢陸分至肆錢，忙月閒工，閒月急工，忙月另案急工，貳錢至伍錢。

查裡河、外南、外北、山安、海防、海安、海阜、中河、高埝、揚河、揚糧、江防、豐北、蕭南、銅沛、睢南、邳北、宿南、宿北、運河等貳拾廳，築堤、填壩、壓埽、挑河等項，土方價值俱同。

石匠鏨鑿新雙料墻面，丁石至雙料新舊裡石共陸則，每丈舊例工銀叁錢至叁分，新例工銀陸錢至陸分。

石匠鏨鑿錠眼、鋦眼，每個并金門、兩墻、裡頭磚角石塊，每塊舊例工銀叁厘至伍分，新例工銀陸厘至壹錢。

木匠刨馬牙、梅花樁，每段并刨砍牌樁，每丈舊例工銀壹厘至貳分肆厘，新例工銀貳厘至肆分捌厘。

瓦匠砌河磚，每塊舊例工銀肆毫，新例工銀捌毫。

小爐等各項匠，每工舊例工銀叁分，新例工銀陸分。

樁手，每名舊例工銀伍分，新例工銀壹錢。

日計夫，每名舊例工銀肆分，新例工銀捌分。

查裡河、外南、外北、山安、海防、海安、海阜、中河、高埝、山盱、揚河、揚糧、江防、豐北、蕭南、銅沛、睢南、邳北、宿南、宿北、運河等貳拾壹廳，石匠、木匠、瓦匠、小爐匠、樁手，日計夫各項工匠俱同。

裡河廳：

葦柴，每束舊例價銀貳分壹厘，新例價銀玖分伍厘，拾玖年減銀玖厘伍毫，銷銀捌分伍厘伍毫。

緜，每觔舊例價銀壹分叁厘，新例價銀叁分玖厘。

查外南、外北、山安、海防、海安、海阜、高埝、山盱、揚河、揚粮、江防等拾壹廳，檾觔價值同。

杉木自不登尺木至伍尺木，共肆拾貳則，每根舊例價銀柒分至拾捌兩玖錢伍分肆厘，新例價銀壹錢伍分肆厘至肆拾壹兩陸錢玖分捌厘捌毫。

石料自雙料墻面丁石至单面石，共肆則，每丈舊例價銀壹兩柒錢至肆錢，新例價銀叁兩玖錢玖分伍厘至壹兩壹錢貳分。

查外南、外北貳廳，石料價值同。

襍草，每束舊例價銀陸厘，新例價銀壹分捌厘。

查外南、外北、山安、海防、海安、海阜、中河、高埝、山盱等玖廳，襍草價值同。

外南、外北貳廳秫稭，每束舊例價銀無，新例價銀玖分叁厘，拾玖年減銀玖厘叁毫，銷銀捌分叁厘柒毫。查中河廳秫稭價值同。

葦柴，每束舊例價銀貳分，新例價銀捌分捌厘，拾玖年減銀捌厘捌毫，銷銀柒分玖厘貳毫。

杉木自不登尺木至伍尺木共肆拾貳則，每根舊例價銀柒分至拾玖兩叁錢柒分伍厘，新例價銀壹錢伍分肆厘至肆拾貳兩陸錢貳分伍厘。

山安、海防貳廳：

葦柴，每束舊例價銀貳分，新例價銀柒分陸厘，拾玖年減銀柒厘陸毫銷銀陸分捌厘肆毫。

杉木自不登尺木至伍尺木共肆拾貳則，每根舊例價銀柒分至拾玖兩柒錢玖分陸厘，新例價銀壹錢伍分肆厘至肆拾叁兩伍錢伍分壹厘貳毫。查海安、海阜、中河等叁廳，木料價值同。

石料自雙料墻面丁石至单料裡石共肆則，每丈舊例價銀壹兩玖錢至肆錢伍分，新例價銀肆兩肆錢陸分伍厘至壹兩貳錢陸分。

查海安、海阜、高埝、山盱等肆廳，石料價值同。

海安、海阜貳廳：

葦柴，每束舊例價銀貳分，新例價銀柒分陸厘，拾玖年減銀柒厘陸毫，貳拾壹年，又減銀壹分玖毫，銷銀伍分柒厘伍毫。

中河廳：

葦柴，每束舊例價銀貳分壹厘，新例價銀玖分伍厘，拾玖年減銀玖厘伍毫，銷銀捌分伍厘伍毫。

檾，每觔舊例價銀壹分叁厘，新例價銀叁分伍厘。

石料自雙料墻面丁石至单料裡石共肆則，每丈舊例價銀壹兩陸錢至叁錢柒分伍厘，新例價銀叁兩柒錢陸分至壹兩伍分。

高堰廳：

秫稭，每束舊例價銀無，新例價銀玖分玖厘，拾玖年減銀玖厘玖毫，銷銀捌分玖厘壹毫。

杉木自不登尺木至伍尺木共肆拾貳則，每根舊例價銀柒分至貳拾壹兩陸分，新例價銀壹錢伍分肆厘至肆拾陸兩叁錢叁分貳厘。

查山盱廳木料價值同。

山盱廳：

秫稭，每束舊例價銀無，新例價銀壹錢貳厘，拾玖年減銀壹分貳厘，銷銀玖分壹厘捌毫。

葦柴，每束舊例價銀貳分肆厘，新例價銀壹錢，拾玖年減銀壹分，銷銀玖分。

築堤并塘壩壓埽土，舊例至近處乾地取土至水底取土共捌則，每方價銀壹錢貳分伍厘至貳錢伍分。新例五壩土方隔湖用船裝運，必須避溜遶行，俱于未經起剥之，先預行積土備用查照。隔水取土遶越叁肆百丈之例，一律加增每方例價銀伍錢。

挑河土自乾地挑河土至罱撈土共柒則，每方舊例價銀捌分至貳錢，新例價銀，閒月緩工，忙月歲搶修常辦工，壹錢陸分至肆錢，忙月閒工，閒月急工，忙月另案急工，貳錢至伍錢。

揚河廳：

葦柴，每束舊例價銀貳分貳厘，新例價銀捌分捌厘，拾玖年減銀捌厘捌毫，銷銀柒分玖厘貳毫。

江柴，每觔舊例價銀壹厘，新例價銀叁厘。

杉木自不登尺木至叁尺木共貳拾貳則，每根舊例價銀柒分至貳兩貳錢，新例價銀壹錢伍分肆厘至肆兩捌錢肆分。

石料自雙料墻面丁石至单料裡石共肆則，每丈舊例價銀壹兩貳錢玖分貳厘至肆錢，新例價銀叁兩叁分陸厘貳毫至壹兩壹錢貳分。

襍草，每束舊例價銀陸厘，新例價銀壹分柒厘伍毫。

稻草，每束舊例價銀貳厘伍毫，新例價銀柒厘伍毫。

查揚粮、江防貳廳，石料、襍草、稻草價值俱同。

揚粮、江防貳廳：

江柴，每觔舊例價銀壹厘，新例價銀貳厘陸毫。

杉木自不登尺木至叁尺木共貳拾貳則，每根舊例價銀陸分捌厘至貳兩貳錢。新例價銀壹錢肆分玖厘陸毫至肆兩捌錢肆分。

豐北、蕭南貳廳：

秫稭，每束舊例價銀貳分，新例價銀陸分。

縈，每觔舊例價銀壹分壹厘，新例價銀叁分。

查銅沛、睢南、邳北等叁廳，縈觔價值同。

杉木自不登尺木至伍尺木共肆拾貳則，每根舊例價銀玖分至貳拾壹兩陸分，新例價銀壹錢玖分捌厘至肆拾陸兩叁錢叁分貳厘。

石料自雙料墻面丁石至单料裡石共肆則，每丈舊例價銀玖錢至貳錢，新例價銀貳兩壹錢壹分伍厘至伍錢陸分。

石灰，每石舊例價銀柒分貳厘，新例價銀壹錢捌分柒釐貳毫。

查銅沛廳木料、石料、石灰價值俱同。

銅沛廳：

秫稭，每束舊例價銀貳分，新例價銀陸分陸釐。

湖蘆，每束舊例價銀無，新例價銀伍分柒釐。

睢南、邳北貳廳：

秫稭，每束舊例價銀貳分，新例價銀陸分玖釐。

湖蘆，每束舊例價銀無，新例價銀伍分肆釐。

杉木自不登尺木至伍尺木共肆拾貳則，每根舊例價銀捌分捌釐至貳拾兩陸錢叁分陸釐，新例價銀壹錢玖分叁釐陸毫至肆拾伍兩肆錢叁釐陸毫。

石料自雙料墻面丁石至单料石共肆則，每丈舊例價銀壹兩壹錢至貳錢伍分，新例價銀貳兩伍錢捌分伍釐至柒錢。

石灰，每石舊例價銀壹錢貳分，新例價銀叁錢壹分貳釐。

宿南、宿北貳廳：

秫稭，每束舊例價銀貳分，新例價銀捌分柒釐，拾玖年減銀捌釐柒毫，銷銀柒分捌釐叁毫。

湖蘆，每束舊例價銀無，新例價銀伍分壹釐。

石料自雙料墻面丁石至单料裡石共肆則，每丈舊例價銀壹兩叁錢至叁錢，新例價銀叁兩伍分伍釐至捌錢肆分。

查運河廳，湖蘆、石料價值俱同。

運河廳：

秫稭，每束舊例價銀貳分，新例價銀陸分玖釐。

杉木自不登尺木至伍尺木共肆拾貳則，每根舊例價銀捌分伍釐至貳拾兩柒釐，新例價銀壹錢捌分柒釐至肆拾肆兩壹分伍釐肆毫。

以上桃南等貳拾叁廳，各項物料、匠工，自嘉慶拾壹年正月初壹日起，所有廂築、修砌、埽土、磚石等項工程，俱照新定價值報銷。

軍機大臣字寄兩江總督孫、江南河道總督黎：　嘉慶貳拾叁年叁月貳拾肆日奉上諭：　『工部奏南河物料時價漸平，請核寔辦理一摺，南河需用物料，前因時價增昂，經該督等奏明降旨飭查，准其加價，嗣以南河柴稭市價稍平，復令將原增例價随時酌減，近数年來，南河各工均臻平稳，一應物料價值自應更爲平減，乃該河督等連年報銷，僅將淮揚、淮海二道及宿南、宿北二廳柴稭酌減一成，海安、海阜二廳量加節減，其徐属六廳，常鎮二廳尚不在議減之列。此外，河工需用之檾觔、柳束、湖蘆、樵草、杉椿、石料、河磚、土方、夫匠等項，款目繁多，亦均未議減，計自嘉慶拾壹年加價以後，即就歲搶修一項，核計已加用銀一千萬兩之多，其另案搶辦及随時堵築挑培各工，加增銀数仍屬不少，國家經費有常，豈容如此浮糜！著將工部原摺原单發去交孫會同黎，將单内所開各款逐一確查，據寔核減，即不能悉符舊例，亦將何項可以減價若干之處，分晰酌核，奏明議減。務各激發天良，認真查辦，不得率聽工員浮開揑報，致滋弊混。將此諭令知之。欽此。』遵旨，寄信前來。

臣孫、臣黎跪奏，臣等於肆月初貳日接軍機大臣字寄，欽奉上諭『工部奏南河物料時價漸平，請核寔辦理一摺，着將工部原摺原单發交孫會同黎，將单内所開各款逐一確查據實核減，具奏』等因。臣等查河工用料以柴稭二項爲大宗，而柴稭長發歲收豐歉既有不同，而通工上下各廳距産地遠近不一，購運情形難易迥殊，必須遍加體察方可酌中定議。臣孫甫經由浦回寧，現在清釐積案，催儹江廣漕船俟尾帮入境督押北上，前赴清江時會同臣黎，詳細詢訪查辦，必當認真酌核，斷不敢率聽工員弊混，理合先行附片奏聞。謹奏。

嘉慶貳拾叁年肆月貳拾陸日，奉到硃批：『秉公查明，核減浮冒，據寔具奏。欽此。』

臣孫臣黎跪奏爲遵旨查明南河歷年用項情形及料物現在時價分別酌減緣由，恭摺奏祈聖鑒事。竊臣等承准軍機大臣字寄，奉上諭：『工部奏南河物料時價漸平，請核寔辦理一摺，南河需用物料，前因時價增昂經，該督等奏明，降旨飭查，准其加價，嗣以南河柴稭時價稍平，復令將原增例價随時酌減。近数年来南河各工均臻平稳，一應物料價值自應更爲平減，乃該河督等連年報銷，僅將淮揚、淮海二道及宿南、宿北二廳柴稭酌減一成，海安、海阜二廳量加節減，其徐属六廳、常鎮二廳尚不在議減之列。此外河工需用之檾觔、柳束、湖蘆、襆草、杉椿、石料、河磚、土方、夫匠等項，款目繁多，亦均未議減計。自嘉慶拾壹年加價以後，即就歲搶修一項核計已加用銀壹千萬兩之多，其另案搶辦及随時堵築挑培各工，加增銀数仍属不少。國家經費有常，豈容如此浮糜！着將工部原摺原单發去交孫會同黎，將单内所開各款逐一確查，據寔核減，即不能悉符舊例，亦將何項可以減價若干之處，分晰酌核奏明，議減務各激發天良認真查辦，不得率聽工員浮開揑報，致滋弊混。欽此。』并蒙發交工部原摺一件，原单一件。當經臣等將欽遵查辦緣由，先行附片奏聞在案。伏查河工用項款目雖多，而報銷章程止分叁項，凡就舊有之埽段，每年拆舊换新，随時廂辦，此所爲歲搶修也。其向来無工之處，盛漲搶險及禦黄、束清楊庄等垻随時拆展收束並各閘垻啟放堵閉，以及運道、挑淺、添築、草垻、束水、刷沙、修砌、磚石、增培、堤埝、抛築、碎石皆爲另案工程，係常年必應辦理之事，随時附摺，奏明辦理。所謂常年另案也，至若堵閉、漫口、挑河、築堤、廂辦、禦水、埽工及創建、拆造閘垻、改挑河道，大案土工非常長應有之事，悉歸專案奏明辦理，所謂專款另案也。臣等查河工修防蓄洩機宜，全在未雨綢繆，佈置周密，庶臨時得以有備無患，斷不可惜小悞大，陽博節省之名暗滋浮糜之寔。久邀聖明洞燭，凡此常年另案及專款另案，工程皆係相度河執情形，寔有必應籌辦萬難，稍事延緩者，方敢核寔估計價銀奏明辦理。既不敢稍任工員藉滋浮冒，亦不敢計料價之昂貴，置要工於不辦，轉致臨時周章，益致糜費。至南河料物例價係雍正年間所定，歷年久遠，生齒日繁，物價漸昂，例價寔有不敷，以致一切不能核寔辦理，流弊無所底，止嘉慶拾壹年經前任督臣河臣據寔奏，蒙欽派大員来工，逐細體訪。奏奉諭旨：『准照舊價增半倍至兩倍、叁倍不等，物價即以漸而加，如果工程漸減，價值漸平，自應随時酌減以重帑項。』臣黎於嘉慶拾柒年秋間接任南河以後，每遇發辦工料無不随時察訪，期於可省即省，當於拾玖年間，將料價較多之淮揚、淮海二道及宿南、宿北柴稭，奏請減價一成，至貳拾壹年又將海安、海阜二廳料價再加節減，其料價較少之，徐属六廳及常鎮二廳料價體察情形，委難驟行議減。是以未經查辦，此先後辦理之寔在情形也。茲工部以『南河歲搶修及另案工程，嘉慶拾壹年未經加價，以前用銀較少，拾壹年加價以後，用銀較多，是價值雖已加增，而工程仍未核寔』等語。臣等就工部所指前後用銀多寡懸殊之處，詳查原卷，仔細考較，查乾隆伍拾玖年起至嘉慶拾年止，用項較少，係因嘉慶元年以後豐北六堡，山東曹工，河南睢工，蕭南邵工，唐家灣河南衡工拾餘年内，黄河上游六次漫溢，奪溜且有經壹貳年始行堵合者，計下游捌年無水，工程一律停修，用銀較少，寔由於此然此拾餘年中，除去各漫口大工外，另案挑培建砌各工，亦經用銀至貳千陸百玖拾玖萬，至嘉慶拾壹年至拾柒年，南河最爲多故。黄河則兩次，王營減垻，郭家房、陳家浦、馬港口、棉拐山、李家樓等處漫工運河，則佘家垻、千根旗杆，百子堂、荷花塘二舖、三舖、狀元墩、王家庄等處漫溢洪湖，則臨湖、石工、仁義智三垻掣通，凡此柒年中，堵築工程甚多，並歲搶修例案外，其兩岸堤埽内，除李家樓地處上游，餘俱下游，漫口掣溜更甚，非特不能停修情形更爲吃重，所有另案各工，雖用銀至叁千叁百餘萬，寔因工程比前加多，即錢粮不免多費，是河工用銀之多寡全視工程之險易，並非因加增料價以致用数懸殊也，且拾伍年以前所用錢粮曾蒙皇上飭派户部尚書托、初，帶同司員住工清釐，逐款稽核，將逾例多用銀兩奏明着賠，其餘均属工款相符。臣黎于拾柒年秋間到任，後經工部奏催欽奉諭旨飭令。前督臣百派委地方道府大員，設局清釐，經臣黎照案具題，部覆准銷，是拾柒年以前所用錢粮業已層層稽核。委無浮冒不寔之處，已可概見且非臣等任内之事，寔無所用其迴護。自嘉慶拾捌年起至貳拾壹年，則係臣黎到任以後之事，初值南河棘手之時，黄河則河底墊高兩岸堤，工無不卑矮減水垻工率多費壞。洪湖之五垻已費其四，其餘運河各閘垻亦均多損壞未修，疊蒙膚謨指授機宜，数年之間次第修復黄運湖河堤工普律加帮始得一律高聳，又于徐州創建虎山腰，減水垻以抵毛城舖滚垻之用。又將王營減垻修復遥堤一律增培，又將山盱、智信二垻石底接長，数年無冲缺之患，又于蔣家垻以南創挑三道引河以抵舊仁義禮三垻之用，其餘運口及邳宿運河高郵各閘垻，均以次修整。仰蒙皇上福庇，数年来水勢長落應時，啟閉蓄洩得以操縱。由人一切漸復舊制，普工屡慶。安瀾統計数年創建修復各工共止用銀叁百玖拾餘萬兩，又豫省睢工合龍江境挑河，培堤、堵閉水口、廂辦禦水埽工，亦止用銀貳百陸拾餘萬兩。以上各工均非常年應有之事，悉歸專案奏明辦理。現在有工可驗毫無不寔，至臣黎任内常年另案工程，嘉慶拾捌年實止用銀貳百壹拾萬餘兩，拾玖年用銀捌拾肆萬餘兩，貳拾年用銀貳百捌拾柒萬餘兩，貳拾壹年用銀貳百柒拾貳萬餘兩，並無如從前叁百数拾萬及肆伍百萬之多。工部將拾壹年至拾柒年所用銀数與臣黎任内一併計算，自覺用銀較多，其寔近年来並不至如從前之多費，案册具在，寔不能稍存欺餙也。伏念臣黎仰蒙皇上特達之知，委任河防，每思負荷孔鉅抱稱爲難，堆有殫竭血，誠不辭勞怨以認真稽核。工程錢粮爲首務，每於查工收工之際，無不逐段較量，親註底簿尺寸，之間不敢存見好屬員之心，稍任冒混。此係臣黎分内應辦之事，從不敢冒瀆聖聪者。至臣孫自上年履任兩江，因河務工程素非熟諳，屢經周歷查勘盡衷詢訪，始知大概。窃以全河獲保安恬工程尤應慎重，庶幾安不忘危，現在河底漸刷漸低，海口溜勢愈暢，此誠極好機會而溜急勢迅，即不免上提下移，已生工者不能不加意修防，未生工者仍時有變遷之慮。核計現在埽工比之拾年以前又不啻增至兩倍、叁倍，均有工可驗，有册可查，河工修防之法，全恃用料，廂埽埽段計日廂曰多繁費，即日增曰廣，寔屬勢所必然之事。惟臣黎職守所繫，尤深惴惴，刻意講求，經久之法，應如何得有把握俾錢粮漸歸節省。因見徐州一帶工次有前任河臣康吴用碎石抛護埽段，日久尚然完整工程既化險爲平，又比柴稭經久行之，業有成效。因與各道將頻年講求，將来節省錢粮之法，寔無逾于此，是以奏明飭部議定例價，令各廳一體照辦，雖碎石體質笨重，載運維艱，目前不能不用錢粮苐以碎石護埽，不獨省用物料且更處處得力，經歷年久節省寔多，現在徐属各廳間段抛有碎石，每廳每年所用錢粮比之從前已省之柒捌萬及拾餘萬兩，而淮揚、淮海兩道各属，因距山較遠，抛用碎石之處較少，即埽工料物不能遽減，兩者計算明效，顯然此又臣黎于常年防汛銀内曲籌節省之方。以爲經久之計，之寔在原委也。今部臣以南河少爲平寧，自當物力稍豐，請將各項料價一律減省，誠爲慎重錢粮起見。臣等查國家經費有常，近年南河險工較少，比之前数年物力自稍寬舒，如可力求節省，自應量加酌減，惟查河工正料以柴稭二項爲大宗，秫稭産自豫東，徐属接壤之區購辦稍易，至宿、桃以下地勢卑窪，秫稭出産不多，必須購自徐州上游，用船裝運，人夫、飯食、船價折耗轉比購價加倍，海柴産自海濱，更須逆流挽運，風水靡常，遲速不定，所費尤鉅。較之豫東工次就地購買應用難易逈殊，况百物時價総以粮價爲根本，河工運料辦工必先敷其口食，而後可計工酬值，令雖数載安瀾，而生齒曰繁，米粮價值尚無減落，則一切市價自難過于裁抑，人所共知。臣等接奉諭旨後，一面飭令各道確細查核，一面會同密加察訪，清江一帶民間炊爨所買海柴至賤時，每觔須錢肆伍文不等，揚州一帶炊用江柴至賤時，每觔須錢叁文，徐州一帶炊用秫稭，每觔雖止壹貳文而舟車轉運到工即須脚費壹貳文。比之先行例價不能減少，倘目前過事裁減必致市價不敷，又啟從前時開工段之弊，况豫東河工正價之外尚有民價，帮貼江境則絲毫取辦于官，如公價不敷辦理掣肘，設遇險要工程，工員畏縮不前。貽悮事機，所関匪細。臣等受恩深重，自應通籌全局，慎終于始，玆再三斟酌，查稭料産在上游，各廳辦用究係，順流直下，購運稍易，兼之近年雨水調匀，歲收豐稔一切物價不無稍平，所有上下各廳購買稭料，未經酌減者，請照現行則例酌減一成，其已經酌減者，請免再減以杜流弊。至海柴自海口逆流挽運脚價較多，現行例價寔在難以再減，其江柴、湖蘆、襍草亦照秫稭之例酌減一成，至檾蔴一項產自豫東，江境非堵閉大工常年工程所用無幾，查豫省前歲堵辦睢工奏明，新檾登場以後，每觔減價給銀肆分，江境現行則例，每斤僅止叁分及叁分玖厘不等亦寔不能再減。柳束一項，江境除兵採額柳交工濟用外，並不發價購買，毋庸置議。杉椿一項，產自江西、湖廣，由粮船客販到工，日貴一日，難以議減，唯石料一項，埝、盱修砌工程所用較多，從前係由大江以南及徐州等處採辦，脚價較昂，近因盱眙澗溪地方採出見方石料，可適二用，水程稍近，應請將高埝、山盱、裡河、外南、外北五廳，有估辦閘壩工程之處，石料酌減一成，其餘各廳不用澗溪石料者，例價如故。至河磚、石灰、米汁、鐵錠、土方、夫匠等項，逐加體訪，現在市價情形均未便，概行議減以致工員難於辦理。臣等仍當隨時體察，此後或遇歲收不齊，料價長跌靡常，辦理勢難劃一之處，另容據寔籲懇恩施。倘托賴聖主鴻福。長此普慶安瀾，數年後工程更有把握料價日就平減，臣等亦當即行奏明再議酌減，斷不敢稍任工員冒混浮糜，上負恩慈，自干咎戾。就現在情形而論工程寔尚未能過省，物料價值寔尚未能過減，亦不敢稍存遷就之心，將必應修理之工程，惜費不修未便，過減之物價，過事核減以致工程稍有貽悞錢粮，轉致多糜。辜負皇上委任，河防治益求治之至意。如蒙俞允所有現擬酌減之柴稭、石料例價，本年時已五月一切工料業照現行例價發辦，且現在柴稭市價均比例價較昂，應請俟本年霜降節後爲始，再照減價辦理，合併陳明所有。臣等查明酌議緣由，謹合詞恭摺覆奏，並將工部原摺、原单謹封呈繳。伏乞皇上睿鑒訓示。遵行謹奏。

軍機大臣字寄兩江總督孫、江南河道總督黎：嘉慶貳拾叁年陸月初貳日奉上諭：『孫等奏請將南河稭料、江柴、湖蘆、澗溪石價俱酌減一成，已照所議准行，並降旨交工部核明具奏矣。南河近数年来工固瀾安，料價漸平，該督等現已將柴稭等項價值酌減一成，仍當随時體察，凡遇豐收年分，不論何項料物價賤即據寔奏明，核減價值以省帑項，不必顧慮一減之後即不能復增，如適值料價昂貴，減定例價寔有不敷，該督等據寔奏懇，朕仍可俯允所請總當。寔用寔銷，嚴查浮冒要工，無悮國帑。不縻方爲不負委任也，將此諭令知之。欽此。』遵旨寄信前来。

嘉慶貳拾叁年陸月初貳日，内閣奉上諭：『孫等奏南河物料價值分别酌減一摺，前據工部奏，年来江南河工順軌安瀾，料價漸平，請降旨令江南總督、河督將各廳柴稭未經減價者，及樂觔、磚石、夫工等項核寔議減，兹據該督等奏，除海柴、樂蔴、杉椿、磚灰、土方、夫匠等項，寔難議減外，請將上下各廳稭料未經減價者，酌減一成，已減者免其再減。江柴、湖蘆、襍草亦酌減一成，高埝、山盱、裡河、外河、外北五廳採辦澗溪石料俱酌減一成，其餘各廳仍循舊例，着照所請即自本年霜降後爲始，照所減之價辦理並着工部查核，照現減價值，通計壹年約可樽節錢粮若干，自行具奏。欽此。』

工部謹奏爲遵旨查核，具奏事。嘉慶貳拾叁年陸月初肆日，内閣抄出，兩江總督孫、江南河道總督黎等奏南河物料價值分別酌減一摺，奉上諭：『孫等奏「南河物料價值分別酌減一摺，前據工部奏年来江南河工順軌安瀾，料價漸平，請降旨令江南總督、河督將各廳柴稭未經減價者，及檾觔、磚石、夫工等項核寔議減，茲據該督等奏除海柴、檾蔴、杉椿、磚灰、土方、夫匠」等項，寔難議減外，請將上下各廳稭料未經減價者，酌減一成，已減者免其再減。江柴、湖蘆、堡草亦酌減一成，高埝、山盱、裡河、外南、外北五廳採辦澗溪石料俱酌減一成，其餘各廳仍循舊例，著照所請即自本年霜降後爲始，照所減之價辦理，再著工部查核照現減價值，通計壹年約可樽節錢粮若干，自行具奏。欽此。』臣等查南河現行事例，未經減價稭料一款，尚有豐北、蕭南、銅沛、睢南、邳北、運河陸廳，其江柴一款，例載係揚河、揚粮、江防叁廳，湖蘆一款，例載係銅沛、睢南、邳北、宿南、宿北、運河陸廳，褋草、石料例内各廳均有開載。今據該督等所奏，各廳稭料未經減價者，酌減一成，江柴、湖蘆、褋草亦酌減一成，高埝、山盱、裡河、外南、外北採辦澗溪石料俱酌減一成，其餘各廳石料仍循舊例辦理。應將豐北等陸廳稭料，揚河等叁廳江柴，銅沛等陸廳湖蘆，高埝等伍廳石料，以及各廳褋草俱按例價減銀一成，核計多寡不一，其未經造報者，固難預擬造報，未齊者亦難通算核計，謹將造報全結最近之拾捌、拾玖兩年，用過数目查核比照，查拾捌年通工用銀叁百陸拾餘萬兩内，各該廳用過前項稭柴等料價銀貳拾玖萬餘兩，以現減一成價銀比照，約計撙節銀貳萬玖千餘兩。拾玖年通工用銀肆百餘萬兩内，各該廳用過前項稭柴等料價銀貳拾柒萬陸千餘兩，以現減一成價銀比照，約計撙節銀貳萬柒千餘兩。以通工銀款核計所減銀数不及百分之壹寔屬過于微細。臣等蒙恩簡任部務，總核錢粮，非不知河防重務，國計攸関，不可過事苛求，惟前此坐觀經費加至数千萬兩之多，費用未免太過，是以公同核議，奏請飭下河督二臣，據寔詳查減價，該督等欽奉諭旨，諄切垂詢，自無不共矢公忠盡心稽核，無如臚列款目，有減價之虛名，細核錢粮無節省之寔效。臣等檢查該督覆奏内稱『將河工款目分爲叁項，除歲搶修而外，有常年另案、專款、另案之分，查河工歲搶修以外工程，概稱爲另案，并無常年專款兩名。令因南河加價以後銀数過多，欲將埽壩等工指爲常年另案。挑培建砌各工指爲專款另案，設立貳名以异分減銀数查該督等所稱專款另案，如果係数年間偶有之工，臣等亦必援照漫口大工之例，悉與開除，乃此項工程自嘉慶元年以來，無論加價前後各年皆所常有，且所用銀款與所謂常年另案大率数目相當，經費鉅萬之多，豈能捨而不計？且名目雖可別立，而銀款詎得開除，似此聲叙轉不足以照核寔，又據稱加價以後，河工多故柒年之内另案，各工用銀叁千叁百餘萬，寔因工程比前較多，即錢粮不免多費，非因加增料價以致用数懸除』等語。查此叁千叁百餘萬兩，若扣除加價止按例價報銷，不過需銀壹千数百萬兩，寔因料價增長方至多開加倍而云，非因加價以致懸除，措語亦爲失當。又據稱『該督接任数年內，除去各專款用銀陸百陸拾餘萬，其常年另案多則用銀貳百柒捌拾萬兩，少則用銀捌拾肆萬兩，寔無如從前叁百数拾萬及肆伍百萬之多』等語。查所稱前此叁百数拾萬之多，係連前任，常年專款貳項銀数併算在內，後此本任銀数較少，係止算常年另案，不算專款另案之故。以已任內之一款與前任內之兩欵相符，并稱轉屬意存諉卸，以上情形止就該督等陳奏不寔不盡之處，量加剖晰其寔。總應以歷年寔在用過銀数，據寔比較，方爲核寔。前此拾年歲搶修用銀伍百萬，後此拾年歲搶修用銀壹千伍百萬，前此另案，挑培建砌各工用銀貳千陸百玖拾餘萬，後此另案，挑培建砌各工用銀肆千捌百玖拾餘萬，統將貳款計算自加價以後，拾年通盤核計，寔共多用銀叁千萬兩，而漫口大工多用千萬之数尚不在統算之列，與初次奏請加價摺內所稱費用錢粮仍止此数，而造報不致虛假之言，寔屬大相矛盾，推原其故，揔由物料長價以致銀款加增，銀款加增故覺工程繁鉅，將来年復壹年，經費有常，究竟伊于胡底，此次欽奉諭旨：『交孫會同黎，將单內所開各款逐一確查，據寔核減，即不能悉符舊制，亦將何項可以減價若干之處，分晰酌核，奏明議減。欽此。』而該督等仍止據工員等含混開報并不留心稽察及至奉旨飭交臣部查核，即其現減料價一成計算，每歲僅省銀貳叁萬兩不等，殊非核寔辦工之道。臣等不敢拘泥該督等奏明之案，不行詳細分晰，爲此再將寔在情形具奏請旨。仍飭下該督等寔心寔力，認真核辦，將歲搶修款內各項料物于及時購辦之中，相度機宜普律大加節減，其通工另案俱照歲搶修所減成数，随同撙節而土方、夫工大宗項下尤宜親身體訪，確切删除。總期于加價拾成之中，寔能細勘情形，按成議減。庶錢粮節省，稍有成效，而工員領項仍有加價成数在內，亦斷不致辦理竭蹷。臣等爲慎重錢粮起見，所有遵旨查核緣由，理合恭摺具奏，伏乞皇上訓示。謹奏請旨。

軍機大臣字寄兩江總督孫、江南河道總督黎：　嘉慶貳拾叁年陸月拾叁日奉上諭：『據工部奏「南河現減料價一成計算，每歲僅省銀貳叁萬兩不等，請仍飭該督等將歲搶修款内各項料物，普律大加節減。土方夫工大宗項下確切删除，按成議減」等語。南河近数年来，工固瀾安，河流順軌，該河督等經理一切事宜，尚屬妥協，前據工部奏請令將柴稭等項價值議減，據該督等奏，將稭料、江柴、湖蘆、澗溪石價俱減一成，雖已核減爲数，尚不爲多，曾降旨令該督等随時體察，如遇豐收年分，不論何項料物價賤即據寔奏明核減。倘再遇價貴之年，仍准奏明加增，兹又據工部奏請，飭令再行議減，連歲河工安稳，年穀順成。該督等遵照前旨，如各項料物、夫工寔有可以節減之處，務激發天良，随時奏明，據寔核減，但總期將全河工程永保安瀾，而帑項亦不致虚縻，方爲兩有裨益也，用所當用，減所當減，寔能通工鞏固護衛民生，工部摺著發交閲看，將此諭令知之，欽此。』遵旨寄信前来。

臣孫臣黎跪奏爲叠奉訓諭恩綸敬抒，萬分欽感，下忱并附陳寔在用項情形，仰祈聖鑒事。竊臣等前經查奏南河歷年用項情形，并請將稭料、江柴、湖蘆、澗溪石價俱酌減一成，緣由欽奉上諭：『着照所請，即自本年霜降後爲始，照所減之價辦理等因。欽此。』又奉上諭：『南河近数年来工固瀾安，料價漸平，該督等現已將柴稭等項價值酌減一成，仍當随時體察，凡遇豐收年分，不論何項料物價賤，即據寔奏明核減，以省帑項。不必顧慮一減之後，即不能復增。如適值料價昂貴，減定例價寔有不敷，該督等據寔奏懇，仍可俯允所請。總當寔用寔銷，嚴查浮冒，要工無悮國帑不縻，方爲不負委任等因。欽此。』仰見皇上於慎重帑項之中，寓體卹周偹之意，臣等不勝感激，正在恭摺奏謝大恩，間又承准軍機大臣字寄，欽奉上諭：『據工部奏「南河現減料價一成計算，每歲僅省銀貳叁萬兩不等，請仍飭該督等，將歲搶修款内各項料物，普律大加節減，土方、夫工大宗項下確切删除，按成議減」等語。南河近数年来，工固瀾安，河流順軌，該河督等經理一切事宜，尚屬妥協。前據工部奏請，令將柴稭等項價值議減，據該督等奏，將稭料、江柴、湖蘆、澗溪石價俱減一成，雖已核減爲数尚不爲多，曾經降旨令該督等随時體察，如遇豐收年分，不論何項料物價賤，即據寔奏明核減，倘遇價貴之年，仍准奏明加價。兹又據工部奏請，飭令再行議減，連歲河工安稳，年穀順成。該督等遵照前旨，如各項料物、夫工寔有可以節減之處，務激發天良，隨時奏明，不可浮冒，據寔核減，但總期將全河工程永保安瀾，用所當用，減所當減，寔能通工鞏固護衛民生，而帑項亦不致虚糜，方爲兩有裨益也。工部摺着發交閲看。欽此。』臣等跪通之下，欽感益深，莫可名狀。伏查河工用料之多寡，全視工程之險平，而物價之低昂又視年歲之豐歉，原非可以稍存拘執，致滋弊混。周章乃臣下所難言之隐衷，悉蒙皇上洞燭情形。俯垂訓示飭令，臣等隨時體察凡遇豐收年分，不論何項料物價賤，即據寔奏明核減如值料價昂貴，仍准奏明加價。執中定制，核寔考工釋工員顧慮之心，杜用項浮糜之漸，俾得用所當用，省所當省，修防有恃，即縱無虞，通工大小員弁共聆天語，煌煌無不感深以涕。臣等受恩深重，具有天良，又何敢不盡殫血誠力，杜浮冒以奠錢粮悉歸寔用工程，永保安瀾，少酬高厚鴻慈于萬一。至蒙發閲工部原摺。臣等詳細閲看在部臣職司，綜核共期慎重帑項，自不得不分明指飭，而臣等稽核錢粮，尤其專責，凡可以稍籌節省之處，節壹分浮糜即盡壹分職守，今經部臣將歷年用項情形，并將来有可節減之方條細指陳，俾臣等得以提撕警覺，益于全河。公事有裨，臣等寔深敬服。况蒙皇上諭令，臣等遵照前旨辦理，并未飭令再行議減，臣等惟當凛遵籌辦，本不容再行剖陳。惟查内外臣工共辦一事，凡有下情應行上達之處，無不當條陳聖主之前。敬將工部原摺所指各條一一爲皇上陳之，如原摺所稱『就拾捌拾玖兩年用数，查核比較現減一成例價，每年僅止節省銀貳叁萬兩，以通工銀款核計，所減不及百分之壹』等語，臣等查嘉慶拾捌年現議減價，各廳歲搶修秫稭江柴等料用銀肆拾伍萬餘兩，另案各工秫稭、江柴等料用銀貳拾玖萬餘兩，以一成減銀比照，約計共節省銀柒萬肆千餘兩，與工部摺開僅節省銀貳萬玖千餘兩，数目微有不符。至嘉慶拾玖年，江境黄河斷流，現議減價各廳工程多半停修，即秋後預條睢工合龍所辦工程多係挑河、培堤，與料價無涉，無從比較。臣等照工部比較之法，將嘉慶貳拾年各該廳歲搶修另案工程，用料計算，可省銀陸萬伍千餘兩，復將嘉慶貳拾壹年各該廳歲搶修另案工程，用料計算，可省銀陸萬肆千餘兩，且查前次未經奏減料價以前，每年歲搶修題報用銀壹百伍拾萬兩。自臣黎奏減料價以後，每年題報止用銀壹百叁拾餘萬兩，是以前次減價就歲搶修一項，每年已有節省銀拾餘萬兩。再加另案工程及此次續減之数，每年総可節省銀貳拾餘萬兩，尚不止百分之壹。至臣等前奏工用錢粮分爲叁項，查與工部原奏分别歲搶修、另案及大工叁項，名目雖殊，用項則一，即如拾玖年，豫省堵閉睢工、江境挑河培堤并廂辦禦水埽工，與睢工事同一例，并非常年工程可比，其餘創建虎山腰滚垻、王營減垻、山盱挑辦、減水引河及大案土工并修整閘垻，皆爲久遠之計，悉非常年所有之工，是以有常年另案、專款另案之分，非敢多立名目，藉圖牽混也。

又如原摺所稱『加價以後，河工多故柒年之内另案，各工用銀叁千叁百餘萬兩，若扣除加價按例價報銷，止需銀壹千数百萬兩，寔因料價增長方至多開加倍』等語。臣等查未經加價以前，拾年之内上游叠次漫決，長河下游捌年無水，尚用銀至貳千陸百餘萬之多，而拾壹年加價以後，至拾柒年止，南河各工叠出最爲多故之年，似不能用銀轉少自邀聖明洞鑒。至臣黎任内所辦常年另案各工，如拾捌年用銀貳百壹拾餘萬兩，加以歳搶修亦不過叁百餘萬。拾玖年僅止用銀捌拾餘萬兩，至貳拾貳拾壹兩年，因黄河甫經挽復，長河尚未刷滌，深通用項較多。尚有蕩柴作價，每年約貳拾餘萬兩，在内計請發現銀亦止叁百餘萬兩，至貳拾貳年現在奏送清单統計，歳搶修另案，亦止叁百餘萬，溯查嘉慶拾壹年奏請加價之時，摺内聲明『近年南河工用，総在叁百萬兩以外。自工料價值加增以後，歳搶修俱係寔用寔銷，無庸再借另案名色，并虚開椿木通融匀銷核之。近年報用錢粮仍止此数』等語，可見未經加價以前與既經加價以後，南河每年用銀総須叁百餘萬，惟未經加價以前，例價不敷採辦而寔用無從開報，不免通融虚冒之弊，既經加價以後，銀数寔用寔銷，而工程毫無虚冒，一祛從前朦混之風。是因加價而開報核寔，并未因加價而用項轉多也。近年以来仰蒙皇上如天之福，河工漸次平抚，用項力圖撙節。是以自加價至今雖歴拾餘年之久，而歳用銀数総不逾原奏叁百餘萬之数，固不能因加價而節用錢粮，寔不至因加價而多開加倍。近日各處閘垻業已修理齊全，專款另案工程絶少，但期全河從此永慶安恬，即常年另案工程亦可逐漸省減。臣等惟有欽遵諭旨，隨時體察，凡料物、土方、工匠價值無論已減、未減遇有某項時價稍平，可以酌減發辦者，即行據寔奏明辦理，仍當時刻凛遵聖訓。総于工程稳固之中，可省即省，力除浮冒，仍不敢拘泥出納，貽悞修防，轉滋糜費，上負逾格恩慈，自干咎戾也。所有臣等欽感遵辦，下忱謹合詞恭摺覆奏，并將工部原摺謹封呈繳。伏乞皇上睿鑒。謹奏。

嘉慶貳拾叁年捌月初壹日，奉到硃批：『工歸寔用帑不虚糜，視國事如家事，以百姓爲子孫，保衛民生永期鞏固。天不可欺，財不可貪，明有王法，暗有鬼神，大小臣工戒之在心，守之在志，將此硃諭通諭知之。欽此。』

南河各廳購辦稭蘆、江柴、襍草、石料，奏准照現行例價酌減一成，分别發辦銀兩数目計開：

稭料：

豊北、蕭南貳廳現行例價，每束重叁拾觔，銀陸分，今酌減一成，銀陸厘，每束發辦銀伍分肆厘。

銅沛廳現行例價，每束重叁拾觔，銀陸分陸厘，今酌減一成，銀陸厘陸毫發辦銀伍分玖厘肆毫。

睢南、邳北、運河叁廳現行例價，每束重叁拾觔，銀陸分玖厘，今酌減壹成，銀陸厘玖毫發辦銀陸分貳厘壹毫。

湖蘆：

銅沛廳現行例價，每束重叁拾觔，銀伍分柒厘，今酌減一成，銀伍厘柒毫發辦銀伍分壹厘叁毫。

睢南、邳北貳廳現行例價，每束重叁拾觔，銀伍分肆厘，今酌減一成，銀伍厘肆毫發辦銀肆分捌厘陸毫。

宿南、宿北、運河叁廳現行例價，每束重叁拾觔，銀伍分壹厘，今酌減一成，銀伍厘壹毫發辦銀肆分伍厘玖毫。

江柴：

揚河廳現行例價，每束重叁拾觔，銀玖分，今酌減一成，銀玖厘發辦銀捌分壹厘。

揚粮、江防貳廳現行例價，每束重叁拾觔，銀柒分捌厘，今酌減一成，銀柒厘捌毫發辦銀柒分零貳毫。

襍草：

蕭南、豊北、銅沛、睢南、邳北、宿南、宿北、運河、桃南、桃北拾廳現行例價，每束重陸觔，銀柒厘捌毫，今酌減一成，銀柒毫捌絲發辦銀柒厘貳絲。

裡河、外南、外北、山安、海防、海安、海阜、中河、高埝、山盱拾廳現行例價，每束重拾觔，銀壹分捌厘，今酌減一成，銀壹厘捌毫發辦銀壹分陸厘貳毫。

揚河、揚粮、江防叁廳現行例價，每束重拾觔，銀壹分柒厘伍毫，今酌減一成，銀壹厘柒毫伍絲發辦銀壹分伍厘柒毫伍絲。

襍草：

揚河、揚粮、江防叁廳現行例價，每束重伍觔，銀柒厘伍毫，今酌減一成，銀柒毫伍絲發辦銀陸厘柒毫伍絲。

石料：

裡河、外南、外北叁廳：

雙料墻面丁石現行例價，每塊俱寬厚壹尺貳寸，每丈銀叁兩玖錢玖分伍厘，今酌減一成，銀叁錢玖分玖厘伍毫，每丈發辦銀叁兩伍錢玖分伍厘伍毫。

单料墻面丁石現行例價，每塊寬壹尺貳寸、厚陸寸，每丈銀壹兩玖錢玖分柒厘伍毫，今酌減一成，銀壹錢玖分玖厘柒毫伍絲，每丈發辦銀壹兩柒錢玖分柒厘柒毫伍絲。

雙料裡石現行例價，每塊俱寬厚壹尺貳寸，每丈銀貳兩貳錢肆分，今酌減壹成，銀貳錢貳分肆厘，每丈發辦銀貳兩零壹分陸厘。

单料裡石現行例價，每塊寬壹尺貳尺、厚陸寸，每丈銀壹兩壹錢貳分，今酌減一成，銀壹錢壹分貳厘，每丈發辦銀壹兩零捌厘。

高埝、山圩貳廳：

雙料墻面丁石現行例價，每塊俱寬厚壹尺貳寸，每丈銀肆兩肆錢陸分伍厘，今酌減一成，銀肆錢肆分陸厘伍毫，每丈發辦銀肆兩零壹分捌厘伍毫。

单料墻面丁石現行例價，每塊寬壹尺貳寸、厚陸寸，每丈銀貳兩貳錢叁分貳厘伍毫，今酌減一成，銀貳錢貳分叁厘貳毫伍絲，每丈發辦銀貳兩零玖厘貳毫伍絲。

雙料裡石現行例價，每塊俱寬厚壹尺貳寸，每丈銀貳兩伍錢貳分，今酌減一成，銀貳錢伍分貳厘，每丈發辦銀貳兩貳錢陸分捌厘。

单料裡石現行例價，每塊寬壹尺貳寸、厚陸寸，每丈銀壹兩貳錢陸分，今酌減一成，銀壹錢貳分陸厘，每丈發辦銀壹兩壹錢叁分肆厘。

田志光，南京大學歷史學博士，河南大學歷史學博士後、首都師範大學歷史學博士後，河南大學中國古代史研究中心執行主任、副教授、碩士生導師。已發表論文五十餘篇，出版專著有《北宋宰輔政務決策與運作機制研究》《宋代政治制度史研究》。

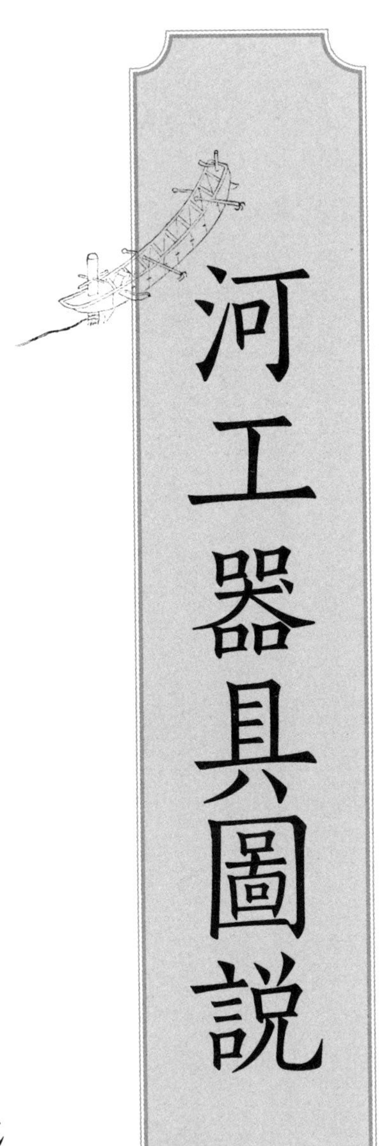

河工器具圖説

〔清〕麟慶　撰

武强　整理

整理説明

《河工器具圖説》四卷，清道光年間麟慶撰。

麟慶（一七九一——一八四六年），姓完顔氏，字伯余、振祥，號見亭，滿洲鑲黄旗人。《清史稿》卷三八三有其傳記。麟慶生於河南南陽，是金世宗第二十四代後裔，阿什坦（順治九年進士）第六世嫡孫，其父廷璐曾任泰安知府，其母惲珠是位女詩人，爲清代畫壇六大家之一的惲壽平後代。因此，麟慶自幼受家訓與母親教導，博覽群書，文章燦爛，加上他的金代皇室後裔身份，自有『金源世系，珂里名門』之稱，堪稱少年才俊。嘉慶十四年（一八〇九年）進士及第，頗受重用，授内閣中書，入翰林院任編修，充文淵閣檢校、國史館分校，遷兵部主事、詹事府春坊中允。道光元年（一八二一年）參與《仁宗實録》的編纂工作，受道光皇帝賞識，於道光三年（一八二三年）出任安徽徽州知府，開始了他的地方官仕途生涯。

麟慶在徽州知府任後，又先後任新安、潁州知府；道光五年（一八二五年）受任河南開歸陳許道，入河南省分巡道員；道光九年（一八二九年）升任河南按察使；道光十二年（一八三二年）任貴州布政使；道光十三年（一八三三年）升任湖北巡撫；同年，授江南河道總督；道光十四年（一八三四年）兼署兩江總督管兩淮鹽政；道光二十二年（一八四二年）秋，桃北崔鎮大汛，值漕船回空，改由中河灌塘，通行無誤，詔念防務及濟運勞，革職，免罪。道光二十三年（一八四三年），發東河中牟工效力，工竣，以四品京堂候補。後被授予庫倫辦事大臣，未赴任，不久病卒。

自道光五年任開歸陳許道之後，麟慶歷任仕途，與黄河、運河均有各種關係，他也深刻認識到黄河河工、漕運工程的責任之重大，『恒惴惴焉，時懼勿克勝任，爰陳治河諸書，博觀約取，周曆工所，互證參稽』（《河工器具圖説》『序』）。尤其在道光十三年至道光二十二年，麟慶擔任了十年的江南河道總督，主管今江蘇、安徽境内的黄河與運河河道，因水情複雜，範圍廣袤，工程險要，每每須遵循先例，謹慎對待。麟慶在任職期間，對治理河道逐漸有了自己的見解，并很有建樹，著有《河工器具圖説》《黄運河口古今圖説》《麟見亭奏稿》等。其中《麟見亭奏稿》收録了麟慶於江南河道總督任内上書道光皇帝的秘奏，凡三百餘件，反映了麟慶任不同職務期間的方方面面，無所不包，具有極爲珍貴的史料價值，可與《河工器具圖説》相互參看。另有詩集《凝香室詩集》及生平旅游紀録《鴻雪因緣圖記》傳世。

北宋末年以後，黄河奪淮入海，其河防形勢也影響了之後各個朝代，尤其明代中期，隨着黄河下游兩岸堤防的逐步完善，黃河幹流逐漸相對穩定，但也形成了黃河、淮河、運河三種問題的重疊。明代曾在河工、祖陵、漕運三者的修守工程中反復糾結，終未能形成比較固定的河工策略，但與黃河相關的水利著作却大大增加。不過，這些文獻主要内容多是關於治河資料的收集、治河經驗的總結等，專門記載河工器具的書籍甚少。麟慶的叔祖父完顏偉在乾隆初期曾先後擔任過江南、河東河道總督，治河經驗十分豐富，因此，麟慶在治河方面可謂家學淵源。可以説，《河工器具圖説》是麟慶在認真學習前人治河經驗的基礎上，從自己的治河實踐中掌握各方面的知識，以長期的積累，完成的一部著作，是對前人治河經驗的重要補充。

《河工器具圖説》共四卷，成書於道光十六年（一八三六年），分修守、疏浚、搶險、儲備四類，該書突破了治河典籍中『重道輕器』的思想，發揮作者的文筆功力，加之親身參加治河工程的經歷，從工程名目出發，依次介紹了各種河工器具。全書所列器具圖共一百四十五幀，所收器具共有二百八十九種，其中宣防器具六十五種、修浚器具八十六種，搶護器具六十三種、儲備器具七十五種，詳述了治河工程施工器具的沿革并推究其原，條分縷析，綱舉目張，且由於作者文筆很好，非常值得一讀。值得注意的是，《河工器具圖説》有不同的版本，其所繪的器具圖數量也有一定的不同，主要的差異在於對器具種類的理解不同。其實綜合來看，均能與此書後附通判王國佐所作『跋』中的記録相符：『繪其象爲一百四十有五幀，中有以類相從者，共得二百八十有九種』。

《河工器具圖説》爲後人展示了清代水利工程一個詳實的側面，是清代比較系統地總結和介紹河工器具的書籍，也是當時河防水利工程經驗的科學總結，對後世水利史的研究甚至水利實踐均有重要的參考價值。古代中國向有『重道輕器』的思想傳統，尤其以清代爲甚，受政治與社會風氣的影響，考據學大盛，學界以習經、考據、訓詁、注疏爲能事，對具體技術工作則極爲輕視，更很少有人會投入精力去鑽研。麟慶能夠將自己在實踐中得到的知識著書流傳，本身就是對基礎性技術工作的重視，正如其在《河工器具圖説》『序』中所説『形上者道，形下者器。器非特各適其用而已，通乎器之爲用，而道該焉；審乎道之所存，而器具焉』，這種精神是非常值得肯定的。因此，《河工器具圖説》一書的價值，也表現在幾個方面：首先，此書講河工器具，對清代及之前傳統水利技術進行了相應的總結，填補了前人在河工技術研究方面的空白。其次，此書爲後人保留了一些優秀的水利經驗，并在後世發揮着相應的作用。最後，本書對研究清代河工工程也有重要的參考意義，包括具體器具層面的河工工程技術，以及河工工程的管理和組織情況等。

《河工器具圖説》完成之後，有多個版本流傳於世。

最早版本爲南河節署道光十六年刻本，《四庫未收書輯刊》（第十輯第四册）所收的即爲這一版本。還有『蘇州刊本』（蘇州刻本），得名於書後的『姑蘇閶門外洞涇橋西吳學圃局刻』等字，民國二十六年（一九三七年）商務印書館『萬有文庫』收録了《河工器具圖説》，故而此版本亦被稱爲『萬有文庫本』，臺灣文海出版社《中國水利要籍叢編》中所收版本即爲此版本。道光二十四年（一八四四年），又有守山閣叢書本，《中國科學技術典籍通匯》叢書收録了此版本的影印本。民間也有抄本流傳，民國海寧張爲霖藏本即爲抄本，民國十五年（一九二六年），河南河務局依據張氏抄本，製作了石印本。這些版本基本相同，書中缺失的頁碼、圖録也大體相同，此次點校整理的底本，爲萬有文庫本。

本編纂單元由武强點校整理，若有不當之處，敬請批評指正。

整理者

總目

序

嘗聞形上者道，形下者器。器非特各適其用而已，通乎器之爲用，而道該焉；審乎道之所存，而器具焉。水、火、金、木、土、穀，日用行習之道，即日用行習之器，道離乎器則不行，器離乎道則不明，一物一名，何莫非至理之所寓哉！道光乙酉春，麟慶仰蒙恩擢，分巡梁、宋諸名郡，繭絲之政繁，而保障之責尤重。竊以爲聰聽祖彝，習聞庭訓，近復歷守新安、潁川二郡，於治譜尚有禀承，而於河防則茫無門徑，恒惴惴焉，時懼勿克勝任。爰陳治河諸書，博觀約取，周歷工所，互證參稽，親歷十有五汛，安瀾幸報。己丑冬，改官豫臬，尋晉黔藩，巡撫楚北。癸巳秋仲，奉命承乏南河洪湖運道，工險政繁，海口江防，地廣任重，每莅一工，治一事，率循成案，謹慎宣防，凡遇幕僚將佐練達河務者，不憚虚衷延訪。越今三載，而後知古今殊勢，執陳説不足以圖功也；南北異宜，就一隅不足以定論也。且夫古之治河者，大禹尚矣！厥後始於賈讓，詳於賈魯，大備於潘季馴，至我朝靳文襄公，攬全河於在握，彙群策以成謀，筆之於書，陳之於牘，大言炎炎，百餘年來宣防修守，罔有出其範圍，於此而欲逞私智而掠美言，不幾貽續貂之誚乎！顧孔子云：『欲善其事，先利其器。』嘗於祁寒暑雨，周歷河壖，每遇一器，必詳問而深考之，有專爲乎工而别立主名者，有不專爲乎工而修而兼用者，有類於古而實創自今者，有宜於今而無異乎古者，其稱名也小，其利用也繁，日積月累，緝爲一編。雖未能小物不遺，而於工需似已苟完麤備，於是繪圖以尚其象，立説以推其原，庶使覽者援古証今，循名責實，通乎器之爲用而道於以該，審乎道之所存而器於以具。若以爲補前人之所未逮，則吾豈敢！

道光十有六年，歲在丙申，春三月，長白麟慶自叙於南河節署行所無事之軒

卷一　宣防器具

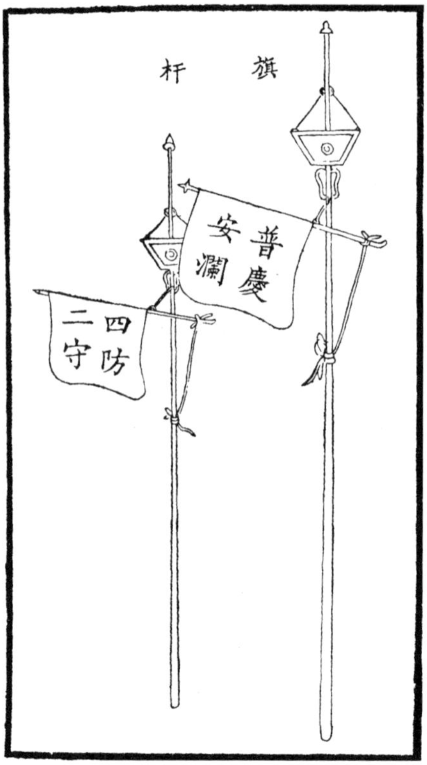

旗杆

《釋名》：『旗，期也，言與衆期於下也。』〔一〕以布爲之，懸於堤上各堡及有工處所，大書『普慶安瀾』四字，亦有書『四防二守』者，四防何謂？風、雨、晝、夜。風能刷水汕堤，宜護；雨則沖堤淋溝，宜修；晝恐水漲，宜禦；夜防盜決，宜巡。二守何謂？官、民。官乃在官兵夫，非專指官員而言也；民乃近堤百姓，非統合境内而言也。兵夫只可修守於平時，若遇水漲工險，方下埽簽樁之匆暇，故當伏秋大汛，例調民夫上堤協守，俗所謂『站堤夫』是也，迨水落工平，仍歸兵夫修防。大書布旗，欲官民共相警勉，務保安瀾耳。旗色尚黄，黄，中央色，屬土，取以土制水之義。

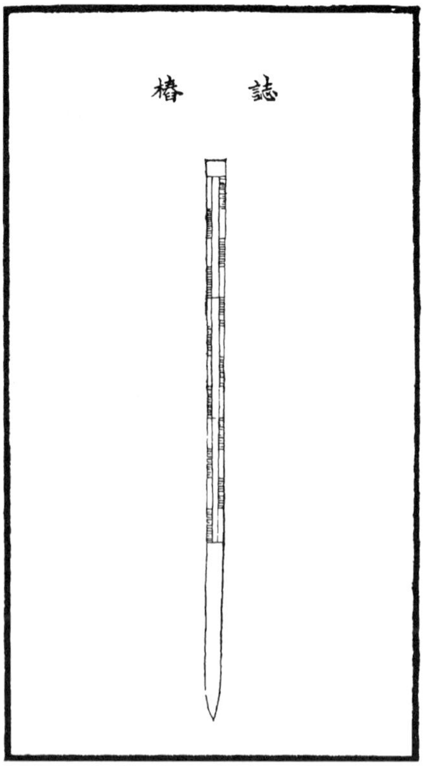

誌樁

《説文》：『樁，橛杙。』『誌，記誌。』〔二〕誌樁之製，刻劃丈尺，所以測量河水之消長也。樁有大小之别：大者安設有工之處，約長三四丈，較準尺寸，註明入土出水丈尺；小者長丈餘，設於各堡門前以備漫灘水抵堤根，兵夫查報尺寸。古人取諸身曰指尺，取諸物曰黍尺，隋時始用木尺，誌樁所由昉乎！

〔一〕出自《釋名·釋兵》：『熊虎爲旗。旗，期也，言於衆期於下。軍將所建，象其猛如熊虎也。』此處引用中，作『言與衆期於下也』，疑爲作者轉引之故。

〔二〕出自《説文新附·木部》：『樁，橛杙也。從木，舂聲。』誌，出自《説文新附·言部》：『誌，記志也。從言，志聲。』此處引用均有省略。

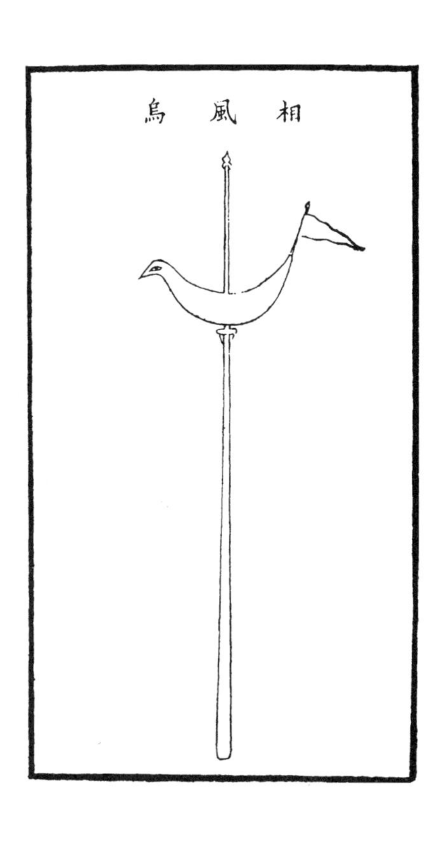

刻木象烏形，尾插小旗，立於長竿之杪或屋頭，四面可以旋轉，如風自南來，則烏向南而旗即向北。《潛居録》：『巴陵烏不畏人，除夕，婦女各取一隻，以米果食之。明旦，各以五色縷繫於鴉頸放之，相其方向，卜一歲吉凶，占驗甚多。大略云：鴉子東，興女紅；鴉子西，喜事臨；鴉子南，利桑蠶；鴉子北，織作息。』[一]取以驗風，蓋亦相其方向也。不獨工次爲然，凡築堤、廂埽、運料、挑河，皆須相度風色以占晴雨，則烏又可少哉！

《正韻》[二]：『杆，僵木也。』打水杆有長至六七丈者，東河兩鑲，上半用杉木，取其輕浮易舉，下半用榆木，取其沉重落底；南河三鑲，中用雜木，兩頭接束以竹，取攜便利，然遇大溜，探試少遲，即難得底，質輕故耳。又有試水墜，其墜重十餘觔，鎔鉛爲之，上繫水綫椶繩爲之，蓋鉛性善下，垂必及底，雖深百丈，衹須放綫，亦可探得。定例有工處所，派目兵專司打水，每日具報三次。若遇水勢陡長，埽前溜急淘深，更須隨時測量，以備搶護。再杆底鑲鐵，則下觸碎石，錚錚有聲，亦驗水底石工之法也。

[一]《潛居録》，北宋無名氏著，已佚。引文出自《說郛》。

[二]《正韻》，即《洪武正韻》，明太祖洪武八年（一三七五年）修成，是樂韶鳳、宋濂等人奉詔編成的官方韻書，共十六卷。它繼承了唐宋音韻體系，作爲明太祖興復華夏的重要舉措，在明朝影響廣泛。

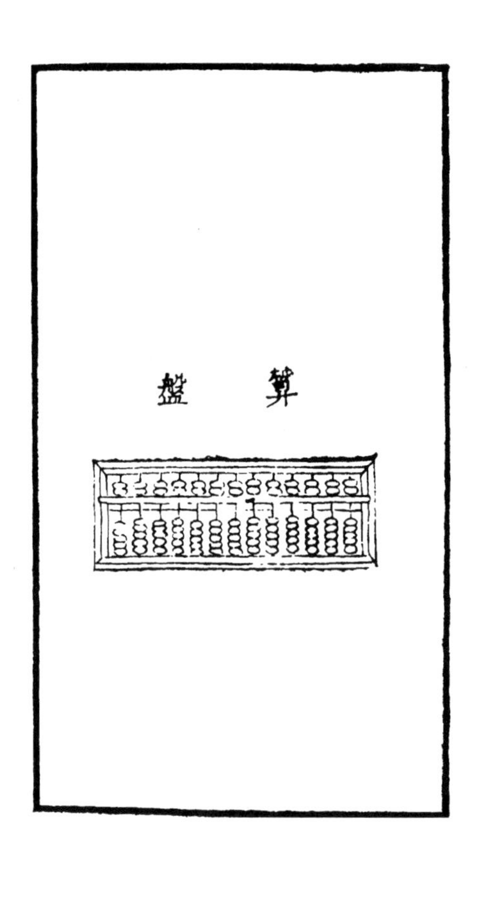

《儀禮》[一]：『無算爵，無算樂。』註：『算，數也。』《物原》：『黃帝使隷首作算數，得下籌之法。周公作《九章》，詳明算法，爲制算盤之始。』[二]《清異録》[三]：『宣武劉錢民也，鑄鐵爲算子。』今則削木爲之，每盤算子上二下五，取象七政，用之乘除，億萬不爽，爲會計所必需，而河工估核工料，尤爲要具。

[一]《儀禮》，爲儒家十三經之一，記載周代的各種禮儀，其中以記載士大夫的禮儀爲主。秦代以前篇目不詳，漢代初期高堂生傳《儀禮》十七篇，另有古文《儀禮》五十六篇，已經遺失。現存《儀禮》的篇次，是鄭玄采用劉向《别録》所定的次序。

[二]《物原》，有《事物原始》《事物紀原》二書，此處引文出自《事物原始》，又稱《新鐫古今事物原始》，明代徐炬著，收入《四庫全書存目叢書》。

[三]《清異録》，二卷，北宋陶穀著，借鑒類書的形式，分爲三十七門，每門若干條，共六百六十一條。多記唐、五代時人稱呼當時人、事、物的新奇名稱，每一名稱列爲一條，而於其下記此名稱之來歷，這也是此書的價值體現。

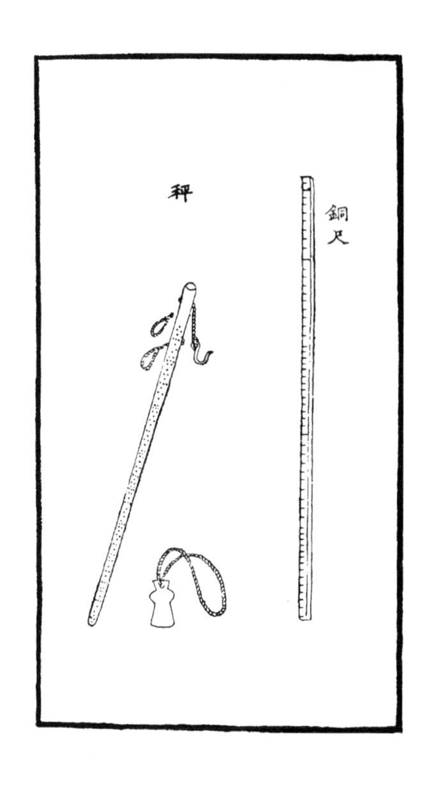

《孟子》曰：『權，然後知輕重；度，然後知長短。』〔一〕《漢書·律曆志》：『權者，銖、兩、斤、鈞、石。』『度者，分、寸、尺、丈、引也。』〔二〕司河防者，稱物估工，烏能離此。然尺有夏、商、周之別，稱有京、浙、廣之分，今部頒銅尺，周尺也，其分寸與漢劉歆銅斛尺、後漢建武銅尺、晉祖沖銅尺竝同，較諸晉玉尺、隋木尺、後周鐵尺及現用之工尺、漕尺，均微短矣。至秤以二十四銖爲兩，十六兩爲觔，較諸京法稍增，廣法稍減，合諸宋《皇祐新樂圖》所載銖秤無異，實浙法爾。

《傳疑録》〔三〕：『度起於黄鐘之長，後世十寸謂之尺，十尺謂之丈，凡公私所度，皆以丈計矣。』丈杆、五尺杆爲查量土埽、磚石工程，並收料垛石方必需之具。又有圍木尺，其制每尺較銅尺大五分，較裁尺小三分，其質以竹篾、熟皮、籐條爲之均可，專備圍收木植之用。俗例龍泉碼離木鼻鬬口五尺圍起，漕規碼離木鼻鬬口三尺圍起。又有梅花尺，刻木爲尺，足用十字架托之，凡量河水深淺，估挑引渠，用此探試，不致陷入底淤，可以較準。

〔一〕出自《孟子·梁惠王上》。

〔二〕出自《漢書》卷二一上《律曆志》：『權者，銖、兩、斤、鈞、石也，所以稱物平施，知輕重也。』『度者，分、寸、尺、丈、引也，所以度長短也。』此處爲摘引。

〔三〕《傳疑録》，明陸深撰，不分卷，商務印書館《叢書集成初編》收録此書，據寶顏堂秘笈本排印出版。

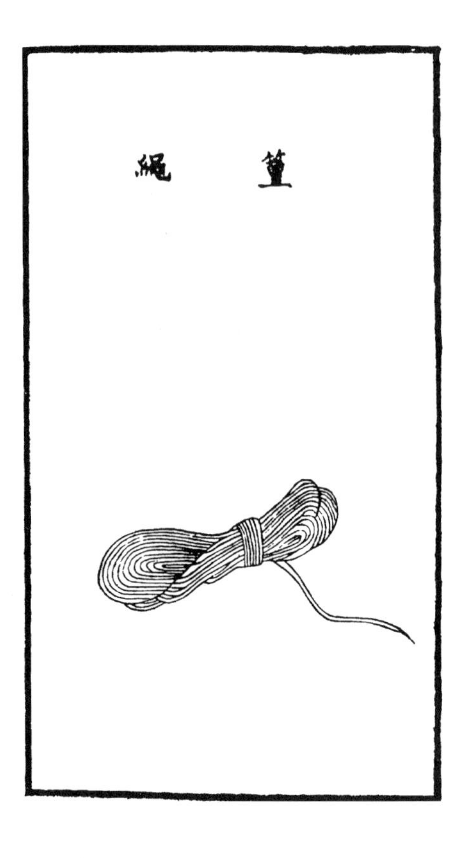

黄福《安南日記》[一]：『篢，繂索。』《演繁露》：『杜詩舟行多用百丈，問之蜀人，云：水峻，岸石又多廉棱，若用索牽，遇石輒斷，不耐久，故擘竹爲大辮，以麻索連貫其際，以爲牽具，是名百丈。』[二]百丈，言其長也。近時多以絨線結成，而總名曰篢繩。凡量堤估工，必拉篢以視高卑長短，用時須隨（大）〔夾〕杆、均高等具。

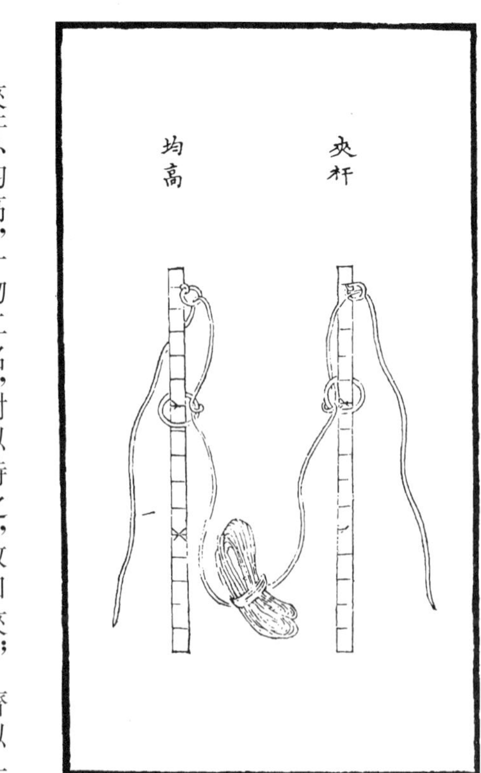

夾杆、均高，一物二名，對以峙之，故曰夾；齊以一之，故曰均。長二三丈，刻劃尺寸，上釘鐵圈，中有腰圈，量堤時將杆分列於南北兩坦，若堤高一丈，將腰圈拉至一丈之處，堤上兵夫踏住篢繩，以視高矮。

[一]《安南日記》，明代黄福著，全名《奉使安南水程日記》，不分卷，記永樂四年七月出使安南（今越南）事。商務印書館《叢書集成初編》收録此書，據《紀録彙編》本影印出版。

[二]《演繁露》，宋程大昌著，十六卷，後有《續演繁露》六卷，又稱爲《程氏演繁録》。全書以『格物致知』爲宗旨，記載了三代至宋朝的雜事四百八十八項。《四庫全書・子部》有收録。杜詩，指杜甫《十二月一日三首》之一：『一聲何處送書雁，百丈誰家上瀨船。』（《全唐詩》卷二二九）。百丈，指牽船的篾纜。

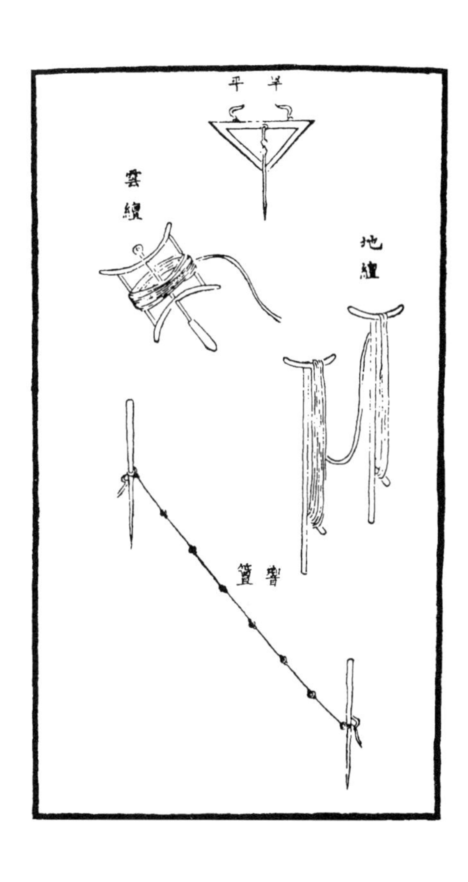

旱平，以木製成，三角式，或銅爲之，長闊不滿尺，上以二鈎備掛，中有活銅針，用時平掛於簟繩，視針之斜正，知地面之高低、河底之平窪。《傳疑録》：『衡起於黄鐘之平，權與物鈞而爲衡，衡平而權鈞矣。』衡以準曲直也，旱平類是。　地簟，丈量堤之長短，每五尺用紅絨爲記，二人拉量，遠觀便知數目。　雲簟稍細，用亦略同。　又有響簟，或籐或竹，連以鐵圈，每節五尺，共二十節，計長十丈，較之麻簟、篾簟，質稍堅結，用則相同。

水平

水平之制，用堅木長二尺四五寸，或長四五尺，厚五寸，寬六寸，中間留長三寸，兩邊鑿槽各寬八分，餘寬七分以作外框，兩頭各留長三寸，亦鑿槽寬八分，通身槽深二寸，周圍一律相通。再於中央鑿池一方，寬長各二寸，深二寸，左右各添鑿一槽，其寬深與通身槽同，便於放水通連。槽内須放浮子一箇，浮子方長一寸五分，厚六分，面安小圓木柄一根，高出面五分，其兩頭亦各放浮子一箇，寬長均與中央同，惟兩頭之槽僅寬八分，未免浮寬槽窄，必得於兩頭適中之處開二方池，照中央寬深尺寸，名曰三池。用時置清水於槽内，三浮自起，驗浮柄頂平則地亦平，如有高下即不平矣。但用在五六丈之内尤準，若多貪丈尺，轉屬無益。

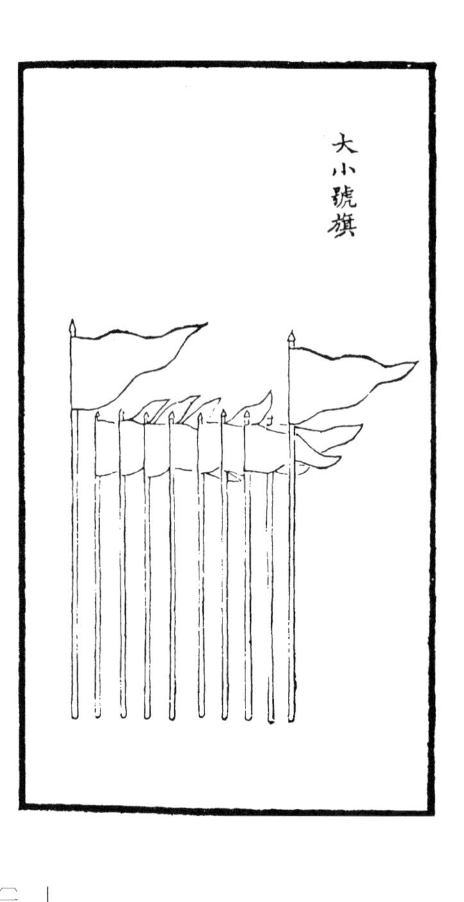

考》：《世説》：『軍中聽號令，必至牙旗之下。』〔一〕《山堂肆考》：『大將之旗曰牙，取其爲國爪牙也。』〔二〕《太白陰經》：『蚩尤建旂幟。』〔三〕《黄帝内傳》：『帝制五彩旗，指顧向背。』〔四〕防河等於防秋，非旗無以示號令，辨工買料處所皆用之。又挑河築堤，分段丈量，每十丈建一小旗，每百丈建一大旗，示兵夫有所遵守，自無舛錯之患，故名曰號旗。

〔一〕《世説》，即《世説新語》，南朝宋劉義慶著，梁代劉峻作注。全書原八卷，注本分爲十卷，今傳本皆作三卷，分爲三十六門。《世説》爲《世説新語》之别名，據查并無此處引語，當爲自别處誤記。又，唐封演《封氏聞見記》卷五，有此記載。

〔二〕《山堂肆考》，二百二十八卷，補遺十二卷，明彭大翼撰。本句引文出自卷二百三十三補遺：『將軍之旗曰牙，取其爲國爪牙也。』與此處引文有出入。

〔三〕《太白陰經》，又稱《神機制敵太白陰經》，唐代李筌著，全書十卷。古人認爲太白星主殺伐，因此多用來比喻軍事，故名。現存《墨海金壺》、平津館影宋抄本等。文中所引語句，爲《太白陰經》所無，惟卷四《器械篇第四十一》有『蚩尤之時，鑠金爲兵，割革爲甲，始制五兵，建旗幟，樹鼙鼓，以佐軍威』。此處應非直接引用。

〔四〕《黄帝内傳》，一卷，作者未詳，成書年代當在唐代或更早，全書已佚。《秘書省續編到四庫闕書目》傳記類最早著録此書，後《通志》《玉海》《文獻通考》等均有著録。北宋高承《事物紀原》引用此書佚文最多，此處所引即出自該書卷九『玄女請帝制五彩旗，指顧相背』，稍有出入。

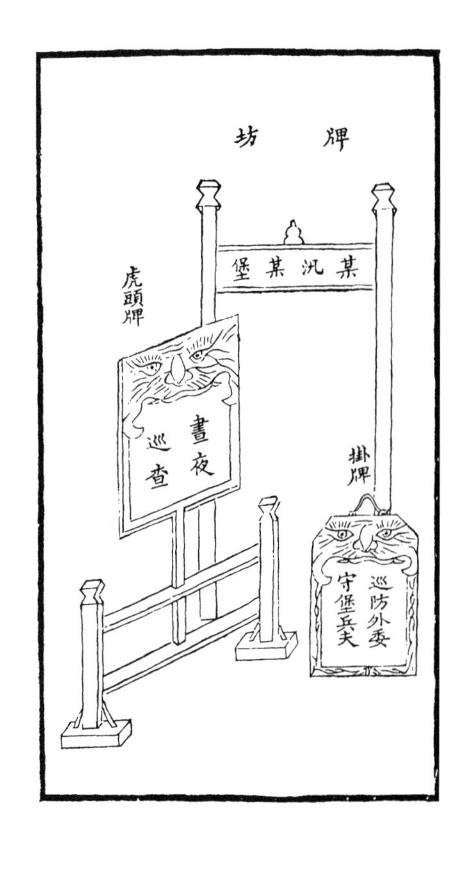

《周禮·天官·職幣》：『以書楬之。』疏云：『謂府各爲一牌，書知善惡價數多少，謂之楬。』[一]然則牌坊之書『某汛某堡』，欲其段落分也；掛牌之書巡防外委兵夫花名，欲其責成專也，亦即楬之意耳。至於虎頭牌之書『晝夜巡查』，列於堡房之側，又欲官弁兵夫觸目警心，不敢稍有疎懈，謂徒設觀瞻，失其本意矣。

大小牌籤

大小牌籤，木板削成，尺寸不拘，上施白油粉，籤頭塗硃。有工之處，標寫埽壩丈尺段落；無工之處，載明堤高灘面、灘高水面并堡房離河丈尺，即築土工，亦可以籤分工頭、工尾，註寫原估丈尺。《說文》：『籤，驗也，鋭也。』籤之用與籤之式皆備矣。

[一]《周禮》，儒家十三經之一，據傳爲周公所撰，一般認爲其成書於戰國晚期，是一部通過官制來表達治國方案的著作。後世爲之注疏者甚衆，此處引文出自《周禮疏》卷一《天官》。

《正字通》：『鑼，築銅爲之，形如盆。大者聲揚，小者聲殺。樂書有銅鑼，自後魏宣武以後，有銅鈸、鈔鑼。《六書故》：「今之金聲，用於軍旅者。」』[一]河上凡捲埽、廂工亦鳴此以齊人力，而夜間巡查鍬頭等繩埽上人夫，與夫巡更、堵漏，悉以此爲號令。定例，每堡各設兩面，有工之處不拘多寡。

[一]《正字通》，明末張自烈撰，是一部按漢字形體分部編排的字書，十二卷，《康熙字典》即根據《正字通》而加詳備。有中國工人出版社一九九六年影印本。引文出自卷十一：『鑼，郎何切，音羅，築銅爲之，形如盆，大者聲揚，小者聲殺，《樂書》有銅鑼，自後魏宣武以後好胡音，銅鈸、沙羅，沙羅即鈔鑼。《六書故》曰：「今之金聲，用於軍旅者，亦以爲盥盆。」』引用稍有差異。

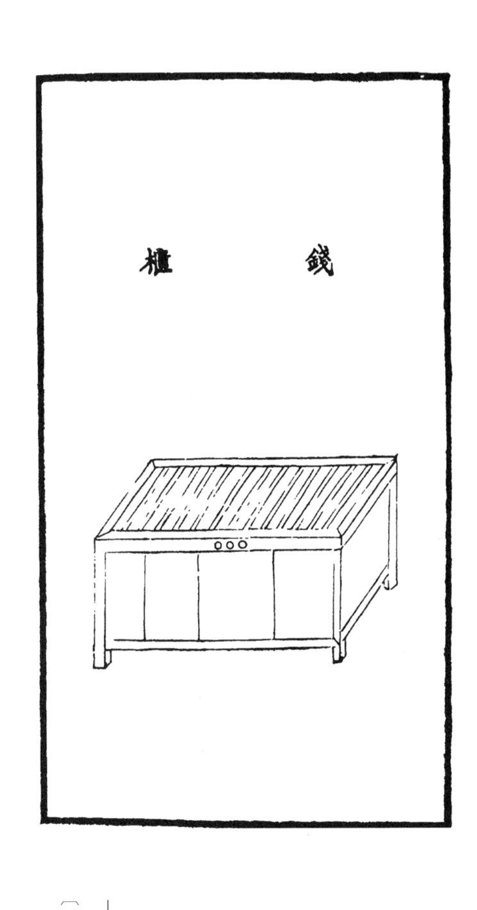

櫃，即櫝也。夏后謂之櫝，周始謂之櫃。《書》：『納册於金縢之匱。』〔一〕《太史公自序》〔二〕：『紬史記石室金匱之書。』韓于：『楚人賣珠於鄭，爲木蘭之櫃。』〔三〕《杜陽雜編》：『唐武宗會昌初，渤海貢馬腦櫃。』〔四〕《六書故》：『今通以藏器之大者爲匱，次爲匣，小爲櫝。』〔五〕伏秋大汛，堡房設櫃，例貯防險錢十貫，以備堵漏等用。交兵夫收管，上有栅木，可以查驗而不可以探取，於備防堤工之中，復寓慎重經費之意。

〔一〕《書》，即《尚書》，儒家十三經之一。引文出自《尚書・周書四・金縢第十三》：『公歸，乃納册於金縢之匱中。』

〔二〕《太史公自序》，指《史記・太史公自序》，爲《史記》最後一篇。

〔三〕此處疑有誤，『韓于』似應爲『韓子』，此典出自《韓非子・外儲説左上》：『楚人有賣其珠於鄭者，爲木蘭之櫃，熏以桂椒，綴以珠玉，飾以玫瑰，輯以羽翠，鄭人買其櫝而還其珠。此可謂善賣櫝矣，未可謂善鬻珠也。』

〔四〕《杜陽雜編》，唐代蘇鶚撰，筆記小説，此書共三卷。《宋史・藝文志》作兩卷。書中雜記代宗迄懿宗十朝事，尤多關於海外珍奇寶物的叙述。引文出自《杜陽雜編》卷下：『會昌元年……渤海貢馬腦櫃、紫瓷盆。馬腦櫃方三尺，深色如茜所制，工巧無比，用貯神仙之書，置之帳側。』

〔五〕《六書故》，三十三卷，通釋一卷，南宋文字學家戴侗撰，是一部用六書理論來分析漢字的字書。此書不沿襲《説文》五百四十部，而別立四百七十九目，稱其中一百八十九目爲文，又稱四十五目不易解釋的爲疑文，又稱其中二百四十五目爲字。文爲母，字爲子。引文出自《六書故》卷二七：『匱，求位切，藏器也……別作櫃、鐀。按：今通以藏器之大者爲匱，次爲匣，小爲櫝。』

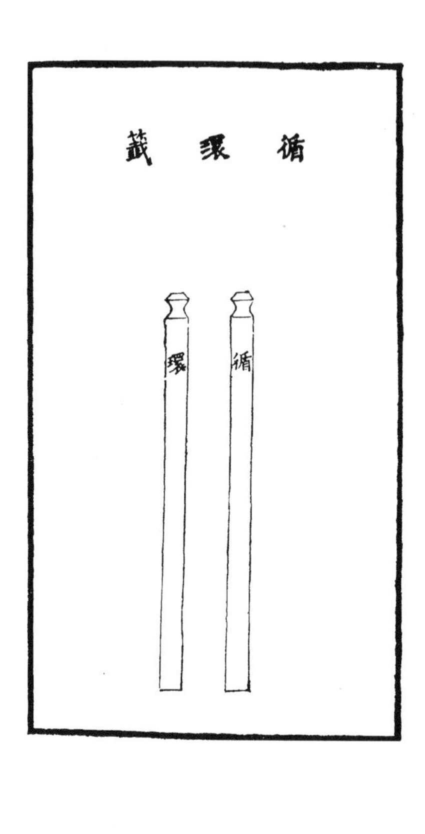

《韻會》：『循環，謂旋繞往來。』[一]《史記·高帝紀》：『三王之道若循環，終而復始。』[二]籤之命名本此，與大小牌籤不同：彼或標記段落，或載明高低丈尺，或做工時分別首尾，其用止而不遷。兹則環往循返，循去環來，梭織巡防，用加慎密，有周流無滯之義焉。

《開元遺事》：『唐時長安富人於林亭間植畫柱，結綵爲涼棚，閒坐其下，名曰避暑會。』[三]布棚即涼棚之意，於酷熱之中廂修埽段，司事者用以遮陽逭暑，顧長堤無薄，日影時移，小則隨處支撑，輕則便於攜帶，迥非林亭内之涼棚可比。

[一]《韻會》，亦稱《古今韻會舉要》，三十卷，元熊忠撰，分爲一百六韻，收字以平上去入分類注釋反切音讀、漢前古字書經書中的字義，字體演變，經典文賦中的使用等。引文出自卷四《平聲上》。

[二]出自《史記》卷八《高祖本紀》。

[三]《開元遺事》，即《開元天寶遺事》，五代王仁裕撰，分爲上下卷，主要記載宫中瑣事及宫外風情習俗。引文出自卷下《結棚避暑》：『長安富家子劉逸、李閑、衛曠，家世巨豪，而好接待四方之士，疏財重義，有難必救，真慷慨之士，人皆歸仰焉。每至暑伏中，各於林亭内植畫柱，以錦綺結爲涼棚，設坐具，召長安名妓間坐，遞相延請，爲避暑之會，時人無不愛羡也。』

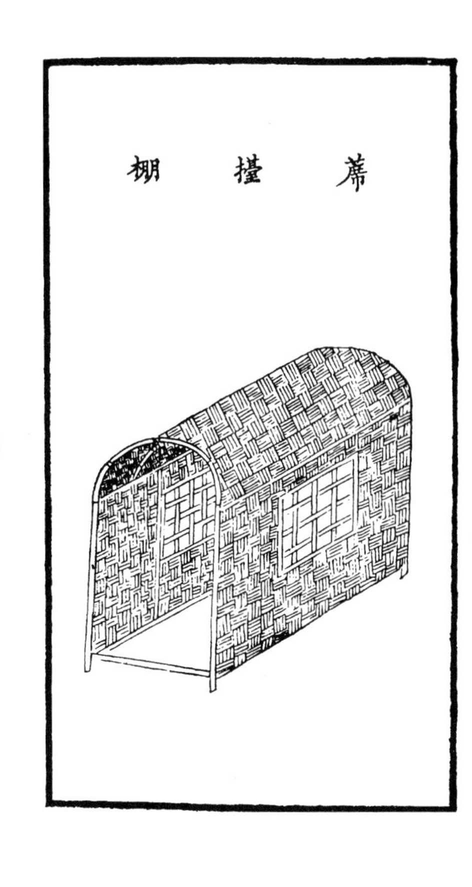

《集韻》：『園屋爲庵。』〔一〕壋棚，以蓆象其形而製之。風雨廂工堡房距遠，藉此聊以藏身。且廂埽迄無定所，壋棚可以隨行。《虎苑》：『饒王徐知諤嘗遊秫山，除地爲廣場，編虎皮爲大帷，率僚屬會其下，號曰虎帳。』〔二〕《天寶遺事》：『長安貴家子弟，每至春時，遊宴供帳於園圃中，隨行載以油幕，或遇陰雨，以幕覆之，盡歡而歸。』〔三〕二者可以類推。

〔一〕《集韻》，宋仁宗景祐四年（一〇三七年）由丁度等人奉命編寫的官方韻書，寶元二年（一〇三九年）完稿，是一部按照漢字字音分韻編排的工具書。引文的原文爲卷四《覃部》：『庵、菴，圜屋曰庵，或從草。』與引文稍異。

〔二〕《虎苑》，明王穉登著，分上下兩卷，内分德政、孝感、威猛、靈怪、人化、旁喻、雜志等十四類。全書取歷代與虎有關的小故事，所選故事多精彩生動，堪稱小説佳品。引文出自卷下：『梁王徐知諤嘗遊秫山，除地爲廣場，編虎皮爲大帷，率僚屬會其下，號曰虎帳。』引文與原文稍異。

〔三〕出自《開元天寶遺事》卷下《油幕》。

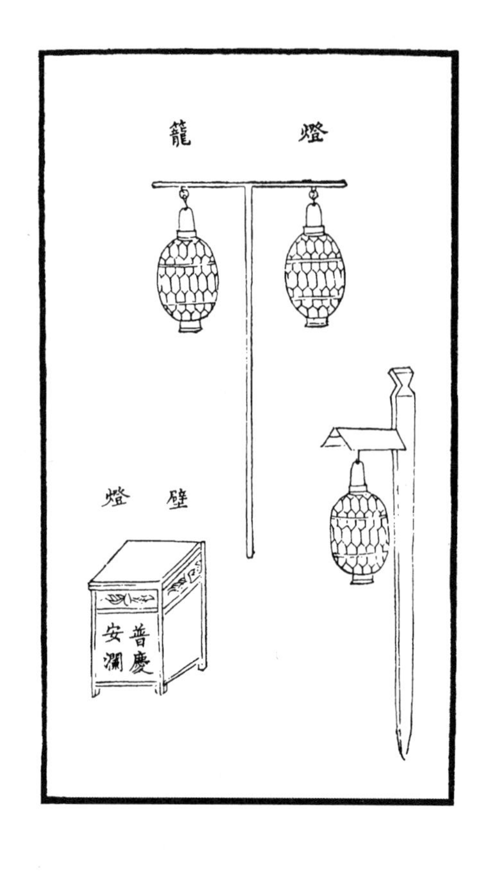

《物原》：『徐廣曰，燈籠，一名篝，燭燃於内，光映於外，以引人步，始於夏時。』沈約《宋書》：『高祖有葛燈籠。』[一]工次以丁字桿兩旁，各懸燈籠於上，或獨桿上有雨搭，下懸燈籠一盞。又有壁燈，上書『普慶安瀾』，大汛時通宵不滅，皆備風雨黑夜，上下巡防之用。

[一] 出自沈約《宋書·高祖本紀》。

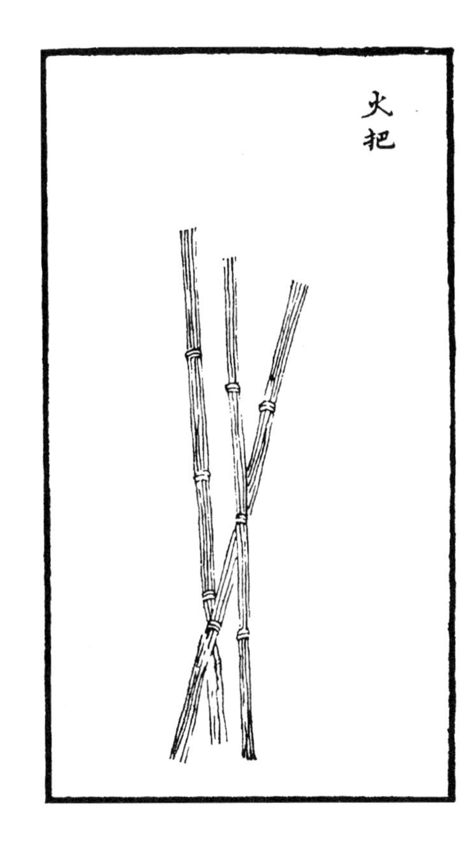

古無火把之名。《説文》：『苣，束葦燒也。』又曰：『苣火祓也。』〔一〕《荆楚歲時記》〔二〕：『正月未日夜，蘆苣火照井厠中，百鬼走。』又吴中風俗，除夜，村落間以秃帚若麻藍、竹枝等燃火炬，縛於長竿之杪，以照旧爛然遍野，以祈絲穀。《莊子·逍遥遊》：『日月出矣，而爝火不息。』〔三〕《吕氏春秋》：『湯得伊尹，祓之於廟，爝以爟火，釁以犧豭。』〔四〕即今之火把。南方以竹爲之，北方多用稭束，黑夜廂工雖有燈籠，不及火把之光可以照遠。

〔一〕《説文解字·艸部》：『苣，束葦燒。從艸，巨聲。』又《説文解字·火部》：『爝，苣火祓也。從火，爵聲。吕不韋曰：湯得伊尹，爝以爟火，釁以犧豭。』引文疑似以『苣』爲『火祓也』，當爲理解有誤。

〔二〕《荆楚歲時記》，記録中國古代楚地歲時節令風物故事的筆記體文集。南朝梁宗懔撰。全書凡三十七篇，記載了自元日至除夕的二十四節令和時俗。有注，傳爲隋代杜公瞻作。

〔三〕出自《莊子·逍遥遊第一》。

〔四〕出自《吕氏春秋》卷十四《孝行覽第二》。

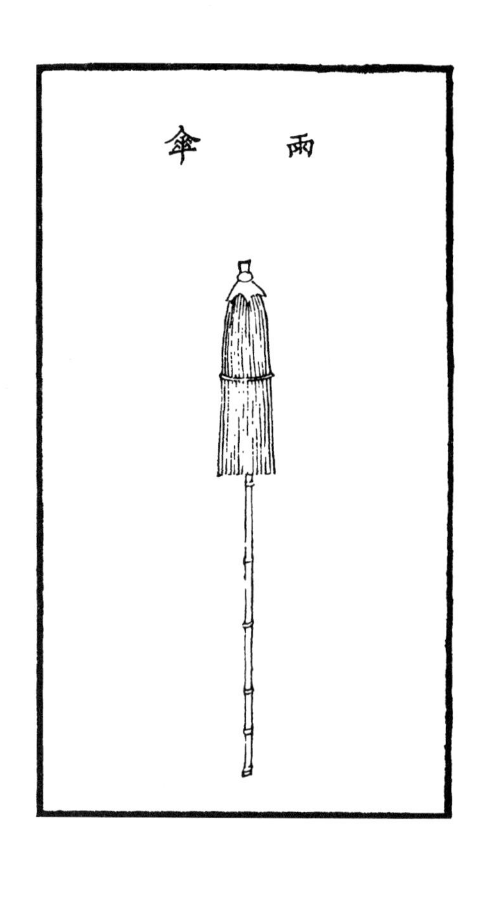

《玉屑》：『元魏之時，魏人以竹碎分，并油紙造成傘，便於步行。』又曰：『魯班之妻所造。』〔一〕《清異録》：『江南周則少賤，以造雨傘爲業，其後戚連椒闈，後主戲封爲高密侯。』《事林廣記》：『《六韜》曰天雨不張蓋幔。』〔二〕《通俗文》曰：『張帛避雨謂之繖。』〔三〕當陰雨之時，堤身埽段尤當晝夜巡查，非此無以避雨，在工者所必需也。

〔一〕《玉屑》，疑爲《詩人玉屑》，但不見引文。此處姑存疑。

〔二〕《事林廣記》，日用百科全書型的古代民間類書。南宋末年建州崇安人陳元靚撰，經元代和明初人翻刻時增補。《六韜》，又稱《太公六韜》《太公兵法》，全書有六卷，六十篇，是中國古代的一部著名兵書。最早明確收録此書的是《隋書·經籍志》，題姜太公撰，據分析應爲戰國末年的作品。引文出自《六韜》卷三《勵軍二十三》：『將冬不服裘，夏不操扇，雨不張蓋，名曰禮將。將不身服禮，無以知士卒之寒暑。』

〔三〕《通俗文》，東漢末服虔撰。這是我國第一部俗語詞辭書，在小學史與辭書史上具有重要地位。全書已亡佚，不少類書中有輯録。此處引文《天中記》等作『張帛避雨謂之繖蓋』，可對比參看。

《說文》：『蓑，草雨衣，秦謂之萆。』〔一〕《廣韻》：『⿱日能⿱日鬲，雨衣也。』〔二〕《庶物異名疏》〔三〕：『管子曰：農夫身穿襏襫，即蓑衣，一曰麤堅衣，可任苦。』《六韜·農器篇》：『蓑、薛、簦、笠。』〔四〕故又名薛，雨具中最爲輕便者。《演繁露》：『王章卧牛衣中，注：龍具也。蓋亦蓑衣之類。』〔五〕挑河廂埽，如遇陰雨，兵夫用以被體，非此不可。

〔一〕《說文解字·衣部》：『衰，艸雨衣。秦謂之萆。從衣象形。』《說文解字》中無『蓑』字，引文將『衰』作『蓑』。

〔二〕《廣韻》，全稱《大宋重修廣韻》，五卷，北宋官修的一部韻書，宋真宗大中祥符元年（一〇〇八年）由陳彭年、丘雍等奉旨在前代韻書的基礎上編修而成，是我國歷史上完整保存至今并廣爲流傳的最重要的一部韻書。引文在《廣韻》中無此解釋，未知作者從何處引用。此處存疑。

〔三〕《庶物異名疏》，明代陳懋仁撰，三十卷。《四庫全書總目提要》稱其『匯輯物名之異者，爲之箋疏』。共計二千四百五十二名，分爲二十五部。

〔四〕出自《六韜》卷三《龍韜·農器三十》：『簑、薛、簦、笠者，其甲胄干櫓也。』

〔五〕出自《演繁露》卷二《牛衣》：『王章卧牛衣中，注：龍具也。龍具之制，不知何若。案《食貨志》董仲舒曰：貧民常衣牛馬之衣，而食犬彘之食。然則牛衣者，編草使暖，以被牛體，蓋蓑衣之類也。』

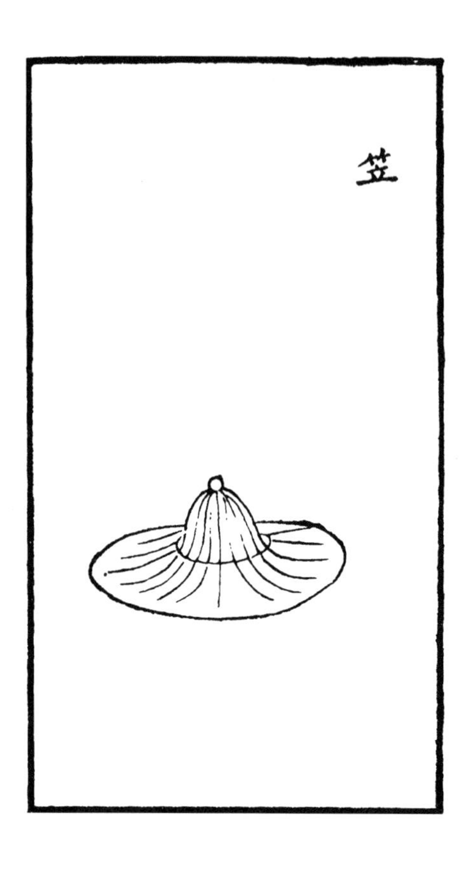

《篇海》[一]：『簦、笠，以竹爲之，無柄曰笠，有柄曰簦。』《卓氏藻林》[二]：『簦笠，備雨器也。《國語》：簦笠相望於安陵。』古以臺皮爲之，《詩》所謂『臺笠緇撮』[三]是也。《庶物異名疏》：『管子曰，農夫首載茅蒲。茅蒲，蒲笠也。』《名義考》[四]：『程曉《伏日詩》：今世褦襶子，觸熱到人家。』褦襶，涼笠也，或大或小，皆頂隆而口圓，可芘雨蔽日，以爲蓑之配也。廂工防險，蓑衣僅能禦雨，笠則兼可遮陽，尤爲應備之物。

[一]《篇海》，十五卷，收字五萬四千五百九十五個，是古代字書收字最多的字典。最初編者是金代的王與秘，他將《玉篇》按筆畫數序重新編排，故也是第一部按筆畫數序排字的大型字典。金章宗明昌七年（一一九六年），韓孝彦又將《玉篇》的部首按五音四聲排列而作《五音篇》。金章宗泰和八年（一二〇八年），韓道昭等又對《五音篇》加以改編，稱爲《五音增改并類聚四聲篇》，後又進一步簡稱爲《五音類聚四聲篇海》《四聲篇海》《篇海》。

[二]《卓氏藻林》，八卷，明卓明卿輯。《四庫全書總目提要》稱其『捋擷類書，分門輯録，頗有簡擇而取材豐富』，但後人亦有疑其剽掠《王氏藻林》者。引文出自卷四《衣飾類》：『簦笠，備雨器也。簦笠相望於安陵。』此處引文疑有誤，『安陵』應作『艾陵』。

[三]出自《詩·小雅·都人士》：『彼都人士，臺笠緇撮。』

[四]《名義考》，十二卷，明代周祈著，分天、地、人、物四部分，是一部探求古代文獻中詞語由來的專著。

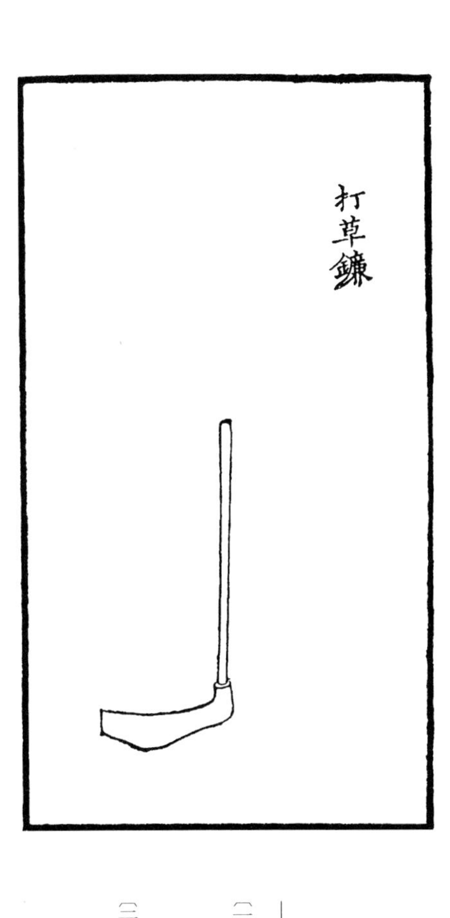

《逸雅》：『鐮，廉也，體廉薄也，其所刈稍稍取之，又似廉者也。』[一]《周禮》：『薙氏掌殺草，夏日至而夷之。』鄭注：『鈎鐮迫地，芟之也。』[二]《農桑通訣》：『鐮制不一，有佩鐮，有兩刃鐮，有袴鐮，有鈎鐮，有推鐮。』[三]《方言》：『刈鈎，自關而東謂之鐮，或謂之鍥。』[四]《説文》：『銍，穫禾短鐮也。』[五]《集韻》：『釤，長鐮也。』[六]皆古今通用芟器，打草鐮亦不外是。

[一]《逸雅》，《釋名》的別稱。明代郎奎金曾把《釋名》和《爾雅》《小爾雅》《廣雅》《埤雅》刻在一起，稱爲《五雅》。因後四部書均以『雅』字命名，故改《釋名》爲《逸雅》。此處引文出自《釋名·釋用器》。

[二]出自《周禮》卷十《地官》：『薙氏掌殺草，春始生而萌之，夏日至而夷之，秋繩而芟之，冬日至而耜之。』鄭注出自《周禮注疏》卷三十七：『玄謂萌之者以茲其斫，其生者夷之，以鉤鐮迫地，芟之也，若今取茭矣。』引文與原文稍異。

[三]《農桑通訣》，是《王禎農書》的總論部分，對農業的重要性、農業生產起源與發展的歷史、農業生產的經驗與技術（包括林、牧、副、漁），都作了全面而系統的總結。引文出自卷十一《農器圖譜五·銍艾門》：『鐮之制不一，有佩鐮，有兩刃鐮，有袴鐮，有鉤鐮，有鐮柌鐮柄楔其刃也之鐮，皆古今通用芟器也。』引文本非出自《農桑通訣》，係作者引用錯誤，且引文與原文亦有一定的差異。

[四]《方言》，全稱《輶軒使者絶代語釋別國方言》，西漢揚雄著，是訓詁學一部重要的工具書，也是中國第一部漢語方言比較辭彙集。《方言》經東晉郭璞注釋之後流傳至今。今本《方言》計十三卷，所收的詞條計有六百七十五條，被譽爲中國方言學史上第一部『懸之日月而不刊』的著作，在世界的方言學史上也具有重要的地位。引文出自《卷五》：『刈鉤，江淮陳楚之間謂之鉊，音召，或謂之鐹，音果。自關而西或謂之鉤，或謂之鐮，或謂之鍥，音結。』與原文稍異。

[五]出自《説文解字·金部》：『銍，穫禾短鐮也。從金，至聲。』

[六]《集韻》中無『釤』字條，此處暫未知出自何處。

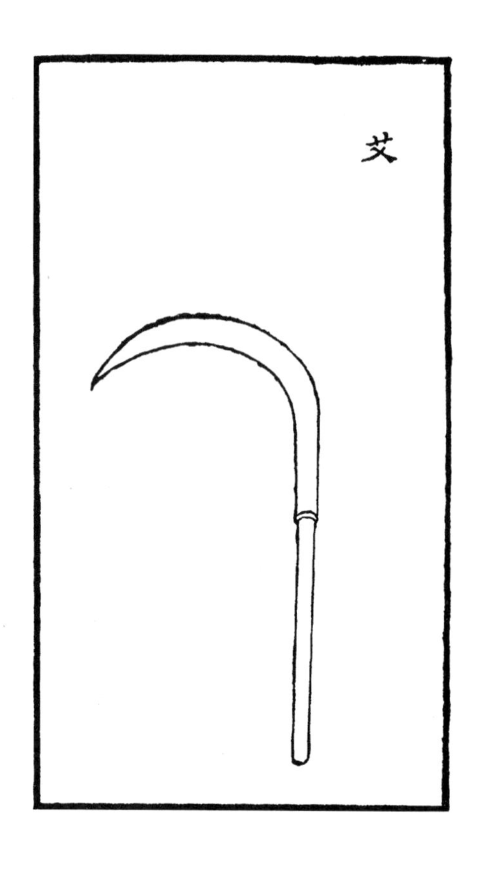

《詩》：『奄觀銍艾。』[一]艾，殳也。《穀梁》：『一年不艾而百姓飢。』[二]艾，穫也。《方言》：『刈鉤，自關而東謂之鐮，或謂之鍥。』《三才圖會》：『鍥似刀而上彎，如鐮而下直，其背指厚，刃長尺許，柄盈二握。』『又謂之彎刀，以艾草禾或斫柴篠，農工使之。』[三]春夏之交，堤頂兩坦草長，芟除之用，與鐮有同功焉。

[一] 出自《詩·周頌·臣工》：『命我衆人，庤乃錢鎛，奄觀銍艾。』

[二] 《穀梁》，即《春秋穀梁傳》，爲儒家經典之一，與《左傳》《公羊傳》同爲解説《春秋》的三傳之一，以語録體和對話文體爲主，是研究儒家思想從戰國時期到漢朝演變的重要文獻。引文出自《莊公》第三，與原文無異。

[三] 《三才圖會》，又名《三才圖説》，一百零八卷，明代王圻及其子王思義撰，是一部百科式圖録類書。『三才』是指『天』『地』『人』三界。該書現有萬曆刊本存世，一九八七年廣陵古籍刻印社縮印出版。引文出自《器用》十一卷：『鍥古節切，似刀而上彎，如鐮而下直，其背指厚，刃長尺許，柄盈二握，江淮之間恒用之。』『又謂之彎刀，以刈草禾或斫柴篠，可代鐮斧，一物兼用，農家便之。』引文與原文稍異。

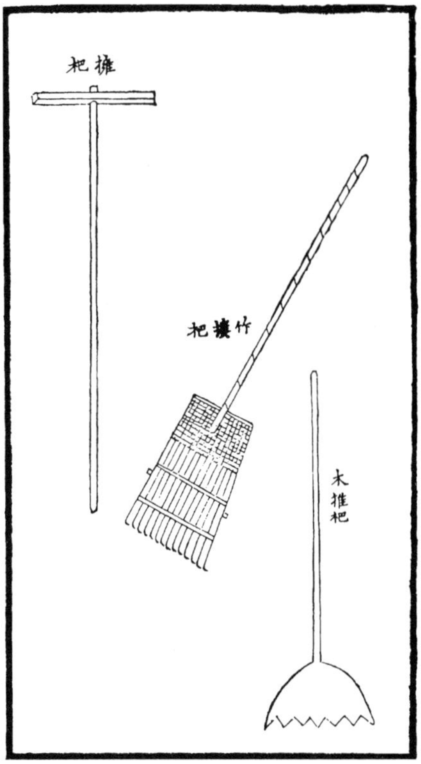

《物原》：『叔均作耖耙。』《逸雅》：『杷，播也，所以播除物也。』《説文》：『杷，平田器。』[一]大都鐵爲多，竹次之，木則罕見。木而無齒則莫如擁杷是。《前漢・高紀》：『太公擁彗。』[二]擁，持也。擁杷形如丁字，用以平隄，亦猶擁彗云爾。又推杷以木爲之，前刻數齒，用以推埽面積雪，疏隄頭塊礫，最便。又竹摟杷，齒亦編竹爲之，料廠工所摟聚碎稭，攤曬濕柴，非此不爲功。

[一]《説文解字・木部》：『杷，收麥器。從木，巴聲。』與引文不同，故此處存疑。

[二]《漢書》卷一下《高帝紀》第一下：『太公擁彗，迎門却行。』

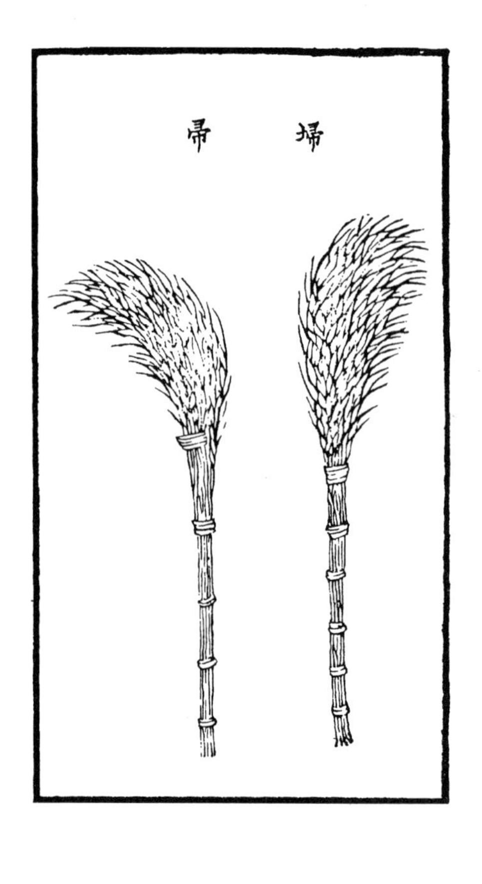

《古本》〔一〕：『夏少康作箕帚。』《周禮・夏官・戎右》：『贊牛耳桃茢。』注：『桃，鬼所畏也。茢，苕帚，所以埽不祥。』諸侯盟則用之。《曲禮》：『凡爲長者糞之禮，必加帚於箕上。』《爾雅・釋草》：『荓，馬帚。』注：『似著，可以爲埽彗。』又：『葥，王彗。』注：『王帚也，似藜，其樹可以爲彗，江東呼之曰落帚。』〔二〕《漢高紀》：『太公擁彗。』凡潔除堤頂埽面，非埽帚不可，則其爲用廣矣。

〔一〕《古本》，未知爲何書。疑應爲《世本》，此處姑存疑。

〔二〕《爾雅》，儒家十三經之一，是我國最早的一部解釋詞義的專著，也是第一部按照詞義系統和事物分類來編纂的詞典。『荓』，出自《爾雅・釋草》：『荓，馬帚。』郭璞注：『荓，似著，可以爲埽蔧。』『葥』，出自《爾雅・釋草》：『葥，王彗。』郭璞注：『葥，王帚也，似藜，其樹可以爲埽蔧，江東呼之曰落帚。』則『**荓**』當爲『荓』，而兩字的解釋，引文與原文均有相當的差異。

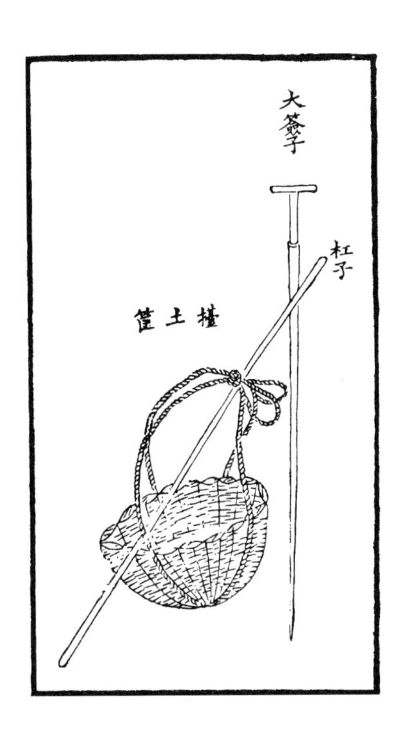

大簽子，長四五尺，有類鐵錐而木其柄。每年春初百蟲起蟄之候，例飭文武汛員督率兵夫持簽簽堤，用榔頭打簽，深入土中，一經簽出洞穴，即以鐵杴刨挖到底，將筐杠擡土填蟄，用木夯築實。每堡皆須預備。《篇海》：『筐，盛物竹器也。』北方竹少，多以柳筲編成，廂工擡土，亦有用筐以期迅速者。杠即荷筐之具。此數物皆簽堤必備器具，緣一線單堤，年深日久，或有獾洞、鼠穴、水溝、浪窩之病，及樹根朽爛、冰雪凍裂之處，一遇大汛漫灘，滲漏串水，最爲隱患。其所以防患未然者，惟此簽堤一法。

鼠弓

地鼠，俗名地羊，即《本草》〔一〕『鼹鼠』，《爾雅》『鼢鼠』，《廣雅》『犂鼠』〔二〕。隄頂兩坦均有之，但見虚土一堆，即此物也。爪銛牙利，頃刻穿隄，搜捕不可不浄。捕法：趁其迎風開洞，用竹弓鐵箭射之，百不失一。鼠弓有三，一用鐵簽，張於弓上，簽直如矢；一用挑棍撑桿，懸以消息；又一式三叉其木，墜以巨磚，懸以消息，若今之取禽獸用罥擭然。顔師古《漢書注》：『弩以足踏者曰蹶張。』殆相類而不同者歟！

〔一〕《本草》，指《本草綱目》，明李時珍撰，我國著名的藥學著作。全書共一百九十多萬字，載有藥物一千八百九十二種，收集醫方一萬一千九十六個，繪製精美插圖一千一百六十幅，分爲十六部、六十類。該書也是一部具有世界性影響的博物學著作。

〔二〕《廣雅》，我國最早的一部百科詞典，共收字一萬八千一百五十個，是仿照《爾雅》體裁編纂的一部訓詁學彙編，相當於《爾雅》的續篇。篇目也分爲十九類，各篇的名稱、順序，説解的方式，以致全書的體例，都和《爾雅》相同。《廣雅》中，并無『犂鼠』一詞。

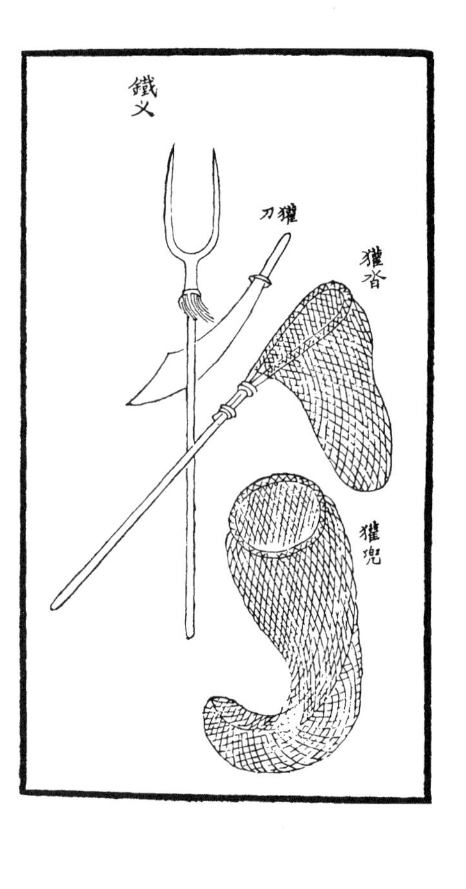

『沓』，字義無可考，按《羽獵賦》：『出入日月，天與地沓。』註：『作相連合解，或取沓與洞合，勿使逃逸之義。』[一]沓、兜，均以麻結成，上古伏羲作網，勾芒作羅，可以類推。獾有遊住之分，遊獾尚未傷及堤身，住獾洞穴多在堤根，既曲且深，口大如碗，有前門，離四五丈或七八丈復有後門，最爲堤工隱患。埽穴之法，水灌、火薰均足制勝，惟堵前竄後，堵後竄前，每易脱逸。但洞外有虚土一堆，是其出入之處，且獾行每由熟路，尋踪搜捕，尚易見功。捕法，暗中守拿，宜用有柄之沓。施於平地，宜用無柄之兜。刀叉皆備用利器，此外尚須養獵犬捕之。

[一]《羽獵賦》，西漢楊雄、東漢王粲有同名作品，此處引文爲揚雄之作。該賦收入《昭明文選》卷八，應劭作注。

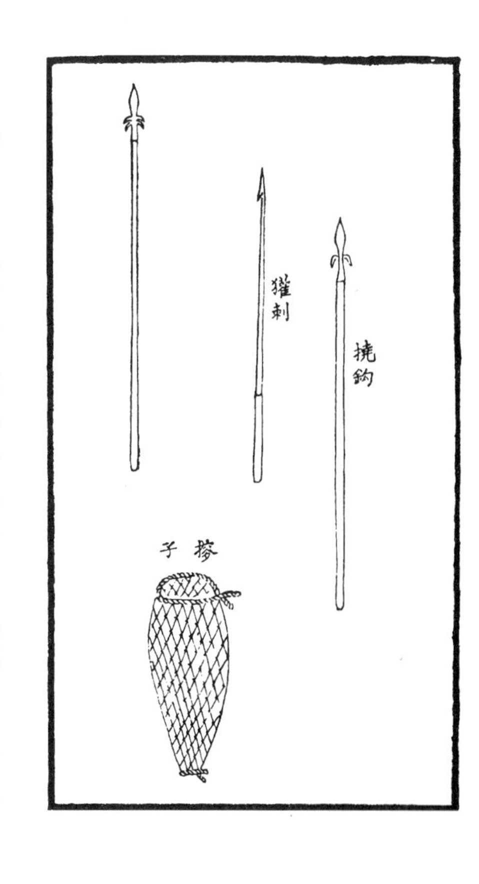

《廣韻》：『撈，索也。』揚子《方言》：『就室曰撈，於路曰略。』[一]《正韻》：『撓，抓也。』[二]《韻會》：『刺，棘芒也。』今巡夜捕獾之具，有名刺者，鍛鐵爲之，其鋒銛利，上有倒鈎以象棘芒。又有撓鈎，直刄向上，倒鈎雙垂，並四出者，受以木柲，其用甚便，殆即古之戈與！按《周禮·考工記·冶氏》：『戈廣二寸，内倍之，胡三之，援四之。』鄭注：『戈，今勾子戟也。内謂胡以内援，直刃，胡，其子。』[三]至撈子乃繩網，即古之罟護，製與兜同，而口穿活繩，易於束收，用時每張於獾狐洞口，俗稱曰撈子，或有取就室之義乎！

[一] 揚子《方言》，揚子即西漢揚雄。引文出自《方言》卷二：『撈，略求也，秦晉之間曰撈。就室曰撈，於道曰略。略，强取也。』與原文稍異。

[二] 出自《正韻》卷四《十三爻》：『撓，搔也。《晁錯傳》：匈奴之衆撓亂也。』引文與原文有較大差别。

[三] 出自《周禮注疏》卷四十：『戈廣二寸，内倍之，胡三之，援四之。』注：『戈，今句孑戟也，或謂之雞鳴，或謂之擁頸，内謂胡以内接柲者也，長四寸，胡六寸，援八寸，鄭司農云：援，直刃也，胡，其孑。』引文與原文稍異，且謂『胡以内援直刃』，疑似遺漏一行之故。

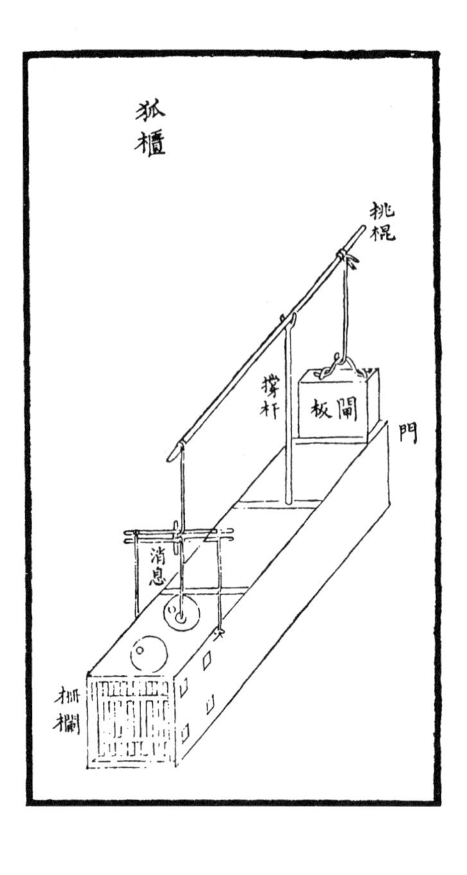

狐櫃，以木製成，形如畫箱，前以挑棍挑起閘板，以撑桿撑起挑棍，後懸繩於挑棍而繫消息於櫃中，以雞肉爲餌，安置近栅欄處，使狐見而入櫃攫取，一碰消息，則繩鬆棍仰，桿落板下，而狐無可逃遁矣。《韻會》：『擭捕獸機檻。』《名物考》：『罟擭以扃羂禽獸，今之扣網也。』〔一〕櫃亦類是。

〔一〕《名物考》，未知何書，但此處引文於《丹鉛總録》卷八『罟獲陷阱』條有載。

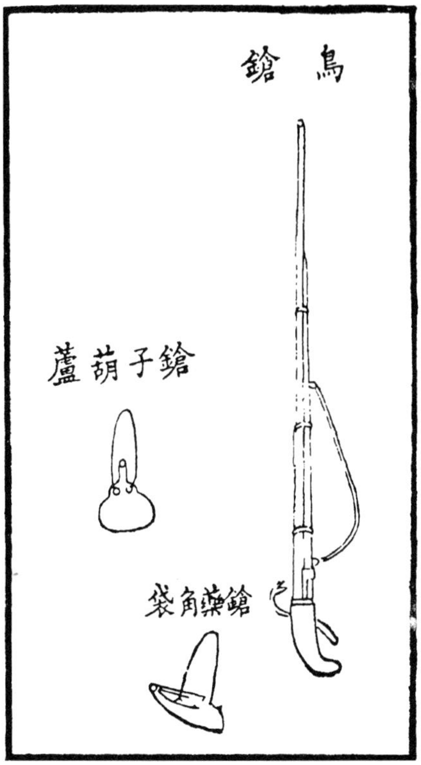

鳥鎗

鎗子葫蘆

鎗藥角袋

《物原》：『軒轅作礮，吕望作銃，爲製火器之始。』《金史》：『飛火槍，守汴時用，以槍發火，實始於此。』[一]《七修類稿》：『鳥嘴木銃，明嘉靖間倭寇犯浙，得其器，遂傳造焉。』[二]則是鳥鎗之名起於明矣。考『鎗』音庚，錚錚聲，槍字本從木，今俗從金，蓋取聲響之義。其製鑄鐵爲管，鑲木成桿，中設斗門，火機勾動，即可致遠。外隨葫蘆，專貯鉛子，角袋專貯火藥，最爲武備利器。今河工兵堡設此，一以巡夜支更，一以捕狐靖盜。

[一] 出自《金史》卷一一三《赤盞合喜傳》。此處爲間接引用。

[二]《七修類稿》，五十一卷（又《續稿》七卷），明代郎瑛著。全書按類編排，分天地、國事、義理、辯證、詩文、事物、奇謔七類。現存明嘉靖刻本、清乾隆四十年（一七七五年）耕煙草堂刊本等。引文出自卷四十五《事物類·倭國物》：『鳥嘴木銃，嘉靖間日本犯浙，倭奴被擒，得其器，遂使傳造焉。』引文與原文稍異。

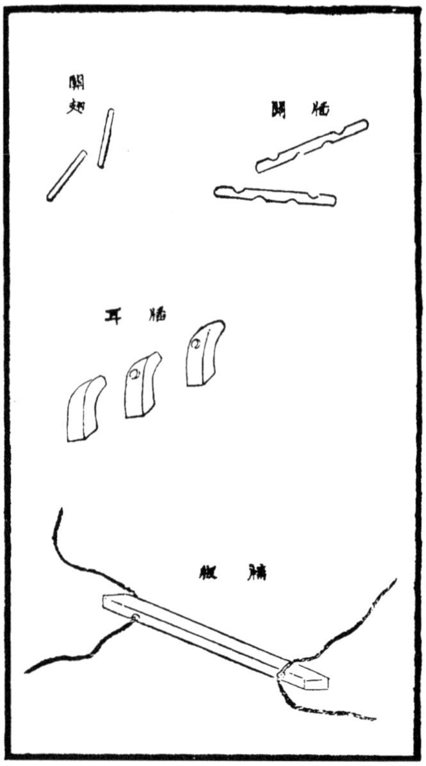

《玉篇》：『版，片木也。』〔一〕《集韻》：『以版有所蔽曰牐。』〔二〕《字典》：『今漕艘往來，臿石左右如門，設版瀦水，時啓閉以通舟。水門容一舟，銜尾貫行，門曰牐門，設官司之。』〔三〕按：啓閉器具有牐版，削木爲之，寬厚各一尺，長二丈四尺，兩頭各鑿一孔，以貫粗繩。牐耳以石爲之，各有孔，每岸三枚，内中耳孔，兩頭俱通，以貫牐關。關以檀木爲之，長六尺，圍一尺八寸，中鑿四孔，備運關翅，用時兩端貫閘耳，孔内插翅運之。關翅亦用檀木，每根長丈許，橫插關心，以備推絞之用。

〔一〕《玉篇》，中國古代一部按漢字形體分部編排的字書。南朝梁顧野王撰。唐代孫强又有增字，宋陳彭年、吴鋭、丘雍等重修。現存《大廣益會玉篇》已非野王原本，另有《玉篇》殘卷存於日本。引文出自《玉篇・片部》：『版，判也。』《玉篇・木部》：『板，補簡切，片木也，與版同。』

〔二〕《集韻》卷十：『閘，閉城門具。二曰以版有所蔽。』引文與原文稍異。

〔三〕《字典》，即《康熙字典》，清康熙年間由張玉書、陳廷敬主編，參考明代《字彙》《正字通》等編寫，成書於康熙五十五年，故名。《字典》采用部首分類法，按筆畫排列單字。《字典》全書分爲十二集，每集又分爲上、中、下三卷，并按韻母、聲調以及音節分類排列韻母表及其對應漢字，共收録漢字四萬七千零三十五個。引文爲《康熙字典・門字部》：『今漕艘往來，臿石左右如門，設版瀦水，時啓閉以通舟，水門容一舟，銜尾貫行，門曰閘門，河曰閘河。設閘官司之。』

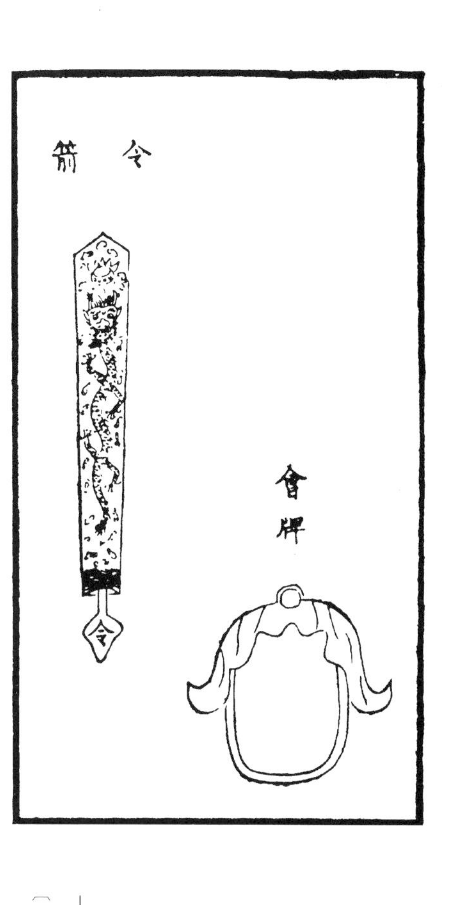

《集韻》：『令，律也，法也。』〔一〕《書・冏命》：『發號施令。』〔二〕《禮・月令》：『命相布德和令。』〔三〕《漢紀》：『令有後先，有令甲、令乙、令丙。』〔四〕國朝定制，總督令旗黄緞爲之，斜幅，縿徑一尺八寸，旒徑二尺四寸，斜徑三尺，貫以令箭，笴長三尺，髹朱皂羽，上括下鏃，鏃面鋄〔五〕銀，令字罩以油紬套，象繪雲龍，取相應之義，河工提閘催船，持此爲信。又有會牌，係上下兩閘啓閉，彼此知照憑據，緣運道水勢，蓄洩機宜全在啓閉，而欲上下相應，非會牌不爲功。

〔一〕該引文應出自《五音集韻》卷十二：『令，力政切，善也，命也，律也，法也。又力盈切，又歷丁切。』《集韻・勁韻》：『令，官署之長。漢法：縣萬户以上爲令，以下爲長。』《集韻・梗韻》：『令，官署之長。』《五音集韻》，金韓道昭著，約一二一二年前後成書，全書分一百六十韻，分平、上、去、入四部分。與宋代成書的《集韻》爲兩部不同的韻書。此處引文中，兩部韻書的解釋相差甚大，疑爲作者將二書混淆之故。

〔二〕出自《尚書・周書・冏命》：『發號施令，罔有不臧。』

〔三〕《禮記》，儒家十三經之一。最早由西漢禮學家戴德及其侄子戴聖編定，分別稱《大戴禮記》《小戴禮記》。前者在流傳過程不斷散佚，至唐代只剩下了三十九篇；後者四十九篇，即今本《禮記》。東漢末年，著名學者鄭玄爲《小戴禮記》作注，并由解説經文的著作逐漸演變成爲經典，唐代被列爲『九經』之一，爲士者必讀之書。引文出自《禮記》卷四《月令》。

〔四〕出自《漢書》卷八《宣帝紀》『如淳注』，《漢紀》爲東漢荀悦整理編撰，并無此處的引文，故《漢紀》應指《漢書・宣帝紀》。

〔五〕『鋄』，音萬，一般寫作『鋄』。《集韻》卷六：『鋄，亡范切，馬首飾。』此處又作動詞用。

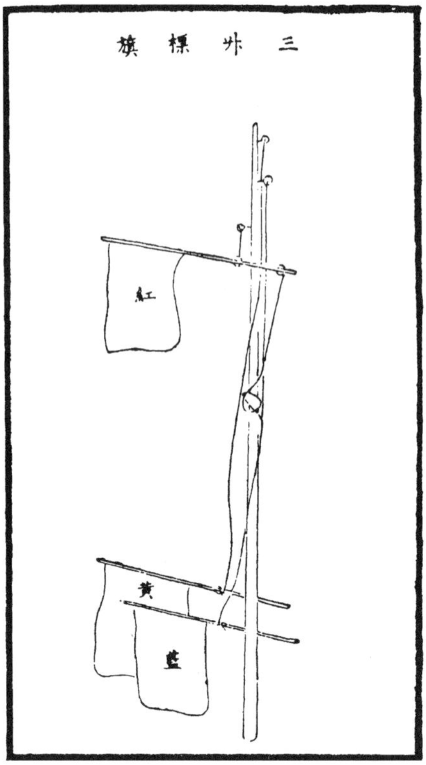

三升標旗

紅

黃

藍

三升旗，即標旗也。凡大工向於壩頭豎立長竿，上扣三鐶，貫以長繩，繫黃、紅、藍布旗三面，隨用拉扯上下。派兵守之，如須土升黃旗，料升紅旗，柳草升藍旗。夜則易以三色燈籠，以爲號令。

卷二　修濬器具

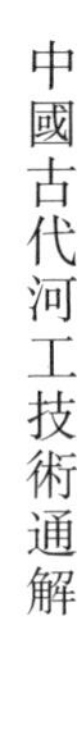

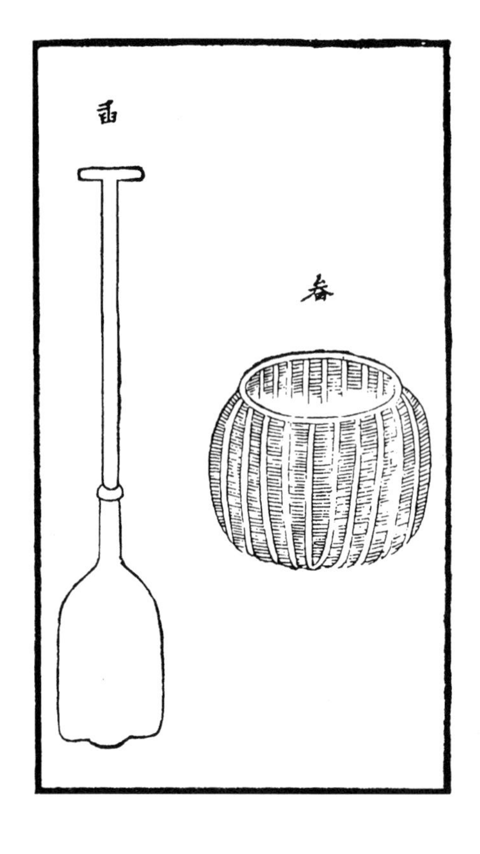

《農書》：『畚，土籠也。《左傳》：「樂喜陳畚挶。」注：「畚，簣籠。又稱畚築。」注：「畚，盛土器，以草索爲之。」《説文》：「畚，⿰甾幷屬。」南方以蒲竹，北方以荆柳。』王禎《咏畚詩》：『致用與簣均，聯名爲臿偶。』[一]臿，顔師古曰：『鍬也，所以開渠也。』[二]《前漢·溝渠志》：《白渠歌》曰：『舉臿爲雲，決渠爲雨。』[三]《淮南子》曰：『堯之時，天下大水，禹執畚臿以爲民先。』[四]近時形制雖稍不同，而治水土之工者，必以此二物爲本。揚子《方言》謂畚、臿爲一物，誤矣！

[一]《王禎農書》，元王禎撰，共計三十七集，三百七十一目，約十三萬字，完成於一三一三年。全書分《農桑通訣》《百穀譜》和《農器圖譜》三大部分，最後所附《雜録》包括了兩篇與農業生産關係不大的『法制長生屋』和『造活字印書法』。此書是我國農業史上最重要的著作之一。該兩處引文，均出自《王禎農書》卷十四《農器圖譜》卷八。引文爲摘引，與原文有異。

[二]出自《漢書》卷二十九《溝洫志》顔師古注。

[三]出自《漢書》卷二十九《溝洫志》：『田於何所？池陽谷口。鄭國在前，白渠起後。舉臿爲雲，決渠爲雨。涇水一石，其泥數斗。且溉且糞，長我禾黍。衣食京師，億萬之口。』原文并無《白渠歌》之名，此處當爲引文中所添加。

[四]出自《淮南子》卷二十一《要略》：『禹之時，天下大水，禹身執虆垂，以爲民先，剔河而道九岐，鑿江而通九路，辟五湖，而定東海。』引文中『畚臿』與原文『虆垂』有異，可參見《淮南子集釋》（何寧撰，中華書局，一九九八年）第一四六〇頁。

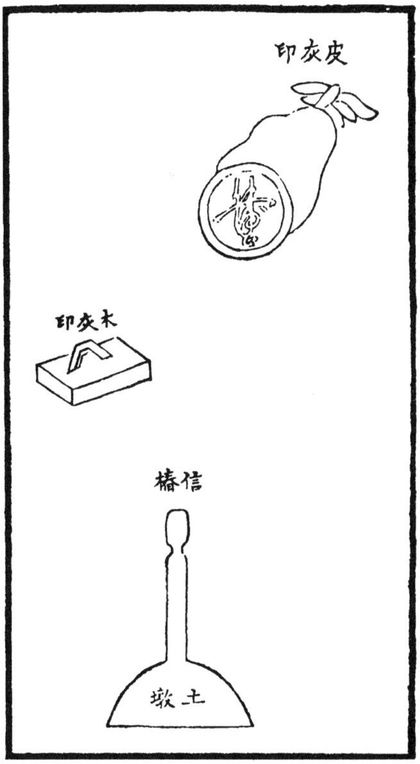

皮灰印

木灰印

信樁

土墩

《説文》：『印，執政所持信也，從爪從卩。』[一]象相合之形。《廣韻》：『印，信也，因也，封物相因付也。』[二]古人於圖畫書籍皆有印記。今估土工多有自鐫木印，用石灰爲印泥。又有皮印，以白布作袋，長八寸，牛皮作底，寬五寸，底上鏤字篆押，各爲密記，内貯細灰，用時緩緩印之。又有信樁，其法截木爲樁，凡築隄挑河，估定尺寸後，較準高深，簽樁相平，用灰印於樁頂，裹以油紙，覆以磁碗，取土封培，俟工完啓，驗灰印完整，然後拉繩樁頂驗收，可杜偷減等弊。

[一] 出自《説文解字・印部》：『印，執政所持信也。從爪從卪。凡印之屬皆從印。於刃切。』是引文中『卩』當作『卪』。

[二] 出自《廣韻・震韻》：『印，符印也，印信也。』又：『印，因也，封物相因付。』是引文中將兩種釋義合而爲一，爲間接引用。

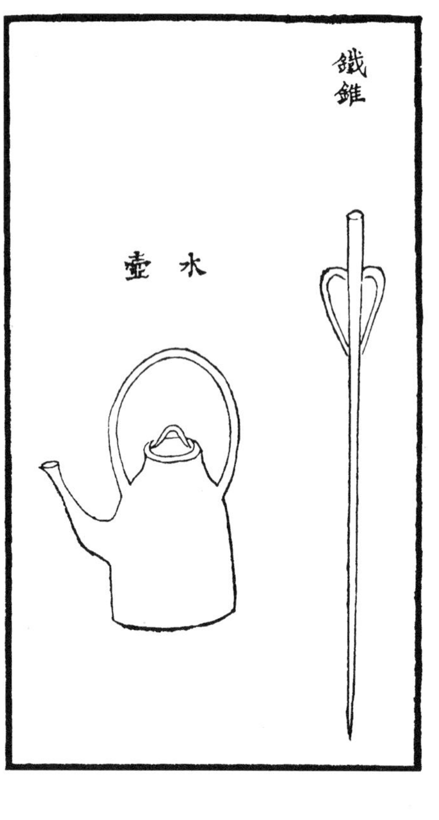

《說文》：『錐，銳器也。』[一]《釋名》：『錐，利也。』《淮南子·兵略訓》：『疾如錐矢。』鐵錐長四尺，上豐下尖，其豐處上有鐵耳，便於手握。修築堤工，每坯試錐一遍，用木榔頭下打，拔起後，以水壺貯水灌入錐孔，不漏爲度。若一灌即瀉，名曰『漏錐』；半存半瀉，名曰『滲口』；存而不瀉，名曰『飽錐』。然試錐須直下，不可摇動，摇動則土填孔中，試亦不准。且聞驗收土工時，有用鮎魚涎、榆樹皮汁和水灌下，即可飽錐者。其弊不可不知。

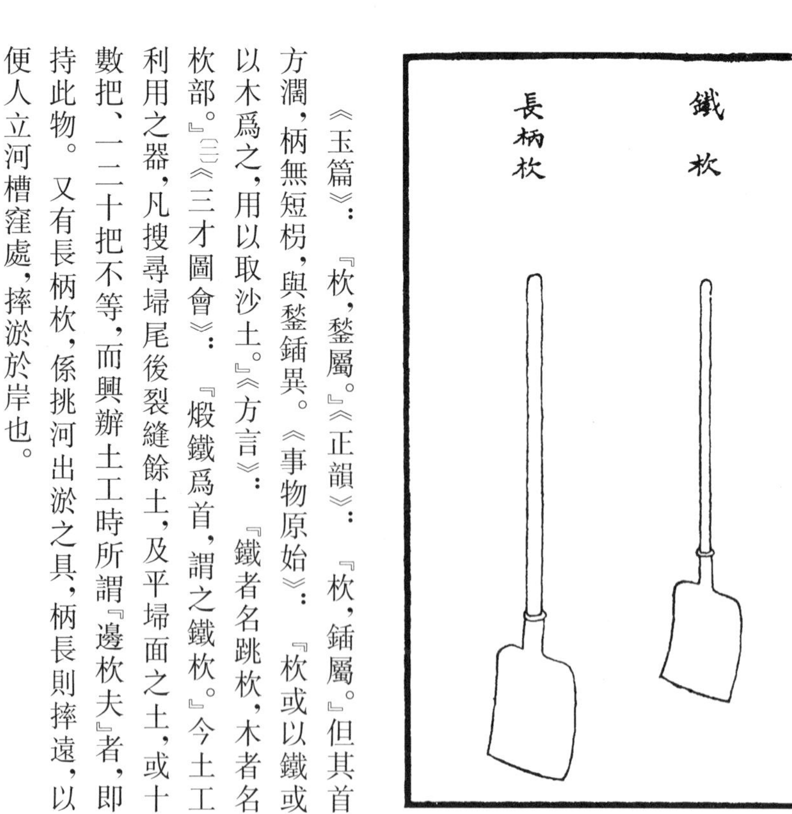

《玉篇》：『杴，鍫屬。』《正韻》：『杴，鍤屬。』但其首方濶，柄無短枴，與鍫鍤異。《事物原始》：『杴或以鐵或以木爲之，用以取沙土。』《方言》：『鐵者名跳杴，木者名杴部。』[二]《三才圖會》：『煅鐵爲首，謂之鐵杴。』今土工利用之器，凡搜尋埽尾後裂縫餘土，及平埽面之土，或十數把、一二十把不等，而興辦土工時所謂『邊杴夫』者，即持此物。又有長柄杴，係挑河出淤之具，柄長則摔遠，以便人立河槽窪處，摔淤於岸也。

[一] 出自《說文解字·金部》：『錐，銳也。從金，隹聲。』是引文中作『銳器也』，似爲失當。

[二]《方言》中并無此處引文，但《格致鏡原》《授時通考》等書中均稱《方言》，未知何據。此處姑存疑。

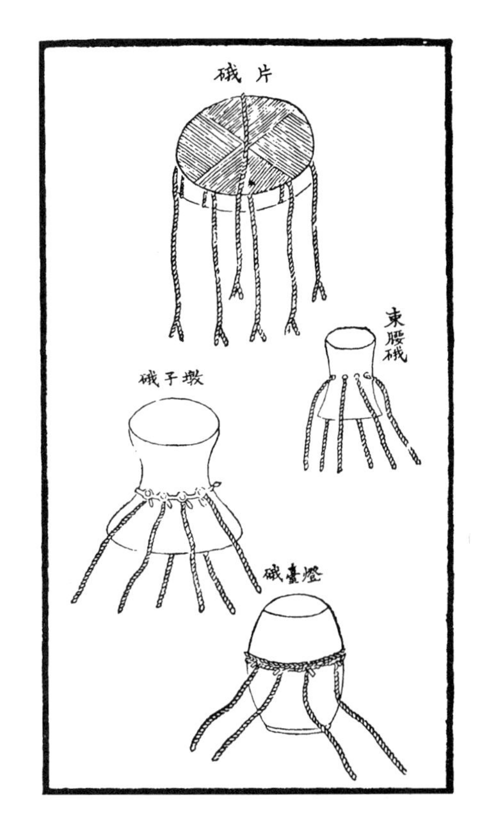

隄之堅實，全仗硪工。硪有墩子、束腰、燈臺、片子等名。四者之中，墩子、束腰宜於平地，燈臺、片子宜於坦坡，統名地硪，比雲硪重二三十觔，下大上小。凡築隄壩，用以連環套打，始得保錐。又墩硪最重，豫東用之；燈硪稍輕，淮、徐用之；腰硪、片硪最輕，高、寶用之，蓋因人力不齊之故。至辮分長短，以長爲佳，緣長則拋得起，落得重，自增堅固。再硪夫必須對手，倘十人中有一二不合式者，其築打之跡，形如馬蹄，硪雖重亦不保錐。辦工者當隨時更換也。至硪質，向專用石，近更有以鐵鑄者，取其沈重。又硪面平整，近有於一面鑿起，狀如五乳者，俗曰乳硪，名甚不雅，然用以敲拍灰礓，尤爲得力。

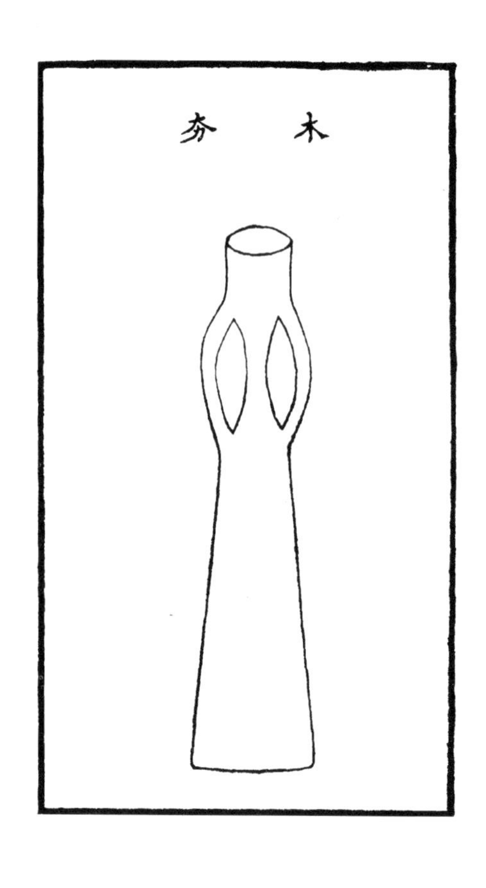

《字彙》：『夯，人用力以堅舉物。』[一]《禪林寶訓》：『累及他人擔夯。』[二]亦用力之意。凡築室必先平地，平地必須加夯，大者長七八尺，圍二三尺不等，不獨河工然也。工次木夯長四尺，旁鑿兩鼻，俾有把握，填墊獾洞、鼠穴，以夯夯之，可期堅實。又有四鼻者，形製較秀，俗名美人夯，然其用實遜耳。

[一]《字彙》，十四卷，明代梅膺祚編，共收録三萬三千一百七十九字，是明代至清初最爲通行的字典。此書依據楷體，將《説文解字》部首簡化爲二百十四部，開創了全新的字典體例。引文出自《字彙·丑集·大部》：『夯，呼朗切，夯上聲。大用力以肩舉物。』是引文中將『大』誤作『人』。

[二]《禪林寶訓》，又稱《禪門寶訓》《禪門寶訓集》，四卷，南宋僧凈善重集。收録宋代諸禪師之遺語教訓，約三百篇，各篇末皆明記其出典。該書初由妙喜普覺、竹庵士珪二禪師於江西雲門寺所輯録，後散佚。南宋淳熙年間，凈善加以重集，即現行之《禪林寶訓》。此書古來即盛行於禪林，每被列爲初學沙彌的入門書。引文出自卷一：『黄龍南和尚曰：予昔同文悦遊湖南，見衲子擔籠行脚者，悦驚異蹙頞，已而呵曰：「自家閨閤中物不肯放下，返累及他人擔夯，無乃太勞乎？」』輯自《林間録》。

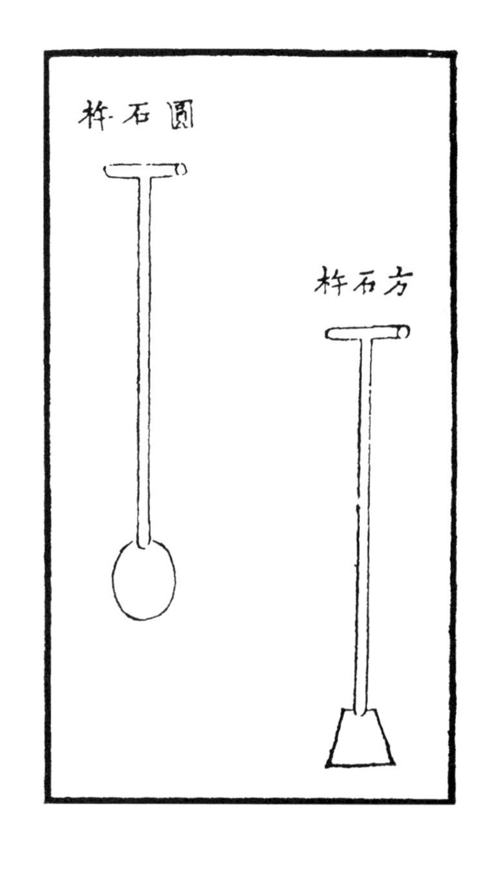

《易・繫詞》："斷木爲杵。"《字林》："直舂曰擣。"[一]古人擣衣，兩女對立，各執一杵，如舂米然，其韻丁東相答，後人易作卧杵，對坐擣之，取其便也。今工上有石杵，仍存古制，琢石爲首，受以丁字木柄，俾一人可舉，兩手可按，用以平治土隄、填築浪窩甚便。至方圓則各肖其形，各適其用耳。

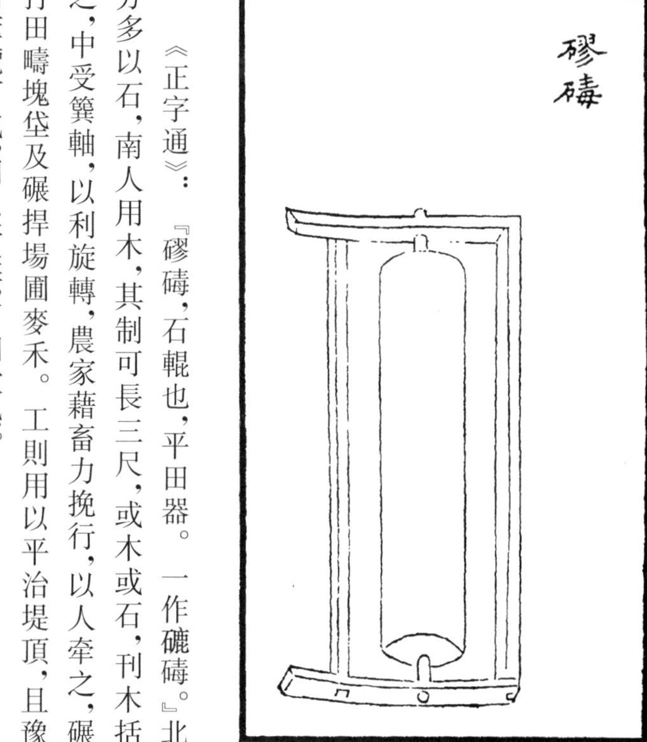

《正字通》："磟碡，石輥也，平田器。一作磟碡。"北方多以石，南人用木，其制可長三尺，或木或石，刊木括之，中受簨軸，以利旋轉，農家藉畜力挽行，以人牽之，碾打田疇塊垡及碾捍場圃麥禾。工則用以平治堤頂，且豫備葦纜打成，用以砑壓，可期軟熟。

[一]《字林》，晋吕忱著，古代字書，收字一萬二千八百二十四個，按《説文解字》五百四十部首排列，已佚。清乾隆間任大椿著有《字林考逸》八卷，光緒間陶方琦又有《字林考逸補本》，據隋代杜台卿《玉燭寶典》、唐代慧琳《一切經音義》等書，補任書所未録。引文出自《補本・手部》。但麟慶爲道光年間人，何以引用光緒年間著作，姑存疑於此。

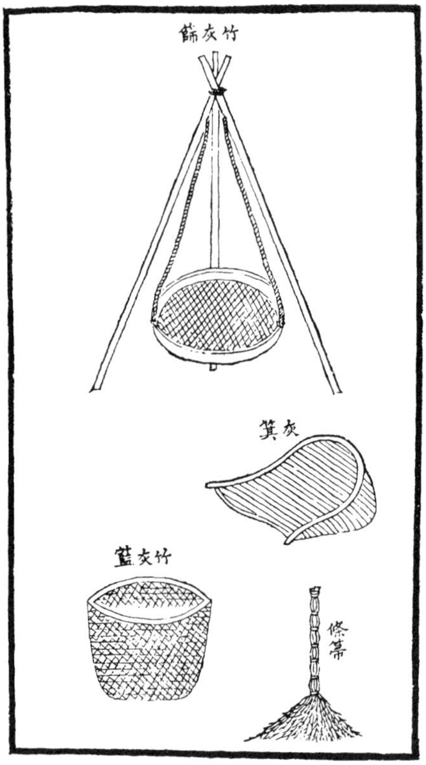

竹灰篩

灰箕

竹灰籃

條帚

《事物原始》：『篩，竹器，留麤以出細者。』又去穀之糠粃者，名曰簸箕，自神農氏始。詩云『或簸或揚』(一)是也。《農書》：『籃，竹器。』《周禮》：『桃茢。』註：『茢，苕帚。所以埽不祥。』凡治三合土，必須細石灰、黄土、沙土，而欲灰土之細，非此四器不爲功。其用篩法，向取三竹竿鼎足支立，近上縛定，挂以長繩，貯灰土於中，從底眼篩下，承以竹籃，其遺於地者，以箕帚掃取，乃得浄細。

(一)《詩·大雅·生民》：『誕我祀如何，或舂或揄，或簸或蹂。』《世説新語·排調第二十五》：『王文度、范榮期俱爲簡文所要。範年大而位小，王年小而位大。將前，更相推在前，既移久，王遂在範後。王因謂曰：「簸之揚之，糠秕在前。」範曰：「洮之汰之，砂礫在後。」』是并無引文中所稱『或簸或揚』一詞。

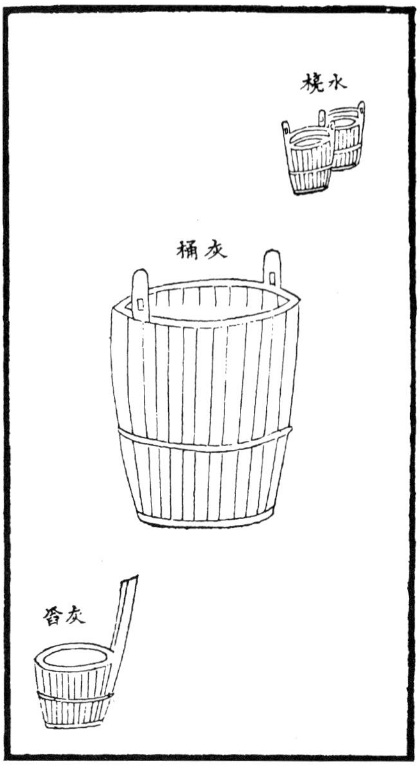

水桄

灰桶

灰舀

《事物原始》：『夏臣昆吾作石灰。』《孔氏雜説》：『俗以和泥灰爲麻擣，出《唐六典》。』[一]南河石工後槽例用三合土，係以灰土及米汁擣成，其泡灰、和灰之具，有桶有桄。桄，小桶也。又有灰舀，爲挹灰水用。《説文》：『挹，彼注此，謂之舀。』[二]桄，俗字，無考。

[一]《孔氏雜説》，又名《珩璜新論》，四卷，宋代孔平仲撰。該書考證古今舊聞，亦間有托古事以發議論者，其説多精核可取。有《學海類編》本、《墨海金壺》本。引文出自卷四：『俗以和泥灰爲麻刀，出《唐六典》：京兆歲送麥稍三萬捆，麥麸二百車，麻擣二萬斤。』是『麻刀』與引文『麻擣』有異。

[二]『舀』字在《説文解字·臼部》：『舀，抒也。從爪、臼。詩曰「或簸或臼」，以沼切。』是《説文》原文與引文不同。實則該引文出自朱駿聲《説文通訓定聲》：『凡舂畢於臼中挹出之曰舀，今蘇俗凡挹彼注茲曰舀。』故作者引用不準確。

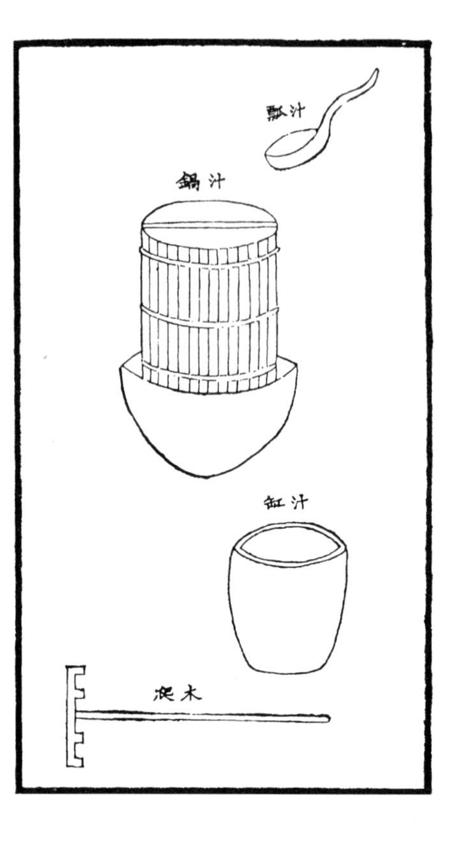

《説文》：『汁，液也。』又糯，稻之粘者，其汁爲漿。《廣韻》：『鍋，温器。』《正字通》：『俗謂釜爲鍋。』《集韻》：『爬，搔也。』《農書》：『瓢，飲器。許由以一瓢自隨，顏子以一瓢自樂。』(一)汁鍋、汁爬(二)、汁瓢、汁缸皆取漿之器。其法，先以木桶加鍋上接口熬煉糯米成汁，隨時用爬推攪，不使停滯，用瓢酌取驗視濃淡，候滴漿成絲爲度，然後貯以瓦缸，備石工灌漿及拌和三合土之用。

花鼓槌　拍板　木掀　木杵

《集韻》：『搥，擊也。』《唐書》：『搥一鼓爲一嚴。』《釋名》：『拍，搏也，以手搏其上也。』又：『掀，舉出也。』又：『杵，擣築也，舂也。』四器皆以木爲之。木掀，爲拌和地上散土碎灰用；木杵，爲拌和桶內米汁與灰土用；花鼓槌、拍板均爲擣築三合土用。其法，先搥後拍，退步緩打，每坯以千百計，候土面露有水珠爲度，俗名出汗，然後再加二坯，自臻堅實矣。

(一) 出自《王禎農書》卷十七《農器圖譜》卷十一：『瓢杯。判瓢爲飲器，與匏樽相配。許由一瓢自隨，顏子一瓢自樂。』引文與原文有異。

(二) 『汁爬』，圖中作『木爬』，疑爲刊刻錯誤，存疑。

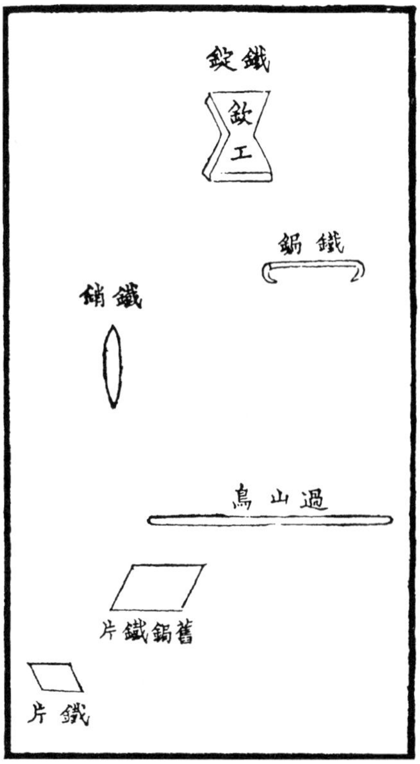

《通雅》：『鉼，亦謂之笏，猶今之謂錠也。』[一]《釋名》：『銷，削也，能有所穿削也。』[二]《玉篇》：『鋦，以鐵縛物也。』河工成規：凡閘壩面石，例在對縫處用鐵錠，轉角處用鐵銷，橫接處用鐵鋦，均鑿眼安穩，以資聯絡。又有過山鳥，備砌工轉角之用。舊鋦片、鐵片，備墊塞裏石縫口之用。

[一]《通雅》，五十二卷，明方以智撰，全書二十四門，内容廣泛，考證名物、象數、訓詁、音聲等，是一部百科全書式的著作。引文出自卷四十：『銀謂之鉼，亦謂之笏，猶今之錠也。』是引文有斷章之嫌，并不完全符合原文之意義。

[二]出自《釋名》卷七《釋用器第二十一》：『鍤，插也，插地起土也；或曰銷，銷，削也，能有所穿削也；或曰鏵，鏵，刳也，刳地爲坎也，其板曰葉，象木葉也。』是『銷』字原爲解釋『鍤』，與該處之『銷』并非同義。

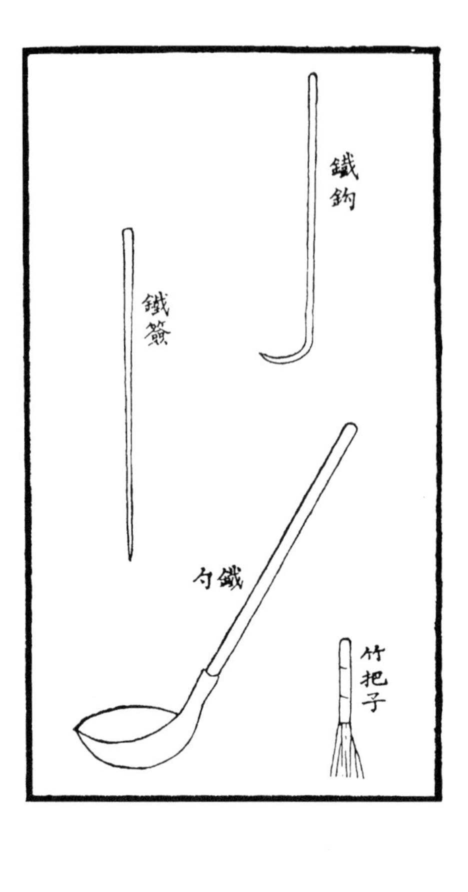

石工條石，例應鏨鑿六面見光，然一經排砌，不能無縫，且臨湖石工，後用磚櫃，設非灌漿，斷難膠固。其具有四：曰勺、曰鈎、曰籤，皆以鐵爲之；曰把，以竹爲之。按：《説文》：『勺，挹取也。象形，中有實。』[一]《周禮·考工記》：『勺一升。』鐵勺用以挹漿，灌時預核層路尺寸，酌定多寡，使漿無糜費。又《玉篇》：『鈎，致也，曲也。』《説文》：『籤，驗也，鋭也。』鐵鈎、鐵籤用以探試石縫、磚櫃，使漿無沾滯。把，《漢書》注：『手掊之也。』[二]竹把，用以抿膩縫隙，使漿皆充滿。

[一] 出自《説文解字·勺部》：『勺，挹取也。象形。中有實，與包同意。凡勺之屬皆從。』是引文與原文有異。
[二] 出自《漢書》卷七十二《貢禹傳》顔師古注。

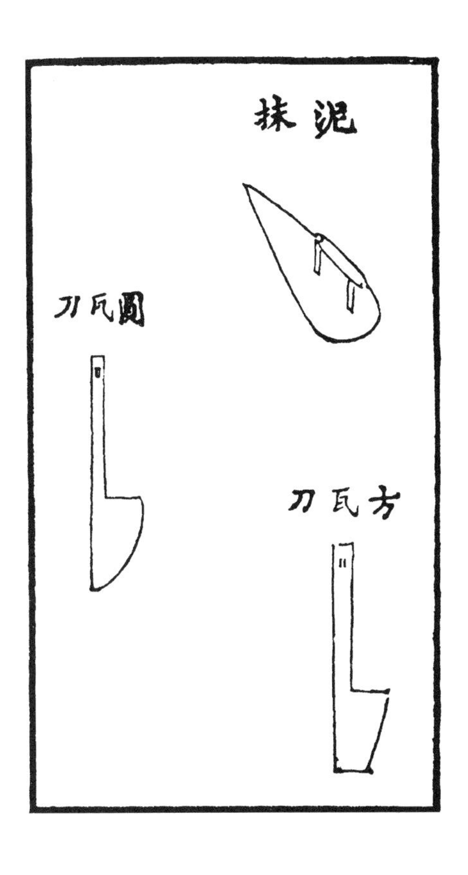

《古史考》[一]：『夏臣昆吾作瓦。』《爾雅・釋宮》：『鏝謂之杇。』疏：『鏝者，泥鏝，一名釫，塗工之作具也。』《增韻》：『亂曰塗，長曰抹。』[二]今匠人所用泥抹，係以薄鐵爲底，狀如鞋，前尖後寬，上安木柄爲套手，蓋即古之鏝爾。瓦刀，鑄鐵爲之，長七寸，首長二寸，前窄後寬，餘五寸爲柄，其頭南多圓、北多方，形製不同，均爲削治磚瓦之用，俗名抹刀，一名挖刀，河工苫蓋廠堡、修砌磚櫃所必需也。

水基板

水基板，一名水基跳。河底泥濘，無從着脚，用木配成板，或用大竹，以谷草縛縷，排做如地平式，長一二丈。人立在上，如履平地，得以挑挖。揚子《方言》：『基，據也，在下物所依據也。』[三]人在泥中，板有所據，故曰水基。

[一]《古史考》，原書二十五卷，魏晉時期譙周撰，約當宋元之際散佚，今有清人章宗源輯本一卷。該書是作者爲考訂司馬遷《史記》所載周秦以上史事之誤而作，故名《古史考》。內容上主要是對《史記》所記先秦人名、史事中出現的謬誤作了一些必要的糾正與闡釋。

[二]《增韻》，即《增修互注禮部韻略》，五卷，宋毛晃增注，其子居正校勘重增。是書因《禮部韻略》收字太狹，乃搜采典籍，依韻增附。引文出自卷五：『抹，摩也，塗抹也。亂曰塗，長曰抹。』

[三]本句爲《方言》中所無。查《釋名・釋言語》中有原文，與引文完全相同。是該處似應出自《釋名》，似爲作者誤引。

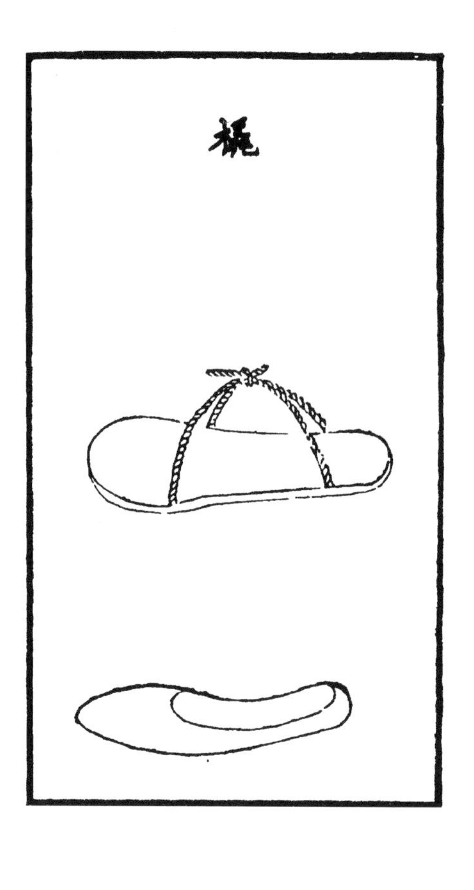

橇，泥行具也。《史記・夏本紀》：『泥行乘橇。孟康曰：「橇，形如箕，摘行泥上。」』[一]《農書》云：『嘗聞向時河水退灘淤地，農人欲就泥裂漫撒麥種，奈泥深恐没，故制木板以爲屐，前頭及兩邊高起如箕，中綴毛繩，前後繫足底板，既濶則舉步不陷。』[二]今之退灘淤地，種麥者著履如木屐，猶泥行乘橇之遺歟！

[一] 出自《史記》卷二《夏本紀》：『陸行乘車，水行乘船，泥行乘橇……孟康曰：「橇形如箕，擿行泥上。」』是引文中『摘』字與原文『擿』字有異。

[二] 出自《王禎農書》卷十三『農器圖譜七』，引文與原文無異。本段文字説明中，自『橇，泥行具也……』至『則舉步不陷』，均爲《農書》所載，作者未於前半部分説明，僅之後才提及。

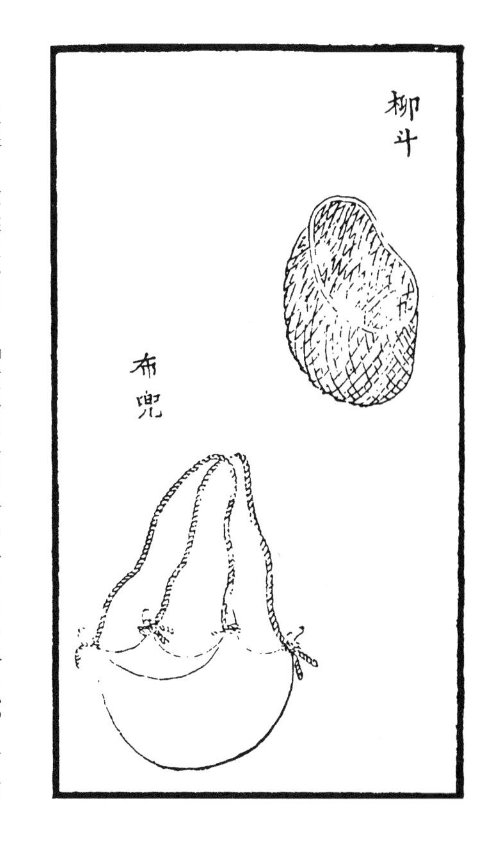

《漢・律曆志》：『量者，龠、合、升、斗、斛也。十龠爲合，十合爲升，十升爲斗，十斗爲斛。』柳斗，柳條編成，口紮竹片，其形似斗，挑河戽水用之。若挑河挑出稀泥，筐不能承，用布兜爲佳。

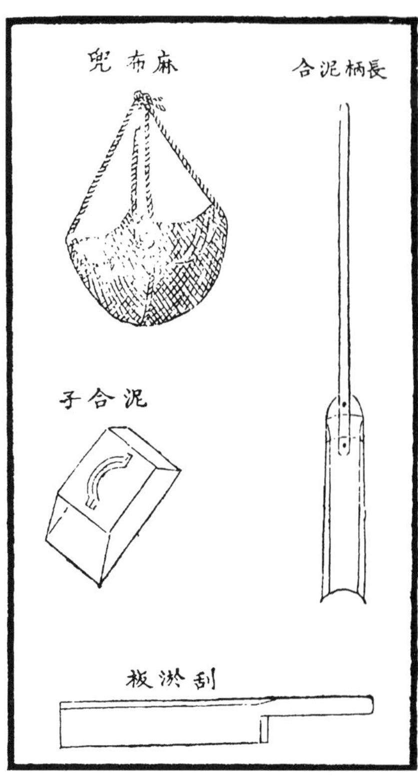

河工挑淤之具，布兜外尚有麻兜，長寬對方二尺四寸，口連四角，包繫以繩，用之盛淤漏水。又泥合子，堅木爲之，寬尺二，長尺八，高四寸，中安提把，用之戽淤轉貯。又長柄泥合，堅木爲柄，長四尺六寸，柳木爲首，長一尺四寸，狀如蒲鍬，邊高中凹，相接處加束鐵箍、鐵鍋，用之摔淤於遠。又刮板，剡木爲之，連柄長三尺，寬六寸，用之刮淤入合。

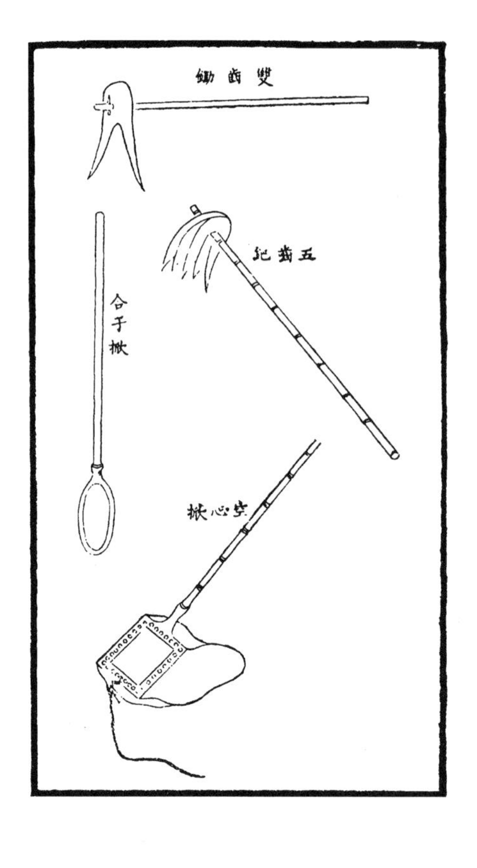

《正字通》：『鈀，鉏屬。』《玉篇》：『掀，鍫屬。』〔一〕合子掀，剡木爲首，中凹如勺，四圍鑲鐵，可盛稀淤； 空心掀，刳木中空，四面鑿眼，釘布袋於掀後，用長竹爲柄，前繫一繩，撈浚稀淤，一人引繩，一人扶柄； 雙齒鋤，鍛鐵爲首，形如燕尾，受以木柄，可破砂礓； 五齒鈀，鍛鐵爲齒，形長而扁，受以竹柄，可除膠淤： 皆爲撈浚利器。

〔一〕出自《玉篇·手部》：『掀，舉也。』《玉篇·木部》：『杴，鍬屬。』是引文中，疑將『掀』『杴』二字混淆，又或二字相通之故。

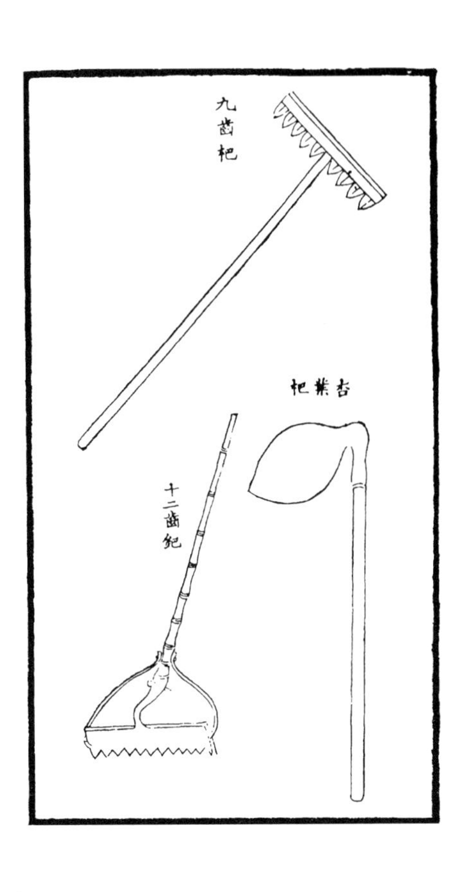

《釋名》：『齊魯謂四齒曰欋。』㈠郭璞《方言》注：『無齒爲朳。』《急就章》注：『無齒爲枌，有齒爲杷。』㈡《齊民要術》：『杷，謂之鐵齒鍽錗。』㈢《方言》：『杷，宋、魏間謂之渠拏，或謂之渠疏。』他如穀杷、耘杷、竹杷，又有齒曰杪，無齒曰耮，皆杷屬也。厥名不一，其用不同。九齒杷，横木爲首，鍛鐵爲齒，每齒約長三寸，爲破除塊壤、搜剔瓦礫利器。杏葉杷，鍛鐵爲首，形如杏葉，受以木柄，爲撈浚河底淤柴之器。十二齒鈀，鑄鐵爲首，曲竹爲柄，首長一尺五寸，寬四寸，厚三分，爲撈拉淺水沙淤之器。

㈠ 出自《釋名·釋道》：『四達曰衢，齊魯謂四齒杷爲欋，欋杷地則有四處，此道似之也。』是引文與原文稍異。

㈡《急就章》，原名《急就篇》，西漢元帝時命令黄門令史游爲兒童識字编的課本，因篇首『急就』二字而得名。用不同的字組成三言、四言或七言的韻文，内容涉及姓名、組織、生物、禮樂、職官等各方面，如一部小型百科全書。該文從漢至唐一直是社會流傳的主要識字教材，同時，抄寫規範精雅的本子也有作爲臨書範本的功能。唐代以後，其主導蒙學教材的地位方爲《千字文》《三字經》等所代替。原文爲：『無齒爲捌，有齒爲杷，皆所以推引聚禾穀也。』與引文稍異。

㈢《齊民要術》，十卷九十二篇，北魏賈思勰著，是一部綜合性農書，也是世界農學史上最早的專著之一，是中國現存的最完整的農書。該書收録了當時中國農藝、園藝等最先進的技術。書中援引古籍近二百種，包括《氾勝之書》《四民月令》等已失傳的重要農書。引文出自《齊民要術》卷一《耕田第一》，此處并非直接引用，僅提及『杷』的解釋。

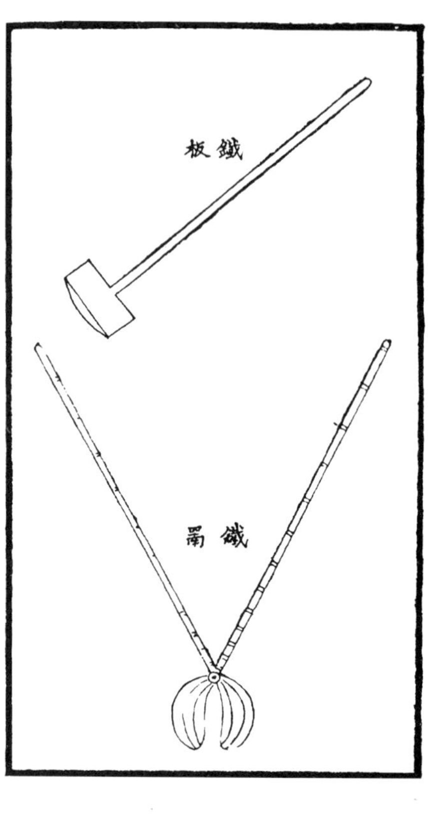

《玉篇》：『罱，夾魚具。』《三才圖會》：『鏵濶而薄，翻覆可使。』今起土撈淺之具，有鐵板，其首類鏵，受以長木爲柄。又有鐵板，鑄鐵如勺，中貫以樞，雙合無縫，柄用雙竹。凡遇水淤，駕船撈取，以此探入水内，夾取稀淤，散置船艙，運行最便。

吸笆

《説文》：『吸，内息也。』《正字通》：『吸，引也。』《六書故》：『俗謂飲曰吸。』《篇海》：『笆，竹有刺者。』《史記索隱》：『江南謂葦籬曰笆。』有竹斗編眼如籬，因名笆斗。今治淤器有名吸笆者。其制，取斗口向下，兩旁各繫繩一，中貫竹竿，遇有沙淤積成土埂之處，用船排泊，人持一笆插入河底，時起時落，刻不停手，自得吸引之妙，歷時既久，埂去河深矣。

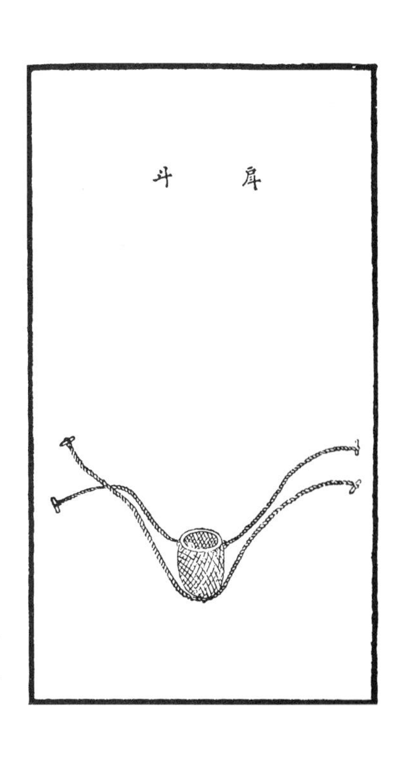

《廣韻》：『戽，抒也。』《物原》：『公劉作戽斗。』又戽以木爲小桶，桶旁嘗繫以繩，兩人用以取水，名曰戽桶。如堤内陂塘瀦蓄，地潤水深，宜用翻車； 地狹水淺，宜用戽斗。南方多以木罌，北人多以柳筲，從所便也。

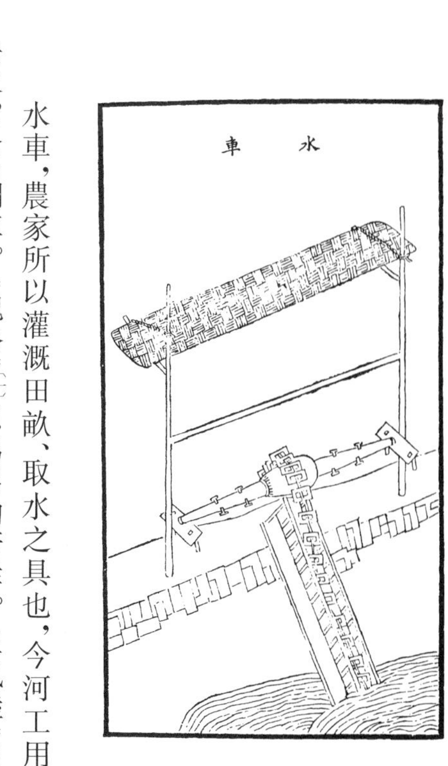

水車，農家所以灌溉田畝、取水之具也，今河工用以去水，又名翻車。《魏略》[一]以爲馬鈞所作。王鳳稑《名物通》[二]：『江浙間目水車爲龍骨車。』其制除壓欄木及列檻樁外，車身用板作槽，長可二丈，濶四寸至七寸不等，高約一尺，槽中架行道板一條，隨槽濶狹比槽板兩頭俱短一尺，用置大小輪軸，同行道板上下通遇以龍骨板葉，其在上大軸兩端各帶枴木四莖，置於岸上木架之間，人憑架上踏動枴木，則龍骨板隨轉循環，行道板刮水上岸。堤内積水無處疎通，日久不涸，當以此法治之。

[一]《魏略》，五十卷，魏郎中魚豢編，爲中國三國時代中記載魏國的史書。《三國志注》多引用《魏略》的内容來注釋。此書久佚，現今只留有佚文。清代王仁俊、張鵬一分别作有輯佚，以張鵬一輯本爲佳，輯有二十五卷并附遺文六條。

[二]《名物通》《四庫全書》未載此書，然多有引用此書内容者，此處暫存疑。

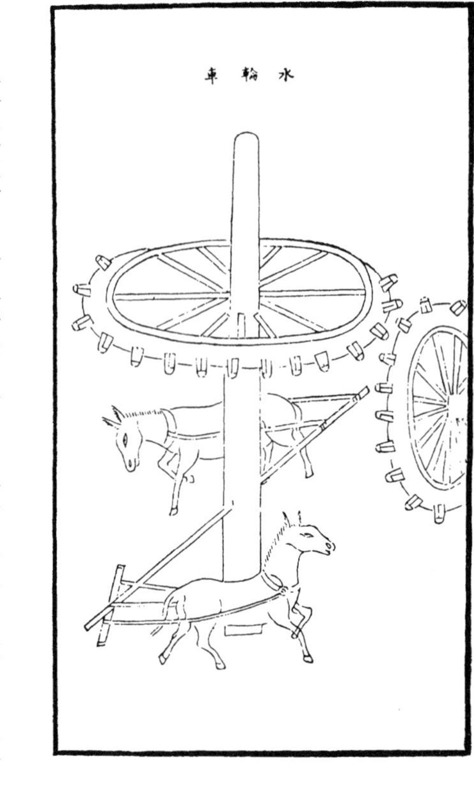

水輪車，其制與人踏翻車同，但於流水岸邊掘一狹塹，置車於內，外作豎輪，岸上架木立軸，置一臥輪，其輪適與豎輪輻支相間，用衛拽轉，輪軸旋翻，筒輪隨轉，比人踏功殆將倍之。元王禎詩云：『世間機械巧相因，水利居多用在人。可是要津難必遇，却將畜力轉筒輪。』[一]

[一] 出自《王禎農書》卷十九『農器圖譜十三』。

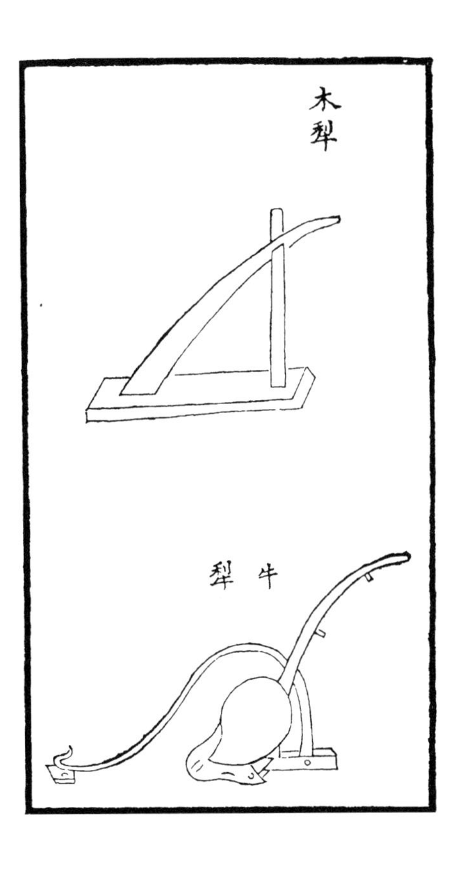

利《廣韻》：『犁，墾田器。』《釋名》曰：『犁，利也。利則發土絶草根也。』〔一〕利從牛，故曰犁。《山海經》曰：后稷之孫叔鈞所作。《魏略》曰：『皇甫隆爲燉煌太守，教民作樓犁。』《宋史》：『淳化五年，武允成獻踏犁一具，不用牛，以人力運。』〔二〕陸龜蒙《耒耜經》〔三〕：『冶金而爲之者曰犁鑱、曰犁壁，斲木而爲之者曰犁底、曰壓鑱、曰策額、曰犁箭、曰犁轅、曰犁梢、曰犁評、曰犁建、曰犁槃』，凡十有一，皆指農具而言。他如巨艦行溜水中，舟人在岸，以木犁插土收勒繩纜，亦名犁。工次進埽，前推後捲，恐人力不齊，犁亦必用之物，但其製與農具不同，且斲木而不冶金耳。又疏濬引河有牛犁之法，所用犁即係農具，惟施之淺水則宜。

〔一〕出自《釋名·釋用器》：『犁，利也，利發土絶草根也。』《釋名疏證》卷七：『今本發土上有「則」字，衍也，據《齊民要術》引刪。』是引文中之『則』字當係同一原因所衍。

〔二〕出自《宋史》卷一百七十三《食貨志》：『淳化五年，宋、亳數州牛疫，死者過半，官借錢令就江淮市牛，未至。屬時雨霑足，帝慮其耕稼失時，太子中允武允成獻踏犁，運以人力。』是引文爲間接引用。

〔三〕《耒耜經》，唐陸龜蒙撰，是中國歷史上著名的農具專志。共記述農具四種，尤其是對唐代曲轅犁的描述，極具史料價值，歷來受到國內外有關人士的重視。

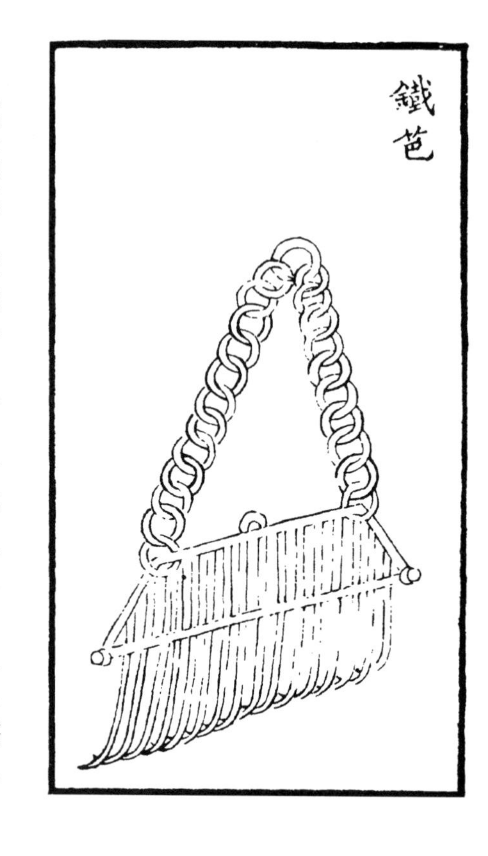

《廣韻》：『笆，竹名，出蜀郡，竹有刺者。』〔一〕《竹譜》〔二〕：『棘竹，駢深一叢爲林，根若推輪，節若束針，亦曰笆竹。』鐵笆，鑄鐵象形爲之，亦挑河疏淤之具也。

〔一〕出自《廣韻·馬韻》：『笆，竹名，出蜀。』《廣韻·麻韻》：『笆，有刺竹籬。』引文將原文兩項解釋合并，稍異。

〔二〕《竹譜》，一卷，晋戴凱之撰。《隋書·經籍志·譜録類》著録此書，無撰人姓名。《舊唐書·經籍志·農家類》收録此書，題戴凱之撰，但未注明作者時代。宋晁公武《郡齋讀書志》也有記載。宋以後流傳很廣，有《百川學海》《説郛》《漢魏叢書》《龍威秘書》等多種版本。

鐵篦子

鐵篦子，疏河之具。《物原》：『神農作篦筐。』《詩·魏風》：『佩其象揥。』[一]揥，即今之篦子，取其疏利，鑄鐵以象形，故名。其製不一：大者如鸕鷀架，高六尺六寸，上嵌鐵鐶一，下排鐵齒十四，每齒長七寸；小者形如箕，高二尺八寸，上嵌鐵鐶一，下排鐵齒二十一，每齒長四寸五分。其用法，以大船一隻，繫鐵篦子於船尾，往來急行，不使流沙停滯，但下水順風張帆較快，若上水則兩岸須用蝦鬚纜，多人牽挽方可，倘船行稍緩，即無效矣，曾歷試不爽。南河又有混江龍、虎牙梳等具，木質鐵齒，稍爲便捷，其用略同。

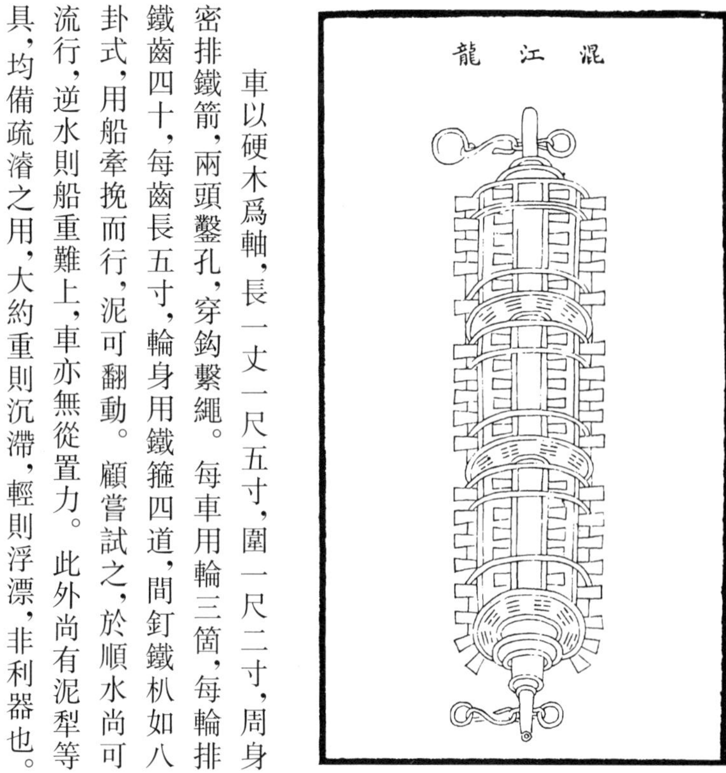
混江龍

車以硬木爲軸，長一丈一尺五寸，圍一尺二寸，周身密排鐵箭，兩頭鑿孔，穿鉤繫繩。每車用輪三箇，每輪排鐵齒四十，每齒長五寸，輪身用鐵箍四道，間釘鐵朳如八卦式，用船牽挽而行，泥可翻動。顧嘗試之，於順水尚可流行，逆水則船重難上，車亦無從置力。此外尚有泥犁等具，均備疏濬之用，大約重則沉滯，輕則浮漂，非利器也。姑存備考。

[一] 出自《詩·魏風·葛屨》：『好人提提，宛然左辟，佩其象揥。』

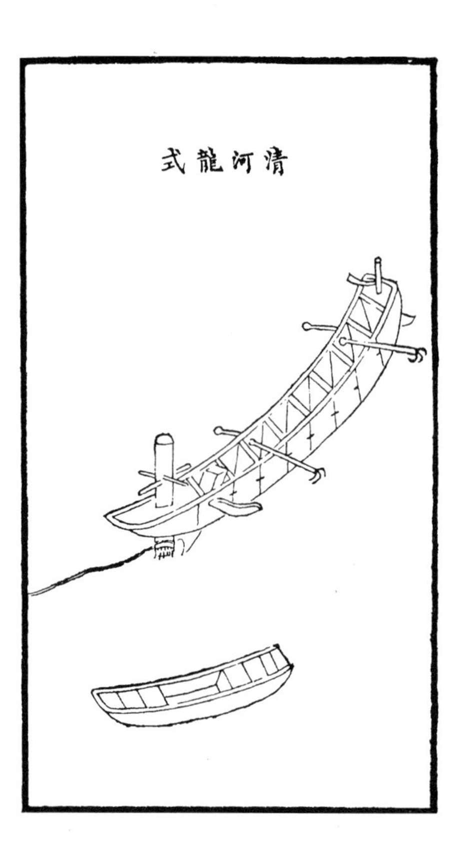

此具創自黄司馬樹穀，凡九艙，末一艙安舵爲龍尾，其七爲龍腹，每艙寬八尺，長九尺，高六尺，各自爲體，聯以鐵鈎，第一艙爲龍頭，長二丈，頭上合二板，中安一柱，柱身即絞關也，柱下圍以鐵齒，柱後爲龍口，口内之末用鐵爲龍舌，舌上爲龍喉，内襯鐵皮。其法，以人推關，船自前進，齒動泥鬆，從舌入口，逆喉而上，出口落艙，一艙滿，就隄卸泥，以次更換，卸畢復聯成一龍。再柱凡十眼，水漸深則柱漸下，口亦漸長。又龍口内有物曰探泥，一曰格水，使水不得入喉，喉之外有板曰批水，象龍頰也，用以分水。腹之外有把，曰剔泥，象龍爪也，用以梳泥。龍之外又有小船，備探水深淺、繫繩解卸等用，名曰子龍，其用法，以兩龍繫繩對繳，中距二十丈，龍既對頭，河底自深。前人曾如法試之，運河不無小效，黄河則隨過隨淤，竟屬無用。姑存此圖備考。

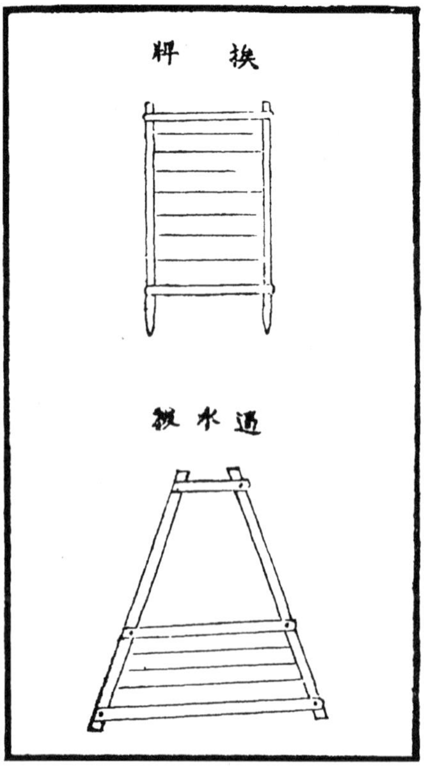

挨牌

逼水板

《六書故》：『挨，旁排也。』揚子《方言》：『强進曰挨。』[一]《正字通》：『凡物相近謂之挨。』挨牌、逼水板皆運河淺滯、純用人力逼水行沙之具。其制，挨牌上下相同，逼水板上窄下寬，約高六七尺，寬三尺，中安横櫬三道，兩面横釘厚板，用人夫在背後擎托，立淺水處八字擺設，藉以逼刷深通，然衹能用於數丈之地，長則無益。

[一] 查《方言》中無此解釋，按《通俗編》卷三十六：『捱，《説文》「挨」訓擊背，讀於駭切，與今音義全别。《六書故》引揚子《方言》：「强進曰挨。」檢今本揚子，未見此語，蓋今謂相抵者，其字實當作捱，書挨者悮也。』是此處引文亦同此誤。

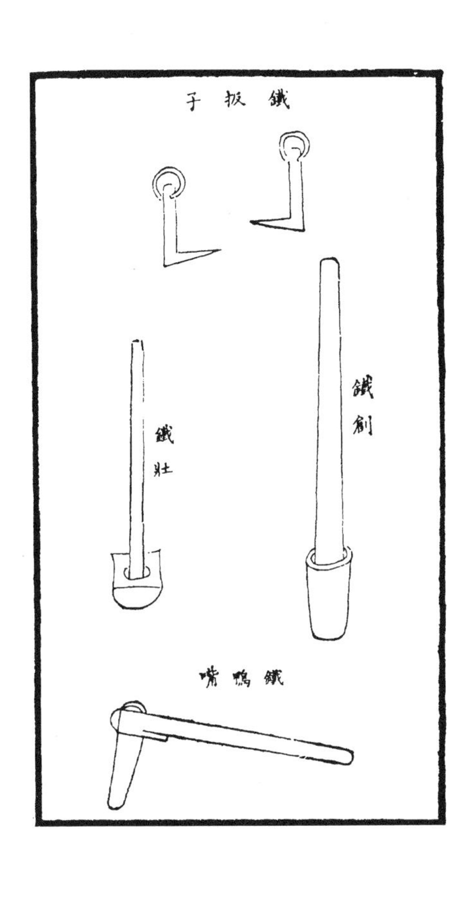

《釋文》：『鋤，助也，去穢助苗也。』[一]首長而扁，一名鴨嘴，本田器，河工修築土石工亦用之。又鐵扳子，俗名狠虎，形如扁鈎，寬厚二寸許，長連灣鈎尺許，上有鐵環。凡釣石，如石在水下，半陷土内，釣撈未能得力，即以扳子二個分扣釣竿千觔繩上，將扳子灣處栽入土下，緊貼石底，以便釣起。又鐵創，長數寸至尺許，圓數寸至一尺，扁頭，上以堅木爲柄，凡補修石工，水下石縫參差，鐵撬短細，非創不爲功。又鐵壯，方不及尺，厚數寸，上方下圓，中孔安木柄，凡築打灰眉土用之，今則易以石硪。此具久不用，然尚存『壯夫』名目。

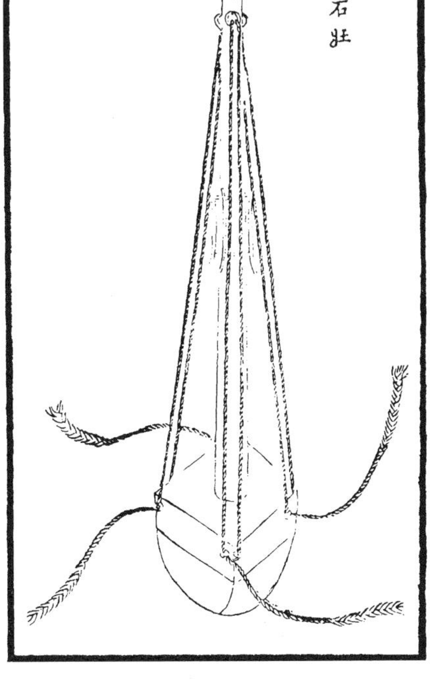

凡修建石工，石後砌磚櫃，磚後築灰土，以期堅實。但築打灰土若用硪工，硪係抛打，未免震動磚石，是以舊時用壯。其製琢石爲首，上方下圓，四隅有眼，各繫蔴辮，上安木柱長六尺，柱頂有四鐵圈緊對壯隅，以繩絆緊，柱腰四面有木鼻，用時四人對立，各執其一，再以四人提辮，齊提齊落，然後用夯及木榔頭撲打，則灰土成矣。

[一] 無《釋文》一書，亦非《經典釋文》《釋文紀》等書。引文當出自《釋名・釋田器》：『鋤，助也，去穢助苗長也。』

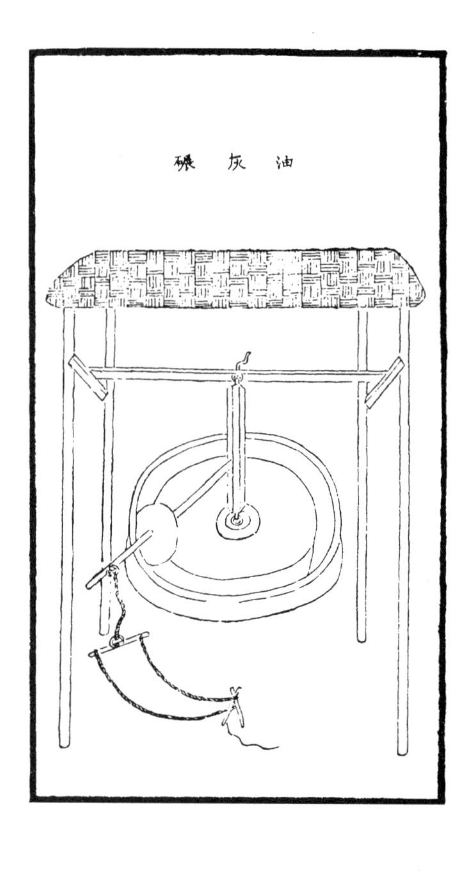

《集韻》：『碾，水輾也，轉輪治穀也。』㈠凡修建閘壩，須用油灰，以資膠固。其合製之法，用石碾，石碾週圍砌成石槽，碾盤中央安置碾心木，上下有軸，上置碾擔，下置碾臍，槽內用石碾砣，形如錢，中安木柄，一頭接碾心木，一頭駕牛，俾資旋轉，貯細石灰、淨桐油於槽內，務使油灰成膠爲度。

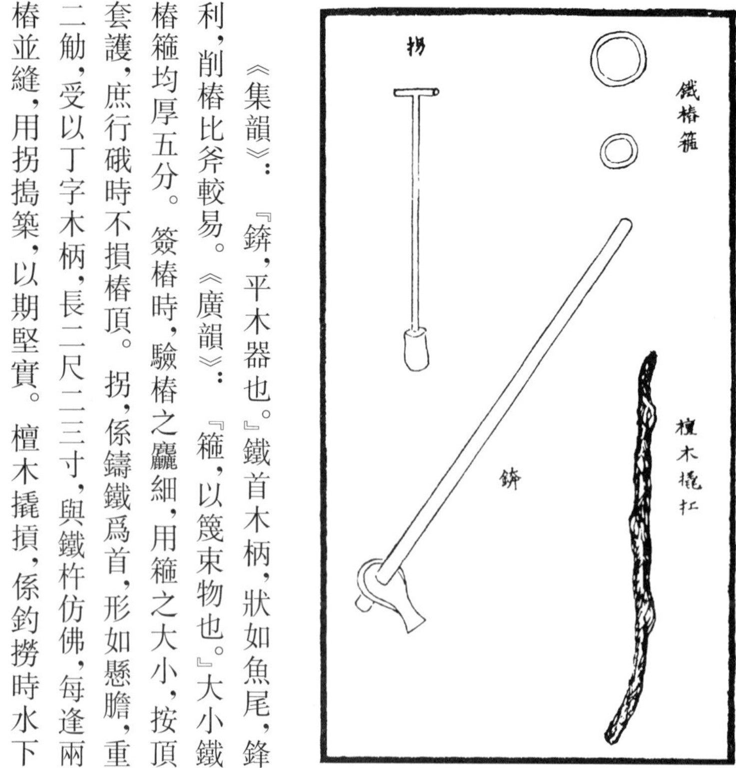

《集韻》：『錛，平木器也。』鐵首木柄，狀如魚尾，鋒利，削樁比斧較易。《廣韻》：『箍，以篾束物也。』大小鐵樁箍均厚五分。簽樁時，驗樁之麤細，用箍之大小，按頂套護，庶行硪時不損樁頂。拐，係鑄鐵爲首，形如懸膽，重二觔，受以丁字木柄，長二尺二三寸，與鐵杵彷彿，每逢兩樁並縫，用拐搗築，以期堅實。檀木撬槓，係鈞撈時水下活石之具，長六七尺，取其便耳。

㈠ 出自《集韻・獮韻》：『碾、棍，所以轢物器也』『輾，女箭切，轉輪治穀也。』《五音集韻》卷十一：『輾、碾、棍，女箭切，水碾。』是引文中的解釋出自兩部韻書，乃爲摘引的組合。

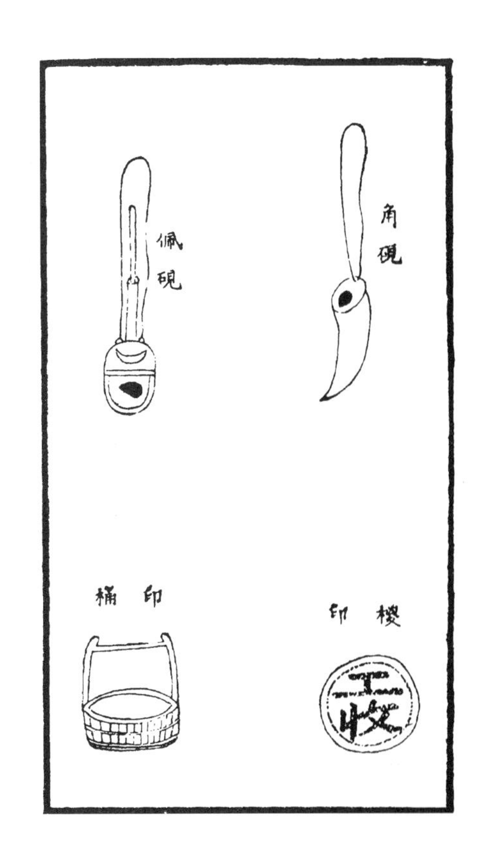

驗工器具，除皮灰印、木灰印外，又有樓印，以數寸木板，不拘方圓，編樓作字。印桶，以木爲之，身淺梁高，内貯薄檾、灰土、桐油，以便臨工查收時蓋印記識，即遇雨水不致滌去。又佩硯，或角或銅，均用新棉一小團，飽染墨水，填貯其中，同筆繫帶，爲隨時估收登記之用。

槽桶
鐵閂
牛皮
一節
二節
三節
四節
五節
木厎
站柱

槽桶，以木爲之，大桶五節，節長三丈，底寬一丈，牆高三尺。凡安槽桶，先用麻擣油灰艌縫，隔三尺一檔，上用木厎，下用底托，兩牆各設站柱，排釘堅固，然後剷隄。先鋪蘆席，上加油布、牛皮，將桶安好，三面用淤土擁護，又取牛皮一張，釘桶口底，上拖出三四尺鋪平，以鐵閂壓定，用大釘釘入土坡，兩邊築鉗口壩，方可放水。較量淺深，以次落低，如係積潦，核計水方，扣日可竣。再造槽桶，長短先量隄頂寬窄，庶啟放時不致勾刷坡脚。

卷三　搶護器具

水即行加廂，每尺壓土五寸，廂二尺用騎馬一路，俟埽平水，簽釘長樁，釘樁須靠山、迎上水，不宜陡直，否則防推埽離當。倘水深溜急，新做之埽身輕，難以下墜，每坯必高，廂料厚四五尺不等，再點花土，如已得底，方可用重土按坯盤壓。但此論尋常廂做，設遇脱胎陡蟄，即爲搶廂，顧名思義，自當以速爲主，而廂做之法，仍不外是。

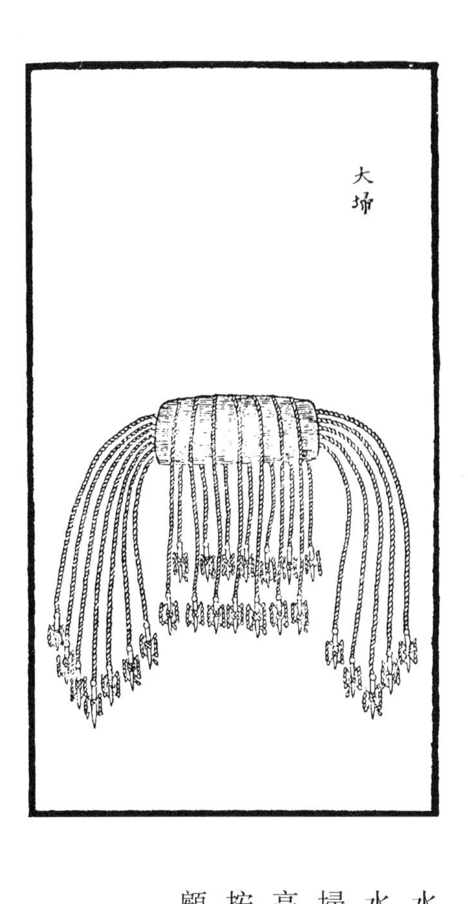

埽，即古之茨防。高自一尺至四尺曰由，自五尺至一丈曰埽。《史記・河渠書》『下淇園之竹以爲楗』[一]是也。其貫於埽中而兩頭餘出甚長者，曰揪頭； 連埽兩頭所捆者，曰邊戰； 連埽外通身皆捆，每離五尺一根者，曰底鈎； 埽中段用縷子捆紮者，曰滚肚： 皆爲繫埽之繩。逐項有橛，橛長四五尺、五六尺不等。埽名不一，有等埽、邁埽、肚埽、面埽、套埽、護厓、磨盤、雁翅、鼠尾、蘿蔔之別。又有龍尾埽，伐大柳樹，連梢繫之長堤，根隨水上下，破嚙岸浪，俗名曰掛柳。從鋪、衡鋪，即俗謂丁廂； 管心索，即俗謂揪頭繩。其分上下水揪頭者，凡埽下水頭必高上水頭二三尺不等，拉時須從下水頭先拉兩號，然後一齊叫號，兩頭自然平整。埽初下時，未曾得底，繩橛須時時派兵看守，緣揪頭過鬆則無力，鈎戰過緊則發橛。迨埽沉

[一] 出自《史記》卷二十九《河渠書第七》。引文與原文無異。

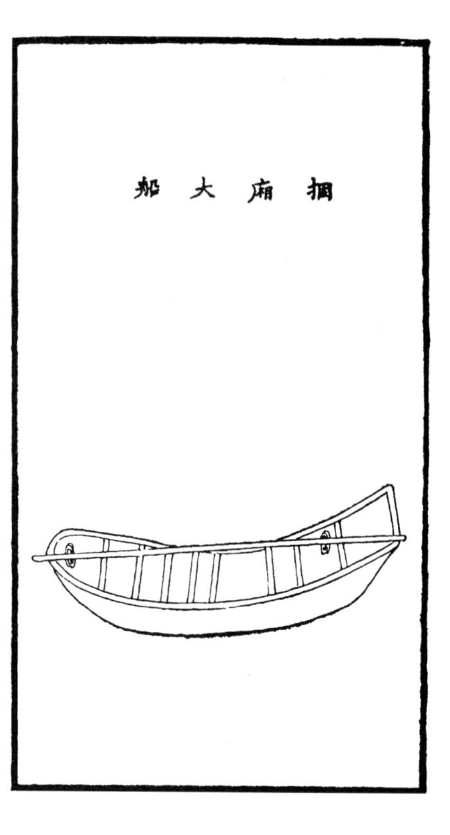

《方言》：『自關而西謂舟爲船，自關而東或謂之舟。』[一]劉熙《釋名》：『船，循也，循水而行也。』《至正河防記》：『賈魯下埽，先排大船二十餘隻，以麻竹束縛，連爲方舟，用竹編笆，夾以草石，立之桅前，名曰水簾，桅復以木揞住，使簾不偃仆。然後選水工便捷者，每船二人，各執斧鑿，以鳴鼓爲號，一時齊鑿，須臾舟穴水入，舟沉遏決，河水怒溢。』[二]今則用大船捆廂，船上紮稭捆二箇，安置兩頭，名曰龍枕，上卧大木一根，名曰龍骨。廂埽時，將船泊於埽前，用上下水揪頭繩纜繫於龍骨兩頭，除埽徐徐推下而船仍如故。龍骨須大木，急切難購，多用船桅。但此係捆廂正法，近時東河多用兜纜軟廂，較爲便捷，如遇大汛溜急之時，仍非捆船不可。

[一] 出自《方言》卷十：『舟，自關而西謂之船，自關而東或謂之舟，或謂之航。』引文屬間接引用。

[二] 《至正河防記》，元歐陽玄著，不分卷，是根據元至正十一年（一三五一年）黃河大規模堵口工程所做的技術總結。至正四年（一三四四年），黃河在白茅及金堤決口北流。至正十一年四月，賈魯開工堵口，十一月完成。該書爲歐陽玄向賈魯訪問堵口方略，并咨詢有關人員，查閱施工檔案創作而成，詳述施工技術和過程。書中的工程實踐代表了十四世紀中國水利科技的成就和水準。《元史·河渠志》等均轉録全文，傳世版本有『中國水利珍本叢書』本和《叢書集成》本。引文乃摘引，基本意義符合原文所載。

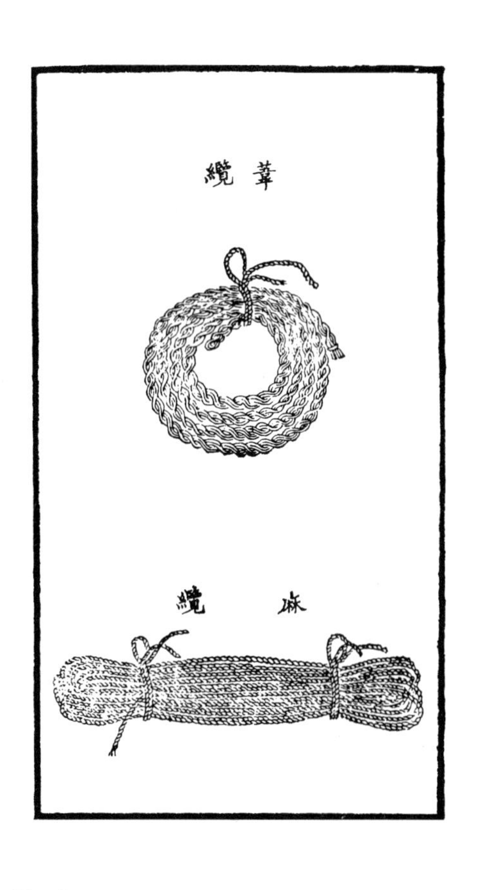

《玉篇》：『纜，維舟索也。』〔一〕《物原》：『軒轅作綿索，堯作維牽小。』《爾雅》：『大者謂之索，小者謂之繩。』〔二〕《纂文》〔三〕：『竹索謂之筰。』《漢・溝洫志》云：『搴長茭兮湛美玉。』〔四〕注：『臣瓚曰：竹葦絙謂之茭，所以引置土石也。師古曰：絙，索也，茭字宜從竹。』今河工所用麻纜即綿索，葦纜即葦絙，捆船廂埽，非此不爲功。然維持得力，麻勝於葦，入水耐浸，葦勝於麻，若竹纜質硬而脆，用以維舟則宜。

〔一〕《玉篇・糸部》：『纜，維舟也。』又《文選・謝靈運〈登臨海嶠詩〉》：『系纜臨江樓。』李善注：『纜，維舟索也。』是引文與原文有異。

〔二〕《爾雅》中無此條解釋，又《小爾雅・廣器》：『大者謂之索，小者謂之繩。』《小爾雅》，訓詁學著作，仿《爾雅》之例，對古書中的詞語進行解釋。《漢書・藝文志》有《小爾雅》一篇，無撰人名氏。《隋書・經籍志》《唐書・藝文志》并載李軌注《小爾雅》一卷，其書久佚，今流傳本爲《孔叢子》第十一篇抄出者。引文當出自《小爾雅》，疑似作者混淆之故。

〔三〕書名應作《纂文》，全稱《類纂古文字考》，五卷，明都俞撰。此書以古文爲名，實則取《洪武正韻》之字，以偏旁分類編之，部首三百一十四個。每部之中，以字畫多少分前後，較《説文》《玉篇》等便於檢索。其後字書，多用其體例。

〔四〕出自《漢書》卷二十九《溝洫志第九》：『搴長茭兮湛美玉。』注：『臣瓚曰：竹葦絙謂之茭也，所以引置土石也。師古曰：瓚説是也。搴，拔也；絙，索也；湛，美玉者，以祭河也。茭字宜從竹。』是引文爲摘引，與原文有異。

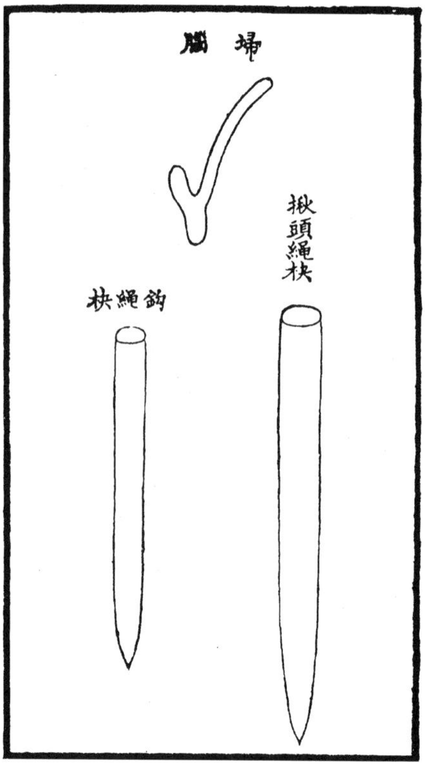

埽腦

揪頭繩橛

鉤繩橛

橛，《說文》：『杙也。』〔一〕《爾雅·釋宮》：『樴謂之杙。』注：『橛也。』蓋直一段之木也。《列子·黃帝篇》：『若橛株駒。』注：『斷木。』〔二〕《詩·小雅》：『既備乃事』，疏引漢《農書》云：『孟春土長冒橛，陳根可拔，耕者急發。』〔三〕如揪頭繩、鉤繩等橛，皆埽工所用，鉤繩橛長四五尺，揪頭橛長五六尺。又大埽沉水既已到底，將纓子頭用小繩挽結緊實，再用柳橛有倒鉤者釘繩頭於埽内，名曰埽腦。

〔一〕出自《說文解字·木部》：『橛，弋也。從木，厥聲。一曰門梱也。』是引文與原文有異。

〔二〕列子，戰國前期思想家，是老、莊之外的又一位道家代表人物。其學本於黃帝、老子，主張清静無爲。《列子》又名《冲虛經》，是道家重要典籍。《漢書·藝文志·諸子略·道家類》録有八卷，已佚。今本《列子》八卷，爲東晋人張湛所輯録增補，共載民間故事、寓言、神話傳説等一百三十四則。引文出自卷二《黃帝篇》：『若橜株駒。』注：『崔譔曰，橜株駒，斷樹也。』與原文有異。

〔三〕出自《詩·小雅·大田》：『大田多稼，既種既戒，既備乃事。』下文所云《農書》，據鄭玄注《禮記·月令》孟春之月『草木萌動』，又云：『此陽氣蒸達，可耕之候也。《農書》曰：「土長冒橛，陳根可拔，耕者急發。」』孔穎達疏謂：『鄭所引《農書》，先師以爲《氾勝之書》也。』當是也。然據《氾勝之書·耕田》：『立春後，土塊散，上没橛，陳根可拔。』二者又異，因今所見《氾勝之書》爲輯録，疑爲據意義轉録，姑皆備於此。

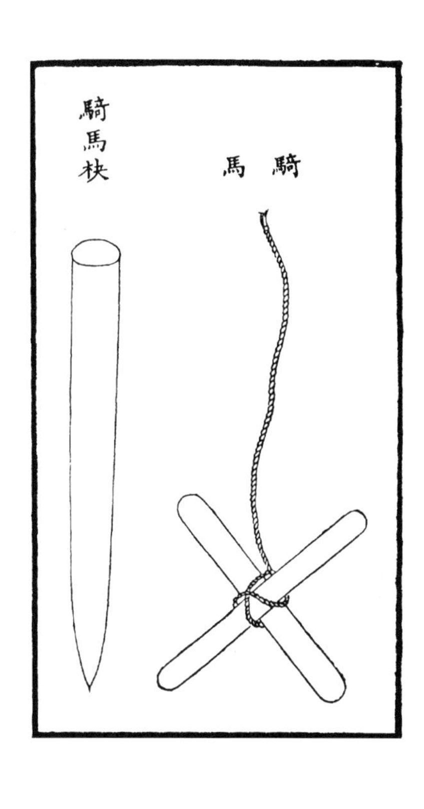

騎馬，以二木釘成十字，長四五尺，有一騎馬，必有一纜一杴，是以騎杴爲一副。廂埽一坯，須用騎馬一路，恐埽往前游，釘杴摟住則埽穩固矣。《說文》：『騎，跨馬也。』《逸雅》：『騎，支也，兩脚支別也。』[一]以一木跨於一木之上，而脚支別，故曰騎馬。

《說文》：『撞，扟擣也。』『扟，持也，象手有所扟據也，讀若戟。』[二]『擣，手椎也。』[三]埽臺土頭結實，須用撞橛先撞成穴，則鈎杴、揪頭橛易於深入矣。齊板，一名邊棍，廂工堆料所用，一恐埽眉參差不齊，一恐料垜凹凸不平，用此拍打，以期一律。《玉篇》：『齊，整也。』故名之曰齊板。

[一]出自《釋名·釋姿容》：『騎，支也，兩脚枝別也。』引文『支別』與原文『枝別』爲通用異體字。

[二]出自《說文解字·手部》：『撞，卂擣也。從手，童聲。』引文『卂』字作『扟』。按《說文解字·扟部》：『扟，持也，象手有所扟據也。凡扟之屬皆從扟，讀若戟。』《說文解字·卂部》：『卂，疾飛也，從飛而羽不見。凡卂之屬皆從卂。』由此，『卂擣』『扟擣』二詞似均可，二者之區別，姑備於此。

[三]《說文解字·手部》：『擣，手推也。一曰築也。』又：《說文解字繫傳·手部》《玉篇·手部》引《說文》均作『擣，手椎也』，似『推』『椎』二字可通用，姑備於此。

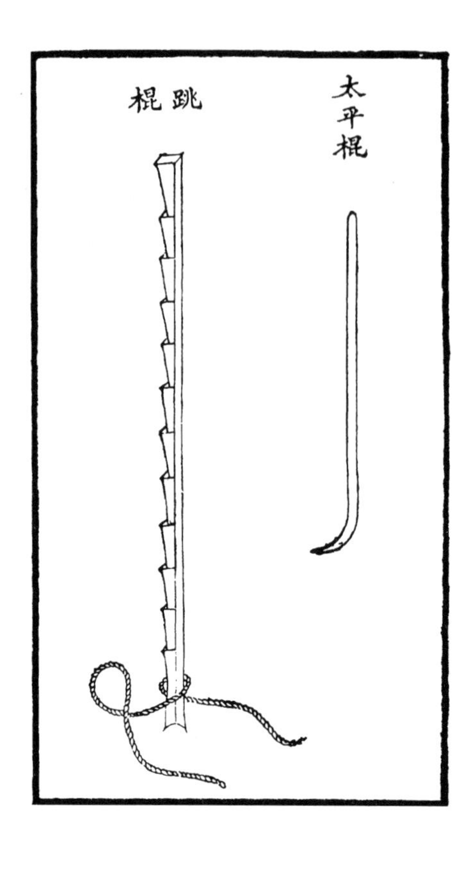

太平棍，約長三尺，下帶彎拐。新做之埽，層柴層土，按坯加廂，每廂一坯，繩隨埽下，拴橛之結徐徐鬆放，此棍用以挑鬆結繢，埽因之而得底。又有跳棍，一名挑桿，擇堅勁之木爲之，圍圓一尺四五寸，長八九尺至一丈以外，面刻梯級，便於上下踹踏；梢刻月牙，便於加勁拴繩，起擰故橛。凡起橛均在埽段穩定以後，橛眼務填補堅實。《説文》：『跳，躍也。』[一]《六書故》：『大爲躍，小爲踊。躍去其所，踊不離其所。』[二]使故橛躍然以去其所，則非跳棍不爲功。

[一] 出自《説文解字·足部》：『跳，蹶也。從足，兆聲。一曰躍也。』引文當係摘引。

[二] 出自《六書故》卷十六：『躍，戈灼切，跳也。大爲躍，小爲踴，躍去其所，踴不離其所。』此處爲摘引原文。

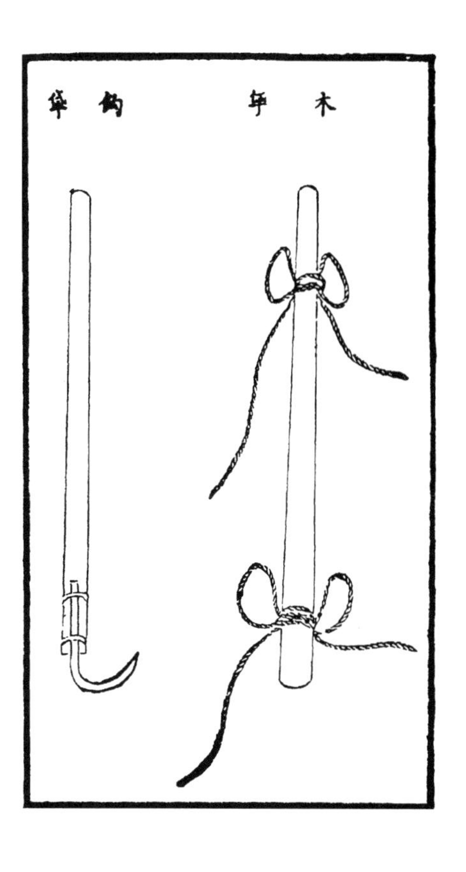

《字彙》：『屋斜用垈。又以木石遮水，亦曰垈。』木垈，一名垈桿，埽至河涯，人不得力，須用木垈。視埽長短，每埽檔長一尺，用行繩一條，每行繩兩條，中用垈木一根，前以繩拉，後以木垈，埽筩方能捲緊行速，凡撐枕撐船皆須用之。木垈或用楊椿，或用長大杉木均可，近時購材爲難，多以大船二桅代之。又有鈎垈，專用以啓閘板，每根長三丈六尺，圍圓一尺二三寸，其下鐵鈎曲長二尺許，寬二寸，束以鐵箍二道。

戧椿船

戧椿，爲下埽栓繫揪頭纜之用，所關最重。黃河隄壩寬厚，地尚易擇。惟洪湖下埽，兩面皆水，必須選長大椿木簽釘湖心，以爲根本。而水深浪急，顛簸不定，簽釘甚難。其法，用船二隻，首尾聯以鐵鍊，每船設高櫈一具，上搭蹉板，中留空檔安置戧椿，選椿手攜硪登板，逐漸打下，較準水深，以入土丈餘爲度。

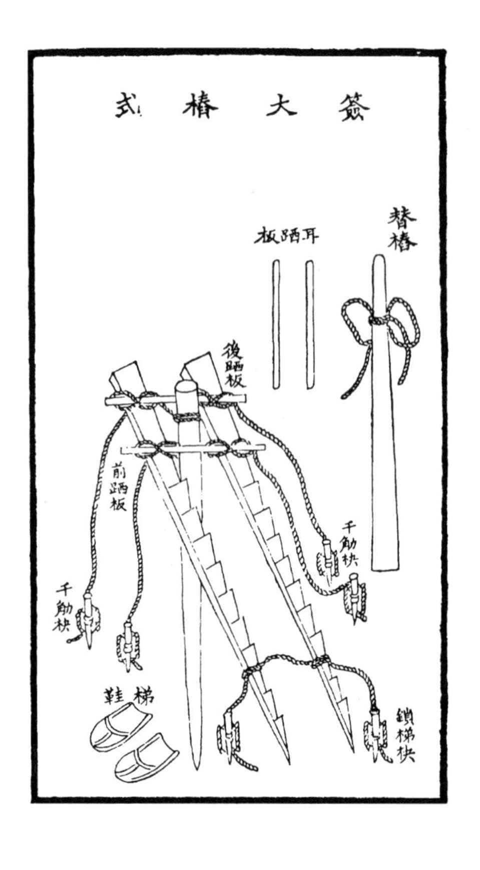

下埽穩固，應簽大椿。若壩臺鋪柴多椿木撐起，兵在上面打椿，恐新埽易致落空，必用梯鞋方穩，否則梯尖插入埽臺，急難復退，椿受傷人落河矣。椿維楊木可用，其性綿；杉木性脆，斷乎不可。軟壩臺尤其非此不可。梯前後必用踹板，左右有耳，踹板可以容人足。管定椿木，四面用千觔枎鎖緊，椿木以鎖梯枎鎖住梯脚。梯鞋剜木肖鞋形，以承梯脚。戴侗《六書故》：『今人以履無踵，直曳之者爲靸。』《中華古今注》：『靸鞋，蓋古之履也。秦始皇常靸望仙鞋，以對隱逸求神仙。』[一]梯鞋，古之靸鞋式也，但此係河工舊制，自乾隆三十六年以後概不簽椿，緣椿木極長五六丈，大河埽前水深，每至四五丈，加以埽高水面二丈，計高深六七丈，埽心簽椿斷難入土，即或水淺之工，入土亦不過丈許，埽大椿淺，何能屹立？倘埽一蟄動，椿鯁於中，轉難加廂搶壓，實屬無益。惟尋常淺水，河身形如鍋底，埽工游蟄不止者，得此自臻穩固。

[一]《中華古今注》，三卷。作者五代馬縞，唐末以明經及第，又舉拔萃科，入五代在後梁爲太常修撰、太常少卿等官。該書以考證名物制度爲主，體例與崔豹《古今注》大致相同，部分内容重複。版本甚多，主要有《百川學海》《古今逸史》《説郛》《叢書集成初編》《古今逸史》諸本。《中華古今注》卷中：『靸鞋。蓋古之履也。秦始皇常靸望仙鞋，衣叢雲短褐，以對隱逸求神仙。至梁天監年中，武帝解脱靸鞋，以絲爲之，今天子所履也。』引文爲摘引。

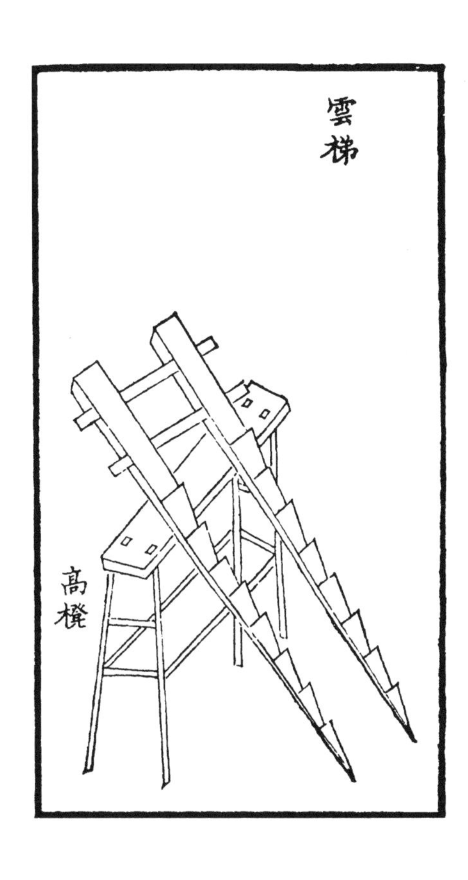

《事物紺珠》〔一〕：『梯，木階，軒轅制。』《續事始》〔二〕：『雲梯，魯人公輸般造。』毛詩注：『鉤援，鉤梯也。所以鉤引上城，即雲梯也。』〔三〕雲梯，打樁所用。梯之高矮視樁之長短爲率，約在三丈以外。梯用二木鋸級，兩人並上，謂之雲梯。亦猶通天臺上之通天梯，《太白陰經》之飛梯〔四〕，言其高而已。櫈，《正韻》：『音凳，几屬。』《晉書·王獻之傳》：『魏凌雲殿榜未題，匠人誤釘不可下，使韋仲將懸櫈書之。』〔五〕雲梯不用時以高櫈架起，將草覆蓋，恐日久朽爛，用時人夫受傷耳。

〔一〕《事物紺珠》，四十一卷，明黄一正編。此書成於明萬曆年間，《明史·藝文志》著録四十六卷，實則爲四十六目。《四庫全書總目提要》稱其『所録典故，率割裂餖飣，又概不著原書之名，是雖杜撰以盈卷帙，亦莫得而稽矣』。

〔二〕《續事始》，五代時期馮鑒著。

〔三〕出自《詩傳大全》卷十六：『鉤援，鉤梯也，所以鉤引上城，所謂雲梯者也。』此句引文在《詩經》的不少注釋本中均有出現。

〔四〕《太白陰經》卷四《戰攻具篇·攻城具篇》中有『飛雲梯』，似即此處之『飛梯』。

〔五〕出自《晉書》卷八十《王獻之傳》。原文中『凌雲殿』作『陵雲殿』。

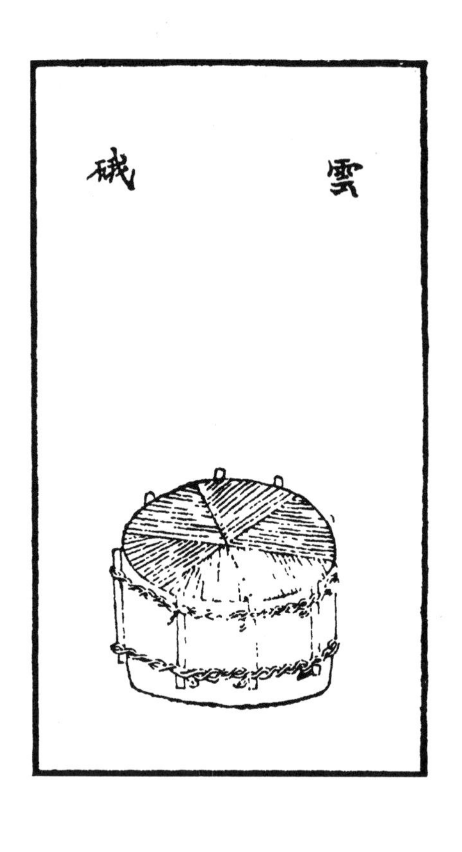

雲硪，鑿石如礎，厚數寸，比地硪輕一二十觔，打硪兵夫用十二名，硪肘雞腿俱用雜木，全恃盤硪之人盤得結實。硪夫在梯上用以簽椿，椿高則硪自空而下，有似雲落，故曰雲。《説文》：『硪，石巖也。』《玉篇》：『砐硪，山高貌。』[一]郭璞《江賦》：『陽侯砐硪以岸起。』注：『砐硪，摇動貌。』[二]未聞用以名物，顧硪夫舉硪，聲揚則力齊，其音類莪，稱之曰硪，殆六書所謂諧聲者乎。

枕長數丈至十丈許不等，大埽上面所用，先用小繩挽住後尾，再用木簽在枕上一路實釘，然後在裏面加土，即遇大汛盛漲，水上埽面，能收淤閉之效。又漫灘水抵堤根，過於寬深，堤爪恐有風浪汕刷之虞，應先紮枕備防，臨期將枕推入水中，用小木簽釘住，使水流少緩，亦必停淤矣。《禮記·少儀篇》穎注：『穎，警枕也。』謂之穎者，穎然警悟也。擱土而曰枕，其有先事預防之警歟！

[一] 出自《玉篇·石部》：『硪，砐硪，山高皃。』『皃』同『貌』。

[二] 《江賦》，是東晉著名學者、文學家郭璞的辭賦代表作品之一，收入《文選》（即《昭明文選》）卷十四。『注』指唐代李善爲《文選》所做的注。李善開創了『文選學』，他對《文選》作的注，是文選學史上無與倫比的權威著作，徵引繁富，多後人未見之書，於語源及典故之注釋，極爲詳盡。

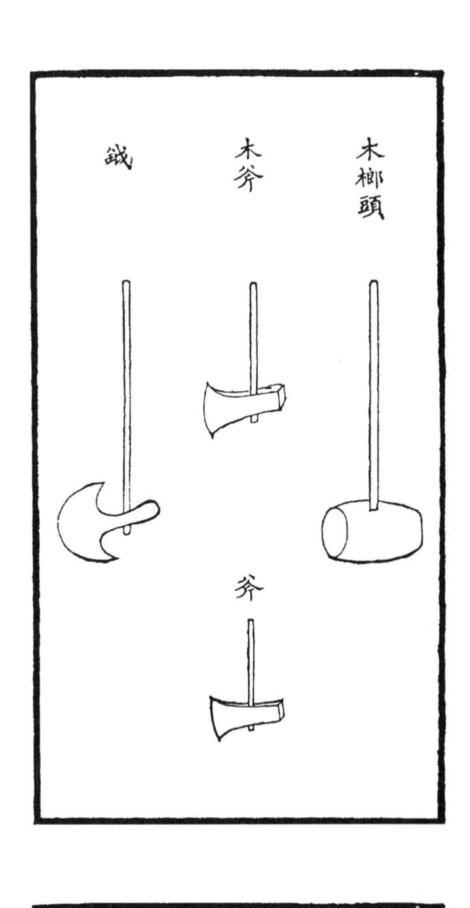

《逸雅》：『斧，甫也；甫，始也。凡將制器，始用斧伐木，已乃制之也。』木斧者，鎖樁之物，倘各繩鬆緊不一，用木斧在樁上捶打緊湊，恐用鐵斧致傷各繩之故。木榔頭，打埽上小木簽、擺柍用之。斧，即鐵斧。鉞，即大柄斧。樁手均須預備，凡埽上繩纜有不妥之處，用以斬截甚利。

月鏟

《古史考》：『公輸般作鏟。』《說文》：『鏟，平鐵。』〔一〕《博雅》〔二〕：『籛謂之鏟。』木華《海賦》：『鏟臨厓之阜陸。』〔三〕杜甫詩：『意欲鏟疊嶂。』〔四〕鐵首木身，形如半月，凡舊埽、舊樁、樹根盤踞、埽眉不齊，皆用之。

〔一〕出自《說文解字·金部》：『鏟，鏶也。一曰平鐵。從金，產聲。』

〔二〕《博雅》，即《廣雅》，三國魏時張揖撰。隋代避煬帝諱，改爲《博雅》。

〔三〕木華，字玄虛，廣川人，《海賦》出自《文選》卷十二：『於是乎禹也，乃鏟臨崖之阜陸，決陂潢而相浚。』引文中『厓』同『崖』。

〔四〕出自《全唐詩》卷二百一十八杜甫《劍門》：『吾將罪真宰，意欲鏟疊嶂。』

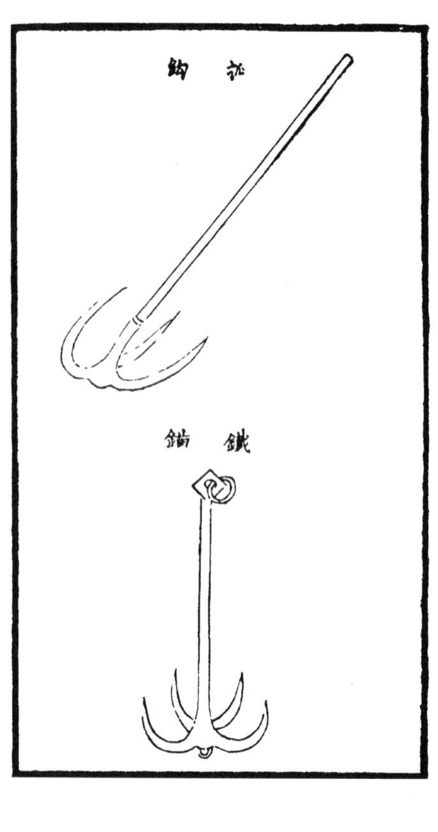

《韻會》：『古兵有鈎有鑲，皆劒屬。引來曰鈎，推去曰鑲。』純鈎，劒也；吴鈎，刀也；刈鈎，鐮也。鈎之名不一，鈎之用亦各不同。抓鈎，係拆厢舊埽所用。《博雅》：『抓，搔也。又搯也。』三股内向，如搔手然，故名。《俗書刊誤》：『船上鐵猫曰錨。』[一]其製尾叉四角向上，首戴鐶，以鐵索貫之，投入水中，使船不動。河工厢埽每遇水深溜急，提腦不得戧樁，用錨掛纜，謂之神仙提腦。

鐵钁頭，一名斫斸，鋤屬，钁之爲言，掘也，持以刨挖凍土。《物原》：『神農作鉏耨以墾草莽，然後五穀興。』則鋤蓋神農造也。鐵杈，《説文》：『杈，枝也。』徐曰：『岐枝木也。』[二]木幹鐵首，二其股者，利如戈戟，叉軟草、填埽眼、挑碎稭用之。

[一]《俗書刊誤》，十二卷，明焦竑撰。該書是一部旨在規範當時社會用字、辨正文字的字書，其内容包羅萬象，具有較高的價值。《四庫全書總目提要》稱：『其辨最詳，而又非不可施用之僻論，愈於拘泥篆文，不分字體者多矣。』引文出自《俗書刊誤》卷十一：『船上拏泥鐵器曰錨。』是二者有出入。

[二]《説文解字・木部》：『杈，枝也。從木，叉聲。』又徐鍇《説文解字繫傳》：『杈，岐枝木，亦可以撐船，亦以刺魚。』引文中『徐曰』即指徐鍇。

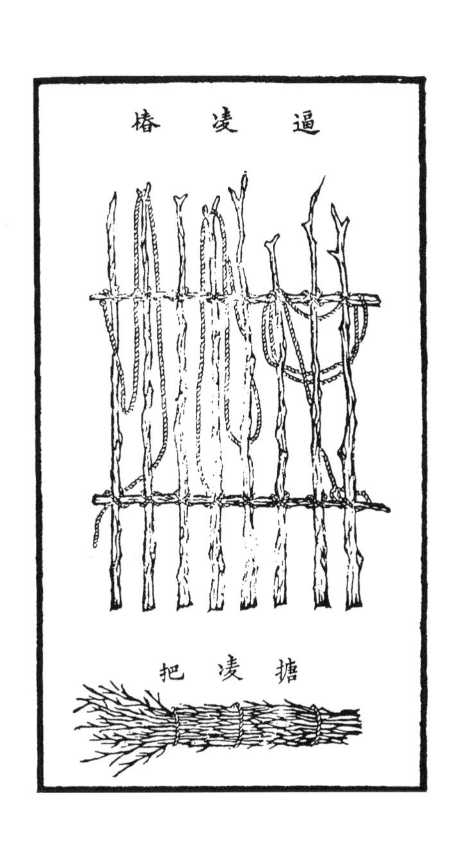

上游冰淩隨水而下，謂之淌淩，或大如山，或小如盤。其性甚利，埽段遇之，最易擦損，則用丈餘長木排護，迎溜埽前，名逼淩樁。又用細木二三根紮把排於拖溜埽前，名搪淩把。倘逢溜急淩大之時，樁把以外仍加大柳樹，以粗鐵鍊繫之，名臥樁，以作重衛。惟是排樁之法，必須先將下節用蘇纜連鐶扣住，然後入水，再於上埽生根用細鍊扣緊，庶幾冰淩過時不致擠動，仍擦埽眉。又淩鋒利，能截木，必用毛竹片或鐵片密釘樁木迎水一面，方免此患。

打淩搥

《禮記》：『孟冬之月，水始冰，地始凍。』『仲冬之月，冰益壯。』『季冬，冰方盛。水澤腹堅，命取冰。』冰以入，則鑿冰宜急矣。鎚，有石，有鐵，有木。《說文》：『硾，擣也。』《呂氏春秋》：『硾之以石。』〔一〕此石鎚也。《抱朴子·僊葯卷》：『以鐵鎚鍛數千下。』〔二〕此鐵鎚也。《魏書·宋崇傳》：『雙槌亂擊。』此木鎚也。皆可用以打淩者，而柳根尤佳，緣冰由寒結，非陽和不能疏其氣，柳性暖，發榮最早，根大而重，用以鑿冰，有相悅而解之義。

〔一〕出自《呂氏春秋》卷四《孟夏紀第四》：『是拯溺而硾之以石也，是救病而飲之以堇也。』

〔二〕出自《抱朴子·內篇》卷十一《仙藥》：『〔風生獸〕以鐵鎚鍛其頭數十下乃死，死而張其口以向風，須臾便活而起走，以石上草蒲塞其鼻即死。』是引文爲摘引，其中『十』與『千』有異。

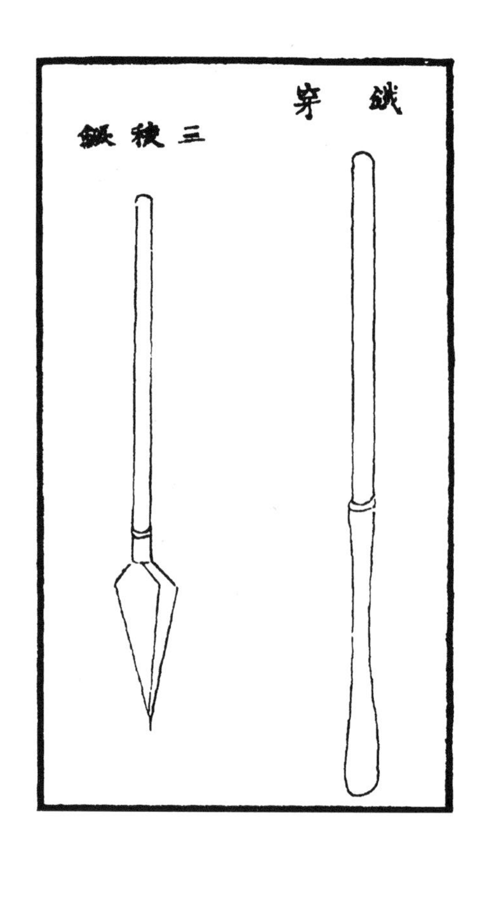

鐵穿，其式兩頭似戈而寬大，中挺圓，又有橛形三稜，均以堅木爲柄，約長七八尺至一丈，此船上用者。《易》曰：『履霜堅冰，陰始凝也。馴致其道，至堅冰也。』大河水溜不易結冰，冰至於堅，非鑿不可，苟器勿備，其何以『鑿冰沖沖[一]』？故鎚之外，又有穿。《説文》：『穿，通也，穴也。』[二]夫然後冰可以斬矣。

[一] 出自《詩・豳風・七月》：『二之日鑿冰沖沖，三之日納於凌陰。』

[二]《説文解字・穴部》：『穿，通也。從牙在穴中。』《玉篇・穴部》：『穿，穴也。』是《説文解字》中并無『穴也』之義，疑似作者混淆所致。

《風俗通》：『積冰曰凌，冰壯曰凍，水流曰澌，冰解曰泮。』[一]河工向有凌汛，當冬至前後，天氣偶和，凌塊滿河，擦損埽眉，其病尚小，所慮忽值嚴寒，凡河身淺窄彎曲之處，冰凌壅積，竟至河流涓滴不能下注，水勢陡長，急須搶築，而地凍堅實，簣土難求，每易失事。所以必須多備打凌器具，分撥兵夫，駕淺如艑艖、小如舴艋之舟，各攜器具，上下往來以鑿之。但船底須用竹片釘滿，凌遇竹格格不相入，庶幾可以禦之。

鐵鍋

《玉篇》：『鍋，盛膏器。』揚子《方言》：『自關而西，盛膏者乃謂之鍋。』《正字通》：『俗謂釜爲鍋。』凡遇河水盛漲漫灘時，大堤裏面忽然過水，名曰『走漏』，見有旋窩處，即是進水之穴。蛟龍畏鐵，急以鐵鍋扣住，然後壅土，自可化險爲平。

[一]《風俗通》，全名《風俗通義》，漢唐人多引作《風俗通》，原書三十卷、附録一卷，今僅存十卷，東漢應劭著。該書考論典禮類《白虎通》，糾正流俗類《論衡》，記録了大量的神話異聞，但作者加上了自己的評議，從而成爲研究古代風俗和鬼神崇拜的重要文獻。引文在《風俗通義》中未檢索到，此處存疑。

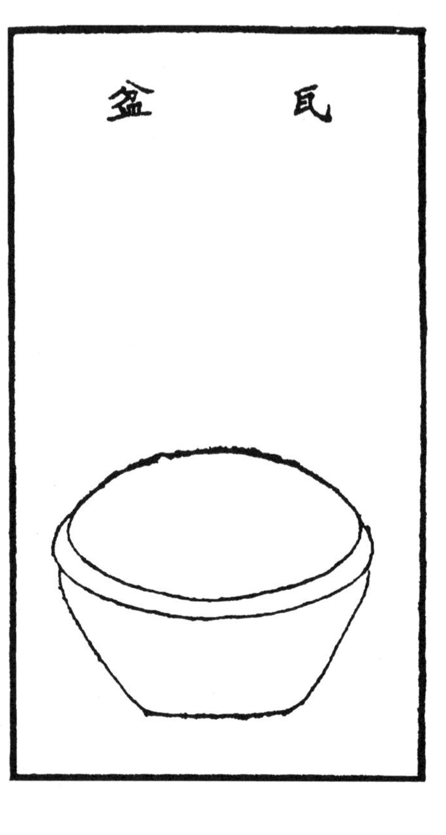

《考工記》：『盆，實二鬴厚半寸脣寸。』《禮記》：『竈者，老婦之祭也，盛於盆，尊於缾。』然盆有金、有銅、有錫、有鐵、有石、有瓷，至於瓦盆乃缶也。《易》：『有孚盈缶。』《漢·五行志》：『穿井得土缶。』師古注：『缶，盎也，即今之盆。』《爾雅》：『盎謂之缶。』郭璞注：『盆也。』邢昺疏：『缶是瓦器，可以節樂。』《地志》：『廣陵龍潭寺僧得古瓦盆，貯粟菽少許，經夕輒充牣其中，謂爲水宮神物，仍投諸潭中云。』[一]今堡房例備二具，平時用以盛米、盛水，急時以之堵漏，其用與鐵鍋同。

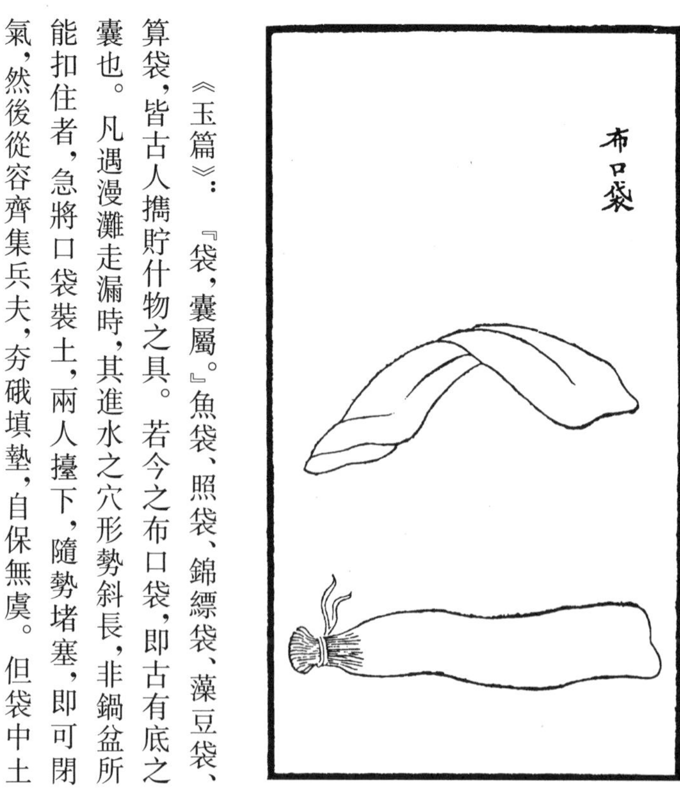

《玉篇》：『袋，囊屬。』魚袋、照袋、錦縹袋、藻豆袋、算袋，皆古人攜貯什物之具。若今之布口袋，即古有底之囊也。凡遇漫灘走漏時，其進水之穴形勢斜長，非鍋盆所能扣住者，急將口袋裝土，兩人擡下，隨勢堵塞，即可閉氣，然後從容齊集兵夫，夯硪填墊，自保無虞。但袋中土不可裝滿，以六分爲度。

[一] 此處引文中《地志》未知是何書，查《錢神志》卷六引《地理志》，與引文同，但亦未注明爲何書。

《物原》：『神農作被，伊尹作襖。』《釋名》：『被，被也，被覆人也。』《身章撮要》〔一〕：『大被曰衾，單被曰裯。』宋子京詩：『春寒到被池。』田藝衡《留青日札》〔二〕：『今之色被，横其卧邊緣，幅作異色，曰「當頭」，當，去聲，即古之被池遺製。』《南史》：宋武帝微時，有衲衣布襖，既貴，與公主曰：『後有驕奢不節者，以此示之。』當大河盛漲時，大隄走漏，穴小用棉襖，如穴大且曲，必需棉被。堵塞之法，與布口袋同。

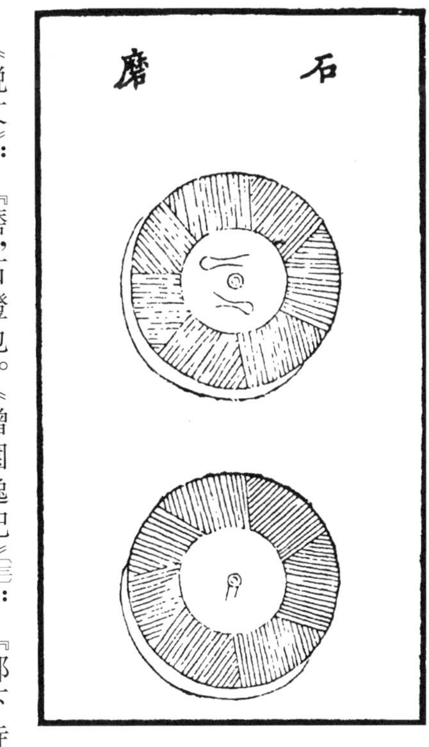

《説文》：『磨，石磑也。』《僧園逸記》〔三〕：『都下寺院，每用歲除鍛磨，是日作鍛磨齋。』《稗史類編》：『《後漢書》云，崔亮在雍州，讀《杜預傳》，見其爲八磨，嘉其有濟時用。』〔四〕。凡遇大汛，水漲溜激，挂柳護堤，非石磨不足以墜柳株，久之上淤，磨沉泥内，掘出仍可用。再凌汛時水澤腹堅，一時難解，用繩繫磨鑿冰，亦以剛克剛之義也。

〔一〕《身章撮要》，《四庫全書》未載此書，然多有引用此書内容者，此處暫存疑。

〔二〕《留青日札》，三十九卷，明田藝蘅撰，雜記明朝社會風俗、藝林掌故，零星記及政治經濟、冠服飲食、豪富中官之貪瀆、鄉村農民之生活，以及劉六、劉七、白蓮教馬祖師之起事情形，頗有資料價值。

〔三〕《僧園逸記》，出自《古今類傳》，未知其詳細情況，此處待考。

〔四〕《稗史類編》，明王圻著。此處引文中，并非出自《後漢書》，疑作者混淆所致。崔亮事見《魏書》或《北史》。

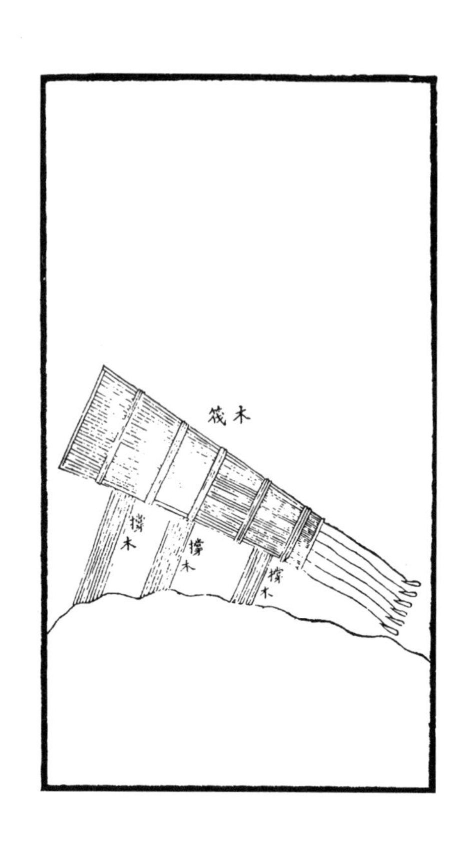

《方言》：『泭謂之䈶，䈶謂之筏。』註：『木曰䈶，竹曰筏，小筏曰泭。』木筏又名木把，係紮杉木製成。凡工頭工尾淤閉舊埽，忽爾溜到，築壩不及，趕紮木筏攩護，後安撐木，以順溜勢。再漫水上灘，攔截串溝，及壩工搜後，均可用此。其紮法，每筏用木一二層，長寬丈尺隨時酌定。

木龍之制，創始於宋。按史載，天禧五年，陳堯佐知滑州，以西北水壞，城無外禦，築隄疊埽於城北，復就鑿橫木，下垂木數條，置水旁以護岸，謂之木龍。元賈魯塞北河口亦曾用之，而其法初不傳。我朝乾隆初年，陶莊漲灘，屢挑不成，河督高文定公用州同李昞所獻圖議，照法試辦，立見成效。高宗南巡閱視，製詩獎勵。今南河有《木龍成規》[一]一冊，李昞所刊。又外南營額設鈎手，專備編紮木龍之用。

[一]《木龍成規》，收入清乾隆時編撰的《木龍書》，李昞刊刻。該書大約成書并刊刻於乾隆十六年（一七五一年）南巡前後，包括『恭迎聖駕南巡詩』『木龍頌』『木龍圖説』『木龍成規』『木龍紀略』，前有『乾隆御制木龍詩』，後有『題咏』及『跋』。其中『木龍圖説』和『木龍成規』是該書的主體，對木龍各構件的尺寸、用料、編扎方式等都有詳細的規定，是研究木龍形制的基礎。

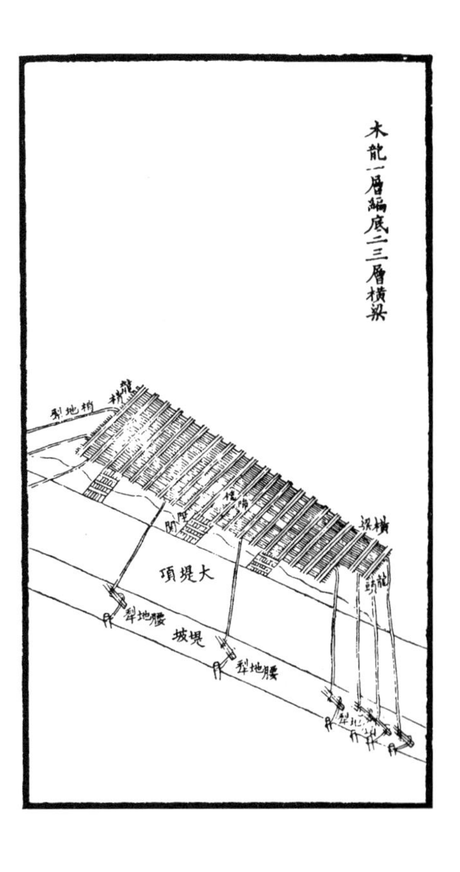
木龍一層編底二三層横梁

木龍，每長十丈，寬一丈，九層，得單長九十丈。其第一層密編縱木爲底，每排用木十三根，共計七排，仍於中心酌留空檔，以備插障安戧。其二三層横梁，每道用木六根，雙層疊紮，均用犁頭、竹纜兜綰，下層縱木每間二根，交股順去疊回編紮。陡關爲牮龍挑溜之用。其第一層亦用縱木，每排十根，計五挑。二層亦用横梁，每道用木二段。三、四層各用直梁一，長十丈，亦用七節。扣纜等法則，均如紮龍式樣，惟衹四層耳。

木龍四五層龍骨邊骨

六七層齊梁

木龍第四、五層，曰龍骨，用木六根； 曰邊骨，用木四根。均疊作雙層，每節長一丈五尺，計七節，餘稍連搭，次節先用連半竹纜雙行箍紮，又用纜兜綰下層横梁，其龍身寬長者，另用行江大竹纜絞三爲一，名曰『龍筋』，每層各加二條，節節扣緊。其第六、七層仍用横梁，紮法如一、三層，一曰『齊梁』。

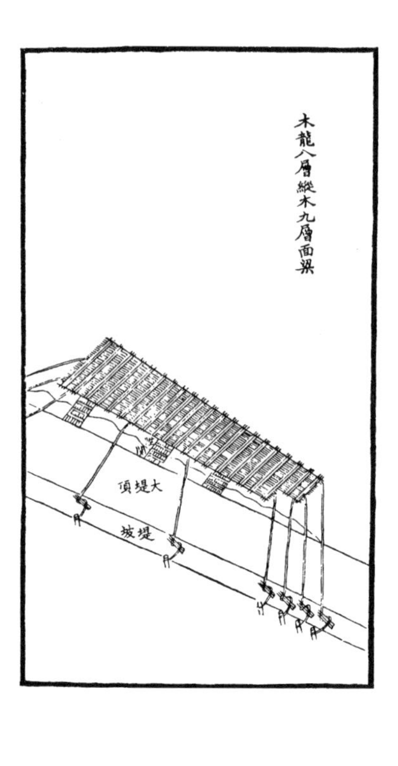

木龍第八層如第一層，用縱木，惟在水面不比底層搪溜，衹須六排。第九層仍用橫梁，一名『面梁』，每道用木二根，以操把竹纜貫過八層縱木，扣住六七層橫梁，交股編紮。

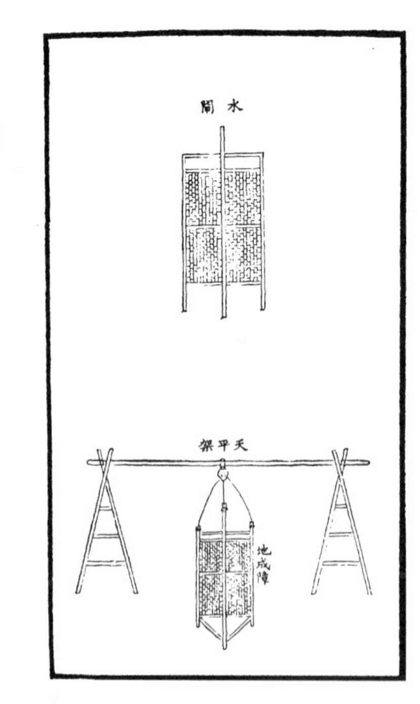

《類篇》[一]：『架，杙也，所以舉物。』《說文》：『障，隔也。』天平架，每座用直木二，橫木一，左右架木仍各紮橫擔木三，以便人夫上下。地成障，中柄長二丈一尺，邊木長一丈八尺，上、中、下橫擔木各長一丈，下用交叉小木，中編竹片，從龍身空檔插下，用截河底之溜，所以溜緩沙淤，化險爲平。又有水閘，一名水攔，其法與編障相仿，但直木俱用鋭首。障則施於大溜，懸出龍底，使之不激；閘則用於餘溜，插入河底，使之截流。用雖少異，功實相侔也。

[一] 出自《類篇》卷十七。《類篇》與《集韻》同時編成，此二書均由宋仁宗命丁度、宋祁等修纂，宋英宗治平四年（一〇六七年）同爲司馬光編定成書。《集韻》按韻編字，《類篇》按部首編字，兩書相輔而行。《類篇》依據《說文解字》分爲十四篇，又目録一篇，共十五篇。每篇又各分上、中、下，合爲四十五卷。全書的部首爲五百四十部，與《說文解字》相同，部首排列的次序變動也很少，是直接承接《說文解字》和《玉篇》的一部字書。所收字數三萬一千三百十九字，比原本《玉篇》增多一倍。

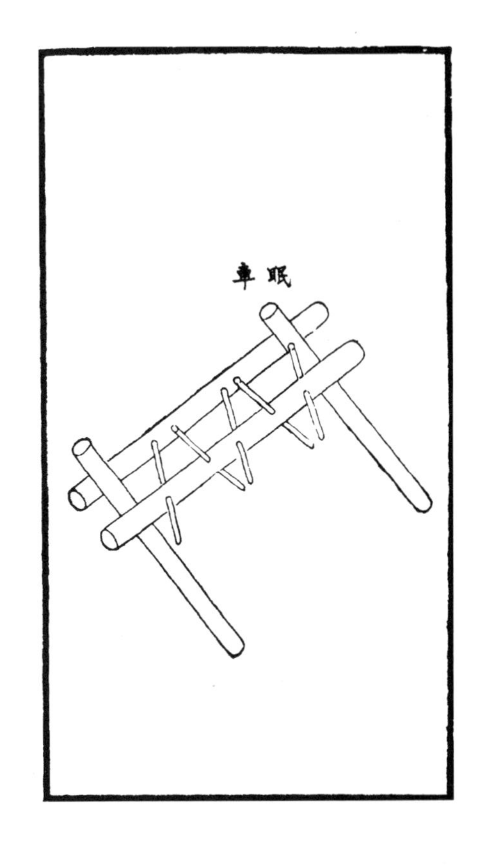

眠車，爲升龍之用，每部長三丈，需用四尺四楓木，每間二尺鑿通交叉圓孔，仍留空處繫纜，扣緊牮木，頂住升關，兩頭用枕木二擱住，再用横木一根墊起枕木，使前高後低，然後用八尺長檀木棍絞車向前推轉，加緊收纜，則龍身自出，挑溜用力較省。

直柱，爲龍身内繫纜要具，需用三尺八松木，長二丈，下用翦木二根扣緊兩旁，用木九根圍抱排擠，以竹纜三扣箍紮豎於龍身底層，仍於縱横各木層層擠緊，至出龍面，再用尺二抱木加纜箍定，用以扣繫大纜，方能堅固。大戧，用四尺二松木，長四丈五尺，鋭首象眼，貫以行江大竹纜二條楔緊，以便挽住股車，易於起下。其戧上方眼横木，係備安戧時繫纜豎立之用。

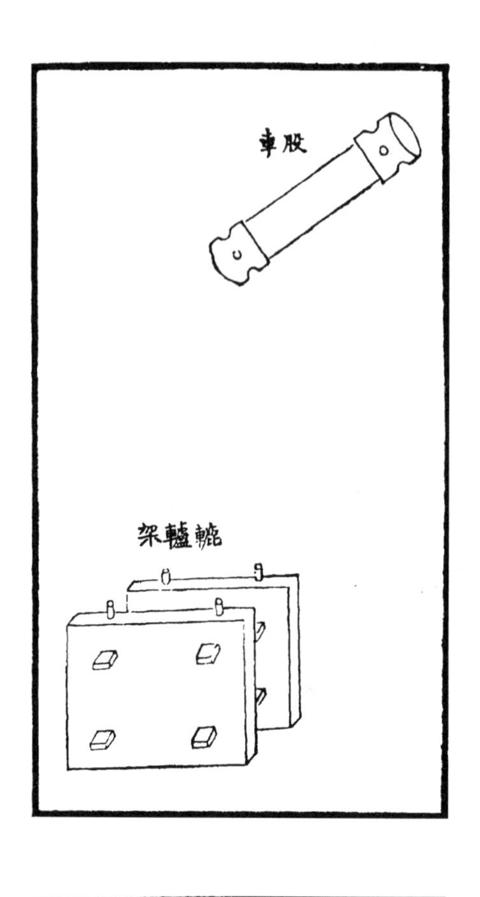

《周禮・考工記》：『輪人叁分其股圍。』註：『股，近轂者也。』股車之制，長五尺五寸，兩頭各留七寸五分，鑿交叉圓孔二，中四尺，細二寸，擱於轆轤架上穩子之內，將大戧所繫之纜挽於車身，用人把住纜頭，用檀棍插入圓孔，輪轉戧隨，纜起升垈，定位縱纜，下戧直貫河底，穩住木龍，安戧後用以起下，殊省人力。至轆轤架，其式每架用松板二，長五尺，寬一尺三寸，厚三寸，兩頭上下各鑿方眼二，另用五尺長松枋四根，插入眼內楔緊套住大戧，仍於架板邊上兩頭各鑿一寸二分圓孔，加檀木穩子夾住股車，使可旋轉而不旁出。

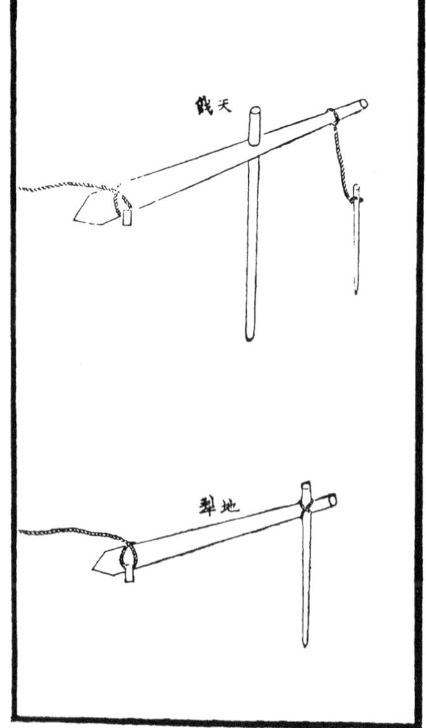

天戧、地犁，均爲扣帶繫龍大纜之用。天戧，以二尺四木爲之，長二丈，大頭小尾鋭首，旁加管楔，平斜入地五尺。地犁，以二尺一木爲之，長一丈八尺，做法仿前，斜插入地四尺，犁尾釘青樁一，戧則腰尾各簽一樁，用纜穩住，使不搖動。

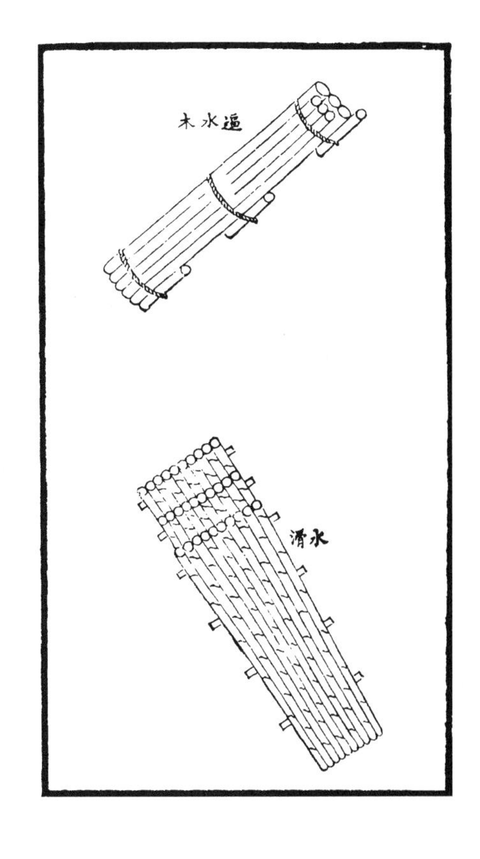

《周禮》疏：『滑，通利往來。』冰滑，每排以毛竹十，雙層併疊，每三排以大竹劈片貫串編成。凡安木龍多在霜後，大河冰凌下注，篁纜最易擦損，置此龍旁，以爲外護。又有逼水木，其制用尺二木六段，長一丈，疊紮三層，側攩龍身外邊，使大溜不能衝入，故名逼水。

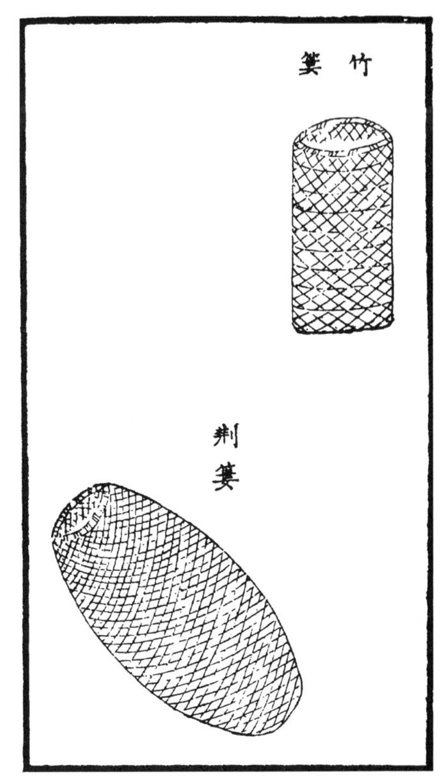

《集韻》：『簍，竹籠也。』《急就篇》註：『簍者，疏目之籠，言其孔樓樓然也。』或長或圓，形製不同，或竹或荊，質地不一。河工用以滿貯碎石，爲護埽壅水之用，排砌成壩者，亦名竹絡壩。

卷四　儲備器具

土簸箕

《篇海》：『箕，簸箕，揚米去糠之具。』《方言》：『陳、魏、宋、楚之間謂之籮，陳、宋、楚、魏之間謂筲，謂籯。』《詩》云：『成是南箕。』[一]箕四星，二爲踵，二爲舌，踵在上，舌在下，踵狹而舌廣；又：『維南有箕，載翕其舌。』[二]故箕皆有舌，易播物也。諺云：『箕星好風，謂主簸揚。』農家用以揚糠，工次則用以盛土，南竹北柳，其制不同，其用一也。

土車

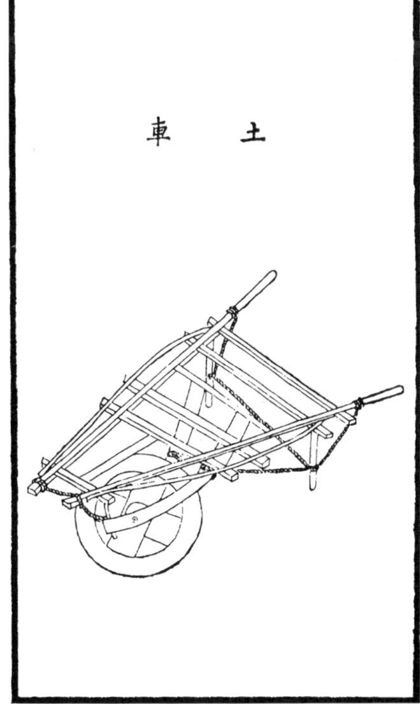

土車，獨輪，料、土兼載。《稗編》[三]：『蜀相諸葛亮出征，始造木牛流馬以運餉。』木牛，即今小車之有前轅者，流馬，即今獨推者是。《後山談叢》：『蜀中有小車，獨推載八石，前如牛頭。』[四]今之土車獨推，猶存諸葛遺制。

[一] 出自《詩經·小雅·巷伯》。

[二] 出自《詩經·小雅·大東》。

[三] 《稗編》，疑即《稗史類編》，明代王圻著。

[四] 《後山談叢》，六卷，宋代陳師道著。作者别號後山居士，彭城人。宋哲宗時，曾任徐州教授，後歷任太學博士等。一生安貧樂道，是蘇門六君子之一，江西詩派重要作家。該書雜載宋代政事、邊防、朝野瑣聞，文人軼事，略有失實，但可作研究宋代文學的參考資料。現有《寶顏堂秘笈》《學海類編》本等。引文出自卷四。

條船

《晉書》：『天船九星，一曰舟星，所以濟不通。』《易·繫詞》：『伏羲氏刳木爲舟。』《物原》：『顓頊作槳、作篙，帝嚳作櫓、作柁，夏禹加以篷、碇、帆、檣，蓋至是而行舟之具大備。』後世因之，制度不一，而工次轉運料物，則以條船爲最。

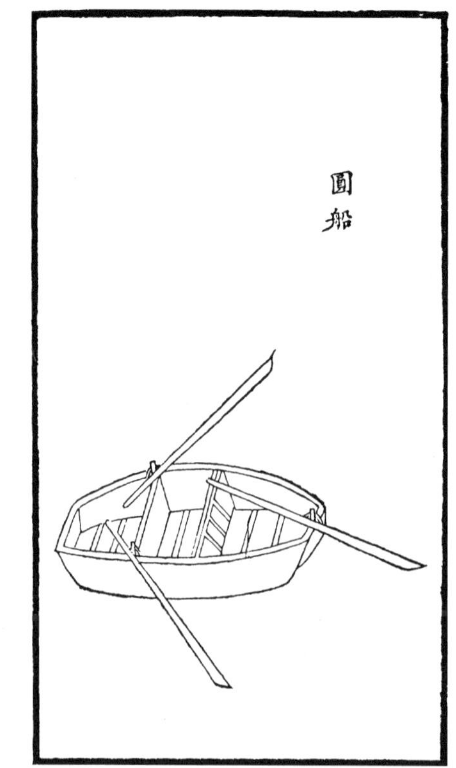

圓船

大河中又有圓船，效鼉製帆，象黿創櫓，隨中泓大溜旋轉便利，惟宜於順流而下，滯於溯流而上，且不任滿載，終不若條船之適用也。

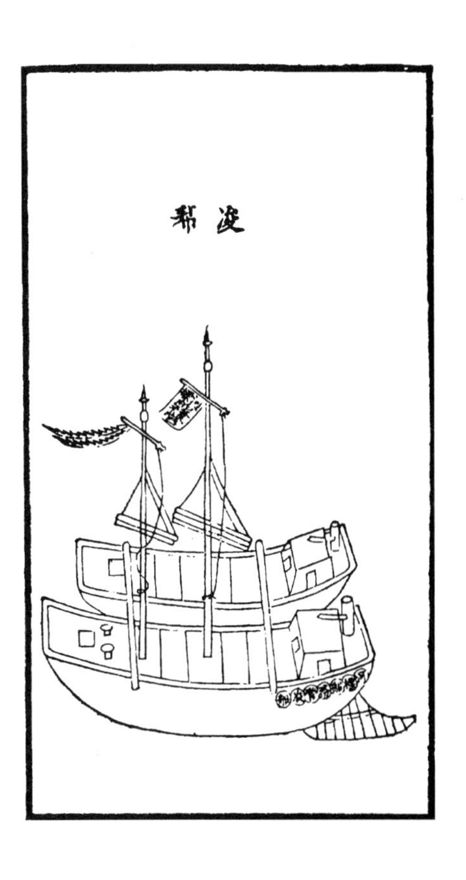

浚船，康熙間靳文襄公爲疏濬海口而設，旋因無效，撥給各廳運料。逮乾隆八年，白莊恪公請復試行，仍無效。二十四年，乃設船務營，統歸管轄，裝運蕩柴。定制分大、中、小三號，大者長四丈二尺，中寬七尺六寸，艙深三尺二寸；中者長三丈九尺，中寬七尺，艙深三尺；小者長三丈六尺，中寬六尺五寸，艙深二尺七寸。其行以兩隻相並，俗謂一幫。按《爾雅》：『維舟，方舟。』注：『連四船曰維，併兩船曰方。』幫與方音同，殆傳訛爾。

柳船，定制長八丈，中寬一丈六尺，艙深五尺。按船務營原設浚石船七百三十二隻，配成三百六十六幫，嗣因易於風損。道光八年，經張芥航河帥奏明，分年改四爲一，應成一百八十三隻，連舊額柳船十六隻，添造一隻，共成二百，分隸左、右兩汛，計至十六年以後無浚船矣。至柳字之義，俗謂用以運柳，故名。按《漢書》服虔曰：『東郡謂廣轍車爲柳。』又李奇曰：『大牛車爲柳。』則柳蓋訓大爾。

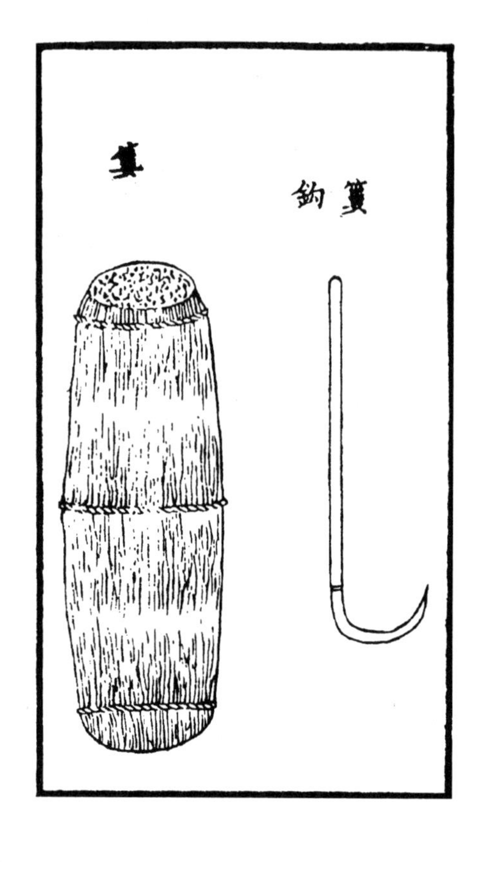

柴簍，爲柳船承柴之用。簍鈎，爲捆紮柴簍之用。其法，先以上茂葦柴捆紮成簍，二人上船持鈎鈎定，貼緊船幫，用纜跨繫，使兩面相平，然後用柴層層勾搭，狀比魚鱗，堆積如山，雖遇風浪，船行穩重，不致脱卸。至用簍多寡，以柴長短爲準，每邊或六節、或八節俱可。簍鈎則鍛鐵爲首，灣長尺餘，受以木柄，約長二尺。

《物原》：『遂人以匏濟水，伏羲乘桴，軒轅作舟楫，顓頊作槳、作篙，帝嚳作舵、作櫓，堯作維牽，大禹加以篷、碇、帆、檣，行具大備。』後又增以鐵錨、艤板、招杆等器，近時又增二具，曰犁、曰關。凡遇風逆溜激，牽挽不能得力，上水設關絞行，下水安犁留拽，甚便。至運關之木，人各一根，名曰關翅。安關之所用土堅築，名曰關盤，一名升關壩。又水誌，以竹爲之，長二丈，凡軍船入境勾水尺寸既定，則就其處紮棕爲誌，持以量船即知輕重，持以探水即知淺深，亦駕駛之要具也。

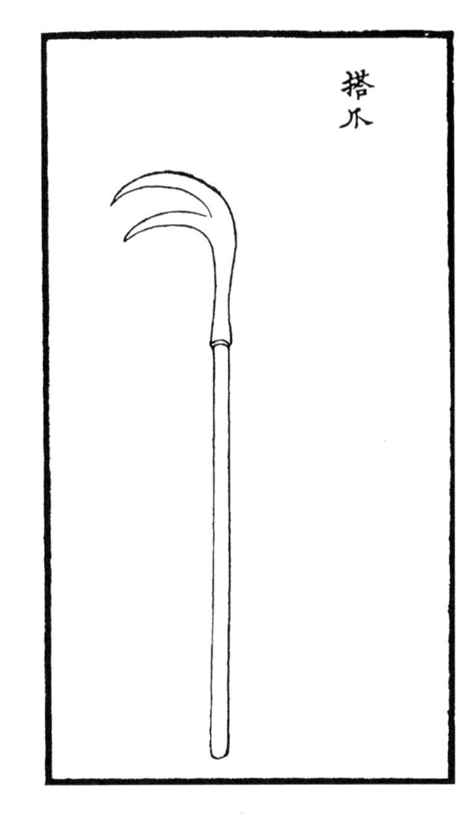

搭爪，煅鐵如彎爪形，受以木柄，通長尺許，用如爪之搭物，故曰搭爪。料車到工，或擲以下車，或積以成垛，日以萬計，速於手挈。

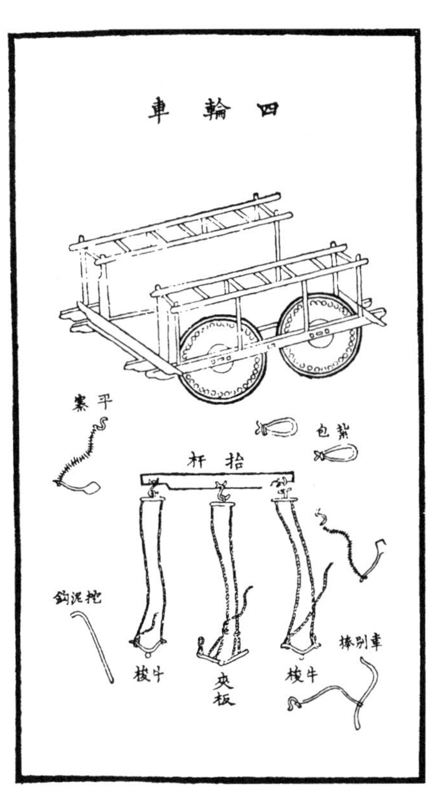

四輪車，即任載之牛車，縛軛以駕牛者，工次用以載稭料，俗謂之料車是也，而什物行李亦以此裝運往來。《物原》：『少昊制牛車，奚仲制馬車。』《稗編》：『漢初馬少，天子且不能具純駟，將相或乘牛車。』晉王導之短轅犢車，王濟之八百里駮，石崇之牛疾奔，人不能追，皆牛車也。今惟四輪車駕牛，間有牛馬兼用，若乘車則無駕牛者矣。

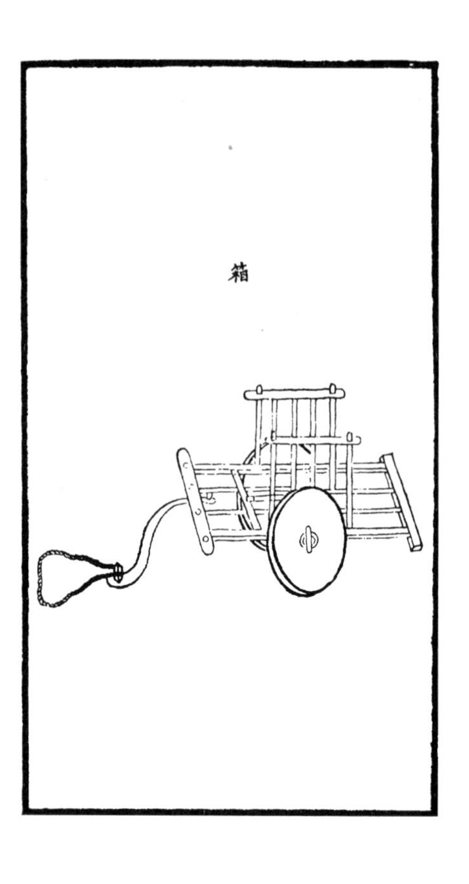

箱，俗名板轂車，即古之行澤車也。《詩》云：『乃求萬斯箱。』〔一〕又云：『睆彼牽牛，不以服箱。』〔二〕《周禮·車人》：『行澤者反輮』又：『行澤者欲短轂。』《農書》：『板轂車，其輪用厚濶板木相嵌斲成圓象，就留短轂，無有輻也。泥淖中易於行轉，了不沾塞。』『獨轅著地，如犁托之狀，上有橛以擐牛輓槃索，上下坡坂，絶無軒輊之患。』王禎《咏箱詩》：『下澤名車異爾輜，服箱原自有耕牛。雙輪不輻還成轂，獨木非轅類作輈。』今河灘農家尚有此車，爲衝泥裝運料石之用。

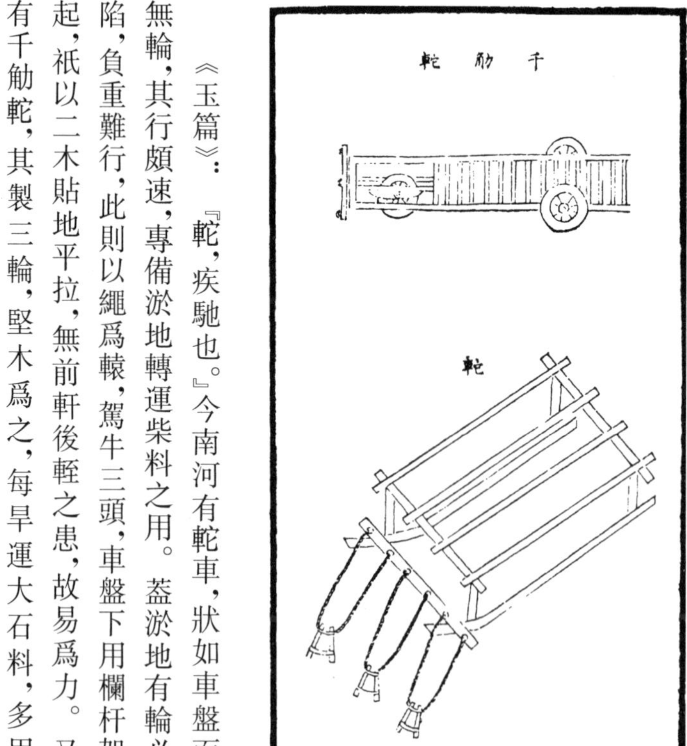

《玉篇》：『䡔，疾馳也。』今南河有䡔車，狀如車盤而無輪，其行頗速，專備淤地轉運柴料之用。葢淤地有輪必陷，負重難行，此則以繩爲轅，駕牛三頭，車盤下用欄杆架起，祇以二木貼地平拉，無前軒後輊之患，故易爲力。又有千觔䡔，其製三輪，堅木爲之，每旱運大石料，多用此具。

〔一〕出自《詩經·小雅·甫田》。
〔二〕出自《詩經·小雅·大東》。

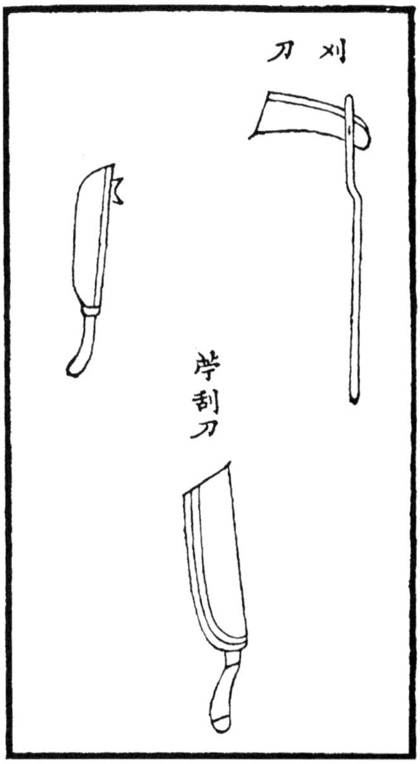

《農書》：『刈刀，穫麻刃也，兩刃但用鎌柄旋插其刃，俯身控刈。』『刮刀，刮苧皮刃也，鍛鐵爲之，長三寸許，捲成槽，内插短柄，兩刃向上，以鈍爲用，仰置手中，將苧皮横覆於上，以大指按而刮之，苧膚即蜕。』近有一式，刀首鑄鈎，形如偃月，亦刮苧用。按江南種麻，惟用拔取，頗費工力，河南西華一帶種植遍野，穫刈全用此刀。其治麻法，隨刈即刊，漚之清水池中，寒暖得宜即可潔白柔韌，漚苧則因皮厚難輭，必需用刀刮淨。其治法，先用石灰拌和累日，抖淨後用灰水煮，待冷，然後濯以清水，用蘆簾攤曬，擇細者績布，粗者作繩纜用。

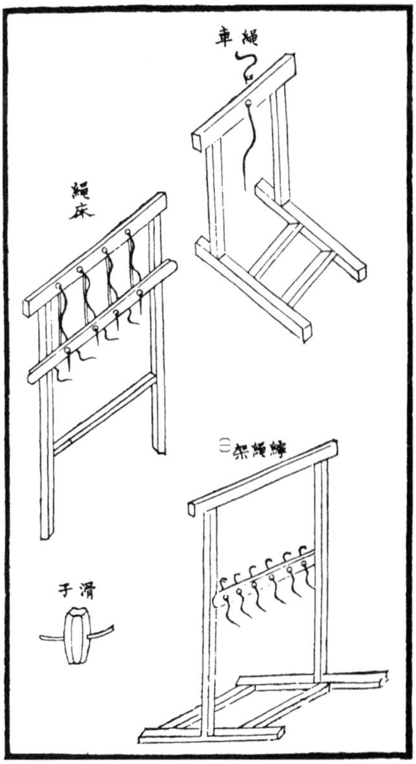

繩車，絞麻作繩也。元《王禎農書》：『繩車，横板中間排鑿八竅或六竅，各竅内置掉枝，或鐵或木，皆彎如牛角。』此只一竅，且車式迥殊。繩床，上下各四竅，繩架則中排六竅，却與《農書》繩車相仿佛，而式亦不同，豈古今異制，抑南北各宜耶？掉枝，一名鐵搖手，俗謂之吊子。又有爪木，置於所合麻股之首，或三或四，撮而爲一，各結於掉枝，復攬緊成繩。爪木自行，繩盡乃止。所謂爪木者，即俗名滑子是也。

〔一〕字書中無『繂』字，有『紵』字，意爲『苧麻，或苧麻布』，并無繩架編織紵繩之説。此處疑爲『擰』字。

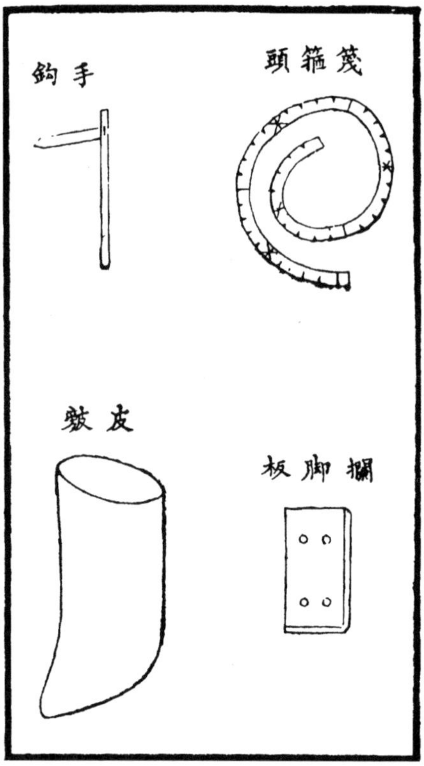

篾箍頭　手鈎

皮皷　攔脚板

《集韻》：『箍，以篾束物也。』又：『皷，治履邊也。』今圍柴篾箍，熟竹皮爲之，用漆分畫尺寸。定例：葦營以銅尺二尺八寸爲一束。手鈎，刄細而長，約四五寸，横安木柄。凡柴由溝港筏運到廠，樵兵兩手各持一鈎，勾柴上灘晾曬堆垛，省力而速。攔脚板，狀如屐，長一尺，厚一寸，寬五寸，前後鑿孔，繫繩於履，乾地採柴著之，可禦柴簽。皮皷，狀如韈，以牛皮爲之，水地採柴，著之可衝泥淖，夜則浸以灰漿，經久不爛。右四器皆蕩營樵採之具。

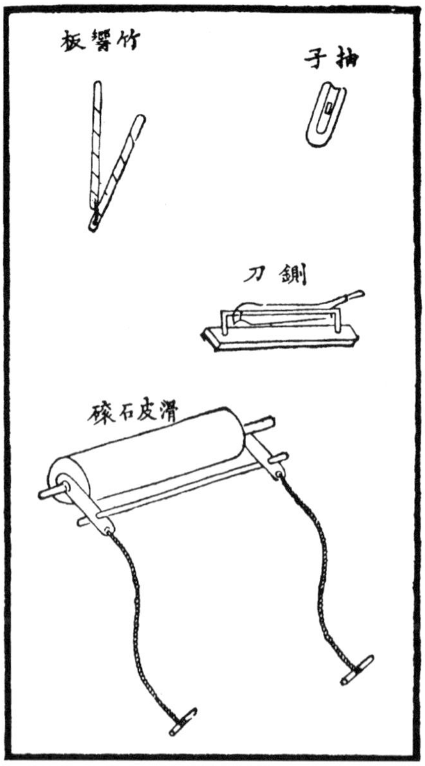

抽子　竹響板

鍘刀

滑皮石滾

河工捆船鑲埽，非纜不可，東河用麻，南河用葦，各取其宜，而製葦器具則與麻不同。一、鍘刀，鍛鐵爲之，刃向下，承以木床，爲切去根梢之用。一、抽子，一名梳子，截木一段，長盈握，中開一槽，廣容指，内含鋼片，爲抽劈皮膜之用。一、響板，取竹片約長一尺，每二片聯成一副，用時兩手相搏有聲，爲剗削碎葉之用。一、滑皮石滾，取石琢圓，徑圍三尺，兩頭各安木臍，上套木耳，繫以長繩，用時置葦於地，往還拉曳，爲壓扁柴質之用。

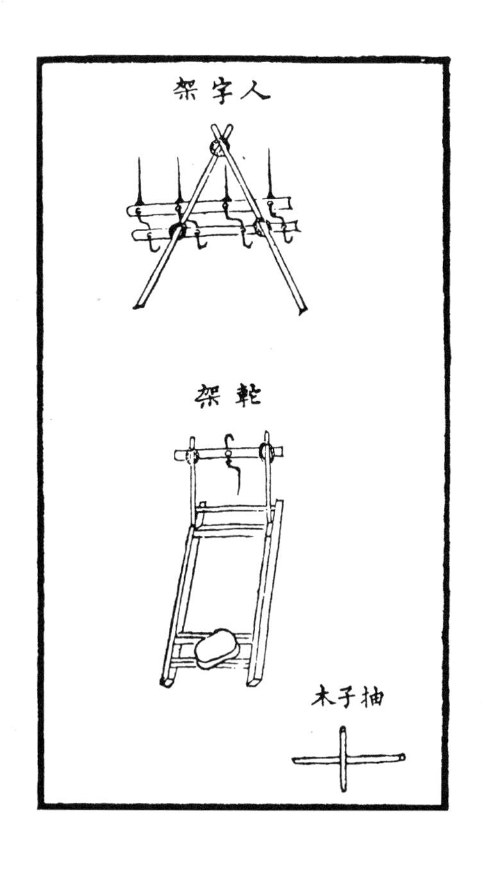

葦纜之架，與繩架不同，其式有二：　一曰人字架，用木二根，其上縛成人字，其下分埋土内，中間横架竹片二，每片各鑿四孔，每孔各安鐵枝一枚；　一曰軗架，用木做成，豎高二尺六寸，横襯三尺二寸，均安框内，其架上亦横置竹片一，中鑿一孔，孔内安一鐵枝。凡打葦纜，先用繩梜絆定人字架，再用巨石壓住軗架，使不摇動，然後將纜一頭分作四股，安人字架上，一頭合做一股，安軗架上，用人推遞抽子，自然縈結成纜。抽子以木爲之，豎長尺二，横長尺八，狀如十字。打纜時將四股分擺其間，推之即合，用與梭同。鐵枝俗名釣子，即摇手也。

鐵鋃錘

鐵撬

小鋃錘

揚子《方言》：『錘，重也。東齊曰鍕，宋魯曰錘。』《集韻》：『撬，舉也。』凡開山採石，山有土戴石、石戴土之分。見山面露有浮石，必先用鋃錘擊之，審定其下有石，然後刨土開採。鋃錘之製，鑄鐵爲首，大者形長而扁，兩頭皆可用，中貫籐條或竹片以爲柄；　小者兩頭一方一圓，以木爲柄，約重十五六觔，均專備劈裁石料之用。又鐵撬，以鐵鍛成，長一尺六寸，重十餘觔，爲撬起石塊之用。

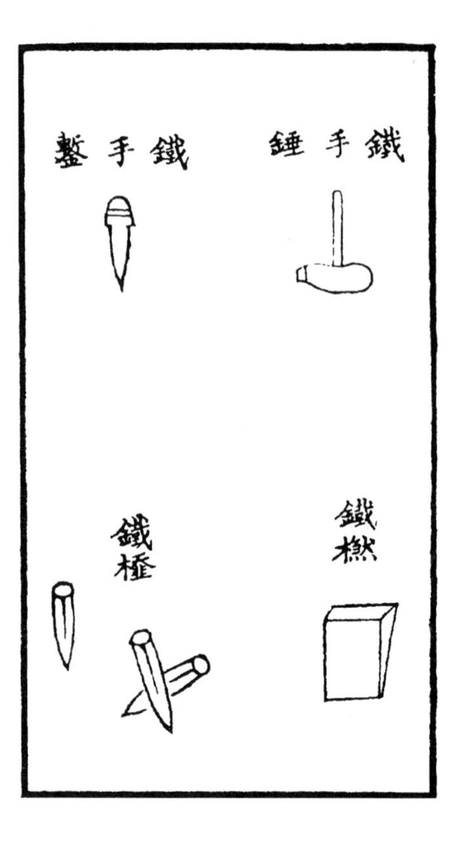

《説文》：『鏨，小鑿也。』橪與椴同〔一〕，側擊也。楏，見《字典》而無考。右四具皆採石所必需。手錘，尖頭圓底，約重三觔。手鏨，圓腦尖嘴。鐵楏，圓腦扁嘴，長四、五、六寸不等。鐵橪，上寬下窄，其用與楏同。凡開山，既見石矣，須審山之形勢，順石之脈絡，度量所需石料長短厚薄，劃定尺寸。先鑿溝槽，約寬三寸，深二寸，每尺安鐵楏三根，擊以鍉錘，用水浸灌刻許，然後用錘鏨儘擊開採。再楏名不同，在平處爲劈楏，直處爲鏨楏，兜底横處爲擡楏，擡楏得施以鐵撬而石出矣。又黑麻、豆青等石皆用鐵楏漸擊漸入，匠人謂之含楏。獨黄麻石用鋼楏一擊即起，匠人謂之跳楏，必須繫以線索，不致跳遠，則又石性之不同耳。

釣杆

肚觔繩

木鈴鐺

千觔繩

木鈴鐺

虎尾繩

南河修補石工，例應選四添六，舊石塌卸，多沉水底，既深且重，人力難施，撈取之法，全仗釣杆。其制，用杉木四根，交叉對縛，仿架網式，安置岸邊，前繫鐵鍊，名曰千觔，後繫極粗麻繩，名曰虎尾，承繩之處名木鈴鐺，然後遣水摸夫入水摸石，引繩扣繫，集夫拉挽虎尾繩釣撈上岸。又採石裝船行運，石重船浮，非跳板所能上下，裝載之法，或於崖岸設立釣杆，或用本船大桅繫索拉釣，卸亦如之。

〔一〕《説文·木部》：『椴，似茱萸，出淮南。從木，殺聲。』『橪』，《康熙字典》：『同椴。』此處釋義與《説文》等不同，姑備於此。

《說文》：『杠，横關對舉也。』〔一〕凡擡條石，人數或四或六或八，視石之輕重大小爲準。其所用杠選大竹爲之，俗名曰牛，中用麻繩打結，名麻籠頭，繫石四角，兜而懸之。竹杠兩頭用麻繩打結，名麻小扣。横穿短杠，俗名大木牛。兩頭再各用麻小扣穿小杠，俗名小木牛。

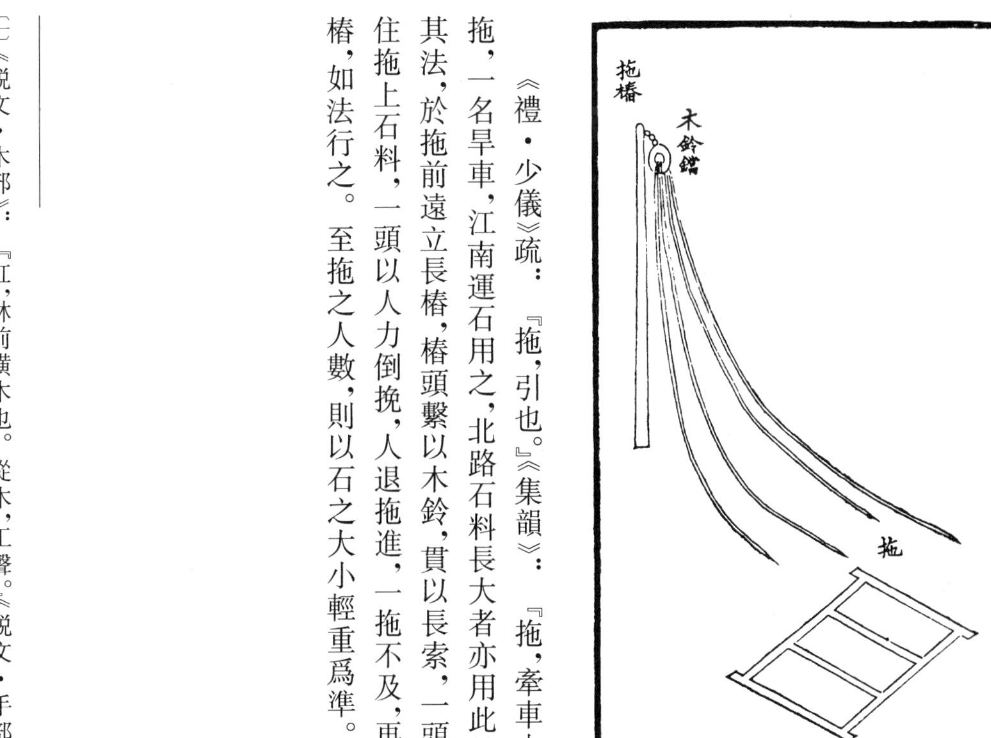

《禮・少儀》疏：『拖，引也。』《集韻》：『拖，牽車也。』拖，一名旱車，江南運石用之，北路石料長大者亦用此具。其法，於拖前遠立長樁，樁頭繫以木鈴，貫以長索，一頭繫住拖上石料，一頭以人力倒挽，人退拖進，一拖不及，再立樁，如法行之。至拖之人數，則以石之大小輕重爲準。

〔一〕《說文・木部》：『杠，牀前横木也。從木，工聲。』《說文・手部》：『扛，横關對舉也。從手，工聲。』此處將『扛』作『杠』，疑混淆。

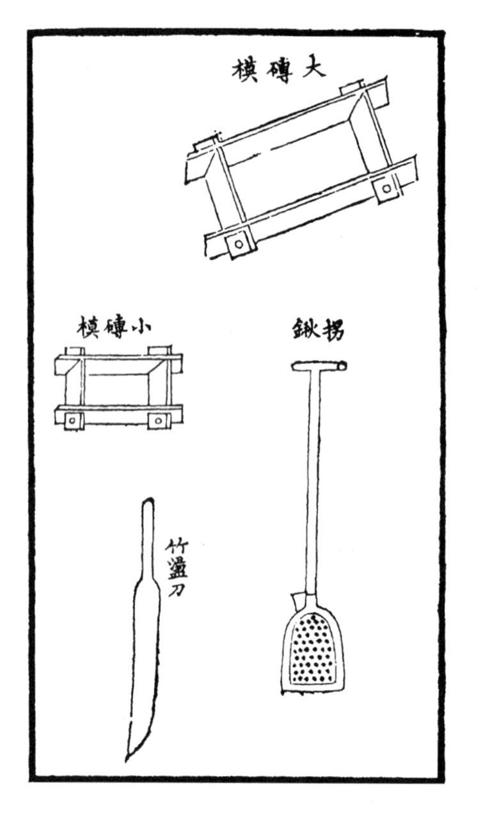

甎，即瓴甓。《古史考》：『烏曹作甎。』《廣韻》：『模，形也。』左思《魏都賦》：『受全模於梓匠。』《類篇》：『盪，動也。』《說文》：『盪，滌器。』又：『鍬，臿屬。』《唐韻》：『拐，物枝也。』[一]治甎之具有模，大小均用堅木合成。盪刀，以竹爲之。拐鍬，剡木爲首，以鐵片包鑲四邊，中列釘頭，受以丁字長柄，用之拌和熟泥，貯模成墼，俗謂之坯，再用竹刀盪平，脱下曬乾，積有成數，然後入窑燒煉，計日成甎。

浮梯
棍叉
草叉

《正韻》：『叉，兩歧也。』《說文》：『梯，木階也。』《釋名》：『梯，如階之有等差也。』草叉，削木爲柄，鍛鐵爲首，兩齒銛利而長，備燒甎挑柴之用。棍叉，鍛鐵爲之，柄圓齒扁，備燒窑撥火之用。浮梯，以木爲之，修工匠人用以竚足，隨等上下畫線，俾得一律。

[一]《唐韻》，唐代開元年間孫愐著。隋陸法言著《切韻》，是前代韻書的繼承和總結。原書早佚，現在僅存敦煌出土唐人抄本。《唐韻》是《切韻》的一個增修本，因其定名爲《唐韻》，曾獻給朝廷，故雖是私人著述，却帶有官書性質。該書比年代更早的王仁昫《刊謬補缺切韻》更著名，但原書已佚，僅有清末殘卷兩卷。又據《廣韻》卷三：『拐，手脚之物枝也。』此處『拐』字解釋，似出自《唐韻》，則《唐韻》亦應作《廣韻》，疑爲刻工之誤。

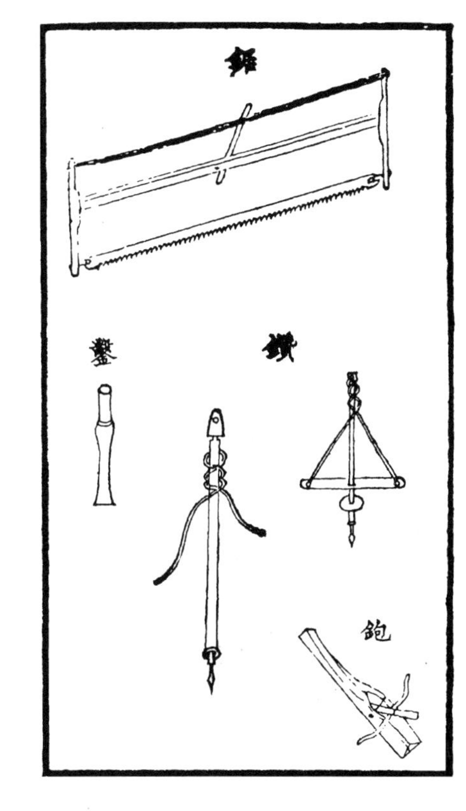

《物原》：『軒轅作鋸，般作鑽。』《古史考》：『孟莊子作鋸，作鑿。』《事物紺珠》：『推鉋，平木器，魯般作。』《説文》：『倉唐，鋸也。』[一]《正字通》：『鋸，解器。鐵葉爲齟齬，其齒一左一右，以片解木石也。』鉋，正木器，大小不一，其式用堅木一塊，腰鑿方匡，面寬底窄，匡面以鐵針横嵌中央，針後豎鐵刃，露出底口半分，上加木片，插緊不令移動，木匡兩旁有小木柄，手握前推，則木皮從匡口出，用捷於鏟。凡騎馬樁橛之類，或有長短不齊、高低不平，非此數具烏能治之。

[一]《説文・木部》：『槍，歫也。從木，倉聲。一曰槍欀也。』又《説文・倉部》：『倉，穀藏也，倉黄取而藏之，故謂之倉。從食省，口像倉形。凡倉之屬皆從倉。』又《説文・金部》：『鋸，槍唐也。從金，居聲。』作者此處倒置《説文》的解釋，將『槍』作『倉』，疑似認定二者爲通假之故。

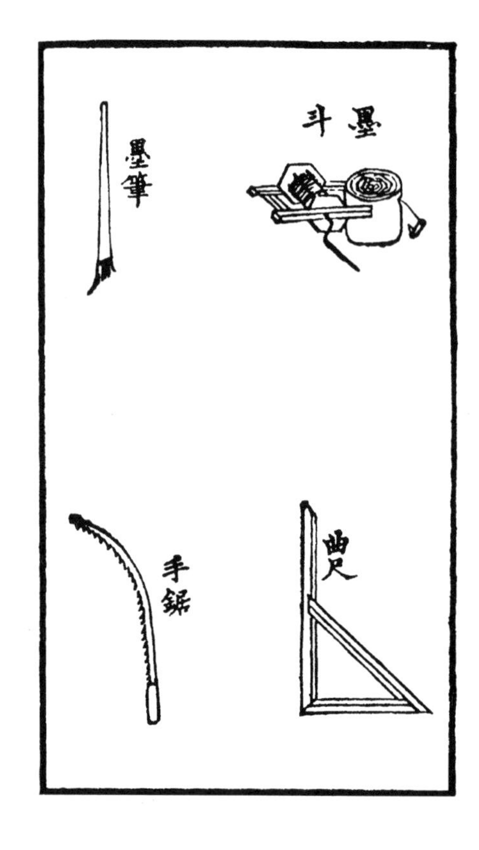

《廣韻》《商君書》：『赭繩束枉木。』注：『赭繩，即墨斗也。』㈠《甘泉賦》注：『鈎，曲尺也。』《正字通》：『鋸，解器也。』凡匠人斷木分片，必先用墨線、墨筆彈畫，方能正直。墨斗多以竹筒爲之，高寬各三寸許，下留竹節作底，筒邊各釘竹片長五寸，中安轉軸，再用長棉線一條貯墨汁内，一頭扣於軸上，一頭由竹筒兩孔引出，以小竹扣定，用時牽出一彈，用畢仍徐徐收還斗内。墨筆，亦取竹片爲之，其下削扁，用刀劈成細齒，以便蘸墨界畫。曲尺，形如勾股弦式，惟股微長，便於手取，股長一尺五六，弦長尺四，勾長一尺，分寸注明勾上。凡製木器，合角對縫，非此不爲功。手鋸，係用鐵葉一片，鑿成齟齬，約長尺五，受以木柄，長三寸，爲解析竹頭、木片之具。

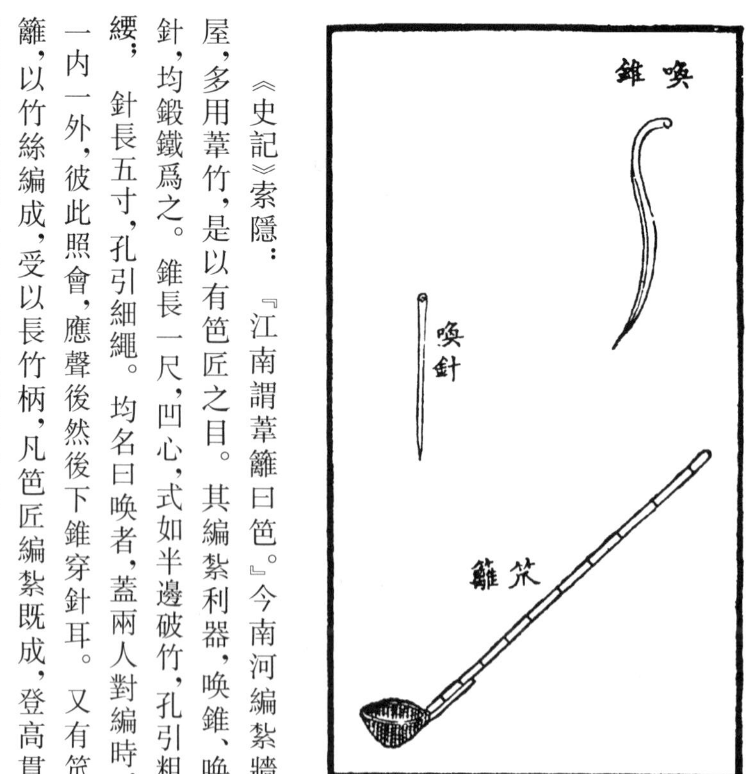

《史記》索隱：『江南謂葦籬曰笆。』今南河編紮牆屋，多用葦竹，是以有笆匠之目。其編紮利器，喚錐、喚針，均鍛鐵爲之。錐長一尺，凹心，式如半邊破竹，孔引粗縷；針長五寸，孔引細繩。均名曰喚者，蓋兩人對編時，一内一外，彼此照會，應聲後然後下錐穿針耳。又有笊籬，以竹絲編成，受以長竹柄，凡笆匠編紮既成，登高貫頂，須和稀泥苫草，以此爲遞送之具。

㈠此處『廣韻』疑似衍字。查《廣韻》中，并無『赭繩束枉木』等語。下文據《商君書·農戰第三》：『若以情事上而求遷者，則如引諸絶繩而乘枉木也。』引文與此顯然不同，未知出於何處，姑備於此。

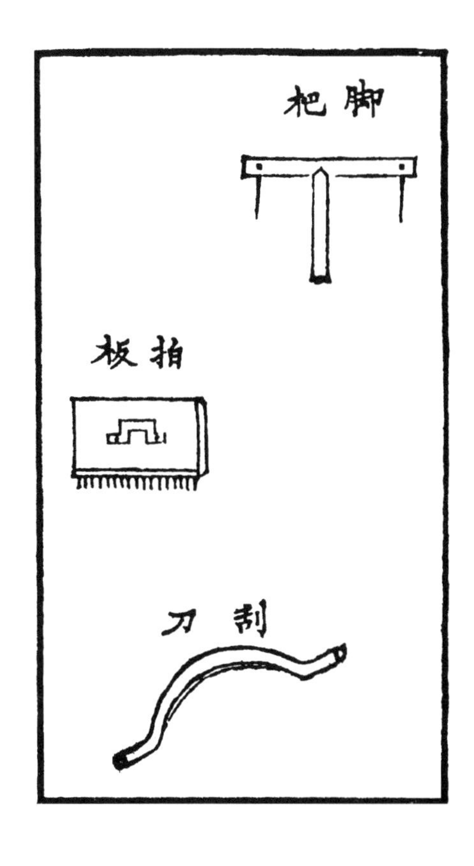

《玉篇》：『以草覆屋曰苦。』[一]《左傳》：『乃祖吾離被苦蓋。』註：『白茅苦也，江東呼爲蓋。』今工廠、館舍、兵房、夫堡多用苦蓋，其具有三：一曰刮刀，鑄鐵露刃，狀如弓，以兩弣爲柄，凡未苦之先，上梁豎柱，用以刮垢摩光；一曰脚杷，斷木爲架，式如丁字，兩端各簽長鐵釘一，攜以升屋，隨處可插，凡苦蓋之時，鋪頂壓脊，用以接高立脚；一曰拍板，析木爲片，面布齊頭短鐵釘，背安套手，凡既蓋之後，刪繁除冗，用以平治整齊。

牌

牌，首亦繪虎頭，大書『小心火燭』四字，因料廠重地，當風日燥烈之時，誠恐遺漏火種，所關非細，立此示禁，令兵弁觸目驚心，加意防維，庶幾帑項工需，益昭慎重。

小心火燭

[一]《玉篇・艸部》：『苦，苦菜也。』又：『苫，舒鹽切，茅苫也。』『茨，疾資切，以茅覆屋也。』『葠，舒鹽切，葠猶苫也，草自藉也。或作苫。』是引文中『苦』字當爲『苫』。至於其解釋，則并不與《玉篇》所載相同，疑爲作者因詞義相近混淆所致。

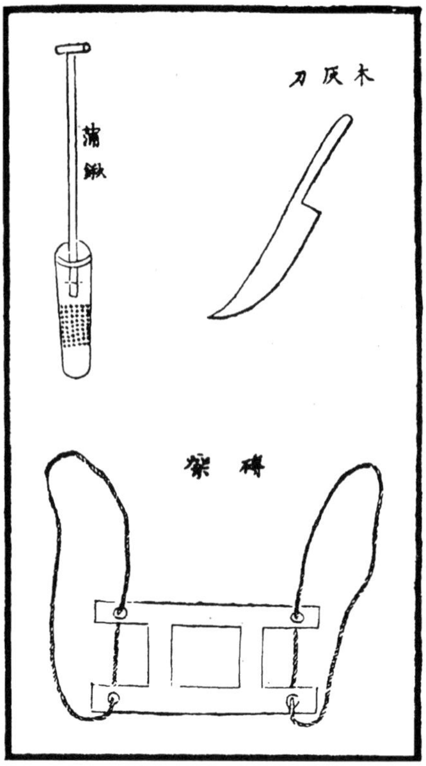

木灰刀

蒲鍬

磚架

《玉篇》：『鍬，臿也。』《釋名》：『蒲，敷也。』《廣韻》：『架，舉也。』蒲鍬，以堅木爲質，鐵葉裹口，上安丁字木柄，利除沙土。磚架，以木爲之，中方，兩頭鑿孔，穿繩作繫，便於抽動配平，工次用以擡轉。木灰刀，形如瓦刀，剡木爲之，石匠用以勾砌。

水缸

《玉篇》：『缸，與瓨同。』《説文》：『似罌長頸，受十升。』《漢書注》：『缸，長頸罋也。』唐詩：『花撲玉缸春酒香。』[一]水缸設於料廠，以備火燭，平時貯水，更資利用。

[一] 出自岑參《韋員外家花樹歌》。《全唐詩》卷一百九十九：『今年花似去年好，去年人到今年老。始知人老不如花，可惜落花君莫掃。君家兄弟不可當，列卿御史尚書郎。朝回花底恒會客，花撲玉缸春酒香。』

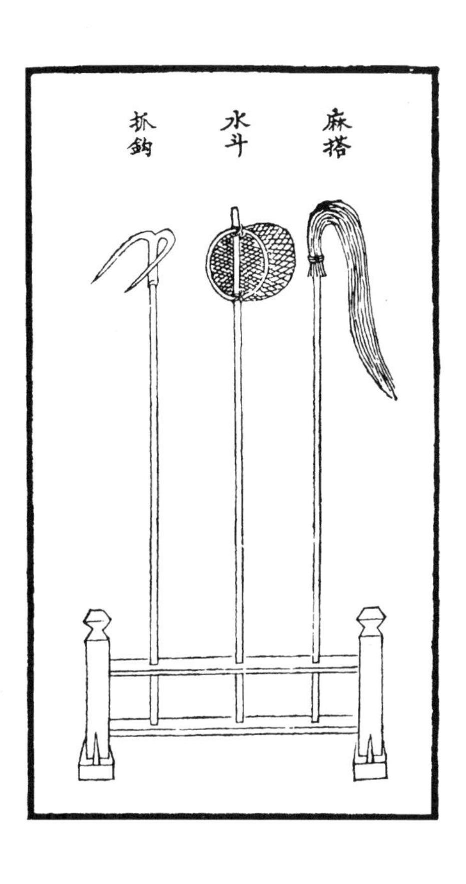

麻搭，以麻爲之，形似塵尾。水斗，柳筲編成，即小戽斗。《廣韻》：『戽斗，舟中渫水器也。』搭，鈎，《玉篇》：『鐵曲也。』〔一〕二股内向，便於搭拉草料，與拆廂舊埽之三股抓鈎差别，三者皆料廠備防火燭之用。

太平桶

《事物紺珠》：『桶，木器，受六升。』《博雅》：『方斛謂之桶。』今時用以挑水。《史記·商君傳》：『平斗桶，又作甬。』《禮·月令》：『仲春，角斗甬。』料廠既設水缸，何以又設木桶？蓋恐隆冬水凍，缸易裂縫，桶則貯水無患，故曰太平。

〔一〕《玉篇·金部》：『鉤，古侯切，鐵曲也。』『搭，多蠟切，又他蠟切，摸搭。』此處解釋，僅對於『鉤』字而言，『搭』字出现甚是突兀。姑存疑於此。

跋

右《河工器具圖説》四卷，河帥見亭先生所手輯也，分其目爲四門，繪其象爲一百四十有五幀，中有以類相從者，共得二百八十有九種，物物爲之圖，即物物爲之説，目睹耳聞，口講指畫，事有繁簡，制有損益，名有雅俗，用有古今，精且審矣，明且備矣！

昔宋吕大防撰《考古圖》，王黼等撰《宣和博古圖》，明吕震撰《宣德鼎彝譜》，是亦器具圖也，而近于玩好，無論有説無説，皆與政治無關。至《奇器圖説》，明鄧玉函所著，其解木解石、轉磨轉碓之屬，共三十九圖，各系以説。《諸器圖説》，王徵所著，凡十一圖，皆徵自造具見思致，然專尚奇巧，終非日用行習之物，豈若是書爲國家之要務、河渠之急需，其信今傳後，大非淺鮮哉？且夫治河之道，歷有成書，元沙克什《河防通議》分列六門，法則咸備；明姚文灝《浙西水利書》，歸有光《三吴水利録》，張内藴、周大韶《三吴水考》，俱就一隅而言；　國朝張伯行之《居濟一得》，靳輔之《治河方略》，傅澤洪之《行水金鑑》，齊召南之《水道提綱》，熟諳形勢，總括機宜，得失利弊，詳哉言之。然立其説者未嘗製爲圖也，其有圖而兼有説者，宋單鍔作《吴中水利書》，蘇軾嘗爲奏進狀，稱原本有圖，今已從佚；　元王喜《治河圖略》，首列六圖，末陳己説；　明潘季馴《河防一覽》，其圖説在辨惑檢要之前，謝肇淛《（比）〔北〕河紀》〔一〕河道諸圖之後，分河程、河源等八紀，陳應芳《敬止集》，有六圖十三論，張國維《吴中水利書》，有東南七府水利總圖；　國朝薛鳳祚《兩河清彙》，將黄河、運河繪爲二圖，又著論四篇之數，書者覽其圖、誦其説，不愆不忘，率由舊章，何莫非效法之所在邪？

雖然，水道有變遷，人事有因革，非空言可以取驗也，非徒手可以奏功也，且非親歷不能悉其形也，非周諮不能揆其宜也，非好學深思不能知其故也，《易》有之『備物致用，作成器以爲天下利』，又云『以制器者尚其象。』甚矣器之足以載道，而即以行道也。善其器者貴乎便事，而尤貴乎因地隨時，此《河工器具圖説》一書，誠有不容稍緩者爾！

見亭河帥，巡視南河已閲三載，蒞工綜務，謹慎周詳。其于治河諸書，早已徧觀盡識，融會貫通，而又于所用器

〔一〕《北河紀》，正文八卷，正卷末附有紀餘四卷，明謝肇淛撰，《明史·藝文志》有著録。首列河道諸圖，次分八記，詳疏北河源委及歷代治河利病，紀餘爲山川古迹及古今題咏之屬。《北河紀》發凡起例，具有條理。清初閻廷謨曾作《北河續紀》四卷，其大致仍以此爲藍本。《四庫全書總目提要》稱，此爲謝肇淛以工部郎中視河張秋時所作，具載河流原委及歷代治河利病，《明史·文范傳》獨載此書，其内容『必有以取之矣』。

具，一一爲之循名核實，積久成帙，條分縷析，綱舉目張。即小以見大，由精以及麤，溯流以尋源，明體以達用。燦若列眉，燎如指掌，是真補前賢所未及，垂後世以共由。上爲一人佐平成之績，中爲四瀆奏安瀾之效，下爲百官著考鏡之資，所謂太平之鴻猷、不朽之盛業，其在斯乎！其在斯乎！

國佐承乏下僚，素蒙訓迪，今夏特出是編見示，是不以國佐爲不才也。爰請任校勘之役，即付剞劂氏公諸天下，庶幾哉河政有全書，河防有良法已。是爲跋。

道光柔兆涒灘陽月[一]，同知銜揚糧

通判大興王國佐拜撰

整理人：武强，河南大學黄河文明與可持續發展研究中心副教授、碩士生導師，歷史地理學博士，人文地理學博士後。主要從事歷史經濟地理學與近代經濟史、歷史地理信息化等研究。已發表論文十餘篇，主持省部級課題多項。

[一] 此處爲歲星紀年法。依干支紀年法爲道光丙申年十月，即道光十六年（一八三六年）十月，也即《河工器具圖説》刻印的年份。

〔清〕李昞 撰

木龍書

童慶鈞 整理

整理説明

《木龍書》由李昞撰，清乾隆年間刊行。李昞，字雙士，漢陽人，乾隆年間任江蘇揚州府泰州州同。

木龍是中國古代的一種治河工具，首創自宋代陳堯佐，元代賈魯治河也曾用木龍。然而其做法没有流傳下來，至明清年間，木龍形制已難以查考。乾隆五年（一七四〇年），地處黄淮交會的清口（在今江蘇省淮陰市西）北岸陶莊河灘淤漲，迫使黄河向南直射清口，每當淮水水勢稍弱，就极易倒灌。時任河道總督高斌采用李昞建議，製設木龍，附於清口西側御壩下，引導黄河北行，歷見成效。乾隆十六年（一七五一年），乾隆皇帝首次南巡，至清口閱視木龍。李昞獻詩進頌，其詩頌并木龍圖説、成規、紀略、題詠等，輯成一書，一并刊行，題爲《木龍書》。

《木龍書》全書僅一萬餘字，内容包括『御製木龍詩』『恭迎聖駕南巡詩』『恭進木龍頌』『木龍圖説』『題定河工木龍成規』『木龍紀略』『木龍題詠』等，書後有『跋』。

『御製木龍詩』爲乾隆十六年皇帝南巡時，『臨視河工，目擊其製』而作，收入《欽定南巡盛典》及乾隆《御製詩集》，題爲《木龍》，詩前有序文：『木龍製如鹿角，枝梧交午。其中編竹爲障，置急流中，水徑過而沙漸淤。宋臣陳堯佐創爲是法，前代治河者未得其用。近河員李昞陳之總河高斌，斌用之，遂著成效。朕臨視河工，目擊其制，詩以紀之。』

『恭迎聖駕南巡詩』爲乾隆皇帝南巡時李昞跪迎聖駕時上陳。詩前有序，主體爲七言。序言把乾隆十六年首次南巡比附先王巡狩及康熙巡省。而李昞身爲『末秩下吏』，能跪迎聖駕，不免受寵若驚。從詩中所記，可知南巡鹵簿儀仗聲勢浩大，所到之處皆陳詩納賈，觀民風民俗。詩中歷數乾隆皇帝登基以來蠲免賦税，頒修《玉牒》，講求宋儒之書，集校海外諸籍，以三十二家篆體繕寫《御製盛京賦》，討伐金酉莎羅奔等事，可與正史互見。

『恭進木龍頌』爲李昞繪圖輯書後，覲見聖駕時奉呈之作，爲四言詩，與『恭迎聖駕南巡詩』一同進獻，詩前亦有序。序言簡要回顧了乾隆五年李昞製設木龍及此後歷次添紮之事。該詩謳頌了乾隆皇帝初次南巡之盛舉，稱『道符天地，德合神明』，隨後簡略叙寫了乾隆五年木龍的創製背景，此後歷次改紮及各處的使用情況。頌後補記二月初八乾隆皇帝親臨清口御壩、登臨木龍之事。該日李昞進獻詩頌二册，并獲賜緞匹。

『木龍圖説』回溯了木龍的沿革，從陳堯佐創製到賈魯治河，再及李昞。由於史籍没有明文記載木龍的具體形制，故『今所建木龍制度加詳』，『與堯佐僅置水旁以護岸者，功效大小異矣』。木龍圖共十四幅，每幅半頁或一頁，其中一幅爲木龍全圖，其他爲各構件圖，包括龍身各面層、天平架、地成障、系纜直柱、天戧、地犁、眠車、大戧、逼水木、水閘、股車、冰滑等。圖旁均附有文字，簡述各構件的用料、尺寸、製作方法、功效等。圖或爲平面圖，或近似於軸測圖，根據表現需要而定。如天平架、地成障、水閘等各部分多爲平面，從二維視角就可以較爲清晰地瞭解其構造。而全圖及其他構件等，若缺少一維，便不能很好地表現其總體構造，均以近似於軸測圖來表現。麟慶所撰《河工器具圖說》成書於道光十六年（一八三六年），書中『木龍』一節簡述了木龍的沿革，并提及《木龍成規》。其木龍全圖及龍身各面層缺少了龍身厚度的描繪，因而叙述不如《木龍書》清晰。而其他各構件以《木龍書》爲底本，纜索等各細部描畫得更爲細緻入微。

『題定河工木龍成規』篇幅最長，詳細叙述了木龍各構件的具體製作方法，包括用料、大小、用纜、編紮方式、工時、人力、工料價格等，考慮周詳，不厭其煩。龍身共九層：第一層編底，二、三層橫梁，四、五層龍骨邊骨，六、七層橫梁，八層密鋪縱木，九層橫梁，各層的編紮及層間的連接均有定則，用纜的種類、大小也有規定，用纜長度則通過計算得出。其他如天平架、地成障、轆轤架、陞龍眠車、陞關等編紮方式均有定制。書中還規定了編龍的時節，如『編紮木龍多在冬春水耗之時。迨至伏秋大汛，所有編紮扣繫簟纜歷經風日雨雪，易於朽損。若不修整加添，難資穩固』，顯然是歷年治河的經驗之談。『成規』中也言及某些構件的功用，如陞關爲牮龍挑溜之用等。另外，還特意述及編紮木簰鉤手的招募、培訓、工作量等事項。編紮木龍所需簟纜雜料價值則附後，如竹纜、股纜、松木、楓木、檀木、毛竹、椿木、栗木、檾等，從中也可得知當時的物料價值。

『木龍紀略』撰於乾隆十三年（一七四八年），就清口重要的地理位置出發，回顧了康熙、雍正、乾隆三朝對於清口的治理。乾隆四年（一七三九年），原計劃在南岸建挑水壩，在北岸開挑陶莊引河，後來因汛長漫灘，『引河趕挑不及，築壩亦難施工』，高斌采用李昞建議，試辦木龍，果然能『挑溜停淤』。後來奏請添建，獲乾隆皇帝欽准。木龍功效較爲明顯：陶莊漲灘已挑刷殆盡，南岸漲成沙洲，客觀上也起到固堤并改變黄河流向的作用。黄淮交會，順軌東流，『鮮有抵觸倒灌之患』。乾隆七年（一七四二年）夏秋之際，清黄交漲，李昞趕紮木龍護壩，并捆編長筏，破開洄溜。此後，木龍用於安東、桃園、烟墩等處，均『化險爲平，埽工穩固』。故李昞『爰並記之，以備考查』。

『木龍題詠』收録有丁一燾、張照、彭廷梅等十七人的詩作，包括李昞及其弟李晚之作。各篇長短不一，或爲五言絶句，或爲七言長詩，或不拘字數所限。其作多爲題木龍圖，也有目擊木龍形制及挑溜功效而賦贈的。各詩詞均對木龍的治河功效大加贊許，也希望木龍治河之法能傳之久遠。從若干詩詞中，我们推測，在題詠之時，李昞的年歲已較大。如滿洲長海《題木龍圖寄贈》：『何因頭白盡，尚授一微官？』會稽陳守揚《木龍行》：『李君李君非黑頭，約省何如漢延世，半刺尤滯江南州。』李昞《自題》中的『河上老人』也應爲自稱。

『跋』爲李晚所作，爲李晚和某人的問答之語。他指出《木龍書》『圖説』詳法制，『紀略』明功用，但『制而用之者存乎法，推而行之者存乎人』，其應用要根據不同的情勢而異。這一觀點在今天看來仍有其價值。『跋』後没有成文日期，這也給《木龍書》成書年代的考證增加了難度。

現存專記李昞造設木龍的典籍有三種形式，姑以『甲本』『乙本』『丙本』稱之：

甲本：一册一函，半頁九行，行十二字到二十餘字不等。白口，四周雙邊，單魚尾，有插圖十四幅。無句讀，前無牌記，書後題跋無成書日期。內容包括『木龍圖説』『木龍成規』『木龍紀略』，正文前有『御製木龍詩』『恭迎聖駕南巡詩』及『木龍頌』，後有『題詠』及『跋』。目録頁上題爲『木龍書總目』。

乙本：一函二册，一册封面上題簽爲『木龍成規』，另一册爲『勑封靈佑襄濟河神黄大王事蹟全誌』，二書置於同一函。此二册裝幀相同，版式略異。題爲『木龍成規』的一册，內容和版本特徵與甲本完全一致。

丙本：一函三册，即『圖説』一册，『成規』一册，『題詠』一册。『圖説』內容包括『御製木龍詩』至『木龍圖説』；『成規』即『木龍成規』；『題詠』包括『題詠』至『跋』的內容。此本內容及版式特徵和甲本也無二致，只是被分裝成三册。

甲、乙、丙三本版式完全相同，現存各本的區别僅在於分册裝訂不同。由此看來，《木龍書》很可能衹印行一版，爲清乾隆年間刊刻。從書的內容看，稱之爲《木龍書》更爲妥當，因爲目録頁題爲『木龍書總目』，且『木龍成規』僅爲其中一節。《中國水利圖書提要》《存素堂入藏圖書河渠之部目録》《中國河渠水利工程書目》《西諦書目》均著録有《木龍書》。

由於《木龍書》中無書牌，書後題跋也無成書日期，故難以判定其刊刻年份。各書目著録此書時，或定其刊行年代爲乾隆五十九年（一七九四年）（即《勑封靈佑襄濟河神黄大王事蹟全誌》刊行之年），或定爲乾隆十六年皇帝南巡之時（因書中所叙皆爲該年乾隆皇帝南巡及此前之事），或付之闕如。而從李昞恭迎聖駕時作『恭進木龍頌』中有『既已繪圖輯書』『編龍刊書，恭紀聖迹』等文字來看，可以推斷乾隆十六年皇帝南巡時，《木龍書》已編撰完畢，刊刻年代應略晚於此。

本編纂單元由童慶鈞點校整理，若有不當之處，敬請批評指正。

整理者

目録

[一] 據正文標題補，下同。

御製木龍詩

刊木遺來天用奇，淤沙禦水兩兼宜。密茭奚事搴横浦，曲岸居然漲遠涯。鱗次常令波浪静，蟠拏未許蜿蛟馳。陳堯佐創高斌繼，績奏安恬制永垂。

乾隆辛未春閲木龍作

恭迎聖駕南巡詩謹序

臣聞《易》載『省方』，《詩》歌『時邁』，古先哲王皆有事於巡狩，匪僅致禮於山川，所以考制度，觀民風，式序有位，勤求治理，葢綦重矣。歲在重光協洽，序屬孟春，我皇上仰遵聖祖巡省之鉅典，俯慰臣民瞻望之誠心，廼命禮官整法駕，衹奉聖母南巡，德寓天覆，輝烈光燭，甚盛舉也。臣蒙河臣檄委，職司木龍工程，幸以末秩下吏，跪迎鸞輅於道左，竊附臣子頌揚之義，敬譔蕪詞，上陳黼座。聖德如天，何能紀載於萬一？葵心向日，少伸舞蹈之微忱。其詩曰：

聖主乘春出省方，大猷載洽景貺彰。王屑暖融清蹕路，錦霞蔚起擁鸞幢。淮甸欣瞻先輅發，越郊凝望翠華張。羽林七萃皆虎賁，上駟千群盡飛黃。河山開霽昭晷緯，庶彙雍熙際時昌。陳詩納賈觀民俗，敷天哀對總王綱。聖德神謨充寰宇，群頌登三慶咸五。禮樂修明邁百王，至治馨香超隆古。普蠲賦税遍九州，涵天極地未數覯。父老謳歌無能名，盛事相傳惟聖祖。金簡實録備三朝，玉牒聿修璿源遥。更傳天子重穡事，躬秉耒耜藉南郊。大昕鼓徵臨雍日，冠帶聽講許圜橋。儒臣選集定三禮，乙夜披覽忘其勞。申命理學崇宋代，徒尚詞章何足褒？修身立本以端化，存誠去僞戒相標。治統道統歸一致，大哉王言接帝堯。鰲定國書橅古篆，三十二家就鈞陶。睿藻大學士諸臣請以《御製盛京賦》繕寫各家篆體，昭示來許。篆成諸體備，奎璧交輝燭重霄。寶璽印章咸炳煥，璑璜琮琥瑛瓊瑤。旁稽外裔輯番字，同文大化更遠昭。蠢爾金酉莎羅奔，妄恃險遠侵隣番。我皇赫怒斯撻伐，大軍壓壘纔三旬。賊酋窮蹙乞貰臯，厥角稽首投軍門。元戎奮武期掃穴，湯網宏開出聖恩。百蠻從此不復反，勝算要在革其心。緬甸前明已阻化，遠修職貢願稱藩。南暨朱垠北元澗，日月所照皆來賓。衹遹聖祖勤蒼赤，爰稽典誥命卜征。敬奉聖母巡南國，鳳輦鑾輿鳴和鈴。陂池溝澮交相屬，菜畦麥畛饒鋪菜。暖日舒梅飄晴雪，瑞煙和柳暎朝暾。兩宮懽豫傳吉語，俗阜時豐海宇寧。母后慶登花甲壽，臣民競獻萬年尊。福緜東海增蕃祉，算符南極衍休徵。大孝乃以天下養，惟大聖人能盡倫。獨秉全智規洪摹，周原禹甸盡回春。翕河喬嶽崇望祀，展義宣德沛澤深。祥風送帆江如練，榮光照水河底平。木龍奏績匪人力，天惟瑞聖地效靈。葵藿有心常就日，草茅何幸得瞻雲？願随耋艾祝吾皇，億萬斯年壽無疆。

恭進木龍頌謹序

臣謹按：清口廼黄淮交會之區。對岸陶莊漲灘歲淤月積，逼黄趨淮，其所從來舊矣。皇上御極之五年，臣仿宋臣陳堯佐木龍之義，備增法制，條析功用，請附御壩下岸，建龍用以淤本工之護沙，刷對射之灘嘴，厥效初著。河臣舉以入告，欽奉硃批：『且試行之，俟再有成效，則甚美事也。欽此。』河臣規地程功，臣昞力役十餘載，不敢少懈。今壩前遍淤，陶莊亦冲刷殆盡，黄淮順軌，漕運利達，推之安清、豫省，類能化險爲平。夫木龍上承御壩而奏功，斯誠聖祖暨我皇上之神謨鉅烈，先後同揆允宜，昭示萬世。恭逢聖駕臨幸，小臣近仰日月之光華，弗揣淺陋，既已繪圖輯書，敢再拜稽首而獻頌曰：

皇帝踐阼，萬寓以寧。道符天地，德合神明。百工允釐，庶績其凝。八紘浹會，九譯來庭。飛潛咸遂，動植斯甄。聖不自聖，勤彼蒸民。卜征考祥，聿舉時巡。鄒魯之地，欣覯大君。三晋兩河，謳頌恩綸。暨吴及越，望幸尤殷。維歲協洽，太皡司正。法駕東指，奉引前陳。春日載陽，弭節河津。黄流渾渾，淮水沄沄。御壩高峙，屹如雲横。助清激濁，惟聖通神。仰思聖祖，厥庸孔勤。萬世攸賴，夏禹並尊。顧兹木龍，剏自宋臣。曰陳堯佐，史載其人。乾隆五載，河臣討論。采用臣言，舉以上聞。皇帝曰俞，爾其試行。烺烺天語，迺降明廷。徵功僦工，臣昞是承。大龍既建，截河就程。陶莊盡汰，積土隨傾。運道利涉，二瀆底平。遶壩漲沙，千丈而盈。播以來辨，樹以河檉。漕舸賈舶，憧憧交征。神倉闐委，如坻如京。商謳甿忭，盱目睨心。河臣營度，完舊益新。無敢弛勞，歲久乃成。遠則中州，邇則安清。推類仿式，化險立徵。惟天有河，是生水德。惟地有河，是爲川脈。元氣相通，渾融莫測。以正辰極，以奠南北。其運無窮，其用曷極？疏自圓靈，鑿由禹績。峩峩壩工，木龍是翼。河既奠只，皇猷允塞。榮光充溢，景風協浹。天眷皇帝，上瑞頻錫。朱草被階，嘉禾栖陌。赤龍黄麟，游翔郊澤。函夏乂安，荒徼胥格。帝軫民依，維下斯益。敬應萬幾，遑朝遑夕。一遊一豫，經世之則。臣守河湑，天顔咫尺。稽首獻頌，賡歌帝力。就日傾誠，闚天罔識。編龍刊書，恭紀聖迹。永昭成憲，用垂千億。

乾隆辛未二月初八日，聖駕渡黄，晨曦軒朗。河水安流，遂越清口而升御壩。爰登木龍，周覽形勢。是日臣進獻詩頌二册，上駐馬，命大臣收受。詰朝恭詣行在，蒙賜緞匹。伏念錫以文綺，寵示褒嘉，乃臣子之至榮，實藝林之盛事。顧惟微賤，膺兹殊恩。猶蹄涔而延兩曜之光，寸草而被三春之澤也。

鐫心誌感，撫已增慚，臣李昞拜手謹識

木龍〔圖〕説

按：木龍之制刱始於宋，前此未有也。史載：天禧五年，陳堯佐知滑州，以西北水壞，城無外禦，築大堤，又疊埽於城北，復就鑿横木，下垂木數條，置水旁以護岸，謂之木龍。當時賴焉。曾鞏爲堯佐立傳，叙木龍事略同。元賈魯塞北河口，亦用木龍。其散見於他書者，率引史傳而已。其法初不傳，今所建木龍制度加詳，用以挑截黄溜，輙刷對岸而淤本工，不崇朝〔一〕而化險爲平，此與堯佐僅置水旁以護岸者，功效大小異矣。且力可移河，是又能變化於古法之外者。謹遵部文，繪具圖説於左。

〔一〕『崇朝』，喻時間短暫。

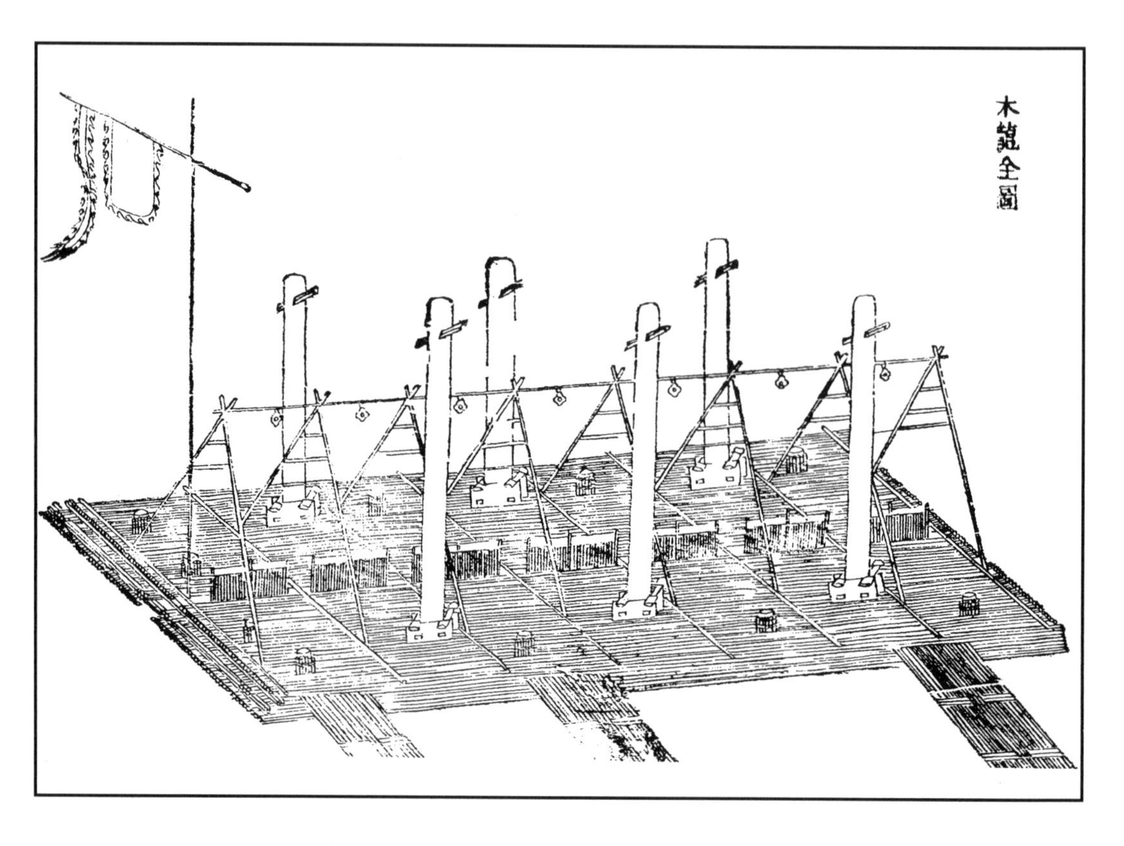

木龍全圖

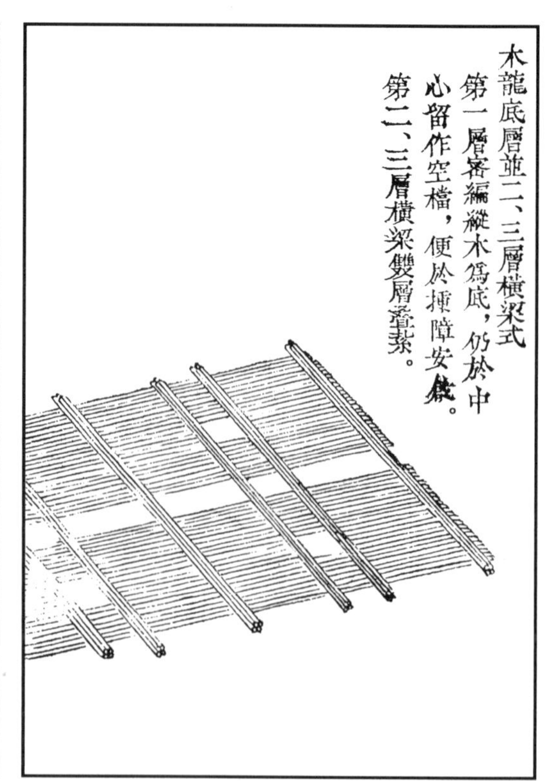

木龍底層並二、三層橫梁式

第一層密編縱木爲底，仍於中心留作空檔，便於揀障安鐵。第二、三層橫梁雙層疊紮。

第四、五層龍骨邊骨式，第六、七層橫梁式俱用木雙層疊紮。

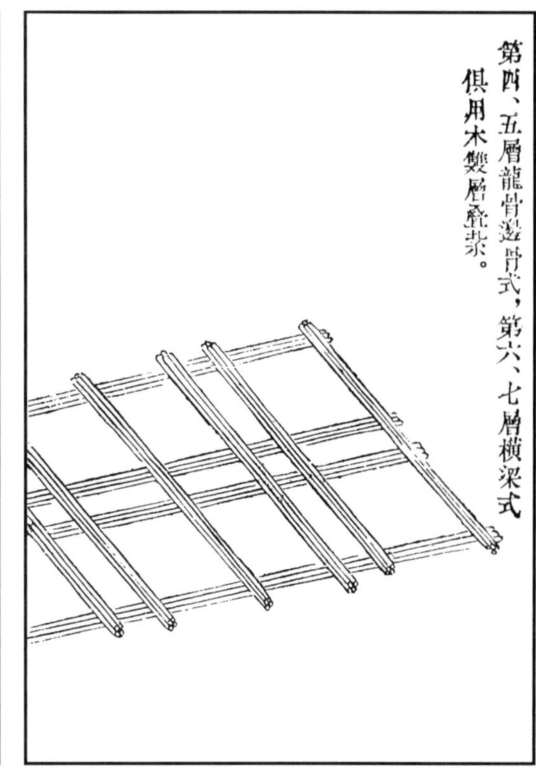

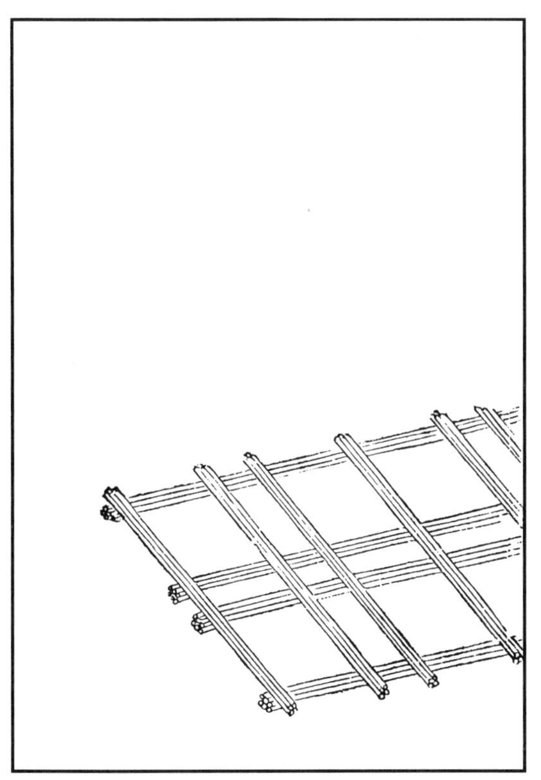

第八層密鋪縱木式，第九層橫梁二木排紫式

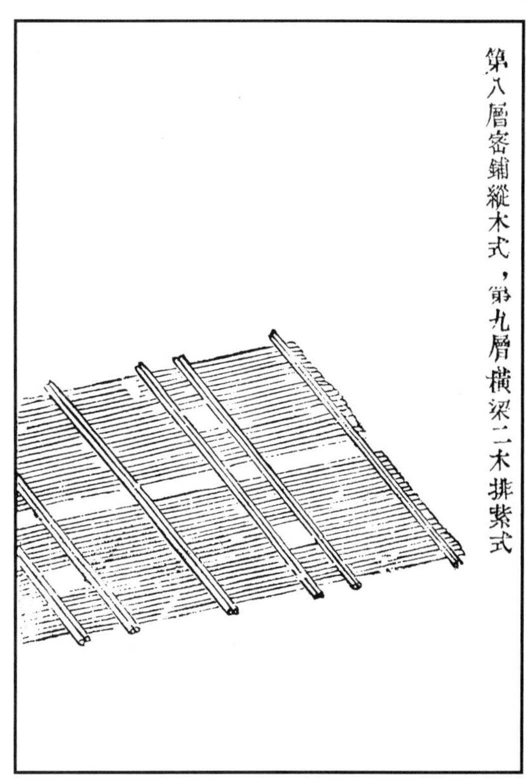

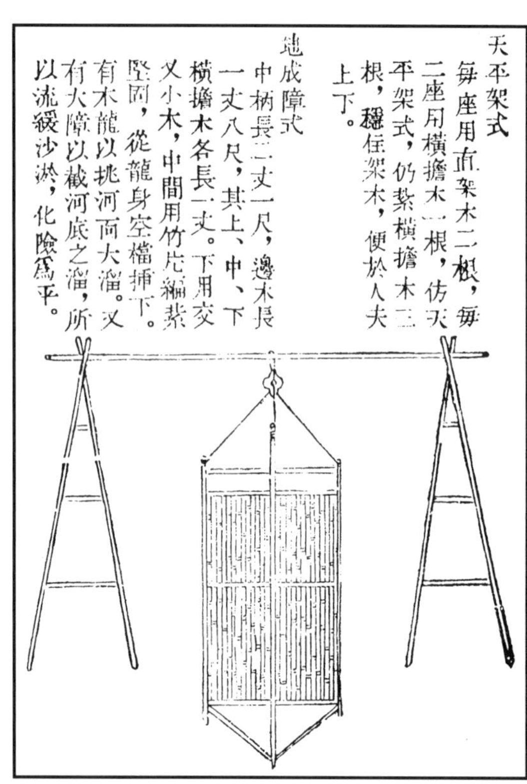
天平架式
每座用直架木二根，每二座用横擔木一根，仿天平架式，仍紮横擔木二根，穩住架木，便於人夫上下。
連成障式
中柄長二丈一尺，邊木長一丈八尺，其上、中、下横擔木各長二丈。下用交叉小木，中間用竹片編紮堅固，從龍身空檔插下。又有木龍以挑河而大溜。又有大障以截河底之溜，所以流緩沙淤，化險爲平。

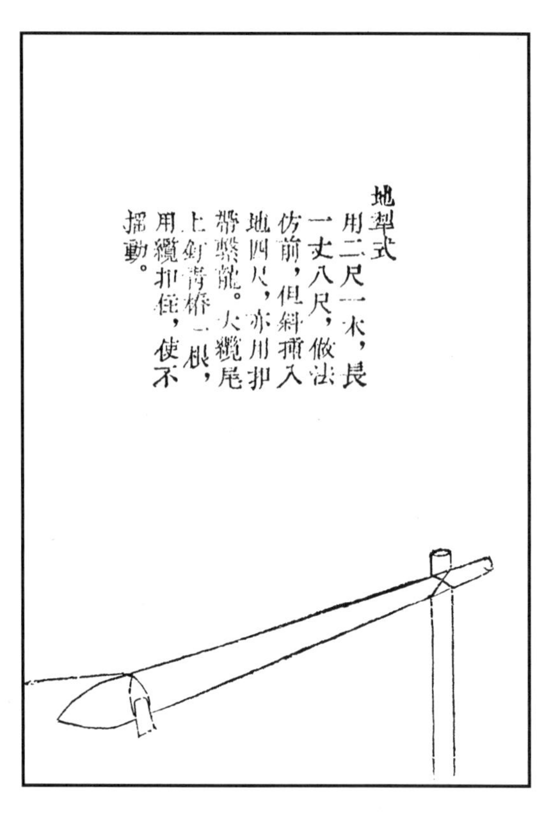
地架式
用二尺一木，長一丈八尺，做法仿前，但斜插入地四尺，亦用护帮紮龍。大纜尾上釘湾椿二根，用纜扣住，使不擺動。

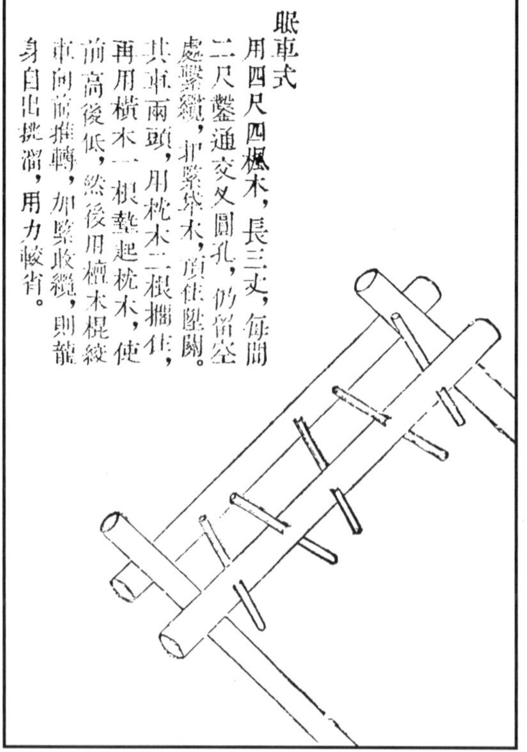
眼車式
用四尺四楓木，長三丈，每間二尺鑿通交叉圓孔，仍留空處繫纜，扣緊竹木，頂住墜關。其車兩頭，用枕木二根擱住，再用横木一根墊起枕木，使前高後低，然後用檀木棍絞車向前推轉，加緊收纜，則龍身自出挑溜，用力較省。

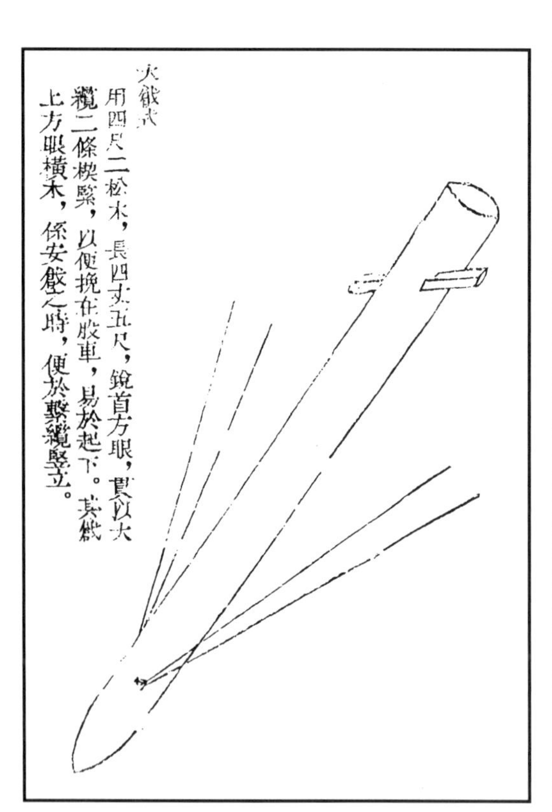
大椗式
用四尺二松木，長四丈五尺，銳首方眼，貫以大纜二條楔緊，以便挽在般車，易於起下。其椗上方眼横木，係安盤之時，便於繫纜豎立。

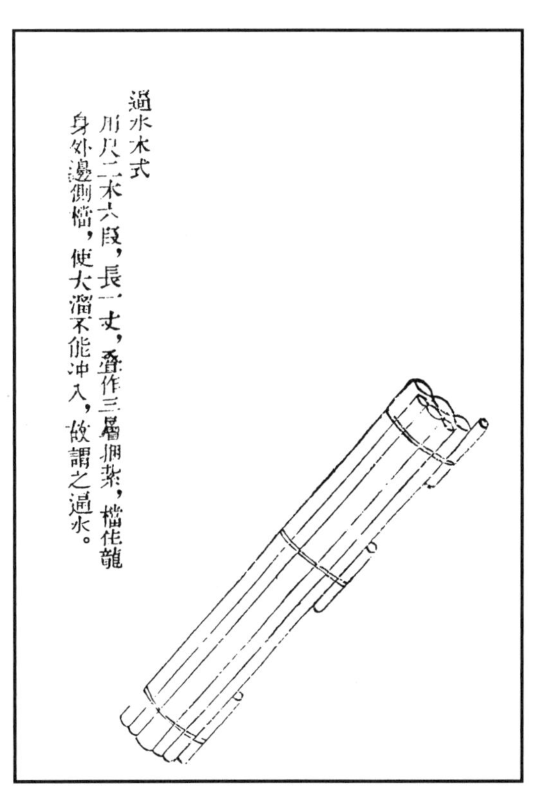

過水木式

用尺二木六段，長一丈，疊作三層捆紮，擋住龍身外邊側擋，使大溜不能冲入，故謂之過水。

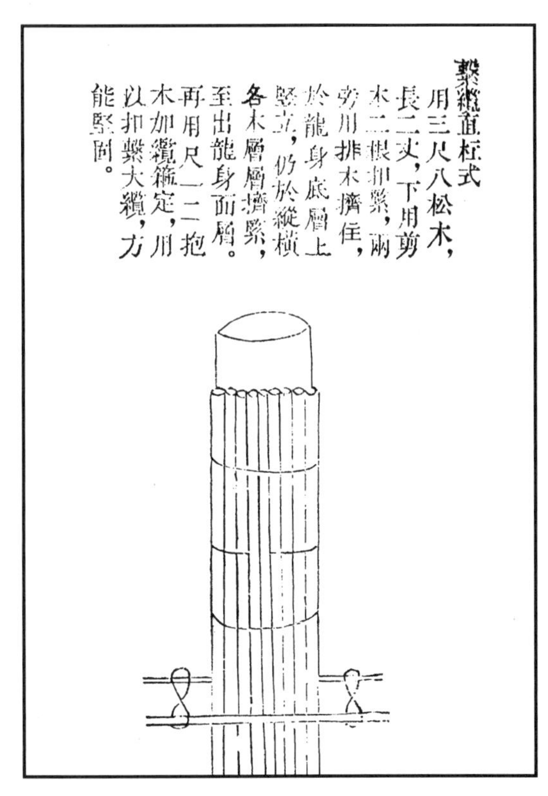

繫纜直柱式

用三尺八松木，長二丈，下用剪木二根抑緊，兩旁用排木擠住，於龍身底層上竪立，仍於縱橫各木層層擠緊，至出龍身面層。再用尺一二抱木加纜箍定，用以抑繫大纜，方能竪固。

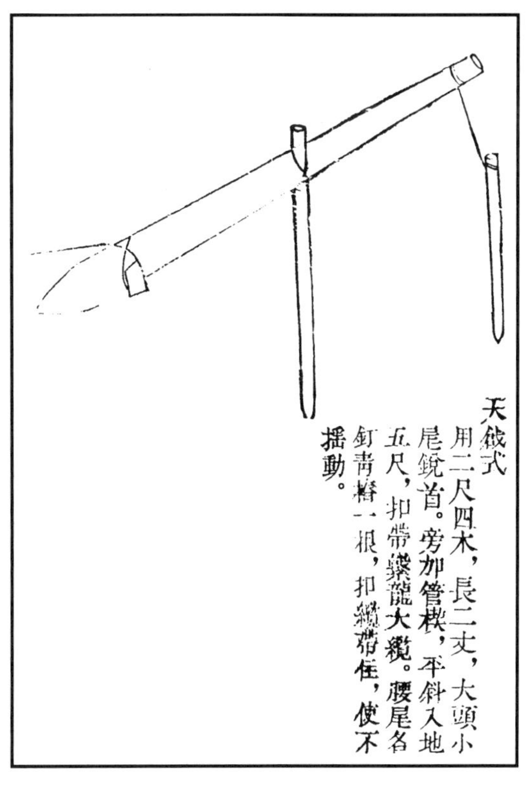

天鈸式

用二尺四木，長二丈，大頭小尾銳首。旁加管楔，平斜入地五尺，抑帶繫龍大纜。腰尾各釘青樁一根，抑纜帶住，使不搖動。

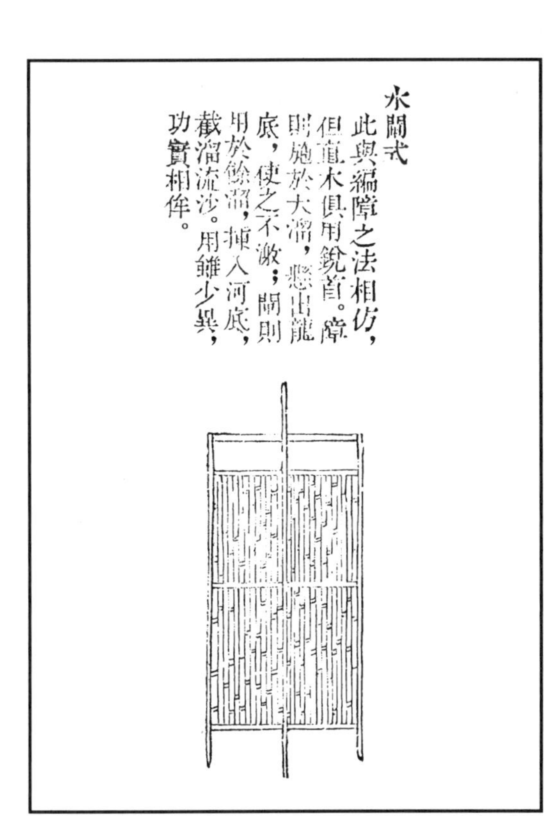

水閘式

此與編障之法相仿，但直木俱用銳首。障時施於大溜，懸出龍底，使之不激；閘則用於餘溜，插入河底，截溜流沙。用雖少異，功實相侔。

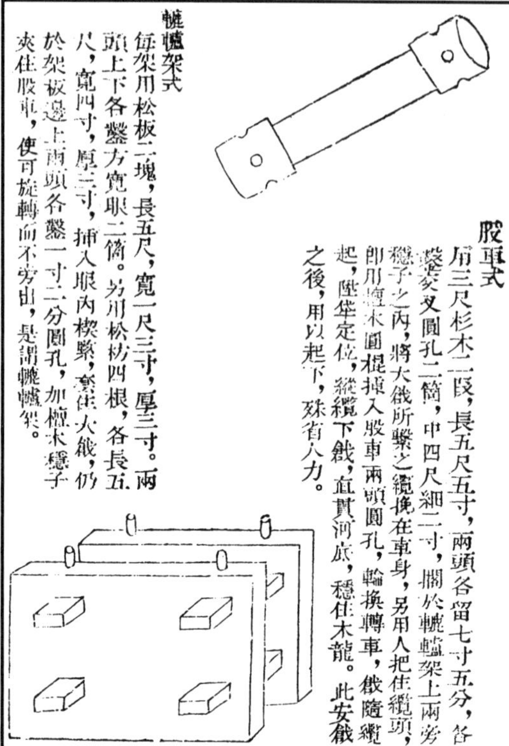

冰滑式
每排用毛竹十根，仍以竹片貫串成排，仿簑衣搭於冬春冰凌之時，置於龍身外邊，以護簟纜，免致擦損。

題定河工木龍成規

計開：

編紮木龍，每長拾丈，寬壹丈，玖層計，單長玖拾丈，高陸尺伍寸叁分叁釐。

第壹層編底，用貳尺貳縱木壹拾叁根，每排長壹丈伍尺，餘梢連搭次排編紮，計柒排，共木玖拾壹根。

第貳、叁層橫梁挒道，每道用貳尺柒木陸根叠作雙層，共木肆拾捌根。

查擬定成規，係開龍身衹寬壹丈爲則，其有加寬者，所用橫梁不必截斷，理合登明。

每道用犁頭竹纜兜縮下層縱木拾叁根，每間貳根交股順去叠回編紮。

成規（一）[一]

用雙纜兜縮底層左手貳尺貳縱木貳根，計下面及兩傍共肆面，又兜縮底層右手貳尺貳縱木貳根，共肆面，貳共捌面，每面該柒寸叁分叁釐叁毫，共該伍尺捌寸陸分陸釐。又横梁上下兩旁共拾面，每面玖寸，共該玖尺，通共

[一] 爲便於讀者閱讀，整理者添加了序號。下同。

壹丈肆尺捌寸陸分陸釐零。計交股肆道，以肆乘之，該伍丈玖尺肆寸陸分伍釐零。再加橫梁上下斜交捌道，計捌尺陸寸肆分，共陸丈捌尺壹寸伍釐零。再以橫梁管壓底層縱木壹拾叁根，每貳根交紮壹扣，計陸扣壹根。

計壹扣該用纜陸丈捌尺壹寸伍釐，陸扣共用犁頭竹纜肆拾丈捌尺陸寸叁分。

又木壹根，該用纜叁丈肆尺伍分貳釐伍毫。

計橫梁壹丈，該陸扣壹根，共用纜肆拾肆丈叁尺壹寸伍分伍釐。

計橫梁捌道，共用纜叁佰伍拾肆丈伍尺貳寸肆分。

又每橫梁壹道，外加兩頭扣結各壹丈。

第肆、伍層龍骨長拾丈，係貳尺貳木陸根，疊作雙層，壹節長壹丈伍尺，計柒節，共木肆拾貳根。餘梢連搭次節，先用連半大竹纜雙行箍紮捌扣。

成規（二）

以貳尺貳木陸根雙層計算，共拾面，每面該柒寸叁分叁釐叁毫，拾面該柒尺叁寸叁分叁釐。雙行該壹丈肆尺陸寸陸分陸釐陸毫。再加兩頭扣結各肆尺伍寸，共貳丈叁尺陸寸陸分陸釐零，作貳丈肆尺算。

計每扣連扣結用纜貳丈肆尺。

計龍骨長拾丈，該捌扣，共纜壹拾玖丈貳尺。

又用行江大竹纜兜綰下層橫梁貳尺柒木陸根，交股編紮。

成規（三）

以貳尺貳木陸根雙層計算，上叁面及兩旁各貳面，該柒面，每面該柒寸叁分叁釐零，共伍尺壹寸叁分叁釐零。又兜綰橫梁下面及兩旁共柒面，該陸尺叁寸，貳共壹丈壹尺肆寸叁分叁釐。又加龍骨上叁面斜交，每壹股該捌寸捌分，貳股共壹尺柒寸陸分。又加橫梁下叁面斜交，壹股該壹尺捌分，貳股共貳尺壹寸陸分。又加橫梁寬龍骨伍寸，共壹丈伍尺捌寸伍分叁釐，計交股共叁丈壹尺柒寸陸釐。又加兩邊扣結各肆尺伍寸，共肆丈柒寸陸釐，作肆丈壹尺算。

計壹扣連扣結用纜肆丈壹尺。

計龍骨長拾丈，該捌扣，共纜叁拾貳丈捌尺。

又邊骨長拾丈，用貳尺貳木肆根疊作雙層，壹節長壹丈伍尺，計柒節，共木貳拾捌根。餘梢連搭次節，先用丈⿱竹壹大竹纜雙行箍紮。

成規（四）

以貳尺貳木肆根雙層計算，上下兩旁共捌面，每面該柒寸叁分叁釐，共伍尺捌寸陸分陸釐零，雙行共壹丈壹尺柒寸叁分貳釐零。再加兩頭扣結各肆尺伍寸，共貳丈柒寸叁分貳釐，作貳丈壹尺算。

計壹扣連扣結用纜貳丈壹尺。

計邊骨長拾丈，該捌扣，共壹拾陸丈捌尺。

又用連半大竹纜兜縮下層横梁貳尺柒木陸根，交股編紮。

成規〔五〕

以貳尺貳木肆根雙層計算，上貳面及兩旁共陸面，每面該柒寸叁分叁釐，陸面共肆尺肆寸，又兜縮横梁下面及兩旁，該柒面，每面計玖寸，共陸尺叁寸，貳共壹丈柒寸。又加邊骨上貳面斜交，每股該陸寸，貳股共壹尺貳寸。又加横梁下叁面斜交，壹股该壹尺捌分，貳股該貳尺壹寸陸分。又加横梁寬邊骨壹尺貳寸，共壹丈伍尺貳寸陸分，計交股共叁丈伍寸貳分。又加兩邊扣結各肆尺伍寸，通共叁丈玖尺伍寸貳分，作叁丈玖尺伍寸算。

計壹扣連扣結用纜叁丈玖尺伍寸。

計邊骨長拾丈，該捌扣，共纜叁拾壹丈陸尺。

第陸、柒層横梁捌道，每道係貳尺柒木陸根叠作雙層，共木肆拾捌根。用犁頭竹纜兜縮下層龍骨貳尺貳木陸根，交股編紮。

成規〔六〕

以横梁木貳層計算，上叁面及兩旁各貳面，該柒面，每面玖寸，共陸尺叁寸。又兜縮下層龍骨貳尺貳木陸根，計下叁面及兩旁該柒面，每面柒寸叁分叁釐零，共伍尺壹寸叁分叁釐零，貳共壹丈壹尺肆寸叁分叁釐。又加横梁上叁面斜交，壹股該壹尺捌分，又加龍骨下叁面斜交，壹股該捌寸捌分，又加横梁寬龍骨伍寸，通計壹股該壹丈叁尺捌寸玖分叁釐，雙股該貳丈柒尺柒寸捌分陸釐。又加兩邊扣結各肆尺伍寸，共叁丈陸尺柒寸捌分陸釐，作叁丈柒尺算。

計壹扣連扣結用纜叁丈柒尺。

又用犁頭竹纜兜縮下層邊骨貳尺貳木肆根，交股編紮。

成規〔七〕

以横梁木貳層計算，上叁面及兩旁各貳面，該柒面，每面玖寸，共陸尺叁寸。又兜縮下層邊骨貳尺貳木肆根，計下面及兩旁共陸面，每面該柒寸叁分叁釐，計肆尺肆寸，貳共壹丈柒寸。又加横梁上叁面斜交，壹股該壹尺捌分，又加邊骨下貳面斜交，壹股該陸寸，又横梁寬邊骨壹尺貳寸，通計壹股該壹丈叁尺伍寸捌分，雙行該貳丈柒尺壹寸陸分，又加兩頭扣結各肆尺伍寸，共叁丈陸尺壹寸陸分，作叁丈陸尺算。

計壹扣連扣結用纜叁丈陸尺。

凡陸、柒層横梁扣住下層龍骨邊骨，按每道壹扣計算。

第捌層係在水面，不比底層搪溜，今從節省，衹用貳尺貳縱木陸排，每排計木壹拾叁根，共木柒拾捌根。

第玖層横梁捌道，每道係貳尺柒木貳根，共拾陸根，用操把竹纜貫過第捌層縱木，扣住陸柒層横梁，交股編紮。

成規〔八〕

以横梁貳尺柒木上貳面及兩旁計算，每面玖寸，肆面該叁尺陸寸。又貫過第捌層貳尺貳縱木左右兩面，每面柒寸叁分叁釐，該壹尺肆寸陸分陸釐。兜縮陸柒層横梁貳尺柒木陸根，計底面及兩旁共柒面，每面玖寸，該陸尺叁寸。又加第玖層横梁上面斜交，壹股柒寸貳分，又加陸、柒層横梁下叁面斜交，壹股該壹尺捌分，通計壹股該壹丈叁尺壹寸陸分陸釐，計交股該貳丈陸尺叁寸叁分零。又加兩邊扣結各肆尺伍寸，共叁丈伍尺叁寸叁分零，作叁丈伍尺算。

計壹扣連扣結用纜叁丈伍尺。

做照陸、柒層横梁，按龍骨、邊骨每道壹扣計算。

查第陸、柒層横梁兜縮下層龍骨、邊骨，第玖層横梁兜縮第陸、柒層横梁，每扣各用纜若干已有定數，如龍身加寬加長，其横梁、龍骨、邊骨、各道數亦應加增丈尺，應照成規按扣計算。

一、每横梁壹道用千觔木陸段伍分，第貳、叁層横梁捌道，共用千觔木伍拾貳段，係兼用尺木、尺壹木，壹木貳截。每千觔木壹段用股纜貳條，共壹佰肆條。

又第肆、伍層龍骨、邊骨，按横梁每道壹扣，每扣用千觔尺貳栗木壹段，每段用股纜貳條，其龍身寬長及横梁、龍骨、邊骨各道數丈尺，均照成規按扣計算千觔股纜。

又第陸、柒層、第玖層横梁各捌道，每扣用千觔木壹段，每段用股纜貳條，其龍身寬長及横梁、龍骨、邊骨各道數丈尺，均照成規按扣計算千觔股纜。

一、按龍身寬厚丈尺，每横梁壹道用行江大竹（龍）〔纜〕雙行兜底箍紮壹扣。

成規〔九〕

計寬壹丈，高陸尺伍寸叁分叁釐，壹股該叁丈叁尺陸分陸釐，雙行該陸丈陸尺壹寸叁分貳釐，加兩旁扣結各肆尺伍寸，共柒丈伍尺壹寸叁分貳釐，作柒丈伍尺算。

計壹扣連扣結用纜柒丈伍尺。

共捌扣，該陸拾丈。

又每扣用千觔尺貳栗木壹段，共捌段，每段用股纜貳條，共拾陸條。

一、凡龍身寬長、擔力甚大者，應將龍骨、邊骨各加龍筋貳條於横梁之上，節節扣紮，方能堅固。今以長拾丈計算。

成規〔十〕

用行江大竹纜叁條絞成壹條，先於龍骨左邊橫梁之上捆紮壹道，再於龍骨之上交紮壹道，又於龍骨右邊橫梁之上捆紮壹道，計橫梁貳尺柒木陸根，疊作雙層，壹邊上下兩旁各拾面，左右該貳拾面，每面玖寸，該壹丈捌尺。又龍骨貳尺貳木陸根，疊作雙層，每面柒寸叁分叁釐，上下兩旁該拾面，計柒尺叁寸叁分叁釐，共貳丈伍尺叁寸叁分叁釐零，叁股該柒丈陸尺。計橫梁捌道，該陸拾丈捌尺，又橫梁捌道中間柒檔，每檔長柒尺捌寸，又加龍骨上叁面寬貳尺貳寸，每尺加斜交肆寸，計捌寸捌分，柒檔共陸丈柒寸陸分，叁股該壹拾捌丈貳尺貳寸捌分。

計龍骨長拾丈，每筋纜壹條該柒拾玖丈貳寸捌分，作柒拾玖丈，貳條加壹倍算。

又於邊骨左邊橫梁之上捆紮壹道，再於邊骨之上交紮壹道，又於邊骨右邊橫梁之上捆紮壹道，計橫梁貳尺柒木陸根，疊作雙層，壹邊上下兩旁該拾面，左右該貳拾面，每面玖寸，該壹丈捌尺。又邊骨貳尺貳木肆根，疊作雙層，每面柒寸叁分叁釐零，上下兩旁該捌面，共伍尺捌寸陸分陸釐，共貳丈叁尺捌寸陸分陸釐，叁股該柒丈壹尺伍寸玖分捌釐，計橫梁捌道，該伍拾柒丈貳尺柒寸捌分肆釐。

又橫梁捌道，中間柒檔，每檔長柒尺捌寸，又加邊骨上貳面寬壹尺肆寸陸分陸釐零，每尺加斜交肆寸，計伍寸捌分陸釐，計柒檔，共伍丈捌尺柒寸貳釐，叁股共拾柒丈陸尺壹寸零。

計邊骨長拾丈，每筋纜壹條，該柒拾肆丈捌尺捌寸玖分，作柒拾肆丈玖尺，貳條加壹倍算。

外龍骨、邊骨筋纜兩頭扣結各加壹丈，叁股該陸丈。

一、龍身第貳、叁層，第陸、柒層橫梁空檔，每檔安設逼水，使逼大溜開行，壹檔用尺貳木陸段疊作叁層，計壹拾肆檔，共捌拾肆段，壹木貳截，共木肆拾貳根。

成規〔十一〕

先用操把竹纜雙行箍紮兩頭並中間各壹扣，計上下兩旁共拾面，又加底木叁根，比第貳層木貳根寬壹面，又第貳層木貳根，比第壹層木壹根寬壹面，共拾貳面，每面肆寸，該肆尺捌寸，雙行該玖尺陸寸，加扣結伍尺，共壹丈肆尺陸寸，作壹丈伍尺算。

計壹扣連扣結用纜壹丈伍尺，每檔叁扣，共肆丈伍尺，通計拾肆檔，共陸拾叁丈。

又第貳、叁層橫梁空檔逼水木，再用操把竹纜兜縮下層貳尺貳縱木叁根，仍於兩頭並中間各紮壹扣。

成規(十二)

計縱木下叁面並左右貳面共伍面，每面柒寸叁分叁釐，共叁尺陸寸陸分陸釐。又加逼水尺貳木上面及兩旁共玖面，每面肆寸，共叁尺陸寸。壹股該柒尺貳寸陸分陸釐，貳股該壹丈肆尺伍寸叁分貳釐。又加扣結伍尺，共壹丈玖尺伍寸叁分叁釐，作壹丈玖尺伍寸算。

計壹扣用纜壹丈玖尺伍寸，每檔叁扣，共伍丈捌尺伍寸，柒檔共肆拾丈玖尺伍寸。

又第陸、柒層横梁空檔逼水木，再用操把竹纜兜縮下層邊骨貳尺貳木肆根，仍於兩頭並中間各紮壹扣。

成規(十三)

計邊骨下貳面及兩旁共陸面，每面柒寸叁分叁釐，該肆尺肆寸，又逼水尺貳木上面及兩旁共玖面，每面肆寸，該叁尺陸寸，壹股該捌尺，貳股該壹丈陸尺。又加扣結伍尺，共貳丈壹尺。

計壹扣連扣結用纜貳丈壹尺，壹檔叁扣，該陸丈叁尺，柒檔共肆拾肆丈壹尺。

又每檔用千觔木陸段，計壹拾肆檔，該捌拾肆段，壹木貳截，共尺木肆拾貳根，每千觔木壹段用股纜貳條，共壹佰陸拾捌條。

一、天平架每座用直架木貳根，每貳座上用直梁木壹根，計貳座共用貳尺木伍根。

又每座上用叁尺長横擔木壹段，壹木肆截。

又用伍尺長横擔木壹段，壹木貳截，俱不登尺木。

又用柒尺長横擔木壹段，截用尺壹木，壹木貳截。

又每架計横直並檔木共陸根，用股纜交紮捌扣，每扣用纜壹條，共捌條。

又每扣用不登尺木千觔木壹段，壹木叁截，每段用股纜壹條，共捌條。

一、地成障每扇中間用直柄木壹根，長貳丈壹尺，又順水直木貳根，各長壹丈捌尺，計每扇用貳尺壹木叁根。

又每扇上中下用横擔木叁段，每段長壹丈，係貳尺木，壹木貳截。

又每扇之下用陸尺長斜交叉木貳段，係不登尺木，壹木貳截。

又每扇横直並交叉木捌根，該交紮壹拾貳扣，每扣用股纜一條，共壹拾貳條。

又每扣用不登尺千觔木壹段，壹木叁截，每段用股纜壹條，共壹拾貳條。

又每扇用竹片編，高壹丈伍尺，寬壹丈，計用尺壹圓毛竹玖根。

一、水攔每扇兩旁順水直木貳根，每根長貳丈壹尺，中間直木壹根，長一丈捌尺，俱貳尺壹木。

又每扇上中下横擔木叁段，每段長壹丈，係貳尺木，壹木貳截。

又每扇用横直木陸根，共用股纜交紮玖扣，每扣用纜壹條，共玖條。

又每扣用不登尺千觔木壹段，壹木叁截，每段用股纜壹條，共玖條。

又每扇編高壹丈伍尺，寬壹丈，計用尺壹圓毛竹玖根。

一、扣繫用行江大竹纜肆條，每條長壹佰伍拾丈，共長陸佰丈。

查灘寬溜緊，龍身擔力甚大，繫纜應行加長，理合登明。

一、龍身大戧每根用行江大竹纜壹條，貫過戧首象眼，扣帶股車之上，用以起戧下戧，每條長拾貳丈。

一、扣住繫龍大纜每貳條用貳尺肆木天戧壹根，每根用尺貳青椿貳根帶住天戧。

又用操把竹纜扣帶天戧於青椿之上，交股各紮壹扣，每扣連扣結用纜壹丈貳尺。

又扣帶繫龍大纜地犁用貳尺壹木壹根，每根用尺貳青椿木壹根穩住犁身。

又用操把竹纜交股捆紮壹扣，每扣連扣結用纜壹丈貳尺。

一、龍身安設繫纜直柱每根長貳丈，用叁尺捌松木壹段，壹木貳截。

又用尺貳木玖根圍抱直柱，以資堅固。再用操把竹纜箍紮叁扣，每箍計中心直柱並抱木圍伍尺捌寸貳分，交紮貳股該壹丈壹尺陸寸肆分。加扣結肆尺伍寸，共壹丈陸尺壹寸肆分，作壹丈陸尺算。

計每扣用纜壹丈陸尺。

叁扣共纜肆丈捌尺。

又每扣用不登尺千觔木壹段，計叁段，壹木貳截，該木壹根伍分。

又每千觔木壹段用股纜貳條，共陸條。

一、龍身大戧每根長肆丈伍尺，用貳尺肆松木壹根。

一、轆轤架每座用松板貳塊，每塊長伍尺，寬壹尺叁寸，厚叁寸。

一、轆轤架上安股車壹對，爲起戧下戧之用，計長伍尺伍寸，係將大戧截下木梢做用，不算價值。

一、陞龍眠車每部長叁丈，用肆尺肆楓木壹根。

一、絞關尺陸檀木壹段，長捌尺。

一、繫障每扇用蓀繩貳條，每條重伍拾觔。

一、冬月冰凌之時，於龍身之外穿紮毛竹冰滑，以護簟纜。每丈一排用尺壹圓毛竹拾根，貳層共貳拾根，每叁排用毛竹壹根，劈片串連編紮。

編紮陞關成規

每長拾丈，寬捌尺，厚肆層。

第壹層編底，用貳尺叁縱木拾根，計伍排，共木伍拾根。每排長貳丈，餘梢連搭次排編紮。

第貳層横梁拾道，每道用貳尺叁木貳段，壹木貳截。

成規〔十四〕

用操把竹纜兜縮底層貳尺叁縱木貳根，交股順去叠回編紮。計縱木左手下貳面及兩旁，計肆面，又縱木右手下貳面及兩旁，計肆面，共捌面，每面柒寸陸分陸釐零，共陸尺壹寸叁分貳釐捌毫。又横梁貳尺叁木貳根，計上下兩旁共陸面，每面柒寸陸分陸釐零，共肆尺伍寸玖分玖釐陸毫，貳共壹丈柒寸叁分貳釐肆毫。計交股肆道，該肆丈貳尺玖寸貳分玖釐陸毫。再加横梁上下斜交捌道，每道上下貳面各寬壹尺伍寸叁分叁釐貳毫。壹尺加斜交肆寸，每面該加陸寸壹分叁釐貳毫，捌(絲)〔面〕共該肆尺玖寸陸釐。又加兩頭扣結各肆尺伍寸，共伍丈陸尺捌寸叁分伍釐陸毫，作伍丈柒尺算。

計壹扣連扣結用纜伍丈柒尺。

每横梁壹道計伍扣，拾道共用纜貳佰捌拾伍丈。

第叁、肆層中間紮直梁壹道，長拾丈，每節用貳尺貳木陸根叠作雙層，壹節長壹丈伍尺，計柒節，共木肆拾貳根，餘梢連搭次節，用纜雙股捆紮。

成規〔十五〕

以直梁貳尺貳木陸根叠作貳層計算，上叁面及兩旁各貳面，該柒面，每面柒寸叁分叁釐，共伍尺壹寸叁分叁釐零。又兜縮下層横梁貳尺叁木貳根，計下貳面及兩旁該肆面，每面柒寸陸分陸釐零，共叁尺陸分陸釐零。又直梁上叁面寬貳尺貳寸，每尺加斜交肆寸，壹股該加捌寸捌分。又横梁下貳面寬壹尺伍寸叁分叁釐零，每尺加斜交肆寸，壹股該加陸寸壹分叁釐零。通計壹股該玖尺陸寸玖分貳釐，雙股該壹丈玖尺叁寸捌分肆釐。又加兩邊扣結各肆尺伍寸，共貳丈捌尺叁寸捌分肆釐，作貳丈捌尺算。

計壹扣連扣結用纜貳丈捌尺。

計拾扣共用操把竹纜貳拾捌丈。

一、扣帶陞關每長拾丈用行江大竹纜壹條，牽長壹佰丈。

一、編紮木龍多在冬春水耗之時。迨至伏秋大汛，所有編紮扣繫篁纜歷經風日雨雪，易於朽損。若不修整加添，難資穩固。况木龍挑截大溜，伏秋汛長，擔力甚重，須加繫纜，應按龍身每單長壹佰丈加行江大纜貳條，每條長壹佰伍拾丈。又陞關係垡龍挑溜，亦爲喫緊，並須加添繫纜，每長貳拾丈加行江大纜壹條，長壹佰丈。又修整龍身、陞關、障、架等項，應按編紮用纜成規計加拾分之貳，爲修整之用。此項加添修整簹纜、銀兩，統於每年改紮添建木龍之時一併估計，請帑購辦，運工備用，統歸年例造報。

一、建造木龍，必須遠募江廣編紮木簰鈎手，教以成規，方能領會，如式辦理。原係長養在工，責令修防。此等遠省之人，本籍家口在工飯食均所必需。今因辦工年久，除量行裁汰外，選有本地在工力役日計夫按名頂補，長川帮工學習。所有江廣鈎手並本地鈎手額設工食均照兵夫一例，兩月壹次請領，按名唱給。遇有開除頂補，仍將起支、住支日期銀數扣明確實，登註估銷，册内造報。

一、日計夫係運木、刨木、牮龍、安戧、絞車、緊纜等項。額設鈎手專司編紮修防，不敷力作。若不添募人夫，勢必稽延時日，恐汛長溜急，易致踈虞。從前因料有遠近，工有難易，不能畫一造報，致奉核減，徒煩案牘。今細加計算，若按龍身寬長層數計丈論工，而縱横編紮用木稀密不等，夫工多寡不同，應照各項造作則例按料計工，庶可畫一遵守。查乾隆伍年分報銷案内奉部核准截溜留沙木龍壹架，共用木植值銀陸千叁百捌拾捌兩陸錢零，准銷日計夫匠銀貳百肆兩，計木銀每壹千兩用夫匠銀叁拾壹兩玖錢零。嗣後改紮添建木龍，應請照依准銷成案，每用木植銀壹千兩，准動用日計夫匠銀叁拾兩，永爲定則。如有節省，報部查核。

編紮木龍需用簹纜雜料價值開後：

一、行江大竹纜，圍捌寸叁分，每丈實銀陸分。

一、連半大竹纜，圍陸寸，每丈實銀肆分。

一、丈簹大竹纜，圍陸寸，每丈實銀肆分。

一、犁頭竹纜，圍伍寸，每丈實銀叁分。

一、操把竹纜，圍肆寸，每丈實銀貳分。

一、股纜每條長壹丈，圍壹寸叁分，實銀陸釐。

一、叁尺捌松木，按外河椿木漕規陸折算，每根實銀伍兩叁錢陸分伍釐貳毫。

一、肆尺貳松木，按外河椿木漕規陸折算，每根實銀柒兩壹錢捌分陸釐捌毫。

一、松板每塊長伍尺，寬壹尺叁寸，厚叁寸。按漕規寬厚尺寸加算，每塊值銀叁錢。

一、肆尺肆楓木，按外河椿木漕規捌伍折算，每根值銀壹拾壹兩陸錢壹分貳釐陸毫。

一、尺陸檀木，每段長捌尺，因出產稀少，價比杉木漕規較昂，每根值銀叁錢。

一、尺壹圓毛竹，每根值銀壹錢柒釐。

一、尺貳青椿木，長陸尺，每根值銀伍分。

一、尺貳栗木，長柒尺，每根值銀陸分。

一、蔴，每觔壹分叁釐。

木龍紀略

謹按：　清口爲黄淮交會之區，上關漕運咽喉，下係淮揚保障，與夫官民商旅及東南諸屬國貢使之所往來，畢由於此，誠爲河防第一要工。向因北岸陶庄漲灘挑逼黄溜南射清口，每當淮水稍弱，易於倒灌。明代運口築壩，漕糧盤剥，勞費甚巨。

國朝自靳文襄經理，始開壩通運道，已而就陶庄屢挑引河，訖無成功。康熙三十八年，聖祖仁皇帝南巡，指授方略，命於南岸建築挑水大壩，六年始竣，厥役今所稱御壩是也。前後費帑累數十萬。嗣因北岸漲沙日寬，大溜益復南趨。雍正八年，更於御壩下雁翅接築頭、二、三壩，並御碑亭後鑲埽護岸，節年歲搶，費亦不貲。然黄常强而淮常弱，倒灌之患時復不免。乾隆四年，大學士伯鄂〔爾泰〕奉命勘河，議於南岸添建挑水大壩，仍於北岸陶庄舊灘開挑引河，估需帑金數十餘萬。旋因汛長漫灘，引河趕挑不及，築壩亦難施工。陞院高〔斌〕以李昞條議，即於四年十月委令先辦木龍、護盤各一架，安設試看，輒能挑溜停淤。五年正月，奏請添建，欽奉硃批：『且試行之。俟再有成效，則甚美事也。欽此。』隨諦審水勢，添設木龍、護盤五架，連前七架，合力挑刷。節年改紥添設，迄今十載。前此北岸陶庄舊灘量長八百丈，寬三四十丈至一百九十五丈，今已全行刷去，並刷舊挑引河積土，南岸御壩業經環漲沙灘，現種柳數萬株，成活茂盛。其頭、二、三壩並清口西壩迤上，護岸埽工之外，悉漲沙洲，寬二三十丈至百餘丈，長九百餘丈。清黄交會處所，河面展寬二百餘丈，清水出口較前更暢，會黄注海，順軌東流，鮮有抵觸倒灌之患。前議引河壩工悉可節省，無庸挑築。乾隆七年夏秋，清黄交漲，高一丈五六尺。御壩迤上王家庄、陳家庄等處，黄水出岸六七尺，直抵洪澤湖南堤，裏湖外黄，僅界一線。洪湖之水會奔清口，東西鉗口壩以及運口等處在在危險。而清水出口會黄，互相抵激，漩成巨渦，逼掃東壩，接連風神廟基内外汕刷，勢尤岌岌。

院道率文武吏士晝夜搶護，急難奏工。昞亦奉檄，馳至上言：『二瀆相薄，水性乃變，所謂物不能兩大是也。怒湍弗戢，壩與岸受其侵損，爲患滋甚，亟宜固岸破溜，不可以常法治也。』河院深然之。昞即於東壩内趕紥木龍一架，以護壩基。壩外捆編長筏，破開洄溜，以殺水勢。更紥攔水二十道，搪護壩内一帶縴道堤岸。先是運口南堤被冲，料物阻水，急切難運。乃就裏河編長筏横亘水面，屬之兩岸役夫隔河取土運料，從筏上往來，如履坦途。其時險工盡保無虞。是皆咄嗟立辦，旋施而輒效者，此數年來建設木龍之本末與清口南北兩岸坍漲之情形也。乾隆十二年，復於安東西門險工建設木龍二架，護盤二架，又桃源、烟墩汛，辦木龍、護盤各一架。此二處俱已化險爲平，埽工穩固。又外河王家營、宿遷孟誠菴兩處頂冲，各辦木龍、護盤二架，挑溜留淤，保固堤岸，此又各處增設木龍之成效也。爰並記之，以備考查云。

旹乾隆十三年戊辰清和月，漢陽李昞謹識

木龍題詠

木龍篇

丁一燾　澹筠　衡陽

宋曾鞏立陳堯佐傳，載木龍事，然其法不傳。乾隆四年，黃水漲清口，御壩告險。相國高公用漢陽李君説爲之，河之化險爲平者屢矣。余旅淮三年，目覩異漲得無患，土人甚張其事。因思我朝安瀾有慶，此法可以垂久用，賦以贈。

黃河源與天漢通，西入中原注海東。上游氣束吕梁洪，下游倒灌清口中。跋扈奪淮恣稱雄，通都大邑當其衝。恍如萬馬馳風鬉，挾策末由攖其鋒。惟我聖祖熙天工，三巡南下河伯從。百靈效順格蒼穹，登築御壩親帝躬。黃河之曲灣如弓，取直趨下去倥傯。大哉王言天樞崇，世宗發帑堤石墉。屹屹大防如卧虹，詎知鯨翻濤復洶。雷轟電掣鮫入宫，我皇御極咨上公。三朝元老聲譽隆，率兹百職翼宸衷。精誠劬勞思靖共，詢事考言達四聰。爰有仙李讀書傭，制沿天禧蟠木龍。高文典册曾南豐，相國用之爲改容。嘉謨擘畫陳九重，初試盤根争磨礱。馮夷俯瞰心冲冲，伐木許許精熊熊。須臾愚公神秘蹤，蔚起沙岸成巍嵸。嶮巇立平竪立攻，駭走白叟驚黃童。清黃交會安朝宗，在河之曲何勿庸。小臣祝國頌華封，相國體國盡公忠。口碑遍勒河上翁，千秋永紀清時功。

題木龍圖　張照　得天　華亭

伐木積清口，臣心思靖共。繪圖告聖主，天用若如龍。

又

御壩堤邊水，化險爲平陸。種成柳千株，烟雨洗空緑。

木龍歌有引　彭廷梅　湘南　據經老人　攸縣

木龍用以治河，見於《宋史》。曾鞏爲陳堯佐作傳，志其事。然制度不得其傳。漢陽李君雙士匠心獨運，刻意講求與古吻合，遂上其議於相國高公。適清口御壩工險，高公用其法試之，頓慶安瀾，工以永固。河東完司空仿其法，大有效驗。蓋木龍之功能挑水，護此岸之堤；而水挑，又即可刷彼岸之沙，一舉而數善備焉。較之下埽開河，不啻事半功倍，誠防河良法，不可復至失傳。爰作歌以紀之。

伏羲一畫開鴻蒙，萬類迭運五行中。飛潛動植各有屬，有功有用厥惟龍。金龍八十一鱗歸上蒼，火龍二千餘尺守錢塘。更有平地高若堵，似龍非龍名曰土。亦有貯泉噴方匭，轄火之龍號爲水。水火土金分其群，龍以木稱未之聞。木之爲物性則直，龍之爲德變不測。宋時防河議造作，曾鞏傳載陳堯佐。前人制度今無存，不傳其法傳其文。李昞讀文因得法，昞即雙士之名。陳之相公上天闕。楩楠杞梓杉松構，鳩材聚工在清口。篾篁簹篠筌箭筏，編纜惟急束惟密。非橢非鋭非圓方，或伸或屈或短長。雄踞上游何峥嶸，埽灣水勢挑中泓。挑中泓，護御壩，木兮木兮龍力大。梅聞黄河九曲曲曲灣，東灣西灘灣對灘。灘長一尺沙，灣深一丈窪。議者遇灣必下埽，遇灘開河引水道。開河下埽年復年，叩以二説之外心茫然。乍聞木龍皆詫異，紛紛嫉忌生非議。那知木龍何但爲壩護，置之東坍西漲之地，挑水洄瀏即以刷沙污。不見河東完司空，用有成效奏膚功。安瀾入告天顔喜，木龍功用可知矣。良法誰其得要領？前有堯佐後李昞。刳木爲舟自軒皇，編木爲龍豈荒唐？龍耶木耶請深論，象形按義取諸震。《易》：震爲龍爲木。始信煉石可補天，龍得木名五行全。雖欲勿用何能舍？作歌遍告防河者。

〔無題〕　陶士僙　毅齋　寧鄉

編修丁十二一熹以海陵半刺李三昞木龍圖見，寄題贈之。

編木如龍據上游，上游多在埽灣頭。有灘對面難争出，無水當中不直流。懋績詩傳丁白寉，豐工人愛李青牛。一圖信後重稽古，宋代到今七百秋。

題木龍圖詩贈李雙士　屈復　晦翁　金粟老人　蒲城

當日四明有狂客，號爾青蓮爲仙謫。盤根錯節千餘年，笑向清時結一核。宰相自愛讀書人，讀書多屬在野臣。治河惟有疏導法，編木爲龍法更新。繪圖入告聖天子，試之成效事甚美。我亦閒上御壩頭，不見黄水入清流。

擬讀曲歌三章　陳樹著　學田　湘潭

木耶龍耶，整整斜斜。可以護堤洄流，亦可挑水切沙。上官告帝，帝曰嘉。

又

散則爲木，編則爲龍。法傳北宋，文傳南豐。

又

畫兮畫兮是何圖？木子木子兮其猶龍乎？

題木龍圖寄贈　長海　大鉢山人　滿洲

聞汝老河干，可悲亦可歡。鼇梁能駕水，磯嘴自消灘。效向成時著，工從隔岸看。何因頭白盡，尚授一微官？

題木龍圖　蔣允君　金竹　貴筑

黄河之勢不可降，鯨波洶洶翻天光。清流黄流兩相搏，清流未若黄流强。年來奔軼及清口，怒激似將危隄防。李君讀書稽《宋史》，堯佐木龍仿其方。駕木千尺厚且長，蜿蜒上游踞堤旁。積沙自護人民康，西衛御壩東淮揚。大功濟運聲琅琅，宰相首肯曰策良。奏之天子錫瑶章，余資銀管紀鴻略，永垂世世固金湯。

題木龍圖　鍾靈　仙吟　平江

連絡群材費揣摩，搏成尺木向江河。龍行則階尺木。雲從行馬排千頃，行馬即攩木，見《李商隱集》。雷捕乖龍聚一渦。乖龍苦行雨，匿木中，雷霆捕之。出《瑣言》。半捲水花成白霧，全收沙蹟奠洪波。瀾安日見桑田廣，不待飛天澤已多。

題木龍圖　陳恭　顒度　山陽

闢破木乾坤，魯班爲鼻祖。欲教木爲龍，魯班亦放斧。李公智巧過魯班，鳩材命工上流灣。上流洄溜保清口，北灘不許向南走。我家住在清口南，目擊安瀾手額首。歸休林下老閒人，柳陰酌酒緑沾脣。

題木龍圖　汪穀詒　翼傳　山陽

便從刊木説神工，砥柱狂瀾號木龍。那用雲騰鱗甲狀，何須杖化爪牙雄？從繩早得淵藏力，封植全收野戰功。蟠屈泥塗因濟世，他年仍向帝池中。

題木龍圖説後　李□　濟夫　漁陽

修業崇三立，立一能不朽。昔自陂澤告會同，其間疏鑿如攻守。浩浩黄河勢落天，天意不違龍德先。力障狂瀾如屋霤，見韓文。直教龍窟變桑田。業成信後系文字，漢庭三策今應四。剛柔順逆有至理，不惟其法惟其意。

題木龍圖　孫世賡　歌颺　山陽

濁流横北口，清流向南撑。清濁渾一途，難免不相争。相國臨河工，捍禦指揮中。笑命李漢陽，伐木馴爲龍。怒濤使弗忤，出没環兹土。分行試所效，在在歌安堵。我土隣壩下，淤處種垂楊。今日之垂楊，他日之甘棠。

題木龍圖　郭起元　復齋　閩縣

黄河萬里來何雄，扼險激流生頂衝。增隄叠埽未足禦，轟騰蟄陷須臾中。宋陳堯佐曾創法，横木下垂呼爲龍。保障滑州載史傳，厥制邈矣人皆瞢。漢陽李君志稽古，巧儷倕輸通考工。編紮九層骨骼備，天戧地犁障插重。繪圖陳説謁元老，試之輒奏廻瀾功。清口黄淮交會地，運道喉吭須深通。黄强淮弱易倒灌，列壩引河繁費叢。更兼二瀆時互抵，洄漩汕刷河湖東。怒湍弗戢患滋甚，飛章入告建設同。挑溜趨泓滌沙嘴，旋淤本工成隄封。平灘千頃植萬柳，東兖南豫希芳踪。水木相生復相制，龍身蜿蟺蟠蛟宫。天吴戢威魍魎遁，鼉梁鼇脊凌虚空。浮川寶筏差足擬，漢泛仙槎疑可逢。君詠伐檀勉職事，未得飛躍乘長風。君幸有弟卧龍比，借箸蓮幕多雍容。二難總爲濟時出，竹絡封侯自古隆。木耶龍耶看變化，豳歌起和淮邨農。

木龍行　陳守揚　硯存　會稽

黄河水，天上來。自從元光至泰定，移徙無常東注淮。淮水湯湯清且漪，黄水濁出六斗泥。聖祖神功侔神禹，相方立壩天工熙。爾來倒灌齧岸隄，南北不利風檣馳。漕運民生均國計，薪芻萬力隨水逝。漢陽仙李讀書夥，創舉木龍草圖議。獻之上相頤屢頷，入告天子汝其試。選徒集材仿吾宗，巨絙綰束黿鼉宫。精意加詳制度鴻，經營不日駭神工。游波頓減鱗甲雄，曾聞鐵牛厭龍患，豈期捍水藉木龍？力能化險成安流，淮不吐剛黄茹柔。永護御壩屹屹如山邱，長教漕渠萬艘行無憂。遶龍淤積變良疇，即看黧老騎秧馬，無用尸祝沉豪牛。李君李君非黑頭，約省何如漢延世，半剌猶滯江南州？但慶完安民四謳，木龍之功（疇）〔無〕與儔。吁嗟乎，木龍之功無與儔。

自題

李昞　雙士　漢陽

十萬垂楊緑繡灘，十年前是瀉狂瀾。一從上相孚龍德，二瀆平鋪入海寬。

河壖五月似深秋，瘦骨支寒一敝裘。博得淮南人共笑，幾年不見有黃流。

夢倩僧繇畫木龍，僧繇袖手嘆難工。摩挱老眼和雲寫，疑有神魚下碧空。

河上老人發嘯歌，只今頭白意如何？赤松早訂從遊約，青史猶憐姓不磨。

木龍歌

李喚　崑麓　漢陽

河出崑崙載《禹紀》，西距嵩高五萬里。導之磧石下龍門，昔也北流今東徙。崩雲沸地勢漂山，亘絡中土納百川。隨山刊木匪異任，揵石負薪阻且囏。天爲南北作樞紐，黃淮合注當清口。淮水弱兮黃水强，强奪弱兮理之常。運道堙兮衆彷徨，篤生名世治河防。伯氏感知已請爲，相國籌朝上木龍。說夕招，河伯謀。相國屏異議，信之罕其儔。首創一龍衛御壩，横亘大溜溜東瀉。相國上言達九重，天顔有喜褒書下。五龍部署更夭矯，作其鱗而尾蟜蟜。陶庄汰削已無餘，五百丈灘壩前遶。灘頭萬柳摇春風，灘尾連檣繫巨舸。錢鎛用施來麰地，罔繩不下黿鼉宫。灘腴而宜麥，居民闢殖之處，昔之頂冲也。安清桃宿岸垂圮，移置木龍無險工。爰疏奧義定成軌，刊示來兹神與通。舞大夏兮鼓逢逢，思禹績兮天匪崇。惟相國兮銘鼎鐘，垂百世兮無終窮。星躔十易告厥功，君固恥言酬上公。我作歌辭贊攸始，輸與湘南老手獨雄峙。

跋

《木龍書》成，客謂喚曰： 是書也，猶有所靳而弗傳歟？『圖説』詳法制，『紀略』明功用，顛皙列眉矣。然皆著於外焉者，麤也。若夫汛水消長，河溜疾徐，先後異形，遠近異勢，顧定位建龍，目營心決，雖變遷百出，而奏效底績若符鑰印券，摻之不爽。斯固藴於内焉者，精也。故曰建龍易，定位難。差之毫釐，謬以千里。苟非識力堅定，鮮不眩惑回皇？而僨厥事者，奚不筆之於書，舉其一而遺其一，非有所靳耶？喚曰： 子亦嘗誦《夏書》乎？《禹貢》言： 入于河，達于河，導河磧石，導淮桐柏，但言其功也，其所以入、所以達、所以導之者，初未嘗述之也。曰九河既道，淮沂其乂，但言其效也，其所以『既道』『其乂』者，亦未嘗及之也。事傳而精意不傳，殆所謂制而用之存乎法，推而行之存乎人。得其人，不待告，告非其人，雖言不著。《木龍書》亦若是焉耳，庸有所靳乎哉？客心融神鮮而退，遂次其語附簡末。

弟喚謹識

整理人： 童慶鈞，清華大學圖書館館員。代表著作有《〈木龍書〉研究》（碩士論文）、《清華記憶——清華大學老校友口述歷史》。

〔清〕栗毓美　撰

栗恭勤公磚壩成案

賀科偉　整理

整理説明

《栗恭勤公磚壩成案》，清栗毓美撰。

栗毓美（一七七八——一八四〇年），字含輝，又字友梅，號箕山，又號樸園，山西渾源縣人。清嘉慶七年（一八〇二年）以拔貢考授河南知縣，後歷任知州、知府、糧鹽道，開歸陳許兵備道，湖北按察使、河南布政使、護理河南巡撫等職。道光十五年（一八三五年）任河東河道總督，開始全面主持黄河中下游的水利工程，直至道光二十年（一八四〇年）病逝於河東河道總督任内。栗毓美是清代傑出的治黄專家，在河工上首創『拋磚築壩法』，因治黄有功，被道光帝賜謚『恭勤』。栗毓美著有《治河考》《磚工略》《栗恭勤公磚壩成案》及《實政遺編》等，雖多未脱稿，但仍具有極爲珍貴的史料價值。《清史稿》卷三八三有其傳記。

道光十五年至道光二十年，栗毓美擔任了五年的河東河道總督，主管防治河南、山東境内的黄河與運河。河南、山東地處黄河中下游，在歷史上是黄河決溢改道頻繁、灾害深重的地方。其時黄河已與淮河、大運河交織在一起，治河還必須保證漕運的暢通，因而難度更大。栗毓美在任時，河南境内的黄河由串溝造成的危害最爲嚴重，即河堤内河灘上的斷崗積水，起初是涓涓細流，但久而久之就發展成爲大河的支河。這樣離堤五千餘米的支河就變成近堤之河。而與河堤距離較遠的地方，一般不備料加以預防。一遇水漲，本來安全的堤段就成爲最危險的地方。道光十五年秋，黄河北岸灾情最嚴重的陽武、原武兩汛串溝分溜，刷成支河，沿堤上下四十餘里出現嚴重險情，栗毓美親到工地指揮搶險。這一帶險工地段本不靠河，故未曾備料，若用秸埽搶修，臨時運料緩不濟急，加之堤段太長，難以全綫搶修。由於當地不少民房被淹坍塌，留有不少房磚，情急之下，栗毓美收買民磚，以『拋磚築壩法』試拋磚壩。經四十個晝夜奮力搶修，共築長短磚壩六十餘道，從而挑溜外移，化險爲夷。

栗毓美身負河道總督重任，迎難而上，總結分析歷代治河的經驗，吸取失敗的教訓，提出自己的治河方略以及長遠規劃。他多次乘小舟踏勘黄河南北兩岸，多方訪查，吸取民間治水經驗，并在治河過程中大膽提拔人才。在大量調查研究的基礎上，栗毓美總結了歷代土壩、鑲埽、石壩及排水等防治河患方法的利弊，結合道光十五年和道光十六年（一八三六年）兩次試拋磚壩成功的經驗，提出一種新的『拋磚築壩法』（拋磚護險及以磚壩代埽工之法），即以磚窑燒製的大磚爲主要材料，在黄河兩岸險工地帶拋筑磚壩。這種方法的優點是：磚與土膠合一體、經久不壞，築成的磚壩觸水面爲坦坡狀，減小河水的衝擊力，增大磚壩的抵禦强度，以及節省埽工物料等。『拋磚築壩法』這一新技術在試行過程中遭到了各方的阻力，尤其是因循守舊官員們的阻撓。

《栗恭勤公磚壩成案》乃栗毓美創行磚工過程中相關的奏章公牘，篇幅不長，一共包括七篇，主要記載了東河磚工推行過程中的種種阻力。當時開歸道張坦率先反對，首以八廳會議禀復力言：『拋磚不如廂埽，購磚不如積料。』道光十七年（一八三七年）御史李莼曾上奏：『請將東河磚工暫停燒造。』道光皇帝下旨派敬徵和李莼前往勘察，最終得出『燒磚不如采石之無弊，用磚不如用石之一勞永逸』的結論。面對種種阻力，栗毓美從實際出發，反復耐心地做説服工作，以期使『拋磚築壩』這一治河新法收到長久之效，『公批牘近二千言，反復譬曉，務以實效。』栗毓美之後又於道光十九年（一八三九年）八月、十月兩次奏請辦磚，都得到了批准。經過河督栗毓美四年的實踐和不懈的探索，磚工的優勢得以展現，也最終得到朝廷的認可。經栗毓美創行并大力推廣的東河磚工，在施行過程中形成購磚、燒磚、轉運、拋護、奏銷等一系列相對完善的制度，磚工相對於石工、埽工的優勢也得到廣泛的認同，實際效果更是毋庸置疑。但由於守舊勢力的强大，以及道光皇帝的猶豫不決，栗毓美創行的磚工最終也未能逃脱人亡政息的結局。

本次整理以光緒八年（一八八二年）東河節署刻本爲底本。本編纂單元由賀科偉點校整理，若有不當之處，敬請批評指正。

整理者

目録[一]

[一] 本目録爲整理者據正文内容所擬。

料石磚酌定成數

道光十六年五月三十日准工部咨，都水司案呈，内閣抄出河東河道總督栗毓美奏《黄河工程需用磚塊試有成效請照現在時價核明報銷》一摺，道光十六年四月十三日奉硃批：『工部議奏。欽此。』查該河督原奏内稱『豫東黄河兩岸歷係以埽護堤云云，將料石磚三項酌定成數，分别購辦，無須另請錢糧』等語。

臣等查河工現用磚塊拋垻挑溜、護坦防風，既據該河督奏稱，每塊作銀六釐，每方需用銀六兩，較之碎石方價所省實多，自應如該河督所奏，准其辦理，照數報銷。至伏秋大汛是否實可抵禦盛漲之處，應令該河督隨時查勘，以重要工再行奏明。於添料項下，將料、石、磚三項酌定成數，分别購辦，以昭核實，務令碎石磚塊不致卸入河底，積淤生險，方爲妥善。所有臣等核議緣由，理合恭摺具奏，伏候命下，臣部行文該河督欽遵辦理。爲此謹奏請旨。

五月初一日奏，本日奉旨：『依議。欽此。』

議磚壩優劣

道光十六年九月十一日，開歸道張坦稟八廳會議四成防料六成碎石擬請酌改分辦磚塊由。

敬稟者。接奉憲檄，飭將來歲四成防料六成碎石應否一併暫行改辦磚塊之處，妥議具稟等因。遵即轉飭道屬各廳會議稟覆去後。茲據會稟稱：竊積薪始於夏禹，負薪載在《漢書》，廂埽用料乃歷古成法，沿流至今。近因歷次大工，河底積淤填高，埽工廂舊生新用料日多，嘉慶十一年蒙前升河憲吴會同豫東撫憲奏准，於歲料之外添料二千四百垛，分派各廳購貯，以備不敷。嗣於道光十二年前河憲奏改，以添料一項四成辦料、六成辦石。茲復荷河憲飭將改辦料、石兩項一併暫行改辦磚塊是否可行？飭令公同妥議。是於變通成法之中實寓節帑固工之意，卑職等稍具識知，敢不贊成良法？惟是稭料一項爲河工第一要需，古今治河之法不同，而其用料廂埽歷久一轍，其故在廂壓高厚而禦溜得力，購運易而搶險立效，剛柔可以互濟，緩急可以應手，雖間有淘深閃失，而隨手搶補立可保護，是以各工多積一分稭料，即多收一分實效，歷查《治河方略》《行水金鑑》等書言之綦詳，縷指難數。

自防料六成改石之後，通工已少貯料數百垛，每值工險料缺之時，尚賴碎石偎護。若再以四成防料六成碎石一併改辦磚塊，存料愈少工用愈絀，又無碎石應急，倘猝遇要工，設廠趕購非惟臨事倉皇、緩不濟急，兼恐抬價居奇，以省費而必致多費，不得不慎籌！

維卑職等每遇試抛磚塊，悉心體察，磚雖與料異用，而遇有舊工將生及水淺溜緩河底膠淤之處，保灘護厓原與搶護同功。上年原陽二汛串溝成河，土料購辦不及，蒙河憲相機設法抛用磚塊，化險爲夷；本年陽武三堡堵截支河，北股已一律淤平、全除隱患，此皆用磚之明效大驗。外人少見多怪，不察當事苦心，動欲以成法相繩，紛紛置議，此所以蒿目焦勞而不自已也。然而河溜則淺與深不同，緩與急不同，河堤則寬與窄各異，淤與沙各異。磚雖得用，究不若埽之隨地隨時，投無不利；磚係散抛，究不若廂埽之層纍積壓凝厚有力。如謂抛磚數道即可蓋護迆下各埽，現當水小力微之時原可見功，一遇異漲洶湧、勢若排山倒海，磚埧本身必然隨溜塌卸，安能望其蓋護！如謂屢塌屢加，不惜多費，總有站定之時，但迎溜即塌，現已屢試屢驗，加抛無了期，即用磚無定數，兩堤五百餘里，工繁事鉅，需費本多，錢糧亦不可不深計。况河工要務最重搶險，每值潰堤塌埧岌岌危險之時，稭料應手，兵夫併力，立刻可以搶護；若磚塊零散之物，抛護難於迅速，緩不濟急，必致措手不及，此尤當於無事時長慮卻顧者也。

總之，磚之爲用，可以挑淺溜而不可以抵大溜，可以濟緩用而不可以濟急用，可於將生未生之險以護爲守豫防先事，而不能於已生已成之險臨陣決勝立轉危機。河工關係太鉅，往往安危係於呼吸，得失判若天淵，若以一時暫用之工需全力深恃，恐見效於目前者幾之微，貽悔於日後者事之大，此迺共聞共見、情形鑿鑿，不敢不直陳於憲聽者。

再查磚塊一物，土性沙鬆之處新燒必不堅實，易於酥碎。上年原陽一帶村莊，被淹房屋多有坍塌，購買尚易，此外各廳情形不同，採運實屬艱難，由近及遠愈買愈少，愈少愈貴，緩急既不能濟工，日久且必致大絀，亦非久安長治之計。卑職等仰邀飭以詳商妥議相勉，憲台本一意爲君國，小臣豈一意爲己私？且明知歷經陳奏，悉秉廟謨，人即至愚，又孰肯於奉行已遍之後，明蹈阻撓妄議之愆，惟以事勢顯然，關係甚鉅，而憲台公忠體國，以虚心行實力，爲通工所深服深信者。上以實求，下不敢不以實應，上以不執成見而殷勤下問，下自當不避忌諱而愷切上陳。血忱至性不約從同，惟有仰懇俯察衆議，將丁酉年四成防料六成碎石仍照舊章辦理，以裕工儲。如因前已入奏，請於六成碎石項内酌提銀兩辦磚，如此一轉移間，庶於備防無損而與原奏分成試辦之議仍相脗合。是否可採，合將會同詳商妥議縷晰稟復，伏乞轉稟等因。

伏念職道自壯年追隨群從辦理河工，未曾經見磚塊之可濟工用，是以去年秋汛後，憲駕涉歷兩岸，指示調度或鋪磚護厓，或抛磚築埧，工多費重，實已倍勞擘畫。職道以非真知確見，不敢輕率論議，致蹈冒昧之愆，迨本年所屬拋築磚工，經過三汛，除本係護厓，及溜本平緩旋即北趨者無庸計議外，凡屬壩檔拋築挑壩，及埽工下跨角接拋磚，壩長僅三四丈至十丈，原欲藉以挑溜，無如著溜即塌，惟隨塌隨加不能惜費，乃霜清伊邇，報塌尚未停止。疊奉憲台委員幫辦之處，亦俱未能站定，即如儀封十六堡拋磚則灘厓立塌，廂埽則溜即外移，此其明證。水小之年尚且如此，設值暴漲，何從措手？是拋磚不如廂埽，購磚不如積料，信而有徵，又何能自甘緘默！惟四成添料、六成碎石，酌辦磚石料三項，係附奏有案，何敢謬執己見妄請仍辦料石？但緊要工多，又不得不力求實儲，各該廳會稟，請以防料項下仍以四成辦料，其六成碎石酌量劃出辦磚，係爲裕工儲而符奏案起見，是否有當，理合稟候大人察核批示祗遵。

至河北道昨准來咨，已詳請一併辦磚在案，實係兩岸情形不同，未能議及兖沂道屬應如何辦理之處，已知照另行稟覆，合併陳明肅此具稟，恭請云云。

十月十六日奉批：查河工修守向以稭料爲大宗，近爲偎護埽根又添碎石，原無用磚之案，上年原陽二汛分溜成河，北岸極形危險，稭石均無儲備，不得已而試拋磚壩，竟成挑溜護堤，是以堵截原武十七堡、陽武三堡，切近堤根之分處仿照辦理，亦皆著有成效。又因攔黄埝河勢不順，由西南斜向北趨，直射民埝，挑壩塌短不能蓋護下游，而用土接築水中斷難施工，隨用磚接長二十丈，並將已塌之七壩、八壩、戧壩用磚補還。又南岸下南廳黑堽工因河勢變遷，蓋壩匯塌僅存長一百二十丈，廂埽用料至二百餘垛均經走失，今春先用磚石拋填壩頭、深塘，始能補還舊埽。

兹本部堂查工時因見埽前溝槽深至三丈六尺，而埽段入水不深，斷難抵禦汛漲，於頭二、三、四埽親督拋磚垛三道，隨拋隨蟄，卸至六七次始將溝槽填墊。大溜離埽在三丈以外，伏秋大汛並未淘深，其南灘塌存六七十丈閒段用磚拋護，亦未續塌。又祥河廳十六堡迆下與下北廳二堡以上各壩，埽工久經淤閉，上秋河勢下卸塌灘，本部堂飭令吴丞試拋磚壩，挑護入水一丈有餘，出水五六尺，河溜旋即外移，並未匯舊埽。迨今春桃汛忽稟磚壩全行塌没，隨按臨親勘，探量磚壩仍存水底，磚上水深七八尺不等，詢知上首之埽從前入水二丈四尺有餘，是以溜勢側注，磚壩亦塌卸到底，並未漂失一塊。即飭加拋，立時高出水面。及至伏秋大汛，每長水一次即蟄卸一次，始而加拋用磚甚多，迨後逐次漸少，探量上下首及壩頭均已放坡，迆下各壩閒段拋護頂衝之處。蓋以碎石無不得力，久之壩檔受淤而溜亦遠移，始知前此之塌没，磚未到底也；後此之蟄卸，壩未放足坡也。是磚壩如果拋足，收分堪資挑護，實已屢試屢驗。

本部堂向在地方，不諳河務，因見伏秋大汛各廳紛紛報險，或舊工刷塌，或接連脱胎，甚至甫廂復塌，旋廂旋蟄，竟無一刻停手，其塌壩匯堤危險情形，閱稟不勝惴惴。現復飭據各廳查明，道光元年兩岸現修、停修各埽工計一千五十一段，至十五年則通計二千二百四十八段，十餘年中埽已加倍，片段過長，防守既屬不易，廂修之費因而亦有漸增。

前河撫部院於歲料之外奏請添料，彼時埽工尚無近年之多，似此逐年增多，安能再請添料？且上年秋汛奏請添撥防險銀款，欽奉諭旨：『此項添撥銀兩雖係循例請撥，該河督務須督率工員，認真估辦，逐細親查，無任稍有浮費，加意撙節，可省則省，不得動援成案，歲以爲常，務期實用實銷，無稍浮冒。至東南兩河另案工程，近年動用帑項滋多，國家經費有常，總須力求裁減以杜虛糜等因。欽此。』欽遵在案。

本部堂細究河工繁費之故，由於添埽之多，不敢於例項再有請增，即不得不於埽工力求節減，已廂埽段之處，無論現修、停修，溜至萬不能減，本部堂亦斷不肯減。惟溜已塌近而工尚未生，自應挑遠溜勢以免添生新埽，惟磚性甚澁，初拋之時形同壁立，必須卸足坦坡，拋足方數，蟄入深水始能屹立。亦如築做土壩之計土方，廂做埽段之計單長，未有土方不足而壩能成，單長不足而埽能穩者也。如上、南中河、儀、睢等廳，豫防生工試拋未成，各磚壩大汛期内均未廂有新埽，且有毗連舊埽淤閉之處。今稟内所稱霜清伊邇報塌未停者，非坦坡未經卸足，即存磚不敷加拋，未便因噎廢食，指爲磚壩無用之據。即如儀下汛十六堡存灘甫拋即塌，實因存磚無多不敷拋護，所謂金重於羽者，斷非一鈎金與一輿羽之謂。若如所稟該堡拋磚則灘厓立塌，廂埽則溜即外移，兩岸埽工不少，如果一經廂埽溜即外移，何以溜勢所趨，廂舊補新，迄無底止。況時逾霜清，尚有脱胎報險之處，廂修詎能暫停乎？

總之磚壩可以挑溜支河，已有把握；而攔埝、黑堽、祥河、下北等工，在正河之中皆能化險爲平，實已信而有徵。或謂本年河水較小，或水底有石無磚，皆成見在胸，非確論也。至磚壩拋成之後，斷不致如埽工有料朽脱胎之患，舊工復生之險；即未成之時，隨蟄隨拋，亦不過與新埽之盤壓跟追情事相等。二者相較，不甚懸殊。廂埽尚可定以歲修，而或則脱胎，或則舊工復出，循環疊生，險而多費，尤在尋常搶修之外。猶可謂磚壩之拋無了期、無定數乎？

至謂磚之爲用，可以禦淺溜，不可以禦大溜；可以濟緩用，不可以濟急用；可預防將生未生之險，不可搶已生已成之險。所稟不爲無見，不知本部堂於豫防生工之處，築壩拋磚，挑遠溜勢，以冀堤根漸次受淤，河底不致側注，即師河工築壩、廂埽之意而不泥其法。其埽段迎溜吃重片段過長，或於中間靠埽拋磚，或於上下首拋做磚垛，更係拋石護埽之成法。特以購磚之價省於購石，而隨地隨時皆可應手，又較碎石爲便，故於稭石而外，籌備購磚以爲防工減埽之一助。雖磚壩迎溜刷卸，仍需碎石壓蓋，計其需石無多，究比全用碎石所省不少。

或以丈尺核計，抛磚之費一時過於廂埽，不知埽工引溜刷深，上提下坐，蟄廂接廂之費，歷時既久，實比抛磚尤多。本部堂深慮用之無節，又慮工之不堅，於廂埽、抛磚兩項，不憚深思熟計，但事屬剏行，亦期博採異議，歸於有備無患。既據該道轉據各廳會稟，四成辦料不便更改，六成碎石請暫酌改，在各該廳固無私心，本部堂亦不肯稍執成見，添料如稟辦理，其碎石不敷備防，仍應酌爲派辦，正不必求符奏案，勉爲遷就，已於該道另詳明白批示矣。所需磚塊，候再行籌備，並即轉飭知照繳。

張坦論磚壩不可行

道光十六年□月□日，開歸道張坦稟河憲栗夾單再稟者。

竊職道昨奉憲批，並蒙行知議請預撥來年備防銀兩，摺底循環絡誦，仰見大人爲國家計經費，爲河工籌萬全，殫思竭慮，凡在屬僚無不服膺勿失。惟職道管窺所及，似與宏謨偉論之外，尚有妄參末議者，不能不爲憲台陳之。

一、如憲諭，磚壩隨蟄隨抛，蓋壓碎石，無不得力。久之壩檔受淤而溜亦遠移等因。查河工遇有串溝支河，自應設法堵截，使水無進路，支河得以受淤，如北岸原陽情形是其明證。至正河趨向無定，水勢大小靡常，溜至即刷，溜去即淤，是河身之淺、深、寬、窄，由於溜勢之去來緩急。預先築壩以備挑護，原屬成法，但須看壩身能否站定，壩下有無擎托。若築做磚壩，溜到即塌，仍須加抛，其本身尚不能存站，焉能望收挑護之力？如壩工下首並無埽壩擎托，則溜身一塌，壩下即屬大溜，何能受淤？兩岸堤工各五百餘里，計有磚之處不及千百分之一，是因磚而受淤者甚少。其或因溜開，或因水落受淤者，通工皆是，則受淤之由於壩工，或不由於壩工，壩工之能否常淤，其理可以互證。至兩壩上下相距四五十丈，或三四十丈，謂之壩檔大汛冀可受淤，若竟迎溜仍須廂護，是受淤尚非治河之要務。

一、如憲諭，磚壩須拋足方數始能屹立，亦如廂埽單長不足埽不能穩； 又磚多則無所用而不可，磚少則隨所用而不可等因。 查拋築磚壩，自係臨黃喫緊之處，一經著溜，磚壩塌卸，急應加拋，第恐溜勢所趨，不止一二段，則上下首均須防護，險工每生於不測。 欲以笨重難運之磚當呼吸安危之際，誠恐緩難濟急。 若用料廂埽，如存工之料稍遠，不難轉運，即使購買亦易招徠。 無論廂新補舊，衹須擇要廂辦，立可化險爲平，縱不免行蟄加廂，究係相機修守，上下首均可顧及。 如拋築磚壩，其由嫩灘拋擲者，雖難站穩，猶屬無關得失； 若拋於水深溜急之中，零星散漫不能必其不隨溜漂淌，設是時大溜裹臥塌及壩埝，或及大堤，即積多磚亦措手不及。 且埽工單長一丈衹銷銀一兩七錢有零，磚塊每方多至三倍有奇； 埽工用土每方不過一、二、三百文不等，磚塊每方多至二三十倍。 磚壩即能得力，較埽工已費省懸殊，況緩急難易，大有天淵之判也。

一、如憲諭，磚壩屢拋屢塌，前則磚未到底，後則坦坡未足，又磚壩蟄卸至五六次，始將埽前溝槽填墊各等因。 查本年黑堽蓋壩，前本係河泓並非溝槽，即曰有之，磚塊填蟄已屬無幾，顯係溜緩則磚並沙淤，溜急則磚隨沙刷，河底本活磚，即與之俱活，能否到底，正難憑空懸擬。 至磚壩初拋壁立，加拋不已，自無慮坦坡不足。 然磚質鬆浮，零鋪灘面僅能使之愈放愈寬，不能使之愈壓愈深，根底不固，坦坡亦不足恃，是以多用碎石，層層蓋壓。 若廂做埽段，則有騎栿以駕馭之，前後將有倚靠，非如磚壩之毫無羈絆也； 有繩纜以束縛之，操縱得以自由，非若磚塊之拋擲無際也； 且層土追壓，數百萬斤成埽一段，則凝重有力，入水深穩，非若磚壩之散渙零星也。 是則磚壩即能放足坦坡，亦未能保其不塌，設遇異漲洶湧之年，排山倒海無堅不摧，恐無論拋成、未成，同歸塌陷，固未可以目前未經著溜、壩未塌動之處爲足恃也。

一、如憲諭，築磚壩挑溜即築土壩護堤之法等因。 查築壩挑溜，本屬因勢利導之意，須察看對岸有無灘嘴，堤身是否圈灣，衹以足資蓋護，下首堤埽不致喫重而止。 若因有長壩即可使下首堤不生工，埽不蟄動，斷無其事。 且恐長壩正在舊日行河下係懈沙之所，大溜奔騰下注冲斷壩身，即使盡力加拋不致全塌，其上首必受兜灣之患，本非險工，每致因此生險。 又廂埽宜於底平，一經拋磚，如果沈在河底，則萬不能平，廂埽不穩爲患不小，是以各埽空檔之處，尤未便輕易拋磚。 至灘面築壩，若係老土，著溜廂埽二三段，足資搪護； 若築磚壩，溜未到時磚在平地，似乎高整，溜到則磚塌，欲廂埽則無從著手，拋磚又不能得力，真可慮也。

一、如憲諭，購磚之價省於購石等因。 查各廳購辦碎石，按道里遠近，比較磚價，誠有減無增。 且磚塊原係民閒廬舍常用之物，似應隨處可以收買，但民房非水旱荒災何肯拆賣，以致蕩析離居即如原陽灘面被淹，民多拆屋賣磚。而各汛河灘歷遇水災，大半皆無屋可拆者。南岸上中下等廳辦磚均向原陽收買，近亦不能如上年之多，聞已搜尋至鞏、孟等處；蘭、儀以下各廳均係歷次大工，磚瓦房漂没之後民氣未復，與迆下商、歸一帶均係草舍居多，一經奉文收買，謀利之徒始則刨窔舊日災區，繼則拆毁各處廟宇。各廳收買不能足數，勢必盤窯定燒，而沿堤附近悉係水塘，沙碱、鹽碱燒磚斷不結實，其堤旁好土盡係民田，恐多窒礙難行之處。此又磚塊難購之實在情形也。

一、如憲諭，磚垻迎溜刷卸，用石蓋壓，究比全用碎石所省不少等因。查碎石採運遥遠，購貯維艱，無論方價之多寡，勢不能過於寬備，用磚以濟石之不足，用心良苦。惟埽工廂壓穩定，若非水深溜急，埽屢遊蟄，並不必逐段用石偎護。若磚垻非用碎石蓋壓不可，則塌卸一次，蓋壓一次，用石亦不爲少。下、南、黑堽蓋垻即係如此辦法，而原陽攔截支河，磚石又與稭料並用，原非全仗磚塊之力。而黑堽蓋垻，二、四兩埽報銷用磚接築跨角，其單長方價實較埽工用料價值增多數倍，此又不得不通盤計算者也。

以上各條非敢好爲辯論，緣奉憲批，有事屬創行，亦期博採異議，歸於有備無患之諭。並蒙諄飭不必稍存廻護遷就之見，伏念職道叨荷垂青二十餘載，兹隸帡幪，仰邀知遇最隆，栽培最厚，倘以見聞確鑿之事因循緘默，隨眾步趨，撫躬自問，負疚彌深，所幸雖經入奏，究屬試行，尚可收回成命，免貽後悔。用敢縷晰瀝陳，統希採納，職道坦謹又稟。

于卿保論磚工石工優劣

道光十七年六月，黃沁同知于卿保稟覆欽差敬大人，稟奉劄查覆由。

肅稟者。本月二十四日接奉鈞劄云云等因。伏查黃河兩岸，歷係以堤束水，以埽護堤，近年又以碎石護埽，此修守之成法也。十五年秋間，原陽兩汛串溝分溜刷成支河，沿堤喫重，向係無工處所，料石皆未儲備。惟時堤南一片汪洋，堤北雨水積潦，欲築壩則水中難以施工，欲廂埽則稭料並無莖束，河憲不得已示諭收買民磚，抛壩衞堤，以免汕刷，爲急則治表之計。

卑職於是年霜後到任，正居水平工穩，直至十六年春始行擇要抛壩，本年又復添抛，壩工層層挑托，河勢不致近堤，頗爲得力。又上春唐郭汛攔黃埝河勢下卸，官工尾挑壩迆下民埝無所蓋護，河憲勘令卑職與武陟縣並汛委各員，購集磚塊於挑壩接抛磚壩，長三十二丈，並於迆上挑壩數道，迨大汛期內，挑壩前大溜猛湍疊次蟄卸，護以碎石，至今屹立不動。本年春間河憲臨工又指示添抛十餘道，新抛之壩現在尚未歷過大汛，而埽段不致時見蟄蟄，亦未新生工段。此卑職攔！原兩工，用磚有益之明驗也。

惟卑職愚以爲黃河溜勢趨向靡常，夷險判於俄頃，設當伏秋汛內，大溜奔騰排山倒海，潰塌堤壩之時，搶廂埽段，法固不同，器具不一，有騎柍繩纜而維繫之料土並進，險可立化爲平，抛用磚塊究未能一氣呵成，恐難立時見效。然治河者又在因勢利導，隨時變通，苟不因勢，用力多而成功少，若審勢以行，則事半而功倍，似難執一而論也。至碎石之爲益，前南河河憲黎勤襄公條陳有案論説，最爲詳明。不惟南河至今利賴，即東河自辦碎石以來，遇有險工，一經抛護，無不立臻穩固。即如現辦磚塊，亦藉加抛碎石以資捍禦，此埽工、石工交相爲益，而稍有區別之實在情形也。

第磚工現係試辦，卑職經理甫屆年餘，閱歷未深，此後磚壩挑溜經久，及有無流弊之處，尚未能必有把握。緣奉劄飭，謹抒管見，是否有當，伏乞大人訓示。祗遵。爲此肅稟，恭請金安。

高步月論磚工難行

道光十七年七月，下南廳高步月稟復欽差工部尚書宗室敬。肅稟者：本月初三日接奉鈞札：以奉旨查辦東河事件，事關重大，尤宜詳細講求，所有埽工石工磚工，用既不同，自應各有利弊，究竟何處宜用磚工？何處宜用埽工？其用磚垻挑溜是否經久？有無流弊？用石較磚有無區別？究竟磚工可用不可用？務當各抒己見，詳細稟陳，以憑核辦等因。

祇奉之下，仰見大人審度周詳，不遺葑菲，下懷欽服，曷盡名言。遵查河工廂辦埽工，其法已久，當河勢坐灣及迎溜頂衝之處，或築垻廂埽，或順堤下埽，均視溜勢之趨向以適其宜。溜本時來而時去，埽則可守而可修，入水不嫌其深，壓土不嫌其厚，至河底不平以致埽段游蟄，廂壓不穩往往糜料出險。道光五年仿照南河碎石之法，抛置埽前偎護，以埽工得資穩定而止，至今十有餘年，東河搶辦險工無不立見成效，此以石護埽，免致連段走失，殆亦急則治表之意。

惟石與磚質體固有輕重之分，方價究有多寡之別，粟河憲爲節省錢糧起見，斟酌變通，試辦磚塊，如屬祥符上汛黑堽蓋垻，及上下首經前任張同知遵抛磚垻十道，並磚垛五道，又包護順河埝一帶灘涯。本年春汛，復蒙按臨指示添抛磚垻、磚垛，均未放足坦坡，不無蟄卸，其臨黄試抛磚垛固可保護灘涯，或偎護埽根，或築垻挑溜，必須接續跟加以臻穩定。但抛辦一垻，偎護一埽，自初抛以致放坦，動以數十萬計，若非多方籌備，勢難跟接施工。刻下放價收購舊磚，則河北一帶搜羅殆盡，若立窯燒造，堤北臨黄堤南俱多水塘，設立維艱。且以盤窯而論，如二十座窯，除嚴寒盛暑以及大雨時行不能燒造外，每年僅能燒造六箇月，自脱坯以至燒成，計須半月方出一窯，約磚一萬塊，統計二十窯認真趕辦，終年僅出磚二百餘萬塊，所造之磚不敷所抛之用，以之防險恐難應手，此磚工燒造難繼之實在情形也。

要之用磚原以代石，抛石即以護埽，磚石與埽無非衛堤。卑職庸見淺，閱歷未深，茲蒙下問，不敢游移遷就，用敢冒昧稟陳，是否有當，伏乞大人訓示。祇遵。肅此具稟，恭請云云。

暫停燒磚仍以採辦碎石爲急務

道光十七年七月，欽差工部尚書敬會同河督栗奏爲酌議改辦磚石章程，恭摺奏祈聖鑒事。

臣敬奉命前往東河查辦事件，到工以來即會同臣栗周歷豫省兩岸各廳，履勘磚工、埽段，虚心講究，所有查議情形，均於前摺縷陳，恭候訓示遵辦。惟臣不諳河防，恐有顧此失彼之虞，連日會商，總期於工需錢糧兩有裨益。臣栗查碎石一項，東河已用十數年，著有成效，實屬固工要需，較之磚塊自爲堅實。臣因十五年原陽支河分溜，向未儲備稭石，不得已而試抛磚垻，挑溜護堤，頗爲得力；嗣因黄沁廳之攔黄埝挑垻塌短，水中不能施工，用磚接長；下南廳之黑堽工埽垻刷塌，係舊日河身廂埽屢經走失，用磚抛護，始得補還原埽，並於埽前築垻挑掩。此外中河之中牟汛五堡、儀睢之儀封汛十六堡、商虞之虞上汛十四堡，並祥河之祥上汛十六堡，毗連下北之祥下汛頭堡，或力杜新工，或蓋護舊工，不致復出。凡平日所知最險工段擇要試辦，均資保衛。即上秋南岸試抛未足因而塌卸者，今春親督加抛，亦一律高整；其溜勢較大者，磚石並用，無不足資抵禦。原議抛成之後加蓋碎石以期歷久彌堅，節經隨時奏明在案。

現在所辦磚工已歷兩載，而大河盛漲較之十五年水勢尚小二尺，正未敢以試辦之工遽爾深恃。且恐燒磚久而弊生，河防重大不可不慎益加慎。惟碎石購運艱難，不能隨時應手，查道光十二年前河臣吴奏明將添料改辦碎石，每年霜降後估辦，待至來歲大汛始能報完。不特購辦無多，抑且緩不濟急。現在原陽支河、攔黄埝、黑堽等工存磚有數十萬塊及百餘萬塊者，似可備加抛之用，自應以豫辦碎石爲急。經臣等公同商酌，擬請將本年五月間奏准豫提戊戌年例撥防險銀十萬兩儘數改辦碎石，其置窯燒磚即行停止。由臣栗酌定各廳用石多寡，分派及時開採，察詢各廳員據稱，九、十兩月可以預辦，應限明年桃汛前先完一半，伏汛前全數運工。臣栗核實驗收，指示抛辦。倘有藉詞延緩，限内運不足數者，即行參處。其例辦六成碎石，仍照常於霜降後扣明添料存數，再行發辦。如此一轉移間，在經費並不加增，於工需可期充裕。此後每年查勘情形，酌核增減，於七月内奏明豫提銀數發廳備辦，庶可源源接濟，工用不匱，以冀瀾恬。所有臣等酌擬改辦碎石緣由，是否有當，伏候皇上訓示遵行。謹奏請旨。

七月十七日内閣奉上諭：『敬徵、栗毓美奏酌議改辦碎石章程一摺，東河試辦磚工。現據敬查勘明確，議請分別存貯，暫停燒造，自應以採辦碎石爲急務。著照所請，所有戊戌年例撥防險銀十萬兩，准其儘數改辦碎石。其置窯燒磚即行停止。並酌定各廳用石多寡及時開採，限於明年桃汛前先完一半，伏汛前全數運工。由該河督核實驗收，指示抛辦。倘有藉詞延緩，限内運不足數，即行參處。其例辦六成碎石，仍照常於霜降後扣明添料存數，再行發辦。此後每年查勘情形，酌量增減，於七月内奏明豫提銀數，發廳備辦，以期源源接濟，工用不匱。該部知道。欽此。』

論燒磚之弊

道光十七年七月十二日，欽差工部尚書宗室敬覆奏：　奏爲查勘東河試辦甎工情形，據實覆奏，仰祈聖鑒事。道光十七年五月二十九日，奉上諭：『著派敬徵馳驛前往東河查辦事件，御史李蒓隨同前往，並與隨帶司員一併馳驛。欽此。』

奴才敬於六月初二日面聆聖訓後，經軍機大臣將東河河督栗原奏，及御史李條奏各摺抄交奴才閲看，旋於初六日偕同御史李並帶同工部郎中由京起程，於二十一日馳抵蘭儀廟工，時河臣栗正因防汛駐工，詢知黄河伏汛自十四日長水一次，十七日漸落，甎埽各工均好。查看當即會同前往周歷履勘，沿北堤工查下北祥河衛糧甎工西至黄沁廳攔黄埝折回，由滎澤渡河循南岸東行，查胡家屯、楊橋、黑堽等處。七月初六日北渡查曹考廳工程，仍回蘭儀工次。所有各廳甎工除已抛未成者尚在隨時加抛外，其抛成蟄定之工或押蓋碎石，或跟澆土戧，現在尚屬整齊。

奴才每於查勘之際，即逐段向河臣講論，詳細探量，御史李亦留心隨看，及至蘭陽工所，同將看過南北兩岸甎工埽段，得力與否之處互相討論，考核成法，劄問河北、開歸兩道，南北各廳，令其各抒己見，不許會同游移遷就，將埽石甎工利弊密封稟復。大率皆謂『黄沁之攔黄埝！衛糧之分岔支河，購買民甎，挑護堵截，確有成效；其餘水淺溜緩之處，拋甎壓石以及保灘護涯，均堪得力；至水深溜急之處，有甎石並用放手加拋，始經站定者；有屢拋屢塌，改用埽工方能穩固者。用甎搶辦險工，究未盡可深恃，且立窯燒甎，恐有流弊』各等語。隨將調到文卷逐一查對，與所論情形亦屬相符。

查河督栗因道光十五年分溜支河，原陽一帶堤工吃重，本係無工處所，物料不備，即時收買民甎，拋築擋護，試有成效，因欲多辦甎工，以期減埽節費，其實心任事，久在聖明洞見之中。御史李因事近更張，風聞眾論未洽，恐滋流弊，據情陳奏，同係因公，各無成見。

奴才敬受恩深重，查辦河工關係重大，如河督栗所辦甎工有師心自用，御史李有陳奏不實之處，自當分晰，據實奏明，恭候聖主裁辦。惟甎塊本係試辦之初，正當思及久遠。今據目睹情形，悉心體察，採訪輿論，合參眾議，其燒磚之弊，謹爲皇上陳之。夫防河之法不外以土制水之義，廂埽以料合土，由淺及深，因勢利導，取其以柔能抵剛；碎石質重體堅，用以防風護埽，取其以剛濟柔。甎本土成，介於剛柔之間，原可濟料石之不足，當事者果能相度機宜，用之得當，則料石之外，多一防守之資，於河工不無裨益。惟是料石皆由天產，而造甎必假人工，流弊之多即在於此。今舊甎搜獲殆盡，勢須燒造新甎，沿堤立窯，土性沙鹹，托坯難於堅實。且近堤例有取土之禁，近料須防意外之虞。再以甎價十萬兩，每塊六釐計之，共甎一千六百餘萬塊。如數燒造，曠日持久，冬則雪壓土凍，夏則雨淋水漂，托坯不免損失，逾限勢必含混。奴才於楊橋工次試取新甎與舊甎比較，舊甎則尺寸小而分量較重，新甎則尺寸大而分量較輕，立法之初先已如是，奉行既久，作僞必多。河督雖認真督辦，不過總持大綱，廳員則重在防工，豈能分身監造？設將來用之失當，必致挑溜變形，或燒造偷減，錢糧終成虛擲。且燒甎一萬塊，約需稭三萬斤，以此遞加，所費實鉅。附近所產之稭，倘共窯用必礙工需，設遇險工，稭無購處，致有貽悞，關係匪輕。是燒甎不如採石之無弊，而用甎終不如用石之一勞永逸也。查現在各廳所存料石多寡不一，奴才愚昧之見，擬請勅下河臣栗，將已拋甎工酌量壓石澆土，以期穩固，其未拋之磚存貯河干，以備料石之不足，毋庸再行燒造。再查豫省歷年所辦稭料增多，而所辦甎石無幾，未免限於防料銀十四萬兩內以六成辦石之議。惟奴才才識短淺，不諳河防，因燒甎既窒礙難行，恐有顧此失彼之虞，連日與河督栗悉心商酌，公議改辦碎石章程，另摺會奏，恭候聖裁。所有奴才查勘甎工及請停燒造緣由，是否有當，伏乞皇上訓示。謹奏。

再奴才詢問御史李，據稱無可陳奏。河督栗，亦稱無另行具奏之處。奴才即於拜摺後偕同御史李及隨帶司員十三日由蘭陽廟工啟程，迎摺北上，謹附片具奏。

七月十六日内閣奉上諭：『前據御史李蒓奏請，將東河甎工暫停燒造，當有旨派敬徵馳往查辦，並命李蒓隨同前往。兹據該尚書查明具奏，所議甚是。據稱：道光十五年該河督栗，因原陽一帶堤工吃重，本係無工處所物料不備，即時收買民甎抛築擋護，試有成效，因欲多辦甎工以期減埽節費。該尚書周歷履勘下北祥河等廳抛成蟄定之工，現在尚屬整齊。並據各道廳密稟「水淺溜緩之處，抛甎壓石以及保灘護涯均堪得力；其水深溜急之處，有甎石並用放手加抛始經站定者，有屢抛屢塌改用埽工方能穩固者。用甎搶辦險工未可深恃」等語。治河之法不外以土制水，取其柔能抵剛；碎石質重體堅以防風護埽，亦得剛以濟柔之義。磚本土成，原可濟料石之不足，於河工亦不無裨益。該河督前請沿堤立窯澆甎，本爲搶辦要工起見。惟土性沙堿，坯難堅實，且近堤例有取土之禁，近料須防意外之虞，日久流弊滋多，是燒甎不如採石之無弊，用甎不如用石之一勞永逸也。著栗即將已抛甎工酌量壓石澆土，以期穩固；所有未抛之甎，並嚴飭道廳員弁，確切報明存貯河干，以備應用。毋庸再行燒造，以符舊制而杜弊端。欽此。』

整理人：賀科偉，歷史學博士，河南師範大學圖書館副研究館員，先後在《出版發行研究》等核心期刊發表論文二十餘篇，出版《移風易俗與秦漢社會》等著作四部。

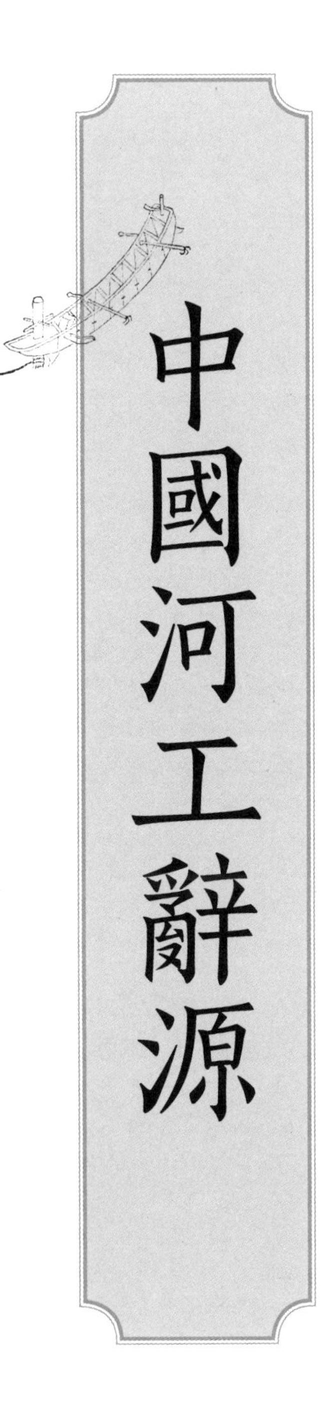

中國河工辭源

鄭小惠　童慶鈞　劉聰明　整理

整理説明

《中國河工辭源》（以下簡稱《辭源》）由民國時期全國經濟委員會水利處編，民國二十五年（一九三六年）七月作爲十種水利專刊之一（第六種）出版，全國經濟委員會發行，印數一千册。《辭源》收録了水利工程專業術語，是研究中國水利史、瞭解河工水利名詞源流不可或缺的重要工具書，現已絶版。

《辭源》匯輯《史記·河渠志》《河防通議》《行水金鑑》等二十七種從西漢迄至民國的水利典籍，以鄭肇經、汪胡楨、楊保璞三位先生的手録河工名詞劄記爲藍本，經水利處設計科惲新安等人分任采輯，加以補充、分類摘録而成，共計收録河工名詞數千則。

鄭肇經（一八九四—一九八九年），江蘇泰興人，中國現代水利學家，畢業於上海同濟大學土木工程系，歷任河海工科大學教授、同濟大學工學院教授、河海大學教授等職，有《制馭黄河論》《河工學》《渠工學》《中國水利史》《水文學》《農田水利學》等著譯作品。

汪胡楨（一八九七—一九八九年），浙江嘉興人，中國現代水利學家，中國科學院學部委員，畢業於南京河海工程專門學校，康奈爾大學土木工程碩士，歷任河南工程學校、中央大學、浙江大學教授，導淮委員會設計主任工程師，整理運河討論會總工程師等職。論著有《水工隧洞的設計理論和計算》《地下洞室的結構計算》等。

楊保璞，歷任民國内政部技正、江北運河工程局技術員，揚子江水利委員會技正兼總務處處長，中國水利工程學會幹事代總幹事職，沂沭泗水利工程總隊總隊長等職，著有《揚子江水利事業》《兜纜軟廂法》等。

《辭源》共分十章，章下分節，各節之初先概述本節内容，而後分述各詞條，詞條後均標明援引書籍及出處。《辭源》後有『參考書籍表』，另附『筆畫索引』，以便查找。

例如，在第二章『水汛』一節中，先概述水位漲落隨季節而異，提出古人舉物候爲水勢之名，有解凌水、信水、桃花水、菜花水、麥黄水、瓜蔓水、礬山水、荳花水、荻苗水、登高水、復槽水、蹙凌水等稱謂。常年水汛未能分別清晰，後世簡化爲四汛：桃汛、伏汛、秋汛、凌汛。以下便逐條分述，如『信水』徵引《宋史·河渠志》《河防権》《河防志》《治河方略》《河防通議》《河工名謂》《漢書·溝洫志》等文獻。某些詞條并附有原圖，圖文對照，使讀者對詞條内容瞭解更爲明晰。

『堵口』是《辭源》篇幅最長的一章，下分七節：『通論』綜述與決口、塞堵等相關的術語名詞；『引河』從河頭、河尾、上唇、下唇、龍鬚河（小引河）、龍溝（子河）、隔堰（土埂）等部分分述，進而説明開引河要有吸川之形、建瓴之勢，否則會形成過門溜；『裹頭』『進占』『合龍』分述堵口的具體做法；『繩纜』『樁橛』則分述堵口的工具，敘述周詳，條理明晰。

不過，由於《辭源》是在三位水利史元老手録河工名詞劄記的基礎上整理而成，文中訛誤之處頗多，如『稍』誤作『梢』，『聚』實爲『騄』。且受當時水利處藏書所限，徵引文獻未能完備，如《治水筌蹄》《歷代河防統纂》等水利文獻就没有收録。整理過程中，我們不僅點校《辭源》文本，對徵引的所有文獻均查找和對照原文，分别在清華大學圖書館、北京大學圖書館、國家圖書館等處尋找徵引版本，并逐條對照術語原文。其中，整理人童慶鈞負責《河防榷》《河防一覽》《八編（經世）類纂》《治河方略》《河工器具圖》（郭成功）、《河工器具圖説》（麟慶）、《河工用語》的版本對照和點校，并爲全書作注；整理人劉聰明負責《史記·河渠志》《漢書·溝洫志》《宋史·河渠志》《金史·河渠志》《河防通議》《至正河防記》《問水集》《行水金鑑》《河防志》《山東運河備覽》的版本對照和點校；整理人鄭小惠負責整體統籌，以及《安瀾紀要》《迴瀾紀要》《續行水金鑑》《河工簡要》《河上語圖解》《河工要義》《新治河全编》《河防輯要》《濮陽河上記》《河工名謂》的版本對照和點校。同時，感謝清華大學圖書館助管楊伶媛同學和李柳熙同學的協助查證，使得點校工作在短短一個月時間内完成。

整理過程中遇到諸多問題，均依以下原則處理：

一、尊重《辭源》對徵引文獻術語的增補和修訂，以便讀者更好地理解詞條。

二、在《辭源》與徵引文獻術語意思相近、個别字詞表達不同時，修改爲徵引文獻中的寫法。

三、在《辭源》與徵引文獻術語差别較大、有明顯印刷錯誤時，修改爲徵引文獻中的寫法。

四、在徵引文獻頁碼、位置出錯時，直接改正，不再作注。

五、在未標明徵引文獻頁碼、位置時，先根據《中國基本古籍庫》定位，再尋找同版本文獻查證。如徵引文獻中難以查找頁碼、位置，保留《辭源》原樣。

本書的整理出版不僅會給研究中國科技史和水利史的專家學者提供方便，同時也可爲文史工作者及社會大衆提供一部瞭解中國古代水利史及其名詞術語的權威性工具書。

本編纂單元由鄭小惠、童慶鈞、劉聰明點校整理，若有不當之處，敬請批評指正。

整理者

目録

第一章　河川

河分河源、上游、中游、下游，其出口處，曰河口，又曰下口。水之來處，曰上水；　去處，曰下水。河水之中流湍急者，曰中泓。臨河之地，曰灘，有内灘、外灘、老灘、新灘、下灘、嫩灘之稱。灘之邊崖，曰灘唇。其突出於灘面者，名曰灘嘴。灘嘴撑入河心，曰鷄心灘。又有沙吻者，大溜頂冲對岸挺出之積沙也。凡沙淤之處，謂之淺。河流入海，爲潮所阻，泥沙停留，則生三角洲。

河源

【河工要義】河源者，河水發生之地也。河源多屬于湧泉。泉水湧出，滙流成河，支脈〔一〕不一。（一頁，一〇行）

【河工名謂】河水發源之處。（三頁，一一行）

上游

【河工要義】河源以下，居全河最上之域，謂之上游。（一頁，一五行）

【河工名謂】河流之上部，接於河源，謂之上游。（三頁，八行）

中游

【河工要義】中游所生〔二〕，地平土疎，流勢緩漫，每多泛濫沉澱之患，一經汛漲，則出山之水横衝直撞，奔注迅驟，侵蝕堤身。河水出山，漫流平地，兩岸築堤，束水歸槽之處，謂之中游。〔三〕潰決爲患。（二頁，一〇行）

【河工名謂】河流之中部，謂之中游。（三頁，九行）

下游

【河工要義】河距出山之處較遠，而又下聯河口者，謂之下游。下游所在他〔四〕益衰，流益散緩，兩岸束以堤防，恐多泛濫〔五〕之虞。如果任其蕩漾，則又未免村廬田舍悉被其害，且因水勢愈緩，墊淤愈甚，隨在皆生洲渚。（三頁，五行）

【河工名謂】河流之下部接於河口，謂之下游。（三頁，一〇行）

河口

【河工要義】河口者，全河水流之歸宿也。歸宿處所，

〔一〕『脈』，原書作『派』。
〔二〕『生』，原書作『在』。
〔三〕原書『河水出山……謂之中游』在『中游所在』之前。
〔四〕『他』，原書作『地』。
〔五〕『泛濫』，原書作『漫溢』。

約有三種：（一）海洋，（二）湖澤淀泊，（三）他之河川。河口之在湖澤淀泊，與夫他之河川者，亦每多泛濫沉澱，搆成洲渚。叢生茌草蘆葦之病，固宜不時濬治，以暢其流。即河口之在海洋者，泥沙自上中下游傳送而來，逆被海潮抵拒。沙停潮落，非積成沙埂，即造成三角洲欶[一]，尤須疎鑿深廣，以收無窮之利益也。（三頁，一〇行）

【河工名謂】河流入海之處。支河入幹流之處，亦爲支流河口。（三頁）

下口

【河工要義】下口者，全河之尾閭[二]也。下口深寬[三]，自然全局安流，故欲上游之無潰決，必自疎通下口始，所謂治水先從低處下手也。（一〇六頁，一五行）

上水

【河工名謂】水之來處，曰上水。（二頁，六行）

下水

【河工名謂】水之去處，曰下水。（二頁，七行）

中泓

【河工要義】中泓者，河水之中流也。灘嘴裁切，中泓深暢，河流下駛自無坐灣衝罶之弊。[四]（一〇九頁，三行）

【河工名謂】大溜走中槽，不危及堤壩者。（三頁，一五行）

灘

【河工名謂】臨河之地，曰灘。（二七頁，一行）

內灘

【河工名謂】堤內灘地，曰內灘。（二七頁）

外灘

【河工名謂】堤外灘地，曰外灘。（二七頁）

老灘

【河工名謂】多年未着水之灘地。（二七頁）

新灘

【河工名謂】新漲之灘地。（二七頁）

下灘

【河工名謂】新灘較低者。（二七頁）

嫩灘

【河工名謂】露出水面而又[五]未乾之灘地。（二七頁）

灘唇（老崖頭）

【河工輯要】臨河之灘唇必高，堤根之灘地多窪，往往以堤視灘似乎頗高，及較灘唇即形卑矮者。

[一]『欶』，原書作『嶼』。
[二]原書『尾閭』二字互乙。
[三]『寬』，原書作『廣』。
[四]原書無『灘嘴裁切……衝罶之弊』。
[五]『又』，原書作『猶』。

【河工名謂】多年老灘之邊崖。（二七頁）

灘嘴

【河工名謂】河灣對岸之灘尖，亦曰鷄心灘。（二七頁）

鷄心灘

【河上語】灘嘴撐入河心，曰鷄心灘。（二二頁，二行）（圖一）

【註】此岸長鷄心灘，則彼岸生險，爲彼岸計者，或挑灘以引溜，或作壩以刷灘。

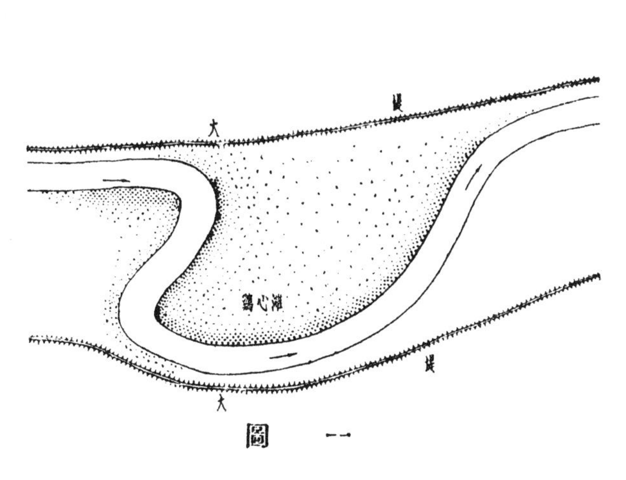

圖一

沙吻

【河防志】頂衝大溜之處，對岸必有沙吻挺出，此河曲之故也。（卷三，五七頁，一一行）

淺

【行水金鑑】沙灘之處，謂之淺。（卷一〇五，七頁，一九行）

【治河方略】沙淤之處，謂之淺。（卷四，二六頁，四行）

三角洲

【河工要義】河流所挾泥沙[一]，自上中下游轉道而至河口[二]，逆被海潮抵拒，沙停潮落，非積成沙埂，即造成三角洲嶼。（三頁，一五行）

汙、澤迺窪下之地，所以調濟河水之盈涸，統名之曰水櫃（Reservoir）。瀆者，不因他水獨能達海之河也。支河者，由正河分流旁瀉之河也。分流之間，有高地相隔，俗稱龍舌。分水之間，地形隆起，謂之水脊。河勢灣曲之甚者，曰坐灣。其兩端屈曲形成之字者，曰之字河形，又曰對頭灣。河道壅塞，不復爲水流所經行者，曰故道。

[一]『河流所挾泥沙』，原書作『泥沙』。

[二]『轉道而至河口』，原書作『傳送而來』。

汙澤

【漢書・溝洫志】賈讓奏言：古者立國居民，疆理土地，必遺川澤之分，度水[一]所不及，大川無防，小水得入，陂障卑下，以爲汙澤。使秋水多，得有所休息，左右游波，寬緩而不迫。（《前漢書》卷二九，一四三頁，四格，六行）

水櫃

【行水金鑑】徐、沛、山東諸湖在運河之東者，儲泉以益河之不足，曰水櫃。（卷一〇五，一頁，二〇行）【又】涸而放湖以入河，於是有水櫃。櫃者，蓄也。湖之別名也。（卷一〇五，七頁，一七行）【又】水櫃即湖也，非湖也[二]別有水櫃也。漕河水漲則減水入湖，水涸則放水入河，各建閘堰[三]以時閉啓。（卷一一六，九頁，一〇行）

【治河方略】溢則減河以入湖，涸則放湖以入河，於是有水櫃。櫃者蓄也，湖之別名也。（卷四，二六頁，二行）

【山東運河備覽】嘉靖六年間，治水者不考其故，正[四]於湖中築新堤，周迴僅十餘里，號爲水櫃，湖之廣益狹矣。（卷六，三頁，一五行）

【河工要義】水櫃者，湖蕩淀泊也。湖蕩淀泊，天然爲河道之水櫃。在運河則蓄放有方，堪資利濟。其他各河道，當其盛漲之時，下游稍[五]洩不及，亦可藉以容受水勢，俾無漫溢。（一一七頁，四行）

瀆

【河防志】瀆者，獨也。以其不因他水，獨能達海也。（卷三，三一頁，二行）

支河

【治河方略】支河有兩樣，……一[六]，上有河頭，當河水初長時，水即由河頭流入，在灘地內轉折迴旋，遠者數十里，近者十數里或數里，仍歸入[七]河。此上有河頭，下有河尾者也……二[八]，上源並無河頭，因內地甚低，當河水出槽之時，滙歸於低窪之內，聚而成瀦。日刷日深，亦轉折迴旋於灘地之內，或數十里及數里，然後歸入大河，此則無河頭而但有河尾之支河也。（卷一〇，二七頁，七行；同卷二八頁，一六行）

【河工要義】支河者，由正河分流旁瀉之河也。支河

[一]原書「水」下有「勢」字。
[二]「也」，原書作「之外」。
[三]「堰」，原書作「壩」。
[四]「正」，原書作「止」。
[五]「稍」，原書作「消」。
[六]原書「一」後有「種」字。
[七]「入」，原書作「大」。
[八]「二」，原書作「一種支河」。

之成，基於天然，非屬人爲，其在河槽内者，水落始分，水漲[一]乃合。而在河槽外者，水長而後分流，水落立即斷溜。（六頁，三行）

【河工名謂】入正河之水，曰支河。灘内正河之分支，亦曰支河。（三頁）

龍舌

【河工要義】兩河分流之中，必有高地相隔，俗語謂之龍舌。

水脊

【行水金鑑】南旺分水，地形最高，所謂水脊也。決諸南則南流，決諸北則北流，惟吾所用河如耳。當春夏粮運盛行之時，正汶水微弱之際，分流則不足，合流則有餘，宜效輪番法：如運艘淺於濟寧之間，則用[二]南旺北閘，令汶晝[三]南流，以灌茶[四]城。如運艘淺於東昌之間，則閉南旺南閘，令汶晝[五]北流，以灌臨清。（卷一二六，一三頁，一八行）

坐灣

【河工名謂】河勢裏臥成灣曲[六]者。河勢灣曲之甚者。（四頁）

之字河形

【河工要義】河[七]以就下之性，避高趨卑，避堅趨弱。是以前有障礙，側向[八]旁駛，東漲一難[九]，西生一險，西漲一難[一〇]，東生一險。久之漲灘日益淤墊，險工日益搜刷，高者愈高，卑者愈卑，勢成之字河形，即俗所謂對頭灣者也。（四頁，三行）

對頭灣

【河工名謂】河流灣曲相連如之字形者。（四頁）

故道

【泗洲志】有高有卑，高者平之以趨卑，高低相就，則高不壅，卑不瀦，慮夫壅生潰、瀦生湮也。

人工河道，有引河、月河、越河、分水河、減水河、川字河、逆河、複河、閘河、溝渠。江渚、港塢爲船艘停泊避風濤處。

引河

【河工要義】引河者，引正河之水分洩以殺其勢，或竟使之經流他道之河也。引河全屬人爲，故與支河名

[一]「漲」，原書作「長」。
[二]「用」，原書作「閉」。
[三]「晝」，原書作「盡」。
[四]「茶」，原書作「茶」。
[五]「晝」，原書作「盡」。
[六]「曲」，原書作「形」。
[七]「河」，原書作「水」。
[八]「向」，原書作「而」。
[九]「難」，原書作「灘」。
[一〇]「難」，原書作「灘」。

實皆異。引河有種種之用法，試即分言於下：

（一）堵合奪溜之決口，河身因斷流[一]時逐漸淤墊，大壩合龍，非藉引河不能使全流復歸故道者，合堵[二]決口之引河也。

（二）欲將河道改移他處，經流地域，不能盡屬低窪。其間高阜處所，必先挑挖引河，以備堵截正河。引水改經他道之用者，改移河道之引河也。其有河流側注，隄防喫緊，欲使溜走中泓，裁灣取直者，亦此意也。

（三）如迎溜石堤，堤身殘蝕，因在水中未易施工，必須導水經由他處，正河乾涸，然後始能修築者，又一引河之用法也。

（四）閘壩以外，恐分洩河水，淹浸田廬。因而挑挖引河，導入他之河川者，亦一引河之用法也。（六頁，七行）

【濮陽河上記】開鑿通渠，引水歸原者，謂之引河。河水潰決，溜入口門，正河故道漸就淤墊。如奪溜已久，則正河淤墊之處，近在密邇；如先分溜而後奪溜，則淤墊之處，遠在數千丈或萬餘丈以外。估計引河須詳察形勢，先定河頭，再測量正河淤地之長短，灘高水面之度數，然後規定開鑿之丈尺，並預計開放時可以過水若干，統宜事前熟計。河頭應建於深水陡崖之處，河尾應挑至未曾受淤之地，庶於開放時，得以順流而下，無所阻礙。於此尤應注意者，全視河形之曲直，水勢之高下。有非鑿引河不能引水歸原者；有舍引河而別築龍鬚溝以疏通者；亦有全不開鑿而自然就範者，要在當事者變而通之。（甲編，六頁，一九行）

月河

【河防榷】南旺舊例，兩年一大挑，築壩斷流，不通舟楫，始開月河。（卷四，二三頁，一〇行）

【治河方略】移運口於爛泥淺之上，自新莊閘之西南，挑河一道至太平壩。又自文華寺永濟河頭起，挑河一道，引而南經七里閘，復轉而西南，亦接之太平壩。俱達爛泥淺之引河內，則兩渠并行，互爲月河，以舒急溜，而備不虞。（卷二，一〇頁，一行）

【山東運河備覽】制牐必旁疏一渠爲壩，以待暴水，如月然，曰月河。（卷四，二七頁，七行）

【河工要義】濬月河，以備霖潦[三]。

越河

【治河方略】河流之限砂[四]，去之甚難。雖乘冬春水

[一]「流」，原書作「溜」。
[二]原書「合堵」二字互乙。
[三]出處待考。
[四]原書無「河流之限砂」，《辭源》編者據文義增。

落，用釘犂鐵鈀等具鏟削，終難施力。計惟有以〔一〕其南岸側伏砂斷絶之處，另開越河里許，引河流使之避砂而行，但所開之河，不過深一丈，寬五六尺〔二〕，聽河流自行汕刷。（卷二，三八頁，四行）

分水河

【行水金鑑】凡水勢大則〔三〕宜分，小則〔四〕宜合，分以去其害，合以取其利。今黄河之勢大，故恒衝決；運河之勢小，故恒乾淺。必分黄河水合運河，則可去其害而取其利。請相黄河地形水勢，於可分之處，開分水河〔五〕。（卷一〇九，五頁，一四行）

減水河

【至正河防記】水放曠則以制其旺〔六〕，水隳突則以殺其怒。（三頁，一〇行）

【治河方略】同上文。（卷七，八頁，一五行）

川字河

【河工要義】疏通下口，不外撈淤浚淺，與其川字河導疏下注之法。川字河者，於汛水未發之（前）〔時〕察看地勢，即在中流兩旁，酌挑引河數道，水到注入，引河流出口，不致漫灘四溢，到處停淤。

逆河

【治河方略】《禹貢》紀河之入海曰：同爲逆河入於海，夫河也而以逆名，海湧而上，河流而下，兩相敵而後入，故逆也。既播之爲九，而又曷而爲同之，不同則力不一，力不一則不能以入於海。（卷一一〔七〕，一頁，一六行）

【山東運河備覽】播爲九河，復同聚一處而爲逆河。逆，迎也，蓋迎之逆海而入也。（卷一，七頁，一二行）〔八〕

複河

【治河方略】更自張莊順現行之河，開複河一道，經駱馬湖東至馬陵山，接中河以行運。（卷二，一四頁，九行）

閘河

【行水金鑑】閘河，水平率數十里置一閘，水峻則一里或數里一閘處〔九〕。（卷一二一，二頁，七行）

溝渠

【河工要義】溝渠者，導泉源雨潦歸之河道，或引入河

〔一〕『以』，原書作『於』。
〔二〕『尺』，原書作『丈』。
〔三〕『則』，原書作『者』。
〔四〕『則』，原書作『者』。
〔五〕『開分水河』，原書作『開成廣濟河』。
〔六〕『旺』，原書作『狂』。
〔七〕原書僅十卷，出處待查。
〔八〕原書無此文字，出處待考。
〔九〕『處』，原書作『焉』。

水以灌田畝之要路也。（一一二四頁，五行）

江渚

【行水金鑑】設江渚以避風濤，七郡運五千餘艘，俱出京口渡江，以入瓜洲閘河。風濤不利，則艤舟於大江之濱，後舟鱗集，欲進不得，欲退不能，至危事也。則于京閘之外藏風處，浚而深之，可容五六百艘，固椿築堤，若湖蕩焉。而以一口通出入，南北渡江者，乃即安矣。（卷一一一，七頁，二行）

港塢

【行水金鑑】萬曆四年於瓜洲開港塢，以舶運船。（卷一〇四，一五頁，一四行）

第二章　水

第一節　水汛

水位漲落，隨季節而異。古人舉物候爲水勢之名，有解凌水、信水、桃花水、菜花水、麥黄水、瓜蔓水、礬山水、荳花水、荻苗水、登高水、復槽水、蹙凌水之稱。常年水汛未能分別清晰，有如上述者，後世簡化之爲四汛：桃、伏、秋、凌是也。桃、伏、秋三汛安瀾，便爲一年事畢，故又有三汛之名。此外非時暴漲，謂之客水。古人以爲水汛可預測，每于夏曆正月上旬，權水之輕重，以卜一年間雨量之多寡，名謂月信，實非事理所可通。

解凌水

【河防通議】立春之後，春風解凍，故正月謂之解凌水。（卷上，一三頁，二行）

信水（上源信水）（黑凌）

【宋史·河渠志】立春之後，東風解凍，河邊人候水，初至凡一寸，則夏秋當至一尺，頗爲信驗，謂之信水。（卷九一，二二三三頁，三格，二三行）

【河防榷】同上文。（卷四，四七頁，一行）

【河防志】同上文。（卷一一，六〇頁，二行）

【治河方略】同上文。（卷八，四五頁，四行）

【河防通議】信水者，上源自西域遠國來，三月間凌消，其水渾冷，當河有黑花浪沫，乃信水也。又謂之上源信水，亦名黑凌。（卷上，一一頁，五行）

【河工名謂】立春後，水初至，謂之信水。（二頁）

【漢書·溝洫志】來春桃華水盛，必羨溢，有填淤反壤之害。如此，數郡種不得下。（《前漢書》卷二九，一四三頁，三格，七行）

桃花水（桃汛）

【宋史·河渠志】二月，三月，桃花始開，冰泮雨積，川流猥集，波瀾盛長，謂之桃花水。（卷九一，二二三三頁，三格，二四行）

【河防榷】同上文。（卷四，四七頁，二行）

【河防志】同上文。（卷一一，六〇頁，四行）

【治河方略】同上文。（卷八，四五頁，六行）

【河防通議】黄河自仲春迄秋季，有漲溢，春以桃花爲候，蓋冰泮水積，川流猥集，波瀾盛長，二月三月謂之桃花水。（卷上，一二頁，五行）

【河工名謂】清明節及立夏節前後所漲之水，謂之桃花水。（二頁）

菜花水

【宋史·河渠志】春末蕪菁華開，謂之菜花水。（卷九一，二三三頁，三格，二五行）

【河防榷】同上文。（卷四，四七頁，四行）

【河防志】同上文。（卷一一，六〇頁，六行）

【治河方略】同上文。（卷八，四五頁，七行）

【河工名謂】春末所漲之水。（二一頁）

麥黃水（麥浪水）

【宋史·河渠志】四月壠麥結秀，擢芒變色，謂之麥黃水。（卷九一，二三三頁，三格，二六行）

【河防榷】同上文。（卷四，四七頁，四行）

【河防志】同上文。（卷一一，六〇頁，六行）

【治河方略】同上文。（卷八，四五頁，八行）

【河防通議】四月隴麥結秀，爲之變色，故謂之麥黃水。（卷上，一二頁，六行）

【河工名謂】芒種節前[一]所漲之水，亦曰麥浪水。（二一頁）

瓜蔓水

【宋史·河渠志】五月瓜實延蔓，謂之瓜蔓水。（卷九一，二三三頁，三格，二六行）

【河防通議】同上文。（卷上，一二頁，七行）

【河防榷】同上文。（卷四，四七頁，五行）

【河防志】同上文。（卷一一，六〇頁，七行）

【治河方略】同上文。（卷八，四五頁，九行）

【河工名謂】夏至節前後所漲之水。（二一頁）

礬山水（伏汛）（漲水）

【宋史·河渠志】朔野之地，深山窮谷，固陰沍寒，冰堅晚泮，逮乎盛夏，消釋方盡。而沃蕩山石，水帶礬腥，併流於河，故六月中旬之水，謂之礬山水。（卷九一，二三三頁，三格，二九行）

【河防榷】同上文。（卷四，四七頁，七行）

【河防志】同上文。（卷一一，六〇頁，一〇行）

【治河方略】同上文[二]。（卷八，四五頁，九行）

【河防通議】朔方之地，深山窮谷，固陰沍寒，冰堅晚泮，逮乎盛夏，消釋方盡，而沃蕩山石，水帶礬腥，併流入河，六月謂之礬山水。今土人常候夏秋之交，有浮柴死魚者，謂之礬山水，非也。（卷上，一二頁，七行）【又】漲水者，係六月臨秋生發，過常無定。上有浮柴困魚，其水腥渾，驗是礬山遠水也，又水兼深濃。（卷上，一一頁，六行）

【新治河】時當庚伏，又謂之伏汛。（上編，一三頁，九行）

【河工名謂】大暑節前後所漲之水。（三頁）

[一]『前』，原書作『前後』。

[二] 原書無『固陰沍寒』。

荳花水

【宋史・河渠志】七月菽荳方秀，謂之荳花〔一〕水。（卷九一，二三三頁，三格，二九行）

【河防榷】同上文〔二〕。（卷四，四七頁，八行）

【河防志】同上文。（卷一一，六〇頁，一〇行）

【治河方略】同上文。（卷八，四五頁，一二行）

【河工名謂】處暑節前後所漲之水。（二頁）

荻苗水

【宋史・河渠志】八月荻亂華，謂之荻苗水。（卷九一，二三三頁，三格，二九行）

【河防通議】同上文。（卷上，一二頁，一〇行）

【河防榷】同上文。（卷四，四七頁，九行）

【河防志】同上文。（卷一一，六〇頁，一一行）

【治河方略】同上文。（卷八，四五頁，一三行）

【河工名謂】秋分節前後所漲之水，謂之荻苗水。（二頁）

登高水

【宋史・河渠志】九月以重陽紀節，謂之登高水。（卷九一，二三三頁，三格，三〇行）

【河防通議】同上文。（卷上，一三頁，一行）

【河防榷】同上文。（卷四，四七頁，一〇行）

【河防志】同上文。（卷一一，六〇頁，一一行）

【治河方略】同上文。（卷八，四五頁，一四行）

【河工名謂】霜降節前後所漲之水。（三頁）

復槽水（歸槽水）

【宋史・河渠志】十月水落安流，復其故道，謂之復槽水。（卷九一，二三三頁，三格，三一行）

【河防通議】同上文。（卷上，一三頁，一行）

【河防榷】同上文。（卷四，四七頁，一〇行）

【河防志】同上文。（卷一一，六〇頁，一二行）

【治河方略】同上文。（卷八，四五頁，一四行）

【河工簡要】歸槽水〔三〕，水勢退落，水不及堤，由河槽中行也。（卷三，三八頁，一四行）

【河工名謂】立冬節前後所漲之水。（三頁）

蹙凌水

【宋史・河渠志】十一月十二月斷冰雜流，滿河淌凌，乘寒復結，謂之蹙凌水。（卷九一，二三三頁，三格，三二行）

【河防通議】同上文。（卷上，一三頁，二行）

【河防榷】同上文。（卷四，四七頁，一一行）

【河防志】同上文。（卷一一，六〇頁，一三行）

〔一〕『花』，原書作『華』。

〔二〕原書『荳花水』作『豆花水』。

〔三〕『歸槽水』，原書作『何屬歸槽水，曰』。

【治河方略】同上文〔一〕。（卷八，四五頁，一五行）

【河工名謂】結凌時，因凌塊擁擠所漲之水，冬至及大寒節前後所漲之水，謂之蹙凌水。（三頁）

四汛

【安瀾紀要】四汛者，桃、伏、秋、凌四汛也〔二〕。歷來〔三〕皆以桃、伏、秋三汛安瀾後，便爲一年事畢。（上卷，二八頁，五行）

【河上語】四汛，曰桃汛，一曰〔四〕伏汛，二曰〔五〕秋汛，三曰〔六〕凌汛。四〔七〕（一五頁，一〇行）

（一）清明〔八〕日起，二十日止。

（二）初伏〔九〕日起，立秋日止。

（三）立秋〔一〇〕日起，霜降日止，立春〔一一〕以後在末伏中，統名伏秋大汛。

（四）清明〔一二〕以前，霜降以後，遇水長發，統謂之凌汛。

【河工簡要】何謂四汛？桃、伏、秋、凌是也。桃汛自清明日起，扣至第二十日止，本係二十日爲桃汛，但立春後東風解凍，古語：水初至長一寸，則夏秋便長一丈，歷有信驗，故曰信水。二三月桃花開，故曰桃花水。春末，則又曰菜花水。此三月統名之桃汛亦可。伏汛原自桃汛後，即清明後之第二十一日起，至立秋日止，非僅入伏方始也。四月麥黃水，五月瓜蔓水，極西深山水凍，盛暑方消，沃蕩山石，水帶礬腥，故六月名礬山水。秋汛自立秋日起，至霜降日止，不因秋後，尚有一伏，而秋汛稍遲也。七月荳花水，八月荻苗水，九月即謂之登高水。凌汛乃水凍冰凌之謂，考之河防各書，均不載起止日月。十月水落安流，故曰復槽水。十一二月水凌雜下，乘寒復結，即謂蹙凌水。此外非常暴漲，便謂客水，故終年防守不可懈忽也。（卷二，二頁，一行）

桃汛

【河工名謂】清明日以後二十日内，所漲之水，曰桃汛。清明前後所漲之水，曰桃汛。（四頁）

伏汛（夏汛）

【河工要義】伏汛者，夏汛也。自初伏日起，立秋日

〔一〕原書無『滿河淌凌』。
〔二〕原書無『也』字。
〔三〕原書『歷來』前有『而』字。
〔四〕原書無『一曰』。
〔五〕原書無『二曰』。
〔六〕原書無『三曰』。
〔七〕原書無『四』。
〔八〕原書『清明』前有『桃汛』。
〔九〕原書『初伏』前有『伏汛』。
〔一〇〕原書『立秋』前有『秋汛』。
〔一一〕『春』，原書作『秋』。
〔一二〕原書『清明』前有『凌汛』。

止[一]。（九六頁，八行）

秋汛

【河工要義】繼伏汛而漲者，皆爲秋汛。伏汛浩淼，秋汛搜刷。（九六頁，八行）

【新治河】再七八九月秋期甚長，正值霖雨連綿，山水暴注之際，河水勢必異漲，謂之秋汛。（上編，一三頁，九行）

淩汛

【安瀾紀要】淌淩擦損埽眉，其病尚小，若淌淩時忽然嚴寒凍結，凡河身淺窄灣面[二]之處，冰淩最易擁積，愈積愈厚，竟至河流涓滴不能下注，水壅則高，或數時之間，陡長丈許，拍岸盈堤，急須搶築。而地凍堅實，簣土難求，甚至失事者有之[三]。故當淩汛，必須多備打淩器具，如木榔頭、油鎚、鐵鐝等物，於河身淺窄灣曲之處，僱備船隻，一見冰淩擁擠，即便打開，勿至擁積。（卷上，二八頁，七行）

【河工要義】淩汛，亦曰春汛。河工當冰淩解泮之時，推擁撞擊，在在堪虞，略不經心，小則埽段被殘，大則漫溢成口。（九五頁，七行）

三汛

【治河方略】三汛，曰桃、伏、秋。（卷一〇，二四頁，九行）

【河工要義】三汛之說不一，有淩汛、伏汛、秋汛爲三汛者。有以桃汛、麥汛、大汛爲三汛者。（九五頁，三行）

客水

【宋史・河渠志】非時暴漲謂之客水。（卷九一，二三三頁，三格，三三行）

【河防志】同上文。（卷一一，六〇頁，一四行）

【治河方略】同上文。（卷八，四六頁，一行）

【河工名謂】無定期漲水，曰客水。（二頁）

月信

【河防輯要】正月上旬，稱水，卜一年之水旱，初一日起，用瓦瓶取水，每水秤之，重則雨多，輕則雨少。初二[四]日占正月，初二日占二月，餘倣此，謂之月信。（一六頁，八行）

第二節　水溜

水流，謂之溜。其大者，謂之淦。因他物撼動而成起伏之狀者，曰浪。流勢直順，謂之順溜。力大合注，曰正溜，亦曰大溜。其餘謂之邊溜。溜因漫口灘淺而分歧者，

[一]『自初伏日起，立秋日止』，原書無。
[二]『面』，原書作『曲』。
[三]原書『之』下有『淩汛之爲害，正復不淺』。
[四]『二』，疑當作『一』。

曰分溜。全走漫口者，曰奪溜，又曰掣溜。溜之近淺灘而流緩者，曰漫溜，又曰漫水。由溝隙走流者，曰串溝水。其大者，曰決水。大溜之下，曰拖溜。越過拖溜之下回旋逆流，曰迴溜。溜遇抵觸而翻花四散者，曰翻花溜。其聲勢浩大者，曰捲毛淦。溜順河岸旋轉而下者，曰絞邊溜。按文義，迴流即Suction Eddies，絞邊溜即Pressure Eddies。

溜

【河上語】流水，曰溜。（一五頁，二行）

【註】有緊溜、漫溜。緊溜遇壩遇灘，分爲兩股，必有一股力大，謂之正溜。黃河雖寬狹不等，而正溜祇一二十丈，其旁爲邊溜，遠則爲漫溜。正溜既急，高于邊溜，則漫溜之中，或成迴溜。

【河工用語】河水之流者，曰溜。（五期，專載一頁）

【河工名謂】同上文。（一頁）

淦

【河上語】大溜，曰淦。（一五頁，三行）

【註】或曰，南方曰淦，北方曰溜；　或曰，湖運曰淦，黃河曰溜。

【河工用語】河水之浤[一]，因河底之凸凹，激溜成浪，起伏甚大，曰淦。（五期，專載一頁）

【河工名謂】河之中泓，因河底坎坷不平，激溜成浪，起伏甚大者，在黃河下[二]游，名之曰淦。（一頁）

浪

【河防通議】浪名：馬穩波，破頭浪，鶻鶯浪，斜斂浪，截河浪，納漕浪，汗心浪，秋河窟臀，夏河口，南風灘頭浪，北風浪裹河，東風看赤，西風看白，遠觀花浪，近作脚，灘頭斂，河北斂，西流。（卷上，一三頁，四行）

【河工名謂】水面被風吹動，或受他物撼動，而成起伏之狀者，曰浪。（一頁）

順溜

【河上語】貼崖曰顺溜。（一五頁，四行）

【河工簡要】河勢直顺，並無兜灣，或溜貼岸崖，或大溜中行，即爲順溜。（卷三，一四頁，四行）

【河工用語】河形順直，溜之顺直而下者，曰顺溜。（五期，專載一頁）

正溜

【河工用語】溜之力大而不受他物抵觸者，曰正溜。（五期，專載一頁）

【河工名謂】同『大溜』。（一頁）

大溜

【河工名謂】全部河流集中之處，水流洶湧者，是爲大

[一]『河水之浤』，原書作『河之中浤』。

[二]『下』，原書作『上』。

溜。（一頁）

邊溜

【河工名謂】河水靠邊有微溜者。（一頁）

分溜

【迴瀾紀要】漫口有分溜奪溜之別，如大溜尚走正河，漫口不過分溜幾分，謂之分溜。（上卷，一頁，八行）

【河工名謂】溜之分歧者。（一頁）

奪溜

【河工名謂】決口走溜大於正河者。（一頁）

掣溜

【河工名謂】同『奪溜』。（一頁）

漫溜

【河工用語】溜之近淺灘而流緩[一]，曰漫溜。（五期，專載二頁）

【河工名謂】同上文。（一頁）

漫水

【河工名謂】水溢上灘，遲行無溜者。（二頁）

串溝水（竄溝水）

【河工名謂】由大河流入灘地，或堤根小溝之水，謂之串溝水。（二頁）

【河工名謂】竄溝水同串溝水。（三頁）

決水

【治河方略】決水乃過額在山之水也，非其性也。（卷八，八頁，一五行）

拖溜

【河上語】大溜之下，曰拖溜。（一五頁，四行）

【河工簡要】大溜之下，水深之[二]處，比大溜梢[三]緩，大溜似來而未來，即爲拖溜。（卷三，一四頁，八行）

【河工名謂】大溜兩旁之溜勢稍緩者。（一頁）

迴溜

【河上語】大溜之下，曰拖溜。越過拖溜之下，回旋逆流，曰迴溜。（一五頁，四行）（圖二）

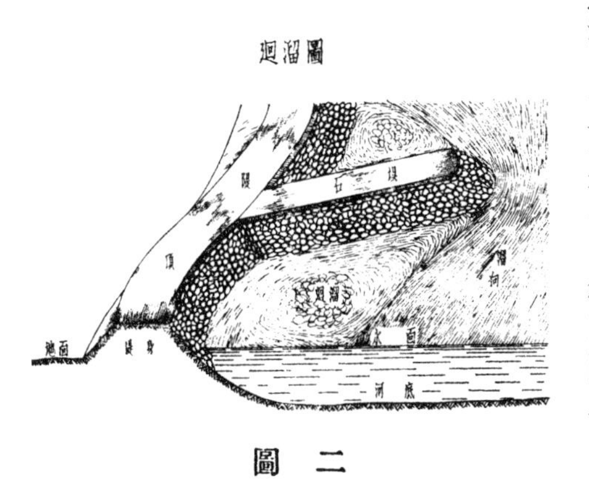

圖二

[一] 原書『緩』下有『者』字。
[二] 原書無『之』字。
[三] 『梢』，原書作『稍』。

【河工簡要】河流缺灣，南曲北趨，北曲南趨[一]，大溜撞崖，即係頂冲。大溜越過拖溜之下，迴旋倒流，名曰迴溜。（卷三，一四頁，一〇行）

【河工用語】溜過[二]他物抵觸，逆行而上者，曰迴溜。（五期，專載一頁）

【河工名謂】流遇障礙，發生迴旋之一部份。（一頁）

翻花溜

【河防輯要】水性上射，浮起爲花蕊樣，即爲翻花。

【河工用語】溜遇抵觸，而翻花四散者，曰翻花溜。（五期，專載一頁）

【河工名謂】頂衝大溜，由埽壩根上翻，勢若沸湯，形如開花者。（一一頁）

捲毛淦

【河工名謂】盛漲時，因河底坎坷激起之翻花，形[三]如馬鬃，聲聞（聞）數里者。（一一頁）

絞邊溜（掃邊溜）

【河工用語】溜順河岸，旋轉而下者，曰絞邊溜，亦曰掃邊溜。（五期，專載一頁）

【河工名謂】同上文。（一頁）

流抵河灣，聚注，曰聚灣水。一灣既過，直流，曰入疏水。浪勢旋激，岸土上潰，謂之淪捲水，與劄岸水、捲岸水、括灘水同義。大溜冲刷埽底，謂之掏底，又曰搜根溜，又曰塌岸水。

聚灣水

【河工簡要】何爲聚灣水？曰水斷壠巉，盤鍋激蕩，崩高沉深，聲百狀也。（卷三，三六頁，八行）

入疏水

【河工簡要】一灣既過，而河直流，溶溶淡淡，聲響不作也。（卷三，三六頁，一〇行）

淪捲水

【宋史·河渠志】浪勢旋激，岸土上潰，謂之淪捲水。（卷九一，二二三三頁，三格，三四行）

【河防志】同上文。（卷一一，六〇頁，一七行）

【河工簡要】同上文。（卷三，三七頁，八行）

劄岸水

【宋史·河渠志】其水勢凡移欲橫注，岸如刺毀，謂之劄岸。（卷九一，二二三三頁，三格，三三行）

【河防志】同上文。（卷一一，六〇頁，一五行）

【河工簡要】岸雖高不可近，移谼音洪，大壑。横注，側力全出，趨射如弓，巧機深入也。又說凡移谼横注，

[一] 原書無『北曲南趨』。
[二] 『過』，原書作『遇』。
[三] 原書作『形前有大溜』。

岸如刺毀之謂。（卷三，三六頁，一七行）

捲岸水

【河工簡要】風波漩激蹲岸伏候，一波淩厲，萬波騰湊也。（卷三，三七頁，六行）

括灘水

【河工簡要】大溜漂漲，餘力奔赴，水高岸平，勢猛浪怒，加以沙中坎窞，音淡，上聲，坎旁入也。行險而躍，或如人立，或如鵠翔，深不没膝，汲矗滅頂，聲吼遠邇，如嗚蒲牢也。（卷三，三六頁，一二行）

掏底

【河防輯要】頂冲之處，大溜由邊埽刷，或因舊埽朽腐，或係新埽未曾着地，大溜在於埽底冲刷，即爲掏底。[一]

搜根溜

【河工名謂】大溜在埽壩下部衝刷者。（四頁）

【河工名謂】入秋後水位低落，冲襲工程根部之溜，曰搜根溜。（一一頁）

塌岸水

【河工簡要】（掃）〔埽〕壩敝朽，潛流漱下坼，音束，裂也，又分開也。但洪中罅，危走馬也。（卷三，三七頁，四行）

水之向上灌者，曰倒灌，又曰倒漾水。兩堤夾臨，堤根低窪，一經水長，有入無出，謂之入袖。溜向上，曰提，下，曰坐。上展水浸岸逆長，因下游壅塞宣洩不暢之故。下展迺水浸岸順長之謂。畲簝水或亦同義。大溜斜趨，曰側注。直撞堤岸，曰頂冲。頂冲之處，曰迎面。溜走邊崖，曰裏臥。形成灣曲，曰掃灣。溜勢漸離工段，曰外移。

倒灌

【治河方略】南北漕水皆入於河，間有河水暴漲，反入於漕之時，謂之倒灌。（卷九，三三頁，五行）

倒漾水

【河上語】支河水小，溜入逆行，謂之倒漾水。（一五頁，五行）（圖三）

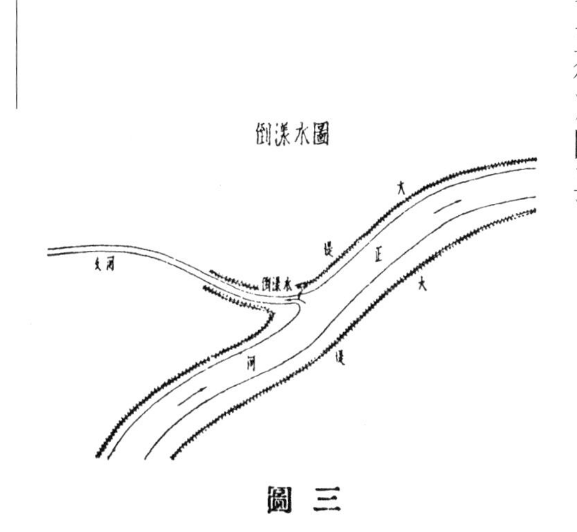

圖三

[一] 出處待考。

【河工簡要】全河〔一〕大溜乘勢直趨，迅如陣馬，與岸齟齬，節迴不轉，後隊而分騎也。（卷三，三六頁，二行）

【河工用語】水之向上灌者，曰倒漾水。（五期，專載二頁）

【河工名謂】同上文。（三頁）

入袖

【河工簡要】如兩堤夾臨，堤根低窪，一經水長，有入無出，名曰入袖。（卷三，一四頁，一四行）【又】伏秋水漲漫灘，凡遇溝港水悉灌入，謂之入〔二〕袖也。又如堤根低窪，一經水漲，有入無出，亦爲入袖，不能退也。（卷三，三九頁，一五行）（圖四）

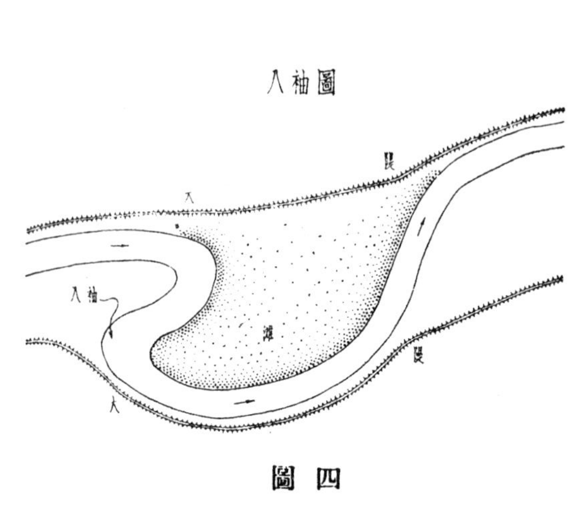

圖四

上提

【河工簡要】河溜兩岸甚（屬）曲折者，（溜）在上首直射，崖岸坍塌，深灣水不暢行，下首之水無力，上游之溜緊急，以致上堤〔三〕坍塌，名曰上提。（卷三，一四頁，一六行）【又】初險之處，已經修防。上游復生險要，與上展水意同而事異。蓋由河溜兩岸曲折，上溜直射，涯岸坍塌，深灣水不暢下，則下游之水無力，上游水緊，以致上堤坍塌也。（卷三，三八頁，一八行）

【河工名謂】溜勢之變遷移而上者。【又】河勢〔四〕直射處，崖岸坍成深灣，下游之水無力，上游之水愈緊，愈往上提。（四頁）

下坐（下挫）

【河上語】兜溜謂之入袖，上曰提，下曰坐。（一五頁，六行）（圖五）

【河工簡要】河溜一岸稍曲、一岸大曲者，在稍曲之岸，則行旁岸，至南北橫河之間，則在居中，繼至大曲

〔一〕『河』，原書作『在』。
〔二〕『入』，原書作『袓』。
〔三〕『堤』，原書作『提』。
〔四〕『勢』，原書作『溜』。

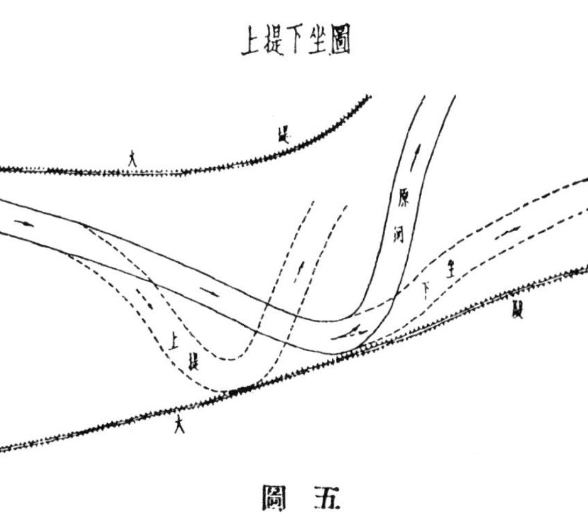

圖五

之地，則泓〔一〕在下流，沿邊〔二〕坍塌灣深處，水力激怒，必下至崖岸坍塌，名曰下坐。（卷三，一五頁，一行）初險之處，已經修防，險復移下，與下展水意同而事異。又如堤岸形勢一段稍曲、一段大曲者，河流在稍曲之處，則傍岸而行，此言水小之時，所謂冬則走灣是也。至大曲之處，則泓溜直趨，沿邊坍塌，此言水大之時，所謂夏則走灘是也。（卷三，三九頁，四行）

【河工名謂】溜勢之變遷移而下者。【又】崖岸土鬆，水力益大，激怒而下，是謂下坐，亦曰下挫。（四頁）

上展

【宋史・河渠志】水浸岸逆漲，謂之上展。（卷九一，二三三頁，三格，三五行）

【河防志】同上文。（卷一一，六〇頁，一七行）

【河工簡要】遠勢初近，後浪停隨，呼吸斷進，濤浪四馳，直而言之，水浸而逆漲者也。（卷三，三七頁，一〇行）

下展

【宋史・河渠志】水浸岸順漲，謂之下展。（卷九一，二三三頁，三格，三五行）

【河防志】同上文。（卷一一，六〇頁，一八行）

【河工簡要】平流徐進，押浪轉灣，旋轉未畢，鞳鞳鳴弦，直而言之，曰順漲耳。（卷三，三七頁，一二行）

窞窱水

【河工簡要】何爲窞窱水？窞即岫字，窱音挑字，深遠之意。曰：『上展有盡，下展有力，皚如白雪，矯如奔羊，水花詭激，靜躁靡常也。』（卷三，三七頁，一八行）

側注

【河工名謂】大溜斜趨之點，是謂側注。（四頁）

〔一〕原書『泓』下有『溜』字。

〔二〕原書無『沿邊』二字。

頂冲

【河上語】直撞，曰頂冲。（一五頁，三行）（圖六）

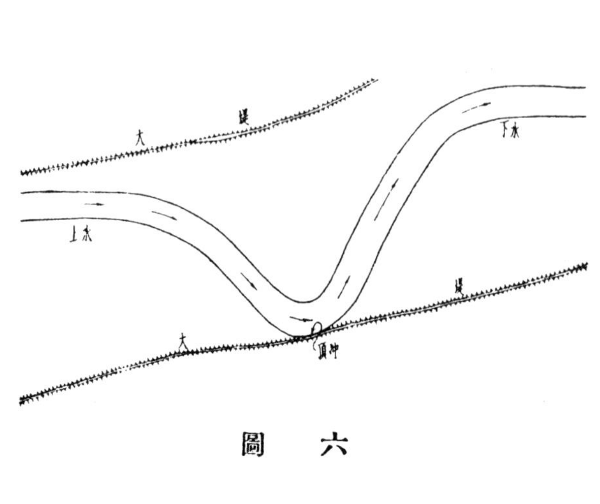

圖六

【河防輯要】查河勢非灣曲盤者，不成頂冲。且頂冲之處，全河之水力大勢猛。到缺灣之處，塌崖卸壁，即爲頂冲。

迎面

【河防輯要】迎面者，乃當大溜頂冲之處。

裹臥（内注）

【河工名謂】河勢趨堤日近，是謂裹臥，一名内注。（四頁）

掃灣

【河上語】溜正傍崖而前有兜灣，逼[一]走邊刷卸，謂之掃灣。（一五頁，四行）（圖七）

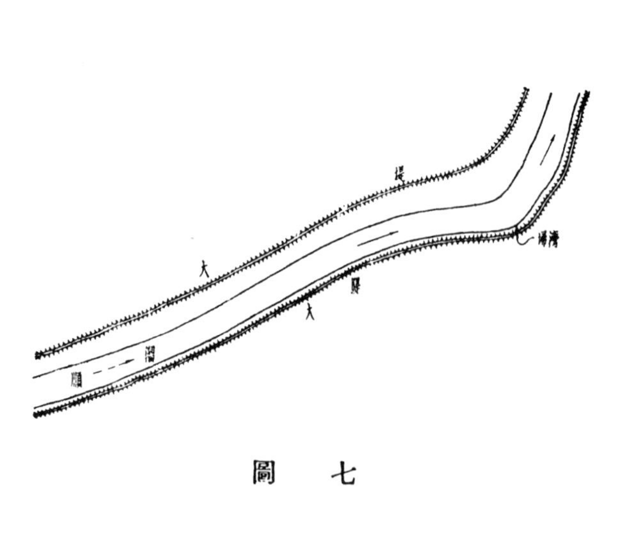

圖七

【河工簡要】溜走邊崖，微有灣曲，即爲逼溜。走邊刷卸，名曰掃灣。（卷三，一四頁，六行）【又】河身微有灣曲之處，水勢湍急，逼溜刷卸也。（卷三，三八頁，

[一] 原書『逼』下有『溜』字。

一二行)

【河工名謂】溜正傍崖，而前有兜灣，逼溜走邊刷卸，謂之掃灣。(四頁)

外移

【河工名謂】靠工溜勢離開者。(四頁)

水落直流之中，屈曲回射，曰徑窗。湍怒略停，勢稍汩起，行舟值之多溺，曰荐浪水，又曰篤浪水。水勢漲溢踰防，謂之抹岸。溜勢稍移，謂之曳白，亦曰明灘，言水將澄清，望之明白也。

徑窗

【宋史·河渠志】或水窄落，直流之中，忽屈曲横射，謂之徑窗。(卷九一，二三三頁，三格，三六行)

【河防志】同上文。(卷一一，六〇頁，一八行)

荐浪水(篤[一]浪水)

【宋史·河渠志】湍怒略停，勢稍汩起，行舟值之多溺，謂之荐浪水。(卷九一，二三三頁，三格，三八行)

【河防志】同上文。(卷一一，六一頁，二行)

【河工簡要】湍怒略停，勢稍汩起，汩音骨，又音鶻，涌波也，即湧也。舟行值之多溺，即篤浪水同類也。(卷三，三八頁，四行)【又】險過怒息，勢大徐起，細浪不生，如屋裏行舟，遇之多溺。(卷三，三八頁，二行)

抹岸

【宋史·河渠志】水勢漲溢踰防，謂之抹岸。(卷九一，二三三頁，三格，三三行)

【河防志】同上文。(卷一一，六〇頁，一六行)

【河工簡要】盈科益槽，淜湃並進，陵谷失形，山澤莫辨也。又説漲溢踰防之謂。(卷三，三七頁，二行)

拽白(明灘)

【宋史·河渠志】不[二]猛而驟移，其將澄處望之明白，謂之拽白，亦謂之明灘。(卷九一，二三三頁，三格，三七行)

【河防志】同上文。(卷一一，六一頁，一行)

【河工名謂】溜勢聚[三]移，謂之曳白。(五頁)

上游冰解，淩塊滿河，謂之淌淩。其逐漸解化者，曰文泮。驟然解化者，曰武泮。

淌淩

【安瀾紀要】當冬至前後，天氣偶和，上游冰解，淩塊滿河，謂之淌淩。有擦損埽眉之病。(卷上，二八頁，六行)

[一]『篤』，當作『薦』。
[二]『不』，原書作『水』。
[三]『聚』，原書作『驟』。

文泮

【河工名謂】淩汛期間，冰塊隨流下趨者。（五頁）

【河工名謂】冰淩逐漸解化，不致擁塞爲患者。（五頁）

武泮

【河工名謂】冰淩驟解，擁塞爲患者。（五頁）

溜之間時而至者，曰打陣。河水激漲，曰陡長，漸退，曰消落。流速之疾徐，可以測水位之漲落；邊下中高，曰晾脊，長水之徵；邊高中下，曰晾底，落水之兆。

打陣

【河工名謂】溜之間時而至者，曰打陣。（五頁）

陡長

【河工名謂】河水激漲甚速者，曰陡漲。（五頁）【又】河水於一日之內，漲至一尺以上者。（五頁）

消落

【河工名謂】漲水見落。（五頁）

晾脊

【河工語】邊下中高曰晾脊，晾脊長水之徵。（一五頁，七行）

【河工名謂】同上文。（五頁）

晾底

【河上語】邊高中下曰晾底，晾底落水之徵。（一五頁，七行）

【河工名謂】同上文。（五頁）

測水之具，有梅花尺，有打水杆，用以探測水之深淺也。如臨深淵，非尺杆所能及者，用沉水繩，繩端繫一重墜，名試水墜，用時拉住繩端，將墜拋入水底，即可度知水之深淺矣。

梅花尺

【河器圖説】刻木爲尺，足用十字架托之，凡量河水深淺、估挑引渠，用此探試，不致陷入底淤，可以較準。（卷一，七頁）（圖八之1）

打水杆

【河器圖説】《正韻》：『杆，僵木也。』打水杆有長至六七丈者，東河兩鑲，上半用杉木，取其輕浮易舉；下半用榆木，取其沉重落底。南河三讓〔一〕，中用雜木，兩頭接束以竹，取攜便利，然遇大溜，探試稍遲，即難得底，質輕故耳。（卷一，四頁）（圖八之2）

沉水繩

【河工要義】沉水繩，亦探量水口之要〔二〕器也。堤一

〔一〕『讓』，原書作『鑲』。

〔二〕『要』，原書作『用』。

潰決，溜急水深，用丈桿測水，非一桿不能到底。丈桿[一]被水衝浮，欲探水勢深淺時，有斷不可不用沉水繩者，故沉水繩亦一勘估水口之要具也。沉水繩，用細密好蔴繩爲之，長約五六丈，照丈繩之式記明尺寸，一頭拴鐵墜一個，愈重愈好。用時將鐵墜拋入水中，拉[二]住繩之一頭，試墜落底，計有若干丈尺，法同海洋船之試水繩。（五六頁，五行）

試水墜

【河器圖説】試水墜，其墜重十餘觔，鎔鉛爲之，上繫水淺[三]，㯶繩爲之。蓋鉛性善下，垂必及底，雖深百丈，衹須放綫，亦可探得。（卷一，四頁）（圖八之3）

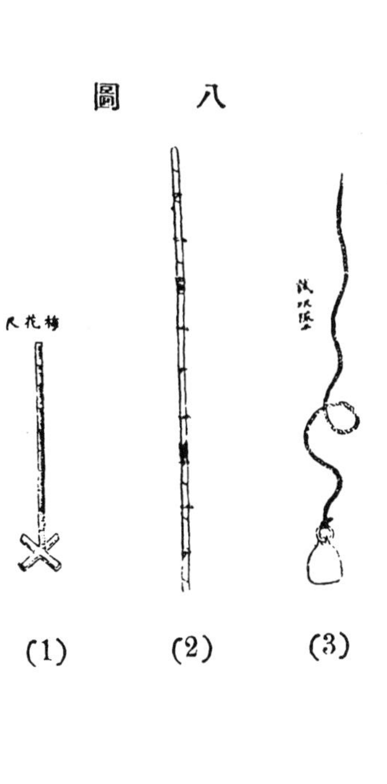

圖八

(1) (2) (3)

測驗水位，則用水則，又名水誌，又稱誌樁，水以縱横一丈爲一方。

水則

【行水金鑑】閘置官，立水則，以時啓閉，舟水[四]便之。（卷一〇六，九頁，一五行）

水誌

【河工要義】以木桿記明丈尺，插立險工背溜處所，以便查驗河水漲落之用。（七六頁，一〇行）

【河工名謂】以二丈竹竿爲之，用以(採)探水之深淺。（四七頁）

誌樁

【河器圖説】《説文》：『樁，橛杙。』『誌，記誌。』誌樁之製，刻劃丈尺，所以測量河水之消長也。樁有大小之别：大者按[五]設有工之處，約長三四丈，較準尺寸，註明入土出水丈尺；小者長丈餘，設於各堡門前，以備漫灘水抵堤根，兵夫查報尺寸。古人取諸身曰指尺，取諸物曰黍尺，隋時始用木尺，誌樁所由昉乎！（卷一，二頁）（圖九）

[一]原書『丈桿』前有『即』字。

[二]『拉』，原書作『扯』。

[三]『淺』，原書作『綫』。

[四]『水』，原書作『行』。

[五]『按』，原書作『安』。

圖九

水方

【治河方略】以水縱横一丈高一丈爲一方……第七篇所謂水方者是也。（卷九，五五頁，七行）

第三章 土

第一節 土質

土者，地質表面泥沙等之混合物也。水退淤澱，以其性質而論，可分膠土、素土、黃土、沙膠四種。

膠土者，其性細膩，其性膠黏，即淤泥淤土之類也。吾國河工向有新淤、老淤、硬淤、稀淤、乾淤、嫩淤、黑淤、膠泥、油泥之稱。

淤澱

【宋史·河渠志】水退淤澱，夏則膠土肥腴，初秋則黃滅土，頗爲疏壤，深秋則白滅土，霜降後皆沙也。（卷九一，二三三頁，三格，三九行）

膠土

【河工要義】膠土者，其質細膩，其性膠黏，風揭不易揚塵，水刷亦難溶解，即所謂淤泥淤土也。有新淤、老淤、硬淤、稀淤之別[一]。（二四頁，三行）

淤土

【河工名謂】係淤沙爛泥，鍬不能挖，筐不能盛，須用木杓舀起，以布兜盛送遠處者。（三八頁）

淤之種類

【河防輯要】淤之種類有四，曰乾淤、嫩淤、稀淤、夾沙淤。（卷二，一四頁，一四行）

新淤

【河工要義】新淤者，新淤嫩灘之膠土也。性極燥烈，灘面結二三分厚之土皮，張裂縫道，而成土塊。此項土料，用以築堤，須防走漏，用以壓埽，慮有腰眼之病。（三四頁，四行）

老淤

【河工要義】老淤者，遠年老坎被淤之膠土也，性頗柔軟，築成堤壩等工，異常堅實，無新淤土各種弊患，是以河工工[二]料，此爲最佳。（三四頁，五行）

硬淤

【河工要義】硬淤者，性質堅硬如石塊之膠土也。大抵壩下背淤[三]之處，被淤以後，溜勢遠移，久不見水，風吹日晒，遂成硬淤，取土時插鍬不入，儘力錘鑿，始

[一]「別」，原書作「四種」。
[二]「工」，原書作「土」。
[三]「淤」，原書作「溜」。

能取用土塊[一]。及至上堤，塊繞[二]翹閣，即經夯硪，仍不免穿漏之患，且有甚於新淤土者，惟於半乾半溼時用之。雖取土非易，而行夯[三]築成，晒至極乾，則不亞於三合土矣。（二一四頁，七行）

稀淤

【迴瀾紀要】稀淤，……其性如水，可以載舟。（卷下，一九頁，二行）

【河防輯要】稀淤怕寬，不怕深。緣挑河之口，多則寬三五十丈，而淤套竟有百餘丈者，其性如水，可以載舟。（卷二，一五頁，一五行）

【河工要義】稀淤者，新淤膠土之似稀漿者也。此土非時久不足以資築堤之用，挖河若遇稀淤坑塘，而又坑面大於河口之時，畚鍤既屬難施，掀揚無從着力，費工糜款，方夫無不攢看[四]者也。（二一四頁，一〇行）

乾淤

【河防輯要】乾淤性堅硬，鍬挖費力，較他淤爲易辨。（卷二，一四頁，二〇行）

【迴瀾紀要】同上。（卷下，一八頁，五行）

嫩淤

【河工名謂】爲新生嫩灘之淤土。（四〇頁）

黑淤

【河工名謂】是層常發現於濕膠土之下，黑沙土之上，含水多者，則成漿；含水較少者，雖能固粘一起，但光滑異常。（四〇頁）

膠泥

【河上語】挑河宜沙，築堤宜淤，淤之濘者，曰膠泥。（二一頁，二行）

【註】填壩壓埽，以膠泥爲貴，以能與料聯爲一氣也。

【河防輯要】其性滑，尚不致蟄陷。（卷二，一六頁，一三行）

膠泥油泥

【迴瀾紀要】膠泥油泥，其性滑，尚不致蟄陷。（卷下，二〇頁，二行）

素土者，其性滲透，其質疎散，團之不能成聚之沙土也。有流沙、泡沙、飛沙、水沙、青沙、黑沙土、淖沙、翻沙、淌沙、限沙或門限沙、螞蟻沙、鐵屑沙、鐵板沙、馬牙沙、扯皮沙、小沙礓土、大沙礓土之稱。

素土

【河工要義】素土者，其性滲透，其質疎散，團之不能成聚之沙土也。素土爲堤，不耐風揭水刷，一經風雨

[一]「土塊」，當從原書作「塊土」。
[二]「繞」，原書作「塊」。
[三]「夯」，原書作「硪」。
[四]「看」，原書作「眉」。

摧殘，非揭成溝槽，即冲成浪窩。（二四頁，一三行）

沙土

【河工要義】沙土者，沙之猶含土性者也，雖不耐風揭雨淋，與夫河水之掏刷，而較諸下三種（即流沙、螞蟻沙、淖沙。），似覺差勝之工料也。（二四頁，一五行）

【河工名謂】沙之猶含土性，在地面者，含沙多，不易蓄水，粘性少，易於挖掘，土性不肥。（三八頁）

沙之種類

【河防輯要】沙之種類有十，如飛沙、泡沙、鐵屑沙，則皆係乾土，尚不難挑挖； 此外如水沙、青沙、鐵板沙、馬牙沙、扯皮沙，其性易乾，……亦易施工，惟淌沙、翻沙，最難爲力（卷二，一四頁，五行）。

流沙（乾流沙）（濕流沙）

【河工要義】流沙有乾溼之分，體質極細，形如粉屑，盛之〔一〕土筐，四面走漏。用以築堤，不能顯分坡口，用以壓埽，又皆流入柴料縫隙，而埽面仍若無土追壓者，謂之乾流沙。其質似稀淤，性同流水，挖去一筐於〔二〕復填中〔三〕，裝諸〔四〕筐内，亦由筐口〔五〕滴瀝流出者，謂之溼流沙。流沙無論乾濕，做工皆〔六〕不相宜，挖河遇此更費週章。（二五頁，一行）

【河工名謂】夏冬二季，流沙遇風即飛颺，遇雨即坍淋者。（三六頁）

泡沙

【河工名謂】係乾沙土性能收水者。（三六頁）

飛沙

【河工名謂】係乾細沙土遇風即飛揚者（三六頁）

水沙

【河工名謂】水中之含有沙性且易乾者。（三七頁）

青沙

【河工名謂】色青而性易乾者。（三七頁）

黑沙土

【河工名謂】色深黑，含沙及貝殼極多者，性甚堅硬，挖掘既難，而〔七〕起時又粉碎，未能成塊，此爲最難挖之土。（三九頁）

淖沙

【河工要義】淖沙者，陷沙也。新淤漱〔八〕灘，往往有之。淖沙之性輕浮，含水較多，淤灘水退，灘面似已

〔一〕『之』，原書作『諸』。
〔二〕『於』，原書作『旋』。
〔三〕『中』，原書作『平』。
〔四〕『諸』，原書作『儲』。
〔五〕『口』，原書作『隙』。
〔六〕『皆』，原書作『均』。
〔七〕原書『而』下有『持』字。
〔八〕『漱』，原書作『嫩』。

凝結，一經足踹，陷入淖中，淖沙深者幾堪滅頂。若在灘面用鍬拍動，則沙皆沉陷，水即浮動，挖掘時鐵鍬鏟入，不易起出，蓋鍬之兩面被淖沙黏住，非緩緩提[一]動不得出。人若陷入淖沙中，亦非撲倒滾轉不可。此等淖沙，挖河更難。（二五頁，六行）

【河工名謂】即是陷沙，新淤嫩灘往往有之，其性輕浮，含水較多。淤灘水退，灘面似已凝結，一經足踏，陷入淖中。（二八頁）

翻沙

【迴瀾紀要】翻沙，爲沙土中之最劣者。此挖彼長，朝挖暮起，無數小堆，形如乳頭。中有小眼冒水，偶於空中冒氣，聲如砲竹，此乃上下油淤深厚，蓋托日久，一經挖去上面之土，水氣上升之故。（卷下，二〇頁，一一行）

【河防輯要】同上。（卷二，一七行，一頁）

【河工名謂】爲沙土中最劣者，此挖彼長，朝挖暮起，無數小堆形如乳頭，中有小眼冒水，偶於空中冒氣，聲如砲竹。（二八頁）

淌沙（油沙）（澥沙）

【迴瀾紀要】淌沙，即油沙，又名澥沙。 其色黑，其性散，含水不黏。（卷下，二〇頁，四行）

【河防輯要】即油沙，又名澥沙，其色黑，其性散，含水不黏，遇此等土最難爲力。（卷二，一六頁，一五行）

【河工名謂】同上文。（二八頁）

限沙

【治河方略】河之有限沙，如人之患噎； 小噎則傷氣，大噎則傷食。故雖痛癢不形，而治之不可不預也……夫治河[二]迅疾，一遇限沙，則迴瀾旋伏[三]。從底而起，舟行甚險，且河流爲之不快。（卷二，三七頁，一〇行）

門限沙

【行水金鑑】淮由清口入海，自禹迄今故道，今至清口，板沙若門限然，欲舍故道而出高堰，似不可也。（卷六三，一一頁，一一行）

【泗洲[四]志】明隆慶六年，淮大溢，適黃水亦漲，相逼不得直下，沙隨波停，遂將清河淤塞，所謂門限沙者是也。[五]

螞蟻沙

【河工要義】螞蟻沙，體質極粗滲，形如螞蟻，遂有是稱。以螞蟻沙築堤，未免透漏之患，蓋因質粗性滲，不能障揭水流之故耳。（二五頁，五行）

[一]『提』，原書作『挸』。
[二]『治河』，原書作『河流』。
[三]『伏』，原書作『洑』。
[四]『洲』，當作『州』。
[五]出處待考。

鐵屑沙[一]

【河工名謂】係乾土其形散如鐵屑者。（三七頁）

鐵板沙

【河工名謂】性堅硬如鐵板者。（三七頁）

馬牙沙

【河工名謂】散佈地面之上，形如馬牙，遇水易乾者。（三七頁）

扯皮沙

【河工名謂】其質易乾，遇風即揭去表面而遠飛者。（三七頁）

小沙礓土

【河工名謂】猶如石子與土凝結者，畚鍤難施，用鐵鈀挑挖，工力艱難。（三九頁）

大沙礓土

【河工名謂】堅硬如石者，施工更難，需用鐵鷹嘴、努角各器具鑿破，逐塊刨挖挑送，工多費倍。（三九頁）

黃土又名黃壤，質細膩，富粘性，非近山處不易多得，紅土、壤土、粘土屬此。

黃土

【河工要義】黃土與膠土不同，膠土色黑，黃土色黃，非近山之處不易多得。黃土無論乾濕，性較疎鬆，故其禦水之力，不及[二]膠土，然和灰灌漿，則又非黃土不可。蓋其粘連性質不亞於膠，而柔軟細膩，與夫晾乾速度，實有過之無不及也。（二五頁，一二行）

紅土

【河工名謂】常帶暗紅色，含粘土較黃土地爲多，乾後頗硬。（三八頁）

壤土

【河工名謂】砂質與粘土質約略相等，土性次肥。（三八頁）

粘土

【河工名謂】粘化甚高之土，性肥沃，以養化鋁爲主，矽養二爲副，色由黃至灰，蓄水之力極强，頗適宜於土工及農作。（三八頁）

沙膠，素土之含有膠質者也。有夾沙淤、閧套之稱。泥陷人謂之澥。

沙膠

【河工要義】素土之含有膠質者也，無論含膠多寡，皆曰沙膠。幾含膠性，即能團聚，故與素土異，河工不能搜覓純膠，得此較可。（二五頁，一〇行）

[一]『鐵屑沙』，原書作『鐵沙屑』。

[二]『及』，原書作『敵』。

夾沙淤

【迴瀾紀要】夾沙淤，層沙層淤，厚不滿尺，淺則易爲，深則費手。（卷下，一八頁，六行）

【河防輯要】同上。（卷二，一五頁，一行）

【河工名謂】係層沙層淤者，斯淤厚不滿尺，淺則易爲，深則費手。緣沙中含水，上下被淤蓋托，水不能出，其性澥而淤，爲上下沙中之水所漫，其性軟。（四〇頁）

鬩套

【迴瀾紀要】沙中含水，上下被淤蓋托，水不能出，其性澥淤，爲上下沙之中[一]水所侵[二]，其性軟，一軟一澥，易於摻合，一經摻合，淤沙不分，俗名謂之鬩套。（卷下，一八頁，九行）

【河防輯要】夾沙淤沙中含水，上下被淤蓋托，水不能出，其性澥；　淤爲下沙中之水所浸，其性軟。一軟一澥；　易於摻合。一經摻合，淤沙不分，俗名謂之鬩套。人夫能立而不能行，鉄鍬易入而難出。（卷二，一一頁）

澥

【河上語】泥陷人謂之澥。（二一頁，四行）

第二節　土名

土之名色，有以其取運之法，分號土、牌子土、船運土、驢運土、小車土、抬筐土、鐵車運土。以取土之遠近，分主土、客土。以土夫之名稱，分夫土、汛夫土、淺夫土、河兵積土。以工作之方法，分包淤、包膠土、刨除空土、補還地平土、子堰土、背後土。以現錢購者，曰現錢土。河兵每月應做之土方，曰額土。大工竣後，另估土工以善其後，曰善後土。每年春秋水落，農隙之際，歲修項下動款估修者，曰歲修土。

號土

【河工名謂】以小車運土，每車一簽，曰號土。（二二頁）

牌子土（跑牌土）

【河工名謂】每土一筐，發給簽牌，日晚結算，曰牌子土，又名跑牌土。（二二頁）

船運土

【河工要義】運河堤工，兩面皆水，必須隔河取土。又不撈浚淤淺，均非船運不可。（三〇頁，三行）

驢運土

【河工要義】從前有用筐或袋裝土，令驢隻抬[三]運者，復自倚車發明，置而不用。（三〇頁，四行）

[一]『之中』，當從原書作『中之』。
[二]『侵』，原書作『浸』。
[三]『抬』，原書作『駝』。

小車土

【河工要義】以獨輪小車取運遠土者，謂之小車土，亦曰侉車。（二九頁，一四行）

抬筐土

【河工要義】抬筐土者，以大抬筐兩人抬運之土也。（二九頁，一一行）

鐵車運土

【河工要義】近年多有安設鐵軌，用小鐵斗車推運土方者，但以用土較多，取土較遠[一]爲宜。（三〇頁，一行）

主土

【治河方略】主土者，就近挑挖之土，以所築之堤爲準者也。（卷一，二五頁，五行）

客土

【治河方略】客土者，迤遠挑運之土，以所起之土爲準者也。（卷一，二六頁，一行）

夫土

【河工名謂】雇夫挑挖之土。（二二頁）

汛夫土

【河工要義】汛夫土者，各汛民夫既種險工地畝，每年於搶險外，例應築[二]土若干。（三〇頁，一二行）

淺夫土

【河工要義】淺夫土者，濬淺船夫每年于冰凌融化，及汛前汛後，酌量一定期間，由帶夫武職員弁督率，撈浚淤淺河道。（三〇頁，一二行）

河兵積土

【河工要義】河兵積土者，各汛兵丁無論鋪兵力作，除工作防汛，及冬日地凍不能積土外，其間[三]暇時間，每兵每日挑積牛土[四]若干。（三〇頁，一二行）

包淤

【河上語】沙土堤以膠泥包之，曰包淤。（二一頁，四行）

【註】包淤以尺許爲率。

包膠土

【河工要義】新築堤工，土性純沙，既虞風雨之摧殘，又恐河流之侵蝕，遂從遠處覓得膠土，包其坡頂，厚至二尺或一尺，以資防禦河流與風雨者，謂之包膠土。（二七頁，七行）

刨除空土

【河工要義】空土有兩種，挖河以窪下坑塘爲空土，加

[一] 原書「遠」下有「者」字。
[二] 「築」，原書作「積」。
[三] 「間」，原書作「閒」。
[四] 「積牛土」，原書作「積土牛」。

倍以原有土堆爲〔一〕土牛底等。或其房基所佔之處爲空〔二〕，約〔三〕須量其高寬長大〔四〕而刨除之也。（二七頁，一行）

補還地平土

【河工要義】凡築堤處所，視其底部有溜溝坑塘者。先須補還與地相平，然後再作堤土，俾方夫不致吃虧者，謂之補還地平土。（二六頁，八行）

子堰土

【河工要義】子堰土者，即於堤土〔五〕加築子堰之土也。（二六頁，三行）

背後土

【河工要義】壩占背後及柳囤背後，挑築土工，與占面柳囤相平者，皆曰背後土。右堤背後之土堤，亦曰背後土。（二八頁，一一行）

現錢土

【河工要義】現錢土者，在於做工處所。視工程緩急、挑筐大小、裝土多寡，用現錢隨時購〔六〕買，應〔七〕土需者，謂之現錢土。（二九頁，五行）

額土

【河工名謂】河兵每月應做之土方。（二二頁）

善後土

【河工要義】堵築大工竣後，壩占蟄實，高下參差，非另估土工以善其後，不足以壯觀瞻，而資保重者，謂之善後土工。（三〇頁，五行）

歲修土

【河工要義】每年春秋水落，農隙之際，估修堤工，於歲修項下動款者，謂之歲修土。（三〇頁，七行）

第三節　土器

掘土之具，有臿、蒲鍬、鐵杴、鐵鍁、鐵鎬、鐵掘頭。盛土之具，有畚、籮、土籃、抬筐、小車、鐵車。挑土之具，有扁擔、拴筐繩。

臿

【漢書・溝洫志】歌〔八〕曰：田於何所，池陽谷口。鄭國在前，白渠起後。舉臿爲雲，決渠爲雨。涇水一石，其泥數斗。且溉且糞，長我禾黍。衣食京師，億萬之口。（《前漢書》卷二九，一四三頁，一格，三九

〔一〕『爲』，原書作『如』。
〔二〕原書『空』下有『土』字。
〔三〕『約』，原書作『均』。
〔四〕『大』，原書作『丈』。
〔五〕『土』，原書作『上』。
〔六〕『購』，原書作『收』。
〔七〕原書『應』上有『以』字。
〔八〕原書『歌』下有『之』字。

行）（圖一〇之1）

【河器圖說】臿，顏師古曰：『鍬也，所以開渠也。』《前漢·溝渠志》：《白渠歌》曰：『舉臿爲雲，決渠爲雨。』《淮南子》曰：『堯之時天下大水，禹執畚臿以爲民先。』近時形制雖稍不同，而治水土之工者，必以此二物爲本。揚子《方言》謂畚、臿爲一物，誤矣！（卷二，一頁）

蒲鍬

【河器圖說】蒲鍬，以堅木爲質，鐵葉裹口，上安丁字木柄，利除沙土。（卷四，三〇頁）（圖一〇之2）

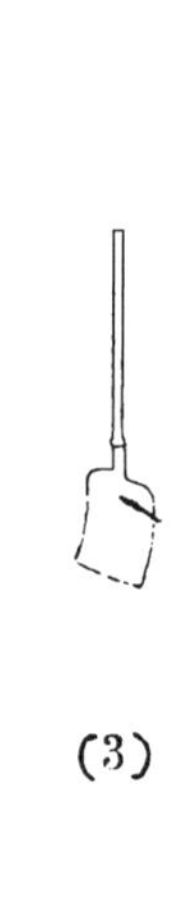
(3)

(2)

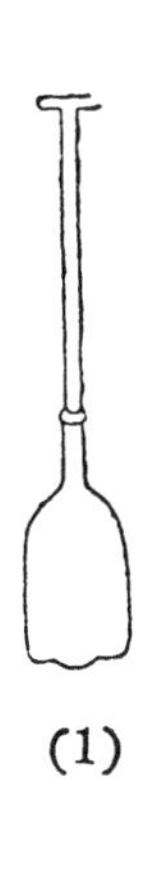
(1)

圖一〇

鐵杴

【河器圖說】《玉篇》：『杴，鍫屬。』《正[一]》：『杴，臿鍤[二]屬。』但其首方闊，柄無短枴，與鍫鍤異。《事物原始》：『杴或以鐵或以木爲之，用以取沙土。』《方言》：『鐵者名跳杴，木者名杴部。』《三才圖會》：『煅鐵爲首，謂之鐵杴。』今土工利用之器，凡搜尋埽[三]尾後裂縫餘土，及平埽[四]面之土，或十數把、一二十把不等，而興辦土工時所謂『邊杴夫』者，即持此物。（卷二，四頁）（圖一〇之3）

鐵鍬

【河工要義】鐵鍬者，起土裝筐之要具也。以鐵爲之，其形若鏟，上裝木柄，以便把握。鍬亦有種種之別，有所謂大鍬、小鍬、平鍬、凹鍬者，有所謂方頭、圓頭、鈍口、利口者，又有所謂窄面、寬面、長柄、短柄者，形式不同，用法亦異，須視土性爲[五]何，酌量更換。土工尋常用鍬，大抵方頭、寬面、鈍口、短柄之平凹小鍬居多，其做水工，如挑挖河頭，宜用大鍬，做累工，如遇稀淤淖沙，則以圓頭小鍬爲宜。（五八頁，五行）

鐵鎬（鉄掘頭）

【河工要義】二者皆挖石子河，或刨槽用之。鎬長二尺，一頭錐形，一頭斧形，中留圓孔，以使置柄，柄長約三十餘尺[六]。鎬之爲用，刨臿兼施，掘頭長不及

[一]『正』，原書爲《正韻》。
[二]『臿鍤』，原書爲『鍤』。
[三]『埽』，原書作『埽』。
[四]『埽』，原書作『埽』。
[五]『爲』，原書作『如』。
[六]『三十餘尺』，原書作『三尺餘』。

尺。方頭斧刀設柄於方頭之旁，長二尺餘，掘頭連錘帶刨，亦可兩用。（六三頁，一二行）

畚

【河器圖説】《農書》：『畚，土籠也。《左傳》：「樂喜陳畚挶。」注：「畚，簣籠，又稱畚築。」注：「畚，盛土器，以草索爲之。」《説文》：「畚，缾屬。」南方以蒲行〔一〕，北方以荆柳。』王禎《咏畚詩》：『致用與簣均，聯名爲偶臿〔二〕。』（卷二，一頁）（圖一一）

圖一一

籮

【治河方略】用船裝運，高寶定例，以五十大籮爲一方，每籮約重二百餘斤，每方約重一萬斤。（卷一，二六頁，三行）

土籃

【河工要義】土（藍）〔籃〕亦曰筐，河工挑土用之，多係編〔三〕而成。以粗幹爲樑，以細幹〔四〕爲骨，每副兩籃，大小相同，謂之落脊土籃。每副兩籃，大小懸殊，謂之摔肩土籃。二者相較，裝土之多寡雖同，而出土之遲速迥異。（五七頁，八行）

檯筐

【河工要義】土工器具除（藍）〔籃〕挑車運外，又有所謂抬筐之一種。抬筐即柳筐也，筐大土多，兩人抬運，較〔五〕笨重。（六一頁，一一行）

小車

【河工要義】即侉車也，小車備運土之用。車以木料爲之，雙把獨輪，一如普通小車之式。（六一頁，七行）

鐵車

【河工要義】鉄車，不能平地推挽，爲〔六〕先敷設軌道，以便運用。車盤有四，小鉄輪扣於軌上，如火車、電車之式。盤上承以鉄斗，約可裝土六尺，將土裝好，用夫一名，推轉即可。（六一頁，二行）

扁擔

【河工名謂〔七〕】扁擔亦挑土之所用也，以楊木爲之，兩

〔一〕『行』，原書作『竹』。
〔二〕『偶臿』，當從原書作『臿偶』。
〔三〕原書『編』下有『柳』字。
〔四〕『幹』，原書作『條』。
〔五〕原書『較』下有『爲』字。
〔六〕『爲』，原書作『必』。
〔七〕『河工名謂』，當作『河工要義』。

頭拴筐裝土挑送，其形不方不圓，故曰扁擔。（五七頁，一二行）

拴筐繩

【河工名義[一]】以苧蔴或𦮼蔴搆[二]成，亦挑土[三]必用之具，每副兩根，一頭挽於扁擔兩端，一頭緊繫筐樑。（五七頁，一五行）

第四節　度量

土工以每方廣一丈、高一尺爲方。築成堤工之實土爲上方。土塘挖取之鬆土爲下方。水中撈土與旱地不同，是以有旱方、水方之别。量土之具，有五尺桿、丈桿、丈繩、簟繩、雲纏、響簟、地纏。測度高低，有夾杆、均高、旱平、水平。誌樁、信樁、牌籤、標桿，所以標誌土工也。

方

【河防榷】每方廣一丈高一尺爲一方。（卷四，三三頁，一二行）

【治河方略】土以方一丈高一尺爲一方。然有上方、下方之别焉；有專挑、兼築之分焉；至挑河又有起[四]淺深之不同焉；築堤亦有運土主客之不同焉；其土方工值，更有人力强弱之不同焉。（卷一，二四頁，一四行）

上方，下方

【行水金鑑】上方下方者，以築成堤工之實土爲上方，土塘所取之鬆土爲下方也。然一堤之中，亦自有上方下方之别。如築堤一丈，則以平地起至五尺爲下方，自六尺至一丈爲上方。如築堤一丈二尺，則以一尺至六尺爲下方，七尺至丈二爲上方。（卷五一，一二頁，一二行）

【治河方略】上方下方者，以築成堤工之實土爲上方，土塘所取之鬆土爲下方。（卷一，二八頁，一行）【又】一堤之中，亦自有上方下方之别。如築堤一丈，則以平地自一尺起至五尺爲下方，自六尺至一丈爲上方。如築堤一丈二尺，則以一尺至六尺爲下方，七尺至丈二爲上方。（卷一，二八頁，二行）

【安瀾紀要】何爲下方？插塘之後，即照挑引河之例，每日科塘，發給飯食，收塘内已出之土。（上卷，四六頁）[五]

【河工要義】挑堤以築成之土爲上方，所用方坑爲下

[一]『河工名義』，當作『河工要義』。

[二]『搆』，原書作『𢷾』。

[三]原書『挑土』二字互乙。

[四]原書『起』下有『土』字。

[五]該頁無此段文字。出處待考。

方，挑河以所出廢土爲上方，挖成河段爲下方。上方土鬆，下方土實，挑河收下方者，計實土也，挑堤收上方者，以一經行硪，則較下方之土爲尤實也。（三一頁，一三行）

旱方水方

【河工要義】旱方取土，積土較爲容易，水方取土，則須撈挖，積土則慮汕刷，以取土之土[一]價[二]不同，積土之核方亦異（水方以一方作二方），是以有別。（三一頁，八行）

水旱方價

【河工要義】取土旱方易，水方難，故有如下六種之別：旱方較廉，泥濘方、旱葦板方次之，水方又次之，水葦板方較旱方倍之。水中撈泥，施工愈難，方價愈貴，約在旱方倍半之間。（三四頁，九行）

五尺杆

【河器圖説】見『丈杆』。（圖見卷一，七頁前面）

【河工要義】五尺桿，以不彎不裂條直停勻之雜木爲之，桿之形式不拘方圓，長適營造尺五尺，故曰五尺桿。（五四頁，一〇行）

丈桿

【河工要義】丈桿亦曰度桿，以直長[三]之細竹桿，或杉桿等勻直木料爲之。丈桿必須長逾一丈五尺乃至二丈，亦照營造尺按寸、按尺、按丈分記標號，其標號用紅黑油分明尺寸，量準記之。（五四頁，四行）

丈杆

【河器圖説】《傳疑録》：『度起於黄鐘之長，後每[四]十寸謂之尺，十尺謂之丈，凡公私所度，皆以丈記[五]矣。』丈杆、五尺杆爲查量土（掃）〔埽〕、磚石工程，並收料垛石方必需之具。（卷一，七頁）

丈繩

【河工要義】丈繩亦曰篬繩，有以勻細苧蔴繩及蜡皮老絃爲之者，有以銅絲鐵絲爲之者。第繩絃則以晴雨燥濕而鬆緊不同，鋼鐵則以伸縮拘屈而短長不一，然舍此亦無別項（之）可代丈繩之用者。祇有臨[六]時用尺較準，而後勘丈。做法用鮮明色線，按一尺一檔，拴繫尺誌，一丈一檔，拴繫丈誌，以便記認。（五三頁，七行）

[一]『土』，原書作『方』。
[二]原書『價』下有『土方價值』。
[三]原書『直長』二字互乙。
[四]『每』，原書作『世』。
[五]『記』，原書作『計』。
[六]原書『臨』下有『用』字。

簞繩

【河器圖説】萬[一]福《安南日記》：『簞，繂索。』《演繁露》：『杜詩舟行多用百丈，問之蜀人，云：水峻岸石又多廉稜，若用索牽，遇石輒斷，不耐久。故擘竹爲大辮，以麻索連貫其際，以爲牽具，是名百丈。』百丈，言其長也。近時多以絨線結成，而總名曰簞繩。凡量堤估工，必拉簞以視高卑長短，用時須隨丈杆[二]、均高等具。（卷一，八頁）

雲繵

【河器圖説】雲簞用與地簞同，稍細[三]。（卷一，一〇頁）（圖一二之1）

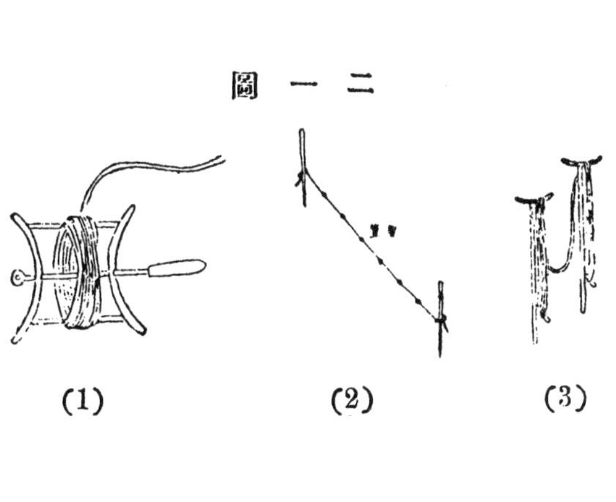

圖一二

響簞

【河器圖説】響簞，或籐或竹，連以鐵圈，每節五尺，共二十節，計長十丈。較之麻簞、篾簞，質稍堅結，用則相同。（卷一，一〇頁）（圖一二之2）

地繵

【河器圖説】地簞，丈量堤之長短，每五尺用紅絨爲記，二人拉量，遠觀便知數目。（卷一，一〇頁）（圖一二之3）

夾杆（均高）

【河器圖説舊本】夾杆者，夾高寬用之，上頭安鉄馬鐙，要起落隨和以看高矮，一名夾杆，又名均高。

【河器圖説】夾杆、均高，一物二名，對以峙之，故曰夾；齊以一之，故曰均。長二三丈，刻劃尺寸，上釘鉄圈，中有腰圈。量堤時將杆分列於南北兩堤[四]，若堤高一丈，將腰圈拉至一丈之處，堤上兵夫踏住簞繩，以視高矮。（卷一，九頁）（圖一三）

[一]『萬』，原書作『萬』。
[二]『丈杆』，原書作『大杆』，疑應作『夾杆』。
[三]『用與地簞同，稍細』，原書作『稍細，用亦略同』。
[四]『堤』，原書作『坦』。

均旱[一]

【河器圖説】見『夾杆』。（圖一三）

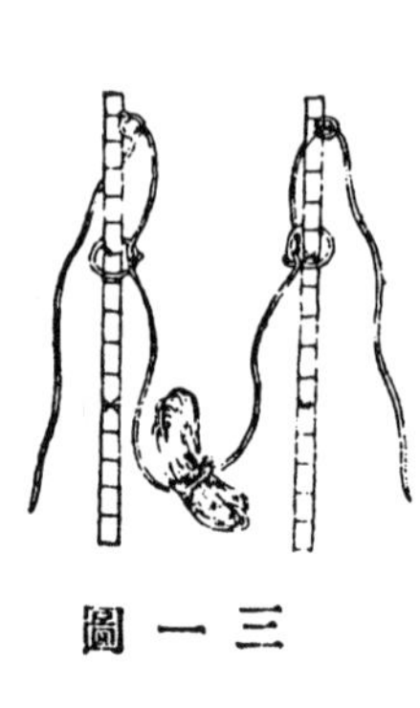
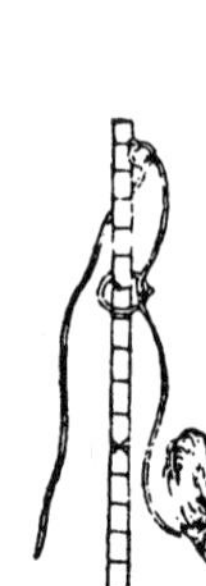

圖一三

旱平

【河器圖説】旱平，以木製成，三角式，或銅爲之，長濶不滿尺，上以二鉤備掛，中有活銅針。用時平掛於篙繩，視針之斜正知地面之高低、河底之平窪。《傳疑録》：『衡起於黄鐘之平，權與物鈞而爲衡，衡平而權鈞矣。』衡以準曲直也，旱平類是。（卷一，一〇頁）（圖一四）

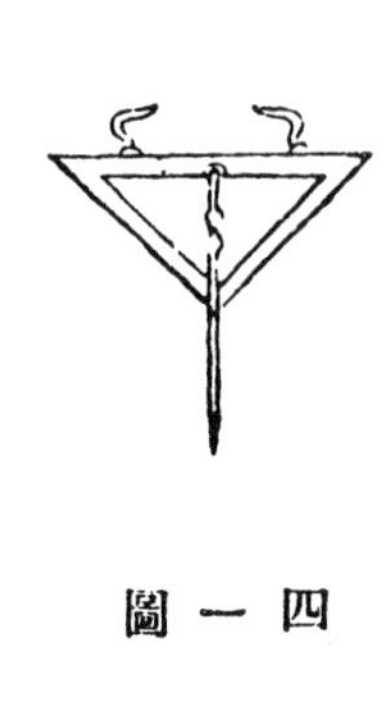

圖一四

水平

【宋史・蘇軾傳】且鑿黄堆欲注之於淮。軾始至潁，遣使[二]以水平準之，淮之漲水高於新溝幾一丈，若鑿黄堆，淮水顧流潁地爲患，軾言[三]朝，從之。（卷三三八，九〇二頁，一格，一三行）

【行水金鑑】水平法，用錫匣貯水，浮木其上，而兩端各按小横板，置於數尺方棹之上。前竪水[四]表長竿，懸紅色横板而低昂之，必在[五]匣上横板平準以測高下。凡上下閘底高低，及所浚河底淺深，悉藉此以度之。（卷二四，三頁，一六行）

【河器圖説】水平之制，用竪木長二尺四五寸，或長四五尺，厚五寸，寬六寸，中間留長三寸。兩邊鑿槽各寬八分，餘寬七分以作框。兩頭各留長三寸，亦鑿槽寬八分，通身槽深二寸，周圍一律相通。再於中央鑿池一方，寬長各二寸，深二寸。左右各添鑿一槽，其寬深與通身槽同，便於放水通連。槽内須放浮子一個，浮子方長一寸五分，厚六分，面按[六]小圓木柄一根，高出面五分，其兩頭亦各放浮子一個，寬長均與中央同。惟兩頭之槽僅寬八分，未免浮寬槽窄，必得

[一]『旱』，當作『高』。
[二]『使』，原書作『吏』。
[三]原書『言』下有『於』字。
[四]『水』，原書作『木』。
[五]『在』，原書作『於』。
[六]『按』，原書作『安』。

於兩頭適中之處開二方池，照中央寬深尺寸，名曰三池。用時置清水於槽內，三浮自起，驗浮柄頂平則地亦平。如有高下即不平矣，但用在五六丈之內尤準，若多貪丈尺，轉屬無益。（卷一，一一頁）（圖一五）

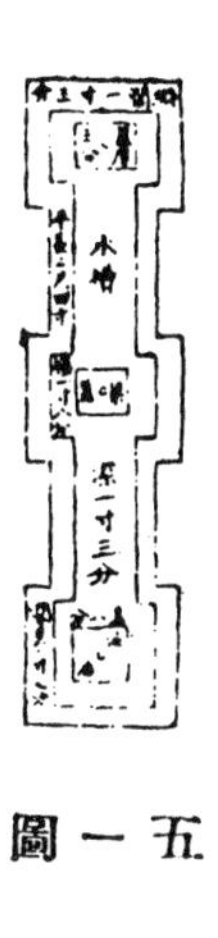

圖一五

【河工要義】凡測量地平、估量建瓴大小必用之，測量儀皆隨帶水平一具。（五四頁，一四行）

誌椿

【河工要義】誌椿、灰印，皆所以防偷[一]之弊。椿誌[二]以檞木充用，灰印用牛皮如碗口大，中畫押[三]照字樣，密穿細眼，可以漏灰。四緣用布縫成一袋，袋內滿裝白石灰粉，用時照所估河口及堤脚，細加較準，兩面距口脚五尺，簽釘誌椿，與地相平，樸打灰印一個，上覆粗碗，用土掩埋。（五五頁，八行）

信椿

【河器圖說】信椿，其法截木爲椿。凡築堤挑河，估定尺寸後，較準高深，簽[四]相平。用灰印於椿頂，裹以油紙，覆以磁碗，取土封培，俟工完啓，驗灰印完整，然後拉繩椿頂驗收，可杜偷減等弊。（卷二，二一頁）（圖一六）

圖一六

牌箋[五]

【河器圖說】大小牌戧[六]，木板削成，尺寸不拘，上施白油粉，戧頭塗硃。有工之處，標寫掃[七]壩丈尺段落；無工之處，載明堤高灘面，灘高水面並堡房離河丈尺，即築土工，亦可以戧分工頭、工尾，註寫原佔[八]丈尺。《說文》：『戧，驗也，銳也。』戧之用與戧之式皆備矣。（卷一，一四頁）

標桿

【河工要義】立桿以定標準之用[九]，謂之標桿。（五六頁，一〇行）

[一] 原書『偷』下有『減』字。
[二] 『椿誌』，當從原書作『誌椿』。
[三] 原書『押』下有『字』字。
[四] 原書『簽』下有『椿』字。
[五] 『箋』，原書作『籤』。
[六] 『戧』，原書作『籤』，下同。
[七] 『掃』，原書作『埽』。
[八] 『佔』，原書作『估』。
[九] 原書『用』下有『者』字。

第四章　堤

第一節　名稱

堤，防也，與埭通，又稱埵防。以土壅水曰堤，亦稱爲堰。堰，俗作埝，堤堰二字，名異實同，皆積土而成，障水不使旁溢之謂也。吾國作堤，始於唐虞。《禹貢》曰：九澤既陂，四海會同。按：陂者，阪也，地形高下傾斜相屬處也，此非陡崖之岸，乃坦坡之堤也。

堤（埝）

【河工要義】隄，防也，與堤通，以土壅水曰堤，亦稱爲堰，堰俗作埝。堤堰二字，名異實同，皆積土而成，障水不使旁溢之謂也。故河工通用之。（七頁，四行）

埵防（塍）

【治河方略】《淮南子》曰：狼狢得埵防弗去而緣，解之者曰：埵，水埒也，防土刑也，埵當作埭，與塍同，凡此所云，非[一]堤防而何？（卷九，二三頁，一二行）

堤之種類

【河防輯要】堤防之名不一。其去河頗遠，築之以備大漲者，曰遥堤。近河之側，以束河流者，曰縷堤。地當頂沖，慮縷有失，而復作一堤於內，以防未然者，曰夾堤。夾堤有不能綿亘，規而附於縷堤之內，形若月之半者，曰月堤。若夾堤與縷堤相比而長，恐縷堤被沖則流遂長，繫於兩堤之間而不可遏，又築一小堤横阻其中者，曰格堤，又曰横堤。堤防雖多，不出此數者。（四頁，七行）

堰（埭）（硬堰）（軟堰）

【行水金鑑】凡河流之旁出而不順者，則堰之。（卷一〇八，五頁，二一行）【又】壅水爲埭，謂之堰。（卷一〇五，七頁，一八行）【又】宋哲宗元祐八年二月乙卯，三省奉旨北流軟堰，並依都水監所奏，門下侍郎蘇轍奏：臣嘗以謂軟堰不可施於北流，利害甚明。蓋東流本人力所開，闊止百餘步，冬月河流斷絕，故軟堰可爲。今北流是大河正溜，比之東流何止數倍，見今河水行流不絕，軟堰何由能立，蓋水官之意，欲以軟堰爲名，實作硬堰，陰爲回河之計耳。朝廷既已覺其意，則軟堰之請，不宜復從。（卷一三，一一頁，三行）

陂

【行水金鑑】陂，《説文》：阪也，一曰池也。《禹

[一] 原書『非』上有『防者』。

貢》：九澤既陂，四海會同，言治水功成也。《風俗通義》曰：陂者，繁也。言因下鍾水以繁利萬物也。今陂皆以灌溉，夫中古之陂以灌溉也。勝國之〔一〕没民田，旱則漕船阻滯，嗟乎陞科者，徒知聚斂耳，富國耳，而不知適所以病國且困民也。（卷五，一三頁，二〇行）

【治河方略】陂，陂障，亦堤也，又今濬縣尚有鯀堤，防之作，實始於唐虞之時。〔二〕【又】陂者，坂也，土披下而衺側也，此非陡崖之岸，乃坦坡〔三〕之堤。（卷九，二五頁，一〇行）

堤之名稱頗爲繁多，由官修者，曰官堤，亦曰正堤，亦曰大堤。由民修守者，曰民堤，亦曰民堰。以土築成者，曰土堤。以石築成者，曰石堤，又曰石菑。

官堤

【河工要義】堤由官〔四〕守者，曰官堤、官堰。（七頁，六行）

正堤（大堤）

【河防志】《易》曰：重門擊拆〔五〕，以禦暴客。後世師之以治河，故有正堤，有月堤。（卷四，三一頁，二行）（圖一八）

【河工要義】河之兩岸，積築成堤，藉資保障，設官駐守，一有疎虞，即干吏議者，謂之正堤，亦曰大堤。（七頁，九行）

民堤（民埝）（私堰）

【河工要義】堤由民〔六〕守者，曰民堤、民堰。（七頁，六行）

【河工名謂】民間自修自守之小堤，不歸官守者。（二〇頁）（圖一八）

【河工名謂】民間私自築埝，以保護灘地者，曰私堰。（二〇頁）

土堤

【河防榷】土堤每歲伏秋，劃地分守，隨汕隨葺，似可無虞矣。但幫護之法，須於冬春，門樁内貼蓆二層，緊細草木挨蓆密護，毋使些須漏縫，然後實土堅夯，則是以樁蓆護草牛，以草牛護土，浪窩何從得來，至於密植橛柳茭葦，以爲外護，須於水落即種，庶免淹浸。〔七〕

〔一〕原書『之』下有『陂以濟運也，後人不知此義，凡遇陂湖水櫃之處，盡請陞科，以致水無瀦蓄潦，則淹』。

〔二〕出處待考。

〔三〕『坡』，原書作『陂』。

〔四〕原書『官』下有『修』字。

〔五〕『拆』，原書作『柝』。

〔六〕原書『民』下有『修』字。

〔七〕出處待考。

【河工要義】以土築成者，曰土堤，土堰。（七頁，六行）

石堤

【河工要義】堤以石築成者，曰石堤，石堰。（七頁，六行）

石菑

【河防志】漢武瓠子[一]歌曰：隤竹林兮，揵石菑。師古謂：石菑者，臿[二]石立之後，以土填築之，即今石堤也。（卷四，一七頁，二行）

其去河遥遠，築之以備大漲者，曰遥堤。近河之側，以束河流者，曰縷堤，亦曰束水堤，束水攻沙之義也。地當頂冲，慮縷有失，而復作一堤于内，以防未然者，曰夾堤，又名重堤。夾堤有不能綿亘，規而附於縷地之内，形若月之半者，曰月堤。越堤、圈堤、套堤護岸堤均與此同義，其重疊環築形如魚鱗，曰魚鱗堤。縷堤被冲則流遂長擊於兩堤之間，而不可遏，又築一小堤，横阻其中者，曰格堤，又曰横堤。兩河並下，一清一濁，築堤隔絶，名曰隔堤。正堤卑矮，恐不足以禦盛漲，于堤（項）〔頂〕内口築一小縷堤，曰子堤，又曰子埝。堤身單薄而幫貼之於堤内幫者，曰貼堤。堤外幫堤，撐持險要，曰撐堤，亦曰戧堤。用以堵塞支流，導水仍歸故道，曰石船堤。截河堤或亦同一意義。以堤式坡坦，便于車馬上下行走，有走馬堤、斧刃襯堤之稱。

遥堤

【宋史·河渠志】宋太祖乾德二年，遣使按行黄河，治古堤，議者以舊河不可再[三]復，力役且大，遂止，詔民治遥堤，以禦衝決[四]之患。（卷九一，二二三二頁，三格，二六行）（圖一七）

【行水金鑑】堤以遥言，何也？馴應之曰：縷堤即近河濱，束水太急，怒濤湍溜，必至傷堤。遥堤離河頗遠，或一里餘，或二三里，伏秋暴漲之時，難保水不至堤，然出岸之水必淺，既遠且淺，其勢必緩，緩則堤自易保也。（卷三五，一〇頁，四行）

【河防榷】今有遥堤以障其狂。（卷三，一六頁，一五行）【又】遥堤離河頗遠，或一里餘，或二三里。（卷三，一七頁，一〇行）

【河工簡要】在縷堤之内，防意外異漲，或縷堤蟄陷不支，則賴遥堤以爲重障。或縷堤[五]離河頗遠，相去一二三里不等，遠則水淺勢緩，而堤易保，故不名縷堤，

[一]原書「子」下有「之」字。

[二]「臿」，原書作「重」。

[三]「再」，原書作「卒」。

[四]「決」，原書作「注」。

[五]「堤」，原書作「而」。

而曰遥堤也。（卷三，二七頁，五行）

【河工要義】遥堤有二説，一説正堤内之老堤，因其年遠呼爲遥堤；　一説初築新堤，取其久長綿遠之意。（七頁，一一行）

縷堤（縷水堤）

【河防榷】縷堤即近河濱，束水太急，怒濤湍溜，必至傷堤。（卷三，一七頁，一行）（圖一七）

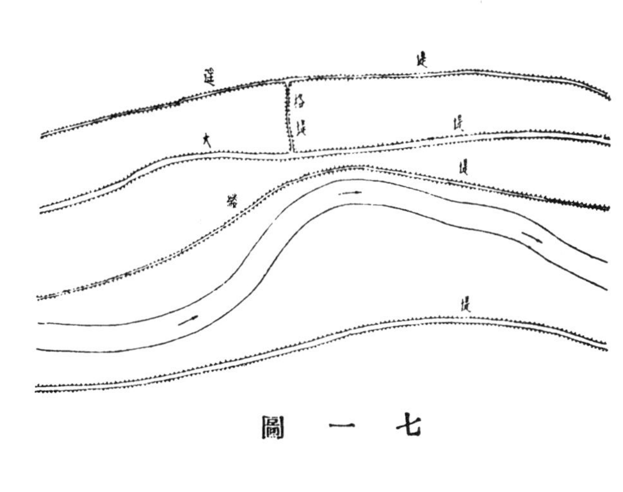

圖一七

【治河方略】防河之法，首在於堤，然堤太逼則易決，遠則有容而水不能溢，故險要之處，縷堤之外，又築遥堤。（卷一，一五頁，三行）【又】曰縷堤，即近河濱，束水太急，怒濤湍溜，必至傷堤。遥堤離河頗遠，或一里餘，或二三里，伏秋暴漲之時，難保水不至堤，然出岸之水必淺，既遠且淺，其勢必緩，緩則〔一〕自易保也。（卷八，二三頁，一五行）【又】近世堤防之名不一，其去河頗遠，築〔二〕以備大漲者，曰遥堤。逼河之遊，以束河流者曰縷堤。（卷九，二五頁，一四行）【又】凡堤有縷、遥、越、格、戧之别，臨河者曰縷，離河遠者曰遥。（卷一〇，九頁，二行）

【河工簡要】離河近者，曰縷，俗名大堤是也。（卷三，一一頁，二行）【又】近河而隨河勢以障水迤，長如縷夾岸而立者，即近河濱之大堤也。（卷二，二七頁，二行）【又】〔何爲〕縷水堤〔三〕，即縷堤也，蓋取縷隨水性之意。（卷三，二七頁，四行）

【河工要義】正堤内面，臨河處所，修築小堤，勢甚卑矮，形如絲縷，故名之也。（七頁，一〇行）

束水堤

【行水金鑑】康熙十六年，總河靳輔創築雲梯關於〔四〕

〔一〕原書『則』下有『堤』字。
〔二〕原書『築』下有『之』字。
〔三〕『縷水堤』，原書作『何爲縷水堤，曰』。
〔四〕『於』，原書作『外』。

束水堤一萬八千餘丈。（卷六五，一〇頁，一行）

束水攻沙

【治河方略】築堤束水，以水攻沙，水不奔溢於兩旁，則必直刷乎河底，一定之理，必然之勢。（卷八，二三頁，一行）

夾堤

【治河方略】地當頂衝，慮縷堤有失而復作一堤於內，以防未然者，曰夾堤。（卷九，二五頁，一六行）

重堤

【河工簡要】何爲重堤？曰：又在遥堤之內也，又名夾堤。（卷三，二八頁，一六行）

月堤

【行水金鑑】十一月，尚書省奏河平軍節度使王汝嘉等言，大河南岸舊有分流河口，如可疏導，足泄其勢，及長堤以北，恐亦有可以歸納排瀹之處，乞委官視之。濟北埽以北，宜創起月堤。臣等以爲宜從所言其本，監官皆以諳練河防，故注以是職，當使從汝嘉等同往相視，庶免異議，如大河南北必不能開挑歸納，其月堤宜依所料興修。上從之。（卷一五，七頁，四行）（圖一八）

【河防志】防河如防寇然，故設險者，城有月城，禦險者。堤有月堤，水之性至柔，而亦至剛，其激於一往也，可以穿山潰石；其[一]遇坎而止也，如强弩之末，勢不能穿魯縞，故月堤爲防河之至要也。（卷五，一七頁，二行）

【治河方略】夾堤而[二]不能綿亘，規而附於縷堤之內，形若月之半者，曰月堤。（卷九，二六頁，一行）

【河工簡要】因外堤單薄，以及緊臨黄河險要之處，恐難捍禦，內築堤形如月牙，故名月堤。（卷三，一一頁，一七行）【又】因堤埽單薄，河形冲射之處，恐大堤不能禦暴，堤後築堤，兩頭灣貼大堤，其形如月，故曰月堤。與越堤異，蓋越在堤外，此在堤內，以爲重門埽工之後，斷不可少，今則月越不分，因不知有內外之故別[三]耳。（卷三，二七頁，一五行）

【河工要義】因外堤單薄，或緊臨險要之處，恐難禦捍[四]，內築月堤一道，以資重障，形如半月，故名，亦有謂爲圈堤與圈堰者。（八頁，三行）

越堤

【治河方略】遥單薄而爲之重門者，曰越堤。（卷一〇，九頁，三行）

【河工簡要】因內堤單薄，或係（作）〔坐〕灣，以及地

[一] 原書「其」上有「及」字。
[二] 「而」，原書作「有」。
[三] 「故別」，當從原書作「別故」。
[四] 「禦捍」，當從原書作「捍禦」。

勢卑窪，恐内地不能捍禦，又無别堤可恃，越出舊堤之外，修築堤工，以爲藩外，故爲越堤。（卷三，一一頁，七行）【又】因舊堤單薄，或坐兜灣，乃地勢卑窪，舊堤難以禦暴，越出舊堤之外，旱地另築一堤，以護大堤也。越有裏外，或築於大堤之裏者，名曰越堤也，此築於外，爲覆庇之意。（卷三，二七頁，九行）（圖一八）

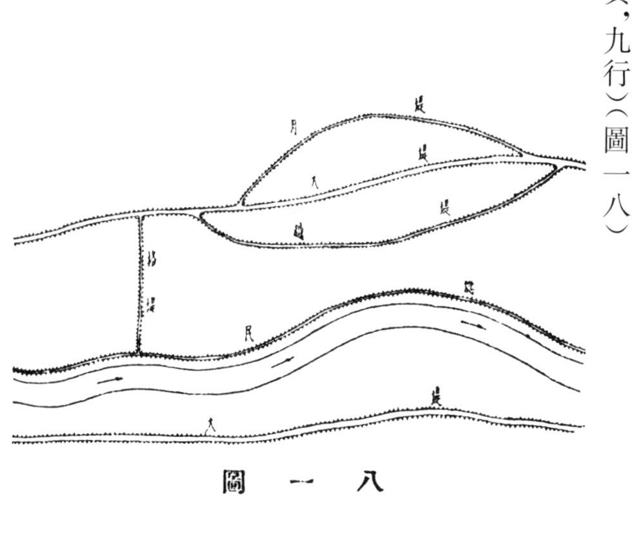

圖一八

【河工要義】因内堤單薄，或係坐灣[一]，以及地勢低窪，不足以資保衛，又無别堤可恃，隨越出舊堤，另作新堤，以爲外藩，故曰越堤，更有稱月堤，爲内越堤，而以越堤爲外越堤者，命意亦同，兩存其説。（八頁，五行）

圈堤（圈埝）

【河工簡要】何爲圈堤？曰：拒，四圍周遭環築也，水拒，即湖之别名也。（卷三，三四頁，一七行）

【河工名謂】若堤前埽壩不守，堤身塌御[二]，則在堤外建[三]築圈埝，爲退守之計，形如半月，名曰圈埝。（二〇頁）

套堤

【河工名謂】險工之處，堤後添築之月形堤，曰套堤，亦曰圈堤。（一九頁）

護岸堤

【河工簡要】何爲護岸堤？曰：即越堤也，建於堤外以護堤，故名。（卷三，二一八頁，二一行）

魚鱗堤

【河工簡要】即重疊層築之月堤，形如縚環，又似魚鱗也。（卷三，二七頁，一三行）

格堤（横堤）（土格）

【河防榷】防禦之法，格堤甚妙。格而横也，蓋縷堤既

[一] 原書「灣」下有「兜灣」。
[二] 「御」，原書作「卸」。
[三] 「建」，原書作「趕」。

不可恃，萬一決縷而入，横流遇格而止，可免泛濫。水退本格之水仍復歸槽，淤溜地高，最爲便益。〔一〕（圖一八）

【治河方略】若夾堤與縷堤相比而長，恐縷堤被衝，則流遂長驅於兩堤之間而不可遏，又築一小堤，横阻於中者，曰格堤，又曰横堤。〔二〕【又】越堤〔三〕有裏外，蓋在因時制宜，間於遥越之中者，曰格堤〔四〕。（卷一〇，九頁，四行）

【河工簡要】凡河緊逼外堤，恐有疎虞，即順堤走溜，民舍田廬均有關係，必建堤隔絶險地，使水由堤内，險工之下，尚有一帶官堤可保無虞，故名格堤。（卷三，一一頁，一〇行）【又】如縷堤近水，恐難盡保，水勢順流，其勢長則溜急，恐傷别處，並礙遥堤。故於縷堤之後，遥隄之前，中築横堤數道，如格子形，以防縷隄失守。遇格即可捍禦，以殺其勢，别格官堤，田舍可保無虞，水落仍歸漫口入河，淤可漸積灘面高也，與格堤之意，有大小之别，又曰横堤。（卷三，二八頁，三行）

【河工要義】正堤之内，既有遥堤（新堤内或老堤）。以備河勢緊逼之用。猶恐遥堤一有疎虞，即順正堤走溜，仍與堤防大有關礙。故於正堤之内，遥堤之外，横築格堤數道，縱使衝破遥堤僅止一格，水流遇阻，不能伸腰，其别格之官堤田舍，可保無虞。形如格子，故曰格堤。此法用於截堵〔五〕支河，或其附堤塘坑〔六〕，亦曰土格。（八頁，八行）

隔堤

【河工簡要】内河外湖築堤隔開，名曰隔堤。（卷三，一一頁，五行）【又】何爲隔堤？曰：内河外湖，築堤隔開，並可築以截攔積潦之水，順流直下也。（卷三，二八頁，九行）

【河工要義】内河外湖，或兩河並下，一清一濁，築堤隔絶，名曰隔堤。如〔七〕大清河之隔淀堤也。（七頁，一四行）

子堤（子埝）（子堰）

【河工簡要】當水勢平堤，慮其漫漲堤頂之上，加築小堤也；又如堤之小者，凡運河兩岸，以及束散漫之水者皆是。（卷三，二八頁，一一行）【又】何爲子埝？曰：埝者，壅水也，堤上加小堤，即子埝之異名，又

〔一〕出處待考。
〔二〕出處待考。
〔三〕原書無『堤』字。
〔四〕原書無『堤』字。
〔五〕『截堵』，當從原書作『堵截』。
〔六〕『塘坑』，當從原書作『坑塘』。
〔七〕原書『如』上有『即』字。

如堤工漫水，則内加子埝，外用埽由以攔護之。（卷三，二八頁，一四行）【又】大堤之上，又添一縷分，其大小似物之堰口，故名子堰。（卷三，一二頁，一行）

【河工要義】正堤卑矮，恐不足以禦盛漲，乃〔一〕於頂堤内口，添築〔二〕小縷堤，即爲子堤，又曰子堰。　築子堤者，多緣節省工款起見，或其臨時搶築〔三〕者也。（九頁，一行）

貼堤（裏戧）

【河工簡要】外堤單薄，難資捍禦，務〔四〕貼新土，培其寬厚，名曰貼堤。（卷三，一一頁，一五行）【又】遇險要時，適值陰雨，堤前不能用力貼堤，背後幫寬不與老堤相平者，則曰貼〔五〕堤也。（卷三，二九頁，一一行）

【河工要義】堤身單薄而幫貼於堤内幫者，名曰貼堤，貼堤高與正堤相平。（八頁，一五行）

【河工名謂】堤身單薄，而幫貼〔六〕於堤内之堤，曰貼堤，亦曰裏戧。（一九頁）

撐堤

【河防志】伏秋水大溢岸，壩後將有浸灌之虞，復於壩面〔七〕添築撐堤一道。（卷五，一二頁，三行）

【河工簡要】外堤撐持險要者，爲之撐堤。（卷三，一一頁，六行）【又】月堤内斜築一堤也，即格堤之意。（卷三，二八頁，一七行）

【河工要義】堤外幫堤撐持險要〔八〕，故名。　大致與下戧堤相類。（七頁，一五行）

【河工名謂】於格縷之間，南北直築，藉以撐持也，大意與格堤同。（一九頁）

戧堤（半戧）（後戧）（養水盆）

【治河方略】大溜逼近堤根，欲爲捲埽之基，或堤工有滲漏之病，於背後幫貼〔九〕者，皆謂之戧。（卷一〇，九頁，六行）（圖一九）

【河工簡要】外堤單薄不足，必須内幫寬厚，名曰戧堤，戧其脚根。（卷三，一一頁，一三行）【又】堤後幫貼加厚與老堤相平者，其名則一，而爲用有三：　或堤工有滲漏之病，用以幫築堤後，或下〔一〇〕溜逼近堤根，用捲埽之用；　或水勢頂沖險要，堤工坍塌，外面下埽，尚恐不

〔一〕『乃』，原書作『復』。
〔二〕原書『築』下有『一』字。
〔三〕『築』，原書作『挑』。
〔四〕『務』，原書作『加』。
〔五〕『貼』，原書作『戧』。
〔六〕原書『貼』下有『之』字。
〔七〕『面』，原書作『西』。
〔八〕原書『險要』二字互乙。
〔九〕『貼』，原書作『帖』。
〔一〇〕『下』，原書作『大』。

足捍禦，用以幫寬堤工； 又如石工以内，埽工以裏，於後尾用土填築，則曰裏戧。（卷三，二九頁，六行）

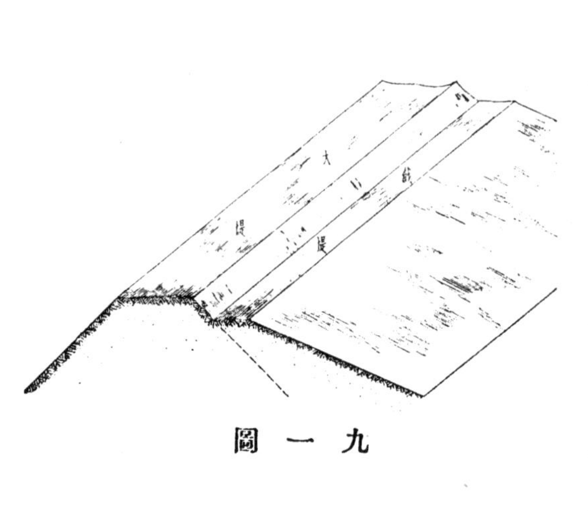

圖一九

【河工要義】戧音鏘，去聲，解如戧風行舟之戧，亦寓榰柱之意。 雖有堤而單薄不足以資抵禦險工，必須外幫加築戧堤，戧其堤脚。 戧堤大抵低於正堤，與盛漲時河内水勢相平，亦有因工款支絀而分年挑築者，故曰半戧，又曰後戧。（八頁，一二行）【又】挑築於平時之堤外幫堤，藉以撐持要險者，曰戧堤。 其搶築於臨時者，曰撐堤，一撐不已，再加一撐。 與本河大工養水盆之盆外套相似，必俟内幫穩定，外幫不致透水，始可撤手。

【河防輯要】至於縷堤欲爲挑埽之計，則於身後幫寬，其高與縷堤平，謂之戧堤。 戧者，縷堤得有依照之謂。 戧者，有裏外之分，裏係後面，外則臨河，若以不與水争尺寸之土之語而論，只宜於裏，而不宜於外，因外幫則離河（暨）〔既〕近，且恐新土不能禦水。

【河工名謂】於堤後加土，低於正堤，曰戧堤。 前後戧之總稱。（一九頁）

石船堤

【河工簡要】元時，賈魯治河，漫決難堵，以船載石，使其沉底而築之，工成即爲石船。（卷三，二九頁，四行）

截河堤（治水堤）

【河防榷】治堤一也，有刱築、修築、補築之名。 有治水堤，有截河堤，有護岸堤，有縷水堤，有石船堤。（卷五，六頁，一四行）

【河工簡要】即攔河壩之意也。 如有越河之處，時當水小，漕艘難行，則堵塞正河而使水行越河，則河窄水溜易刷深通。 又或河溜不順，另開一河，將正河築堤截斷也。（卷三，二八頁，一八行）

走馬堤

【行水金鑑】驗堤之法，用鐵錐筒探之，或間一掘試。堤式貴坡，切忌陡峻，如根六丈，頂止須二丈，俾馬可

上下，故謂之走馬堤。（卷三六，四頁，一三行）

【河防榷】堤式貴坡，切忌陡峻，如根六丈，頂止須二丈，俾馬可上下，故謂之走馬堤。（卷四，二三頁，二行）[一]

【治河方略】同上文。（卷八，三〇頁，一〇行）

斧刃襯堤

【問水集】車馬行人路口之堤，必兩廂各築闊厚斧刃襯堤，俾車可上下。（卷一，一六頁，八行）

堤之本身，曰堤身。堤之中心，曰堤心。堤之頂上部分，曰堤頂。頂之平如砥者，曰平頂。高出兩唇數寸及尺許者，曰花鼓頂，亦稱鰤魚背。堤頂之兩邊，曰堤唇，又曰堤邊。堤之底下部分，曰堤底。坦坡之下端，曰堤根。坦坡與土面相接之處，曰堤脚。從堤唇至堤脚之横距離，曰收分。兩面坡分，名曰堤坡，亦曰坦坡，坡之平者，曰走馬坡，陡者，曰臥羊坡，又曰陡坡。中間鼓起者，曰腰鼓坦。裏外三收（即 1∶3），謂之馬鞍式。臨河，曰堤内，亦曰堤前。背河，曰堤外，亦曰堤後。幇土加於堤前，曰前戧。加於堤後，曰後戧。一次未能築完之土戧，曰半戧。二層臺堤頂預留料車往來之路。埠道、堤爪、接爪均同義，築于堤坡之馬道也。

堤身

【河工名謂】堤之本身。（二一〇頁）

堤心

【河工名謂】堤之中心。（二一〇頁）

堤頂

【河工名謂】堤之上部。（二一〇頁）

平頂

【河工要義】堤頂[二]之平如砥者，謂之平頂。（一〇頁，六行）

花鼓頂

【河工要義】中心高出兩唇數寸及尺許者，謂之花鼓頂，亦有稱爲鰤魚背者也。（一〇頁，六行）

鰤魚背

【河工簡要】堤頂平整則爲平頂，如中心稍高兩唇數寸以及尺許者，名曰鰤魚背。（卷三，一二頁，一〇行）

【河上語】堤面中高兩頭下，曰鰤魚背。（二五頁，一二行）（圖見三〇頁）

堤唇

【河工名謂】堤之兩邊。（二一〇頁）

堤邊

【河工名謂】與『堤唇』同。（二一一頁）

〔一〕出處有誤，待考。

〔二〕原書『頂』下有『頂』字。

堤底

【河工名謂】堤之下部。（二〇頁）

堤根

【河工名謂】堤坡之下端。（二〇頁）

堤脚

【河工名謂】堤坡與土面相接之處，曰堤脚。（二〇頁）

收分

【河工簡要】凡築堤以頂寬若干，底寬若干，除去頂底不算其餘，即係收分。或築外坦内陡，或築馬鞍式樣，按高尺寸分出收分，每尺當收若干尺寸，至頂完工，一律并無高低不平者，名收分。（卷三，一二頁，七行）

堤坡

【河工要義】堤坡者，堤工兩面之坡分也。堤坡有坦坡陡坡之别。修築堤工，其臨河面之坡分，必須平坦廣[一]大，即使溜走堤根，不致坍塌爲妥。但堤内不臨河流，或其根下埽段者，則坡分不妨收窄。蓋寬則費帑無益，窄則省土節工。（九頁，三行）

【河工名謂】堤頂兩邊之斜坡，亦曰坦坡。（二〇頁）

坦坡

【治河方略】水，柔物也，惟激之則怒。苟順之自平，順之之法，莫如坦坡。乃多運土於堤外，每堤高一尺，填坦坡八尺；如堤高一丈，即填坦坡八丈，以填出水面爲準。務令迤科以漸高，俾來不拒而去不留。（卷二，三頁，一二行）

【河上語】堤邊有陡有坦，今概曰坦坡，坦坡以二五爲率。（二五頁，九行）

【河工簡要】凡修堤以臨河一面平坦寬大，即經水漫刷，不致倒崖卸壁，有損堤工，故名坦坡。（卷三，一二頁，三行）

走馬坡

【河工要義】坦坡勢堪馳馬，亦曰走馬坡。（九頁，五行）

【河工名謂】坡之大者，坡之平坦可以走馬，而無危險者。（二二頁）

卧羊坡

【安瀾紀要】堤頂寬或五丈，或三丈，兩坦收分，按裏三外五估算，名卧羊坡。

【河工簡要】如新堤底寬十丈，頂寬二尺[二]，高一丈者，臨河一面，坦平寬六丈，内坦收進二丈，陡直僅容卧羊，名爲卧羊坡。外坦平寬，名爲跑馬坡。（卷三，一二頁，七行）

[一]『廣』，原書作『寬』。

[二]『尺』，原書作『丈』。

【河防輯要】堤又有臥羊坡走馬坦之名，走馬臥羊，皆言坡坦寬大，而羊可臥馬可上也。如何坦坡寬大，只須收方裏二外四。【又】估計之要，先堤頂丈尺，以須收分，頂寬五丈或三丈，兩坦按裏三外五估算，名臥羊坡。

【河工要義】陡坡僅容臥羊，亦曰臥羊坡。（九頁五行）

【河工名謂】坡之小者，坡之可以臥羊，而無陡滑之危者。（二二頁）

陡坡

【河工簡要】凡修築壩工，内坡宜陡，蓋以不臨河流，宜窄而不宜寬。寬則費帑，窄則有工。（卷三，一二頁，五行）

【河工名謂】坡之陡峻者。（二二頁）

腰鼓坦

【河上語】堤邊有陡有坦，今概曰坦坡，平曰走馬坦，陡曰臥羊坡。中間鼓起曰腰鼓坦。裏外三收謂之馬鞍式。堤面中高兩頭下，曰鰤魚背。（二五頁，一一行）

【河工名謂】坦坡中間鼓起，曰腰鼓坦，又名舐肚。（二三頁）

馬鞍式

【河上語】見『腰鼓坦』。

堤内

【河上語】臨河，曰堤内。（二五頁，二行）

堤前

【河工名謂】堤之臨河一邊。（二一頁）

堤外

【河上語】背河，曰堤外。（二五頁，二行）

堤後

【河工名謂】堤之背河一面。（二一頁）

前戧

【河工名謂】堤前加幫之堤，曰前戧，亦曰裏[一]，又在大堤之前。（二一頁）

後戧（外戧）

【河工名謂】堤後加幫之堤，低於厚堤者，曰後戧，亦曰外[二]戧，又在大堤之後。（二一頁）

二層臺

【河防輯要】堤頂須留二層台，以便料車往來。

埠道

【河工名謂】橫過大堤之車道。（二一頁）

堤爪

【河工簡要】堤坡拖出接地處，即爲堤爪，形如神爪

[一]『裏』，原書作『外戧』。
[二]『外』，原書作『裏』。

也。(卷三，一二頁，一二行)

【河工要義】堤爪者，如指築堤高一段，堤上加堤，兩頭壁立，勢必阻絕往來。因於兩頭居中放坡，築成馬道，以便料路行人之用，此馬道即是堤爪。(一〇頁，八行)

接爪

【河工名謂】堤端直立修成坦坡，以便人畜行走，曰接爪。(二一頁)

第二節　工程

無堤之處，築新堤曰創，亦曰刱築。將舊堤加高培厚，曰加，亦曰幫，又曰修築。新舊堤土接合處，築成階形，曰開蹬，又曰皶查。月堤與大堤接腦處，曰搭腦。加高以舊堤之頂作底，曰以頂作底。培厚以原有之坡培修，曰以坡還坡。翻築者，翻工重築之謂也。築堤有五要、三堅、兩不宜。取土有跑號之法。就水築堤，宜先築圍埂，將水戽乾，再做土工。方坑、土塘均築堤取土之處，如塘坑連成一起，中無土格者，曰順堤河，爲堤之隱患。

創

【河防輯要】無堤之處，築出新堤曰創。[一]

刱築(刺水堤)

【河防榷】治堤一也。有刱築、修築、補築之名。(卷五，六頁，一四行)

【治河方略】修築之名，有刺水堤，有截河堤，有護岸堤，有縷水堤，有石舡堤。(卷七，八頁，一六行)

加

【河防輯要】堤本卑矮，而增之使高，曰加。

幫

【河防輯要】因堤身薄而培之使寬，曰幫。

修築

【河防榷】見『刱築』。

幫堤

【河防輯要】凡帮堤必止帮堤外一面，毋帮堤內，恐新土水漲易壞。

幫築堤工法(老土)

【河防志】河道爲築堤，束水歸以防旁溢，無論創築加帮，總以老土爲佳。但黃河兩岸率多沙土，恐難盡覓老土，須于堤完後，務尋老土蓋頂，蓋邊栽種草根以禦雨淋衝汕。築堤之法，每土六寸行硪，其歧縫處用夯堅築，其新舊堤交界處，又用鉄杵力築層層夯硪，期于一律堅實，總以簽試，不漏爲度。(卷四，四五頁，三行)[二]

[一] 出處待考。
[二] 出處待考。

開蹬

【河工名謂】新舊堤土接合之處，必須切成階形，以便銜結。（二一三頁）

鹼查

【河工名謂】與『開蹬』同。（二一三頁）

搭腦

【河工名謂】新築月堤兩端，與大堤之連接處，曰搭腦。（二一三頁）

以頂作底

【河工名謂】加高舊堤，舊堤之頂[一]，即作加高部分之底。（二一三頁）

以坡還坡

【河工名謂】培厚堤身，仍照原有坡度培修者，曰以坡還坡。（二一三頁）

翻築（方夫）

【河工要義】翻築者，翻工重築之謂也。新估土工方夫（挑築土方之夫役，曰方夫，即土夫也。）分段挑築，中留界綫，未經以硪落溝虛鬆，不能連合一氣。難免滲透[二]之虞者，皆[三]自堤頂刨挖到底，層土層硪，重復套打，故曰翻築。（二三三頁，二行）

翻工

【河上語】堤不如法，責令刨起重硪，曰翻工。（二一六頁，五行）

新堤五要

【河上語】築新堤有五要：（一）勘估要審勢；（二）取土要遠；（三）坯要薄，（四）硪要密；（五）承修監修要認真。（二一六頁，五行）

（一）必擇地勢較高處，不與水争，又不宜太直，使他日河流埽彎而來處處生險。

（二）規定十五丈，宜從新定堤根量出十五丈，立一標竿，先遠後近，至標竿爲止。

（三）以上土一尺築硪[四]六七寸爲最善，近來各工俱做不到，似以限定一尺三寸，打成一尺，每尺一坯較易查核。

（四）連環套打，方可保錐。

（五）承修勤，監修不得惰，監修終日在工，事事目擊，則諸弊自少。

築堤三堅

【河上語】築堤有三堅：（一）底堅，（二）坦堅，（三）頂堅。（二一六頁，九行）

（一）老土只用重硪套打，如係新淤，必須刨開一二尺

[一]『頂』，原書作『硪』。
[二]『透』，原書作『漏』。
[三]『皆』，原書作『必』。
[四]『硪』，原書作『成』。

套打數遍，再上新土。

（二）坯坯包坦套打，完工後普面套打一遍，臨河尤要。

（三）堤頂堅實，即遇大雨，水溝浪窩自少。

築堤兩不宜

【河上語】築堤有兩不宜，不宜隆冬，不宜盛夏。（二六頁，一一行）

跑號

【安瀾紀要】跑號乃用本塘人夫，一塘爲一號，一人可跑五號。先於五塘適中之處，地上挖坑五個，如遇一筐或一車，報明某號，即於某號坑内丢一錢，散工後算賬，某號共若干，再爲給價。（卷下，二四頁）

取土法

【治河方略】取土之法，最忌逼堤，蓋逼堤則堤址卑窪，便有積水傷堤之患，故必離堤十五丈之外取之。（卷下，二五頁，六行）

就水築堤法

【治河方略】於水中築堤，取土最遠或至數十里外，工費不貲者，當用水中取土之法。其法先定堤基，隨用船裝遠土於水中，築成圍埂，出[一]水二尺，中闊三十丈，長五十丈。圍埂既成，用草糾[二]防護，隨將埂内之水車乾，然後於離堤基十五丈之外啓土，挑至堤基之上，密加夯硪，築成大堤。（卷一，一七頁，一行）

方坑

【河工要義】方坑者，取用土方之坑塘也。無論堤内外，至近亦須距堤逾十丈。且宜坑[三]間隔，且忌通連，通連者，堤外則阻斷道路，堤内則有串溝之病。（三一頁，六行）

土塘

【安瀾紀要】築堤首重土塘，務離堤根二十丈。各塘留梗界，每十丈留寬一丈土格一道，每三十丈留寬二丈土格一道。（上卷，四五頁）

土格

【河工名謂】取土方坑所留之格，曰土格。（二一頁）

順堤河

【安瀾紀要】築堤首重土塘，工員稍不經心，外灘則挖成順堤河，致成隱患。（上卷，四五頁）

緣堤塘坑積水，進土必須繞越者，曰繞越遠土。築堤自底至頂，挨層挑築，每層高一尺，爲一步，曰步土，亦曰片兒土。接築新堤，所挑之土，曰新築堤土。坡脚不敷，找補還原之土，曰找坡土。堤後加幫戧堤之土，曰後戧

[一] 原書「出」上有「其埂」。
[二] 「糾」，原書作「斜」。
[三] 「坑」，原書作「坑坑」。

土。堤身卑薄，加高倍厚之土，曰加倍土。堤頂殘缺，加高貫平堤頂之土，曰貫頂土。堤上因車輪往來，漸成溝道，或有浪窩、獾洞、鼠穴，用土挑補平整者，曰填補溝槽土，又曰填築浪窩水溝獾洞鼠穴土。堤頂備儲土堆，以備大汛搶險之用者，曰土牛土。冬春幫護土堤有用草牛。古時修建堤岸既成，置鐵犀一座，以鎮水勢，事屬迷信，無足取法。隔堤取土，曰過梁。重擔拾級過坡，曰扒坡。跳板，架於陡坡或水溝以便輸土。碋碡，平堤之具，掀，整坡用也。堤有螳腰、躺腰、窪腰、窪頂、獾洞、鼠穴、蟻穴、水溝、浪窩、穿井、過梁之病；工有戴帽、穿鞾、剃頭、修脚、假坯、切根、貼坡、種花、倒拉筐之弊。

繞越遠土

【河工要義】土塘距堤本近，因緣堤有積水坑塘，非繞越坑塘進土不可者，謂之繞越遠土。（三四頁，一五行）

片兒土〔一〕（步土）

【河工要義】凡土工以高一尺爲一步。（一層也）自底至頂，挑築一步，而後再挑上一步者，謂之片兒土〔二〕，亦曰步土。（二九頁，一行）

新築堤土

【河工要義】按〔三〕築新堤，或挑縷越諸堤，皆爲新築堤土。（二六頁，二行）

找坡土

【河工要義】坡脚不敷，找補還原之堤坡土也。（二六頁，七行）

後戧土

【河工要義】後戧土者，堤後加帮戧堤，或其大工背後之半戧土也。（二六頁，四行）

加倍土

【河工要義】加倍土者，因堤身單〔四〕薄，估做加高倍厚之土也。（二六頁，五行）

貫頂土

【河工要義】貫頂土者，堤頂殘缺，僅估加高貫平堤頂之土也。（二六頁，六行）

填補溝槽土

【河工要義】堤之頂部，因車輪人畜往來，日久漸成道溝，勢將接座雨水。或其風揭溝槽，凹凸不一，用土挑填，一律平整者，謂之填補溝槽土。（二六頁，一〇行）

〔一〕『土』，當作『方』。
〔二〕『土』，原書作『方』。
〔三〕『按』，原書作『接』。
〔四〕『單』，原書作『卑』。

填築浪窩、水溝、獾洞、鼠穴土

【河工要義】浪窩水溝，皆被雨水冲揭而〔一〕成。獾洞鼠穴，乃是獾鼠營巢所致，如不亟〔二〕修築，及其填築不實者，勢必冲斷堤身，或留日後漏子之病。古云：蟻〔三〕沉灶，可不慎歟？（三一頁，一行）

土牛土（土牛）

【河工要義】堤頂預儲土堆，以備大汛搶險之用者，謂之土牛土，遇内臨河流，外有積水坑塘，土路轉〔四〕遠者，更須多積土牛，免致臨時束手，其有堤頂窄小而附〔五〕於堤外帮者，謂之跨帮土牛。跨帮土牛，亦可當戧堤之用，洵一舉兩得之工也。（二七頁，三行）

【河工名謂】堤上堆積土堆，以備汛期單〔六〕，堤兩面無可取土時，搶險之用。（二二頁）

草牛

【行水金鑑】土堤幫護之法，須於冬春椿門〔七〕内貼蓆二層，緊捆草牛，挨蓆密護，毋使些須漏縫。然後實土堅夯，則是以椿蓆護草牛，以草牛護土。（卷六三，一六頁，一行）

鐵犀

【行水金鑑】馬家港，康熙三十五年，前河臣董安國以海口淤淺，開挖引河導黄由小（清）河口入海。至三十九年二月間，前河臣于成龍堵塞，是年六月間被水衝開，復築未就。今大通口深寬〔八〕，河流順軌，此港盡淤，四十年置鐵犀堤上以鎮之。（卷六〇，一六頁，一八行）

過梁

【安瀾紀要】其有堤之南坦洞穴，通至北坦者，名爲過梁。（卷上，二頁，二行）

【河工要義】過梁者，隔堤取土之謂也。隔堤取土，既上坡尤須下坡，故較扒坡爲更難。（三五頁，三行）

扒坡

【河工要義】堤高坡陡重担拾級而升，謂之扒坡。（三五頁，二行）

跳板

【河工要義】跳板非土工必須之具，然亦有不得不用之時，如築堤坡分太陡，土路有坑塘水溝者，又如挑河過水，必須倒塘挖取者，無不皆賴跳板以爲之用。（五八頁，一〇行）

〔一〕『而』，原書作『所』。
〔二〕原書『亟』下有『加』字。
〔三〕原書『蟻』下有『穴』字。
〔四〕『轉』，原書作『較』。
〔五〕原書『附』下有『儲』字。
〔六〕『單』，原書作『中』。
〔七〕『椿門』，當從原書作『門椿』。
〔八〕原書『深寬』二字互乙。

碌碡

【河器圖説】《正字通》：『碌碡，石輥也。平田器。一作礰碡。』北方多以石，南人用木，其制可長三尺，或木或石，刊木括之，中受簨軸，以利旋轉，農家藉畜力挽行，以人牽之，碾打田疇塊垡及碾捍場圃麥禾。工則用以平治堤頂，且豫備韋[一]纜打成，用以砑壓，可期軟熟。（卷二，八頁）（圖二〇）

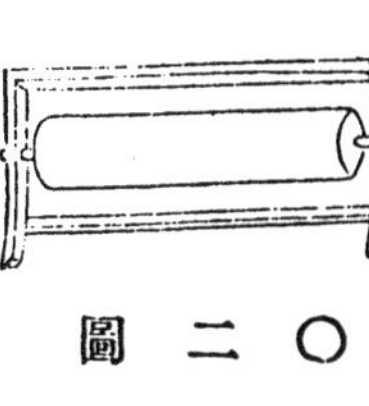

圖二〇

掀

【運工專刊】鐵製，長七寸寬五寸，裝以木柄，修做土坡收分鏟削，順勢整齊之用。（圖二一）

圖二一

蝗腰

【河工簡要】坦坡中間少土不豐滿也。又或舊堤日久，堤坡低窪之處，亦名蝗腰。恐致積水，堤身易塌，必補築豐滿爲要。（卷三，三〇頁，一三行）

【河工名謂】堤坡有低窪之處。（二六頁）

躺腰

【河工名謂】堤坡中間低窪，曰躺腰。（二六頁）

窪腰

【河工名謂】堤坡兩頭高仰，中間低落者，曰窪腰。堤坡兩頭伸長，中間縮短，亦曰窪腰。坡土不足，腰身窪下，謂[二]窪腰。（二六頁）

窪頂

【河工名謂】堤頂中間低窪，兩邊高仰，曰窪頂。（二六頁）

獾洞

【河工名謂】獾藏之洞。（二五頁）

鼠穴

【河工名謂】鼠穿之穴。（二五頁）

蟻穴

【河防権】止須掘一蟻穴，而數十丈立潰矣。（卷四，一三頁，一六行）

水溝

【河上語】陰雨冲刷狹長者，曰水溝。（二六頁，二行）

〔一〕『韋』，原書作『葦』。
〔二〕原書『謂』下有『之』字。

【河工名謂】堤身被雨水冲刷之坎潭，如溝形者。（二五頁）

浪窩

【河防輯要】如舊堤有洞穴，必要挖至盡頭，再行填墊，否則雨後即成浪窩。

【河上語】陰雨冲刷狹長者，曰水溝。或方或圓，曰浪窩。（二六頁，二行）

【河工名謂】堤身被雨冲刷之坎潭寬闊者。（二五頁）

井穿

【治河方略】有〔一〕堤頂雨過有窟，名〔二〕井穿。此係〔三〕築堤之時，或係冬月凍土，或係膠泥大塊，疊砌而成〔四〕，硪力未到，橋擱棚架於中，百虫乘虛攢〔五〕入，大雨一過，即成井穿。由頂及坡，深四五尺不等，始則大如箕塊〔六〕，填墊不得其法，愈冲愈大，竟有填土數方，不〔七〕得滿者，此臨河水漲時，多有冲決之害也。（卷一〇，一一頁，一六行）

過梁

【河工名謂】堤面穿口雖尚小，而窟内已透堤坦者，曰過梁。（二五頁）

戴帽（歪戴帽）

【河工簡要】報完工之日，頂高不足，再行加高，不能加坡，頂寬腰窄，加高舊堤，切宜防此戴帽之病。（卷三，三〇頁，一一行）

【河工要義】加倍堤工，其原堤係坦坡，或估量原堤過肥者，方夫希圖減工，偷將加倍〔八〕部分任意少挑，復於背面用新土掩蓋舊坡，以致下坦上陡者，即是戴帽之病，亦謂之歪帽也。（三三頁，五行）

【河防輯要】戴帽之處，俱係加高舊堤，如舊堤坦大，接高新土坦陡，上陡下坡，即是戴帽。

【河工名謂】（一）收方時土墩上加做一節，曰戴帽。（二）舊堤頂上加築新堤，舊坡平坦，新坡陡峻，名曰戴帽。（三）又填墊窩洞，新土高出堤面少許，亦曰戴帽。（二六頁）

穿韡

【河工名謂】築堤單加培堤脚者。（二六頁）

剃頭修脚

【河工要義】削去堤頂，刨鬆，見新，將土摟下，剷去堤

〔一〕『有』，原書作『凡』。
〔二〕原書『名』下有『曰』字。
〔三〕『係』，原書作『因』。
〔四〕『而成』，原書作『成堤』。
〔五〕『攢』，原書作『鑽』。
〔六〕『塊』，原書作『斗』。
〔七〕原書『不』前有『而』字。
〔八〕『倍』，原書作『培』。

根，假種草茅，收[一]土翻上，以爲帮培堤坡之用，一轉身即符所估丈尺，並無方坑，可驗者，即是剃頭修脚之病。（三三頁，七行）

【河工名謂】爲土夫作弊之法，削去堤頂，刨鬆，見新，將土摟下剷去堤根，將土翻上。（二一六頁）

假坯

【河工簡要】鋪土厚之二三尺，而工頭分作二三層也。欲捉此弊，視坯頭虛鬆之處，以尺桿插試之，其土深處即是假坯，令其挖爬攤薄，加硪堅築。（卷三，三〇頁，一八行）

【河工名謂】凡做土工內未加硪，希圖省工，其鬆土層謂之假坯。（二一六頁）

切根

【河工簡要】堤不足將堤根土挖深，加在堤頂以補尺寸也。欲察此弊，驗看時先看地形之老土，次看結草之根盤，如係新土並無草根，兼之外昂根深，即係盜竊根土之弊也。（卷三，三一頁，三行）

貼坡

【河工簡要】何爲貼坡，曰亦切剷堤根之弊。（卷三，三一頁，一一行）

種花

【河工簡要】切堤之時，隨即密佈草子，草芽一出，則可掩其新迹也。（卷三，三一頁，七行）

【河工名謂】切堤者，隨即散布草子，藉芽掩其新跡，名曰種花。（二一六頁）

倒拉筐

【河工簡要[二]】後退積土，不用脚踏，曰倒拉筐，其土較鬆。（二一六頁）

累工

工程困難虧累貽誤者，曰累工。工頭欠款逃走，曰逃鋪。土夫有要約而停工者，曰扣筐。

【河工名謂】工程困難，虧累貽誤者，曰累工。（二一六頁）

逃鋪

【河工名瀾[三]】工頭賠累虧負[四]相率逃走者，曰逃鋪。（二一六頁）

扣筐

【河工名謂】土夫有所要求相約停工之謂也。（二一六頁）

[一]『收』，原書作『將』。
[二]『河工簡要』，當作『河工名謂』。
[三]『瀾』，當作『謂』。
[四]『負』，原書作『欠』。

硪，石巖也，堤土鬆疏，舉石套打，通稱曰行地硪，亦曰夯，用力以舉物也。硪有鐵硪、木硪、石硪，又有雲硪、椿硪、坯硪、地硪、墩子硪、燈台硪、面硪、片硪之稱，大抵無甚差别，各以其輕重形式之不同，而異其名耳。硪筋、硪辮均以檾麻爲之，緊紮於硪肘；鷄心，用以提硪高舉者也。

硪

【安瀾紀要】堤之堅實，全仗硪工。硪有腰子硪、燈台硪、片子硪等名。三者之中，以腰子硪爲最。每〔一〕硪頭，應重七十餘觔，方爲合式，燈台硪、片子硪皆短辮子，宜於坦坡，而不宜於平地。（上卷，四一頁，一五行）

夯硪法

【治河方略】取起之土，挑至堤基之上，用大石夯硪之。或以七寸爲〔二〕層，夯至五寸；或以一尺爲層，夯至七寸，然後再上一層土，如前法夯之。務要自底至頂，層層夯硪打就，則徹底堅固，可免滲水之患。（卷一，二五頁，七行）

行地硪（行硪）

【安瀾紀要】堤既估定，應看墑基，如係老土，只須重硪套打一遍，謂之行地硪。（卷上，四〇頁，一一行）

【河工名謂】鋪土用硪打之，謂之行硪。（一三頁）

夯

【安瀾紀要】大夯之法，以整木爲之。四人相對，共持一夯，緩步細築，五夯相繼，魚貫而行。那〔三〕步僅可愈寸，舉夯必使過眉，凡打夯既宜堅實，又忌用力過猛者，即不宜硪而宜夯。（上卷，六三頁）

【河工要義】夯以堅實粗重之段木爲之，長四尺左右，圓徑約六寸。上下一律，夯面須平，距夯面二尺以上，四方穿孔，中留圓木柱四根，大過〔四〕盈握，以便把持。凡硪力未經〔五〕達到之處，如填補水溝、浪窩、獾洞、鼠穴，及土櫃兩邊靠占處所，皆用夯築以代硪工。（六〇頁，七行）

鐵硪

【河工要義】鐵硪亦有三〔六〕種，其一小而厚者，椿硪用之；其一大而薄者，土硪用之，亦即前項之片硪也，不過較形薄小耳。（五九頁，一四行）

〔一〕原書「每」下有「架」字。
〔二〕原書「爲」下有「一」字。
〔三〕「那」，原書作「挪」。
〔四〕「過」，原書作「適」。
〔五〕「經」，原書作「能」。
〔六〕「三」，原書作「二」。

木硪

【河工要義】木硪者，圓木之板硪也，圓徑一尺二寸，厚一寸五分。硪面須平，硪頂鑿軸槽，每〔一〕設木柄，長約七八尺，亦專備邊硪之用。木硪所以補片硪之不足，築子堰用最爲相宜。（六〇頁，三行）

石硪

【河工要義】石硪以堅硬石料〔二〕爲之，分爲坯硪、面硪二種〔三〕。【又】此椿硪也，做法與〔四〕土硪不同，椿硪鑿成鼓形，高約一尺二寸，圓徑一尺。（七二頁，一二行）

雲硪

【河器圖説】雲硪，鑿石如礎，厚數寸，比地硪輕一二十觔。打硪兵夫用十二名，硪肘雞腿俱用雜木，全恃盤硪之人盤得結實。硪夫在梯上用以簽椿，椿高則硪自空而下，有似雲落，故曰雲。《説文》：『硪，石巖也。』《玉篇》：『砐硪，山高貌。』郭璞《江賦》：『陽侯砐硪以岸起。』注：『砐硪，搖動貌。』未聞用以名物，顧硪夫舉硪，聲揚則力齊，其音類莪，稱之曰硪，殆亦〔五〕書所謂諧聲者乎。（卷三，一四頁）（圖二二二）

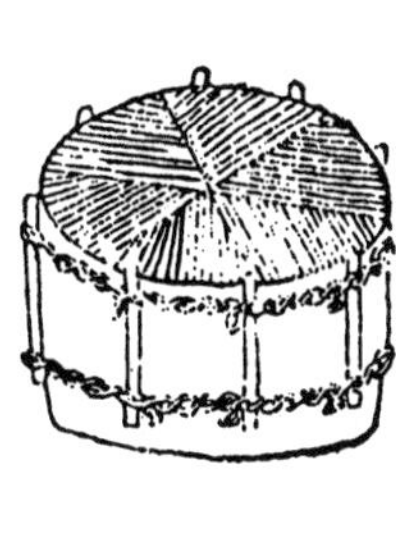

圖二二二

椿硪

【運工專刊】用堅石造之，大者約重一百八十斤至二百斤，小者八十斤至一百二十斤；直徑大者一尺至一尺一寸，小者八寸至九寸不等；高一尺至一尺三寸。四週近平面二寸半處鑿成半寸深半寸徑小圓洞，上下二十個（即上十個下十個），上下圓洞成直綫，以便裝硪肘之用。硪肘用堅質木製之。徑半寸，長約一尺三寸至一尺六寸，視硪之高矮定之，其兩端依據石硪上鑿成圓之間距，裝以二寸餘之横短木二支。一端即裝入石硪小圓洞之内，外以蔴繩分上下二處密密纏緊，不使與石硪有滑脱之虞；然後以一寸徑長約五尺之粗蔴繩，由硪肘之下端穿套至上端，拴牢其另一端爲硪夫執手處。每架硪夫十人至十六人不等，視硪之輕重而定硪夫之多寡也。（圖説均載附圖四十四）（圖二二三）

〔一〕『每』，原書作『安』。
〔二〕『石料』，原書作『青石』。
〔三〕『分爲坯硪、面硪二種』，原書無。
〔四〕原書『與』下有『上』字。
〔五〕『亦』，原書作『六』。

圖二三

坯硪

【河工要義】亦曰花盆硪，係專備打胚之用，且形如[一]花盆，故名之也。用時先以蔴筋束腰，（無硪肘雞心等件）纏紮繞[二]實，亦曰硪筋。將硪辮（長約八尺）八根分（擋）〔檔〕挽結。（五九頁，四行）

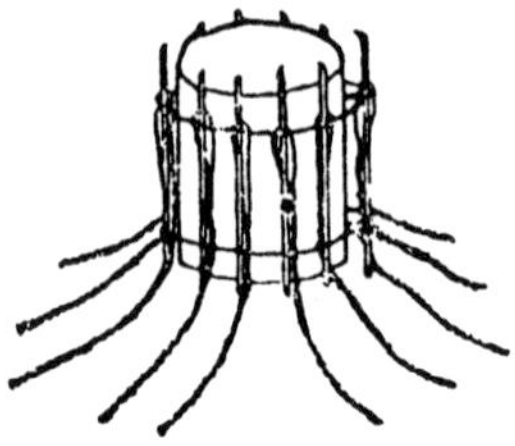

地硪

【運工專刊】堅石造之，重約六十斤至一百斤；直徑一尺一寸至一尺二寸；厚五寸。其背面有石奶五個，名硪奶。近平面二寸處四週鑿成半寸深半寸徑之小圓洞十個，裝硪肘。硪肘係用堅質木製之圓形，長約二寸，裝入石硪圓洞之內。硪肘之外，以小蔴繩扣扣之，外加篾箍，亦名硪箍。即使蔴扣不至滑脱硪肘之用，以長約七尺徑一寸之粗蔴緶套入扣內拴緊，以硪夫十人使用之。（附圖四十四）（圖二四）

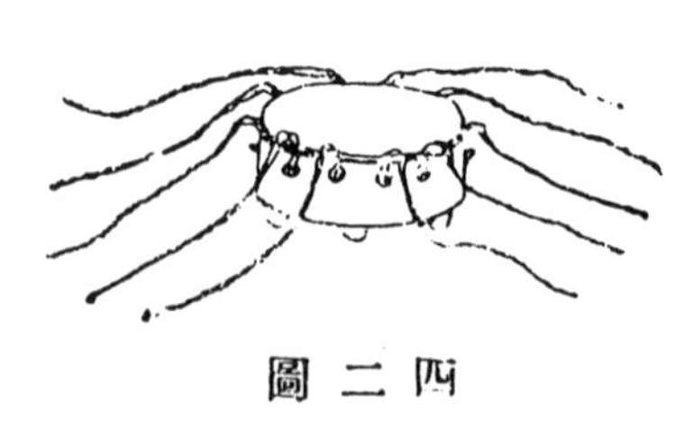

圖二四

墩子硪（束腰硪）（乳硪）

【河器圖説】隄之堅實，全仗硪工。硪有墩子、束腰、燈臺、片子等名。四者之中，墩子、束腰宜於平地，燈臺、片子宜於坦坡，統名地硪，比雲硪重一二三十觔，下大上小。凡築堤壩，用以連環套打，始得保錐。又墩硪最重，豫東用之；燈硪稍輕，淮徐用之；腰硪、片硪最輕，高寶用之，蓋因人力不齊之故。至辮分長短，以長爲佳，緣長則抛得起，落得重，自增堅固。再硪夫必須對手，倘十人中有一二不合式者，其築打之跡，形如馬蹄，硪雖重亦不保錐。辦工者當隨時更換

[一]『如』，原書作『似』。
[二]『繞』，原書作『結』。

也。至硪質，向專用石，近更有[一]鐵鑄者，取其沈重。又硪面平整，近有於一面鑿起，狀如五乳者，俗曰乳硪。名甚不雅，然用以敲拍灰礓，尤爲得力。（卷二，五頁）（圖二五）

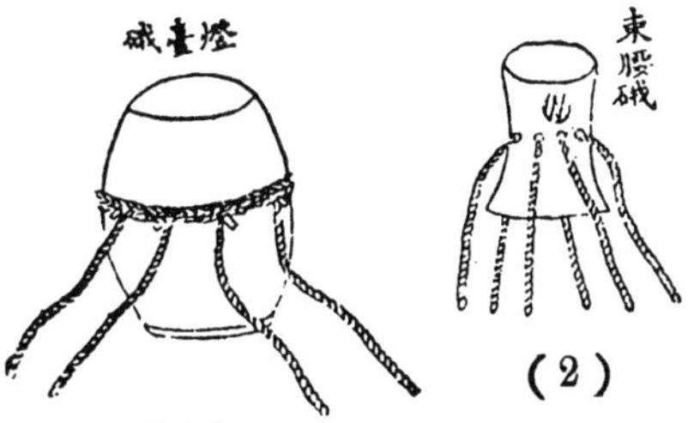

燈臺硪 (1)　束股硪 (2)

圖二五

燈臺硪

【河器圖説】見『墩子硪』。（圖二六）

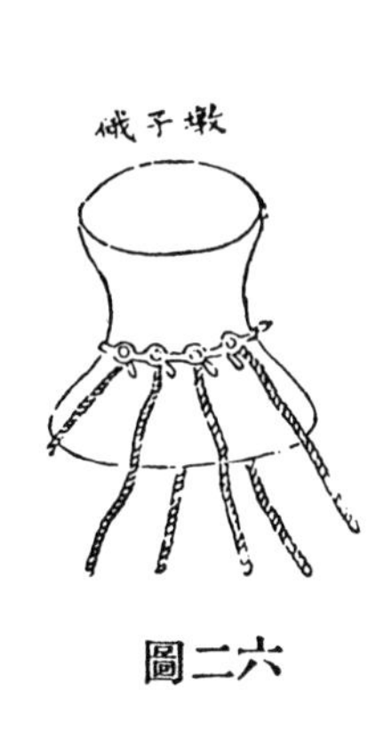

圖二六

面硪

【河工要義】亦曰片硪，打頂硪與邊硪用之，以其形似花鼓而扁（亦有非花鼓式者），故曰片硪[二]。硪邊鑿成辮鼻八個，以爲套辮之用。（五九頁，八行）

片硪

【河器圖説】見『墩子硪』。（圖二七）

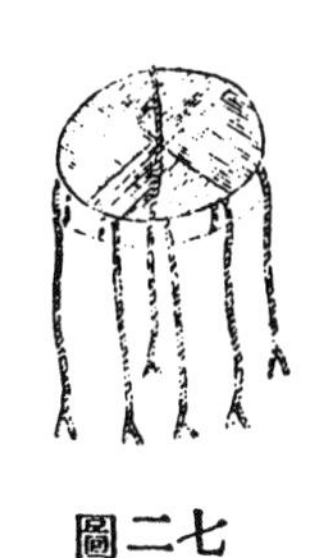

圖二七

硪觔[三]

【河工要義】以檾蔴一股搯長三十餘丈，從一頭起手緊紮于硪肘雞心之上者，謂之硪筋。（七三頁，五行）

硪辮

【河工要義】以檾蔴打成髮辮之狀，故曰硪辮。（七三頁，八行）

硪肘雞心

【河工要義】皆以榆木爲之，每硪一盤，用硪肘十個，雞心二十個。硪肘需視硪身之鼓肚如何，以定灣勢之大小，肘身圓徑約一寸餘，長與石硪頂底相平；雞心（硪）每肘上下二個，一頭鑲在硪肘與硪眼相對

[一]原書『有』下有『以』字。
[二]原書『片硪』下有『片硪亦大小不一，約在二百斤左右』。
[三]『觔』，當作『筋』。

地步，一頭鑲入硪眼中，長以硪肘與石硪相距二寸爲限，上下四週用硪筋紮緊，勿稍摇動[一]，方能應用。（七三頁，一行）

築堤土層，名坯頭，舊例每堆土六寸，謂之一皮。加土一坯，行硪一次，曰層土層硪。一處用硪連打二下，曰套二硪。每處連打兩硪，曰壓花套打。虚土打成實土尺寸，曰硪分。立樁誌以示硪工應打之尺寸，曰紗帽頭。虚土經脚踏後如同硪分，曰脚踏硪，亦曰自然硪。堤坡上行硪，曰打邊硪。

坯頭

【河工名謂】築堤按層填土，每一層曰一坯，坯頭即土層之厚薄也。（二二三頁）

一皮

【河防志】舊例每堆土六寸，謂之一皮。夯杵三遍，以期其堅實； 行硪一遍，以期其平整。虚土一尺，夯硪成堤，僅有六七寸不等，層層夯硪，故堅固而經久。（卷七，二頁，一二行）

層土層硪

【河工名謂】加土一坯，行硪一次。（二二三頁）

套二硪

【河工名謂】一處用硪連行二下，曰套二硪。（二二三頁）

壓花套打

【河工名謂】夯硪時，每處連打兩硪，依次連環。（二四頁）

硪分

【河工要義】虚土一尺，用硪打成六七八寸，其折實之二三四寸，即是硪分。（三二頁，一行）

紗帽頭

【安瀾紀要】每坯以虚土一尺三寸，打成一尺爲式[二]。每分工上，多截木段，以一尺三寸爲誌，俗名謂之紗帽頭，每坯土照此高厚，以憑一律。（卷上，四〇頁，一六行）

脚踏硪（自然硪）

【河工要義】踏[三]着土頭，望前進土，將土踏實，如同硪分，故曰脚踏硪，亦曰自然硪。（三二頁，五行）

打邊硪

【河工簡要】築堤臨邊，一層上下均停如登基様，以便用硪層築至頂，再將堤邊平剷，用硪堅築則實矣。（卷三，三〇頁，六行）

【河工名謂】堤坡上用硪夯打之謂也。（二二三頁）

[一] 原書「摇動」二字互乙。
[二] 此處省略「如估高一丈五尺之堤，令其十五坯做，儻少有不敷」。
[三] 「踏」，原書作「踹」。

夯，有石夯木夯。杵，亦夯之屬，不過形體較小，便於運用，有圓石杵、方石杵。

石夯（鐵石杆）

【河工要義】築堤每土一層，用石夯密築一遍，次石杵，次鐵石杵，各築一遍。

木夯

【河器圖說】《字彙》：『夯，人用力以堅舉物。』《禪林室〔一〕訓》：『累及他人擔夯。』亦用力之意。凡築室必先平地，平地必須加夯，大者長七八尺，圍二三尺不等，不獨河工然也。工次木夯長四尺，旁鑿〔二〕兩鼻，俾有把握，填墊獾洞、鼠穴，以夯夯之，可期堅實。又有四鼻者，形製較秀，俗名美人夯，然其用實遜耳。（卷二，六頁）（圖二八）

圖二八

杵

【河工要義】杵爲樁搗所用之杵子，故曰杵，亦夯屬焉。不過較形輕巧，且便利耳。長與夯等，其形亦圓，而粗則不及，持手處細僅盈把。用時或二人合力拱舉；或一人獨把持〔三〕皆可。其有夯力不能到者，杵力無不到者。（六〇頁，一一行）

圓石杵

【河器圖說】《易·繫詞》：『斷木爲杵。』《字林》：『直舂曰擣。』古人擣衣，兩女對立，各執一杵，如舂米然。其韻丁東相答，後人易作臥杵，對坐擣之，取其便也。今工上有石杵，仍存古制，琢石爲首，受以丁字木柄，俾一人可舉，兩手可按，用以平治土堤、填築浪窩甚便。至圓方則各肖其形，各適其用耳。（卷二，七頁）（圖二九）

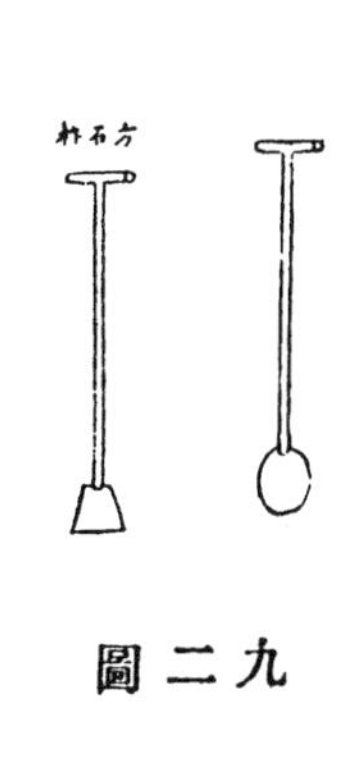

圖二九

方石杵

【河器圖說】見『圓石杵』。

夯杵

【河工要義】凡硪工未能達到之處，用木杵夯築堅實，以代硪工之用者，謂之夯杵。（三二頁，三行）

簽試硪工堅實與否，曰試錐。用鐵錐、鐵錐筒或用

〔一〕『室』，原書作『寶』。

〔二〕『鑿』，原書作『鑿』。

〔三〕『獨把持』，原書作『單獨抱持』。

扦，打入土中拔起後灌水，一灌即瀉，名曰漏錐；　半存半瀉，名曰滲口；　存而不瀉，名曰飽錐。惟有包邊硪者，行硪時，只打兩邊，任憑簽試坦錐，不見滲漏。

試錐

【河工名謂】驗收堤工之法，堤工完成用鐵錐打，然後拔出，以水灌入孔內，試探是否保錐者，曰試錐。（二五頁）

鐵錐（鐵椎）

【河器圖説】《説文》：　『錐，鋭器也。』《釋名》：　『錐，利也。』《淮南子·兵略訓》：　『疾如錐矢。』鐵錐長四尺，上豐下尖，其豐處上有鐵耳，便於手握。修築堤工，每坯試錐一遍，用木榔頭下打，拔起後，以水壺貯水灌入錐孔，不漏爲度。若一灌即瀉，名曰漏錐；　半存半瀉，名曰滲口；　存而不瀉，名曰飽錐。然試錐須直下，不可摇動，則〔一〕土填孔中，試亦不准。且聞驗收土工時，有用鮎魚涎、榆樹皮汁和水灌下，即可飽錐者。（卷二，三頁）（圖三〇）

圖三〇

【河工要義】鐵椎狀如火柱，或即以火柱充用亦可，專備驗收土堤探試硪工是否堅實之用。探試之法，用鐵椎簽堤成孔，灌水孔中，水不滲漏足徵堅實，其滲漏者，便是虚鬆。（五六頁，一四行）

鐵錐筒

【河防権】驗堤之法，用鐵錐筒探之，或間一掘試。（卷四，三三頁，九行）

扦

【運工專刊】鐵質，長三尺至一丈不等，方形，上有鐵環，以便驗扦時，用扛穿入起抬用。（附圖四十四）

漏錐

【河器圖説】見『鐵錐』。

滲口

【河器圖説】見『鐵錐』。

飽錐（保錐）

【河器圖説】見『鐵錐』。

【河工名謂】堤工堅實試錐不漏，曰保錐，又名保簽。（二五頁）

包邊硪

【安瀾紀要】何謂包邊硪，如堤底寬十五丈，坡係五收，行硪時兩邊只打丈許，任憑簽試坦錐，不見滲漏。故收工時，坦錐飽滿後，尚應用鍬於坦上刨挖一坑，

〔一〕原書『則』上有『摇動』。

用簽橫打，如有此病，立見滲漏。（卷上，四三頁，四行）

【河工名謂】堤内土層疎鬆，將坦坡夯打堅實，以便驗收包錐者，曰包邊硪。（二五頁）

行硪時，土工與硪工，未有適當分配，而致累工者，有地間硪間之稱。

地間

【河防輯要】如土塘夫多而硪少，必致無地上土，俗名地間。

【河工名謂】築堤之時，土工多，硪工少，以致無堆土之地，謂之地間。（二三頁）

硪間

【河防輯要】土塘夫少而硪多，又無地可打，俗名硪間。

【河工名謂】築堤時，硪工多，土工少，以致無地可打者，曰硪間。（二三頁）

第三節　修守

修，修治也，守，守防也，二者爲護堤之要事，不可偏重，亦不可偏廢。修有歲修、搶修，統稱二修。歲修多以冬勘春修，又曰春工；　搶修則臨時搶築之謂，又曰搶險。守有官守、民守，統稱二守；　又有官民分守、官民合守、官督民守、民助官守。防分晝防、夜防、風防、雨防，總稱四防。

修守

【河工要義】修，修治也，守，防守也。修守云者，治其病而防其患之謂也。有修斯守，有守始修，守因修生，修從守出，不可偏重，不可偏廢。（八一頁，六行）

歲修

【治河方略】按工程每年必須修理者，名爲歲修工程。（卷三，二二頁，八行）

【安瀾紀要】河務工程，宜未雨綢繆，不可臨渴掘井。人皆知伏秋大汛，爲修防緊要之時，殊不知[一]冬勘春修，一交桃汛後，土埽各工皆竣，料物儲備充足，入伏經秋，從容坐守，不過遇險即搶而已。若冬勘未週，春秋不足，伏汛之水已漲，廂築之工未竣，事事措手不及，鮮有不潰敗者，縱幸而搶救保全，然所費錢糧，已不[二]幾倍倍矣。（上卷，五頁，一三行）

【河工要義】歲修者，以歲定額款，興修[三]通常工程之

[一] 原書「知」下有「全在」。
[二] 原書「不」下有「知」。
[三] 原書無「修」字。

謂也。（八八頁，一〇行）

【河防輯要】即前云大工，保固一年之後，題請歸于歲修者，乃歲歲修防之謂，不拘段落銀數，不與搶修用。

【河工名謂】以歲定額款興修，通常之修築也。（二一四頁）

搶修

【河工要義】搶修者，工須急辦，于搶修項下提出經費，無論何時，趕緊照[一]修之要工也。（八九頁，一五行）

【河工名謂】河工出險，趕緊搶築之謂也。（二一四頁）

二修

【河工名謂】堤之歲修及搶修，謂之二修。（二一四頁）

春工

【河工名謂】春季動工之修築。又歲修，多在春季，與『歲修』同。（二一四頁）

搶險

【河工名謂】與『搶修』同。（二一四頁）

官守

【河防榷】官守，黃河盛漲，管河官一人，不能週巡兩岸，須添委一協守職官分岸巡督。每堤三里原設鋪一座，每鋪夫三十名，計每夫分守堤一十八丈。宜責每夫二名，共一段，于隄面之上，共搭一窩鋪，仍置燈籠一個，遇夜在彼棲止，以便傳遞，更牌巡視，仍畫地分委省義[二]官，日則督夫修鋪[三]，夜則稽查更牌。管河官并協守職官，時常催督巡視，庶防守無頃刻懈弛，而堤岸可保無事。（卷四，四三頁，一三行）

【永定河志】官守，平時各汛設官一員，堤工埽壩督兵修理，是其專責。伏秋大汛，復委試用官一員，或千把外委住堤協防險工，臨時添派河道率廳員都司等皆移駐堤上，上下往來，晝則督率修補，夜則稽查玩忽。（卷九，四頁，七行）

【河工要義】官守者，別所分汛，設官駐守，修治防護，是其專責。（九一頁，一五行）

【河工名謂】由政府設官駐守，負修治防護之責，曰官守。（二一四頁）

民守

【河防榷】民守每鋪三里雖已派夫三十名，足以修守，恐各夫調用無常，仍須預備。宜照往年舊規，於附近臨堤鄉村，每鋪各添派鄉夫十名，水發上堤，與同鋪夫併力協守；水落即省放回家，量時去留，不妨農業。不惟堤岸有賴，而附近[四]之民，亦得各保田廬

[一]『照』，原書作『興』。
[二]原書『義』下有『省』字。
[三]『鋪』，原書作『補』。
[四]『近』，原書作『堤』。

矣。（參看『官守』）（卷四，四四頁，五行）

【永定河志】民守各汛堤工長短不一，每二里五分安設鋪房一所，鋪兵一名，長年住守。汛期每里添設民鋪一間，撥附堤十里村莊民夫五名，日夜修守，民夫五日更番替换。復檄沿河州縣另撥民夫或百名或五十名预備，一有緊要，立傳上堤協力搶護。（卷九，四頁，一一行）

【河工要義】民守者，雖有河務，未設專官，守汛之責，屬之[一]居民。（九二頁，五行）

【河工名謂】修治防護之責，由居民擔負，曰民守。（二四頁）

二守

【治河方略】遵四防二守之制。（卷二，二二頁，一六行）【又】二守曰官、民。（卷一〇，二四頁，一〇行）

【山東運河備覽】守有二，曰官守，曰民守。（卷一二，二三頁，二〇行）

【河工要義】二守者，官守、民守也。（九一頁，四行）

【河工名謂】堤歸官守及民守，謂之二守。（二四頁）

官民分守

【河工要義】官民分守者，官民各有責成，如《河防一覽》所謂二守之法，亦即今日之黄河之守汛法也。（九三頁，八行）

官督民守

【河工要義】官督民守者，未設河員，防守之責在于附近居民，而由地方官監督辦理者也。（九四頁，七行）

官民合守

【河工要義】官民合守者，官民合力守汛，如《永定河志》所謂二守之法也。（九二頁，一三行）

民助官守

【河工要義】民助官守者，原設河員，專任修守，及至汛期，復由沿河居民幫同防護險要者也。（九四頁，一〇行）

防

【新治河】順水性以閑其溢，謂之防。

晝防

【河防榷】每日捲土牛小掃[二]聽用，但有刷損者，隨刷隨補，毋使崩卸。少暇則督令取土堆積堤上，若子隄然，以備不時之需，是爲晝防。（卷四，四二頁，六行）

【永定河志】凡汛期兵夫齊集堤上，每日往來巡查，遇有急溜埽灣，水近隄根或稍汕刷，及時修補，埽鑲或有蟄陷，及時搶護。少暇則督令積土堤上，如遇陰雨則填墊浪窩水溝。（卷九，三頁，三行）

[一]『之』，原書作『於』。

[二]『掃』，原書作『埽』。

【新治河】伏秋大汛，黃河盛漲，水力最大，爲時亦久，急溜埽灣處所，未負刷損，若不及時補修，則埽灣之堤，愈漸坍塌，必致潰決。宜督守堤勇夫，每日捲小埽聽用，但有損刷者，隨刷隨補，勿使崩決。平工險工，防查一律詳慎，勿稍疏懈，少暇則責令取土，堆積堤上，或築土牛，或倍子堰，以備不時之需，是爲晝防。

夜防

【河防榷】守堤人夫，每遇水發之時，修補刷損隄工，盡日無暇，夜則勞倦，未免熟睡，若不設法巡視，恐寅夜無防，未免失事。須置立五更牌面，分發南北兩岸協守官，并管工委官照更挨發各鋪傳遞。如天字鋪發一更牌，至二更時，前牌未到，日字鋪即差人挨查，係何鋪稽遲，即時拿究，餘鋪倣此，堤岸不斷人行，庶可無誤巡守，是爲夜防。（卷四，四二頁，一〇行）

【永定河志】守堤兵夫每遇水發，防守堤上，搶護埽壩，晝[一]日無暇，夜則勞倦貪睡，亦情所難免，若不設法巡警，恐寅夜失事。各汛要工既皆有燈籠、火把照看，並置更簽官兵[二]照更挨發各鋪傳遞（或即用循環簽），如起更時發一更，簽由某號至某號若干里，按一時行二十里，分別限二更幾點遞回，二更至五更皆如之。並差人挨查，如有稽遲，即將該鋪兵究治，堤岸徹夜不斷人行，庶無貽誤。（卷九，三頁，六行）

【新治河】水漲之時，恐寅夜無防，最易誤事，須多置五更牌面，分發南北兩岸，協守官員，按更挨發，各鋪傳遞。如天字鋪一更牌，至二更則應到日字鋪，屆時不到，即差人挨查，係何鋪稽留遲遞，即時嚴究示衆，以昭懲戒，而壯効尤。餘鋪仿此，則往來堤上，夜不斷人，庶可無誤巡守，是爲夜防。

雨防

【河防榷】守堤人夫，每遇驟雨淋漓，若無雨具，必難存立，未免各投人家，或鋪舍暫避，堤岸倘有刷埽，何人看視。須督各鋪夫役，每名各置斗笠簑衣，遇有大雨，各夫穿帶，堤面擺立，時時巡視，乃無疎虞，是爲雨防。（卷四，四三頁，七行）

【永定河志】伏秋大汛，多有驟雨，兵夫每人鋪舍躲避，堤埽無人看守，倘有刷蟄，貽誤匪淺。督率汛弁各備雨具往來巡查，並先期置備簑笠，分給兵夫。（卷九，四頁，一行）

【新治河】伏秋水漲之際，正大雨時行之期，必須督令勇夫，各帶斗笠簑衣，以時巡視，以免防務疏忽，是爲雨防。

[一]『晝』，原書作『盡』。
[二]『兵』，原書作『弁』。

風防（防風埽）

【河防榷】水發之時，多有大風猛浪，堤岸難免撞損，若不防之於微，久則坍薄潰決矣。須督堤夫綑扎龍尾小埽，擺列堤面，如遇風浪大作，將前埽用繩樁懸繫附隄，水面縱有風浪，隨起隨落，足以護衛，是爲風防。（卷四，四三頁，二行）

【永定河志】汛期水發，每有大風，間時於要工督率兵夫捆紮龍尾小埽，擺列堤旁，如遇風浪大作，用繩橛懸於附隄水面，隨水起落，足以護堤。（卷九，三頁，一四行）

【河工簡要】河水長發，聚積窪下，風浪鼓盪，汕刷堤根，層土層柴，顛倒釘廂，以資防禦，名曰防風〔一〕。（卷三，三頁，七行）

【新治河】黄河兩岸，障堤蜿蜒曲折，最爲兜風。伏秋大風，水發之時，多有大風作虐，鼓浪掀濤，堤岸難免撞損，須督守堤勇夫，綑紮龍尾小埽，擺列堤面。如遇風浪大作，將埽用繩樁懸繫於附堤水面，縱有風浪，隨起隨落，可以護衛堤崖，免致撞損，是爲風防。

【河工要義】河水漫灘積聚沿堤窪下處所，因無出路，勢成積水坑塘，若遇風浪鼓盪，汕刷堤根，在所不免。於是層土層料，顛倒鑲成〔二〕小埽，以禦風浪者，曰防風埽。（一三頁，五行）

四防

【治河方略】四防者，曰晝防，曰夜防，曰風防，曰雨防，乃黄河大發時防堤之決者也〔三〕。（卷八，四〇頁，四行）

【治河方略】遵四防二守之制。（卷二，二二頁，一六行）【又】四防曰風、雨、晝、夜。（卷一〇，二四頁，九行）

【山東運河備覽】防有四，曰晝防，曰夜防，曰風防，曰雨防。（卷一二，二三頁，二一行）

古時歲虞河決，有司常以孟秋預調塞治之物，即所謂籌辦春料是也。凡伐蘆荻，曰芟，伐山木榆柳枝葉，曰梢，均爲未雨綢繆之計。栽柳護堤，自明陳瑄始，其後又有劉天和創六柳之説，六柳者，臥柳、低柳、編柳、深柳、漫柳、高柳是也。此外尚有長柳、直柳、掛柳、夢柳之稱。

春料

【宋史·河渠志】舊制歲虞河決，有司常以孟秋預調塞治之物，稍芟薪柴楗橛竹石茭索竹索凡千餘萬，謂

〔一〕『層土層柴……名曰防風』，原書作『層柴顛倒，丁鑲以資禦止，名曰防風埽』。

〔二〕『成』，原書作『做』。

〔三〕『乃黄河大發時防堤之決者也』，原書無。

之春料。（卷九一，二三三頁，三格，三九行）

芟梢

【宋史·河渠志】詔下瀕河諸州所産之地，何〔一〕遣使會河渠官吏乘農隙率丁夫〔二〕收采備用，凡伐蘆荻謂之芟，伐山木榆柳〔三〕謂之梢。（卷九一，二三三頁，三格，四一行）

【河防志】同上。（卷一一，六一頁，七行）

栽柳護堤

【河防一覽】臥柳長柳，須相間〔四〕栽植，臥柳須用核桃大者〔五〕，去隄址約二三尺密栽，俾枝葉搪禦風浪。（卷四，九頁，七行）

六柳説

【行水金鑑】凡沿河種柳，自明平江伯陳瑄始也。其根株足以護堤身，枝條足以供捲埽，清陰足以蔭縴夫，柳之功大矣。然種柳不得其法，則護堤之用微，且成活者少，惟明臣劉天和六柳説曲盡其妙，嘗倣其法行之。（卷五一，九頁，二行）

六柳

【治河方略】沿河種柳，自明平江伯陳瑄始〔六〕，其根株足護身〔七〕，枝條足以供捲掃〔八〕，清陰足以蔭縴夫。（卷一，一七頁，一三行）

【治河方略】明臣劉天和六柳説： 曰臥柳、低柳、編柳、深柳、漫柳、高柳。（卷一，一八頁至二一頁）

【山東運河備覽】復施植柳六法，以護堤岸； 曰臥柳，低柳，編柳，深柳，漫柳，高柳。

臥柳

【問水集】凡春初築堤，每用土一層，即於堤内外邊箱，各横鋪如錢如指柳枝一層，每一小尺許一枝，毋太稀疎； 土内横鋪二小尺許〔九〕，土面止留二小寸，毋過長，自堤根直栽至頂，不許間少。（卷一，一九頁，一三行）

【治河方略】臥柳須用核桃大者入地二尺餘，大〔一〇〕地二三寸許，柳去隄址約二三尺密栽，俾枝葉搪禦風浪〔一一〕。 宜於冬春之交，津液含蓄之時栽之，仍須常時澆灌。（卷八，三九頁，四行）

〔一〕『何』，原書作『仍』。
〔二〕原書『丁夫』下有『水工』。
〔三〕原書『柳』下有『枝葉』。
〔四〕『間』，原書作『兼』。
〔五〕原書『者』下尚有文字。
〔六〕原書『始』下有『也』字。
〔七〕『足護身』，原書作『足以護堤身』。
〔八〕『掃』，原書作『埽』。
〔九〕『許』，原書作『餘』。
〔一〇〕『大』，原書作『出』。
〔一一〕原書『風浪』下尚有文字，此處略去。

低柳

【治河方略】凡舊堤及新堤不係栽柳時〔一〕修築者，俱候春初用小引橛，於堤內外，自根至頂，俱栽柳如錢如指大者。縱橫各一小尺許，即栽一株，亦入土二小尺許，土面亦衹留二小寸。（卷一，一八頁，一五行）

編柳（活龍尾埽）

【問水集】凡近河數里緊要去處，不分新舊堤岸俱用柳椿如雞子大，四小尺長者，用引橛先從堤根密栽一層，六七寸一株，入土三小尺，土面留一尺許，却將小柳臥栽一層，亦內留二尺，外留二三寸，却用柳條將〔二〕椿編高五寸，如編籬法，內用土築實平滿，又臥栽小柳一層，又用柳條編高五寸，於內用土築實平滿，如此二次，即與先栽一尺柳椿平矣。却於上退四五寸，仍用引橛，密栽柳椿一層，亦栽臥柳編柳各二次，亦用土築實平滿，如堤高一丈，則依此栽十層即平矣。以上三法（臥、低、編），皆專爲固護堤岸，蓋將來內則根株固結，外則枝葉綢繆，名爲活龍尾埽，雖風浪衝激，可保無虞，而枝梢之利，不〔三〕可勝用矣。（卷一，二〇頁，六行）

深柳

【問水集】臥柳，低柳，編柳〔四〕，衹〔五〕可護堤，以防漲溢之水。如倒岸衝堤之水亦難矣，凡近河及河勢將衝之處，堤岸雖遠，俱直急栽深柳，將所造〔六〕四尺，長八尺，長一丈二尺數等鐵裹引橛，自短而長，以次釘穴俾深。然後將勁直帶梢柳枝，如根梢俱大者爲上，否則不拘大小，惟取長直，但下如雞子上儘枝梢長如式者，皆可用。連皮栽入，即用稀泥灌滿穴道，毋令動搖，上儘枝梢或數枝全留，切不可單少，其出土長短不拘，然亦須二三尺以上。每縱橫五尺，即栽一株，仍視河勢緩急，多栽則十餘層，少則四五層。數年之後，下頭根株固結，入土愈深；上則枝梢長茂，將來河水衝嚙，亦可障禦。或因之外編巨柳長椿，內實梢草埽土，不猶愈於臨水下埽，以繩繫岸，以椿釘土，隨下隨衝，勞費無極者乎！（卷一，二一頁，一行）

漫柳（隨河柳）（檉柳）

【問水集】凡坡水漫流之處，難以築堤，惟沿河兩岸，密栽低小檉柳數十層，俗名隨河柳。不畏渰沒，每遇水漲既退，則泥沙委積，即可高尺餘或數寸許，隨淤

〔一〕原書『時』下有『月』字。
〔二〕原書『將』下有『柳』字。
〔三〕原書『不』上有『亦』字。
〔四〕『臥柳，低柳，編柳』，原書作『前三法』。
〔五〕『衹』，原書作『止』。
〔六〕原書『造』下有『長』字。

隨漲[一]，每年數次，數年之後，不假人力，自成巨堤矣。如沿河居民，各分地界，築一二尺餘縷水小堤，上栽檉柳，尤易積淤增高。一二年間，堤內即可種麥，用功甚省，而爲効甚大，黃河用之。（卷一，二二頁，一行）

高柳

【問水集】照常於堤內外用高大柳椿，成行栽植，不可稀少，黃河用之，運河則於堤面栽植，以便牽挽。（卷一，二二頁，六行）

長柳

【河防一覽】栽柳護堤，臥柳長柳，須相間栽植。長柳須距堤五六尺許，既可捍水，且每歲有大枝可供埽料。（卷四，九頁，七行）

直柳

【河工要義】直柳以徑二寸長八九尺之柳杆作秧，間五尺或一丈，刨坑深三尺栽種，仍高地平五六尺者爲直柳。（一六七頁，一行）

掛柳

【河防輯要】凡切坡之處，溜必埽崖，不無刷卸，必須於沿邊密釘樁橛，掛柳，使溜不致刷卸崖岸，名曰掛柳。

蔞柳

【河工要義】蔞柳以徑二寸，長三尺餘之柳[二]棍作秧，距離五尺或一丈，挖坑深三尺，通身埋入地中，微令露尖者爲蔞柳。（一六七頁，三行）

堤成之後，多播茭葦草子，或笆根草，以禦風浪雨淋之侵蝕，亦爲護堤要策。又有坦坡護堤法，更屬萬全。如堤土鬆散，可將堤面包淤一層。石版、木岸、木龍、馬牙樁均爲護堤之具，堤成後，每于二三月間，签堤一次，細心察看。兜網、撓鈎、獾刺、獾杳、獾兜、拶子、鼠弓、弓籤、地弓、狐櫃爲常備之具，用以捕捉鼠獾狐兔之類也。

茭葦草子

【河防一覽】茭葦草子用以護堤[三]，凡堤臨水者，須於堤下密栽蘆葦或茭草，俱掘連根叢株。先用引橛錐窟[四]栽入，計闊丈許，將來衍茁愈蕃，即有風不能鼓浪，此護臨水堤之要法也。堤根至面[五]再採草子，乘春初稍鋤，覆密種，俟其暢茂，雖雨淋不能刷土矣。（卷一，九頁，一四行）

笆根草

【新治河】堤面種笆根草，其護堤之能力，不遜於包

[一]『漲』，原書作『長』。
[二]原書『之柳』二字互乙。
[三]『茭葦草子用以護堤』，原書作『栽茭葦草子護堤』。
[四]原書『窟』下有『深數尺，然後』。
[五]『面』，原書作『而』。

淤。取笆根草或其子，於堤唇並兩坦坡，分行佈種，一雨之後，立即蔓延萌生，不過一年，滿堤青草，將堤土笆護結實，雨冲不動，自免水溝浪窩之病。（上編，卷一，八頁，四行）

護堤要策

【治河方略】堤面及根，必多種葺[一]草以蓋之，蓋草能柔水性，能庇雨淋，而坦坡又可殺風浪之怒也。（卷一，一五頁，一二行）【又】堤成之後，必密栽柳葦茭草，使其茁衍叢布，根株糾結，則雖遇颱風大作，總不能鼓浪衝突，此護堤之最要策也。（卷一，一六頁，二行）【又】凡堤臨水者，須於堤下密栽蘆葦或茭草，俱掘連根叢株，先用引橛[二]窟深數尺，然後栽入，計闊丈許。將來衍茁愈蕃，即有風不能鼓浪，此護臨水堤之要法也。（卷八，三九頁，一二行）

坦坡護堤法

【治河方略】於堤外近河[三]之處，挑土幫築坦坡，每堤高一尺應築坦坡五丈，若高一尺之堤，則坦坡應寬五丈，即有舊存樁木，亦聽其埋於土內，以爲堤骨，一律夯杵，務期堅實。密佈草根草子於其上，俟其茂長則土益堅，堤土既堅，而又有草護，再行設兵看守之法。禁止民人之採樵[四]，驅逐牛畜之蹂躪，則坦坡自可永[五]無虞，則[六]本堤更屬萬全矣。（卷五，二四頁，一二行）【又】如堤根見被水佔，必須先於離堤一丈之處，密下排樁，多用板纜，以蒲包包土填出水面。然後用蘆柴綑一尺高小埽鑲邊，內加散土，用力夯杵，築成坦坡。（卷五，二五頁，一〇行）

包淤

【新治河】堤面包淤，所以護堤也。按堤防水溝浪窩之病源，由沙堤土質鬆散所致，若不設法固護外層，每經一雨，即勞工費款，鬆散如故，與其填墊頻煩，不如用包淤一法，尚可以資抵護堤坦，包淤愈厚愈好。（上編，卷一，七頁，一一行）

【河工名謂】沙土堤面，以膠泥包之，曰包淤。（二五頁）

石版

【行水金鑑】以右諫議大夫知延州，州有東西兩城夾河，秋夏水溢，岸輒圮，役費不可勝紀，若谷乃制石版爲岸，押以巨木後，雖暴水不復壞。（卷一〇，一三頁，七行）

[一]『葺』，原書作『茸』。
[二]原書『橛』下有『錐』字。
[三]『河』，原書作『湖』。
[四]原書『採樵』二字互乙。
[五]原書『永』下有『久』字。
[六]原書『則』上有『坦坡無虞』。

木龍

【宋史・河渠志】宋真宗天禧五年正月，知滑州陳堯佐以西北水壞，城無外禦，築大堤，又疊埽於城北，護州中居民，復就鑿橫木，下繫木數條，置水旁以護岸，謂之木龍。（行水金鑑〔一〕卷一〇，一一頁，二〇行）

【宋史・陳堯傳〔二〕】天禧中河決，起知滑州，造木龍以殺水勢。

【迴瀾紀要】金門收窄，下水迴溜必大，應做護崖埽段，所費不貲，擬以木龍代之，較爲省便。當以開工前發辦龍木亶繩〔三〕運至工次，並預備鈎手，一見迴溜，即趕紮木龍，以資挑護，合龍後仍可折〔四〕起，以爲他用。（上卷，二六頁，六行）

（木龍全式）

【河器圖説】木龍之制，剏始于宋。按史載，天禧五年，陳堯佐知滑州，以西北水壞，城無外禦，築堤疊埽於城北，復就鑿橫木，下垂木數條，置水旁以護岸，謂之木龍。元賈魯塞北河口亦曾用之，而其法初不傳。乾隆〔五〕五〔六〕年，陶莊漲灘，屢挑不成，河督高文定〔七〕用州同李昞所獻圖議，照法試辦，立見成效。（卷三，三〇頁）（圖三一）

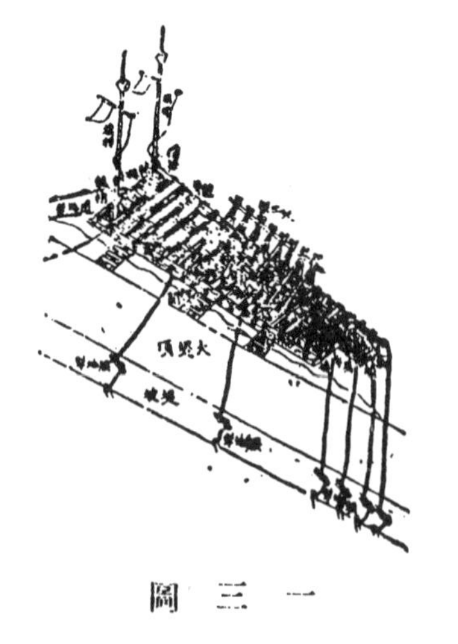

圖三一

（木龍四五層龍骨邊骨）

【河器圖説】木龍第四、五層，曰龍骨，用木六根；曰邊骨，用木四根。均疊作雙層，每節長一丈五尺，計七節，餘稍連搭次節，先用連半竹纜雙行箍紮，又用纜兜紮下層橫梁，其龍身寬長者，另用行江大竹纜絞三爲一，名曰『龍筋』，每層各加二條，節節扣緊。其第六、七層仍用橫梁，紮法如二、三層，一曰『齊梁』。（卷三，三二頁）（圖三二）

〔一〕《行水金鑑》引《宋史・河渠志》。
〔二〕『陳堯傳』，當作『陳堯佐傳』。
〔三〕『亶繩』，原書作『簟纜』。
〔四〕『折』，原書作『拆』。
〔五〕原書『乾隆』上有『我朝』。
〔六〕『五』，原書作『初』。
〔七〕原書『高文定』下有『公』字。

（木龍一層編底二三層横梁）

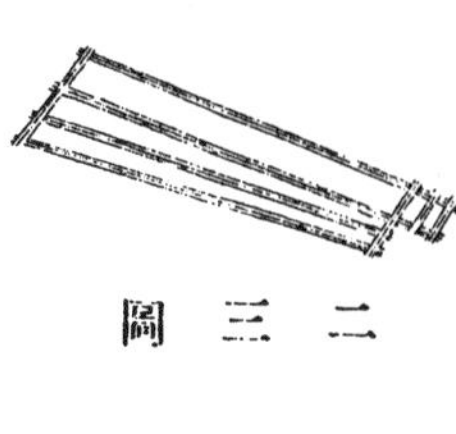

圖三二

【河器圖説】木龍每長十丈，寬一丈，九層，得單長九十丈。其第一層密編縱木爲底，每排用木十三根，共計七排，仍於中心酌留空檔，以備插障安戧。其二三層横梁，每道用木六根，雙層疊紮，均用犂頭、竹纜兜綰，下層縱木每間二根交股順去疊回編紮。陞關爲坌龍挑溜之用。其第一層亦用縱木，每排十根，計五排。二層亦用横梁，每道用木二段。三、四層各用直梁一，長十丈，亦用七節。扣纜等法則，均如紮龍式樣，惟祇四層耳。（卷三，三一頁）（圖三二）

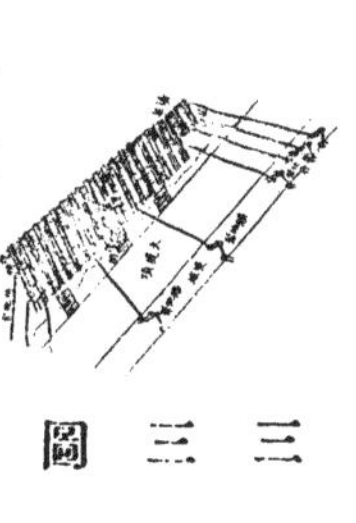

圖三三

（木龍八層縱木九層面梁）

【河器圖説】木龍第八層如第一層，用縱木，惟在水面不比底層搪溜，祇須六排。第九層仍用横梁，一名『面梁』，每道用木二根，以操把竹纜貫過八層縱木，扣住六七層横梁，交股編紮。（卷三，三三頁）（圖三四）

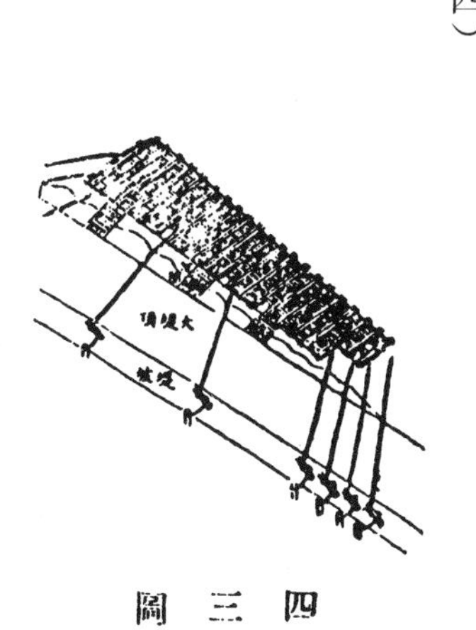

圖三四

木岸

【行水金鑑】惟忠爲溜都大管勾汴河使建議，以爲渠有廣狹，若水闊而行緩，則沙伏而不利於舟，請即其廣處束以木岸，三司以爲不便，後卒用其議。（卷一二，一一頁，一二行）

馬牙樁

【河防志】堤岸堅固者，莫如石工，次則密釘馬牙樁。（卷四，六五頁，八行）

簽堤

【安瀾紀要】簽堤之法，用尖頭細鐵簽，長三尺，上按丁字木柄，如柱杖式，先量明兩坦丈尺，每人攤管三尺。如坦長三丈，派兵夫十名，按坦之長短，排定人數，開定名單，自上而下，按次持簽排立，挪步前行。每挪一步，即立住，中、左、右，用力簽試三簽，再向前進，步步皆然，堤脣派識字〔一〕一名，力作兵夫七八名，各持鐵簽木郎〔二〕頭隨行，遇有簽出洞穴，該兵〔三〕報明，一面令字識在某兵夫名下登記，一面令力作兵夫刨挖，尋其根底，……所簽洞穴，小則立飭力作兵夫，隨時填墊堅實；大者報之廳營，速即親臨查看估計土方。專派委員，務須潑水行硪，認真填築，使土性新舊交粘，外掛淤土，高出老堤〔四〕二三寸，以便復行簽試，兼免雨淋〔五〕之患。（卷上，一頁，一〇行）

【新治河】簽堤之法，用尖端細鐵簽長三尺，上端橫安丁字木柄，如柱杖式〔六〕，簽入堤身，探試漏洞。河工向章，先修後守。修者，春融工作之謂也。簽堤即工作之一，太早則凍土未解，簽不能下；太晚則伏秋將至，搶辦不遑。最好舉辦於二三月間，時日閑暇，既免勇夫坐耗餘〔七〕糧，又除却許多隱患。堤防隱患者〔八〕，如獾洞鼠穴、井穿過梁，或埽根朽爛、冰雪凍裂、凍裂膠塊、擠擱架棚等是也。如簽堤由頂而腰而底，步土必詳，由中而左而右，尺地不息〔九〕，果然照此辦到，大風〔一〇〕自不致有滲漏。河工語云：平工怕出險，險工怕變形，凡平工失事，皆滲漏爲害，使平工而不出漏，工斯平矣。（上編，卷一，二頁，二行）

堤簽

【河工要義】簽查堤身之洞穴用之，以尖形〔一一〕細鐵簽，長三尺，上按丁字木柄，如柱杖式。（七五頁，九行）

大簽子

【河器圖說】大簽子，長四五尺，有類鐵錐而木其柄。每年春初百蟲起蟄之候，例飭文武汛員督率兵夫持簽簽堤，用木郎〔一二〕頭打簽，深入土中。一經簽出洞穴，即以鐵杴刨挖到底，將逞木工〔一三〕抬土填築〔一四〕，用木夯築實。（卷一，二九頁）

兜（鋼）〔網〕

【新治河】兜獾之網也，舊堤如有獾洞，或嗾獵犬捕捉之；或蒙兜網掩取之；或搗辣椒陳棉於洞口，燃

〔一〕原書『識字』二字互乙。
〔二〕『木郎』，原書作『榔』。
〔三〕原書『兵』下有『夫』字。
〔四〕『堤』，原書作『坦』。
〔五〕『雨淋』，原書作『雨水冲淋』。
〔六〕原書『柱杖式』下尚有文字，此處略去。
〔七〕『餘』，原書作『錢』。
〔八〕原書『患者』下尚有文字，此處略去。
〔九〕『息』，原書作『忽』。
〔一〇〕『風』，原書作『汛』。
〔一一〕『形』，原書作『頭』。
〔一二〕『郎』，原書作『榔』。
〔一三〕『逞木工』，原書作『筐杠』。
〔一四〕『築』，原書作『蟄』。

烟薰斃之。（上编，卷一，六頁，八行）

撓鈎

【河工名謂】鐵製木柄直刃向上，倒鈎雙垂，用以捕獾之具。（四九頁）（圖三五之1）

獾刺

【河工名謂】鍛鐵爲之，其鋒銛利，上有倒鈎捕獾之具。（五〇頁）（圖三五之2）

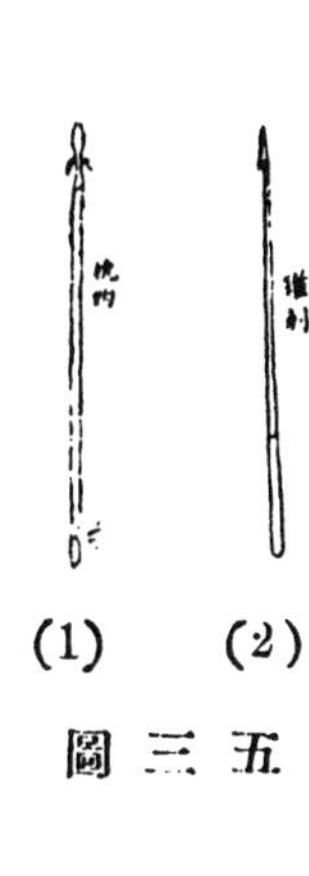

(1) (2)

圖三五

獾沓

【河工名謂】以蔴結成，捕獾用具，有長柄者。（五〇頁）（圖三六之1）

獾兜

【河工名謂】以蔴結成，捕獾用具，無[一]柄者。（五〇頁）（圖三六之2）

拶子

【河工名謂】結繩爲網，兜口穿活繩，易於收束，張於獾洞門口，用以捕獾。（四九頁）（圖三六之3）

(1) (2) (3)

圖三六

弓籤

【河工要義】堤身除獾洞鼠穴外，其害堤者，尚有地羊之一種，地羊收捕甚難，非暗設地弓鐵籤，不能捕獲。（七五頁，一四行）

鼠弓

【河器圖説】地鼠，俗名『地羊』，即《本草》『鼴鼠』，《爾

[一]原書『無』上有『而』字。

雅》『鼢鼠』,《廣雅》『犂鼠』。堤頂兩坦均有之,但見虚土一堆,即此物也。爪銛牙利,頃刻穿堤,搜捕不可不浄。捕法: 趁其迎風開洞,用竹籤(一)鐵箭射之,百不失一。鼠弓有三: 一用鐵簽,張於弓上,簽直如矢; 一用挑棍撐桿,懸以消息; 又一式三叉其木,墜以巨磚,懸以消息,若今之取禽獸用罟獲然。(卷一,三〇頁)(圖三七)

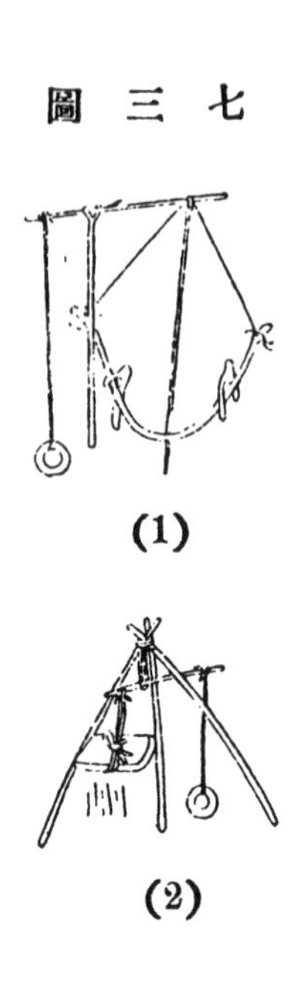
(1)
(2)
圖三七

地弓

【新治河】地弓者,用以捕堤内之鼠也,鼠性畏風,捕鼠之法,迎風開門,洞口暗置地弓、鐵簽,鼠惡風吹,出穴覆口,觸落地弓,鐵簽齊下,百不一失。(上編,卷一,六頁,七行)

狐櫃

【河器圖説】狐櫃,以木製成,形如畫箱,前以挑棍挑起閘板,以撐桿撐起挑棍,後懸繩於挑棍而繫消息於櫃中,以鷄肉爲餌,安置近栅欄處,使狐見而入櫃攫取。一碰消息,則繩鬆棍仰,桿落板下,而狐無可逃遁矣。《韻會》: 『獲,捕獸機檻。』《名物攷》: 『罟獲以扃羂禽獸,今之扣網也。』櫃亦類是。(卷一,三三頁)(圖三八)

圖三八

守險宜審辨情勢,擇要防範,古分堤防向著與退背各三等,所以分别工情之險夷也。險有明險、暗險。無險之處,稱平工,又曰背工。頂冲工段稱險要。險工對岸必有淤灘,曰險灘。水溝、龍溝、浪窩(見前)皆雨水冲激而成,堤工之顯患。走漏、穿井、過梁、蟻穴、鼠穴、獾洞(均見前),皆堤工隱患。苟有不察,每致失事。大河灣曲直冲堤埽,潛流掏於下,致成塌崖,或曰塌岸。汛期水漲,堤岸不及修守,每多潰毁於水溜之冲刷,小則形成串溝,大則慘遭決口。堤決之後,水流衝刷,背河堤根成爲跌塘,如不填實,遺患無已。

守險之方

【治河方略】守險之方有三,一曰埽,二曰逼水壩,三曰引河,三者之用,各有其宜。(卷一,一〇頁,一四

(一)『籤』,原書作『弓』。

行）【又】埽之用，是固其城垣者也； 壩之用，捍之於郊外者也； 引河之用，援師近至〔一〕，閒〔二〕營而延敵者也； 夫吾〔三〕修其內備，而外又或捍之或延之，敵雖强，未有不遷怒而改圖者，保險之法盡矣。（卷一，一一頁，一三行）

向著與退背

【河防通議】凡埽去水近者，謂之向著； 去水遠者，謂之退背。（卷上，二一頁，二行）【又】又逐埽所積薪芻之備，其退無涯，不可按驗。 由是緣而侵盜，鮮能禁止，退背之地，任其朽敗，至於向著之處，居常闕乏，危急之際，無所救護，坐待潰決。（卷上，七頁，一〇行）

【行水金鑑】又言，北京南樂館陶宗城，魏縣淺口永濟延安鎮，瀛州景城鎮，在大河兩隄之間，乞相度遷於隄外，於是用其說，分立東西兩堤，五十九埽，定三等向著河勢： 正著隄身爲第一； 河勢順流隄下，爲第二； 河離隄一里內爲第三。 退背亦三等： 隄去河最遠爲第一，次遠爲第二，次近一里以上爲第三。 立之在熙甯初已主立隄，今竟行其言。（卷一二，九頁，三行）

明險

【治河方略】凡水侵〔四〕堤坡，及埽工平墊〔五〕，謂之明險，即次險也。 若相機加廂〔六〕，估做防風，小心保護，俱可抵禦。（卷一〇，一七頁，一行）

暗險

【治河方略】埽下有貓洞，串水內匯，埽基〔七〕依然平整，堤坡均〔八〕已裂縫〔九〕，漸至樁尖外奔水底，抽撤物料，崖塌埽爬，蟄陷無已。 倘〔一〇〕內有獾窟，或凍土大塊，玲瓏其間，平〔一一〕遇異漲之水，冲刷坦坡，引水內注，以致堤身串水〔一二〕，謂之暗險，即首險也。（卷一〇，一七頁，三行）

平工

【新治河】平工者，非險工也，距河當遠必無埽壩。 河工語云： 平工怕出漏，險工怕變形。

〔一〕『近至』，當從原書作『至近』。
〔二〕『閒』，原書作『開』。
〔三〕原書『吾』下有『既』字。
〔四〕『侵』，原書作『浸』。
〔五〕『墊』，原書作『蟄』。
〔六〕『廂』，原書作『鑲』。
〔七〕『基』，原書作『坮』。
〔八〕『均』，原書作『先』。
〔九〕原書『裂縫』二字互乙。
〔一〇〕『倘』，原書作『及堤』。
〔一一〕『平』，原書作『卒』。
〔一二〕『以致堤身串水』，原書作『致成漏洞』。

背工

【河工名謂】工段去河遠者。（三頁）

【河工名謂】同『平工』。（三頁）

險要

【河工簡要】大溜冲泓緊逼埽根，環曲盤折，頂冲工段是也。（卷三，一六頁，二行）

險灘

【安瀾紀要】險工對岸，必有淤灘，南灘則北險，北灘則南險，前人有於對岸挑引河之法，可以化險爲平。（上卷，一〇頁）[一]

水溝

【河上語】陰雨冲狹長者，曰水溝，或方或圓，曰浪窩。（二六頁，二行）

龍溝

【安瀾紀要】即陽溝也，與陰溝異。欲治水溝浪窩，除包淤種草外，尚有挑挖龍溝一法，或隔三十丈一條，五十丈一條，總視堤頂寬窄定之。將堤坦上挑一龍溝，深四尺，口寬一丈，圓底，尋老淤土填淤溝内，用水和匀，俟將乾時，用夯套打，只許七寸一坯，打成五寸四坯，共墊二尺，留二尺過水，堤唇須做水盆一個，如簸箕形，宜細心盤築，如辦不如法，則于淤沙相接處，水溜勢必激岩，冲激更大，爲害愈巨[二]。（卷上，四頁，四行）

塌崖

【河工簡要】大河環曲盤者，直冲堤埽[三]灘崖土岸，萬難抵禦，河溜刷潰崖岸，根脚不能站立，以致易於坍塌。（卷三，一六頁，三行）

塌岸

【河防志】埽岸故朽，潛流漱其下，謂之塌岸。（卷一一，六〇頁，一六行）

串溝

【新治河】伏秋大汛，分段守堤，須先查看近堤有無土塘串溝，有無積水窪塘。

决口

【河防輯要】决口者，堤工開口，大溜横冲直撞，其害於郡邑蒼生也廣矣。

【河工名謂】凡堤埝被水冲刷，漫溢或被人盗掘，因而横斷過溜者，曰决口。（二九頁）

跌塘

【河工名謂】决口時冲刷之水塘。（二九頁）

凡大溜傍崖侵堤，將陡岸切成坦坡，使無崖可坍，名

[一] 該頁無此文，出處待考。
[二] 『水溜勢必……爲害愈巨』，原書作『漫水所冲更大』。
[三] 『直冲堤埽』，原書作『直撞無埽』。

曰切坡。或挖引河，以殺其勢，曰分勢。臨險挑槽下埽，曰摟崖。頂冲處建埽壩，曰敵冲。風浪囓堤，掛大樹於旁，以破其怒，曰龍尾。或用碎石坦坡尤爲得力，攔截串溝有用木筏。彌塞走漏用鐵鍋或塞絮。大汛時欲慎密巡防，周流無滯，用循環籤。員工梭巡堤埽，每因堡房遥遠，搭蓆擡棚以棲身。

切坡

【河工簡要】切坡有二，其一因溜刷堤根，即將堤頂剷削斜坡，然後下救護，又如岸本壁立，當大汛之際，慮水長發，先切斜坡挂柳防之。（卷三，三三頁，一五行）

【河防輯要】用其將陡岸切坡，與水面相平，使其無崖岸可塌，名曰切坡。

分勢

【河防輯要】如險工之處，逼臨大海，欲分其勢以殺之，必挖引河以導之使去。

摟崖

【新治河】險已至，在水中挑槽下埽，名曰摟崖，是搶險也，其工較難。（上編，卷二，二一頁，六行）

【河防輯要】險已至，而挑槽下埽者，是謂摟崖。

敵冲

【河防輯要】凡河勢頂冲之處，或建埽壩，或沿邊順下魚鱗埽個，敵其直冲崖岸。

龍尾

【河防榷】龍尾者，伐大樹連稍繫之隄旁，險水上下以破嚙岸浪者也。（卷五，八頁，一五行）

碎石坦坡

【河防輯要】碎石坦坡最能禦浪，黄河險工之處，多用碎石拋砌坦坡，較埽工爲得力，而用於湖堤，尤爲相宜。湖水遇風，浪力極猛，非土埽等工所能抵禦，惟碎石坦坡，任浪上下，既不與水争力，且能經風浪淘刷。此等工程，須先收土堤，築做堅實，以坡還坡，收分宜大，四五收最好，極小非三收不可。

木筏

【河器圖説】《方言》：『附[一]謂之簰，謂[二]之筏。』註：『木曰簰，竹曰筏，小筏曰泭。』木筏又名木把，係紮杉木製成。凡工頭工尾淤閉舊埽，忽爾溜到，築壩不及，趕紮木筏擋護，後安撑木，以順溜勢。再漫水上灘，攔截串溝，及壩工搜後，均可用此。其紮法，每筏用木一二層，長寬丈尺隨時酌定。（卷三，二一九頁）（圖三九）

[一]『附』，原書作『泭』。
[二]原書『謂』上有『簰』字。

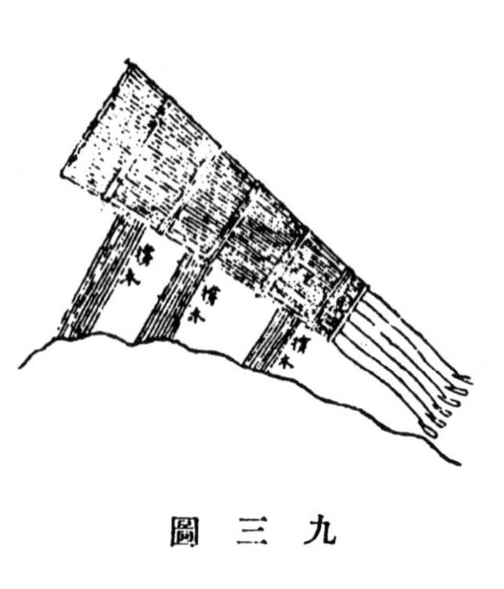

圖九三

鐵鍋

【河器圖説】《玉篇》：『鍋，盛膏器。』揚子《方言》：『自關而西，盛膏者乃謂之鍋。』《正字通》：『俗謂釜爲鍋。』凡遇河水盛漲漫灘時，大堤裏面忽然遇[一]水，名曰『走漏』。見有旋窩處，即是進水之穴。蛟龍畏鐵，急以鐵鍋扣住，然後壅土，自可化險爲平。（卷三，二四頁）

覆鍋

【河防輯要】堤岸走漏，則堤外如碗口大小，水性下旋之處，即係漏孔，令人下水，大者用鍋覆之即止矣，是爲覆鍋。

塞絮

【河防輯要】堤岸走漏之處，如鍋盆不敷，必以棉被衣襖之類塞之，則水即止，名曰塞絮。

循環籤

【河器圖説】《韻會》：『循環，謂旋繞往來。』《史記·高帝紀》：『三王之道若循環，終而復始。』籤之命名本此，與大小牌籤不同：彼或標記段落，或載明高低丈尺，或做工時分別首尾，其用止而不遷；兹則環往循返，循去環來，梭織巡防，用加慎密，有週流無滯之義焉。（卷一，一七頁）

蓆擡棚

【河器圖説】《集韻》：『圓[二]屋爲庵。』擡棚，以蓆象其形而製之。風雨廂工堡房距遠，藉此聊以藏身，且廂埽迄無定所，擡棚可以隨行。（卷一，一九頁）

凌汛時，若遇嚴寒凍結，凡河身淺窄灣面之處，冰凌擁積，愈積愈厚，河流竟有涓滴，不能下注，水壅則高，或數時之間，陡長數尺，一時不及提防。每致失事，故當凌汛必須多備打凌器具，如打凌槌、鐵穿、凌鉤，載於打凌船上，一見冰凌擁擠，即行從速打開。搪凌把、逼凌椿均爲保護埽眉之物。

打凌槌

【河器圖説】《禮記》：『孟冬之月，水始冰，地始凍。』

[一]『遇』，原書作『過』。
[二]『圓』，原書作『園』。

『仲冬之月，冰益壯。』『季冬，冰方盛。水澤腹堅，命取冰。』冰以入，則鑿冰宜急矣。錘〔一〕有石，有鐵，有木，《説文》：『硾，擣也。』《吕氏春秋》：『磓〔二〕之以石。』此石錘〔三〕也。（卷三，二一頁）（圖四〇）

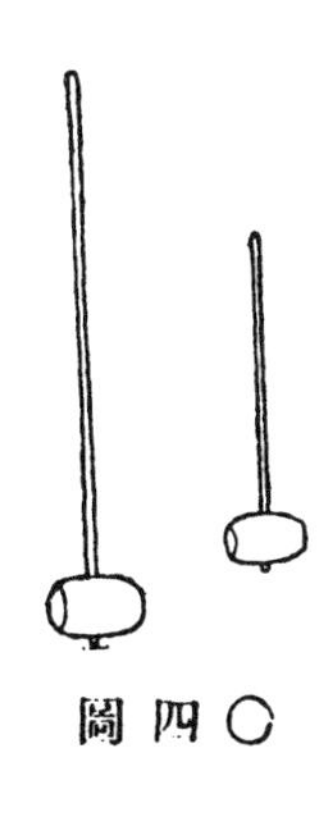

圖四〇

鐵穿（三稜钁）

【河器圖説】鐵穿，其式兩頭似戈而寬大，中挺圓，又有橛形三稜，均以堅木爲柄，約長七八尺至一丈，此船上用者。《易》曰：『履霜堅冰，陰始凝也。馴致其道，至堅冰也。』河水溜不易結冰，冰至於堅，非鑿不可，苟器勿備，其何以『鑿冰冲冲』？故錘〔四〕之外，又有穿。《説文》：『穿，通也，穴也。』夫然後冰可以斬矣。（卷三，二二頁）（圖四一）

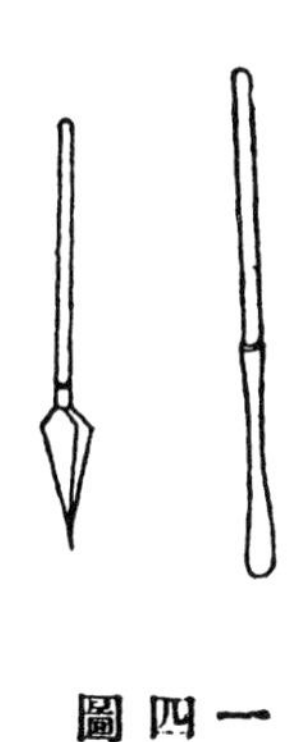

圖四一

凌鈎

【河工要義】防護凌汛之器具也，凌鈎極似船上所用之挽子，以鐵做成尖錐式，旁出一鈎，置柄長約一丈，以便推挽冰凌之用，小榔頭錘小而柄長，打凌用之。（七六頁，四行）

打凌船

【河器圖説】《風俗通》：『積冰曰凌，冰壯曰凍，水流曰澌，冰解曰泮。』河工向有凌汛，當冬至前後，天氣偶和，凌塊滿河，擦損埽眉，其病尚小。所慮忽值嚴寒，凡河身淺窄灣曲之處，冰凌壅積，竟至河流滑〔五〕不能下注，水勢陡長，急須搶築，而地凍堅實，簣土難求，每易失事。所以必須多備打凌器具，分撥兵夫，駕淺如艑艖、小如船艋之舟，各攜器具，上下往來以鑿之。但船底須用竹片釘滿，凌遇竹格格不相入，庶幾可以禦之。（卷三，二三頁）

搪凌把

【河工名謂】用細木二三根，紮把排於捲溜埽前，以避凌撞埽眉者。（五二頁）（圖四二）

〔一〕『錘』，原書作『鎚』。
〔二〕『磓』，原書作『硾』。
〔三〕『錘』，原書作『鎚』。
〔四〕『錘』，原書作『鎚』。
〔五〕『滑』，原書作『涓滴』。

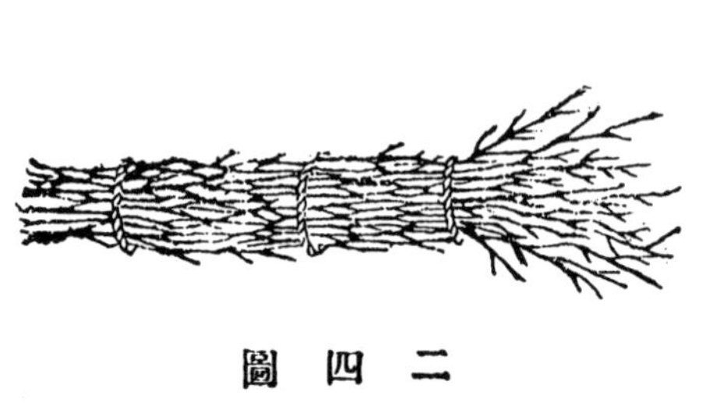

圖四二

逼凌椿

【安瀾紀要】逼凌椿，乃凌汛時各工用以護埽者。欲求得力，須將椿木下節先用蘇纜連環扣住，然後入水，再于上埽生根，用細鐵練扣緊，庶冰凌過時，不致擠動。但凌鋒最利，力能截木，所有椿木，必用連青毛竹片子迎水一面密釘，庶無截斷之患，總須入水二尺出水三尺。（卷上，二九頁，七行）（圖四二）

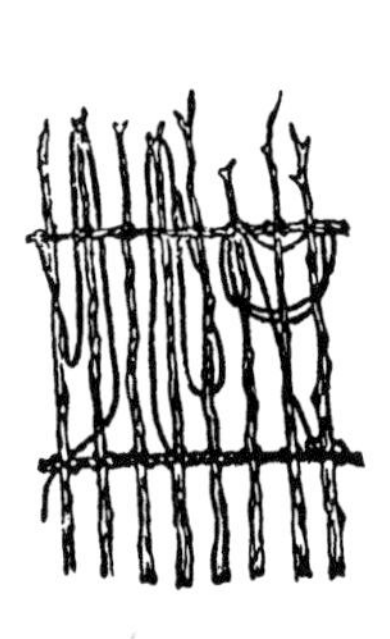

圖四三

【河器圖說】上游冰凌隨水而下，謂之淌凌，或大如山，或小如盤。其性甚利，埽段過[一]之易[二]擦損，則用丈餘長木排護，迎溜埽前，名逼凌椿。又用細木二三根紮把排於拖溜埽前，名搪凌把。倘逢溜急凌大之時，椿把以外仍如[三]大柳樹，以粗鐵鍊繫之，名臥椿，以作重衛。惟是排椿之法，必須先將下節用蘇纜連環扣住，然後入水，再於上埽生根用細鍊扣緊，庶幾冰凌過時不致擠動，仍擦埽眉。又凌鋒利，能截木，必用毛竹片或鐵片密釘椿木迎水一面，方免此患。（卷三，二〇頁）

【河工要義】凍河以前，所有險工埽段，皆須護以逼凌長椿。其椿身迎水一面，或釘竹片或裹鐵皮，免被臨鋒截斷，空檔中加以柳綑，以禦淌凌擦損埽段之用[四]。（七五頁，一四行）

【河防輯要】舊法防守凌汛，多用逼凌椿以護埽者。蓋霜降後，水落歸槽，各工埽段高出水面五六七八尺不等，所掛椿木，高二三丈不等。掛椿之法，於迎溜埽段前眉，隔五尺空檔，釘橛一根，用繩繫住椿尾，將椿頭侵入水內。

[一]『過』，原書作『遇』。
[二]原書『易』上有『最』字。
[三]『如』，原書作『加』。
[四]『用』，原書作『害』。

第五章　疏濬

第一節　通論

疏，通也，亦曰道，水流不暢，掘去壅塞之謂也，又曰掘地。瀹與疏同義。去河之淤，因而深之，曰濬，又曰濬淤。切去灘嘴，曰切嘴。（栽）〔裁〕[一]灘取直，曰裁灘，挑河必先治水，有大挑小挑之分。專挑者，專挑河床之土，如將此土築堤，曰兼築。挑河宜先挖龍溝，使水有去路，龍溝又名子河。挑河土分七等，曰乾，曰淤，曰稀淤，曰瓦礫，曰小沙礓，曰大沙礓，曰罱撈。嫩淤深一二尺者，於邊口挑挖五尺寬溝至硬地，俗稱抽路。濬泥之最陷者，用斗子法。挑濬運河有寄沙囊之制。利用水中之淤泥，放入灘地，曰放淤。貼幫，以土培鋪坡之謂，墊口，將河内挑出之土墊鋪河口之上，二者均有少挖土方之弊。

疏

【至正河防記】釃河之流因而導之，謂之疏。（三頁，五行）

道

【漢書·溝洫志】善爲川者，決之使道。註：師古曰：『道讀曰導，導通引也。』（《前漢書》卷二九，一四三頁，四格，一一行）

掘地

【治河方略】禹掘地而注之海。朱子釋曰：掘地，掘去壅塞也。（卷八，一五頁，一六行）

瀹

【河防榷】禹疏[二]九河，曰疏濟漯，曰瀹汝漢。……瀹亦疏通之意。（卷九，五二頁，一四行）

濬

【至正河防記】去河之淤，因而深之，謂之濬。……疏濬之别有四，曰生地，曰故道，曰河身，曰減水河；生地有直有紆，因直而鑿之，可就故道。故道有高有卑，高者平之，以趨卑，高卑相就，則高不壅，卑不瀦，慮夫壅生潰，瀦生湮也。河身者，水雖通行，身有廣狹，狹難受水，水益悍，故狹者以計闢之，廣難爲岸，岸善崩，故廣者以計禦之。減水河者，水放曠，則以制其狂，水隳突，則以殺其怒。（三頁，五行）

[一]『栽』，當作『裁』，以下徑改。

[二]『疏』，原書作『之治水』。

濬淤

【河工要義】濬淤者，挑濬中洪之土。（二一六頁，一四行）

切嘴

【河工要義】切嘴者，切去灘嘴之土。（二一六頁，一四行）

裁灘

【河工要義】裁灘者，裁灘取直[一]。（二一六頁，一四行）

治水（龍溝）

【河防輯要】河裏挑河，首重治水，水去則土鬆而易挖，水存則土堅而難挑，當先挖龍溝使水有去路。

【河工名謂】灘内挑河設法排去積水，以便工作，謂之治水。（二二〇頁）

大挑小挑

【河防榷】自今萬曆十八年挑正河爲大挑，十九年挑月河爲小挑，以後著爲定規。（卷四，二二三頁，一三行）

專挑

【河防方略】專挑者，止挑去河身之土，而不係築堤者也，所挑之土，必離河邊四五丈地面，方許卸棄，若就近竟卸，一經淋雨，仍復淌入河内矣。（卷一，二二六頁，一〇行）

兼築

【河防方略】兼築者，即用挑河之土，以築防河之堤也。（卷一，二二七頁，八行）

子河

【迴瀾紀要】凡挑河無論寬深若干，總以得底爲先，蓋底土難出，腮工易挑，而人夫插塘後，大都先搶頭坯面上，一經陰雨，則滿塘是水，無土可挑。故必先搶子河，有子河即逢陰雨，尚有腮可取土，不致停工以待，子河以底寬二三丈爲度。（下卷，二二一頁）

挑河土之類别（瓦礫）（罱撈）

【河上語】挑河土分七等，曰乾，曰淤（用鍬），曰稀淤（鍬不能挖，用杓用布兜），曰瓦礫（用鈀），曰小砂礓（用钁），曰大砂礓（用梨），曰罱撈（多在湖蕩中，凝難築壩，戽水須僱船用罱撈泥）。（二一一頁，一〇行）

【河工名謂】凡逼近城市中居民稠密處，瓦礫等物倒卸河内，深入泥中結成一塊者。僱募船隻，在河湖巨蕩之内，用罱以撈濬淤泥者。（二三〇頁）

抽路

【迴瀾紀要】嫩淤，先分深淺，次分寬窄，其深一二尺

[一] 原書『直』下有『之土』。

者，於邊口挑挖五尺寬溝至硬地，俗名謂之抽路。（卷下，一九頁，一三行）

【河工名謂】如遇嫩灘，淤深一二尺，於邊口挑挖五尺寬溝至硬地，使其透風易乾，謂之抽路。（二〇頁）

挑河之法

【治河方略】挑河之法，固宜相土地之淤鬆以施浚，然亦有本無鬆土，不得不於淤處挑挖者。後水到之時，不比浮沙易刷，此等水中之淤，最難施力，必須初開之時，分外加深乃可。（卷一，六頁，八行）【又】凡挑河，面[一]宜闊，底宜深，如鍋底樣，庶中流長深，且岸不坍塌，如不用隄，須將土運於百餘丈外，以免淋入河內。（卷八，三八頁，五行）

【迴瀾紀要】大都河裏挑河，底寬十五丈，照二收，隨估挑之深淺，以定口寬之丈尺，老灘挑河，底寬二十丈，口寬亦照二收。總視土頭是淤是沙，沙土不妨稍[二]窄，淤土尚須加寬，仍須循舊河形，因勢利導。（卷下，一三頁，一一行）

斗子法

【山東運河備覽】濬泥之最陷者，用斗子法，塗泥爲坎，自下倒戽於上，出水堤外。（卷一〇，九頁，四行）

【河工要義】泥最陷者用之，塗泥爲坎，自下倒戽於上，出水堤外。

寄沙囊

【山東運河備覽】沙堆既平，又慮歲歲挑濬，不久沙灘如故，復移沙於東。濬渠周圍四五百步，東西短而南北長，儼如囊形，歲納歲轉，不使沙土久積，名之曰寄沙囊。康熙十九年運河廳任璣創制。（卷五，一九頁，一四行）

放淤（進黃溝）（順清溝）

【河防輯要】河工放淤，乃化險爲平之一法。然（未）放以前，越堤必須增倍，放成之後，埽工不可廢棄，有此二者，方爲盡善。否則利未可知，而害已在目前，或利在目前，而害在日後，其實利輕而害重，不可不知也。

【河工名謂】利用河水淤墊沿河碱滷窪地，曰放淤。（二八頁）【又】迎溜之處掘溝引水，曰進黃溝，放淤之處，挑溝以洩清水，曰順清溝。（二八頁）

放淤法

【河防輯要】有盤做裏頭，挖挑倒溝開放者。有由外灘挑溝開放者，有做木涵洞開放者，只要越隄堅實，無所不可。

[一]『面』，原書作『而』。

[二]『稍』，原書作『少』。

貼幫墊口

【河工要義】貼幫墊口，皆挑河之病，貼帮與墊口相連，不墊口即〔一〕不須貼帮。墊口者，將河内挑出之土，墊鋪河口之上，墊口一尺，内外核算，計可少挖河深二尺。貼幫者以土倍鋪坡之謂也，貼幫則挖河寬數，亦因之而縮〔二〕減。（三三頁，一二行）

第二節　器具

宋李公義創鉄龍爪、揚泥車濬河，同時黄懷信患其太輕，遂與公義别製濬川杷，均駕于舟上，行淺水中，舟過則泥去。又有混江龍，大體與濬川杷相彷。鐵篦子乃混江龍之變相，以其形如篦子故名。鐵掃帚亦附船拖帶泥土之具。

鐵龍爪（揚泥車）（濬川杷）（揚泥飛車）

【宋史·河渠志】宋神宗熙寧六年四月，始置疏濬黄〔三〕河司。先是有選人李公義者，獻鐵龍爪揚泥車法以濬河。其法用鐵數斤爲爪形，以繩繫舟尾而沉之水，篙工急擢〔四〕乘流相繼而下，一再過水已深數尺。宦官黄懷信以爲可用，而患其太輕。王安石請令懷信、公義同議增損，乃别制浚川杷。其法以巨木長八尺，齒長二尺，列於木下，如杷狀以石壓之，兩旁繫大繩，兩端矴大船，相距八十步，各用滑車絞之，去來撓蕩泥沙，已又移船而濬。或謂水深則杷不能及底，雖數往來無益，水淺則齒礙沙泥，曳之動〔五〕，卒乃反齒向上而曳之，人皆知不可用，惟安石善其法，使懷信先試之，以濬二股，又謀鑿直河數里，以觀其效。且言於帝曰，開直河則水勢分，其不可開者，以近河每開數尺，即見水不容施功爾，今第見水即以杷濬之，水當隨杷改趨直河，苟置數千杷，則諸河淺澱，皆非所患，歲可省開浚之費幾百千萬。帝曰：果爾甚善。聞河北小軍壘當起夫五千，計合境之丁，僅〔六〕此數，一夫至用錢八緡，故歐陽修嘗謂：開河如放火，不開如失火，與其勞人，不如勿開。安石曰：勞人以除害，所謂毒天下之民，而從之者。帝乃許春首興工，而賞懷信以度僧牒十五道。公義與堂除以杷法，下北京，令虞部員外郎，都大提舉大名府界金堤，范子淵與通判、知縣共試驗之，皆言不可用。會子淵以事至京師，安石問其故，子淵意附會，遽曰：法誠

〔一〕『即』，原書作『則』。
〔二〕『縮』，原書作『偷』。
〔三〕『黄』，原書作『六』。
〔四〕『擢』，原書作『櫂』。
〔五〕原書『動』上有『不』字。
〔六〕原書『僅』下有『及』字。

善，第同官議不合耳。安石大悦，至是乃置濬河司，將自衛州濬至海口，差子淵都大提舉公義，爲之屬許，不拘常制，舉使臣等人船木鐵工匠皆取之，諸埽官吏奉給視都水監丞司行移，與監司敵體。當是時北流閉已數年，水或横决散漫，常虞壅過[一]，十月外監丞王令圖獻，議於北京第四第五埽等處，開修直河使大河還二股故道。乃命范子淵及朱仲立領其事，開直河深八尺，又用杷疏濬二股，及清水鎮河，凡退背魚肋河則塞之。王安石乃盛言用杷之功，若不輟工，雖二股河上流可使行地中。（卷九一，二三五頁，二格，二一行）

【宋史・文彦博傳】初選人有李公義者，請以鐵龍爪治河。宦者黄懷信沿其制爲濬川杷，天下指笑以爲兒戲，安石獨信之，遣都水丞范子淵行其法。子淵奏用杷之功，水悉歸故道，退出民田數萬頃，詔大名核實，彦博言河用杷可濬，雖甚愚之人皆知無益，臣不敢雷同罔上。疏至帝不悦，復遣知制誥熊本等行視，如彦博言，子淵乃請覲言本等，見安石罷意，彦博復相故傳會其説，御史蔡確亦論本奉使無狀，本等皆得罪，獨彦博勿問。（卷三一三，八四五頁，二格，三六行）

【八編類纂】揚泥飛車十乘，以木爲之，輪用銕皮包裹，入水自行，高一丈，身長三丈，用水自濬，止坐二人收拾繩纜，轉轆轤而回。（卷九三，四頁）（圖四四）

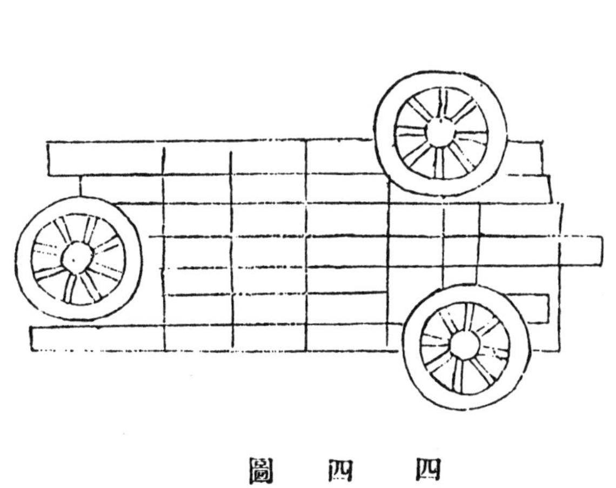

圖四四

混江龍（泥犁）

【行水金鑑】曾見前輩文集中，有以混江龍浚河者，其制用檀木造軸，沉水入泥隨船行走，船行龍轉積泥隨起。（卷二八，一〇頁，二一行）

【河器圖説】車以硬木爲軸，長一丈一尺五寸，圍一尺二寸，周身密排鉄箭，兩頭鑿孔，穿鈎繫繩，每車用輪三箇，每輪排鉄齒四十，每齒長五寸，輪身用鉄箍四

[一]『過』，原書作『遏』。

道，間釘鉄扒〔一〕如八卦式，用船牽挽而行，泥河〔二〕翻動。顧嘗試之，於順水尚可流行，逆水則船重難上，車亦無從置力。此外尚有泥犂等具，均備疏濬之用，大約重則沉滯，輕則浮漂，非利器也。姑存備考。（卷二，三〇頁）（圖四五）

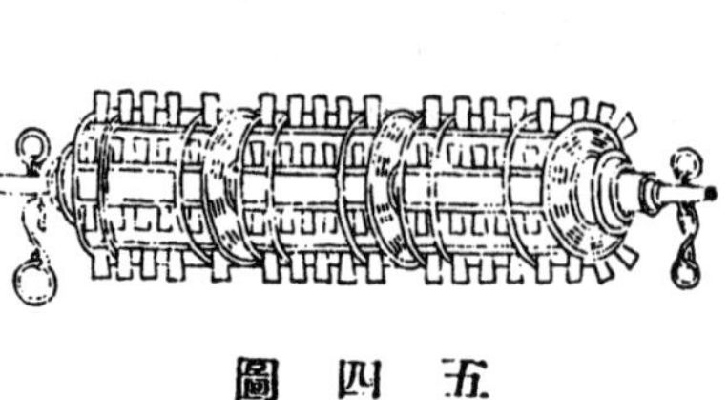

圖四五

【河工要義】初製混江龍時，以杏葉爬齒短而鋭，挽以竹篙，輕而無用，故創造此器，鉄軸或木軸尺許，排列鐵齒，墜石沉底，用船拖帶。（六七頁，二行）

鐵篦子（虎牙梳）

【河器圖説】鐵篦子，疏河之具。《物原》：『神農作篦筐〔三〕。』《詩·魏風》：『佩其象揥。』揥，即今之篦子，取其疏利，鑄鐵以象形，故名。其製不一：大者如鸜鵒架，高六尺六寸，上嵌鐵環一，下排鐵齒十四，每齒長七寸；小者形如箕，高二尺八寸，上嵌鐵環一，下排鐵齒二十一，每齒長四寸五分。其用法，以大船一隻，繫鐵篦子於船尾，往來急行，不使流沙停滯，但下水順風張帆較快。若上水則兩岸須用蝦鬚纜，多人牽挽方可，倘船行稍緩，即無效矣，曾歷試不爽。南河又有混江龍、虎牙梳等具，木質鐵齒，稍爲便捷，其用略同。（卷二，二九頁）（圖四六）

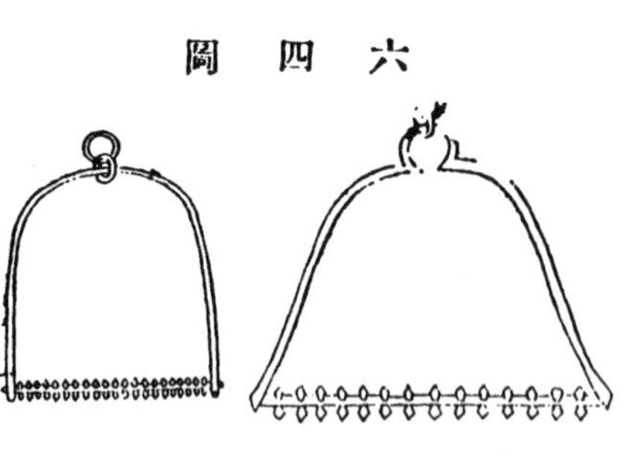

圖四六

【河工要義】鐵篦子乃混江龍之變相也，其形偏乎〔四〕

〔一〕『扒』，原書作『朳』。
〔二〕『河』，原書作『可』。
〔三〕『筐』，原書作『筐』。
〔四〕『偏乎』，原書作『扁平』。

如篦子，故名。用時將鐵篦子繫于船尾，益以木製鐵葉混江龍一具，俾刨刮翻擾諸作用一具〔一〕全備。（六七頁，一一行）

鐵掃帚

【河工要義】用鐵掃帚〔二〕法，亦以浚船拖帶，每船二具，分繫樑端，大抵與摟草竹爬相似，形如掃帚，故名之也。（六七頁，九行）

浚船古有清河龍式之制，僅能施於運河。土槽船、行船、牛舌頭船，均與浚船無異，惟大小不同。最近又有機器挖泥船，功效甚巨，輪機亦機器之一，附于船旁或底部，以挖刷沙泥。

浚船（垈船）

【河工要義】浚船又名垈船，亦即撈淤濬船也。（六四頁，五行）

【河工圖説〔三〕】此具創自黄司馬，樹穀凡九艙。末一艙安舵爲龍尾。其七爲龍腹，每艙寬八尺，長九尺，高六尺，各自爲體，聯以鐵鈎。第一艙爲龍頭，長二丈，頭上合二板，中安一柱，身〔四〕即絞關也，柱下圍以鐵齒，柱後爲龍口，口內之末，用鐵爲龍舌，舌上爲龍喉，內襯鐵皮，其法以人推關，船自前進，齒動泥鬆，從舌入口，逆喉而上，出口落艙，艙〔五〕滿就隄卸泥，以次更換。卸異〔六〕，復聯成一龍，再柱凡十眼，水漸深則柱漸下，口亦漸長，又龍口內有物曰探泥，一曰格水，使水不得入喉。喉之外有板曰批水，象龍頰也，用以分水腹之外。有把曰剔泥，象龍爪也，用以梳泥，龍之外又有小船，備探水深淺繫繩解卸等用，名曰子龍。其用法以兩龍繫繩對繳，中距二十丈，龍既對頭，河底自深，前人曾如法試之，運河不無小效，黄河則隨過隨淤，竟屬無用。（卷二，三一頁）（圖四七）

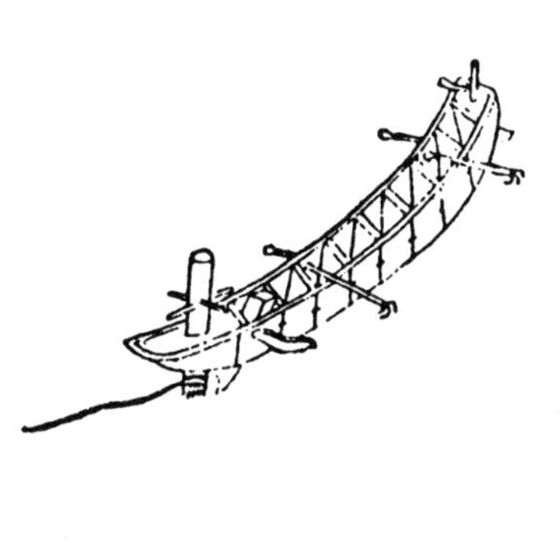

圖四七

〔一〕『具』，原書作『器』。
〔二〕原書『帚』下有『之』字。
〔三〕『河工圖説』，指郭成功所著的《河工器具圖》。
〔四〕原書『身』前有『柱』字。
〔五〕原書『艙』前有『一』字。
〔六〕『異』，原書作『畢』。

土槽船

【河工要義】土槽船爲浚船之一種，每隻身長二丈，底寬二尺二寸，面寬四尺五寸。（六四頁，一三行）

行船

【河工要義】行船爲浚船之一種，每隻長二丈二尺，底寬二尺四寸，面寬四尺五寸。（六四頁，六行）

牛舌頭船

【河工要義】牛舌頭船爲浚船之一種，每隻一丈八尺，底寬二尺，面寬四尺二寸。（六四頁，一五行）

機器挖泥船

【河工要義】船式方長，向船腰以至船頭，分開兩叉如凹，罱泥船設備略同，不過易車爲罱，運用較[一]易耳。（六六頁，六行）

輪機

【河工要義】輪機即汽機也，西人有輪機刷沙之法，法用特别輪船，分設四齒大輪葉數具，置諸船旁或底部，上下伸縮，皆可隨意撥機運用。（六八頁，六行）

挖石子河或刨槽，用鐵鑣。破除塊壤，搜剔瓦礫，用九齒杷。破砂礓用雙齒鋤。撈拉淺水沙淤，用十二齒鈀。刨挖蘆根茭除水藻，用四齒爬，或用絞桿。除膠淤用五齒鈀，泥稍堅者用方杓。

鐵鑣

【河工要義】挖石子河或刨槽用之，鑣長二尺，一頭錐形，一頭斧形，中留圓孔，以使置柄，柄長約三尺餘，鑣之爲用，刨插兼施。（六三頁，一二行）

九齒杷

【河器圖説】九齒杷，横木爲首，鍛鐵爲齒，每齒約長三寸，爲破除塊壤、搜剔瓦礫利器。（卷二，二一頁）（圖四八之1）

圖四八

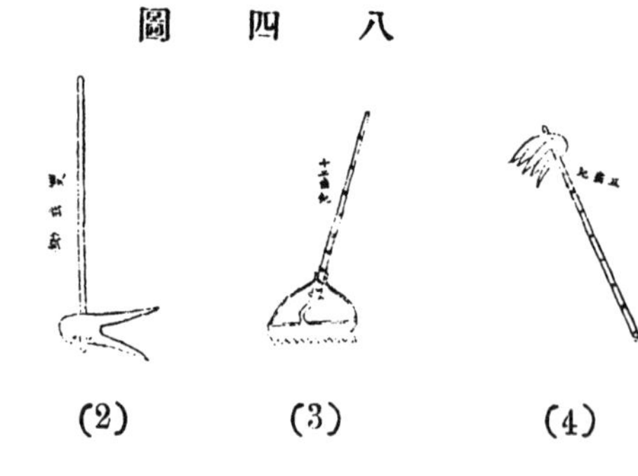

(1)　(2)　(3)　(4)

〔一〕『較』，原書作『稍』。

雙齒鋤

【河器圖説】雙齒鋤，鍛鐵爲首，形如燕尾，受以木柄，可破砂礓。（卷二，二〇頁）（圖四八之2）

十二齒鈀

【河器圖説】十二齒鈀，鑄鐵爲首，曲竹爲柄，首長一尺五寸，寬四寸，厚三分，爲撈拉淺水沙淤之器。（卷二，二一頁）（圖四八之3）

四齒爬

【河工要義】所以刨挖蘆根，芟除水藻，擾動泥沙，使之隨波下注。（六五頁，六行）

絞桿

【河工要義】以長細竹竿爲之，專備撈取菰蔣荇草之用。（六五頁，一四行）

五齒鈀

【河器圖説】五齒鈀，鍛鐵爲齒，形長而扁，受以竹柄，可除膠淤，爲撈浚利器。（卷二，二〇頁）（圖四八之4）

方杓

【河工要義】以鐵爲平底，而周遭各高寸許，泥稍堅者用之。

插鍬，興工之初，必須插鍬取土，故俗稱興工爲插鍬。牛犂本農具，可用濬淺，與混江龍等器略同。挨（排）〔牌〕、逼水板皆運河浚淺，用人力逼水行沙之具。

插鍬

【河工要義】插鍬者，興工挑辦之初，必須插鍬取土，是以俗呼興工爲插鍬也。（三四頁，二行）

牛犂

【河器圖説】《廣韻》：『犂，墾田器。』《釋名》曰：『犂，利也。利則發土絶草根也。』利從牛，故曰犂。……工次進埽，前推後捲，恐人力不齊，犂亦必用之物，但其製與農具不同，且斲木而不治[一]金耳。又疏濬引河有牛犂之法，所用犂即係農具，惟施之淺水則宜。（卷二，二七頁）（圖四九之1）

【河工要義】古來挑河有牛犂起土、裝車運送之法，牛犂濬淺一法，其用略與混江龍等器相同。（六八頁，二行）

木犂

【河器圖説】見『牛犂』。（圖四九之2）

〔一〕『治』，原書作『治』。

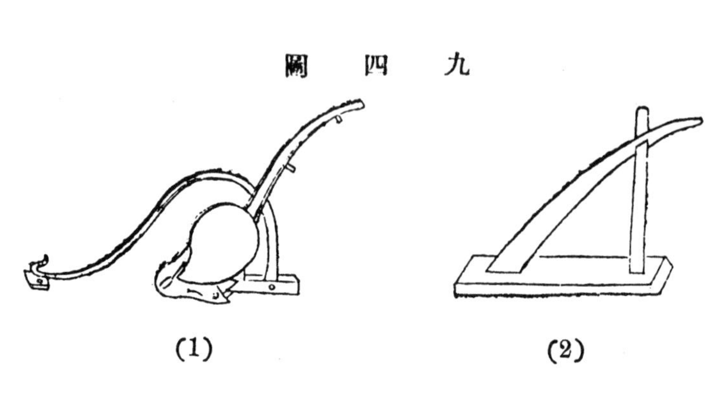
圖四九

挨牌

【河器圖説】《六書故》：『挨，旁排也。』揚子《方言》：『强進曰挨。』《正字通》：『凡物相近謂之挨。』挨牌、逼水板皆運河淺滯、純用人力逼水行沙之具。其制，挨牌上下相同，逼水板上窄下寬，約高六七尺，寬三尺，中安横襯三道，兩面横釘厚板，用人夫在背後擎托，立淺水處八字擺設，藉以逼刷深通，然衹能用于數丈之地，長則無益。（卷二，三三頁）（圖五〇之1）

圖五〇

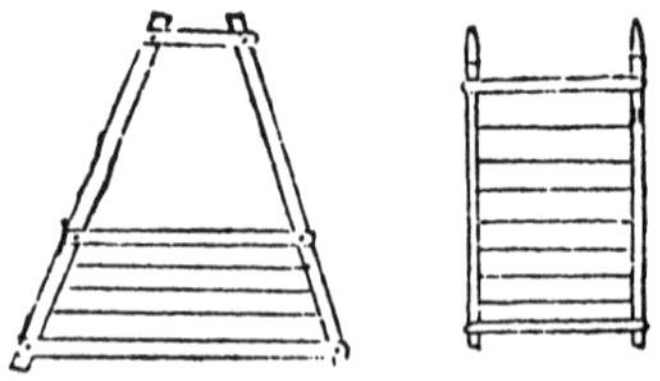

(1)　(2)

逼水板

【河器圖説】見『挨牌』。（圖五〇之2）

挑河必先戽水，用畜力者，曰水輪車。脚轉動者，曰水車，又名翻車，地狹水淺處用戽斗。

水輪車

【河器圖説】水輪車，其制與人踏翻車同，但於流水岸邊掘一狹塹，置車於内，外作竪[一]輪，岸上架木立軸，置一卧輪，適[二]與竪輪輻支相間，用衛拽轉，輪軸旋翻，筒輪隨轉，比人踏功殆將倍之。元王禎詩云：『世間機械巧相因，水利居多用在人。可是要津難必

[一]『竪』，原書作『豎』。
[二]原書『適』前有『其輪』。

遇，却將畜力轉筒輪。』（卷二，二六頁）（圖五一）

圖五一

水車（龍骨車）

【河器圖説】水車，農家所以灌溉田畝、取水之具也，今河工用以去水，又名翻車。魏略以爲馬鈎〔一〕所作。王鳳稑《名物通》：『江浙間目水車爲龍骨車。』其制除壓欄木及列檻樁外，車身用板作槽，長可二丈，闊四尺〔二〕至七尺〔三〕不等，高約一尺，槽中架行道板一條，隨槽闊狹比槽板兩頭俱短一尺，用置大小輪軸，同行道板上下通週以龍骨板葉，其在上大軸兩端各帶柺木四莖，置於岸上木架之間，人憑架上踏動柺木，則龍骨板隨轉循環，行道板水〔四〕上岸。堤内積水無處疎通，日久不涸，當以此法治之。（卷二，二五頁）（圖五二）

【河工要義】水車亦舀水器也，較戽斗尤爲便利。車底及其兩旁各照車身長短，滿釘木板，不致漏水；中間橫檔數道，上釘光滑竹木片，長與車身齊，橫檔

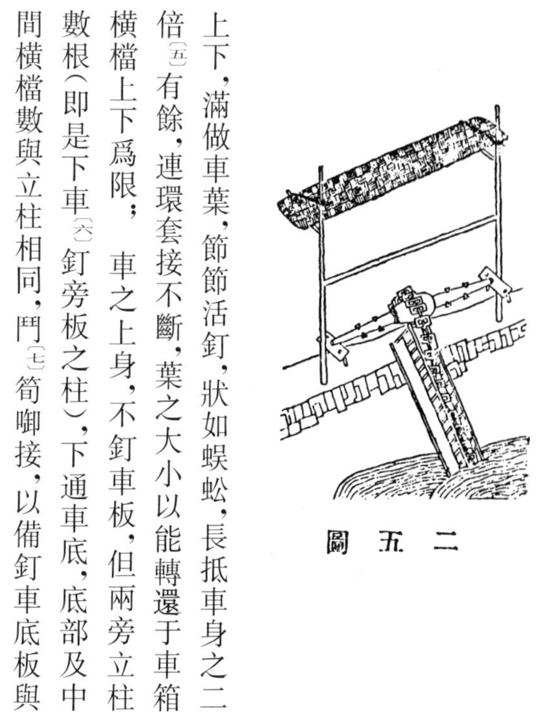

圖五二

上下，滿做車葉，節節活釘，狀如蜈蚣，長抵車身之二倍〔五〕有餘，連環套接不斷，葉之大小以能轉還于車箱橫檔上下爲限；車之上身，不釘車板，但兩旁立柱數根（即是下車〔六〕釘旁板之柱），下通車底，底部及中間橫檔數與立柱相同，鬥〔七〕筍啣接，以備釘車底板與竹木片之用。（六二頁，八行）

翻車

【河器圖説】見『水車』。（圖見卷二，二五頁前面）

〔一〕『鈎』，原書作『鈞』。
〔二〕『尺』，原書作『寸』。
〔三〕『尺』，原書作『寸』。
〔四〕原書『水』上有『刮』字。
〔五〕原書無『倍』字。
〔六〕『車』，原書作『身』。
〔七〕『鬥』，原書作『鬬』。

戽斗

【河器圖說】《廣韻》：『戽，杼也。』《物原》：『公劉作戽斗。』又戽以木爲小桶，桶旁嘗繫以繩，兩人用以取水，名曰戽桶。如堤内陂塘瀦蓄，地濶水深，宜用翻車； 地狹水淺，宜用戽斗。南方多以木罌，北人多以柳筲，從所便也。（卷二，二四頁）（圖五三）

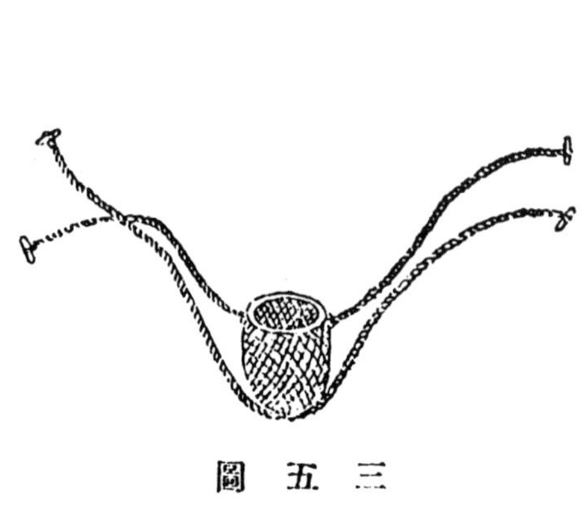

圖五三

【河工要義】挑挖運河，挖至見水，必須將水戽盡，方能施工，舀水之器，即戽斗也。戽斗以柳條編成斗式，斗口穿繩四根，用以戽水，故曰戽斗。（六二頁，二行）

舀淤之具，有杏葉杓、杏葉杷、鐵笆、吸笆、空心掀、勺、竹罱、鐵罱、刮淤杴、刮板線袋、墩子、皮篙、十字馬脚。盛淤之器，有布兜、兜杓、柳斗、泥合子、合子掀、長柄泥合、長柄杴。

水基板，一名水基跳，河底泥濘無從着脚，覆板於上以竚足。

杏葉杓

【行水金鑑】治黄河之淺者，舊制列方舟數百如牆，而以五齒爬杏葉杓疏底，淤乘急流衝去之效莫覩也，上疏則下積，此深則彼淤，奈何以人力勝黄河哉！（卷二七，一四頁，一八行）

杏葉杷

【河器圖說】杏葉杷，鍛鐵爲首，形如杏葉，受以木柄，爲撈浚河底淤柴之器。（卷二，二一頁）（圖五四）

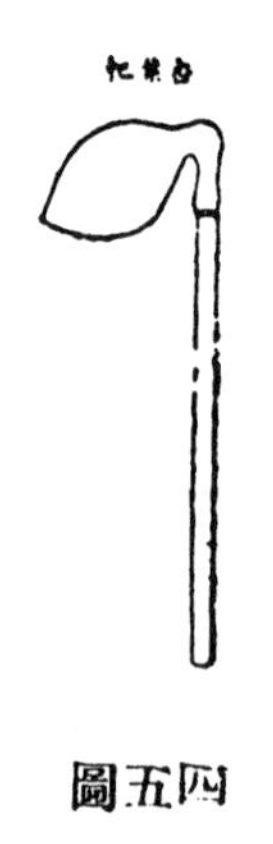

圖五四

鐵笆

【河器圖說】《廣韻》：『笆，竹名，出蜀郡，竹有刺者。』《竹譜》：『棘竹，駢深一叢爲林，根若推論〔一〕，節若束針，亦曰笆竹。』鐵笆，鑄鐵象形爲之，亦挑河

〔一〕『論』，原書作『輪』。

疏淤之具也。（卷二，二一八頁）（圖五五）

圖五五

吸笆

【河器圖說】《說文》：『吸，内息也。』《正字通》：『吸，引也。』《六書故》：『俗謂飲曰吸。』《篇海》：『笆竹有刺者。』《史記索隱》：『江南謂葦曰籬笆[一]。』有竹斗編眼如籬，因名笆斗。今治淤器有名吸笆者。其制，取斗口向下，兩旁各繫繩一，中貫竹竿，遇有沙淤積成土埂之處，用船排泊，人持一笆插入河底，時起時落，刻不停手，自得吸引之妙，歷時既久，埂去河深矣。（卷二，二一三頁）（圖五六）

圖五六

空心掀

【河器圖說】刳木中空，四面鑿眼，釘布袋于楸[二]後，用長竹爲柄，前繫一繩，撈浚稀淤，一人引繩，一人扶柄。（卷二，二一〇頁）（圖五七）

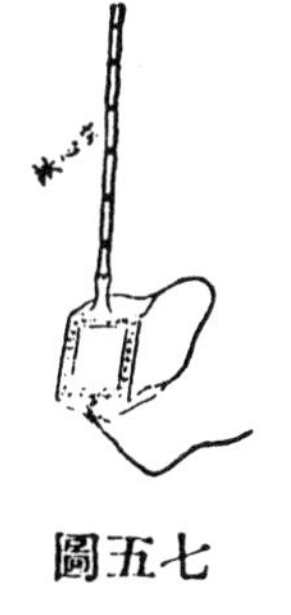

圖五七

勺

【河工要義】（勾）〔勺〕及布兜亦挑水活挖河之要具也。沙淤閧套，帶水和泥，雖有筐鍬，無能爲力者。然藉勺及布兜以代筐鍬之用，勢必束水無策，勺以舀之，布兜以盛之，須將稀漿舀盡，用布兜抬出，始能着手，用筐鍬挑挖。（六三頁，九行）

竹篙

【行水金鑑】取泥之法，用船千艘，船三人，用竹篙撈取淤泥，日可三載，月計九萬載。

鐵罱

【河器圖說】《玉篇》：『罱，夾魚具。』《三才圖會》：『鏵闊而薄，翻覆可使。』今起土撈淺之具，有鐵板，其首類鏵，受以長木爲柄。又有鐵罱，鑄[三]如勺，中貫以樞，雙合無縫，柄用雙竹。凡遇水淤，駕船撈取，以此探入水内，夾取稀淤，散置船艙，運行最便。（卷二，二一二頁）（圖五八）

[一]『謂葦曰籬笆』，原書作『謂葦籬曰笆』。

[二]『楸』，原書作『掀』。

[三]原書『鑄』下有『鐵』字。

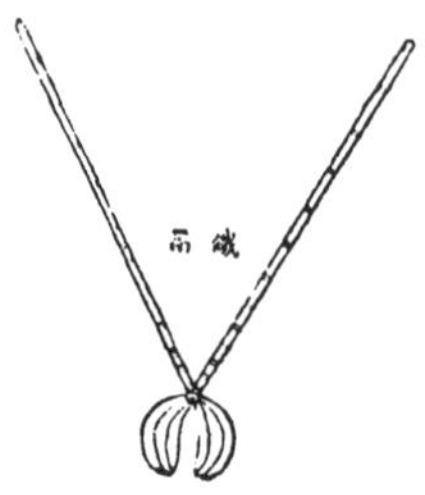

圖五八

罱具

【河工要義】罱具，用竹竿或木篙兩根，長約一丈。其一端約在二尺地步，用繩綑紮，繩以下三角布兜一個，兜底尖角向上，兜口平面向下，適與桿端齊。兩桿端依照兜口長短安置鐵包竹片兩塊，聯于兜口以便夾罱之用。用時浚夫站立船旁，將罱兜豎立河底，分開罱杆，用力翕張則兜在水底罱滿泥沙，緩緩提起，傾諸艙内，但罱具最宜膠淤。（六五頁，一〇行）

刮淤板

【河器圖説】刮板[一]，刳木爲之，連柄長三尺，寬六寸，用之刮淤入合。（卷二，一九頁）（圖五九）

圖五九

刮板線袋

【河工要義】用時將刮板布袋斜入河底，一手扶住袋桿，一手用刮板將沙泥刮入袋内，取起傾倒艙中，艙滿運往他處卸却。（六六頁，二行）

墩子、皮篙、十字馬脚（拉木）

【河工要義】三者皆挖稀淤嫩淤及閧套河用之，淤套淺者用墩子，墩子亦曰枕杷，紮料成之，即捆把也。徑一尺，長三尺，分行按檔豎立閧套内，以便用寬厚跳板縱横搭架，使土夫得往來其上，如法做工。淤套深者，墩子不能着力，須用帶皮杉篙紮成十字馬脚，亦分行按檔乂立閧套内，再用拉木繫于十字乂處，俾十字馬頭不致傾倒，上承跳板以便土夫工作之用，其用皮篙之意，蓋以皮篙雖入泥，亦不滑溜也。（六三頁，四行）

布兜

【河器圖説】見『柳斗』。（圖六〇之1）

麻布兜

【河器圖説】河工挑淤之具，布兜外尚有麻兜，長寬對方二尺四寸，口連四角，包繫以繩，用之盛淤漏水。（卷二，一九頁）（圖六〇之2）

兜杓

【問水集】以鐵爲方口，繫布爲兜，以取泥幾至斗許，泥稀及溜沙用之。（卷二，三八頁，一〇行）

[一]『刮板』，疑作『刮淤板』。

柳斗

【河器圖説】《漢・律曆志》：『量者，龠、合、升、斗、斛也。十龠爲合，十合爲升，十升爲斗，十斗爲斛。』柳斗，柳條編成，口紮竹片，其形似斗，挑河戽水用之。若挑河挑出稀泥，筐不能承，用布兜爲佳。（卷二，一八頁）（圖六〇之3）

圖六〇

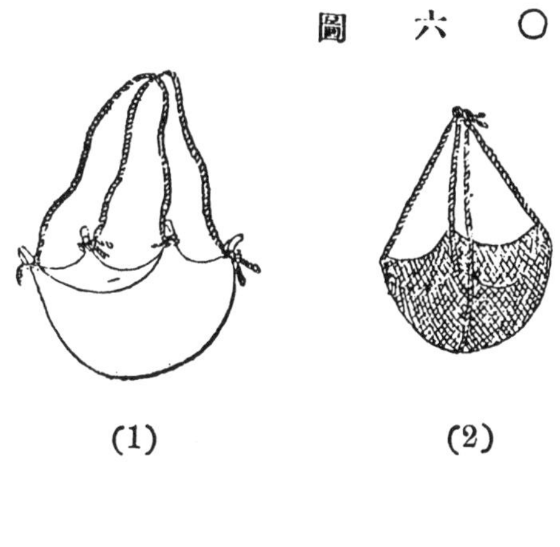

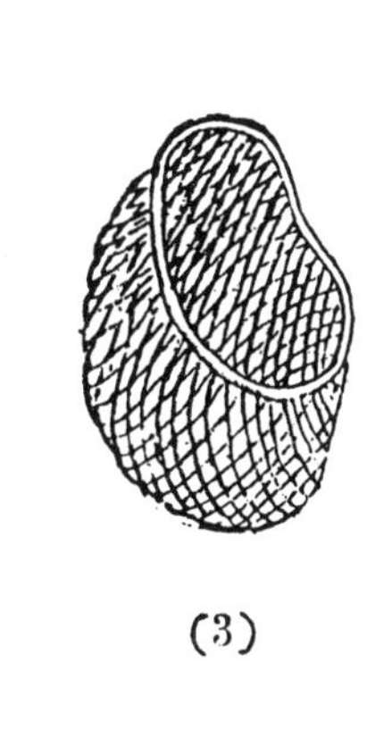

(1)　(2)　(3)

泥合子

【河器圖説】泥合子，堅木爲之，寬尺二，長尺八，高四寸，中安提把，用之戽淤轉貯。（卷二，一九頁）

合子掀

【河器圖説】剡木爲首，中凹如勺，四圍鑲鐵，可盛稀淤。（卷二，二〇頁）（圖六一之2）

圖六一

(1)　(2)　(3)

長柄泥合

【河器圖説】長柄泥合，堅木爲柄，長四尺六寸，柳木爲首，長一尺四寸，狀如蒲鍬，邊高中凹，相接處加束鐵箍、鐵鋦，用之摔淤於遠。（卷二，一九頁）（圖六一之1）

長柄坎

【河器圖説】長柄杴，係挑河出淤之具，柄長則摔遠，以便人立河槽窪處，摔淤於岸也。（卷二，四頁）（圖六一之3）

水基板（水基跳）

【河器圖説】水基板，一名水基跳。河底泥滃，無從着脚，用木配成板，或用大竹以谷草繂縷，排做如地平式，長一二丈。人立在上，如履平地，得以挑挖。揚子《方言》：『基，據也，下〔一〕物所依據也。』人在泥中，板有所據，故曰水基。（卷二，一六頁）（圖六二）

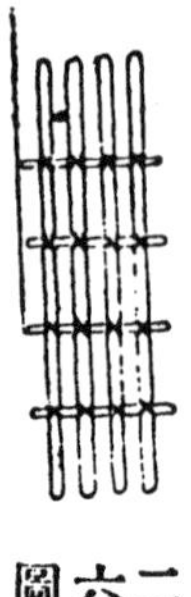
圖六二

神濬具： 如意輪、揚沙錫、雙拖泥扒、短拖泥扒、自在河車、滚沙輪、常轉輪、開沙輂、淘沙船、撈江輾、混江軸、百節帚、伏波艇、披河排、鎖泥鍬、八（漿）〔槳〕〔二〕船、刷江帚、定波纜、開江犂、驅山鞭、四槳船、千里健步、繞江桴、夜遊巡、法輪、雙推輪、闊口扒、（開）〔闊〕齒扒、揚沙大錫、單拖泥扒、推沙鉋、大推沙鉋、濬淺筏、吸沙桴、開口鉄扒、長柄鉄扒、短柄鉄扒、闊罱頭、窄罱頭。

如意輪

【八編類纂】如意輪有單輪夾輪，自二尺八寸高至三丈皆可用。單輪依舊制，夾輪高二尺八寸，厚一尺四寸至尺六止，高一丈者，二尺四寸至三尺六止，輪口帶開沙斧。（卷九三，二頁）（圖六三）

揚沙錫

【八編類纂】揚沙錫二百，以銕爲之，重五斤，長竹柄。每件銕楞銕齒如梯樣，長一尺五寸，頭濶四寸，根闊六寸，仰掌形，齒用九九，每齒濶二寸，長一寸，連竹柄。（卷九三，二頁）（圖六四）

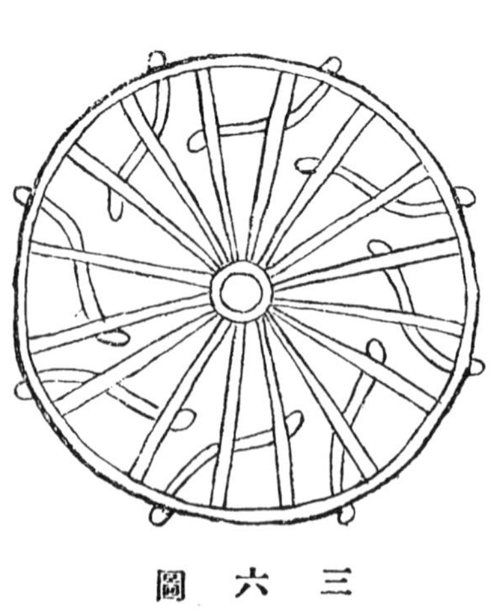
圖六三

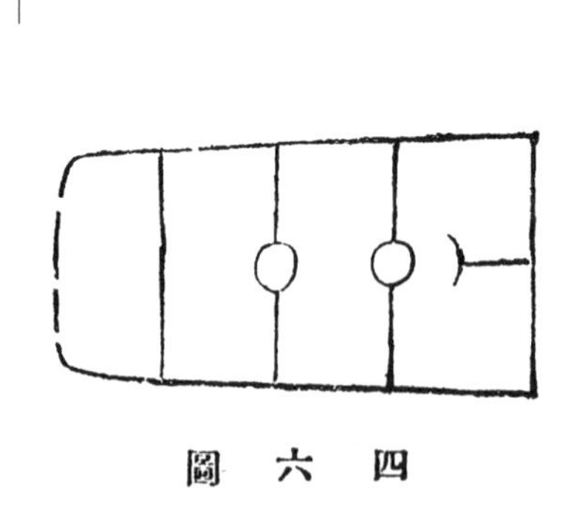
圖六四

〔一〕原書『下』上有『在』字。
〔二〕『漿』，當作『槳』，以下徑改。

雙拖泥扒

【八編類纂】雙拖泥扒二百，以木爲横梁，鐵齒，長毛竹柄。每件梁長三尺，徑五寸，兩旁横梁徑二寸，鐵齒八根，穿過兩頭，露齒一寸三，梁中間各空一寸，連竹柄。（卷九三，三頁）（圖六五）

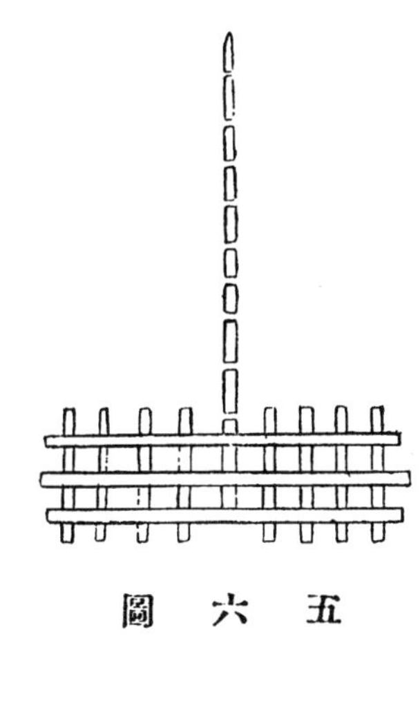

圖六五

短拖泥扒

【八編類纂】短拖泥扒一千，以木爲之，柄尾用銕圈或篾圈，每件梁長三尺，徑五寸，齒用八根，闊一寸六分，厚一分，穿過兩頭，各露一寸，鐵箍四道，俱實堅木爲之。（卷九三，三頁）（圖六六）

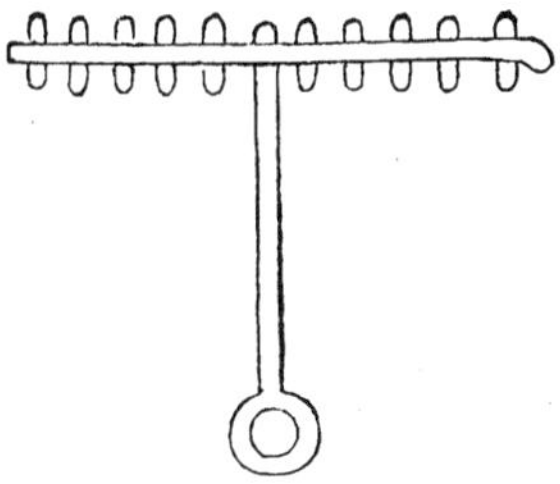

圖六六

自在河車

【八編類纂】自在河車十乘，以木爲之，輪俱銕皮包裹，入水自行； 輪高一丈，身長三丈六尺，用水自濬，只坐二人，收拾繩纜轉轆轤以回。（卷九三，四頁）（圖六七）

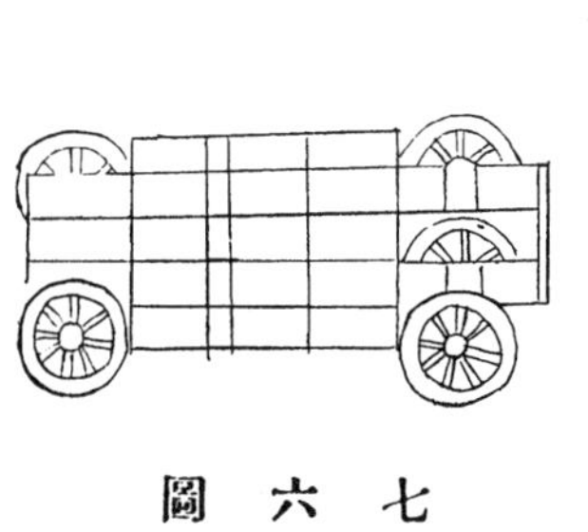

圖六七

滾沙輪

【八編類纂】滾沙輪十乘，以木爲之，包裹輪如前，用四雙輪，入水自行； 輪高一丈，身長三丈六尺，闊一丈二尺，床下用二層割水板，餘如前。（卷九三，五頁）（圖六八）

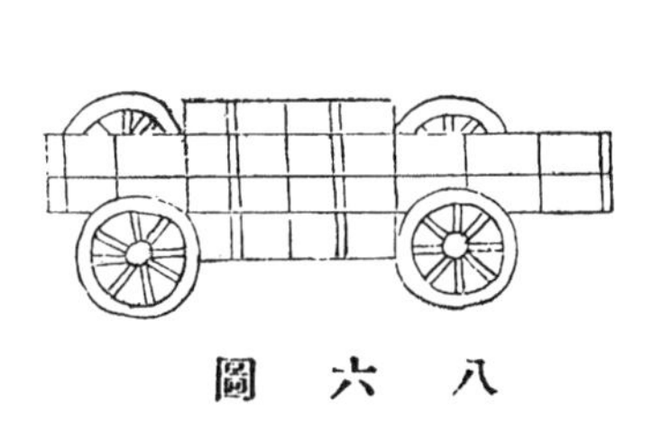

圖六八

常轉輪

【八編類纂】常轉輪十乘，以木爲之，鐵皮包輪，入水自行；　輪高一丈，長五丈，闊二丈，身繫拖泥扒，尾帶刷江箒，此輪往回一次，河深一尺，坐二人，收纜而轉。（卷九三，五頁）（圖六九）

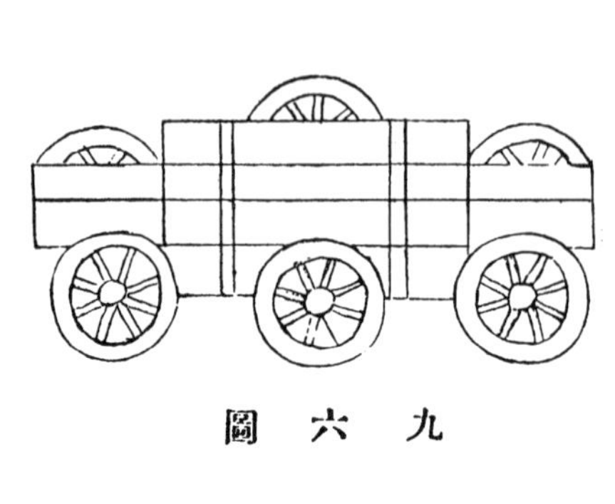

圖六九

開沙輦

【八編類纂】開沙輦十乘，以木爲之，四輪鍊包。帶開沙斧，入水自行；　四輪高一丈，長六尺，濶二丈，前後上下四層，水推板尾，拖割沙扒，此輦往迴五次，平地可行舟。（卷九三，六頁）（圖七〇）

圖七〇

淘沙船

【八編類纂】淘沙船一千，每舡載濬夫一名，用厚板打造；　用大淺舡價多，不足以[一]用，淘沙舡名最妙，價廉可多置。（卷九三，六頁）（圖七一）

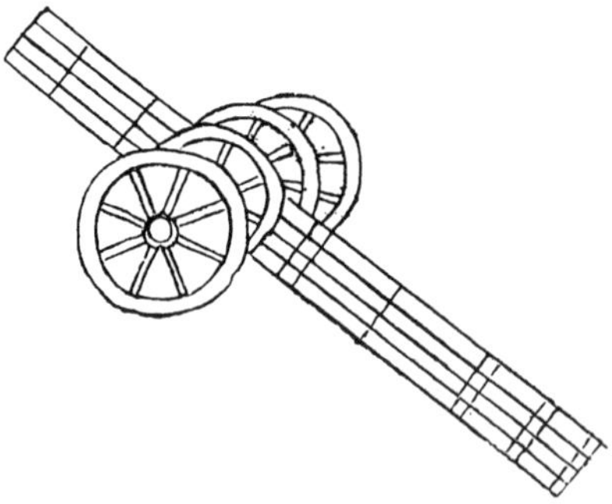

圖七一

搒江輥

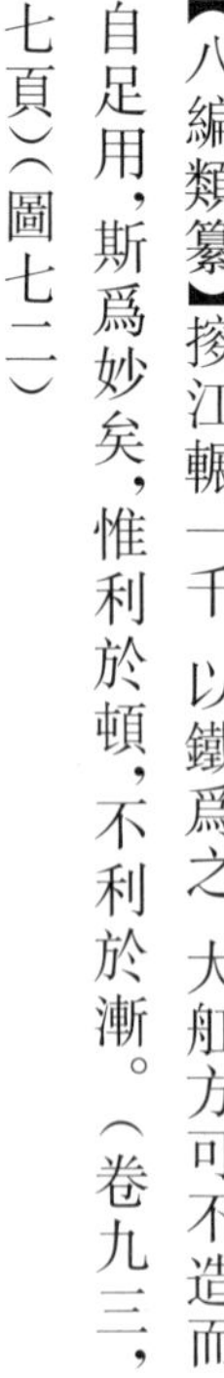

【八編類纂】搒江輥一千，以鐵爲之，大舡方可不造而自足用，斯爲妙矣，惟利於頓，不利於漸。（卷九三，七頁）（圖七二）

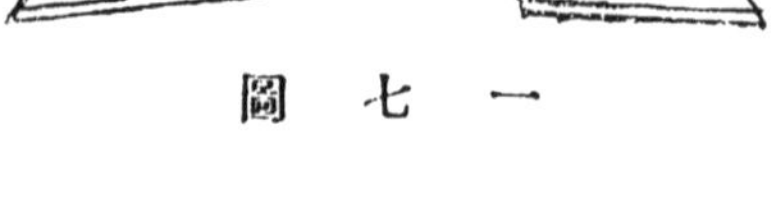

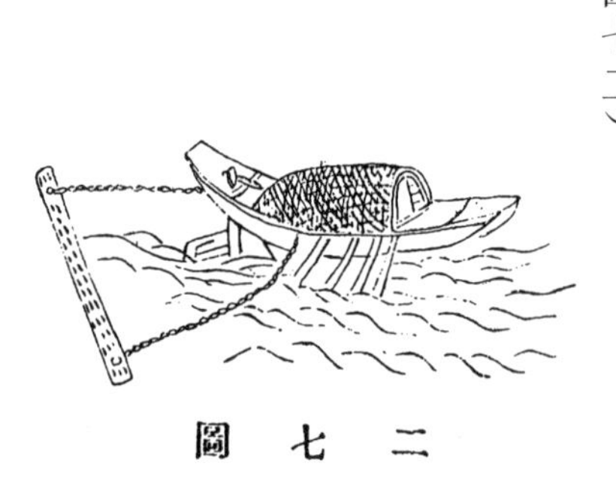

圖七二

[一]『以』，原書作『於』。

混江軸

【八編類纂】混江軸一千，以木與鐵爲之，舡隨其器爲妙，頓漸皆可用。（卷九三，七頁）（圖七三）

圖七三

百節帚

【八編類纂】百節帚一千，以木爲之，每舡一隻，用水手四名，該四百名，可當大一千。（卷九三，八頁）（圖七四）

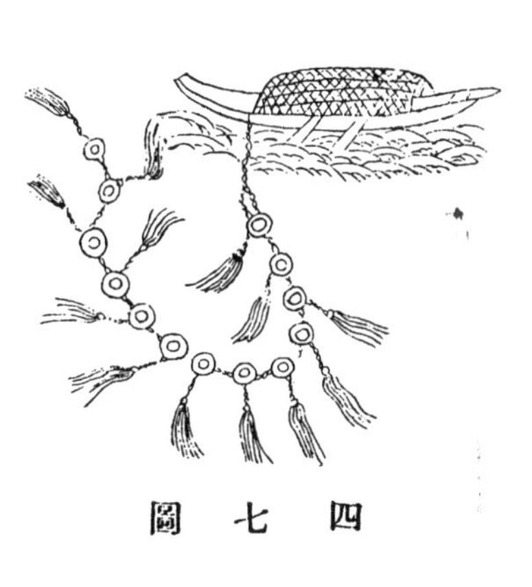

圖七四

伏波艇

【八編類纂】伏波艇三百，該水手六百名，篷貓具全，即此一千二百，可當一萬。（卷九三，八頁）（圖七五）

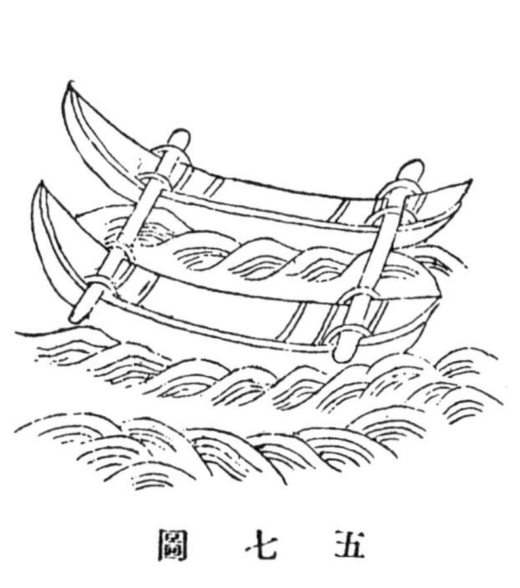

圖七五

披河排

【八編類纂】披河排一百，水手六百名，以竹爲之。（卷九三，九頁）（圖七六）

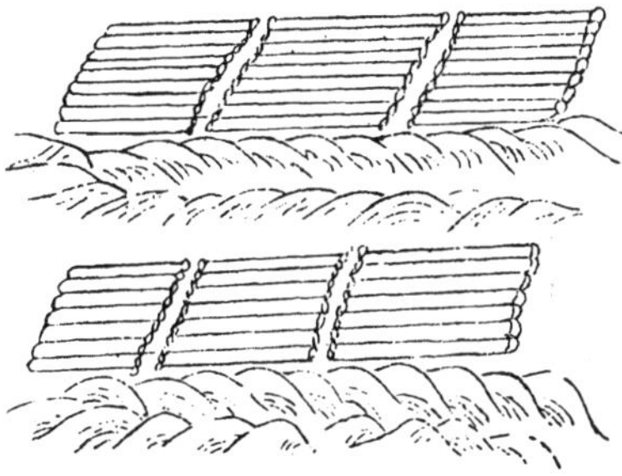

圖七六

鎖泥鰍

【八編類纂】鎖泥鰍一百，以竹爲之，水手二百名。（卷九三，九頁）（圖七七）

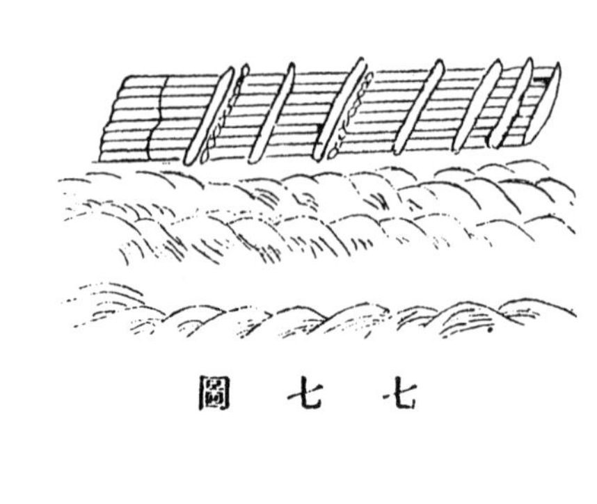

圖七七

八槳船

【八編類纂】八槳船用八槳，共二十隻，水手一百六十名，以備差使。（卷九三，一〇頁）（圖七八）

圖七八

刷江帚

【八編類纂】刷江帚一千，以鐵爲之，重十斤。（卷九三，一〇頁）（圖七九）

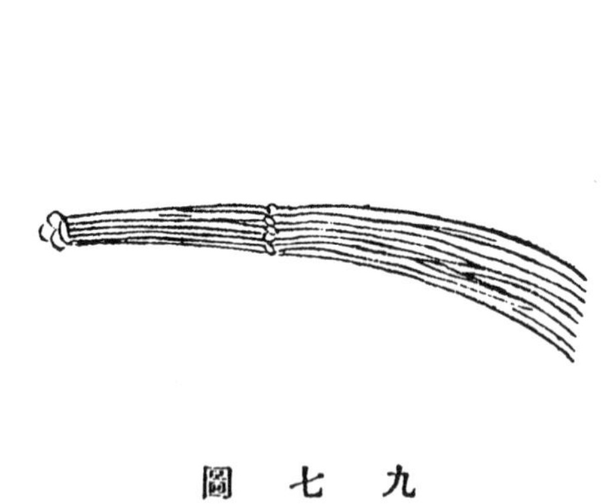

圖七九

開江犂

【八編類纂】開江犂三百，以鐵爲之，專利（用）於漸不可輕用於頓。（卷九三，一〇頁）（圖八〇）

圖八〇

定波纜

【八編類纂】纜有二：一以鐵爲之，一以竹爲之，與常用者同，在手隨宜而用之。（卷九三，一一頁）（圖八一）

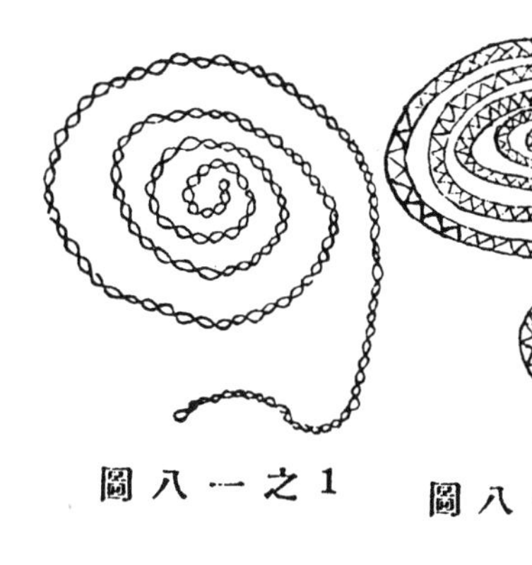

圖八一之2　圖八一之1

驅山鞭

【八編類纂】驅山鞭，以竹爲之。（卷九三，一一頁）（圖八二）

圖八二

四槳船

【八編類纂】每船四槳，用一百隻，水手四百名，以備頓濬。（卷九三，一一頁）

千里健步

【八編類纂】二十，以木爲之，用報水信，於頓最妙。（卷九三，一一頁）

繞江桴

【八編類纂】一百，以木爲之，制似披河排，用水手二百名，夫二百名。（卷九三，一一頁）

夜遊巡

【八編類纂】一千，以木爲之，可備夜濬，惟利於漸，不利於頓。（卷九三，一一頁）

法輪

【八編類纂】法輪一百，以堅木爲之，鐵板爲齒，槁木爲柄；每件高二尺四寸，厚一尺二寸，兩邊帶開沙泥斧數片，一人可推。（卷九三，一二頁）（圖八三）

雙推輪

【八編類纂】雙推輪二百，以堅木爲之，鐵板爲齒，槁木爲柄，每件高三尺，厚一尺四寸，兩邊帶開沙鐵斧數片，二人共推。（卷九三，一二頁）（圖八四）

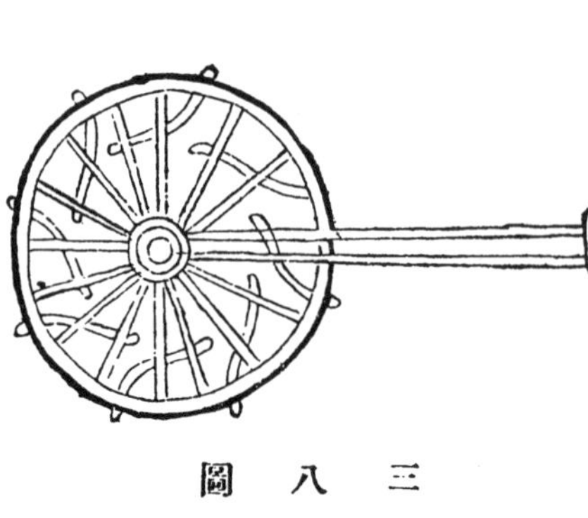
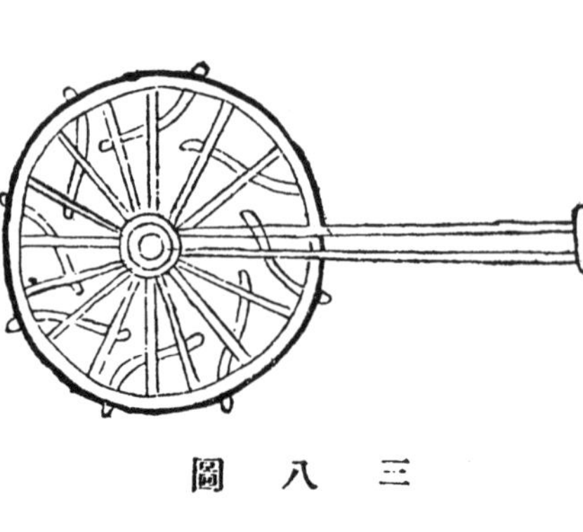

圖八三

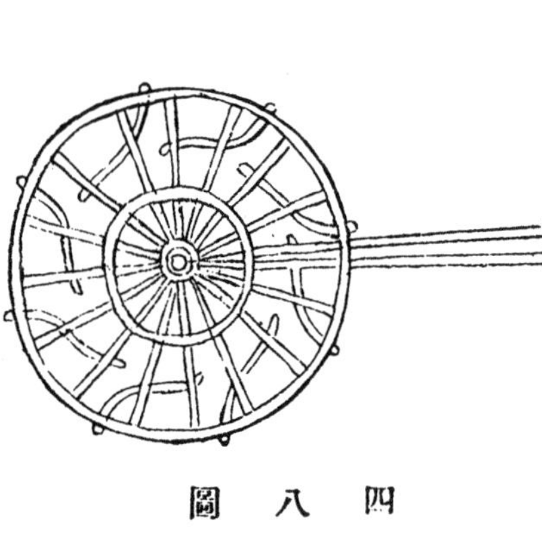

圖八四

闊口扒

【八編類纂】大闊口扒二百，以鐵爲之，重千[一]斤，連梢毛竹作柄； 每件闊一尺八分[二]，齒長二寸六分，下匾上方，用鐵管柄連毛竹柄。（卷九三，一三頁）（圖八五）

圖八五

闊齒扒

【八編類纂】闊齒扒一百，以鐵爲之，重五斤，長梢竹作柄； 每件闊一尺二寸，鐵齒長三寸六分，下匾上方，用鐵管柄，連竹柄。（卷九三，一三頁）（圖八六）

[一]『千』，原書作『十』。
[二]『分』，原書作『寸』。

揚沙大錫

【八編類纂】揚沙大錫二百，以鐵爲之，重十斤，毛竹作長柄；　每件如前式，中多一梁，齒用十六。（卷九三，一四頁）（圖八七）

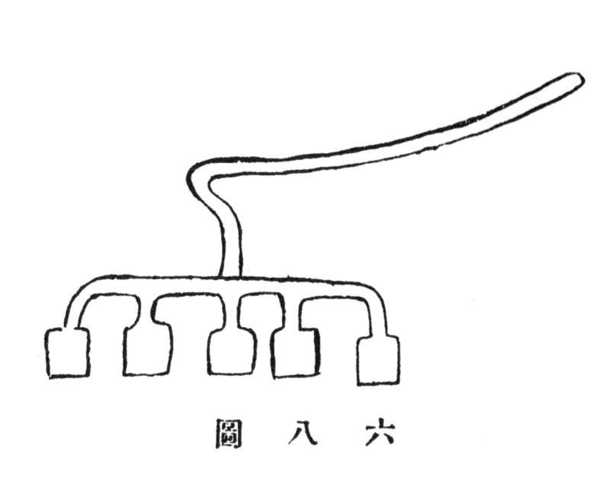

圖　八　六

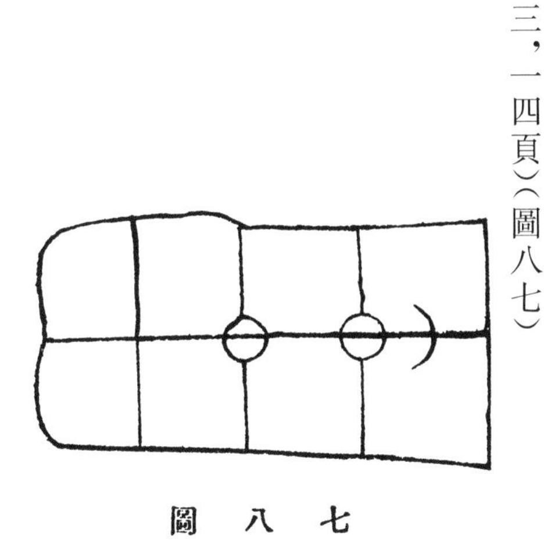

圖　八　七

單拖泥扒

【八編類纂】拖泥扒一百，以木爲之，横梁鐵齒，連稍竹作柄；　每件梁長二尺，徑四寸，齒厚一分，闊一寸，露梁一寸二分，或八齒十齒任用。（卷九三，一四頁）（圖八八）

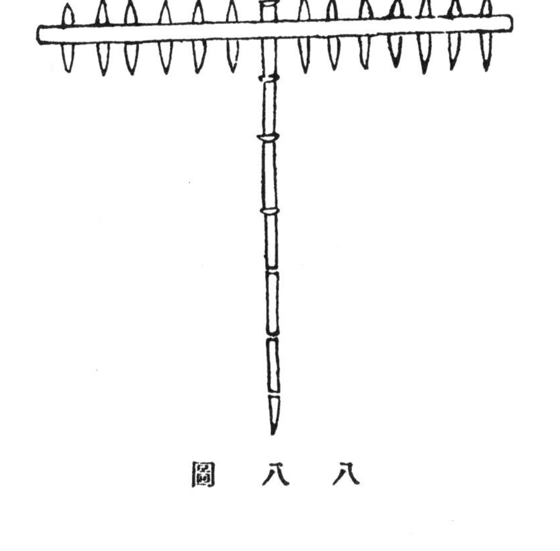

圖　八　八

推沙鉋

【八編類纂】推沙鉋一百，以木爲之，銕齒長竹柄共重五斤，每件長二尺，頭闊五寸，根闊六寸，厚一寸六分，每鉋用齒三片。（卷九三，一五頁）（圖八九）

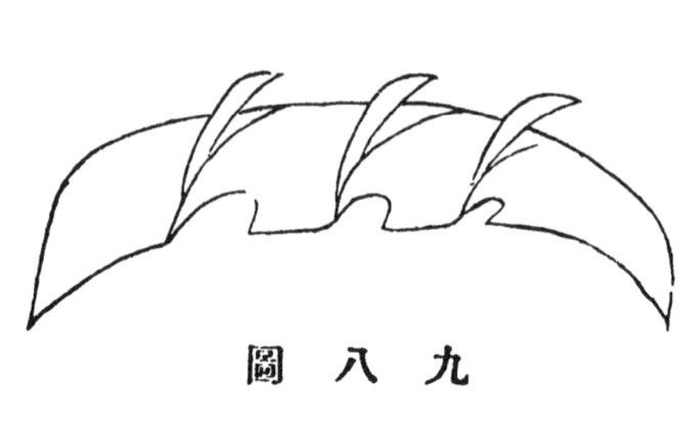

圖八九

大推沙鉋

【八編類纂】大推沙鉋二百，以木爲之，鐵齒重一十二斤，長毛竹柄；　每件長二尺四寸，頭闊八寸，根闊一尺，厚二寸，每鉋用齒二對，鉋面如舡底形。（卷九三，一五頁）（圖九〇）

圖九〇

濬淺筏

【八編類纂】濬淺筏一千，每筏用杉木二十五根，每筏用夫二名；　杉筏可耐久，濬畢可更他用。（卷九三，一六頁）（圖九一）

圖九一

吸沙桴

【八編類纂】吸沙桴三百，每桴濬夫二名，以大毛竹九節爲之；　大毛竹每根銀一錢，每桴并橫栓毛竹，共銀一兩，此桴潮來則浮，潮去則拽，置於乾灘，比舡較輕且便。（卷九三，一六頁）（圖九二）

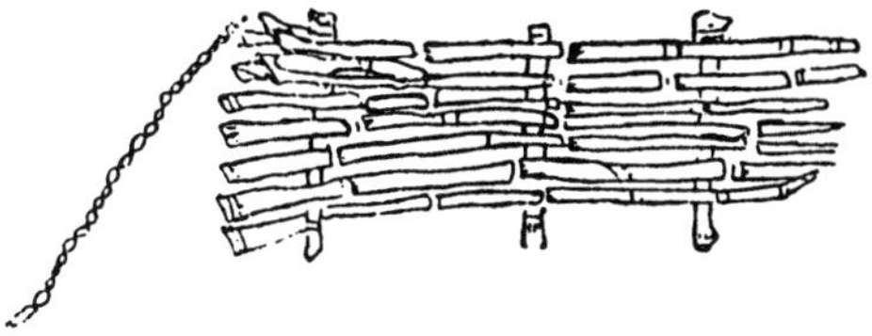

圖二九

開口鐵扒

【八編類纂】一千副，連竹稍[一]爲柄。（卷九三，一七頁）

長柄鐵扒

【八編類纂】一千副，連竹（稍）〔梢〕爲柄。（卷九三，一七頁）

短柄鐵扒

【八編類纂】一千副，以竹爲之[二]柄。（卷九三，一七頁）

闊罱頭

【八編類纂】一千副，以竹爲之竿。（卷九三，一七頁）

窄罱頭

【八編類纂】一千副，以鐵爲之竿。（卷九三，一七頁）

[一]『稍』，原書作『梢』。

[二]原書無『之』字。

第六章 埽

第一節 名稱

埽，即古之茨防，又稱窼，用以護堤或塞决者也。大者曰埽，小者曰由。

埽（茨防）（窼）（由）（埽岸）（入水埽）（争高埽）（陷埽）（盤簟）

【宋史・河渠志】辮竹糾芟爲索，以竹爲巨索，長十尺至百尺有數等。先擇寬平之所爲埽場，埽之制密布芟索鋪梢，梢芟相重，壓之以土，雜以碎石，以巨竹索横貫其中，謂之心索。卷而束之，復以大芟索繫其兩端，別以竹索自内旁出，其高至數丈，其長倍之。凡用丁夫數百或千人，雜唱齊挽，積置于卑薄之處，謂之埽岸。既下，以橛臬閡之，復以長木貫之，其竹索皆埋巨木於岸以維之。遇河之横决，則復增之，以補其缺。凡埽下非積數疊亦不能遏其迅湍，又有馬頭鋸牙木岸者，以蹙水勢護堤焉。（卷九一，二三三頁，三格，四四行）

【河防通議】埽之制非古也，蓋近世人創之耳，觀其制作，亦椎輪于竹楗石菑也。今則布薪芻而捲之，環竹絙以固之，絆木以係之，掛石以墜之，舉其一工以稱之，則曰窼。案：窼音混，《字書》：大束也。窼既下，又以薪芻填之，謂之盤簟。兩窼之交，或不相接，則以網子索包之，實以梢草塞之，謂之孔塞盤簟。孔塞之費，有過於埽窼者，蓋隨水去者大半故也。其窼最下者，謂之撲崖埽，又謂之入水埽。窼之最居上者，謂之争高埽。河勢向著恐難固護，先於堤下掘坑捲埽以備之，謂之陷埽。疊二三四五而捲者，蓋河堧皆沙壤疎惡，近水即潰，必借埽力以捍之也。下埽窼既朽，則水埽[一]而去，上窼壓下，謂之實墊，於上又捲新埽以壓之，俟定而後止。（卷上，二〇頁，四行）

【至正河防記】治埽一也，有岸埽、水埽，有龍尾、攔頭、馬頭等埽，其爲埽臺即推捲牽制薶掛之法，有用土、用石、用鐵、用草、用木、用杙、用絙之方。（四頁，三行）

【治河方略】以竹絡實以小石，每埽不等，以蒲葦綿腰索徑寸許者從鋪，廣可一二十步，長可二三十步，又

[一]『埽』，原書作『刷』。

以拽埽索鉤，徑三寸或四寸，長二百餘尺者衡鋪之，相間復以竹葦麻檾大繂。長三百尺者爲管心索，就繫綿腰索之端於其上。以草數千束多至萬餘，勻布厚鋪於綿腰索之上，橐而納之。丁夫數千，以足踏實，推轉稍高，即以水工二人立其上而號於衆，衆聲力舉，用小大推梯推卷成埽。〔一〕【又】鑲邊裹頭，必須用埽，急〔二〕欲閉合龍門之時，包土稍緩，應速捲大埽，立時填塞斷流。修〔三〕建滚水石閘等項，應先築攔水小壩，於閘工告成之日，原應毀廢，俾水流通。若〔四〕下樁包土，恐日後難於毀壞，宜仍用埽。（卷五，二九頁，一二行）

【河器圖説】埽，即古之茨防。高自一尺至四尺，曰由；自五尺至一丈，曰埽。《史記·河渠書》『下淇園之竹以爲楗』是也。其貫於埽中而兩頭餘出甚長者，曰楸〔五〕頭；連埽兩頭所捆者，曰邊戰；連埽外通身皆捆，每離五尺一根者，曰底鈎；埽中段用緶子捆紮者，曰滚肚，皆爲繫埽之繩。逐項有橛，橛長四五尺、五六尺不等。埽名不一，有等埽、邁埽、肚埽、面埽、套埽、護厓、磨盤、雁翅、鼠尾、蘿蔔之别。又有龍尾埽，代〔六〕大柳樹，連梢繫之長堤，根隨水上下，破齒〔七〕岸浪，俗名曰掛柳。從鋪、衡鋪，即俗謂丁廂。管心索，即俗謂揪頭繩。其分上下水揪頭者，凡埽下水頭必高上水頭二三尺不等，拉時須從下水頭先拉兩號，然後一齊叫號，兩頭自然平整。埽初下時，未曾得底，繩枳須時時派兵看守，緣揪頭過鬆則無力，鈎戰過緊則發橛。迨埽沉水即行加廂，每尺壓土五寸，廂二尺用騎馬一路，俟埽平水，簽釘長樁，釘樁須靠山、迎上水，不宜陡直，否則防推埽離當。倘水深溜急，新做之埽身輕，難以下墜，每坯必高，廂料厚四五尺不等，再點花土，如已得底，方可用重土按坯盤壓。但此論尋常廂做，設遇脱胎陡墊〔八〕，即爲搶廂，顧名思義，自當以速爲主，而廂做之法，仍不外是。（卷三，一頁）（圖九三，九四）

【河工要義】埽者，所以護岸而捍水者也。或稱埽段，亦曰埽個。堤係積土而成，溜逼堤根，時虞汕刷，於是就堤下埽，以禦水勢，喻諸戰事，埽實堤工之前敵也。（一〇頁，一二行）

〔一〕出處待考。
〔二〕『埽，急』，原書作『埽者，有急』。
〔三〕『流，修』，原書作『流者，有修』。
〔四〕原書『若』上有『今』字。
〔五〕『楸』，原書作『揪』，以下徑改。
〔六〕『代』，原書作『伐』。
〔七〕『齒』，原書作『嚙』。
〔八〕『墊』，原書作『蟄』。

圖九三

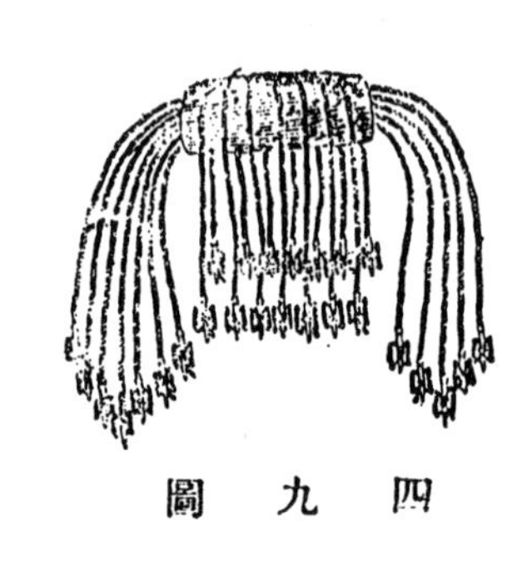

圖九四

【河工名謂】椿繩聯結柴薪而成之，一種捍水護岸工程。（六頁）

以其材料之不同而言可分竹楗、柳埽、石埽、稭埽、磚埽、灰埽數種。

竹楗

【史記·河渠書】自河決瓠子後二十餘歲，歲因以數不登，而梁楚之地尤甚。天子既封禪，巡祭山川，其明年旱乾封少雨，天子乃使汲仁郭昌發卒數萬人，塞瓠子決，天子……自臨決河，沈白馬、玉（壁）〔璧〕於河，令群臣從官自將軍已下，皆負薪實決河。是時東流郡燒草，以故薪柴少，而下淇園之竹以爲楗。（《史記》卷二九，一一一八頁，四格，一〇行）

柳埽

【新治河】如遇絞邊順溜、迴溜，堤坦被刷生險，如做稭埽工料不及，近來發明一種柳枝埽，既省且速。做法由春廂工作時審定地勢，先築埽台（即土埽心），外面距埽台一尺外，斜釘細[一]長簽，向上收分，相離六七寸一根。再用細柳枝横排密編簽上，似編笆然，編高一丈[二]。靠笆一面先用軟草密填，將笆縫堵嚴，免致汕土，裏面用土夯築堅實。（上編，卷二，一六頁，二行）

【河工用語】柳編者，曰柳埽。（五期，專載四頁）

石埽

【河工用語】石修者，曰石埽。（五期，專載四頁）

稭埽

【河工用語】以稭料修者，曰稭埽。（五期，專載三頁）

磚埽

【河工用語】磚修者，曰磚埽。（五期，專載四頁）

灰埽

【河工用語】用三合土修者，曰灰埽。（五期，專載四頁）

[一] 原書「細」下有「直」字。
[二] 「丈」，原書作「尺」。

險將至而旱地下埽者，名曰等埽。險已至而挑槽下埽者，是謂摟崖埽。順堤根初下之埽，曰肚埽，其迎水一面，曰面埽。埽外下埽，曰邁埽。肚埽、邁埽並築，統稱二路一層。沉水埽上加埽謂之套埽，若再埽上套埽，是謂二路二層。

等埽

【治河方略】險將至而旱地下埽者，名曰等埽。（卷一○，一三頁，五行）

【河工簡要】河勢較近，水長必險之地，預在乾地挑槽捲下埽箇，以待水長抵禦，名曰等埽。（卷三，三頁，五行）（圖九五）

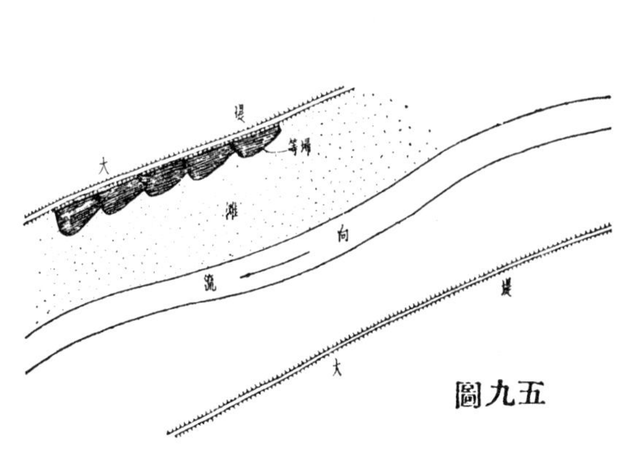

圖九五

【河工要義】河勢距堤較近，水長必生險工，預在旱地挖槽做埽，以備河溜靠溜[一]之用者，名曰等埽。（一三頁，三行）

【河工名謂】預修埽段於旱地，以待水至者，曰等埽。（八頁）

摟崖埽

【新治河】（順廂）遇絞邊溜急，刷汕坦土，丁廂不及，作此埽以護之，取其埽身小而成功易也。（圖九六）

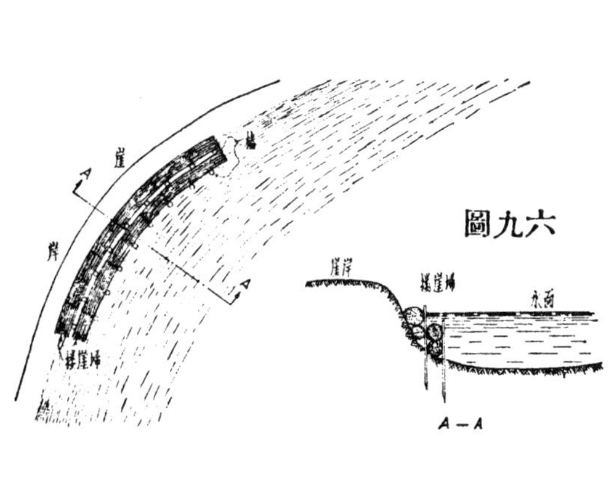

圖九六

【河工要義】緊貼崖岸，做龍尾埽段，謂之摟崖，其用

〔一〕『溜』，原書作『隄』。

法與下龍尾埽同。（一二頁，一行）

肚埽

【治河方略】順堤根初下者，謂之肚埽。（卷一〇，一三頁，六行）（圖九七）

【河工要義】内外並下埽段二路，迎水一面爲之面埽，靠堤一面爲之肚埽。（一一頁，四行）

【河防輯要】順堤根下埽者，謂之肚埽。初下之護崖，謂之肚埽。如併歸二路，内路即爲肚埽。

【河工名謂】下埽數路，靠堤初下之埽，曰肚埽。（七頁）

面埽

【治河方略】埽外邁埽，謂之面埽。（卷一〇，一三頁，七行）（圖九七）

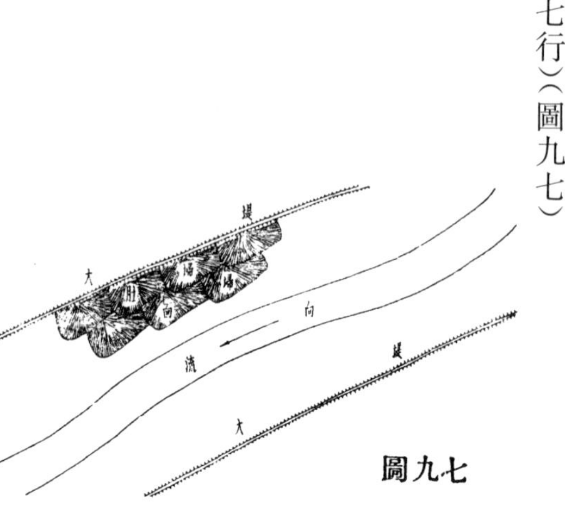

圖九七

【河工簡要】上下二三埽，其在上者，即爲面埽；或下埽二三路，其外面一路即爲面埽。（卷三，一頁，一三行）

【河防輯要】凡埽有二三層者，在上一層，即爲面埽；或平下二三路者，外面一路，亦爲面埽。

【河工名謂】下埽數路，其外面，曰面埽。（八頁）

邁埽

【河工要義】河溜衝激，勢非一路邊順埽所能抵禦者，埽外再行邁出一路，謂之邁埽。一邁不已，得以再邁，須視河形水勢酌量定奪。邁埽即上迎水一面之面埽也。其内一路或二路，皆爲肚埽。又上下接連在二三埽以上者，其最上之第一埽，亦曰面埽，然不得謂邁埽也。（一一頁，五行）

【河防輯要】因勢湧溜猛，一路單埽薄不足以禦敵，埽外下埽曰邁埽，又曰面埽。【又】乃埽外再下以帮埽也。

二路一層

【新治河】下埽又分層路，豎分上下爲層，横分内外爲路，順堤根初下者，謂之肚埽。（裏面）埽外邁埽，謂之面埽。（外皮）此爲二路一層。（上編，卷二，二一頁，七行）

【河防輯要】如止有邁埽、肚埽兩個，而不加套埽，則曰二路一層。蓋路者，指埽之並肩者而言，層則指上下重疊而言也。

沉水埽

【河工簡要】水[一]之下者，即爲沉水埽。（卷三，一頁，一七行）

【河工名謂】捲埽之時，内加磚石易沉到底者，曰沉水埽。（九頁）

套埽（二路二層）

【治河方略】沉水埽上加埽，謂之套埽。（卷一〇，一三頁，八行）（圖九八）

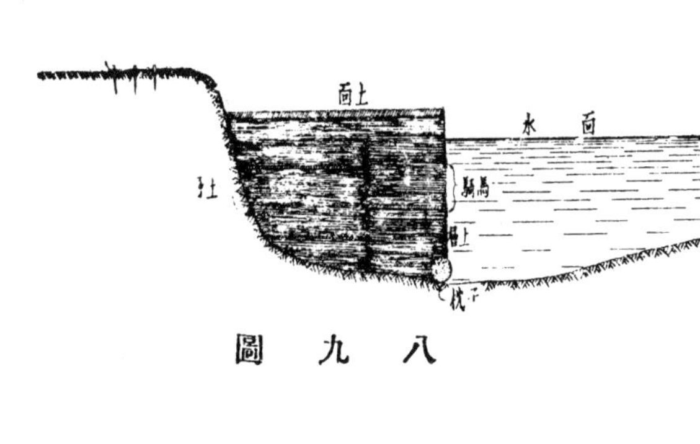

圖九八

【河工簡要】水深埽矮不能沉底，再用套埽聯簽，下墜二三四五層，層疊儘用，名爲套埽。（卷三，一頁，一五行）

【河防輯要】凡水深埽矮不能沉底，再行加埽，聯簽下墜，二三四層儘用，即爲套埽。【又】是兩路一層，沉水埽上加埽，謂之套埽。【又】若再埽上套埽，仍曰套埽，便謂之二路二層。【又】乃埽上重加之埽也，近用加廂，套埽廢矣。

【河工名謂】一埽套一埽，曰套埽。（八頁）

兜纜下埽，堵塞支河者，曰神仙埽，又曰兜纜埽。邊埽兩面對頭細下大埽，勢若闕門，曰門埽，又曰闕門埽。耳子埽，以其形如耳，故名。戧埽形圓如半月，或作橢圓斜長，以一埽爲限，用以防閘壩或金門下之迴溜。兩埽接口處所下之埽，曰接口埽。鳳尾埽、蘿蔔埽，頭大尾小。鼠頭埽則頭細尾大，堵塞決口用之。

神仙埽（兜纜埽）（吊纜鑲）（金門兜子）

【治河方略】水溜而深者，兩岸盤鑲馬頭，用物料迎溜，吊纜軟鑲，背後跟土填堵，一名吊纜鑲，一名神仙埽。（卷一〇，二一頁，四行）

[一] 原書『水』上有『在』字。

【河工簡要】如支口之河〔一〕，其形勢小者，在于口門兩邊兜起繩纜，用柴舖於繩〔二〕上，（層柴）層土廂〔三〕壓到底，一名神仙埽，一〔四〕名兜纜埽。（卷三，二頁，一四行）

【河工要義】大工合龍，兩壩進占，察其形勢，酌留金門兩面兜起繩纜，用料舖於繩上，層料層土，鑲壓到底，名曰神仙埽，又曰兜纜埽。在永定河稱爲金門兜子，堵截支河亦用之。（一二頁，五行）

【河工名謂】上水預做大埽與口門等，做就放入口門，層料層土，追壓到底，謂之神仙埽。【又】又兜纜下埽堵塞支河者，曰神仙埽，一曰兜纜埽。（一〇頁）（圖九九）

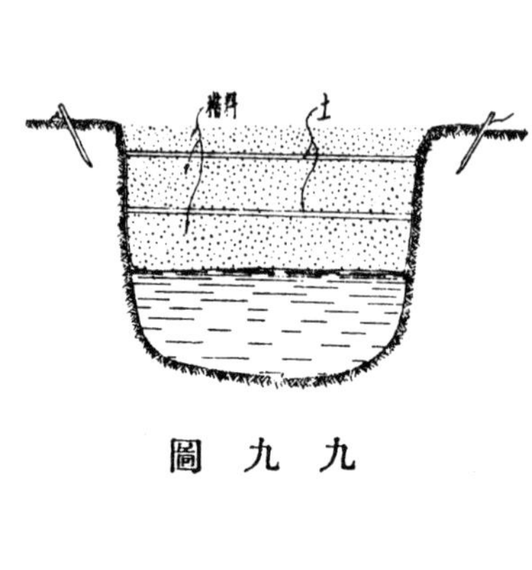

圖九九

門埽（閼門埽）

【河工簡要】凡堵塞〔五〕支河，兩岸建築壩臺，對面捲埽〔六〕，形如閉户，名曰門埽。（卷三，三頁，三行）（圖一〇〇）

【河工要義】門埽亦曰閼門埽。大工合龍，兩壩跟〔七〕

門埽圖

圖一〇〇

〔一〕『支口之河』，原書作『支河之類』。

〔二〕原書『繩』下有『纜』字。

〔三〕『廂』，原書作『鑲』。

〔四〕『一』，原書作『又』。

〔五〕『塞』，原書作『截』。

〔六〕『兩岸建築壩臺，對面捲埽』，原書作『兩邊，岸立壩臺，對曰捲埽』。

〔七〕『跟』，疑作『根』。

下邊埽，及至金門故[一]窄，神仙埽鑲壓到底，邊埽兩面對頭綑下大埽，勢若關門，是以名之。（一二頁，七行）

【河工名謂】堵截支河，對面下埽，相對如門者，曰門埽。（一〇頁）

耳子埽

【河工名謂】埽形似耳者，曰耳子埽。（九頁）

戧埽（饅頭埽）

【河工要義】壩埽以下及閘壩金門堤外帮，往往有用戧埽之處，其形圓如半月，或作橢圓斜長，但以一埽爲限，接連二三埽者，即是雁翅。其用法專防迴溜搜後而設，亦所以搘柱上掃，或其堤脚者也。又有以斜長者，爲雁翅埽；以半圓及橢圓者，爲饅頭埽，皆隨人口稱之而已。（一二頁，一五行）

接口埽

【濮陽河上記】於兩占接合之處，用以堵塞漏患者，謂之接口埽。每段占埽做成接口之處，亟須留意，遇有埽眼，上口趕做接口埽，以堵其隙。至合龍以後，尤宜注意下水有無翻花，有則即是漏患。（甲編，六頁，九行）

【河工名謂】堵口所進各占於兩埽接口處所下之埽，曰接口埽。（一〇頁）

鳳尾埽

【河防輯要】乃頭大尾小，合龍門之埽也。

【河工名謂】護岸掛柳者，曰鳳尾埽。【又】其埽形似鳳尾者，曰鳳尾埽。（九頁）

蘿蔔埽（老鼠埽）

【治河方略】凡埽壩要小頭大尾，一名老鼠[二]埽，一名蘿蔔埽。上水小頭，下水大頭，以便二埽小頭藏於大頭之內。（卷一〇，一三頁，一二行）

【河工簡要】凡合龍之處，口門必係上水寬，下[三]水窄，須下大頭小尾埽個，形如蘿蔔，故名蘿蔔埽。（卷三，二頁，一二行）（圖一〇一）

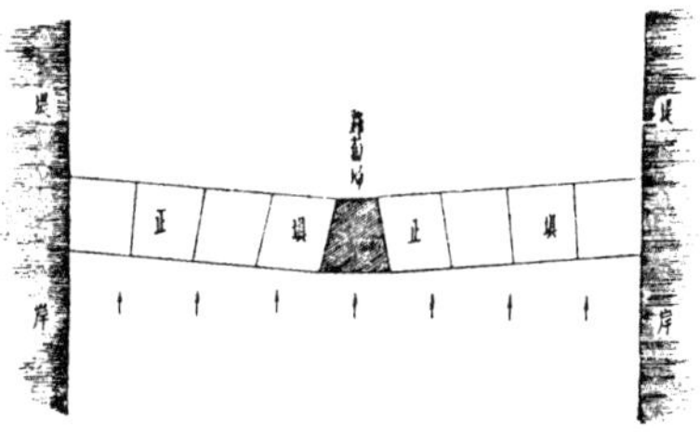

圖一〇一

[一]『故』，原書作『收』。
[二]『老鼠』，原書作『鼠尾』。
[三]原書『下』前有『而』字。

鼠頭埽

【行水金鑑】塞將完時，水口漸窄，水勢益湧，又有合口之難，須用頭細尾粗之埽，名曰鼠頭埽。俾上水口潤，下水口收，庶不致滚[一]失而塞工易就也。（卷三六，五頁，二行）

【治河方略】塞决口[二]將完時，水口漸窄，水勢益湧，又有合口之難，須用頭細尾粗之埽，名曰鼠頭埽。俾上水口潤，下水口收，庶不致流失而塞工易就也。（卷八，三一頁，九行）

埽身窄狹而緊貼堤埝者，曰邊埽。包灘埽、護崖埽，名異實同，均爲保護灘岸之被大溜汕刷者也。馬頭埽亦護岸之一種，並具挑水之功。護根乾埽，衛護堤根埽灣之用。龍尾埽，係掛連梢大樹於堤旁，以破嚙岸浪者也，又稱掛柳。龍尾小埽，防風用之。埽之在一段中最吃緊者，曰當家埽。

邊埽（邊埽占）

【河工簡要】埽臨水面尚宜二[三]三四層者，即爲邊埽。（卷三，一頁，一八行）（圖一〇二）

【河防輯要】漫水護崖，即爲邊埽。【又】乃閉口埽工，兩邊幫之下順埽也。

【河工名謂】埽身窄狹而緊貼堤埝者，曰邊埽。（九頁）

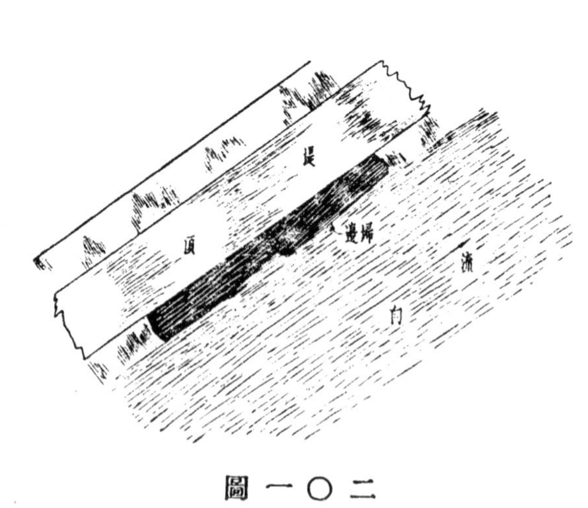

圖一〇二

【河工名謂】邊埽所進之占，曰邊埽占。（三二頁）

包灘埽

【河工簡要】堤根低窪，河勢漸近，灘岸[四]日漸塌[五]

[一]『滚』，疑作『流』。
[二]原書無『决口』。
[三]『宜二』，原書作『有工』。
[四]原書『岸』下有『土地』。
[五]『塌』，原書作『刷』。

卸，勢(在)借灘以抵全流，必須捲下[一]埽個，以禦刷卸旁洩[二]，名曰包灘埽。(卷三，二頁，六行)

【河工要義】堤根窪下，河水距堤較近，溜一靠堤，堤防吃緊，不足以資保固，勢非藉前面淤灘以抵全河大溜不可。若淤灘被[三]汕刷，日漸塌卸，必須捲下包灘埽個，以禦刷卸串洩之患，因名之曰包灘埽。(一二頁，二行)

護崖埽(護沿埽)(護埂埽)

【河工簡要】因崖岸離堤較近，且係漫水不時沖刷，須下邊埽護崖，名爲護崖埽。(卷三，二頁，三行)(圖一〇三)

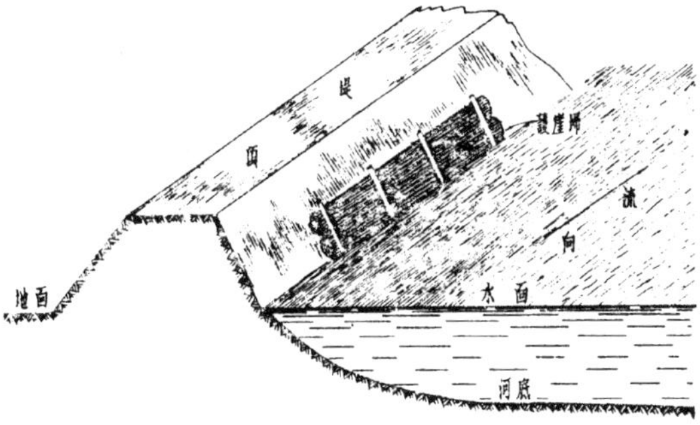

圖一〇三

【河工要義】崖岸離堤較近，河水因崖不時汕刷，恐絡續坍陷，水靠堤根，不可收拾，即就崖岸順下護崖邊埽，謂之護崖埽。此多用於兜灣膊肘之處，蓋虞水至堤根，勢成入袖也。(一一頁，一四行)

【河防輯要】臨河下埽，總而言之曰護崖，曰魚鱗。護崖者，緊靠堤根，挨順而下，以護堤根之崖岸也。魚鱗者，即此護岸埽。假如接下數個，每個須小頭大尾，挨次以下，埽之小頭，藏於上埽之大尾內，形如魚鱗者是也。【又】因崖岸離堤較近，且係漫水不時汕刷，須下邊埽護崖，即爲護崖埽。

【河工名謂】傍堤埝下椿，薄舖料束者，曰護沿埽，亦曰護崖埽，亦曰護埂埽。(一〇頁)

馬頭埽

【問水集】河性湍悍，如欲殺北岸水勢，則疏南岸上流支河，上策也。然支河或不順水勢，則雖開而復淤，舊有馬頭埽之制，蓋捲埽出河丈餘，稍順水勢，連出數埽。雖終不能禦，然水性極悍，一有所觸，即折而他往，連觸數埽，有坯即舖，多因之而全岸者，亦不可

[一] 原書「下」後有「包灘」。
[二] 「洩」，原書作「流」。
[三] 原書「被」下有「水」字。

廢也。〔一〕

護根乾埽

【治河方略】凡堤係埽灣，須預下乾埽，以衛堤根，此埽須土多料少，簽樁必用長壯，入地稍深，庶不坍蟄。（卷八，三四頁，一二行）

龍尾埽

【河防一覽】黃河大發之時，用以防風。〔二〕（圖一〇四）

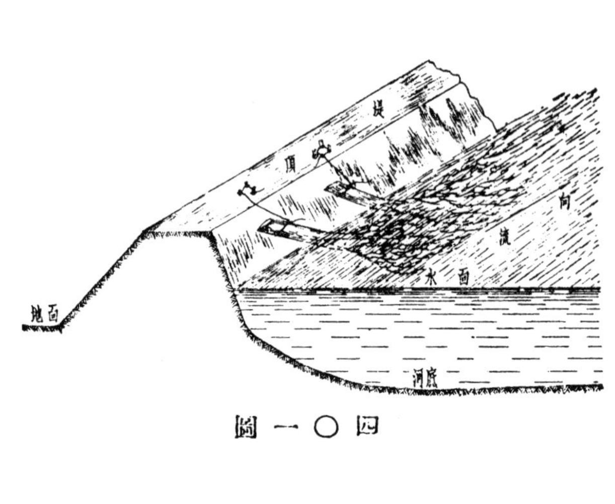

圖一〇四

【治河方略】埽亦有名龍尾，又曰蘿蔔，皆頭大尾小之形也。〔三〕【又】伐大樹連梢，繫之堤旁，隨水上下，以破嚙岸浪者也。（卷七，一一頁，一行）

【新治河】溜逼堤根，不及做埽，或埽已陡蟄〔四〕，不及補廂，用此可以救急。法以大〔五〕樹連皮帶枝〔六〕伐來，以繩繫樁，倒掛水中。可以抵溜，可以掛淤，十餘枝〔七〕爲一排，每排用繩編聯，恐單株見溜滾擺，轉致傷堤。（上編，卷二，一五頁，一〇行）

【河工要義】緣堤有分流溝槽，或深坑陡崖者，一經盛漲，慮其衝堤刷岸，須於堤內排釘樁木，用一尺高埽由聯絡簽套。量度地形高下，河門寬窄，水勢淺深，以定埽由。層數之多寡，自二三層至十數層，相機應用，以其形像，故曰龍尾。（一二頁，九行）

【河工名謂】用埽由聯絡簽套，或三四層，或十數層，形似龍尾編排者，曰龍尾埽。（一〇頁）

掛柳

【河工名謂】將柳樹連枝帶葉繫於迎溜之灘岸，以爲緩溜護險之用者。（一一頁）

〔一〕出處待考。
〔二〕出處待考。
〔三〕出處待考。
〔四〕『墊』，原書作『蟄』。
〔五〕原書『大』下有『柳』字。
〔六〕『連皮帶枝』，原書作『連枝帶葉』。
〔七〕『枝』，原書作『株』。

龍尾小埽[一]

見前『風防』。（第四章第三節）

當家埽

【河工用語】埽之在一段險工中最吃緊者，曰當家埽。（五期，專載四頁）

埽之本身，曰埽身。埽身之内部，曰埽心。埽之上頂，曰埽頂，或曰埽面。埽之底部，曰埽底，埽底之外邊，曰埽根，又曰埽耳。埽身之週邊，曰埽口。埽面迎水一面之埽唇，曰埽眉。兩埽接縫及堤埽分界處之罅漏，曰埽眼。上水窄而小者，曰埽頭，又曰上口。下水廣而大者，曰埽尾，又曰下口。埽之臨水拐角，曰跨角。埽尾之跨角，曰埽嘴。埽之近水一面之坡分，曰馬面。堵閉下埽之埽台，曰馬頭。背水靠堤之埽唇，曰埽靠。兩埽接連處之空隙，曰埽檔。埽之後部，曰埽塍。連埽兩頭兩捆者，曰戰箍。埽之不用繩纜揪頭等者，曰埽由。有用柳橛倒鈎者，釘繩頭於埽内，曰埽腦，又曰埽腦子。兩埽並下，或埽靠堤坦者，其中有順埽溝漕一道，名曰眼埽。

埽身

【河工用語】埽之本身曰埽身，其臨河者曰前身，靠堤者曰後身。（五期，專載四頁）

埽心

【河工要義】埽既做成，其始基所捲埽由，即稱埽心。（一四頁，二行）

埽頂

【河工用語】埽之上頂曰埽頂，或曰埽面。（五期，專載四頁）

埽面

【河工要義】埽之面部曰埽面。（一三頁，一五行）

埽底

【河工要義】埽底在於埽之底部。（一三頁，一五行）

埽根

【河工用語】埽底之外邊曰埽根。（五期，專載五頁）

埽耳

【河工名謂】埽底之上下兩邊，曰埽耳。（七頁）

埽口

【河工用語】埽身之週邊曰埽口。（五期，專載四頁）

埽眉

【河工要義】埽面迎水一面之埽唇曰埽眉。（一四頁，一行）

埽眼

【河工要義】埽眼者，兩埽接縫，及堤埽分界處之順埽罅漏也。（一三頁，一五行）

【河防輯要】或兩埽平下，或埽靠堤坦者，其中有順埽

[一] 出處待考。

溝一道，名曰埽眼。

埽頭

【河工要義】上水窄而小者，曰埽頭。（一三頁，一四行）

上口

【河工名謂】埽之在上水一端，曰上口。【又】埽之上水一端，窄而小者，曰上口。（八頁）

埽尾

【河工要義】下水廣〔一〕而大者，曰埽尾。（一三頁，一四行）

下口

【河工名謂】埽之在下水一頭，曰下口。【又】埽之在下水一端，寬而大者，曰下口。（八頁）

跨角

【河工用語】壩之臨水拐角曰跨角，在上水者曰上跨角，在下水者曰下跨角。（五期，專載六頁）

埽嘴

【河工要義】埽尾之跨角，曰埽嘴。（一四頁，一行）

馬面

【河防輯要】底出上縮，即爲馬面。

【河工要義】馬面者，埽之迎水一面之坡分也。（一四頁，二行）

馬頭

【治河方略】馬頭者，即堵閉下埽之埽臺，最宜得勢得地，則自始至終，不須〔二〕更改，埽亦安穩。（卷一〇，五五頁，一五行）

埽靠

【河工要義】埽面背水靠堤之埽唇，曰埽靠。（一四頁，二行）

埽檔

【河防輯要】有以邁埽、肚埽，兩埽接連有空，曰埽檔，均須以草填之。

埽堂

【河工用語】埽之後部曰埽堂。（五期，專載五頁）

戰箍

【河防輯要】連埽兩頭兩捆者，曰戰箍。

埽由

【河工簡要】自高一尺起至高四尺止，不用腰纜楸〔三〕頭繩等，只用柴草用小繩箍頭，即謂之埽由，此係搪風抵浪之物。（卷三，一頁，五行）

【河工要義】埽由者，埽之所由起也。凡做〔四〕，無論水旱，必先捲成埽由，推入河內，作爲根基，然後舖底鑲

〔一〕『廣』，原書作『寬』。

〔二〕『須』，原書作『煩』。

〔三〕『楸』，原書作『揪』。

〔四〕原書『做』下有『埽』字。

做，故曰埽由。（一三頁，一二行）

埽腦

【河器圖説】見『揪頭抶』。（圖見卷三，五頁前面）

埽腦子

【治河方略】再用柳橛有倒鈎者，釘繩頭於埽內，名曰埽腦子。（卷一〇，一五頁，六行）

眼埽

【河工簡要】因兩埽并下或埽靠堤坦者，其中有順埽溝（漕）〔槽〕一道，名曰眼埽。（卷三，三頁，一五行）

旱地廂埽須先挖溝槽，挖出之土，曰刨槽土。埽工背後所依靠之土，曰埽靠土。鑲料一層後所壓之土，曰壓埽土。其頂上一部，曰埽面土。

刨槽土

【河工要義】凡做旱埽及一切落底作基之土，必先刨挖槽子，以便工作，故曰刨（挖）槽土。槽須較原估基址留大些，且宜口寬底窄，方好施工。惟埽槽有不估工價者，以挖出之土，轉面即可爲壓埽土之用故也。（二八頁，二行）

埽靠土

【河工要義】埽靠土者，埽所依靠之土，换言之，即埽工之背後土也。埽之所以必須有靠者，蓋以堤坡之收分大，而埽馬面之收分小，馬面既小，則埽後未免難擋。如果順堤坡普律鑲做，則又埽面加寬，用料較多，而工轉未能堅實，故一面做埽，必須一面挑補埽靠土。（二七頁，一四行）

壓埽土（實土）（花土）

【河工要義】鑲做埽段，鑲料一層，必須壓土一層，每層所壓之土，皆爲壓埽土。每層厚一尺，有花土、實土之分，如欲埽工堅實，尤以全用實土爲是。滿埽全壓者曰實土。每筐一堆離有空檔者，曰花土。作工時先壓花土，繼壓實土。（二七頁，九行）

埽面土（面土）（大土）

【河工要義】埽之頂上一部曰埽面。埽面土者，壓埽之頂部土也。滿埽追壓大土，自一尺乃至二尺，以埽穩固乃止。（二七頁，一二行）

【河工名謂】廂成後埽面所壓之土，曰面土，亦曰大土。（一一頁）

第二節　工程

順廂即軟廂，又名捆廂。做法先於堤上釘橛，一橛一繩，繩之兩頭，一繫橛上，一繫船上，再於繩上舖捲稭料，徐徐鬆繩，料土間層追盤到底。丁廂頭一坯亦須順廂舖底，名爲生根。先以稭料，或柳枝做枕，名曰埽枕。上橛繫繩於枕上，順舖稭料，襯平以後再上，則稭皆丁廂，稭根向外，去腰打花，根根吞壓成埽。

順廂

【河工簡要】將柴根俱朝外面，梢尖在内，經土壓實，即係外昂内窪，各爲順廂。（卷三，六頁，五行）

軟廂

【河工簡要】凡在漫水作壩，先用軟草架築柴，廂壓出水，即爲軟廂。（卷三，六頁，七行）

捆廂（摟廂）

【新治河】（亦名摟廂，又名軟廂，係順廂者。）宜用之於堵截支河，或緩溜之處。做法先於堤上釘橛，一橛一繩，繩之兩頭，一繫橛上，一繫於船，再於船上鋪捲稭料，名爲埽箇，鋪足原估丈尺，即徐徐鬆繩壓土，使其到底，坯坯（按）摟廂如式。埽内應用暗傢伙（樁、簽、繩纜等）數目多少，量水力大小定之。（上編，卷二，一二頁，一一行）（圖一〇五）

追盤

【河工名謂】層土層柴，追壓到底，曰追盤。（一一頁）

丁廂

【河上語】丁廂用枕，枕以料爲之，徑二三尺，長五六丈，繩繫枕上，順鋪與枕平，枕上直鋪，稭根向外。（三一頁，四行）

埽枕

【河工名謂】用稭柳等料，捆束如枕者，曰埽枕。（七頁）

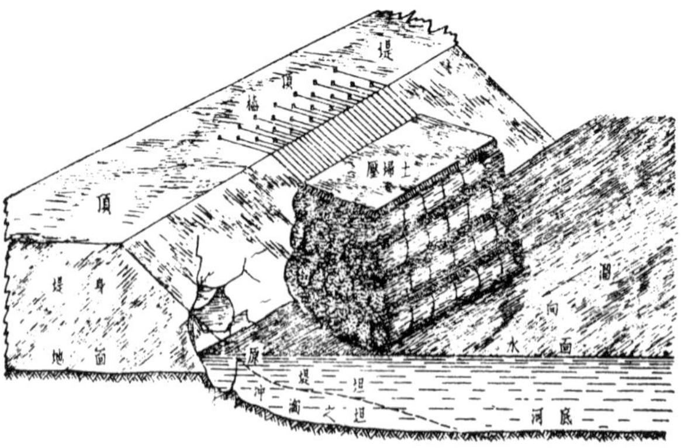

圖一〇五

埽上加埽，曰加廂。拆埽還埽，曰拆廂。加廂埽工以長一丈寬一丈高一尺。爲一單長，即一方也。

加廂

【河防輯要】臨河埽工，上面加之以料，曰加廂。此乃深水埽工。

【河工名謂】埽上廂埽，曰加廂。【又】加高舊埽，曰加廂。（八頁）

拆厢

【河工名謂】拆埽還埽，曰加[一]厢。【又】加高舊埽，曰加厢。[二]（一〇頁）

單長

【河防輯要】埽工加厢，必算單長，每長一丈，寬一丈，高一尺爲一單長，一單長者即一方也。

臨急行墊埽段，曰搶厢。加厢防風，曰釘厢。如溝坑比埽低窪，必須厢柴填土，即爲厢填。將柴自邊起至堤根止，勢如以瓦蓋屋，曰魚鱗厢。用騎馬拉住埽眉不使厢鋪外遊者，曰騎馬厢。用稭料紮枕因而生根厢做者，曰紮枕厢，用船托纜厢埽者，曰跨簍厢，又曰托纜軟厢。以繩纜兜料護堤者，曰護摟厢。埽之底寬上縮者，曰馬面厢。堵塞淺水口門，用稭料樁繩向前鋪做，上壓大土，曰走馬厢。

搶厢

【河防輯要】大凡行墊埽段，即爲搶厢，顧名思義，自當以速爲主。（卷上，一〇頁）

釘厢

【河工簡要】如厢防風，恐中心空虛，將柴顛倒釘厢，務使根梢合式，不致虛鬆，即爲釘厢。（卷三，六頁，三行）

厢墊

【治河方略】於套埽之[三]上，釘厢[四]散料，謂之厢蟄[五]。（卷一〇，一三頁，九行）

【河工簡要】凡溝坑比埽低窪之區，必須用柴鑲墊土。（卷三，六頁，二行）

魚鱗厢

【河工簡要】將柴自邊起至堤根止，勢如以瓦蓋房，時縮時退，使其厢壓之内，並無虛空，名曰魚鱗厢，又作成防風一段内縮，亦名曰魚鱗鑲。（卷三，六頁，九行）（圖一〇六）

[一]『加』，原書作『拆』。

[二]此段文字誤，應爲『舊埽朽腐，拆去補還新埽，曰拆厢』。

[三]『於套埽之』，原書作『此』。

[四]『厢』，原書作『鑲』。

[五]『蟄』，原書作『墊』。

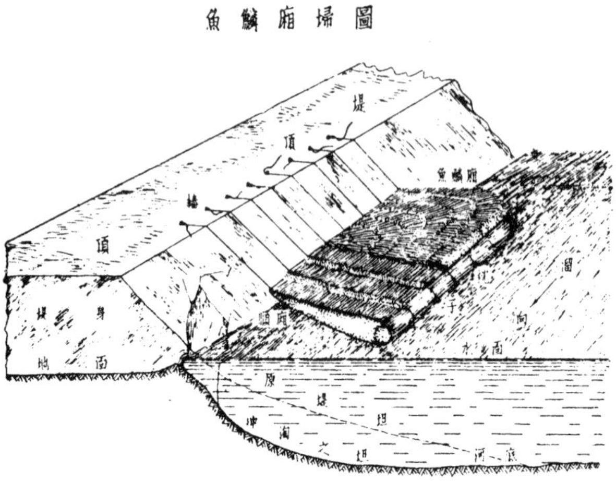

圖埽廂鱗魚

圖一〇六

騎馬廂

【河工名謂】用繩拴繫臨河一面十字木架，拉住埽眉，不使廂（埽）鋪外遊者，曰騎馬廂。（一一頁）

紮枕廂

【河工名謂】用稭料紮枕，因而生根廂做者，曰紮枕廂。【又】用稭料紮枕，兩端用繩擺頭將枕推入河中，兩頭各用一杵撐支，使枕不靠堤，河兵立在枕上，用料迅速廂做之埽[一]，曰紮枕廂。（一一頁）

跨籆廂

【河工名謂】用船托纜廂埽者，曰跨籆廂。（一一頁）

托纜軟廂

【河工名謂】用纜編兜托纜廂做者，曰托纜軟廂。（一一頁）

護摟廂

【河工名謂】以繩纜兜料護隄者，曰護摟廂。（一一頁）

馬面廂

【河工名謂】埽之底寬上縮者，曰馬面廂。（一一頁）

走馬廂

【河工名謂】塞決小口門，於水淺溜緩之處，用稭料樁繩向前鋪做，上壓大土者，曰走馬廂。（一一頁）

鑲法之繁複，既如上述，惟可大別爲丁埽、順埽、硬廂埽三類。屬於丁埽者，有藏頭埽、護尾埽、魚鱗埽、雁翅埽、磨盤埽、扇面埽、貼邊埽、月牙埽。屬於順埽者，護沿埽、捆廂埽。

丁埽（丁頭埽）（丁廂埽）

【行水金鑑】若埽未蟄實，即下丁頭埽，前順埽一有蟄陷，將別埽俱爲帶動矣。（卷六〇，一九頁，二二行）（圖一〇七）【又】下大埽防護如何？靳輔回奏：大

[一]『埽』，原書作『廂』。

埽下了，總是大浪來，當時就掣去了，除非是下丁頭埽，庶幾略加擋護，然亦要每年修補的。（卷六五，一一頁，六行）

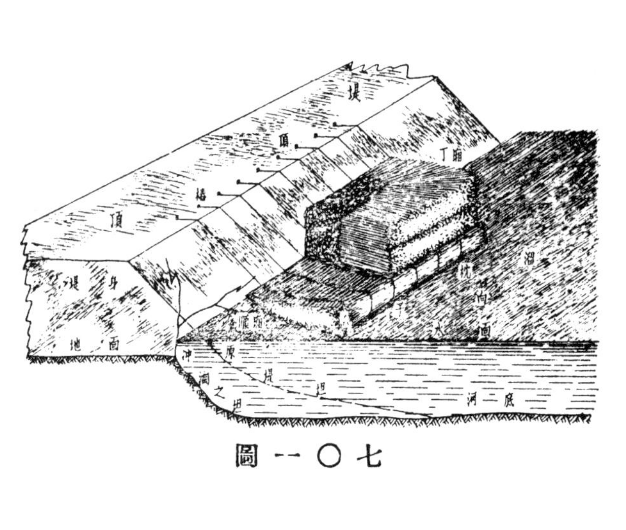

圖一〇七

【河工簡要】抵水橫行，不用揪頭繩，即爲丁頭埽，下有蟄實舊埽之處，方如此埽。或長三四丈，兩箍頭用纜繩迎水豎下，一頭頂堤，挨排數個，名爲丁頭埽。（卷三，一頁，八行）

【河防輯要】下有蟄實舊埽之處，方加此埽，或長三四丈，兩頭上用箍頭繩纜，近水豎下，一頭頂堤，挨排數個，此名丁埽。

【河工名謂】丁廂之埽，曰丁廂埽。（九頁）

順埽（順廂埽）

【河工簡要】沿邊順下，即爲順埽。（卷三，一頁，一一行）

【河工要義】依堤順水而下者，爲之順埽，亦曰邊埽，又曰魚鱗埽。溜葦堤前順水下埽，曰順埽。因漫水護堤所下之埽，曰邊埽。首尾相啣，埽接一埽，藏頭尾内，頭窄尾張，曰魚鱗埽。（一一頁，一行）（圖一〇八）

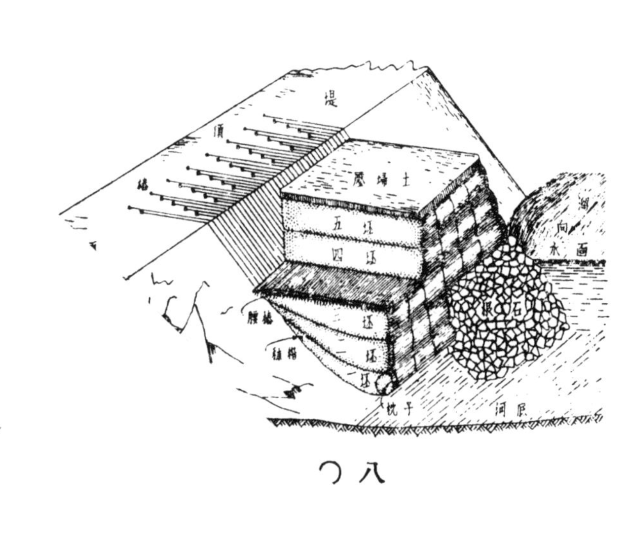

〇八

【河工名謂】順廂之埽，曰順廂埽。【又】稭料之順溜向而廂者，曰順廂埽。（九頁）

硬廂埽

【河工用語】埽之釘樁木維繫者，曰硬廂埽。（五期，專載三頁）（圖一〇九）

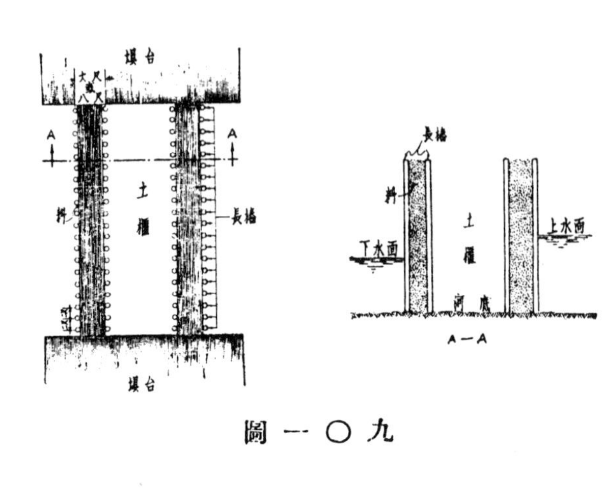

圖一〇九

【河工名謂】硬廂之埽，曰硬廂埽。【又】埽之釘樁木維繫者，曰硬廂埽。（八頁）

藏頭埽

【河工簡要】頂溜兜灣之區，下埽時先於上首半水半旱處，將旱地挑槽埋藏埽頭，以免河水冲激之患，名曰藏頭埽。（卷三，三頁，九行）（圖一一〇）

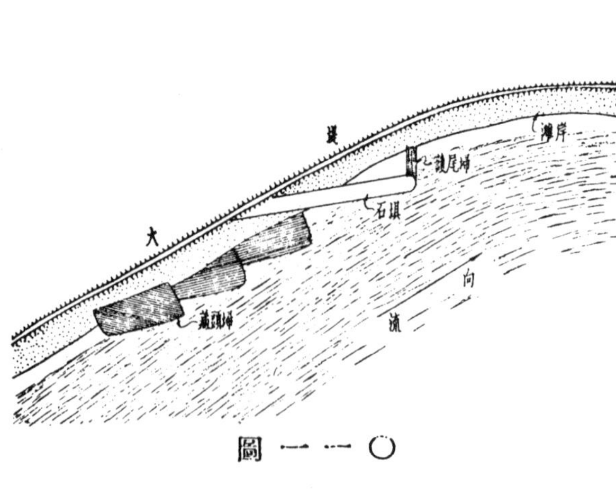

圖一一〇

【新治河】（丁廂）此埽用於險工之首，在汛前挑槽預做，屏蔽以下各埽，使藏頭不致被溜揭走，所以固根基也。丁廂之法，頭一坯亦須順廂鋪底，名爲生根。先以稭料或柳枝束成徑二三尺或五六尺，長五六丈或八九丈之枕，上概繫繩，於枕上順鋪稭料襯平，以後再上，則料皆丁廂，稭根向外，有纓打花，根根吞壓，再用暗傢伙，使其結成一個，埽工成矣。[一]

[一] 出處待考。

【河工要義】頂溜兜灣之處，下埽時先於上首半旱半水之間，將旱地挖槽埋藏第一段埽頭，以免河水衝擊之患，名曰藏頭。藏頭即是裹頭之意，但藏頭計劃於事先，裹頭設謀於事後，此藏頭、裹頭之所以有別也。又一埽自有一埽之藏頭，如下埽藏頭於上埽之下者，亦曰藏頭。（一三頁，七行）

【河防輯要】凡頂溜兜灣之處，下埽時先〔一〕上水半旱半水處，將旱地挑槽埋藏埽頭，以免河水冲激之患，名曰藏頭。【又】藏頭者，乃是通工之第一埽，相度形勢，必將藏住埽頭，方免一埽掀揭，全工撼動。

【河工名謂】埽在工段之上首，而藏護他埽者，曰藏頭埽。【又】頭埽於下埽時在半水半旱處，挑槽藏頭，以免溜勢冲擊，曰藏頭埽。（一〇頁）

護尾埽

【河工簡要】臨河之處，上首建壩挑溜，其下水必係迴溜冲〔二〕刷，須捲下斜橫埽箇，不使迴溜迎冲埽尾，名曰護尾埽。（卷三，三頁，一二行）（圖一一〇）

【新治河】（丁廂）每段埽工之末應做斜橫之埽，以防迴溜絞邊。

【河工要義】臨河上首建壩挑溜，其下水必有迴溜汕刷之病，須捲下斜橫個埽〔三〕，使〔四〕迴溜迎衝埽尾與壩土者，名曰護尾埽。（一三頁，一一行）

【河防輯要】凡臨河之處，工首建壩挑溜，其下水必係迴溜汕刷，須捲下斜橫埽個，不使迴溜迎冲埽尾，名曰護尾。

魚鱗埽

【河工簡要】頂冲大溜之處，下埽務將埽箇上頭藏於前埽尾內，使前埽尾向外出，可以挑溜，後埽藏頭，以免撞擊之患，形如魚鱗，名曰魚鱗埽。（卷三，二頁，九行）（圖一一一）

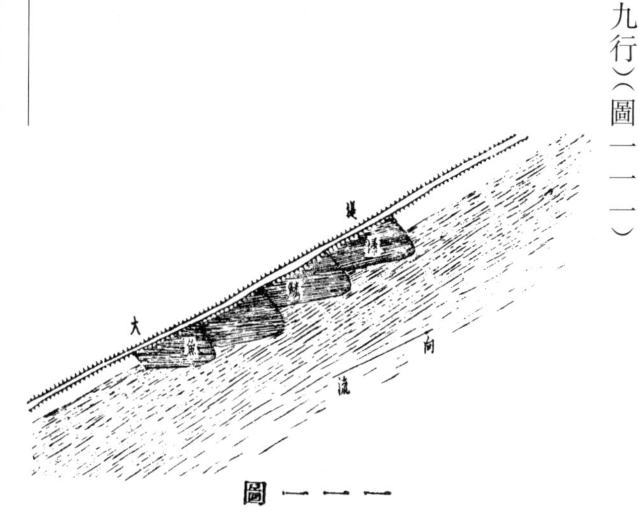

圖一一一

〔一〕『先』下當有『於』字。
〔二〕『冲』，原書作『汕』。
〔三〕『個埽』，當從原書作『埽個』。
〔四〕原書『使』上有『不』字。

【新治河】（丁廂）此埽最爲得力之工程，每逢大溜頂冲，兜灣絞邊，各要工均宜用之，凡做此等埽，必連至數段或數十段，如魚鱗之毗連，故名。做法小頭大尾，頭小易藏，生根穩固，尾大能托溜外移。又有倒魚鱗埽，應施之於大迴溜之處，做法如前，惟以頭爲尾，以尾爲頭，倒置而已。（上編，卷二，一四頁，三行）

【河防輯要】凡頂冲大溜之處，下埽務將埽個上頭，藏於前埽尾内，使前埽尾外出，可以挑溜，後埽藏頭，以免撞擊之患，形如魚鱗，名曰魚鱗埽。【又】乃上埽寬於下埽，挑水開去之埽也。

雁翅埽

【河工要義】洩水閘壩，上下土堤頭，及大工口門，上下裹頭，每壩台酌量形勢，斜下埽個二三段，以禦迎溜衝激、迴溜搜刷之患。亦以形像雁翅，而名之也。雁翅埽有内外之别，在臨河一面者，曰内雁翅，在出水一面者，曰外雁翅。（一二頁，一二行）

【新治河】（丁廂）與魚鱗埽大同小異，亦需連做多段，方有功效。

磨盤埽

【新治河】（丁廂）凡正溜、迴溜交注之處，宜用之。此埽爲半圓式，上水迎正溜，下水抵迴溜，一工兩用，最爲相宜，惟此等工程，必在深水大溜，難做難守，應多用繩椿〔一〕，多壓大工〔二〕，坯坯追實，方能穩固，埽個體積較他〔三〕大逾加倍，費料頗鉅，然非此則鎮不住也。（上編，卷二，一四頁，一〇行）（圖八一）

扇面埽

【新治河】（丁廂）與磨盤埽相似，亦可抵禦正迴二溜，但埽身較小，不能吃大力，宜施之於壩工首尾，以便抵禦，而固壩根。

【河工用語】磨盤之較小者，曰扇面埽。（五期，專載四頁）

貼邊埽

【新治河】（丁廂）貼邊之溜，勢緩氣長，用護沿則力小，用魚鱗則費重，惟此埽貼邊丁廂最爲合宜，寬不得過一丈，長則分箇接連，數十丈或百丈均可。

月牙埽

【河工用語】如磨盤埽、扇面埽〔四〕之形較窄者，曰月牙埽。（五期，專載四頁）（圖一一二）

〔一〕『繩椿』，當從原書作『椿繩』。
〔二〕『工』，原書作『土』。
〔三〕原書『他』下有『埽』字。
〔四〕『磨盤埽、扇面埽』，原書作『上二』。

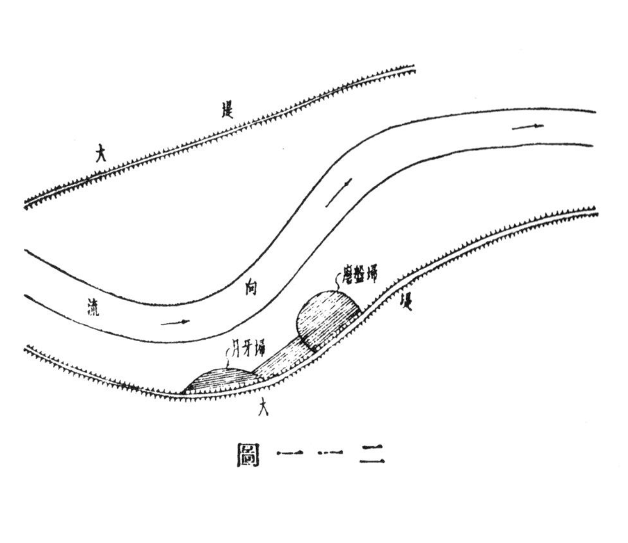

圖一一二

護沿埽

【新治河】水上漫灘，必須護堤，若用丁廂，工料太費，且水無大力，順廂即可，做法向内斜釘樁木，入地二三尺，順長一尺一樁，樁内横填稭料，或薄填散料，或捆二三寸徑之料把，堤外料内，用土隨廂隨填，務令穩實，其高長丈尺，按水勢定之。

捆廂埽

【河工要義】順廂因以繩纜捆束，亦曰捆廂埽，或曰軟廂埽。（五期，專載三頁）

埽臺，又稱軟埽臺，堤頂窄狹架與堤平之木臺也。廂埽之前，凡舊埽舊樁樹根盤踞埽眉不齊，一律用月鏟鏟除之。鐵杈，叉軟草、填埽眼、挑碎稭之用。齊板，一名邊棍，廂工堆稭用以拍打埽眉。（大）〔太〕平棍，俗名開棍，用以挑鬆繩結，埽因得底。木夯，一名夯桿，埽至河涯人不得力，用夯戧推。鍬搗，捆廂時斬解柴捆之用，鉞即大柄斧，斬繩纜之用。

埽臺

【河工名謂】預築土臺，爲修埽用者。（七頁）

軟埽臺

【河防志】如遇堤頂窄狹者，架木平堤，名曰軟埽臺。（卷五，三八頁，八行）

月鏟

【河器圖説】《古史考》：『公輸般作鏟平鐵。』《博雅》：『籤謂之鏟。』木華《海賦》：『鏟臨厓之阜陸。』杜甫詩：『意欲鏟疊嶂。』鐵首木身，形如半月，凡舊埽、舊樁、樹根盤踞、埽眉不齊，皆用之。（卷三，一七頁）（圖一一三之1）

鐵杈

【河器圖説】鐵杈，《説文》：『杈，枝也。』徐曰：『岐枝木也。』木幹鉄首，二其股者，利如戈戟，如〔一〕軟草、

〔一〕『如』，原書作『叉』。

填埽眼、挑碎稭用之。（卷三，一九頁）（圖一一三之2）

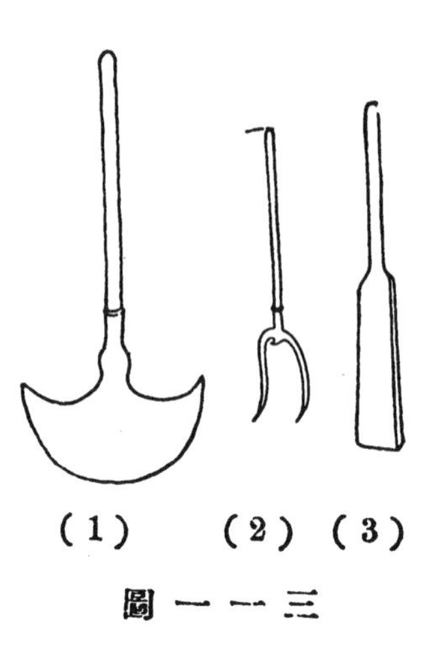

圖一一三

齊板

【河工要義】齊板者，埽鑲必須之具，自捆捲埽由，以致做成埽段，齊板之用居多，鋪料長短不齊，厚薄不一，故凡埽由二〔一〕頭，以及埽眉馬面跨角等處，參差錯雜者，皆須齊板打成一律平整，不使張牙舞爪，致有抽籤、激溜、透水、患〔二〕眼之慮。（六九頁，三行）

【河器圖説】齊板，一名邊棍，廂工堆料所用，一恐埽眉參差不齊，一恐料垛凹凸不平，用此拍打，以期一律。《玉篇》：『齊，整也。』故名之曰齊板。（卷三，七頁）（圖一一三之3）

【運工專刊】堅木造之，長二尺二寸，寬五寸，厚約半寸或四分不等，上有圓柄，長亦二尺至二尺二寸，廂埽時用以拍齊柴料之用。（附圖四四）

太平棍（開棍）

【河器圖説】太平棍，約長三尺，下帶彎拐。新做之埽，層柴層土，按坯加廂，每廂一坯，繩隨埽下，拴橛之結徐徐鬆放，此棍用以挑鬆結繢，埽因之而得底。俗名曰開棍，因有避忌，以此名之。（卷三，八頁）

木牮

【河器圖説】《字彙》：『屋斜用牮。又以石木遮水，亦曰牮。』木牮，一名牮桿，埽至河涯，人不得力，須用木牮。視埽長短，每埽檔長一尺，用行繩一條，每行繩兩條，中用牮木一根，前以繩拉，後以木牮，埽箇方能捲緊行速，凡撐枕撐船皆須用之。木牮或用楊椿，或用長大杉木均可，近時購材爲難，多以大船二桅代之。（卷三，九頁）（圖一一四）

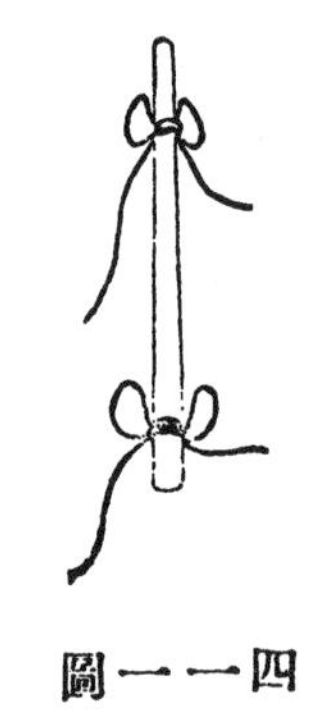

圖一一四

鍬搗

【運工專刊】鉄製，長八寸，寬五寸，裝三尺餘木柄，捆

〔一〕『二』，原書作『兩』。
〔二〕『患』，原書作『串』。

廂時解柴捆之用。（附圖四四）

鉞

【河器圖說】鉞，即大柄斧。椿手均須預備，凡埽上繩纜有不妥之處，用以斬截甚利。（卷三，一六頁）（圖一一五）

圖一一五

捲埽物色：　山梢、雜梢、心索、底樓索、束腰索、箍頭索、芟索、斯絢索、網子索、簽樁、枵橛、掛橛、小橛、墜石。

山梢

【河防通議】出河陰諸山，埽軍採斫，舟運而下，分置諸埽場，以其堅直可久，故用之。（卷上，二四頁，一〇行）

雜梢

【河防通議】即沿河採斫榆柳雜梢，或誘民輸納者。（卷上，二四頁，一〇行）

心索

【河防通議】大小皆百尺，此索在埽心横捲兩係之。（卷上，二四頁，一〇行）

底樓索

【河防通議】[一]（卷上，二五頁，一行）

束腰索

【河防通議】[二]（卷上，二五頁，一行）

箍頭索

【河防通議】兩端用之。（卷上，二五頁，一行）

芟索（綽葽）

【河防通議】捲埽密排用之，亦名綽葽。（卷上，二五頁，一行）

斯絢索

【河防通議】長二十尺小竹索也，以弔墜石。（卷上，二五頁，一行）

網子索

【河防通議】以竹索交結如網，置兩埽之交，以實盤簟。（卷上，二五頁，二行）

簽樁

【河防通議】長一丈八尺，埽上以雲梯簟下之，以貫下埽。（卷上，二五頁，二行）

枵橛

【河防通議】長二尺，首端安横牙，故云枵橛。（卷上，

[一] 原書作『在上曰搭樓索』。

[二] 原書作『單使令多』。

二五頁，二行）

擗橛

【河防通議】長五尺，即榼橛盤簞即用之。（卷上，二五頁，二行）

小橛

【河防通議】長一尺五寸，以接索頭。（卷上，二五頁，三行）

墜石

【河防通議】大小規模類碓觜，以斯綯索貫其竅。（卷上，二五頁，三行）

捲埽器具：制脚木、制木、三脚拒馬、進木、長木簍、短木簍、大小簍、小石簍、卓鈎、推梯、雲梯、卓斧、拍把、櫟木、杪棒、三稜木、土捧、頭綿索、通河索。

制脚木

【河防通議】用大木枋，先置埽臺上，以襯鋪埽，使其勢不滯也。（卷上，二五頁，五行）

制木

【河防通議】以枋爲之，先置埽下，以制綿葽。（卷上，二五頁，五行）

三脚拒馬

【河防通議】亦用拒埽，使不退有進，往往不用。（卷上，二五頁，五行）

進木

【河防通議】以圓木作轉軸，按類而推之，每捲埽即用五七枚於𡘙下，使埽𡘙不退。（卷上，二五頁，五行）

長木簍

【河防通議】以圓木爲之，四出樞廓，方木爲之，如簍之狀，恃以下樁。（卷上，二五頁，六行）

短木簍、大小簍、小石簍

【河防通議】與『長木簍』同。（卷上，二五頁，六行）

卓鈎

【河防通議】以鉄爲鈎，貫木柄，用舖埽匀梢草。（卷上，二五頁，七行）

推梯

【河防通議】以大木徑尺許者爲之，每二尺鑿一竅，以横木貫之，捲埽用數百人，拱其横木推〔一〕埽𡘙，又有大〔二〕横梯、蜈蚣梯，其制一也，但大小不同。（卷上，二五頁，七行）

雲梯

【河防通議】以木爲之，如梯横跨樁首，人立以待簍打樁。（卷上，二五頁，八行）

〔一〕『推』，原書作『惟』。
〔二〕『大』，原書作『火』。

卓斧

【河防通議】（卷上，二五頁，八行）

拍把

【河防通議】（卷上，二五頁，八行）

櫟木

【河防通議】（卷上，二五頁，八行）

杪棒

【河防通議】（卷上，二五頁，八行）

三稜木

【河防通議】（卷上，二五頁，八行）

土捧

【河防通議】（卷上，二五頁，九行）

頭綿索

【河防通議】（卷上，二五頁，九行）

通河索

【河防通議】（卷上，二五頁，九行）

廂埽用船，船身寬大，板片堅實，名曰捆廂船，亦曰兜纜船。上按墊墩（或稱龍枕）三個，以承龍骨，龍骨又稱綑廂繩架。船旁又置幫廂船一隻，船之上水掛錨，繫纜將船頭提住，名曰提腦。下水亦如上水將船艄兜住，名曰揪艄。如纜長垂腰，浸入水中，不能得力，則用圓船數隻，均勻排開，將纜架於船上，謂之舵纜船。溜急時移動船位，須藉絞關船力提之。

捆廂船

【迴瀾紀要】此即兜纜之船，最關緊要，必得船身寬大，板片堅實，方可合用。如正壩定寬十丈，船必須十一丈；如壩寬十五六丈，必須長八九丈。船兩隻接連應用。（卷下，一頁，一八行）（圖一一六）

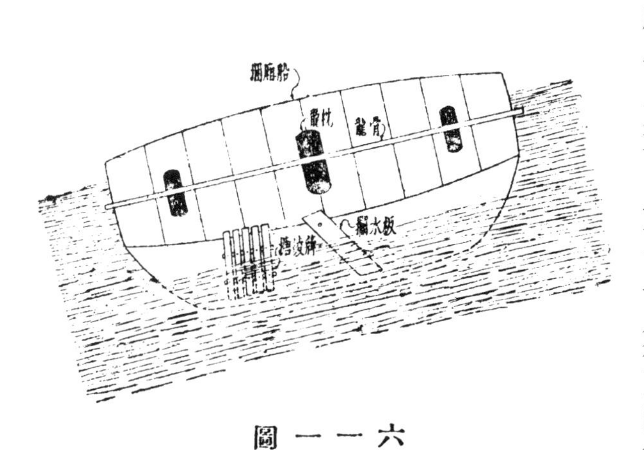

圖一一六

【濮陽河上記】橫泊占前，用以兜纜者，謂之捆廂船。此船爲進占之提綱，最關緊要，須擇船身寬大，方幫方底，艙板堅實者，方可合用。將船中篷舵卸去，安置龍枕龍骨，以備兜纜之用，約計占長十丈，船身須長[一]一丈，倘占身過長，亦可兩船接用。此項船隻有僱用者，有特造者。（丙編，一頁，五行）

【河工要義】旱占用架，水占用船，乃壩工不易辦法，須船身寬大，板片堅實，方帮方底，始能合用。（七八頁，三行）

墊墩

【河工要義】綑鑲船仍用綑鑲繩架，亦以樁木爲之，每船一根，用墊墩三個，在於船之居中，連墩帶架，一齊紮緊，以便架繩之用。墊墩截樁爲之，長三尺六寸，一面做成平面，俾可平放船上，一面鑿成凹形，上承樁木，即是繩架，此繩架亦有謂之龍骨[二]。（七八頁，八行）

龍枕

【河工名謂】龍骨下所墊之柴束，曰龍枕。（四九頁）

龍骨

【迴瀾紀要】先將捆廂船[三]船舵褪去，再將中艙棚板拆卸，用木一根，如船身長，架於船上，用繩連底捆住，名爲龍骨。（卷下，二頁，一二行）

綑廂繩架

【河工要義】綑廂旱占埽用之，大壩興工，初進占初做埽時，如係旱灘，例須挖槽進做，槽既挖好，槽內自必有水，彼時掛纜兜廂，務宜搭架，將行繩一頭，安放架上，謂之綑廂繩架。（七七頁，一五行）

幫廂船

【濮陽河上記】於捆廂船之外旁，坿一船，謂之幫廂船。蓋因捆廂船繩纜過多，難敷容納，故旁坿幫廂船一艘，以資分儎繩纜，便於取用。（丙編，一頁，一二行）

鐵錨（神仙提腦）

【河器圖説】『船上鉄貓曰錨。』其製尾叉四角向上，首戴鐶，以鐵索貫之，投入水中使船不動。河工廂埽每遇水深溜急，提腦不得戧樁，用錨掛纜，謂之神仙提腦。（卷三，一八頁）（圖一一七）

圖一一七

提腦（提腦船）

【迴瀾紀要】先於大壩上水水淺之處，簽釘排樁約二十根，入土丈許，用纜生根，將捆船頭提住，不使隨溜下移，謂之提腦。（下卷，一頁，三行）

[一] 原書『長』下有『十』字。
[二] 『龍骨』，原書作『爲龍骨者』。
[三] 原書無『捆廂船』。

【濮陽河上記】大凡堵口工程兩壩進占之處，如與灘岸相近，向築提腦壩一道，釘立樁木以爲繫絆各船繩纜之根據，所以繫牢捆廂船，不致爲溜衝動。濮工面臨大河，故改用提腦船，船上架横木二根，一繫船前所下鐵錨，一繫提腦繩，其提腦繩向以鐵纜或竹纜爲之，亦有兩種並用者，長約百數十丈至二百丈不等，分左右兩行，連貫各船，依次啣接，兩壩各用一艘。（丙編，一頁，一五行）

揪梢（揪艄船）

【迴瀾紀要】於大壩下水灘上[一]，釘橛三根，將船艄用纜兜住，以防迴溜，謂之揪梢。（卷下，一頁，五行）

【濮陽河上記】於捆廂船之後，用以牽繫捆廂船艄，以防迴溜，其最後之船，謂之揪艄船，用法與提腦[二]同，惟一在前，一在後也，其揪艄繩亦以鐵纜或竹纜爲之，長約三四十丈，兩壩均用船一艘。（丙編，一頁，二二行）

舵纜船（托纜船）

【迴瀾紀要】如上水水面太寬，纜長則垂腰，侵[三]入水中，不能得力，當用小[四]船十數隻，均勻挑[五]開，將纜架於船上，謂之舵纜船。（卷下，一頁，六行）

【濮陽河上記】於提腦船之後，捆廂船之前，又捆廂船之後，揪艄船之前，用以托提腦揪艄各用[六]繩纜者，謂之托纜船，每檔十餘丈，用船一艘，所以架住繩纜，免致墜入水中，易於朽壞，且船多則足以聯絡，繩長則便於移動[七]也。（丙編，二頁，二行）

【河工要義】黄河決口多係分溜，正河水面甚寬，在對岸釘樁，纜腰侵入水中，不能得力，用船勻列河中，將纜架於船上，謂之托纜船。

【河工名謂】提腦揪艄各纜，因水面太寬，恐垂腰浸水，用船十數隻，均勻排開，將纜架于船上，謂之托纜船。（五一頁）

絞關船

【濮陽河上記】兩壩進占，口門愈收愈窄，溜勢亦愈[八]緊，如戊占告成接進己占，每鋪料一坯，須用人夫喝𠰻，倘占首上口，大溜頂衝撐擋不出，即另用絞關船一艘，督率水手以繩纜繫於捆廂船前，徐徐外絞，則鋪料較易，踩出下口，用時亦如之，又兩壩金門占告成，龍門僅五六丈，溜勢更緊，如捆廂等船，提不出

[一]『於大壩下水灘上』，原書作『其下水亦於灘上』。
[二]原書『腦』下有『船』字。
[三]『侵』，原書作『浸』。
[四]『小』，原書作『圓』。
[五]『挑』，原書作『排』。
[六]原書無『用』字。
[七]原書『動』下有『故』字。
[八]原書『愈』下有『逼』字。

時，亦須藉絞關船力提出之。（丙編，二頁，九行）

黃河内下埽法

【河防志】凡黃河内埽工，有修防，有救險，有搶險，有新生險，修防工程於霜降後，水勢退消，驗書[一]舊埽傾欹者，蟄陷者，卑矮者，朽爛者，須將舊埽清消平妥，相機補下層層簽釘大樁，照依大汛水漲之痕，仍高出數尺，一律下成順埽，薄敷以土，俟其蟄定方可下丁頭埽，若埽未蟄實即下丁頭埽前順埽，一有蟄陷將别埽俱爲帶動矣，其救險工程將有危陷，埽尚未去，急須臨河添壓，大埽長樁靠堤，急清舊埽恐爲滙崖，填之以軟草，將兩旁安隱之埽，亦須補下大樁，併力救護，勿使走動，則工程自然平隱矣。　其搶險乃因舊埽朽爛，或因頂衝急溜將埽下衝空，舊埽全去水滙崖岸，舊堤坍卸，岌岌堪虞，……搶險工程，事有先後，埽有緩急。　……其新生險工，每於舊險工之上下，黃河大溜一時衝至，埽旁舊堤坦坡坍卸，急須下埽，直至開溜之處而止，大率埽料，黃河之内，以柳柴爲重，次則紅草樁，必長大，繩須堅實，至於壓土，非比清水埽個，黃水一入埽中，即泥沙停滯，若壓土太厚反恐欹卸，俗云：　下埽無法全憑土壓者，乃清水之埽也。（卷五，三九頁，一一頁）

捲埽下埽法

【河防志】凡應用埽箇，須捲長十丈八丈者方穩，高一丈者，埽臺要寬七丈，方捲得緊。　如遇堤頂窄狹者，架木平堤，名曰軟埽臺，然後捲下。　先將柳枝綑成埽心，拴束充心繩，揪頭繩，取蘆柴之黃亮者，縛打小縷，總繫於埽心之上，每丈下鋪滾肚檾繩一條，或不必用檾者，即用蘆纜，又將大蘆纜二條、行繩一條密鋪小縷，於小縷之上鋪草爲筋，以柳爲骨，如柳不足，以柴代之，均勻鋪平，需夫五六十名。　如長十丈者共需夫五六百名，八丈者四五百名。　用勇健熟諳埽總二名，一名執旗招呼，一名鳴鑼以鼓衆力。　牽拉綑捲後，用牮桿創[二]推，埽將臨岸，將小縷均束于埽上，岸上每丈釘下留橛一[三]根，看水勢之緩急[四]，定揪頭繩之多寡，漸次將埽推入水中，將揪頭滾肚用活扣繫於留橛之上，然後慢慢壓土，俟埽將次沉下，然後下樁，每丈用一尺八寸木一根，若水勢湍急，頂冲埽灣，並合龍之埽須用大木，不在一尺八寸之例。（卷五，三八頁六行）【又】凡運河排樁工，昔皆鑲以龍尾埽，不久則蟄陷零落，如遇漲發，則埽隨水去。（卷五，四三

[一]『書』，原書作『查』。
[二]『創』，原書作『戧』。
[三]『一』，原書作『二』。
[四]原書在『看水勢之緩急』上有『將滾肚繩挽於留橛之上，每揪頭繩一根，亦釘留橛一根』。

頁，一四行）【又】凡近城市街道人跡踐踏之處，用排樁鑲柴，若運河兩岸無民居者，可以不釘排樁，止用整柴搭鑲丁埽，逐層壓土堅築。（卷五，四三頁，一七行）

第三節　埽病

如埽底埽眼空懸，即有走漏之弊。漏有底漏、腰漏。凡由埽間漏過之水，曰簾子水。埽料朽腐，或被溜冲刷而走動者，統稱蟄陷，又曰蟄動。蟄之輕者，曰形蟄，重者曰陷失。稭料被溜抽出，曰抽簽，全埽平下，曰平（墊）〔蟄〕，又曰平墩。埽下，曰陡蟄，又曰墩蟄。前眉蟄動者，曰吊眉，上角或下角蟄動者，曰吊角，埽身中間下陷者，曰吊塘。凡蟄動一部份者，統稱曰吊蟄。埽身後部之底，被溜淘空，以致埽身前部上仰者，曰仰臉。原埽變形曰脱胎。舊埽腐化，曰脱胎匯化。埽眼離開，曰離檔。埽眉破爛之處，曰毛洞。埽不紮枕，合縫之處虛懸，一經廂壓柴土，即爲栽頭。埽之下部虛懸浮於水面，隨溜簸動者，曰播簸箕。

走漏

【河防輯要】如順埽或因地勢不平，則埽底埽眼空懸，皆爲走漏。

底漏

【河工用語】簾子水由埽底漏出者，曰底漏。（五期，專載二頁）

腰漏

【河工用語】簾子水由埽之中部漏出者，曰腰漏。（五期，專載二頁）

簾子水

【河工用語】由埽間漏過之水，曰簾子水。（五期，專載二頁）

蟄陷

【河工簡要】大凡埽工，每歲〔一〕經歷桃伏秋凌汛〔二〕，埽料朽腐，次〔三〕年再經桃汛，水性急迫冲刷，即漸蟄陷，務宜不時加鑲新料，將舊埽追下方免再蟄。（卷三，一六頁，一六行）

蟄動

【河工名謂】稭埽被溜刷動低蟄者。（一三頁）

形蟄

【河工名謂】埽蟄之輕者。（一二頁）

抽簽

【河工名謂】大溜淘入埽腹，內部均已刷動，以致稭料

〔一〕『歲』，原書作『年』。
〔二〕原書『汛』上有『四』字。
〔三〕原書『次』上有『至』字。

被溜抽出，如射箭[一]。（一二頁）

平蟄

【河防輯要】或因河底漏深，或因埽料壓偏，平平而下，此乃常事耳。

平墩

【河工名謂】稭埽被溜淘刷全埽平下者。（一二頁）

陡蟄

【河防輯要】陡蟄者，陡然蟄於水底，此即埽個漂瀧之別名，不宜輕説。

墩蟄

【河工名謂】埽被急溜淘刷，陡然見蟄。（一三頁）

吊眉

【河工名謂】稭埽前眉蟄動[二]。（一二頁）

吊角

【河工名謂】稭埽上角或下角蟄動[三]。（一二頁）

吊塘

【河工名謂】大溜淘入埽底，以致埽身中間下陷者。（一二頁）

吊蟄

【河工名謂】稭埽蟄動一部份者。（一二頁）

仰臉

【河工名謂】埽身後部之底被溜淘空，以致埽身前部上仰者。（一二頁）

脱胎

【河工名謂】稭料年久腐爛，一經大溜淘刷，全埽脱陷失形者。（一二頁）

脱胎匯化

【河工名謂】背工淤閉之舊埽，河溜忽來，即時腐化者。（一三頁）

離襠

【河防輯要】埽眼土多，埽往外爬者，埽眼離開，即爲離襠。

毛洞

【河工名謂】埽眉破爛之處。（一二頁）

栽頭

【河防輯要】倘遇埽不紮枕，合縫之處虚懸，一經廂壓柴土，即爲栽頭。

播簸箕

【河工名謂】埽下部淘空，埽身浮在水面，隨溜簸動者。（一三頁）

[一]『如射箭』，原書作『狀如射箭者』。
[二]原書『動』下有『者』字。
[三]原書『動』下有『者』字。

第七章　堵口

第一節　通論

決口又稱缺口。堤岸被水溜冲決引溜外注之口也，又稱口門。決口之淺小者，曰豁口。口門進水處，曰上口，出水處，曰下口。大溜全歸口門，正河下游乾涸，謂之奪溜。如大溜尚走正河，漫口不過分溜幾分，謂之分溜，又曰通決。故意掘堤引水爲患，曰盜決。河水盛漲，普面漫野，曰漫灘，水過堤頂，曰漫溢，因而決口者，曰漫決。或因堤有滲漏等弊，而致潰決者，曰漫灘決口。

塞，即堵也。改者，不與争而任其改道也。築圈堤曰内堵，廂埽曰外堵。昔賈魯沉舟法作船堤以扼水之暴，因一時不及廂埽恐故河盡塞也。

天平架、水閘，有緩溜停淤之功，堵截支河或串溝用之。

決口

【河防輯要】決口者，堤工開口，大溜横冲直撞，其害於郡邑蒼生也廣矣。

缺口

【至正河防記】缺口者已成川。（四頁，五行）

【河防榷】同上。（卷五，七頁，三行）

口門

【河工名謂】堤決之處，曰口門。（二一九頁）

豁口（龍口）（串溝）

【至正河防記】豁口者，舊常爲水所豁，水退則口下於堤，水漲則溢出於口。（四頁，五行）

【河工名謂】即隘決水退而口敞者。（二一九頁）

【至正河防記】龍口者，水之所會，自新河入故道之潨也。（四頁，六行）

【新治河】伏秋大汛，分段守堤，須先查看近堤有無土塘，串溝有無積水窪塘。

上口

【河工名謂】口門進水之處，曰上口。（二一九頁）

下口

【河工名謂】口門出水之處，曰下口。（二一九頁）

奪溜分溜

【迴瀾紀要】漫口有分溜奪溜之别〔一〕，大溜全歸口門，正河下游乾涸，謂之奪溜。（上卷，一頁，八行）

〔一〕原書此處有『如大溜尚走，正河漫口不過分溜幾分，謂之分溜』。

【河防輯要】大溜全歸口門，正河下游乾涸，謂之奪溜。

通決（隘決）

【河工要義】決口之患如上決而下洩者，曰通決。此不過少需搶築可也，否則流衝勢洩，恐成河身，則正河流緩而淤矣。

【河工名謂】凡決口下有所洩，曰通決。（二一九頁）

【河工名謂】凡決口下無所洩（者），曰隘決。（二一九頁）

盜決

【治河方略】盜決有數端：坡水稍積，決而洩之，一也；地土磽薄，決而淤之，二也；仇家相傾，決而灌之，三也；至於伏秋水漲，處處危急，鄰堤官夫，陰伺便處，盜而洩之，諸堤皆易保守；四也。[一]

【河工名謂】雙方因利害之關係，故意掘決者。（二一九頁）

漫灘

【河防輯要】每至水長出槽，普面漫野而來，或會聚於堤根，或歸積于支河，微窪之處，即可成溜，名曰漫灘。

漫溢

【河工名謂】水位過高因而溢出者。（二一九頁）

漫決

【河工名謂】水流漫過堤頂因而決口者。（二一九頁）

潰決

【河工名謂】沖塌堤岸因而決口者。【又】因生漏而決者。（二一九頁）

漫灘決口

【安瀾紀要】因河水盛漲，普面漫灘，大堤或有滲漏，或堤本單薄以致漫溢潰決者，此等決口，既非頂沖，又非埽灣，究無大溜，應急切裹頭，勿使刷寬。（卷上，四頁，一二行）

塞（毛道）

【至正河防記】抑河之暴因而扼之，謂之塞。（三頁，六行）

【河防志】凡黃河初決，且不必急計裹頭，亦不必急計堵塞，初開之時，水勢洶湧，未可與争，看其出口急溜若有奪河情形，須建挑水壩，以遏其勢，上流挑挖引河，以挽其流，速運積料物，料物既積矣，猶在得時時可堵矣。裹頭舊堤務必多下邊埽，堅固停妥，然後逐漸進埽，埽不可緩，緩恐決口漸深，又不可急，急恐下埽有失，埽必欲其大而長，長大則穩，捲埽首重於繩

〔一〕出處待考。

纜，其揪頭充心滚肚，必須長壯，務使繩勝埽，莫使埽勝繩，埽既下矣，薄用土壓，埽將沉於水，方釘簽椿，再加套埽，其椿亦必須長大，計埽將到底，方可再進沉水，將次合龍之際，須查在工料物，除合龍之外，仍多積料物，須防合龍之後，必有一大（蜇）〔蟄〕陷〔一〕，於合龍之時，晝夜兼工堵塞，遇有毛道過水，或係椿頂不平，或係埽手作弊，故留罅隙必須急爲壓土，使其平實，于罅隙用稻草，或紅草塞之，務使斷流。（卷五，四一頁，一行）

【河防志】凡清水河内塞决，于初開之時，若舊堤原係沙土，須將舊堤多下邊埽，保護堅固，次計裹頭，俟埽臺平穩方可進埽，其埽料首重軟草，次用柴柳，埽之初下，多用揪頭繩，壓之以土，〔二〕俟埽將沉底，再爲套埽，至合龍時，須兼工急儹，庶水不致衝深，合龍之後，高加柴草，勢若馬鞍，清水之埽，多以土勝。（卷五，四三頁，五行）

【治河方略】急將諸小口盡行堵塞，而後以全力施之大者，至於先下而後上，從事乎其所易，其理亦然，截其尾，毋攖其鋒，下口既截而後以全力施其上，或挑引河，或築攔水壩，或中流築越壩，審勢置宜，而大者小者，當亦無有不受治者矣。（卷一，九頁，三行）

改

【河防志】改者，改别地而不與争也，夫上流不殺，則决口不可塞，長堤不築而河防不可成，河防不成則淤不可濬，而故道不可復，北〔三〕今之漕河所以不容不改也。（卷一〇，一三頁，一四行）

内堵

【安瀾紀要】或臨河一面不見進水形象，無從下手，只得於裏坡搶築月埝，先以底寬一丈爲度，兩頭進土，中留一溝出水，俟水〔四〕埝周身高出外灘水面二尺，然後趕緊搶堵，如水流太急，紮一小枕攔之，裏面再行繞〔五〕土，更爲穩當，仍須外面幫寬，夯硪堅實，俟裏〔六〕水勢相平，則不進水矣，此内堵法也。（卷上，二六頁，二〇行）

【河上語】築圈堤曰内堵。（二六頁，四行）

【註】堤外趕築圈堤，不拘大小丈尺，但高外水一二尺，使之閉氣，水灌圈内既滿，外水不動，然後用土將圈堤填滿，水退再將大堤刨開，層層緊築。

〔一〕原書此處有『每於合龍之後，復開決者，率因蟄陷故也』。

〔二〕原書此處有『俟埽將沉水，方可簽椿，恐椿一釘早，則埽不能沉到底』。

〔三〕『北』，原書作『此』。

〔四〕『俟水』，原書作『水俟月』。

〔五〕『繞』，原書作『澆』。

〔六〕原書『裏』下有『外』字。

【河防輯要】堤岸走漏之處，依鍋絮覆塞，須將堤開掘，刨挖到底，層層緊築至頂，再將内部掘開，仍前堵築堅實，則爲内堵。

外堵

【安瀾紀要】堤根見有漩渦，即是進水之門，速令人下水踹摸，一經踹着，問明窟窿大小，如係圓方洞，則用鍋扣住，令其用脚踹定，四面繞〔一〕土，即可斷流，如係斜長之形，一鍋不能扣住者，應用棉襖等物，細細填塞，或用口袋〔二〕土一半，兩人抬下，隨其形象塞之，仍用散土四面繞〔三〕築，亦可堵住，此外堵法也。（卷上，二六頁，一四行）

【河上語】廂埽，曰外堵。（二六頁，五行）

【河防輯要】堤岸走漏之處，既經内堵，其外堵之處，必俟水落，再爲刨挖，逐層填實並下埽廂護，即曰外堵。

沉舟法（船堤）

【治河方略】昔賈魯治河，用沉舟之法，人皆稱之。（卷二，五七頁，一三行）【又】恐埽行一遲，水盡湧决，决則故河復淤，前功盡墮，因急沉舟爲壩以逼之，所謂搶救也，故前則曰魯乃精思障水入故河之方，後則曰船堤之後草埽，三道並舉。（卷二，五八頁，一〇行）

【山東運河備覽】牐漕與河接，若河下而易傾，則萃漕船塞牐河之口數重，牐水爲船所扼，不得急奔，則停迴即深，留一口牽而上遞，相爲塞障而壅水也，命曰船堤，是以船治船者也。（卷一二，二四頁，六行）

天平架

【河器圖説】天平架，每座用直木二、横木一，左右架木仍各紮横檐木三，以便人夫上下。地成障，中柄長二丈一尺，邊木長一丈八尺，上、中、下横担木各長一丈，下用交叉小木，中編竹片，從龍身空檔插下，用截河底之溜，所以溜緩沙淤，化險爲平。（卷三，三四頁）（圖一一八之1）

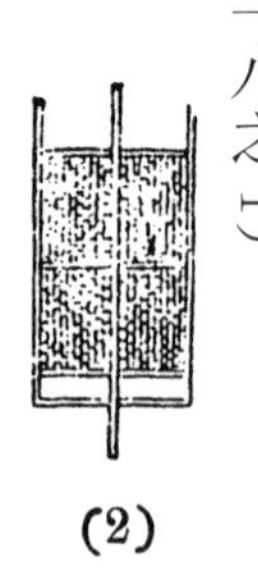

(2)

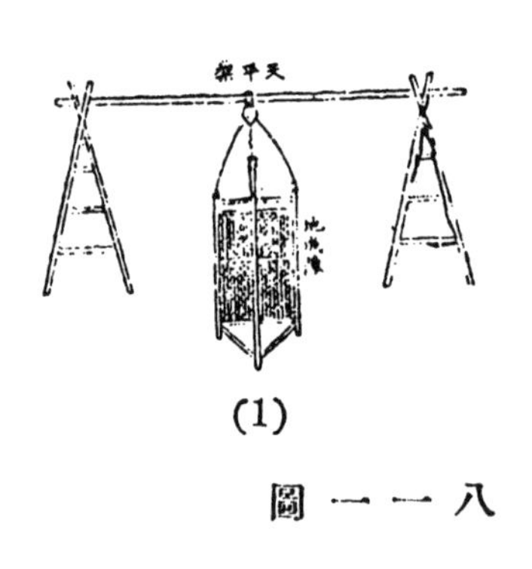

(1)

圖一一八

〔一〕『繞』，原書作『澆』。
〔二〕原書『袋』下有『裝』字。
〔三〕『繞』，原書作『澆』。

水閘

【河器圖説】水閘，一名水攔。其法與編障相仿，但直木俱用鋭首。障則施於大溜，懸出龍底，使之不激；閘則用於餘溜，插入河底，使之截流。用雖少異，功實相侔也。（卷三，三四頁）（圖一一八之2）

堵截支河

【河工名謂】灘面支河，預爲堵截，以免引溜生險，且可使水流集中冲深幹流。（三三頁）

第二節　引河

凡口門奪溜，故道淤墊，必先挑挖引河以分其勢。挑引河須於對岸灘嘴上游尋大溜頂冲處爲河頭，再於灘嘴下游尋陡崖深水處爲河尾，河頭引溜處曰上脣，兜溜處曰下脣，與口門同岸挖河引溜於將合龍之際，曰龍鬚河，亦曰小引河。引河中間之小溝，曰龍溝，亦曰子河。挑引河預留之土格，曰隔堰，又曰土埂，所以備大雨淹没利便行走者也。

引河

【河防志】黄河灣曲之處，俱應挑挖取直㈠，挑引河之法，審勢貴於迎溜，而施工宜於深濶，且俟水大漲乘機開放，則有一瀉千里之勢。若挑挖太窄，則受水無多，遽難挽溜以入新河。若挑挖太淺，水不全趨，勢緩則墊。若挑引河太短，水流未舒，爲正河所抑，洄伏旋淤。須挑寬二十六丈或四十丈，即窄亦須十餘丈，須長二千丈。或千餘丈，即短亦須八九百丈，方趨溜有勢而成河，若挑挖引河太直，固屬節省錢糧，又恐直則平緩而無波瀾湍激之勢，久亦漸淤。須隨黄河大勢開挑，俾其河頭迎溜，河尾洩水，中間灣處急溜衝刷，漸次河岸倒卸，再於河頭築接水埽壩，河尾築順水埽壩，對河築挑水埽壩，庶引河可成也。（卷五，四四頁，四行）（圖一一九）

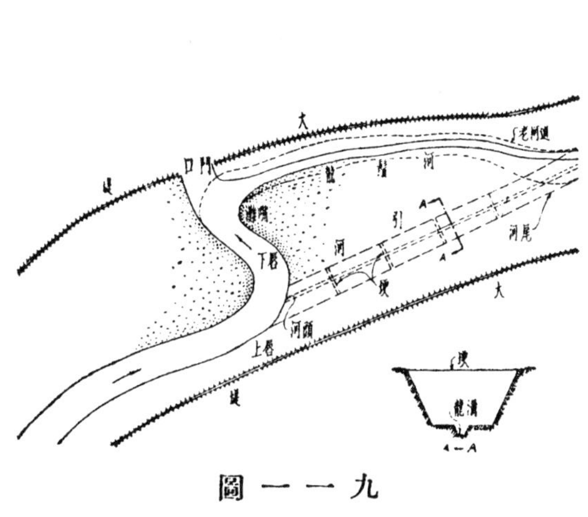

圖一一九

㈠原書此處尚有文字。

【治河方略】塞决之方，必先殺其勢，平其怒，而後人力得施焉，則莫如引河之善也。引河之用有三：一曰分流以緩衝也〔一〕，一曰預浚以迎溜也〔二〕，一曰挽險以保堤也。（卷一，五頁，九行）【又】用以守險，若正河之身迤而曲，如弓之背，引河之身徑而直，如弓之弦，則河流自必舍弓背而趨弓弦，險可立平。若曲折遠近不甚相懸，河雖開無益也。（卷二，一〇頁，一〇行）〔三〕

【安瀾紀要】挑挖引河，必須河頭水面高出河尾水面，最少二尺以外。迨開放時，河頭（庶）有吸川之形，河尾（庶）有建瓴之勢，其成工也必矣。其必不成者有五：無河頭者不成；有河頭而無下唇謂之過門溜者不成；有河頭、下唇而無河尾者不成；有河頭、河尾、下唇而上下水勢相平者不成；四者齊備而河身純是老淤者不成。諺云『引河十挑九不成者』，蓋此故也。（上卷，九頁，六行）

【河上語】欲堵口先挑引河，欲挑引河先看河頭，次看河尾。（五七頁，二行）（圖見五九頁）

【河上語】不可太窄，不可太淺，不可太短，不可太直。（五八頁，三行）

【河上語】引河之用有三：一分流以緩冲，二預浚以迎溜，三挽險以保堤。（五八頁，二行）

【濮陽河上記】開鑿通渠，引水歸原者，謂之引河。河水潰決，溜入口門，正河故道漸就淤墊。如奪溜已久，則正河淤墊之處，近在密邇；如先分溜，而後奪溜，則淤墊之處遠在數千丈，或萬餘丈以外。估計引河須詳察形勢，先定河頭，再測量正河淤地之長短，灘高水面之度數，然後規定開鑿之丈尺，並預計開放時，可以過水若干。統宜事前熟計，河頭應建於深水陡崖之處，河尾應挑至未曾受淤之地，庶於開放時，得以順流而下，無所阻礙。於先〔四〕，尤應注意者，全視河形之曲直，水勢之高下，有非鑿引河不能引水歸原者，有舍引河而別築龍鬚溝，以疏通者，亦有全不開鑿，而自然就範者，要在當事者變而通之。（甲編，六頁，一九行）

【河工要義】引河者，引正河之水分洩以殺其勢，或竟使之經流他道之河也。引河全屬人爲，故與支河名實皆異。（六頁，七行）【又】挑挖新河，引水歸復中洪或其分洩水勢于堤外者，皆爲挑挖引河土。挖出土方分積兩面或一面者，皆爲廢土。（二一六頁，一二行）

〔一〕原書此處尚有文字。
〔二〕原書此處尚有文字。
〔三〕出處有誤，待考。
〔四〕『先』，原書作『此』。

河頭

【安瀾紀要】所謂河頭者，當於對岸灘嘴上游，尋河流初轉灣處，陡崖深水溜勢頂冲，塌灘潰崖，似必欲於此尋一去路，如此謂之河頭。（上卷，八頁，二〇行）

河尾

【安瀾紀要】灘嘴下游，尋陡崖深水處，爲之河尾。（上卷，九頁，三行）

【河工要義】河頭下脣之下游，陡崖深水處，謂之河尾。

上脣

【河上語】河頭引溜處，曰上脣。（五七頁，四行）

下脣

【安瀾紀要】河頭之下，又有灘嘴兜住溜勢，謂之下脣。（上卷，九頁，三行）

【河上語】河頭引溜處，曰上脣，兜溜處，曰下脣。（五七頁，四行）

龍鬚河（小引河）

【河上語】口門之下曰龍鬚河，龍鬚河亦曰小引河。（五七頁，一二行）

【註】引河在口門對岸，分溜於（未）合龍之前。龍鬚河與口門同岸，引溜於將合龍之際。

龍溝

【河上語】引河中間曰龍溝，龍溝亦曰子河。（五八頁，一行）

【註】挑成未放，須於中間開溝，以防大雨。（圖八八）

子河

【河上語】見『龍溝』。

隔堰

【河防通議】自古[一]遇開河，宜於上流相視地形，審度水性，測量[二]斜高，於冬月記料，至次年春興役[三]，仍於上口存留隔堰，必須漲月以前終畢，待漲水淺[四]發，隨勢去隔堰，水入新河，乘勢順下，以[五]成功。（卷上，一七頁，三行）

土埂

【河工名謂】引河内所留土格，挑土每百丈，必留一埂，以防大雨淹没，便利行走者。（二八頁）

開引河，務使形勢對溜，上口寬闊，則有吸川之形，下

〔一〕原書『古』下有『但』字。
〔二〕『量』，原書作『望』。
〔三〕原書『興役』下有『開挑』。
〔四〕『淺』，原書作『洪』。
〔五〕原書『以』上有『可』。

口窄深，則有建瓴之勢。如無吸川之形，則溜經引河口門而不入，所謂過門溜是也。

吸川建瓴

【河防榷】閘河地亢，衛河地窪，臨清板閘口正，閘衛兩水交會處所，每歲三四月間，雨少泉澀，閘河既淺，衛水又消，高下陡峻，勢若建瓴。（卷四，二四頁，一行）【註】瓴，盛水瓶也，居高屋之上而翻瓴水，言其向下之勢易也，《史記》譬猶居高屋之上建瓴水也。

【安瀾紀要】河頭水面高出河尾水〔一〕二尺以外，大可興挑引河〔二〕。迨開放時，河頭有吸川之形，河尾有建瓴之勢，其成功也必矣。（上卷，九頁，五行）

【河工要義】開挑引河，看其形勢，正對大溜，將上口宜挑寬闊。俟水長放河，則河水無不掣歸引河，是名爲吸川之形。（一一八頁，九行）【又】凡挑引河，使〔三〕形勢對溜，上口寬闊，則有吸納全河之勢，下口窄深，則有建瓴直下之勢。（一一八頁，一一行）

過門溜

【河工名謂】河頭無吸川之形，大溜經流引河口門而不入者。（二八頁）

第三節　裹頭

裹頭者，裹護決口冲斷之堤頭也，又曰裹頭埽，又曰壩頭，着溜處曰雁翅。作裹頭曰盤裹頭，如裹頭不住，即於本堤退後數丈挖槽下埽，曰截頭裹。再裹不住，即於上首築挑水壩，又名逼水大壩，又名順水，又名鷄嘴，又名馬頭。如係土壩，則壩外須再下壩埽，或邁壩埽，方得穩固，於是大溜繞射對岸，壩以下堤脚可免冲刷，並能掛淤。

裹頭

【新治河】裹頭者，裹護決口冲斷之堤頭也。用料盤築堅實，以防冲寬，是爲決口以後未及堵合以前之第一下手要事。（下編，卷三，一頁，一二行）

【河上語】相斷堤，立壩基，就斷堤用料盤築，曰裹頭。註：裹頭以稭根向外，如丁廂法，占則根向兩頭，與頭〔四〕廂略同。盤裹頭宜分緩急，分溜之處宜趕辦，勿令續坍。若溜已全奪，遽行盤築，必仍坍塌，又宜俟其塌定從容爲之。若溜勢太急，裹頭不住，即於本堤退後數丈挖槽下埽，如裹頭之法，汕刷至彼即住，謂之截裹頭。（一頁，五行）

【濮陽河上記】就潰決之處，盤裹堤頭，防其刷塌者，謂之裹頭，此爲堵築之初步，……既經潰決，即須趕盤裹

〔一〕原書『水』下有『若干，如高』。
〔二〕原書無『引河』。
〔三〕原書『使』上有『務』字。
〔四〕『頭』，原書作『順』。

頭，爲退守之計，否則兩岸口門，愈刷愈闊，堵築更形棘手。是以建築之初，亟宜辨其緩急，如漫灘分溜，當從速裹頭，以防衝刷； 如溜已全奪，不妨俟其塌定，再行盤裹，不然徒糜料物，於事無補，此爲第一要義。 至其盤裹之法，係用稭料軟廂，以工程之輕重，定丈尺之廣狹，此爲第二要義。（甲編，一頁，五行）（圖一二〇）

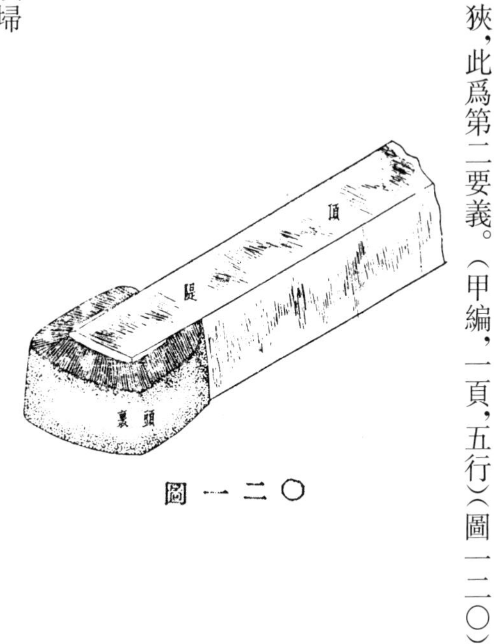

圖一二〇

裹頭埽

【行水金鑑】安埽之法，上水箱邊埽宜出，將裹頭埽藏入在內，下水埽宜退，藏入裹頭埽內，庶水不得揭動埽也。（卷一二六，一六頁，一八行）

【河工簡要】臨險處已做埽工，上水不無迎溜，須下斜横埽箇包裹埽頭，名爲裹埽。（卷三，二頁，一行）

【河工要義】臨水之處，既做埽工，則上水無不迎溜，須下斜横埽個，以裹埽頭，謂之裹頭埽。 此項埽段，多因面埽最上第一埽，藏不住頭，而後用之。（一一頁，一二行）

壩頭

【河上語】裹頭謂之壩頭。（一頁，七行）（圖一二〇）

【註】凡未合龍前，通謂之壩。 每進一占，又以所進爲壩頭，原壩頭爲壩基，又曰壩尾。

雁翅

【河工簡要】着溜之處，建築埽壩[一]，其上下[二]建雁翅以迎溜，下水建雁翅以禦迴溜，名爲［上下］[三]雁翅。（卷三，八頁，八行）

【河防輯要】又名下裹頭，亦即收縮包裹之意而已。

盤裹頭

【迴瀾紀要】大堤漫缺，盤做裹頭，如漫灘分溜者，宜漏夜趲辦，若溜已全奪者，須俟其塌定然後盤頭。（卷上，一頁）

截頭裹

【河防榷】凡堤初決時[四]，水勢洶湧，頭裹不住，即於本堤退後數丈挖槽下埽，如裹頭之法，刷至彼必住

[一]『埽壩』，原書作『壩台』。
[二]『下』，原書作『水』。
[三] 原書無『上下』，編者據文義加。
[四] 原書此處尚有文字。

矣，此謂截頭裹也。（卷四，三四頁，二行）

【行水金鑑】凡堤初決時，即將兩頭下埽包裹，官夫晝夜看守，稍待水勢平緩，即從兩頭接築。如水勢洶湧，頭裹不住，即於本堤退後數丈，挖槽下埽如裹頭之法，刷至彼必住矣。此謂截頭裹也。（卷三六，四頁，一九行）（圖一二一）

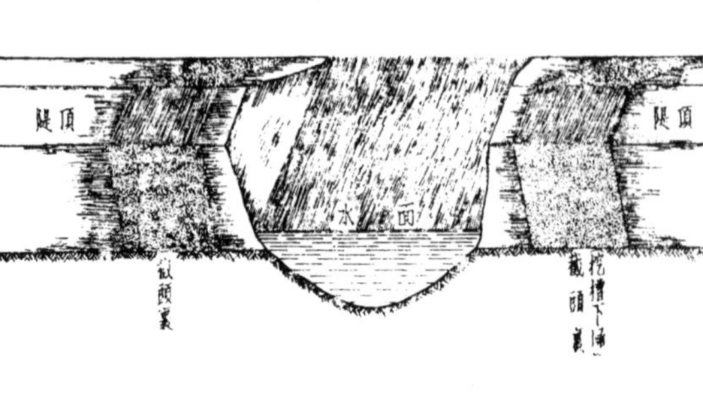

圖一二一

挑水壩

【行水金鑑】凡黃河迎溜處，宜建築挑水壩，又名順水，又名磯嘴，又名馬頭，其功最大。（卷六〇，二一頁，一五行）

【河工簡要】凡河溜緊急之處，在于上首建築壩台一座，挑溜而行，名爲挑水，又有順水壩，名雖異而實則同。（卷三，八頁，二行）

【河防志】凡黃河迎溜處，築挑水壩，又名雞嘴，又名馬頭，其功最大〔一〕。建築之法，壩欲其寬不可甚長，須做雁翅邊埽以順上流，勿使埽頭逆溜，有掀揭之虞。若離縷堤遠者，須接築格堤捍禦，以防異漲時，黃水隘于壩後衝刷之虞。（卷五，四二頁，一九行）

【新治河】此壩用處甚大亦甚多，惟工程頗鉅，修築〔二〕非易，必須詳審形勢，萬勿輕易嘗試。建得其地，以之挑溜攻灘，立見功效，倘非其地，對岸及下游，均受大害，糜欵〔三〕亦不貲，不可不慎也。此壩最殺斜射溜勢，宜于埽灣險工。（上編，卷二，一七頁，四行）

【濮陽河上記】挑溜遠引以捍衛壩基者，謂之挑壩，此壩應建於西壩（黃河自西而東，西壩上游也），上游壩頭須與引河頭相對，一則掩護西壩壩基，一則逼溜注入引河。挑壩喫力較重，引河得力亦較多，倘與引河分道背馳，則其效用全失，……挑壩形勢宜於長斜著溜而止，否則其力不足以捍衛大壩。（甲編，三頁，一二行）

〔一〕原書此處尚有文字。
〔二〕『築』，原書作『建』。
〔三〕『欵』，原書作『款』。

【河工要義】凡河溜緊急之處，在於溜勢上首一座挑溜開行，名曰挑水壩。長十餘丈，乃至二三十丈不等，伸至河心，能挑大溜，則溜以下堤脚可免冲刷，並能掛淤，即對面嫩灘老坎，均可藉挑出之溜，以資刷卸。如險工太長，應做〔一〕壩數道，須將空檔排開，遠近得宜，使上壩挑溜，接住中壩，中壩挑溜接住下壩，方免〔二〕刷堤之患。（一五頁，三行，又一四行）

【河防輯要】凡建挑水壩，宜於埽灣之上游，相度水勢。初灣之處，酌量大溜離堤若干，自河岸起約計大溜一半之處，應築挑壩，直長若干丈。如溜急水深，則宜築磯嘴大挑壩，自岸至溜，全用埽個。（卷三，八頁，九行）【又】有堵築決口，上游挑挖引河，分洩水勢，若引河洩水不暢，應于引河頭對岸上游，築做挑壩，逼溜全歸引河。（卷三，九頁，一三行）【又】凡河溜緊急之處，在於上首建築挑壩一座，挑溜開行，名曰挑水壩。【又】挑水壩宜于埽灣拖溜處，築壩下埽，挑溜開行，以期下游堤工不十分着重生險。

逼水大壩

【河防一覽】如是決口時，兩頭下埽包裹不住，再用截頭裹法〔三〕，又不住，即於上首築逼水大壩一道，分水勢，射對岸，使回溜冲刷正河，則塞工可施矣。（卷四，二頁，四行）

順水壩

【河防榷】順水壩，俗名鷄嘴，又名馬頭，專爲喫緊迎溜處所。如本堤水刷洶湧，雖有邊埽，難以久恃，必須將本隄首築順水壩一道，長十數丈，或五六丈。一丈之壩，可逼水遠去數丈，堤根自成淤灘，而下首之堤俱涸矣。安埽之法，上水廂邊埽宜出，將裹頭埽藏入在內，下水埽宜退藏入裹頭埽內，庶水不得揭動埽地。如築長六丈，闊四丈，高一丈，用埽兩面廂邊，每邊用埽二行，裹頭二行，中間填土，每行用埽三層，共計用中埽十八箇，每箇長五丈，高三尺，用草四百束，柳梢八十束，草繩四十條，排樁簽樁共用樁木四根，人夫二十五工，共用捲埽堤夫四百五十工，運土堤夫二百工，俱不議。（卷四，三六頁，一行）

【行水金鑑】俗名雞嘴，又名馬頭，專爲吃緊迎溜處所。如本堤水刷洶湧，雖有邊埽，難以持久，必須將本堤首築順水壩一道，逼水遠去。（卷一二六，一六頁，一四行）

【新治河】形式渾如挑壩，而壩工則順溜斜修，不作挑勢，遇大溜横冲之處，作壩勢短，且不能使溜開行，若

〔一〕原書「做」下有「挑」字。
〔二〕原書「免」下有「迴流」。
〔三〕「如是決口時……再用截頭裹法」，爲《辭源》編者據文義撰。

修挑壩，又恐攔水入袖，且慮逼成迴溜，生險不已，最好修順水壩，使溜順壩斜行，壩長則送溜遠出，庶無他虞。（上编，卷二，一九頁，一行）

【河工要義】迎水之處，恐堤工受傷，順流建壩以禦之，故曰順水壩，亦有謂爲迎水壩者。順水壩與挑水壩之區別，在近[一]水順下與挑溜遠出之一間耳。（一七頁，二行）

【河防輯要】順水者，或大溜雖可稍開，而下埽仍難歇手，因接下以順其勢。

鷄嘴壩

【河防榷】捲築鷄嘴六道，每道相去二三十丈不等，阻隔來流，復於鷄嘴中間捲埽，護岸即可支持。（卷四，三頁，八行）【又】鷄嘴即順水壩之俗名。（卷四，四頁，一行）

【河工簡要】凡灣之處，建築壩台，其埽壩迤上迤下，必須用料廂做防風雁翅，上雁翅則迎溜順行，下雁翅則抵禦迴溜，中間壩台遠出尖挑，其形如鷄嘴，名曰鷄嘴壩。（卷三，八頁，四行）

【新治河】壩身抵力，均較挑水壩爲[二]小，而形勢及形[三]用稍似，惟裏寬外窄，基礎穩固後，援力足耳。施之邊溜半（漕）〔槽〕水，挑溜開行最爲得力。（上编，卷二，一八頁，六行）

【河工要義】河流刷灣之處，建築埽壩，其埽壩迤上迤下，必須用料廂做防風雁翅，上雁翅（則）迎溜順行，下雁翅（則）抵禦迴溜，中間壩台，遠出尖挑，（其）形如鷄嘴，名曰鷄嘴壩。（一六頁，三行）

馬頭

【宋史·河渠志】且地勢低下，可以成河，倚山可爲馬頭。（《行水金鑑》卷一四，八頁，二行）

【行水金鑑】八月河決鄭州，原武埽溢入利津陽武溝刁馬河，歸納梁山濼。詔曰：原武決口已引奪大河四分以上，不大治之，將貽朝廷巨憂，其綴修汴河隄岸司兵五千，併力築堤。修閉，都水復言兩馬頭墊落水面，闊二十五步，天寒，乞候來春施工，至臘月竟塞云。（卷一二，九頁，一三行）【又】馬默爲河北都轉運使，初，元豐間河決小吴，因不復塞，縱之北流。元祜[四]議臣以爲東流爲便[五]，御史郭知章復請從東流。于是作東西馬頭，約水復故道，爲長堤壅河之北流者，勞費甚大。明年復決而北，竟不能使之東。（卷一三，一六頁，二〇行）

[一]『近』，原書作『迎』。
[二]『爲』，原書作『短』。
[三]『形』，原書作『功』。
[四]『祜』，原書作『祐』。
[五]原書此處尚有文字。

壩埽

【河工要義】依堤先築土壩一道，上窄下寬，勢能挑溜外移者，謂之壩。壩外下埽，以衛壩工者，謂之壩埽。壩埽多下於河面較寬，迎溜頂衝，或其水勢坐灣之處，河面窄者，恐對面生險，則祇有下邁埽與順水壩埽耳。（一一頁，八行）

邁壩埽

【河工要義】壩埽之外，再做邁埽一路，謂之邁壩埽。（一一頁，一一行）

掛淤

【河工要義】挑水壩伸至河心，能挑大溜，則溜以下堤脚可免冲刷，並能掛淤。

第四節　進占

擇定壩基後，如水力猛大，築蓋壩以禦衝激，然後測量口門寬度，曰緝口。盤築壩台，謂之出馬頭，所出馬頭即第一占。占，堵口時直進之捆廂埽也，古稱紝，有草紝、土紝。廂占前進，曰進占，又曰出占。鋪料以數百千人齊力跳踊，曰和哨，亦謂之撑檔，撑足丈數加料前眉，以簾子繩縎之，安騎馬，壓以花土（即壓占土），加二坯料，安暗騎馬，挽底鈎，又曰拉活溜，緊溜則挽占繩，皆隨挽隨接。追壓大土用揪頭繩束之，占未到底再加料，再壓土，再拉揪頭繩，到底乃已。占如不穩，用抱角縎其兩頭，占向前扒，以束腰繩束之，自左之右，自右之左，用大繩縎之，謂之抄手。每壓大土，去邊土寬二三尺，截稭料爲兩段，以根向外包，與下層料齊，曰包眉子。鑲至頂部追壓大土一層，曰占面土。

壩基（定壩基）（壩尾）

【濮陽河上記】扼要建壩爲進占之基礎者，謂之壩基，此事最爲重要。蓋全工之關係，全以壩基爲樞紐，倘建非其地，鮮有不僨事者。宜詳加討論，擇善而從，尤宜統籌全局，庶不致有偏重之患。如漫口僅屬分溜，壩當建於兩岸分岔之處；若全河已經奪溜，則壩宜外越，但須依傍老崖，方可着手。前者爲扼要計，後者爲退守計也。查歷來壩基有就裏頭而定者，亦有舍裏頭而別擇相當之地建築者，總以相機規畫，庶幾勝算可操。（甲編，一頁，一六行）

【河工用語】預修土壩爲修裹[一]之用者，曰壩基。（五期，專載六頁）

【河工名謂】預定正壩經過之路線。（二二頁）【又】裹頭，謂之壩頭，每進一占，又以所進爲壩頭，原壩頭爲壩基，又曰壩尾。（三〇頁）

[一]『裹』，原書作『裏』。

蓋壩

【濮陽河上記】掩蓋壩基，防禦迴溜者，謂之蓋壩。壩基既定之後，如水力猛大，壩基固不免有所衝激，而進占時阻力尤多，故于壩基上水接築蓋壩，分水勢也。（上册，二頁，一七行）

緝口

【迴瀾紀要】漫口已成，擇定壩基後，即須緝量口門寬度[一]，以便估計物料也。（上卷，六頁，一〇行）

【濮陽河上記】以篾繩緝量口門之廣狹者，謂之緝口。此在壩基既定以後，爲進占之準備。緝口之繩宜用絲篾。緝口之日，不宜有風。如口門在百丈以内，小船即可緝量；在二百丈以外，當以大船排列下錨定住，無使摇動，一面再用划船將篾繩由壩頭牽至大船，依次緝量知口門之廣狹，則應進若干占，便可依此估計，此後每進數占亦當隨時緝量，以定丈尺。（甲編，四頁，八行）

出馬頭

【迴瀾紀要】壩基既定，即應盤築壩台，昔人謂之出馬頭。（卷上，一二頁，一二行）

占

【河工用語】堵口時，直進之捆廂壩，曰占；占成而加幫土戧于[二]後，統稱曰壩。（五期，事載五頁）

【河工（各）〔名〕謂】堵口時逐段直進之捆埽，曰占。（一一三頁）

紝（草紝）（土紝）

【河防通議】先行檢視舊河岸口，兩岸植立表杆，次繫影水浮橋，使役夫得于兩岸通過，兼蔽影河流，緊勢於上口難前處，下撤星樁，抛下樹石，鎮壓狂瀾，然後兩岸各進草紝三道，土紝兩道，又於中心抛下席袋土包子。若兩岸進紝，至近合龍門時，得用手持土袋土包，多廣抛下，鳴鑼鼓以戰河勢，既閉後，于紝前捲攔頭壓埽於紝上，修壓口堤，若紝眼水出，再以膠土填塞牢固，仍設邊檢，以防滲漏。（一八頁，二行）

進占

【河上語】節節前進，曰進占，占約五丈。（七頁，二行）（圖一二二、一二三、一二四、一二五、一二六、一二七）

【註】每壩以占計，曰第幾壩。每進占自清晨起，盡一日之力，繼以夜工，層料層土，追壓到底。次日加料加土，趕澆後戧，如前一人舉重物，後一人力撑腰背，以防傾跌者然。又次日占蟄則廂，穩則將占繩底鉤繩全數挽起，重加大土，提捆廂船，移托纜船，釘樁安繩爲次占張本。凡三日成一占，此就一二丈淺水言之，深至三丈則須五六坯，深至四丈須七八坯，方能

[一]『度』，原書作『若干丈尺』。
[二]『于』，原書作『之』。

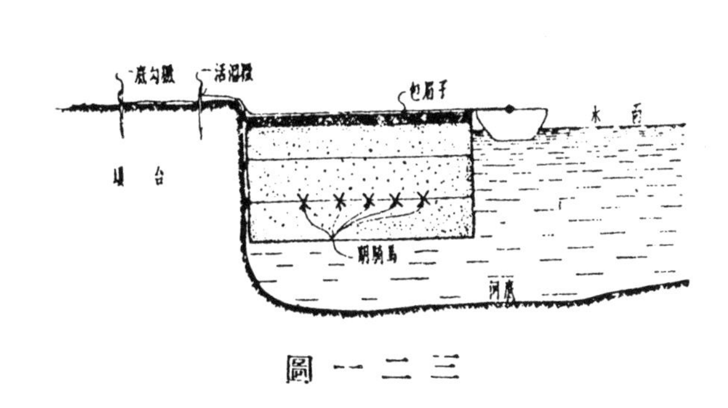

圖一二三

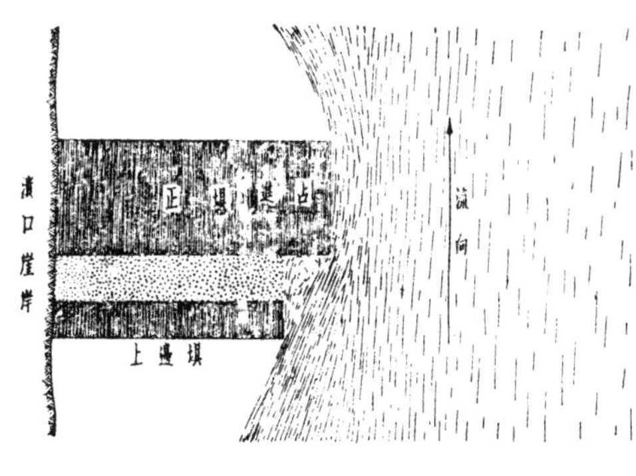

圖一二二

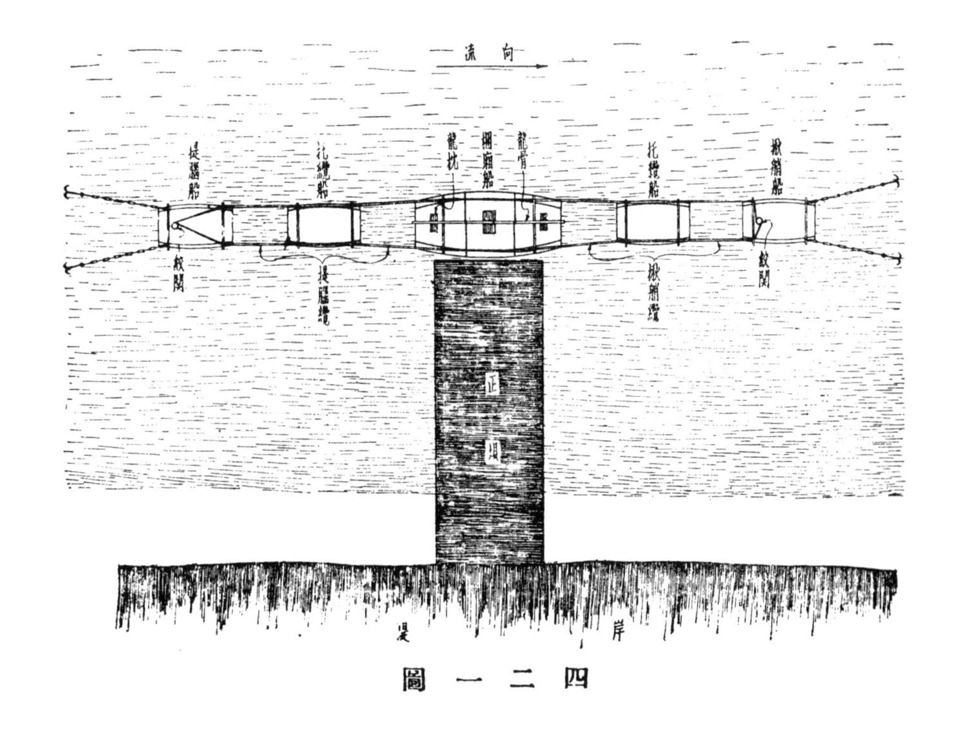

圖一二四

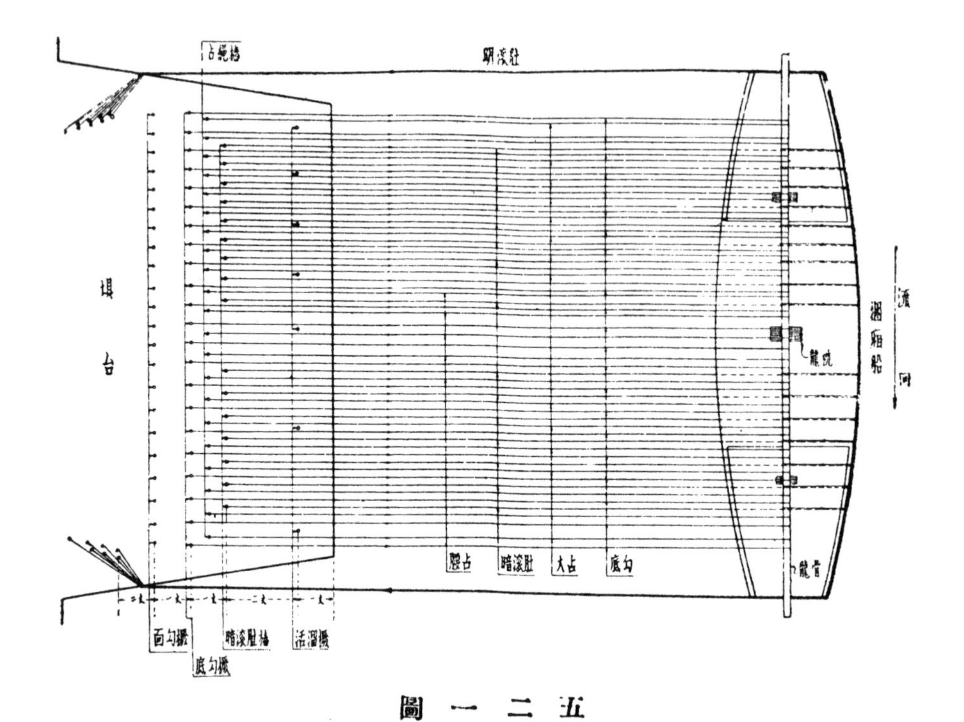

圖一二五

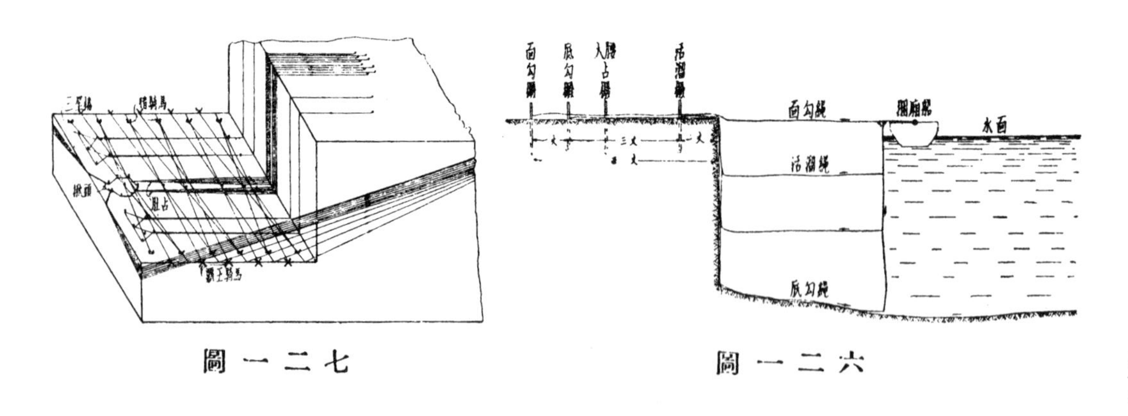

圖一二七

圖一二六

抓底，其上又加坯〔一〕三坯，隨蟄隨厢，以穩實爲度，不能刻期也。水不及丈，亦有兩日一占、三日兩占者。防營積習，每撑至四丈以外，即報五丈，若每占一量口門，則不敢誑報矣。大約起手數占，非撑足五丈不可，迨漸進漸逼，實其〔二〕爲溜勢所遏，欲進不能者，則三四丈亦可摟起，若求必〔三〕撑足，則頭坯爲時已晚〔四〕，估工時每占祗能以四丈計算，如口門一百丈，應算二十五占，蓋作至中間必難占占如數，且兩壩均向上迎，形似弓背，亦不能如繩量之直也。

【濮陽河上記】用料舖厢，接壩壅而前進者，謂之進占。占之命意不可攷，以字義詁之，有侵占、占據之意，蓋治水無異用兵，雖治術各有不同，而勇往直前，志在進取，則相同也，命之曰『占』，其此意乎？占之組織純用椿、繩、土料。當其著手之先，將捆厢船横泊壩頭，再用底勾繩、站繩，由壩基而達於捆厢船之龍骨。布置就緒，懸旗買料。旗分三色：如紅旗要稭料，黄旗要土，花旗要碎料也。稭料納於底勾繩、站繩兜内。舖料長約五尺，即雇夫壓埽。每壓一層，下料一次，至丈尺合度而止。每次均用金斗騎馬二三付，倒騎馬及拐頭騎馬一二付不等。至二三次以後，當用羊角暗橛數付。一俟丈尺壓足，高與壩齊，即將底勾勾上八九根，覆練子繩一排，並用暗橛數付，或三星，或棋盤，或五子，以後每坯皆然。頭坯謂之宣料，宣料之上壓以花土。俟用頭坯揪頭當壓大花土一層。第二坯以後，全視形勢如何：如占未到底，宜仍用揪頭，以到底爲度；若已到底，則用束腰。第三、四坯或用束腰，或用分邊。第五、六坯如占形偏側，當用包角，否則無需此矣。要之，暗橛爲經絡之貫通，明橛爲綱領之提挈。若者爲必要之品，若者爲可省之物，不能執爲定論。神而明之，存乎其人。二坯以後，宜重加厚土，壓力愈大，占埽愈穩。壓土宜先占頭，占頭既穩，可無他虞。至於每占所用料土之多寡，全以水勢深淺爲衡。（甲編，四頁，一五行）

出占

【河工名謂】兜纜軟厢，堵口時，用稭料椿繩，逐段厢作，節節前進之謂也。（三〇頁）

和哨（撑占）（壓埽）（打張）

【河上語】舖料以數百千人齊力跳踊，曰和哨，和哨謂之撑占，亦謂之撑擋，亦謂之壓埽，河南謂之打張。（七頁，七行）

【註】哨官站船頭爲倡，衆人和之。撑一次，加料一

〔一〕『坯』，原書作『兩』。
〔二〕『其』，原書作『有』。
〔三〕『求必』，當從原書作『必求』。
〔四〕原書『晚』下有『甚耽險也』。

次，撐足五丈乃已。

撐檔

【迴瀾紀要】船上兵丁先於上下水廂起，用邊棍打齊埽眉，退後滿廂，愈廂愈寬，謂之撐（擋）〔檔〕。（卷下，五頁，二行）（圖一二三）

騎馬

【河工用語】騎馬以二木釘成十字，長四五尺，有一騎馬，必有一纜一橛，是以騎馬爲一副，廂埽一坯須用騎馬一路，恐埽往前游，釘橛摟住則埽穩固矣。《説文》：騎，跨馬也。《逸雅》：騎，支也，兩脚支別也。以一木跨於一木之上，而脚支別，故曰騎馬。（卷三，六頁）〔一〕（圖一二八）

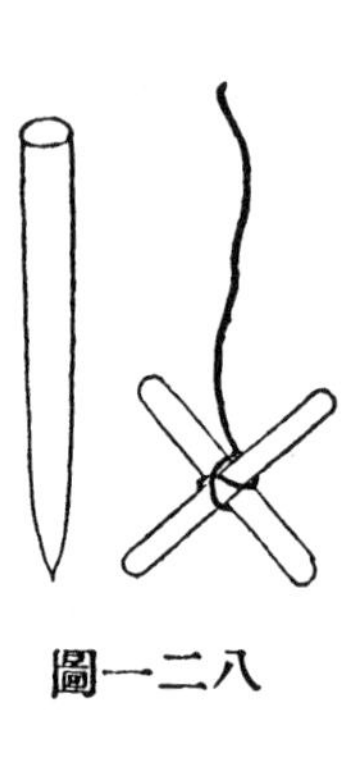

圖一二八

【河上語】縛兩樁爲十字，曰騎馬。（六七頁，九行）（圖見六九頁）

【註】騎馬以四五尺樁爲之，每上料，兩坯上下口各用四五具，每具相去約一丈，外面歷歷可數，上口拴樁於下口，下口拴樁於上口，每用一二十人齊號拉緊。水淺用核桃繩，水深流急，用加重核桃繩，或六丈八丈繩。

【河工要義】以木料做成方徑二寸左右、長四尺以上之交叉十字架，用繩纜一頭繫騎馬中間，叉立於埽工前眉馬面，復在堤上釘橛，將繩拉緊拴於橛上，俾埽工不致扒游。（五一頁，一四行）

【河防輯要】如廂埽工又賴騎馬管束，不使外爬。騎馬者，以橛木一鋸二片，形如十字者也。

壓占土

【河工要義】壓占土與壓埽土同，大壩進占，亦須層鑲層壓，故曰壓占土。（二八頁，九行）

暗騎馬

【河上語】以兩樁斜插料間，曰暗騎馬，又〔二〕曰抓子。（六七頁，一〇行）（圖見六九頁）

底鈎

【迴瀾紀要】橛離壩頭四丈，橫排簽釘，每根離空檔一尺，或一尺五寸或上水一尺，下水一尺五寸，總視水之深淺〔三〕，臨時酌定。釘橛後用繩一頭上橛，一頭活扣於龍骨上，此即兜纜，最爲吃重。（卷下，三頁，七行）

【濮陽河上記】兜托占底層層上勾者，謂之底勾繩，濮工用加重十丈繩，正壩用六十二條，邊壩用四十條，均分布於站繩之空處，一端繫於占後根樁，一端繫於

〔一〕出處有誤，待考。
〔二〕『又』，原書作『暗騎馬一』。
〔三〕原書『深淺』二字互乙。

龍骨，過渡與站繩均分排底勾，則係散置。每加料一坯，勾繩八九條不等，每次勾上之數必須隨時照補，仍繫於原處，占成全數勾上，再進再繫，用法與站繩同。（乙編，三頁，二三行）

【河工用語】繩之用於埽底者曰底勾繩。（六期，專載三四頁）

拉活溜（摟底勾）（摟起）

【河工名謂】每廂一坯，勾回底勾數條，摟束埽眉，曰拉活溜。冀省謂之摟底勾，簡稱曰摟起。（三一頁）

占繩

【河工要義】占繩者，小縈繩也。專備拴繫之用，三[一]五尺不等，徑同小指。（四四頁，八行）

揪頭繩

【濮陽河上記】拱抱（上）〔占〕頭，使之下蟄者，謂之揪頭繩。凡新進之占，料質鬆浮，欲其堅實，必以追壓爲不二法門。若[二]規束之方，則偏側之患立見，故揪頭之作用爲全占之綱領。丈尺既足，稍壓花土，即下揪頭。如二坯尚未到底，宜仍用之，以到底爲度。水深四丈以外，非三次揪頭不足以資鞏固。至其用法，由前眉適中處環釘揪頭樁。其式有二：用七根者，謂之七星式；用五根者，謂之簸箕式。以二十丈縈盤繩圍繞樁上，至前眉中間擘爲兩翼，由占頭引下，左右環抱，均束於占後根樁。每次用繩由九條至二十一條不等，以溜勢大小爲衡。（乙編，五頁，一五行）

抱角（包角繩）（單邊籠頭）

【濮陽河上記】縛束占之一邊，防其偏側者，謂之包角繩，又名單邊籠頭。上口偏側，用於上口，下口偏側，用於下口。此種作用，全以形勢而定，如無此弊，則不須用單邊。亦用二十丈縈盤繩，其數當在九條二十一條之間，用法與雙邊繩同，惟用於一邊耳。（乙編，六頁，一七行）

【河工名謂】捆束占之一邊，防其偏側者，又名單邊籠頭。（四四頁）

束腰繩

【濮陽河上記】拱抱占腰，使之緊束者，謂之束腰繩。束腰係用於揪頭之後，揪頭所以鞏固占之基礎，束腰所以鞏固占之中部，每次九條至二十一條不等。水深三丈以内，大都用縈盤繩十五條，兩邊旋繞環抱占頭，左右均束於占後根樁。（乙編，六頁，五行）

抄手

【河上語】占向前扒，以束腰繩束之，束腰亦曰箍腰。自左之右，自右之左，用大繩綰之，謂之抄手。（八頁，四行）

[一] 原書『三』上有『長』字。
[二] 原書『若』下有『無』字。

【濮陽河上記】環抱金門占，使之鞏固者，謂之抄手繩，又名門帘繩。當用二十丈縈盤繩，其數不得過二十一條。兩邊均繫於占後根樁，左右盤旋繞至占頭，在適中處釘以木簽。左則由占頭引下環抱右角，右亦由占頭引下環抱左角，均束於占後根樁。此繩用於金門占，築成之候，他占無須用此。其形交錯有似抄手，一以鞏固金門占，一以壯觀瞻也。（乙編，六頁，二二行）

包眉子

【河上〔記〕〔語〕】每壓大土，去邊土寬二三尺，截稭料爲兩段，以根向外包，與下層料齊，曰包眉子。（八頁，七行）（詳註見原書）（圖一二九、一三〇）

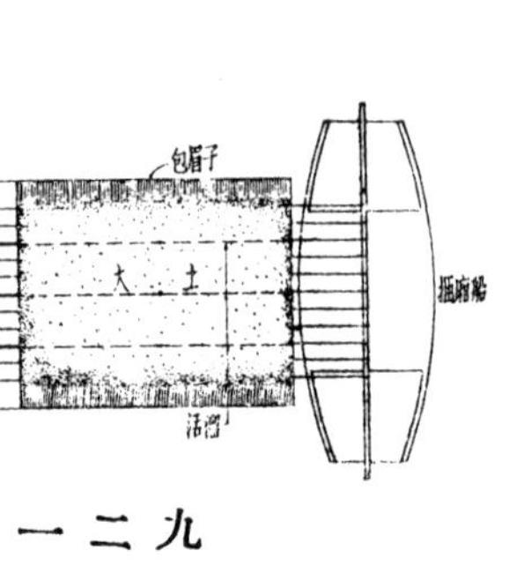

圖一二九

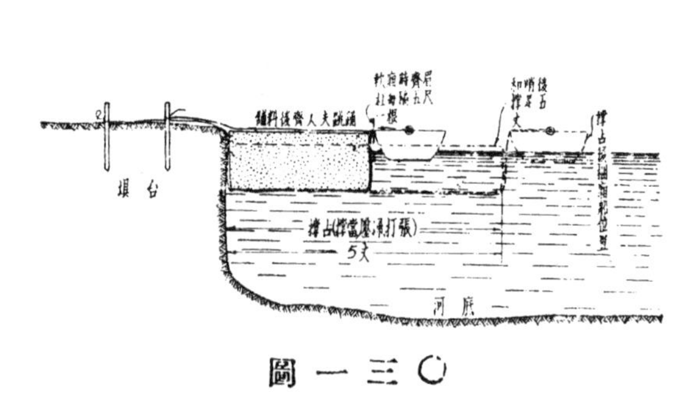

圖一三〇

占面土

【河工要義】占面土亦與埽面土同，壩占綑鑲至頂部，近〔一〕壓大土一層，因曰占面。（二八頁，一〇行）

進占時須用料土，設三升標旗於壩頭以資號召。

三升標旗

【河器圖説】三升旗，即標旗也。凡大工向於壩頭豎立長竿，上扣三鐶，貫以長繩，繫黄、紅、藍布旗三面，隨用拉扯上下。派兵守之，如須土升黄旗，料升紅

〔一〕『近』，原書作『追』。

旗，柳草升藍旗。夜則易以三色燈籠，以爲號令。（卷一，三七頁）〔一〕

河自東西，壩亦以東西名，故有東壩、西壩之稱。大壩即正壩，二壩又稱邊壩，不用邊壩曰單壩，不用東西壩，一面單進曰獨龍過江。正壩、邊壩之間實土曰土櫃，又曰土櫃土；壩後爲後戧，澆於大壩上水上邊埽之内，謂之上戧；大壩下水下邊之内，謂之裏戧。

東壩

【河上（記）〔語〕】河〔二〕自西而東，故有南岸北岸，而壩以東西名〔三〕。河勢即有迂折，而名稱〔四〕不變。（一頁，八行）（圖一三一）

西壩

【河上語】見『東壩』。（圖一三一）

大壩二壩

【迴瀾紀要】歷來漫工，大壩合龍者，不一而足，何取乎二壩，殊不知專仗大壩成功者固多，而失事者亦復不少。緣兩壩口門收窄時，上水高乎〔五〕下水幾至丈許，奔騰下注，勢若建瓴，壩前愈刷愈深，因之蟄塌不已。如有二壩擎托，以水抵水，則大壩上水不過高下水（面）三四尺，二壩上水亦高下水四五尺，丈許水頭，分面〔六〕爲二，兩壩各任其力，大壩得以減輕矣。惟二壩距〔七〕大壩不可過遠，當以二百丈内外爲率。（卷上，三頁，八行）（圖一三二）

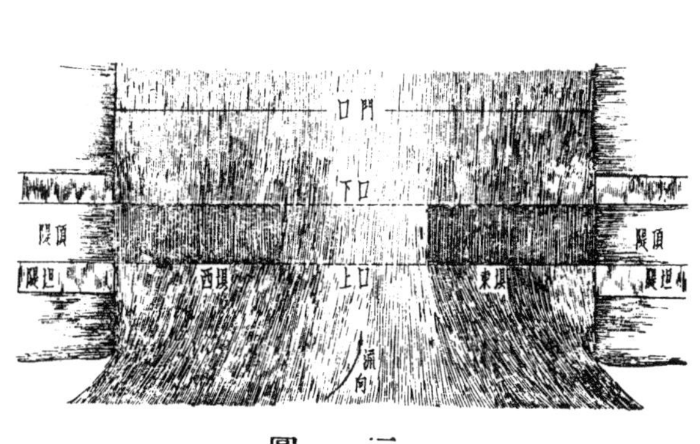

圖一三一

〔一〕原書查無此文，出處待考。

〔二〕原書『河』上有『黄』字。

〔三〕原書此處尚有文字：『運河自南而北，故有東岸西岸，而壩以南北名。』

〔四〕原書『名稱』二字互乙。

〔五〕『乎』，原書作『於』。

〔六〕『面』，原書作『而』。

〔七〕『距』，原書作『離』。

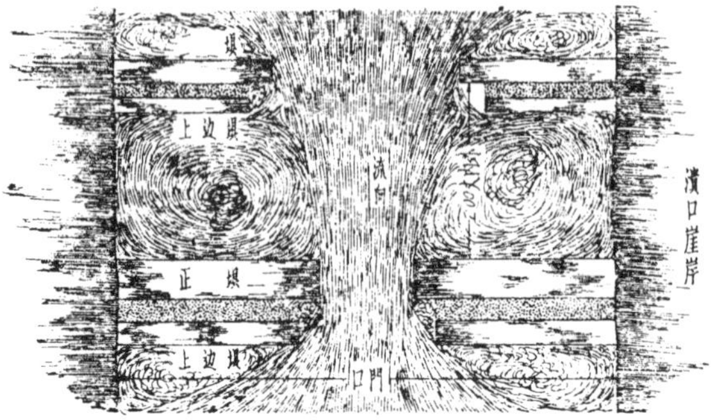

圖一三二

【河防輯要】二埽初建時，似與大埽無關痛癢。迨埽工漸長，口門漸窄，則大埽藉二埽爲擎托。二埽仗大埽爲捍衛，如輔車相依，上下呼吸相通。倘二埽蜌失，必掣動大埽，尤宜追壓穩寬，刻刻小心，不可忽視，依照大埽跟接進占，必應同時慎重合龍，可收實益。

正埽（邊埽）

【河上語】邊埽在正埽前，得正埽六之四。（一頁，九行）

【註】正埽六丈，則邊埽四丈，廣狹以是消息之。潘彬卿、方伯駿文云：西埽以邊埽挑溜，東埽以邊埽迎溜，皆使溜勢不直攻正埽也。邊埽視正埽約退半占，邊埽有在正埽後者，亦有作兩邊埽，曰上邊埽、下邊埽者。（圖一三三）

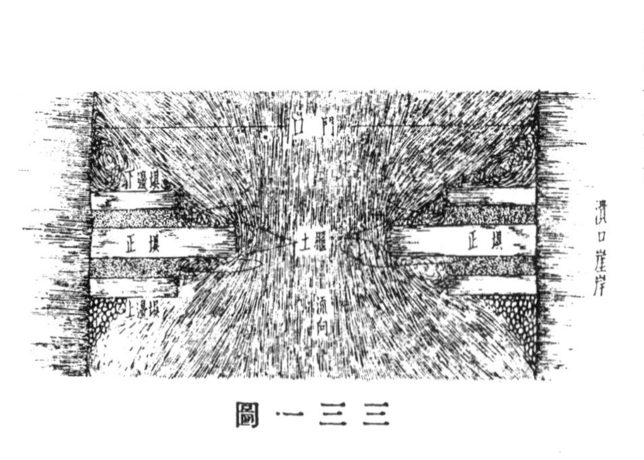

圖一三三

【濮陽河上記】捍衛正埽，同時並進者，謂之邊埽。查歷來大工，有用單埽者，有用正埽、二[一]埽者，有用一正埽、二邊埽者。單埽進堵謂之獨龍過江，蓋形勢有不同，埽亦因之而增減。說者謂堵築決口，單埽既有先例，則邊埽非必要之工，徒多耗費，何爲哉？殊不

[一]「二」，原書作「邊」。

知專恃一埽以成功者，事屬僥倖； 因無邊埽而敗事者，不堪枚舉。 況工程之難易，各有不同，又烏可執一以概論。（甲編，二頁，五行）

單埽（獨龍過江）

【河上語】邊埽在正埽前，得正埽六之四。 正埽邊埽之間，實土二丈曰土櫃，不用邊埽曰單埽，不用東西埽，一面單進曰獨龍過江。（一頁，九行）（圖一三四）

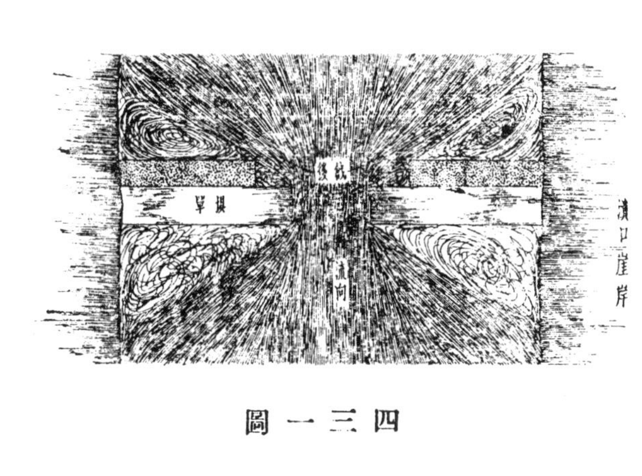

圖一三四

土櫃

【河上（記）〔語〕】正埽、邊埽之間，實土二丈，曰土櫃。

註： 正邊埽皆有料土在其中，則料之虛者皆實，爲兩邊〔一〕則有土櫃兩重。（一頁，一一行）（圖見《河上語圖解》四）

【濮陽河上記】填土於正、邊埽夾道内者，謂之土櫃，又名夾土埽。 俟正埽進兩三占，邊埽進一兩占後，即須併力合填，隨占前進，層土層夯，填築堅實。 既可塞兩埽之罅隙，且可作兩埽之中堅。 蓋占以稭成，恐其不可持久，故用土櫃，使正〔二〕埽凝結一氣，更爲得力。 如合龍之前水深溜急，土不能容，寧可暫緩須臾，不可用料填塞。 一俟兩埽合龍，即從速接堵。 用土所以閉氣，用料則滲漏可虞。 若萬不得已而求速效，亦惟有用蔴袋包淤，以之填底，可免衝刷。（甲編，二頁，一二行）

土櫃土

【河工要義】堵塞決口大工，埽占内外齊進，慮有埽眼透水之病，故二埽生根，與大埽間隔數尺，中填膠土，謂之夾土櫃土，其形似櫃，是以名之。（二八頁，一四行）

後戧

【河上語】埽後爲後戧。 註： 土櫃與埽平，後戧出水三四尺，寬以二丈爲率； 單埽無土櫃，後戧宜高宜

〔一〕原書『邊』下有『埽』字。

〔二〕原書『正』下有『邊』字。

寬。（二頁，三行）（圖見《河上語圖解》五）

【濮陽河上記】築〔二〕於邊埽之後身者，謂之後戧。進占於狂瀾横溜之中，奔騰直瀉，首當其衝者，爲正埽。恐正埽不足以抵禦，於是藉邊埽以分其力，藉土櫃以實其中，猶恐或有牽動，接以後戧，作爲後盾，由上坡下，抵禦力較土櫃尤强。（甲編，三頁，七行）

土戧

【迴瀾紀要】澆土於大埽上水上邊埽之内，謂之上戧。（卷上，四頁，三行）

裏戧

【迴瀾紀要】澆土於大埽下水下邊埽之内，謂之裏戧。（卷上，四頁，三行）

占向前曰扒，向上曰游，向下爲坐，坐甚曰拜，平下曰蟄，前蟄曰低頭，前錯曰掉頭，中蟄曰螳腰，左右蟄曰掉膀，後裂曰崩襠，翻轉曰栽跟頭。

扒

【河上語】占向前曰扒。（八頁，一〇行）

游

【河上語】占向上曰游。（八頁，一〇行）

坐

【河上語】占向下曰坐。（八頁，一〇行）

拜

【河上語】占向下曰坐，坐甚曰拜。（八頁，一〇行）

蟄

【河上語】平下曰蟄。

低頭

【河上語】占前蟄，曰低頭。（九頁，三行）

【註】當由前面水深之故，急加大坯土料舖平。

掉頭

【河上語】占前錯，曰掉頭。（九頁，三行）

【註】上口前扒則掉頭内向，下口前扒則掉頭外向。

螳腰

【河上語】占中蟄，曰螳腰。（九頁，四行）

【註】急釘基盤樁，用繩縱横拴繫，以防分裂。

掉膀

【河上語】占左右蟄，曰掉膀。（九頁，四行）

【註】上口水深則上口蟄，急於上口加料，以防水入，下口加土以配之，下口反是。

崩襠

【河上語】占後裂，曰崩襠。（九頁，五行）

【註】占前扒則後崩襠，如於崩處加土，則前扒愈甚，

〔二〕原書『築』下有『土』字。

宜急用黄草鋪塞，而將前眉加壓大土，用束腰繩束之，俟前面半占業經壓實，可以站住，然後在後面加料大(一)土，逐漸鋪平，上口崩襠，下口過水難治。

栽跟頭

【河上語】翻轉曰栽跟頭。（九頁，六行）

第五節　合龍

兩壩進占至口門窄狹時，將船拉出，曰出船。所留之口門，曰金門，又曰龍口，又曰合龍門，金門左右兩占，曰金門占，金門占亦曰關門埽，金門占上捆一大枕，曰龍枕，枕上釘籤，曰龍牙，上掛合龍網，曰龍衣。合龍時所做最後之一占，曰合龍占。合龍後滴水不漏，曰閉氣。口門外之跌塘，用堤圍圈，以減正壩之水壓力，曰養水盆。

出船

【河工名謂】合龍時，金門甚窄，將船拉出，曰出船。（三二頁）

金門

【河上語】口門將合，曰金門。（八五頁，二行）（圖一三五）

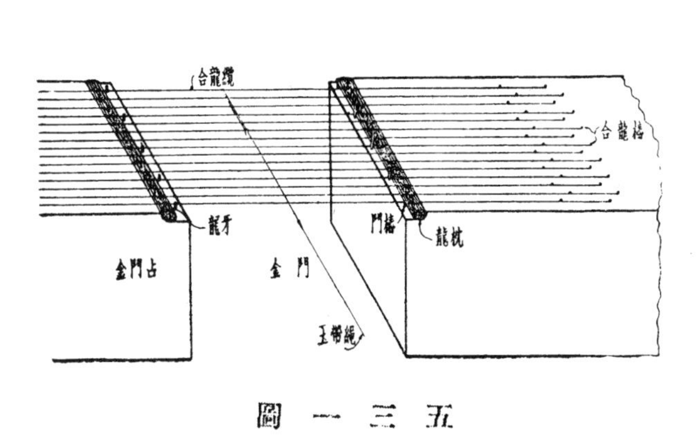

圖一三五

龍口

【河上語】金門謂之龍口。（八五頁，二行）

合龍門

【行水金鑑】凡塞河决垂合中間一埽，謂之合龍門。（卷一〇，一八頁，二行）

金門占（關門占）

(一)『大』，原書作『加』。

【河上語】全〔一〕門東西兩占，曰金門占，金門占亦曰關門占，亦曰關門埽。（八五頁，二行）（圖一三六）

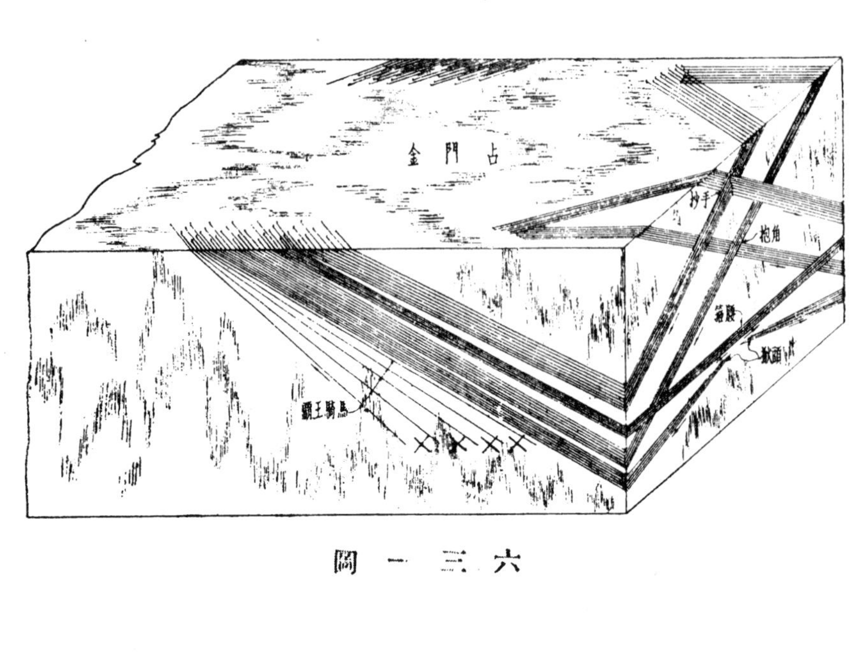

圖一三六

【濮陽河上記】兩壩最後之占，逼近金門者，謂之金門〔二〕。金門占爲兩壩之咽喉，合龍之根據，視他占大〔三〕爲重要，宜多壓厚土，多加繩橛。最後一坯當用抄手，俟盤築堅實不見下蟄，即於兩壩金門占前眉橫釘合龍枕各一具，長與占齊。枕之兩旁插以龍牙，爲規束合龍纜之用。次於金門占後面，各釘合龍樁四排，以兩樁繫一合龍纜，纜置枕上。兩壩互牽，每纜距離約五六寸。如占寬六丈，用纜百餘條。再次則用合龍衣，覆於合龍纜上，爲合龍之預備。（甲編，五頁，一五行）

關門埽（門帘埽）

【迴瀾紀要】此乃龍門兜子之外護，即就兩壩上水邊埽未做之丈尺或十丈或八丈補〔四〕一埽，爲〔五〕關門埽。（卷下，一二頁，四行）

【河工名謂】合龍占前做埽，壓及左右兩金門，俾易閉氣，曰門帘埽。（八頁）

龍枕

【河上語】金門占上捆一大枕，曰龍枕。（八五頁，八行）

〔一〕『全』，原書作『金』。
〔二〕原書『門』下有『占』字。
〔三〕『大』，原書作『尤』。
〔四〕原書『補』下有『做』字。
〔五〕原書『爲』上有『名』字。

龍牙

【河上語】龍枕上釘籤，以挂龍衣，曰龍牙。（八五頁，八行）

龍衣（掛纜）

【河上語】合龍纜以麻爲之，上挂合龍網，曰龍衣。（八五頁，八行）（圖一三七）

【濮陽河上記】以繩結網，合龍時用以兜料者，謂之龍衣，亦名龍兜。兩壩合龍綆牽成，即用龍衣覆於綆上，以備兜料。龍衣以蔴繩結網爲之，網格相距四五寸，作斜方式。（乙編，八頁，一行）

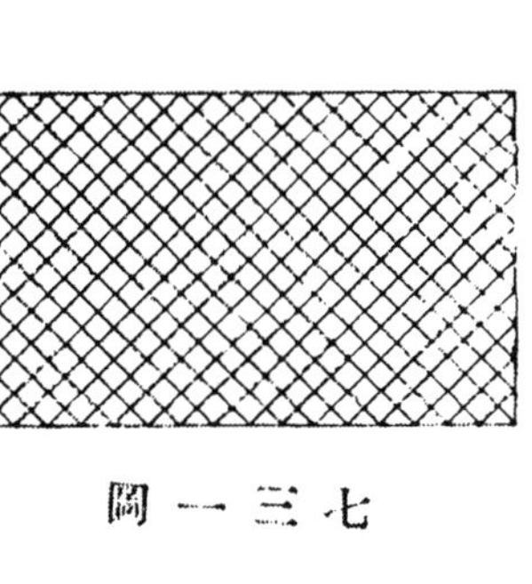

圖一三七

【河工名謂】合龍時，兩壩對頭釘橛，掛繩爲兜，名曰掛纜。（三二一頁）

合龍占

【濮陽河上記】堵合金門，用龍衣兜埽者，謂之合龍占。緣金門之間，船不能容，故以繩結網，名曰龍衣。覆於合龍綆上，專爲兜料之用。俟祭壩後，即買料進埽，並於河營擇一熟練官長，鳴鑼爲號。守合龍綆者，悉聽指揮，聞號鬆綆。每下料一坯，約鬆綆尺餘，並於下水用五花倒騎馬牽於上水，防下拜也。俟龍衣入水，即壓花土二三坯，後多用蒲包大土。如下水不見翻花，即堵合矣。有謂合龍之日，宜諏其吉，此乃大誤。蓋大功之成敗全繫乎此，一髮千鈞，豈容玩忽！欲速則草率從事，後患堪虞，過遲則金門刷深，追壓不易，必俟金門占盤築堅結，即行動工，最爲適當也。（甲編，五頁，二三行）（圖一三八，一三九）

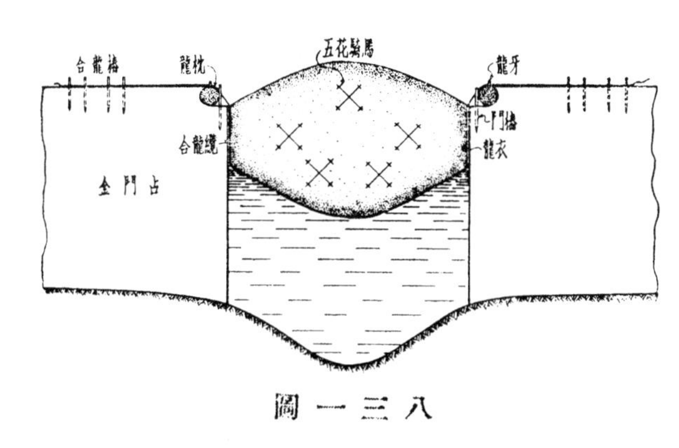

圖一三八

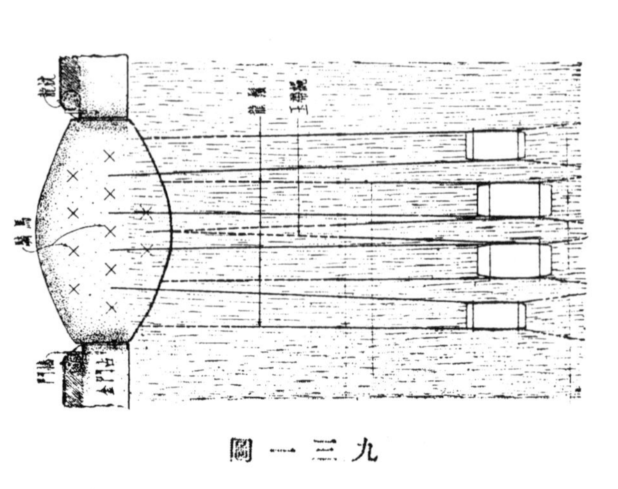
圖一三九

閉氣

【河工名謂】合龍後滴水不漏，曰閉氣。（二四頁）

養水盆

【河工名謂】口門外之跌塘，用堤圍圈以減正壩之水壓力，曰養水盆。（二四頁）

第六節　繩纜

繩、纜、蔴纜、葦纜、灰纜、竹纜、鐵纜、鐵絲纜、光纜、毛纜、三花小纜、四花小纜、五花小纜、加重繩纜、行江大纜、鱔魚骨、貓本、雙扛、綮繩、麻繩、草繩、綆繩、核桃繩、卡子繩、千斤繩、傢伙繩、盤繩、腰子、束腰繩、行繩、引繩、經子、網兜。

繩

【河工名謂】以綮麻絞扭成之，普通直徑在半寸以下者爲繩。（四二頁）

纜（鉛絲縩）

【河工名謂】繩之直徑，在半寸以上者爲纜，近更有以鉛絲扭成者，又稱鉛絲縩。（四二頁）

蔴纜

【河工名謂】以蔴擰成者。（四三頁）

葦纜

【河工名謂】以葦擰成者。（四三頁）

灰纜

【河防輯要】灰纜以好大蘆劈篾入池，泡七日爲度，柴性竅破覺棉軟，入水亦耐時日，惟工本較大，且難猝辦，是以大工素不多用。

【河工名謂】以高大蘆草帶皮捲成者[一]。（四二頁）

竹纜

【河工用語】以竹篾縛者曰竹纜，或曰篾纜。（六期，

[一]『帶皮捲成者』，原書作『劈蔑入灰池，浸七日後擰成』。

專載三三頁)

鐵纜 【河工名謂】以鐵絲擰成,用作提腦揪艄者。(四三頁)

鐵絲纜 【河工用語】以鐵絲綧者,曰鐵絲纜。(六期,專載三三頁)

光纜 【河防輯要】以黄亮大蘆篾子壓得匀,披子擰得緊,纜心壓得熟者爲佳。

毛纜 【河防輯要】毛纜係用青柴,帶葉帶皮,一披捲成,不用纜心者,雖係純熟,終屬體鬆,而質輕,祇可淺水處酌量用之。

三花小纜 【運工專刊】該纜對徑約一生的半,計用三四米粒寬之青黄篾絲十根,分爲二根與三根,各兩股相間辮成,中間亦有篾絲填實,每餅計長三十丈。(圖一四〇之1)

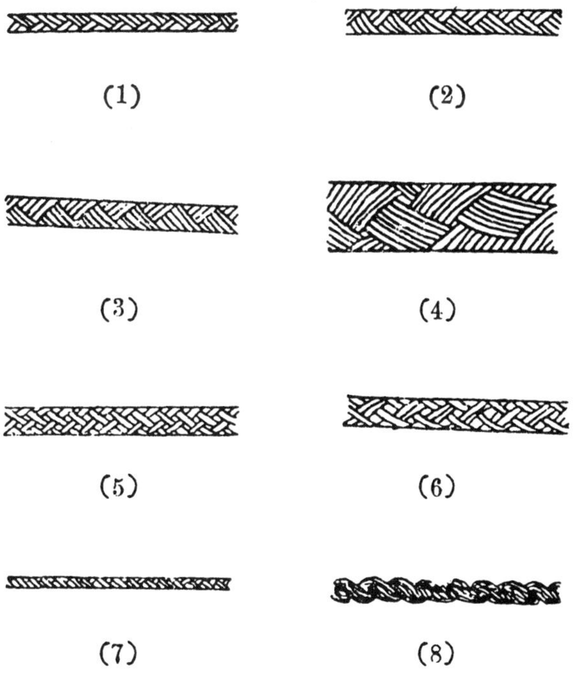

(1) (2) (3) (4) (5) (6) (7) (8)

圖一四〇

四花小纜 【運工專刊】該纜對徑約二生的,計用三四米粒寬之青黄篾絲十四根,分爲三根與四根各兩股相間辮成,中間亦有篾絲填實,每餅計長三十丈。(圖一四〇之2)

五花小纜 【運工專刊】該纜對徑約二生的半,計用三四米粒寬之青黄篾絲十八根,分爲四根與五根各兩股相間辮成,中間亦有篾絲填實,每餅之長三十丈。(圖一四

〇之3）

加重繩纜

【河工用語】其重量超過原定行[一]數者，曰加重繩纜。（六期，專載三四頁）

行江大纜

【運工專刊】該纜名曰七花大纜，對徑約六生的，用五米粒至八米粒寬之青篾絲，每股七根辮成，中間有青篾與黃篾填實，購時以丈許值，如六花者比較七花每股少一篾，其值亦稍廉，八花曰[二]比較七花每股多一篾，其值亦稍貴。（圖一四〇之4）

鱔魚骨

【運工專刊】該纜對徑約二生的半，計用四五米粒寬之青篾絲十六根，分爲八股辮成，中間空心，每餅計長三十丈。（圖一四〇之5）

貓本

【運工專刊】該纜對徑約二生的半，計用三四米粒寬之青篾絲二十根分爲兩根與三根各四股辮成，中間用青黃篾絲約填實一半，每餅計長二十四丈。（圖一四〇之6）

雙扛

【運工專刊】該纜對徑約八米粒，計用一米粒半至二米粒寬之青篾絲八根，分爲四股辮成，中間空心，每餅計長一丈八尺。（圖一四〇之7）

檾繩

【河工用語】以檾綍者曰檾繩。（六期，專載三三頁）

麻繩

【河工要義】抬運料石用之。（圖一四〇之8）

草繩

【河防輯要】有以草綍爲纓者，乃粗草繩耳，捲埽必先密密鋪之於鈎於繩於鐵箍之上，然後再鋪稭柳草，束以此草繩，作爲埽之外衣，免于稭柳簇出。

綆繩

【河工要義】亦曰葦纜，又曰光纜，以黃亮葦子用轆軸壓軟，三股擰緊如蔴繩式[三]，每根長六丈，重三十斤爲一盤，二百盤湊成一垛，凡揪頭（亦曰穿[四]心繩）、滾肚拴、騎馬及搶險掛柳等繩皆用之，亦有時大工占埽，及旱壩占埽間雜於行繩中用之。（四一頁，一三行）

核桃繩

【河工用語】檾蔴繩之粗細如核桃大小者，曰核桃繩。（六期，專載三三頁）

[一]『行』，原書作『斤』。
[二]『曰』，疑爲『者』。
[三]『式』，原書作『狀』。
[四]『穿』，原書作『窄』。

卡子繩

【河防輯要】又有小繩，一名卡子，一名核桃，以備絆纏大繩之用。

千斤繩

【河防輯要】凡豎樁木，全憑雲梯頭上兩邊大繩，必須小心守護，收拴稍有疎忽，則樁木即爲歪斜，因其關係重大，故名爲千斤繩。

傢伙繩

【河工要義】傢伙繩以檾蔴擰成之，每副七根，備具全梯一切作用，繩之名色不同，粗細短長不一，試分列於左。

（甲）大千斤繩三根，每根約重三十餘斤，長五丈。三繩接連一氣，用中間一根繞住雲梯兩陋板間，活鎖樁頭，用單扣分挽第一陋板之兩端。上下水釘橛木兩根，將兩繩頭分拴橛上。拉梯時一人看守，漸漸鬆放，梯已拉起，仍兩面用人停匀，靠住樁梯不搖，俾上梯硪打者，站得脚穩，不致閃跌。

（乙）二千斤繩兩根，每根約重五十斤，長八丈，亦接連一氣，用雙扣緊挽第二陋板之兩端，上下水釘橛拴繩，以及看守鬆放靠繩等事，悉與大千斤同。

（丙）長絆繩一根，又名馬絆，約重六十斤，長六丈五尺。繩之中間用連環套結，緊扣於兩梯尾，將繩頭上下分開。傳齊兵夫竝[一]立兩面，提起馬絆繩，聽管尖者，喊號等齊，勁力向前拉動。梯已拉起，調如[二]梯尾，兩面釘馬絆橛，將繩分拴兩橛，絆住梯尾，不致倒回，方能保重。

（丁）搬尖帶硪繩一根，約重三四十斤，長五丈五尺。點好樁眼，即在山根釘一搬尖繩橛，繩之一頭牢拴橛上，試搬不動方爲結實。即將繩拉向點樁之處，比較距離圈作活套，套入樁尖移至樁眼，橛前拔起點眼橛逼住樁尖，俾樁尖不致錯眼。樁既立起，逼尖樁搬尖繩一齊起出，則樁尖稍稍揷入埽中，即可上梯簽釘矣。其第一人上梯時先將搬尖帶硪繩之一頭帶上梯巔，一頭留待末一人送硪之用，送硪時在梯巔者拉繩上昇，而送硪者扶硪推送，送至樁上聽管下尖者敲樁起號，徐徐捫尖。（七〇頁，九行）

盤繩

【河工用語】長在十丈以外粗重而作盤者，曰盤繩。（六期，專載三四頁）

縷子

【河工要義】繩子二股，小葦繩也，亦以葦子用轆軸壓軟，二股擰緊，每根長三十丈，重十斤，六百根湊成一

[一]『竝』，原書作『站』。
[二]『如』，原書作『好』。

埽，纓子惟捲由紮把勻當拉地弦，以及由子後面掛簾，二[一]種用法。（四二頁，二行）

束腰繩

【河工用語】拴住埽腰者，曰束腰繩。（六期，專載三四頁）

行繩

【河工用語】行繩者，以檾蔴三股擰打和花停勻，粗細一律，萬不可忽鬆忽緊，勁力不均，是爲至要。每根長五丈五尺，重自十四五斤至二十斤不等。行繩者，綑鑲繩纜也。平時軟鑲埽及大工占埽用之。（四二頁，八行）[二]

引繩

【河工用語】細纜[三]之引過龍綆等用者，曰引繩。（六期，專載三四頁）

經子

【濮陽河上記】用以捆把廂做護沿埽者，謂之經子。排樁釘成後，即須廂把，先取秫[四]稭一束，用經子縛其兩端，捆作長把，依次廂做經子，每團重十餘觔不等，以檾爲之。（乙編，一〇頁，九行）

【河工用語】用以捆把廂做護沿之單股繩，曰經子。（六期，專載三五頁）

網兜

【濮陽河上記】以繩結網，用以抬取碎料者，謂之網兜。碎料一項，爲數不尠，特製網兜以便隨時抬之上埽，爲包填占腹之用。網以蔴繩結成，網格約五六寸，寬長約二丈，兩埽必須多備。（乙編，一〇頁，二〇行）

托纜、錨纜（即錨頂繩）、埽纜、揪艄纜、提腦纜（即吊纜，又曰神仙提腦）、樁繩、站繩、包站繩、中占繩、邊占繩、包占繩、鉤繩、玉帶繩、練子繩、抄手纜、包角繩、底勾、面鉤、活留、大占、腰占、串心腰占、揪頭、串心揪頭、肚占、連環占、明暗過肚（即過渡繩，穿心繩）、龍筋繩、龍衣繩、龍鬚繩、合龍綆、分邊繩、倒拉繩、紮縛繩、紮扣繩、過河繩、小引繩、紮頭繩、箍頭繩、絞關繩、太平繩、羊角繩、鷄脚繩、三星繩、七星繩、五子繩、九連繩、棋盤繩、金斗騎馬繩、倒騎馬繩、小騎馬繩、拐頭騎馬、十三太保繩，附繩觔丈尺對照。

托纜

【河工要義】以行繩充用之，每船二三四根，視水之淺深，占之重量，酌定用纜之多寡，即在埽頭釘橛生纜，一頭上橛，一頭從船底兜轉，活扣於繩架樁上，托住

[一]『二』，原書作『兩』。
[二]原書無此文，待考。
[三]『纜』，原書作『繩』。
[四]『秫』，原書作『秫』。

船身，不致翻側，故曰托纜，亦即黄河所用暗過肚之意也。（七九頁，三行）

錨纜

【河工用語】用於錨上者，曰錨纜。（六期，專載三四頁）

錨頂纜

【濮陽河上記】緊繫錨頂，以便起提者，謂之錨頂繩，錨墮河底，易於淤沉，以繩繫之，可以隨時起提，不致淤塞，用蔴繩長約十丈。（乙編，一〇頁，一七行）

【河工用語】用於錨頂以便上起者，曰錨頂繩。（六期，專載三四頁）

𡑞纜

【河工要義】繩長八丈，重四十斤，在上下水占眉釘橛生纜，將捆廂船外幫連頭尾横兜拉緊，以防船之離檔者，謂之𡑞纜。（七九頁，一行）

揪（梢）〔艄〕纜

【河工用語】揪住捆廂船尾者，曰揪艄纜。（六期，專載三四頁）

提腦纜

【河工用語】提繫捆廂船者，曰提腦纜。（六期，專載三四頁）

吊纜

【河工要義】繩長十六丈，重八十斤，大𡑞上水淺處釘樁繫纜，將捆廂船頭提住，不使隨溜下移者，謂之吊纜，亦曰提腦。（七八頁，一一行）

神仙提腦

【迴瀾紀要】（其有）水深溜急無處簽樁者，則竟[一]在上邊埽[二]釘樁生纜，用船[三]五六隻，密排（挑）邊埽外，將[四]纜擠開，斜吊綑廂船，俗名神仙提腦。（卷下，一頁，一一行）

樁繩

【河工用語】繩之用於各項樁上者，即以其樁名名之，如棋盤繩、騎馬繩、揪頭繩之類。（六期，專載三四頁）

站繩

【濮陽河上記】兜托占底，占成而上覆者，謂之站繩。濮工用二十丈盤繩，每條重百斤，以縈爲之。計分五排，每排七條。此排與彼排相距約丈許，一端繫於占後根樁，一段繫於龍骨。占成即將所有站繩，由占首

[一]『則竟』，原書作『衹好』。

[二] 原書『埽』下有『上』字。

[三]『用船』，原書作『再用大船』。

[四] 原書『將』下有『提腦』。

全數上覆，束於根樁。距〔一〕占首約五丈，中有腰樁，每占皆同。惟站繩與底勾過渡位置相等，而作用迥別。蓋底勾爲層層之連帶，站繩爲最終之結束，過渡用以兜船，站繩用以兜占也。（乙編，三頁，一六行）

包站繩

【濮陽河上記】牽制掀頭爲其後勁者，謂之包站繩，掀頭之基礎逼近前眉，恐其力不足以貫徹後部，於是在掀頭樁之繩上，左右各繫十丈綮繩，或五條或七條直牽至占後，長約三丈，束於包站樁，如此互相維繫，功效益著。（乙編，五頁，二四行）

中占繩

【河工用語】用於占中者，曰中占繩，或曰肚占。（六期，專載三四頁）

邊占繩

【河工用語】用於占之上下口者，曰邊占繩。（六期，專載三四頁）

包占繩

【河工用語】牽制掀頭爲其後勁者，曰包占繩。（六期，專載三四頁）

鈎繩

【河工用語】連埽外通身所捆，每離五尺一根者，曰鈎繩。〔二〕

玉帶繩

【河工用語】團於占腰〔三〕束底勾站繩者，謂之玉帶繩，此繩作用與他繩不同，他繩皆爲束占之用，此則專以縛束底勾站繩者，每進一占，底勾站繩爲必要品，此又爲必要之附屬品，由占後兜至占首，將各繩一一束住，以防紊亂，繩用十丈，以綮爲之。（乙編，四頁，六行）〔四〕

練子繩

【濮陽河上記】直兜前眉，層層蔴縛者，謂之練子繩，亦名核桃繩，新埽丈尺壓足，即拉頭坯練子繩。此後每加料一坯，必用一次，與底勾同，所不同者，彼爲經，此爲絡，彼則疎，此則密耳。濮工正壩每坯用七十條，邊壩用五十餘條，第一坯即繫於底勾繩上，以後層層接續，由上下〔五〕兜距前眉長約二丈，釘以木簽。（乙編，五頁，九行）

【河工用語】直兜前眉層層蔴縛者，曰練子繩，連繫底勾繩者，亦曰練子繩。（六期，專載三四頁）

〔一〕原書『距』上有『樁』字。
〔二〕出處待考。
〔三〕原書『腰』下有『横』字。
〔四〕出處有誤，待考。
〔五〕原書『上下』二字互乙。

抄手繩

【濮陽河上記】環抱金門占，使之鞏固者，謂之抄手繩，又名門帘繩。當用二十丈檾盤繩，其數不得過二十一條。兩邊均繫於占後根樁，左右盤旋繞至繩[一]頭，在適中處釘以木簽。左則由占頭引下，環抱右角；右亦由占頭引下，環抱左角，均束於占後根樁。此繩用於金門占築成之候，他占無須用此。其形交錯，有似抄手，一以鞏固金門占，一以壯觀瞻也。（乙編，六頁，二二行）

【河工用語】環抱金門占使之鞏固者，曰抄手繩，又曰門帘繩。（六期，專載三四頁）

包角繩

【濮陽河上記】縛束占之一邊，防其偏側者，謂之包角繩，又名單邊龍頭。上口偏側，用於上口；下口偏側，用於下口。此種作用，全以形勢而定，如無此弊，則不須用單邊。亦用二十丈檾盤繩，其數當在九條、二十一條之間，用法與雙邊繩同，惟用於一邊耳。（乙編，六頁，一七行）

面鈎

【迴瀾（記）〔紀〕要】橛於底鈎，橛退後一丈簽訂，數與底鈎同，占子廂壓到底，然後將底鈎纜全數鈎回，拴上此橛。（卷下，三頁，一一行）

活留（拉活留）

【迴瀾紀要】埽未成時，每廂一坯，須將底鈎開[二]鈎幾條，以便壓土，謂之拉活留，此橛離四尺一根，釘於底鈎前三丈。（卷下，三頁，一三行）

【河工名謂】每廂一坯，勾回底勾數條，摟束埽眉，曰拉活溜。冀省謂之摟底勾，簡稱曰摟起。（三一頁）

大占

【迴瀾紀要】上水九條，下水七條。（卷下，三頁，一九行）

腰占

【迴瀾紀要】中間五條，與底鈎同力，蓋恐底鈎力弱，故密如[三]此纜，以昭慎重，應於底鈎之前，密釘排橛，每坯廂成，壓土跳埽，均須開放。（卷下，三頁，一五行）

串心腰占

【河工名謂】用於占之腰部。（四五頁）

揪頭

【迴瀾紀要】亦繫於埽中，而兩頭解出其長。【又】前人下埽，即有此名，係埽心之繩，今所謂揪頭條：前

[一]『繩』，原書作『占』。
[二]『開』，原書作『間』。
[三]『如』，原書作『加』。

眉兜住，上水九條，下水七條，如水深五丈，加至二十一條，橛釘於〔一〕下水埽眉。一條龍式：　離壩頭六丈，總俟二坯廂成，壓土後，再于新埽前眉，釘橛一排，每根離空檔四尺，再於上下〔二〕埽眉拐角處，各釘一大橛，名爲戧橛。用小纓鋪於橛邊，將上下水揪頭大繩接連編於前眉橛上，兩面以軟草包住，再用先鋪之小纓將大繩縛成一捆，用力拉緊，再行上橛，此爲第一路，斷不可鬆，俟加廂兩坯，再下兩〔三〕路揪頭，每一路總以兩坯爲準，層層揪緊，方可用大土追壓，使埽耳不能外游，此乃揪頭之力，直俟追壓到底，則繩自鬆，俗名謂之打網，始可放心矣。（卷下，三頁，一八行）

【濮陽河上記】拱抱占頭，使之下蟄者，謂之揪頭繩。凡新進之占，料質鬆浮，欲其堅實，必以追壓爲不二法門。若無規束之方，則偏側之患立見，故揪頭之作用爲全占之綱領。丈尺既足，稍壓花土，即下揪頭。不足以資鞏固。〔四〕至其用法，由前眉適中處環打〔五〕揪頭椿。其式有二：　用七根者，謂之七星式；　用五根者，謂之簸箕式。以二十丈檾盤繩圍繞椿上，至前眉中間擘爲兩翼，由占頭引下，左右環抱，均束於占後根椿。每次用繩由九條至二十一條不等，以溜勢大小爲衡。（乙編，五頁，一五行）

串心揪頭

【河工名謂】繩名，貫串大埽之心，不使外移。（四六頁）

肚占

【迴瀾紀要】每排繩五條，計兩排，一頭將揪頭捆住，一頭上橛。（卷下，四頁，九行）

【河工名謂】繩名，一頭將揪頭捆住，一頭迴繞腰椿上，與揪頭連結爲用，所以摘住埽心，不使挫動也，亦名抱占繩。（四三頁）

連環占

【迴瀾紀要】於肚占之外，各再加繩五條，如肚占法，一頭捆住揪頭，一頭扣於龍骨上，加廂兩坯，再行勾回。（卷下，四頁，一〇行）

明過肚

【迴瀾紀要】用大繩在船外幫，連船頭船尾，橫兜拉緊上橛，橛應於埽頭七丈後，上下水埽眉釘如雁翅形，俗名謂之一條龍。上水九條，下水七條，惟打張時一開，其餘不可輕動。此二者均爲捆船，非兜纜也。（卷下，三頁，三行）（圖一四一）

〔一〕原書「於」下有「上」字。
〔二〕原書「下」後有「水」字。
〔三〕「兩」，原書作「二」。
〔四〕原書此句前尚有文字。
〔五〕「打」，原書作「釘」。

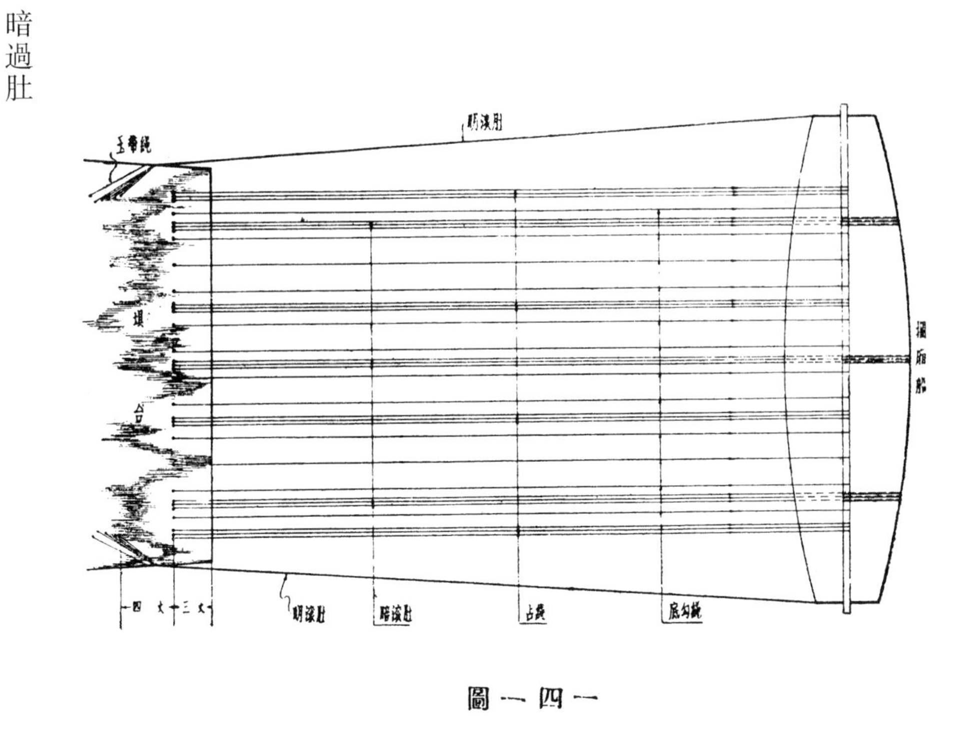

圖一四一

暗過肚

【迴瀾紀要】以船上大桅分中上水九條，下水七條，離埽頭三丈後，照纜數密釘排橛，用長十丈繩，一頭上橛，一頭從船底兜轉，活扣於龍骨之上。此繩只捆船身，與埽無涉，惟撐檔打張追壓時，均須隨占開放，繩子不敷，再行冲用，直至將合龍時，出船後，始行勾回。（卷下，二頁，一八行）（圖一四一）

過渡繩（滾肚）（裹肚）

【河工用語】底勾之越捆廂船而拴於外幫者，曰過渡繩，或曰裹[一]肚繩，亦曰滾肚。（六期，專三四頁）

【河工名謂】亦曰裹肚，又曰過渡，用以鞏固船體及其方位者。（四三頁）

穿心繩

【河防輯要】繩以蔴繂曰穿心，曰滾肚，皆包於埽中者也。

龍筋繩

【河工要義】大壩過河繩，兩壩平勻拉緊，拴於龍門橛上，即在過河繩兜居中，橫放縈繩一根，兩面長較大壩寬窄略餘數尺，務須掩過上下水，第一根過河繩，徑同行繩，約重二十斤，用占繩將橫放縈繩與過河繩分勻繩檔，交叉拴住，是曰龍筋繩。（四三頁，九行）

龍衣繩

【河工要義】龍衣有葦箔龍衣與繩網龍衣兩種。繩網者，以細緊好蔴繩結爲網[二]，每壩一領，寬窄適如金

[一]『裹』，原書作『裹』。
[二]『爲網』，原書作『如網狀』。

門之半，必須略留餘地，不致敷設時落成逢〔一〕隙，以免兵夫失足落河。（四四頁，二行）

龍鬚繩（龍頭）（龍尾）

【濮陽河上記】由上水直牽合龍縆，以防下拜者，謂之龍鬚繩。金門收窄，溜勢頂衝，雖金門占十分堅固，仍宜加意慎重。俟合龍縆布置妥善，即用龍鬚繩兩條，長約四十丈，以蘇爲之。一端橫緯於合龍縆，穿至下口邊縆，一端繫於上口拖纜船，拋以銕錨。兩繩左右分檔，各不相擾，既可防其下拜，且可規束龍縆，法至善也。正壩負力較重，多用之，邊壩或可省去。（乙編，七頁，九行）

【河工要義】惟合龍時用二根，每根長六十丈，約重七百斤。其用法於龍筋繩拴妥，先將兩壩龍衣平舖密拴，中間安放葦把一個，亦用占繩繫住，名曰龍骨，前設龍頭，後紮龍尾，長與壩身寬窄相同，將龍鬚繩由龍尾連環套結，緊貼龍骨兩邊，節節聯絡繫定，兩頭〔二〕直出龍頭，在於對岸堅實灘地，深簽大樁兩根，分繫繩頭於樁上，樁須簽穩，繩須繫緊，俾可提住金門兜子，不致鬆勁外游，且免被水冲斜之病。（四三頁，一二行）

【河工用語】由上水直牽合龍縆以防下敗者，曰龍鬚繩。（六期，專載三四頁）

合龍縆

【濮陽河上記】兜托龍衣，用以合龍者，謂之合龍縆。此縆用於兩壩金門占上，互相牽連。兜托龍衣者，其詳已敘入金門占欵〔三〕內。縆長三十丈，重二百斤，以蘇爲之。（乙編，七頁，五行）

【河工用語】合龍用者，曰合龍縆，或曰合龍繩。（六期，專載三四頁）

分邊繩（分邊龍頭）

【濮陽河上記】縛束占之兩邊，不使前移者，謂之分邊繩，又名分邊龍頭。用二十丈檾盤繩九條至二十一條不等，先於占後兩邊左右各釘根樁，分邊樁上：左則由根樁沿邊向下繞過占之下角，再引之向上沿右邊前眉，經過門樁達於根樁；右則繞上角，沿左邊前眉過門樁而達於根樁。此繩用於束腰之後，專以鞏固占之上部。如水勢平順，占形穩固，亦可不用。（乙編，六頁，一〇行）

【河工用語】縛束占之兩邊不使上下移動者，曰分邊繩，或曰分邊籠頭。（六期，專載三四頁）

〔一〕『逢』，原書作『縫』。
〔二〕『頭』，原書作『繩』。
〔三〕『欵』，原書作『款』。

倒拉繩

【河工要義】長約三十丈，重二百四十斤乃至三百斤，其用法略同龍鬚繩，在於龍骨兩面適中之地，與過河繩交，又用占繩繫住，亦在河内釘樁銓繩，拉住兜子，不使外游，或拴大倒騎馬兩個用之亦可。（四四頁，五行）

紮縛繩

【河工要義】即細小蔴繩，備紮縛楞木架木及縫聯蓆[一]等用。（五三頁，一行）

紮扣繩

【河工要義】紮扣繩扣者，曰紮扣繩。（六期，專載三四頁）

過河繩

【河工要義】過河繩有大壩二壩着[二]水盆之分，大繩[三]過河繩用四十根，用時兩壩各釘龍門橛兩路，將繩頭分掛兩壩，先後活繫橛上，以便鬆放。二壩過河繩用二十根，用法同大壩。養水盆過河繩用十六根，用法亦同大壩。（四三頁，二行）

小引繩

【濮陽河上記】兩壩互牽，以之引渡合龍絙者，謂之小引繩。因合龍絙量重梗粗，兩壩相隔數丈，未易傳達，故先用小引繩，長約三四十丈。一端繫於合龍絙，一端授於對壩之人，一往一來，互相牽送。引繩既渡，龍絙亦達。引繩以蔴爲之。（乙編，七頁，一六行）

紮頭繩

【濮陽河上記】密密結扣，以之連合龍衣龍絙者，謂之紮頭繩，又名結扣繩。每條長二三尺，以檾爲之。龍衣鋪就，即用此繩連扣於龍絙四周，中間亦須按檔緊結，總以堅牢爲要。（乙編，七頁，二一行）

箍頭繩

【河工用語】箍紮樁頭，防其破裂或移動者，曰箍頭繩。（六期，專載三四頁）

絞關繩

【濮陽河上記】用以絞關，牽緊拖纜船者，謂之絞關繩。如提腦、揪頭、橫纜、倒騎馬等船，均須隨時收緊。惟溜勢頂衝，移動不易，當用蔴繩絞關，每條長約十丈。（乙編，一〇頁，一三行）

【河工用語】用於絞關者，曰絞關繩。（六期，專載三四頁）

[一] 原書「蓆」下有「片」字。
[二] 「着」，原書作「養」。
[三] 「繩」，原書作「壩」。

太平繩[一]

【河工名謂】在占之兩旁上下[二]各一條，一頭上樁，一頭拴住龍骨之一端，不使捆廂船外移者。（四四頁）

羊角繩

【濮陽河上記】形似羊角，横貫占腹者，謂之羊角繩，又名對面抓。在占之左右各釘斜十字樁，下截入料，上截嶄露，用八丈檾繩，對面互牽，中繞腰樁，此爲經絡之横貫者。每加料一坯，必用一次，即丈尺未足時，亦可適用。暗橛之中，惟羊角爲横牽，故其應用也亦較廣，每坯約用四五付，每付距離約四五尺。（乙編，八頁，六行）

鷄脚繩

【濮陽河上記】形似鷄爪，由前眉直牽向後者，謂之鷄脚繩。在占之前眉，釘樁三根，兩斜中直，用十丈檾繩，環繫於樁上，直牽而至占後，繞腰[三]達於根樁，此爲暗橛之一，爲經絡之直貫者。（乙編，八頁，一二行）

三星繩

【濮陽河上記】三樁連帶，由前眉直牽向後者，謂之三星繩。在占之前眉環釘三樁，前雙後單，用十丈檾繩，互相連帶直牽而至占後，繞腰樁達於根樁，此爲正三星。至其變象，又有二類：一曰單頭人字繩，即倒三星之疎者，樁分兩排，前單後雙，每排約十餘樁，用十丈檾繩交錯環繞，形如人字，每樁兩繩，直牽至占後根樁；一曰暗站繩，即倒三星之密者，此亦分作兩排，前單後雙，用法與單頭人字同，惟各樁相距較密，故曰暗站。三者均屬暗橛，同爲經絡之用。但前者可以單行，後二者必須成排。前者爲尋常所通用，後二者則專施於軟弱之處，此其區別也。（乙編，八頁，一六行）

七星繩（連環七星）

【濮陽河上記】七樁連帶，由前眉直牽向後者，謂之七星繩。在占之前眉環釘七樁，前後各二，居間爲三，用十丈檾繩交錯連帶，直達[四]至占後，繞腰樁達於根樁。兩七星相聯者，名曰連環七星。前後各用三樁，居間排列四樁，將繩一一環繞引至占後根樁。七星之力强於五子，連環七星則又强於七星，二者同爲經絡作用之暗橛也。（乙編，九頁，一八行）

五子繩（連環五子）（霸環五子）

【濮陽河上記】五樁連帶，由前眉直牽向後者，謂之五子繩，又名梅花繩。在占之前眉，分釘五樁，前後各

[一]『繩』，當作『纜』。
[二]原書『下』後有『水』字。
[三]原書『腰』下有『樁』字。
[四]『達』，原書作『牽』。

二，其一居間，用十丈縏繩交錯連帶，直牽至占後，繞腰樁達於根樁。此外又有所謂連環五子、霸王五子者，與兩五子相套，前後各三樁，居中兩樁用繩連帶者，爲連環五子。用五子樁於上口或下口，繩之一端繞[一]樁上，其一端繫於岸上根樁，以之横勒者，爲霸王五子。連環五子之功用與五子同，其力則强於五子。霸王五子形式固無異於五子，而其作用則迥然不侔：一爲直牽，一爲横勒。直牽者使之穩固，横勒者防其外游也。三者均屬暗樜，同爲經絡之用。（乙編，九頁，八行）

九連繩

【濮陽河上記】九樁連帶，由前眉直牽向後者，謂之九連繩。在占之前眉釘樁兩排，前五後四，用十丈縏繩互相斜繞，直牽至占後，繞腰樁達於根樁。此亦暗樜，爲内部經絡之連貫者。其力强於七星，與單頭人字繩功用相等，形亦相似，所不同者，顛倒爲用耳。（乙編，九頁，二四行）

棋盤繩（單棋盤）（雙棋盤）

【濮陽河上記】形似棋盤，由前眉直牽向後者，謂之棋盤繩。在占之前眉，分釘四樁，前後各二列，作方形，用十丈縏繩交錯連帶，直牽至占後，繞腰樁達於根樁。棋盤有雙單之别，獨自爲用：不與他棋盤相連者，爲單棋盤，兩棋盤互相牽連者，爲雙棋盤。單棋盤之力，强於三星；雙棋盤之力，則又强於五子。此亦經絡之用，爲暗樜之一。（乙編，九頁，二行）

金斗騎馬繩

【濮陽河上記】横束眉頭，隨壓隨旋而下者，謂之金斗騎馬繩。此種用於著手進占之際，每壓料一次用金斗騎馬數付，置於埽之上下兩邊，用十丈繩對束，中有腰樁。每付距離無使過遠，庶可層層團結。新埽愈壓愈沉，騎馬亦愈旋愈下，用至丈尺合度而止。金斗騎馬與小騎馬，形式相同，惟此則用於鋪料丈尺未足之時，彼則用於丈尺合度以後，其區别如此。（乙編，四頁，一〇行）

倒騎馬繩

【濮陽河上記】由占之下水，斜牽上水以敵大溜者，謂之倒騎馬繩。一端繫於下水占眉之騎馬樁，一端斜牽於上水堤岸之根樁。如距岸過遠，則繫於拖纜船。每壓埽一次，用倒騎馬一二付，每占約用十餘付不等。繩則或用竹纜，或用二十丈盤繩，以溜勢强弱而定。至合龍時，所用者則爲五花倒騎馬，牽以鐵纜，其力更勁。（乙編，四頁，一七行）

[一] 原書『繞』上有『環』字。

小騎馬繩（對騎馬）

【濮陽河上記】横束埽邊，用以防護短眉者，謂之小騎馬繩。有單用一邊者，有左右對牽者。左右對牽，又謂之對騎馬。凡壓大土一層，必須包眉，眉頭甚短，故必以小騎馬束之。繩用行十丈或八丈，以綵爲之。（乙編，五頁，五行）

拐頭騎馬

【濮陽河上記】緊束埽眉，使兩占接河無隙者，謂之拐頭騎馬繩，又名霸王騎馬。用於左，則在右埽眉叉入騎馬樁，用加重十丈綵繩，牽至左埽眉，再沿邊而折入占後，束於根樁。用於右亦然。每進一占，左右各用十數付不等。此與倒騎馬、金斗騎馬均爲壓埽時所用，丈尺合度後，無取於此。（乙編，四頁，二三行）

十三太保繩

【河工名謂】繞繫十三根樁，連帶由前眉直牽向後者。（四六頁）

繩觔丈尺對照

【濮陽河上記】（乙編，一〇頁，二四行）

一號綵盤繩，長十五丈，重一百五十觔。

二號綵盤繩，長二十丈，重一百觔。

三號綵盤繩，長十五丈，重七十五觔。

一號加重十丈綵繩，重五十觔。

二號加重十丈綵繩，重四十五觔。

三號加重十丈綵繩，重四十觔。

四號加重十丈綵繩，重三十五觔。

五號加重十丈綵繩，重三十觔。

行十丈綵繩，重二十五觔。

八丈綵繩，重二十觔。

六丈綵繩，重十八觔。

加重核桃繩，長五丈，重七觔。

行核桃綵繩，長五丈，重五觔。

箍頭綵繩，長五丈，重二觔半。

綵經子，每團重約十觔、十餘觔不等。

紮頭綵繩，長二三尺不等。

過渡蔴繩，長二十丈，重一百觔。

合龍（綵）〔蔴〕[一]緶，長二十丈，重一百四十觔至二百觔不等。

龍鬚（綵）〔蔴〕繩，長十丈至三十丈不等，重五十觔至一百五十觔不等。

小引（綵）〔蔴〕繩，長十丈，重五觔。

絞關（綵）〔蔴〕繩，長十丈，重十八觔。

錨頂（綵）〔蔴〕繩，長八丈至十丈不等，重五十觔。

[一]『綵』，原書作『蔴』，下同。

刈刀，稏麻刃。苧刮刀，刮苧皮之刀也。苧麻整理後即用繩車絞作。繩床、繩架與繩車同，惟橫板所鑿竅數不同。滑子又名爪木，爲縛繩合股之用。

刈刀

【河器圖說】《農書》：『刈刀，稏麻刃也，兩刃但用鎌相(一)旋插其刃，俯身控刈。』（卷四，一三頁）（圖一四二之3）

苧刮刀

【河器圖說】『刮刀，刮苧皮刃也，鍛鐵爲之，長三寸許，捲成槽，內插短柄，兩刃向上，以鈍爲用，仰置手中，將苧皮橫覆於上，以大指按而刮之，苧膚即蛻。』近有一式，刀首鑄鈎，形如偃月，亦刮苧用。（卷四，一三頁）（圖一四二之1、2）

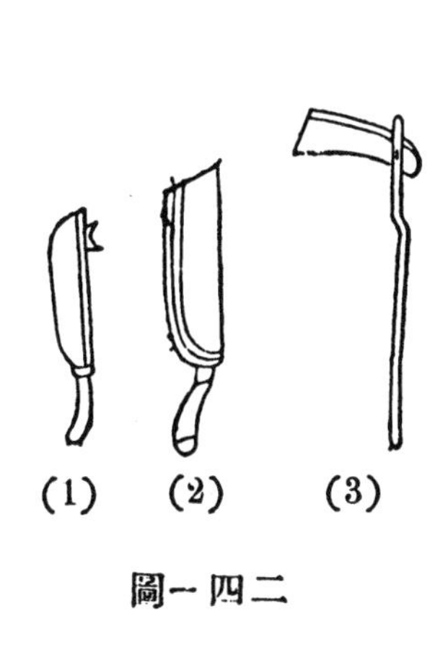
圖一四二

繩車

【河器圖說】繩車，絞麻作繩也。元《王禎農書》：『繩車，橫板中間排鑿八竅或六竅，各竅內置掉枝，或鐵或木，皆彎如牛角。』此只一竅，且車式迥殊。繩床，上下各四竅，繩架則中排六竅，却與《農書》繩車相彷彿，而式亦不全(二)，豈古今異制，抑南北各宜耶？掉枝，一名鐵搖手，俗謂之吊子。又有爪木，置於所合麻股之首，或三或四，撮面(三)爲一，各結於掉枝，復攬緊成繩。爪木自行，繩盡乃止。所謂爪木者，即俗名『滑子』是也。（卷四，一四頁）

【河工要義】打光纜用之，即三般(四)繩車也。（七七頁，八行）（圖一四三）

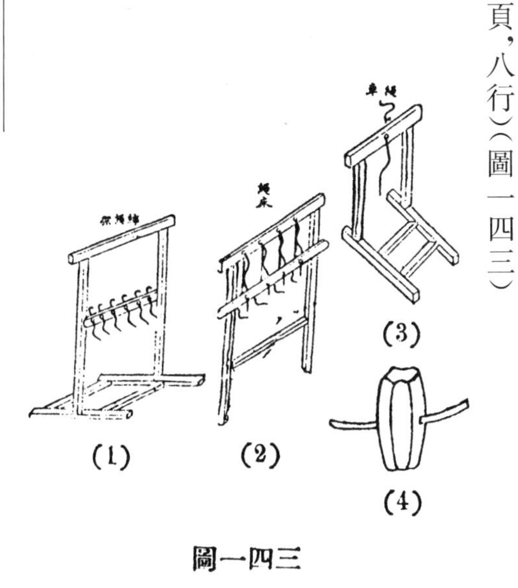
圖一四三

(一)『相』，原書作『柄』。
(二)『全』，原書作『同』。
(三)『面』，原書作『而』。
(四)『般』，原書作『股』。

製葦器具與蔴不用，鍘刀爲鐵刀，下承木床爲切去根梢之用。抽子一名梳子，爲抽劈皮膜之用。響板爲剗削碎葉之用。滑皮、石滾爲曳拉往還壓扁葦料之用。至製纜器具亦與繩架不同，其式有二，一曰人字架，一曰軳架，抽子木即摇手也。

鍘刀

【河器圖説】鍘刀，鍛鐵爲之，刃向下，承以木床，爲切去根梢之用。（卷四，一六頁）（圖一四四之4）

抽子

【河器圖説】抽子，一名梳子。截木一段，長盈握，中開一槽，廣容指，内含鋼片，爲抽劈皮膜之用。（卷四，一六頁）（圖一四四之1）

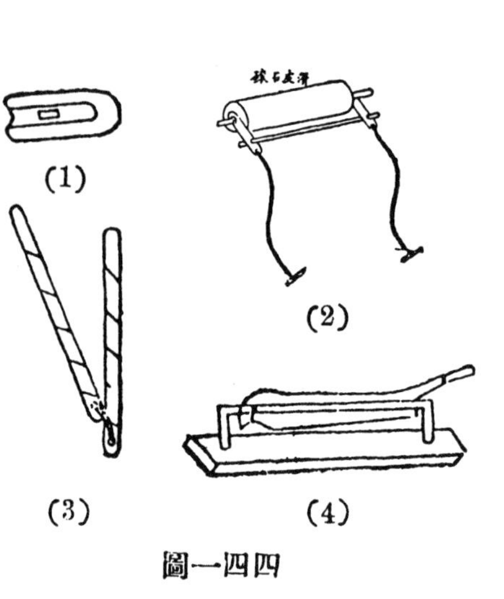

圖一四四

竹響板

【河器圖説】響板，取竹片約長一尺，每二片聯成一副，用時兩手相搏有聲，爲剗削碎葉之用。（卷四，一六頁）（圖一四四之3）

滑皮石滾

【河器圖説】滑皮石滾，取石琢圓，徑圍三尺，兩頭各安木臍，上套木耳，繫以長繩，用時置葦於地，往還拉曳，爲壓扁柴質之用。（卷四，一六頁）（圖一四四之2）

人字架

【河器圖説】人字架，用木二根，其上縛成人字，其下分埋土内，中間横架竹片二，每片各鑿四孔，每孔各安鐵枝一枚。（卷四，一七頁）（圖一四五之1）

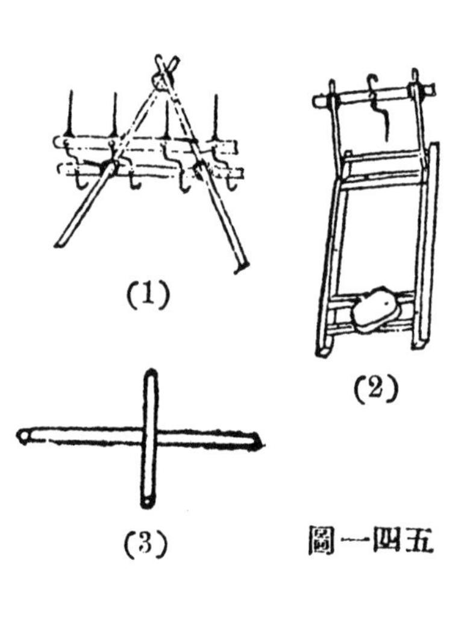

圖一四五

乾架

【河器圖説】乾架，用木做成，竪高二尺六寸，横襯[一]三尺二寸，均安框内，其架上亦横置竹片一，中鑿一孔，孔内安一鐵枝。（卷四，一七頁）（圖一四五之2）

抽子木

【河器圖説】抽子木[二]，竪長尺二，横長尺八，狀如十字。打纜時，將四股分擺其間，推之即合，用與梭同。鐵枝俗名鈎子，即摇手也。（卷四，一七頁）（圖一四五之3）

第七節　椿橛

椿、橛、籤子、簽子、簽椿、長椿、頭號椿、出號椿、二號椿、龍門椿、梅花椿、三星椿、五子椿、七星椿、九宫椿、九連椿、十三太保、滿天星、棋盤椿、套騎馬、排椿、騎馬椿、暗騎馬、倒騎馬、五花騎馬、玉帶騎馬、拐頭騎馬、過渡椿、站椿、底勾椿、玉帶椿、揪頭椿、揪頭根椿、包站椿、束腰椿、分邊椿、包角椿、抄手椿、羊角椿、鷄脚椿、單頭人字椿、暗站椿，架纜椿、揪艄椿、錨頂椿。

椿

【河上語】五尺以上曰椿。（六七頁，二行）

【河防輯要】椿惟楊木可用，取有性綿，杉木性脆，斷不可用，自埽上釘入河底，埽資穩固。

橛

【河防輯要】橛釘於堤壩爲拴繩之用。

【河工要義】亦曰行橛，截柳木爲之，做尖用，長四尺五寸或四尺，徑二三四寸均可，掛纜，回纜[三]，揪頭，滚肚，騎馬，掛柳，一切繩纜皆須釘橛拴繫。（四一頁，三行）

籤子

【河上語】四尺以下曰籤子。（六七頁，二行）

簽子

【河上語】大曰橛，小曰簽子。（四一頁，五行）

簽椿

【河上語】小椿也，長一丈五尺上下，徑四寸，簽釘由子或其防風小椿時用之。（四〇頁，六行）

長椿

【河上語】丈以上曰長椿。長椿者，硬廂用之。（六七頁，三行）

頭號椿

【河上語】椿身較小於龍門出號，埽工加椿面椿用之，

[一]『襯』，原書作『櫬』。
[二]『木』，原書作『以木爲之』。
[三]『纜』，原書作『繩』。

長三丈以上，徑八九寸。（四〇頁，二行）

出號樁

【河工要義】大樁也，極險埽工，水深溜急，非出號樁不能簽入河底，以資穩固之處及壩埽加簽面樁用之，長三丈五尺以上，徑一尺。（三九頁，一五行）

二號樁

【河工要義】樁身較頭號又小，埽工槽樁用之，長二丈五尺以上，徑六七寸。（四〇頁，三行）

龍門樁（合龍樁）

【濮陽河上記】用八尺樁，著以紅色，分前後四排，以兩樁繫一合龍繩。樁數以繩爲比例。釘於金門占，距前眉約五丈。（乙編，一三頁，一三行）

【河工要義】樁之最大者也，大工合龍，金門占埽始用之，長四丈以上，徑一尺一二寸。（三九頁，一四行）

梅花樁

【河上語】攢釘五樁，曰梅花樁。（六八頁，一行）（圖一四六）

【河工要義】梅花釘者，灰步下之梅花樁也，因係相錯雜礟釘，故有是名，樁木大小，離檔遠近，亦皆隨時酌定，有丈丁（長一丈徑五寸）、中丁（長八尺徑三寸）、梅花丁（長五尺，徑二寸）之別。（四〇頁，一一行）

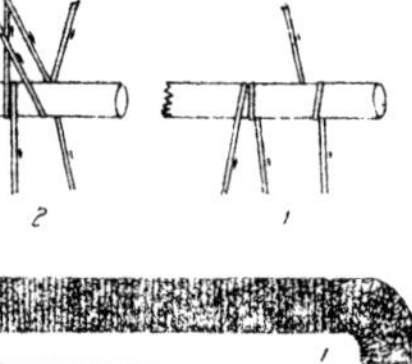

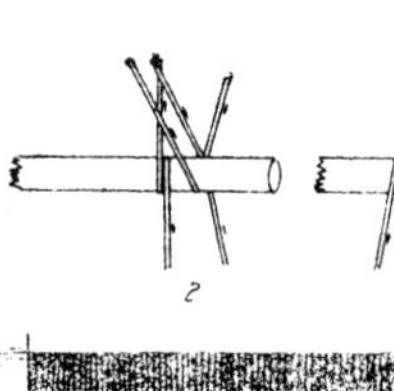

圖一四六

七星樁

【河上語】攢釘七樁，曰七星，七星謂之鷹爪，亦曰獨脚龍。（六八頁，一行）

【濮陽河上記】用六尺樁，前後各二，居間爲三，連環者，則前後各三，居間爲四，均釘於新埽前眉。（乙編，一四頁，一〇行）（圖一四七）

圖一四七

五子樁

【濮陽河上記】用六尺樁，前後各二，居間爲一，連環者，則前後各三，居間爲二，均釘於新埽前眉。（乙編，一四頁，七行）

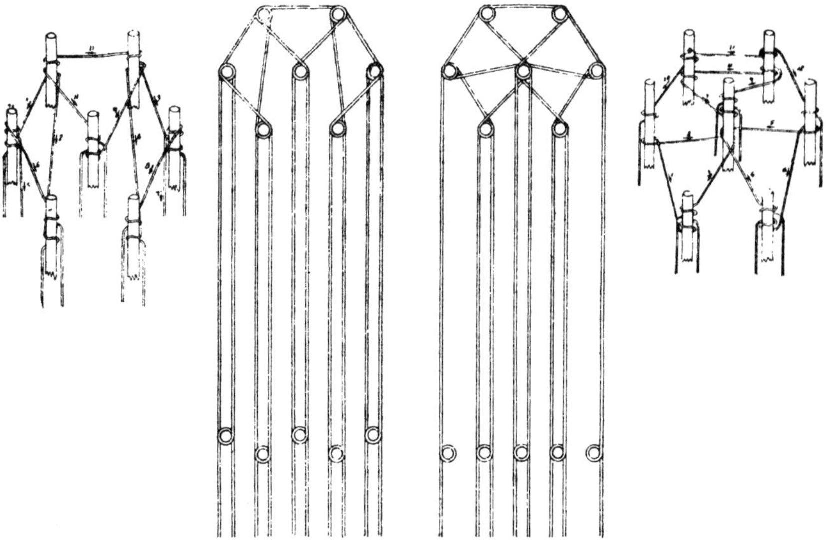

九連樁

【濮陽河上記】用六㈠樁，分前後兩排，前五後四，釘於新埽前眉。（乙編，一四頁，一三行）

九宮樁

【河上語】攢打㈡九樁，曰九宮。（六八頁，二行）（圖一四八）

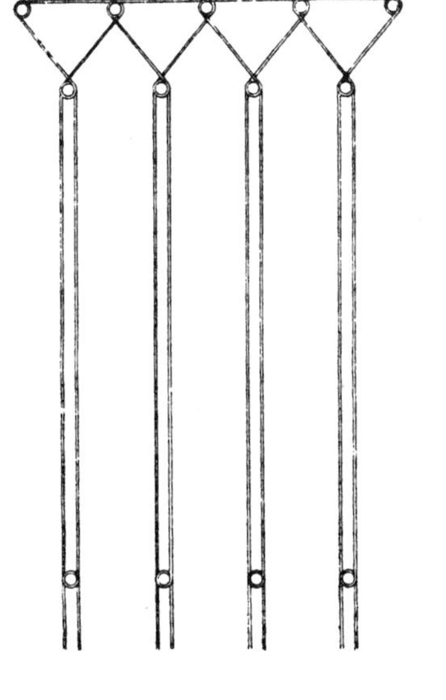

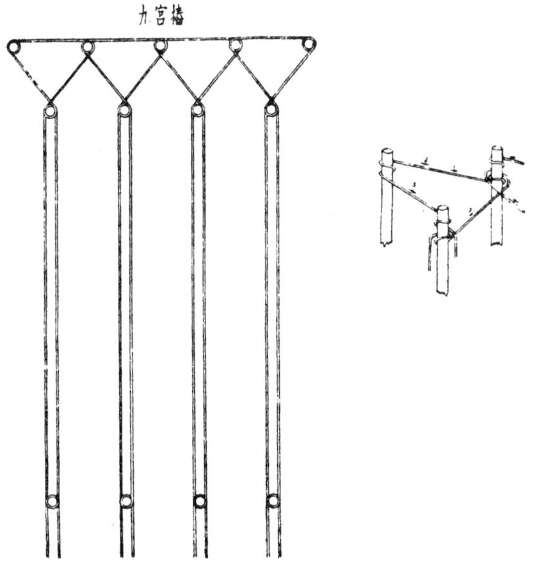

圖一四八

㈠ 原書『六』下有『尺』字。
㈡『打』，原書作『釘』。

十三太保椿

【河上語】攢釘十三椿，曰十三太保。（六八頁，三行）（圖一四九）

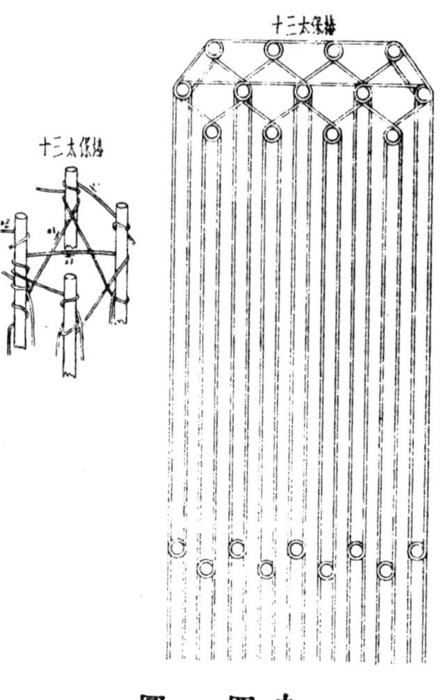

圖一四九

【河工名謂】用五尺椿，前後各四，居間爲五，釘於新埽前眉。（三三頁）

三星椿

【濮陽河上記】用六尺椿，前兩後一，釘於新埽前眉。（乙編，一三頁，二一行）（圖一五〇之1）

單頭人字

【濮陽河上記】用六尺椿，分前後兩排，前單後雙，每排十餘根不等，釘於新埽前眉。（乙編，一三頁，二三行）（圖一五〇之2）

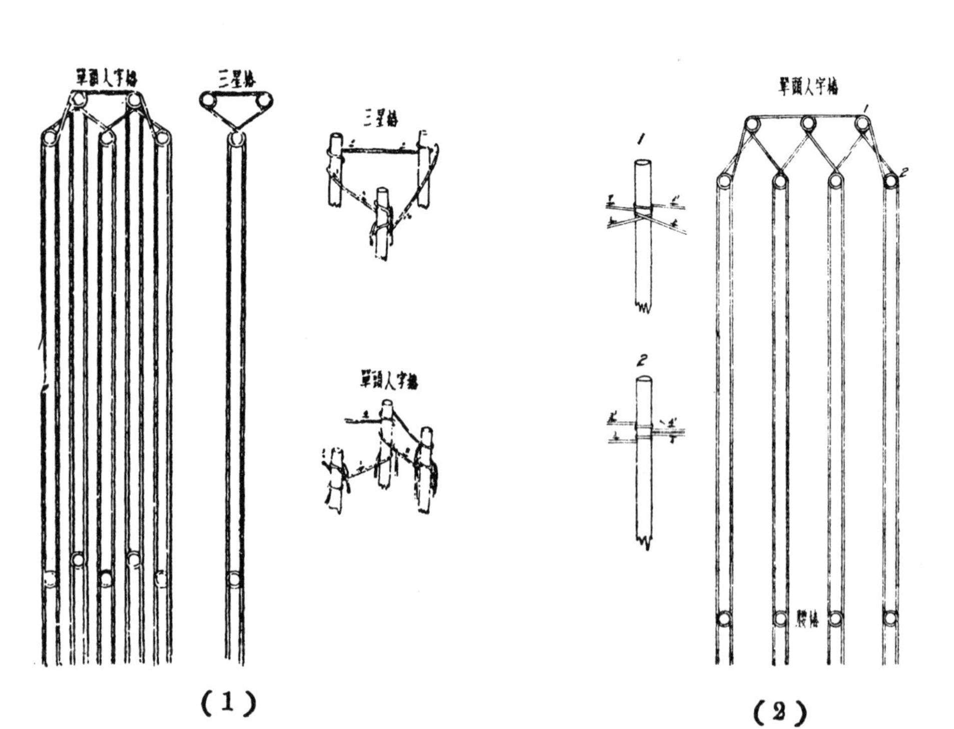

圖一五〇

鷄脚椿

【濮陽河上記】用六尺椿，式如羊角，惟中多一椿，故曰鷄脚。釘於新埽前眉。（乙編，一三頁，一九行）

（圖一五一）

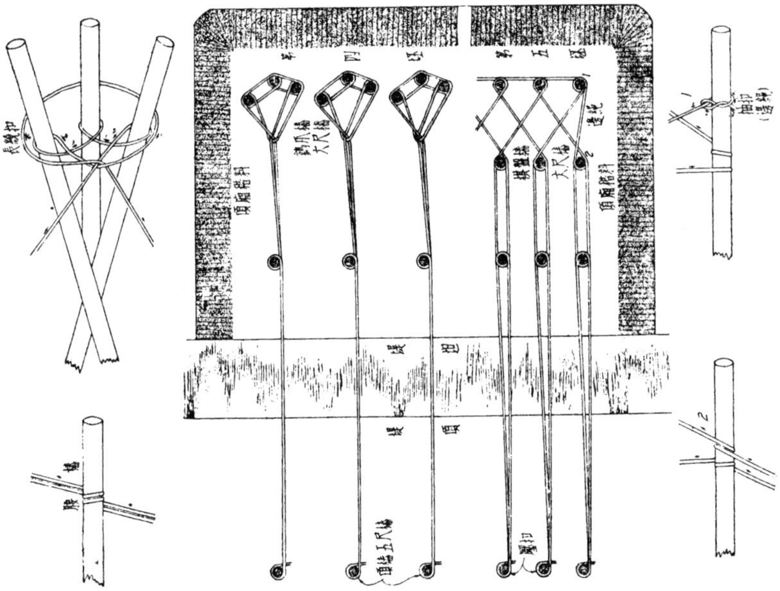

圖一五一

棋盤樁

【濮陽河上記】用六尺樁，前後各二，列作方形，釘於新埽前眉。（乙編，一四頁，五行）（圖一五一）

棋盤

【河上語】縱橫釘樁，曰棋盤。（六八頁，二行）（圖一五二）

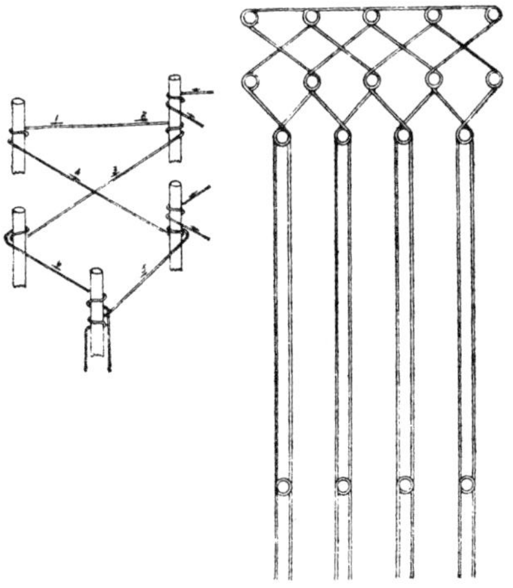

圖一五二

套棋盤

【河上語】縱橫釘樁，曰棋盤。縱橫之中，貫以斜道，曰套棋盤。（六八頁，二行）（圖一五三）

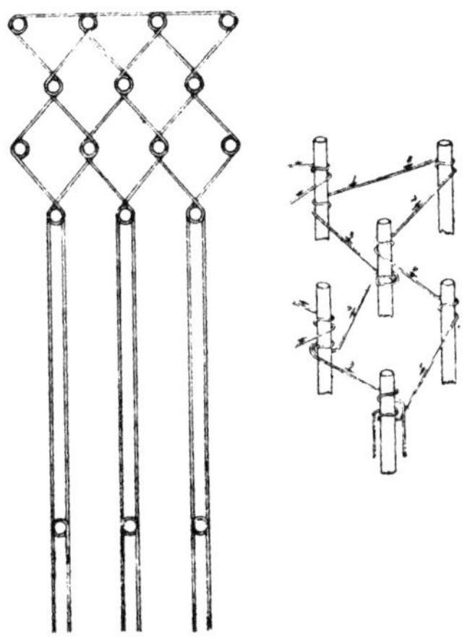

圖一五三

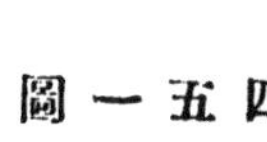

圖一五四

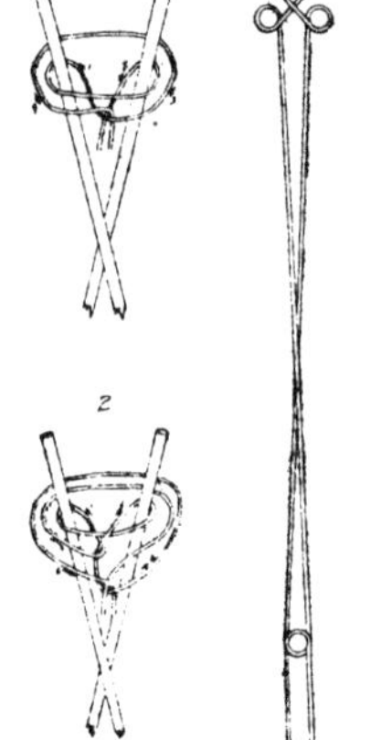

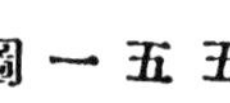

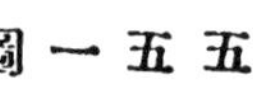

圖一五五

圖一五六〔一〕

騎馬椿

【濮陽河上記】用六尺椿或七八尺椿均可，以兩椿叉成十字形，分釘於新埽兩邊眉。（乙編，一二頁，九行）（圖一五七）

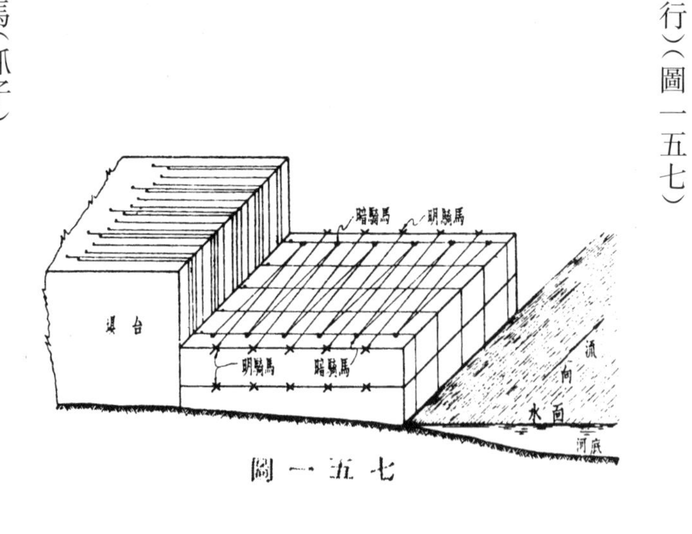

圖一五七

暗騎馬（抓子）

【河上語】縛兩椿爲十字，曰騎馬，以兩椿斜插料間，曰暗騎馬，暗騎馬一曰抓子。（六七頁，一〇行）

〔一〕圖一五四至圖一五六，文中未提及。

倒騎馬

【河上語】下口安騎馬，用長繩拴上口，前十數丈，以防後坐，曰倒騎馬。（六七頁，一一行）（圖一五八）

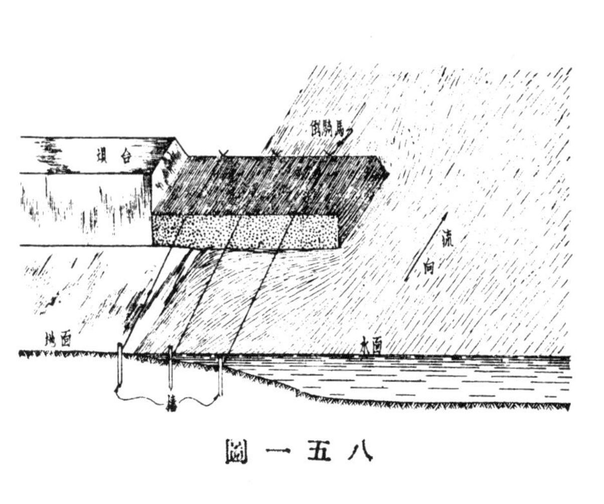

圖一五八

【註】上口前一二十丈，有淺處則釘樁，爲拴倒騎馬之用，深則用錨。

五花騎馬

【河上語】騎馬爲十字，以小木四橫安樁頭，曰五花騎馬。（八五頁，一〇行）（圖一三八、一三九）

【濮陽河上記】用丈樁，乂成十字形，再於四端各加橫木，縱橫如四個十字形，釘於合龍埽下水邊眉。（乙編，一三頁，一〇行）

玉帶騎馬

【河上語】倒騎馬，一曰玉帶騎馬。（六八頁，一一行）（圖一五八）

拐頭騎馬

【河工名謂】用五尺樁二根，乂成十字形，進占時，在最下兩坯上下口，各用四五具，每㈠相去約一丈，曰拐頭騎馬，一曰霸王騎馬。（四二頁）

過渡樁

【濮陽河上記】用五尺樁，分四排，每排九根，前五後四，釘於壩基，距前眉約五丈。（乙編，一一頁，二四行）

滿天星

【河上語】樁釘滿，曰滿天星。（六八頁，二行）

排樁

【河上語】釘樁成排，曰排樁。（六八頁，二行）

【河工要義】沿口排樁者，灰步兩面沿口簽釘保護基底之樁木也。蓋虞衝動灰步，基址蟄陷，關係重要，故於灰步沿口，密釘排樁，以護根脚。

㈠ 原書『每』下有『具』字。

站椿

【濮陽河上記】用五尺椿，分五排，每排五根，前三後二，釘於後占，新占、初進之站椿，距前眉約二丈五尺，占成後釘之，站椿距前眉約五丈。（乙編，一二頁，二行）

底勾椿

【濮陽河上記】用五尺椿分布於站繩檔內，每檔約十七八根，釘法與站椿同。（乙編，一二頁，五行）

玉帶椿

【濮陽河上記】用五尺椿，左右分釘於占之兩旁，距前眉約四丈。（乙編，一二頁，七行）

揪頭椿

【濮陽河上記】用七尺椿或八尺椿均可，其式有二：用五椿者爲簸箕式，前兩椿分開較寬，後兩椿分開較窄，再以一椿殿其後，又名開門式； 用七椿者爲七星式，前後各兩椿中列三椿，又名關門式，釘於新埽前眉。（乙編，一二頁，一五行）

揪頭根椿

【濮陽河上記】用五尺椿，左右斜列兩行，名曰雁翅式，十一根至二十一根不等，釘於後占兩邊距前眉約七丈。（乙編，一二頁，一二行）

包站椿

【濮陽河上記】用五尺椿，前三後二，亦有分作兩排者，釘於新埽前眉。（乙編，一二頁，二〇行）

束腰椿

【濮陽河上記】用五尺椿，左右斜列兩行，作雁翅式，每行十一根至二十一根不等，釘於後占兩邊，距前眉約五丈。（乙編，一二頁，二二行）

分邊椿

【濮陽河上記】用五尺椿，左右斜列兩行，作雁翅式，每行十一根至二十一根不等。前根椿釘於新埽兩邊眉，後根椿釘於後占兩邊眉。（乙編，一三頁，一行）

包角椿

【濮陽河上記】用五尺椿十一根至二十一根不等，用於占之一邊，或左或右。前根椿釘於新埽邊眉，後根椿釘於後占邊眉。（乙編，一三頁，四行）

抄手椿

【濮陽河上記】用五尺椿十一根至二十一根不等，左右斜列兩行，其式與分邊相似，惟此椿非金門占不用。（乙編，一三頁，七行）

羊角椿

【濮陽河上記】用六尺椿，以兩椿交叉，形如羊角，釘於新埽左右，兩旁距邊眉約二尺。（乙編，一三頁，一六行）（圖一五五）

暗站椿

【濮陽河上記】用六尺椿，分前後兩排，前單後雙，每

排十餘根不等，形如單頭人字樁，惟距離較密，釘於新埽前眉。（乙編，一四頁，二行）

架纜樁

【濮陽河上記】用丈樁或丈五樁不等。此樁大都因河水淤淺，提腦不能用船，當以架纜樁代之。每樁用兩木叉釘，河中排列兩行，分架提腦繩纜，每排相距約丈餘。（乙編，一四頁，二二行）

揪艄樁

【濮陽河上記】用丈樁或丈五樁不等，此樁用於揪艄船後，以代鐵錨。以兩樁爲一排，排數多寡以力足敵溜爲主。（乙編，一五頁，一行）

錨頂樁

【濮陽河上記】用丈樁或丈五樁不等，此樁專以掛錨，因水淺防錨淤也。（乙編，一五頁，四行）

打樁須先劄鷹架，或用雲梯，如不宜用梯，以〔橙〕〔櫈〕[一]架代之。打樁用石樁硪或鐵樁硪，遇地土堅實之處，樁尖須套用尖形鐵帽，名鐵樁帽。樁頭箍用熟鐵環，名鐵樁箍，俾硪打不致劈裂。凡下樁先點就簽樁地方，曰點眼。跴板、鎖梯杴，梯鞋，千觔杴，多簽大樁式用之。凡樁木打入，將樁頭割成尖頂，名曰粉尖。戧樁船，水中打樁用之。

鷹架

【行水金鑑】地釘樁須劄鷹架，用懸硪釘下。（卷一二六，一七頁，一三行）

雲梯

【河器圖說】雲梯，打樁所用。梯之高矮視樁之長短爲率，約在三丈以外。梯用二木鋸級，兩人并上，謂之雲梯。（卷三，一三頁）（圖一五九）

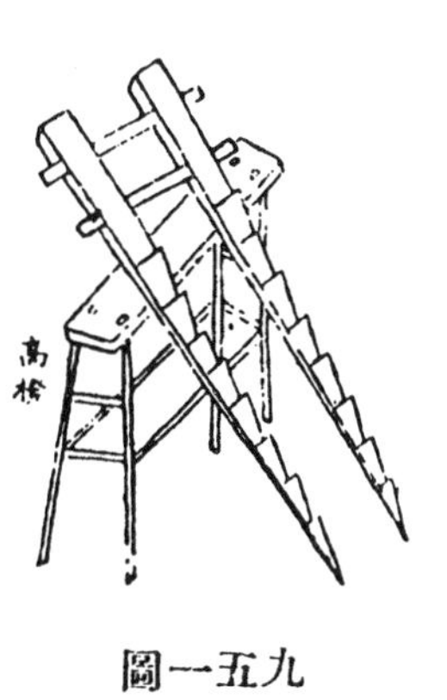

圖一五九

【河工要義】雲梯者，埽樁之要具也，鎖樁轟立，高可接雲，故曰雲梯。皆以杉木桱木爲之，取其直長且堅實也。每副兩根，配以繩索等件，而成簽樁之具。梯之上面，做成馬牙蹬級。（六九頁，一五行）

【河防輯要】凡樁木以雲梯一架，通身做以蹬臺，大頭鑿孔，每串簧跴板二根，如井欄樣，枷住樁頭，直豎昂立。

櫈架

【河工要義】地樁直釘，用梯不宜，故以櫈架爲簽樁[二]。

[一]『橙』，當作『櫈』，以下徑改。
[二]『樁』，原書作『釘』。

地椿之要具，每掛椿手用八人，須備椿櫈四個、跳板四塊。椿初簽時，椿尖架起椿硪，站立櫈面，四人正立，四人分踹，兩櫈頭捫尖三尺，左右將跳板架於椿櫈横檔上，椿夫落下一步，站立跳板上，再簽數尺，再落一檔，及至椿頭離平地三尺上下，則將櫈跳撤去，即可立於平地矣。地椿不能甚大，至長不過一丈二尺，櫈高八九尺，即已足用，但椿櫈必須面窄底寬，四脚張開，多加横檔，方爲穩當。大抵櫈面長三尺，寬尺許以下，相距三二尺，縱横各做粗壯檔木，既可互相拉扯。且以備搭架跳板之用，所搭跳板即是椿架，分之櫈則自爲櫈，板自爲板，合之則椿櫈[一]架原是一物。（七三頁，一三行）

石椿硪

【河工要義】石椿硪與簽埽椿之硪相同，不過硪身略輕，硪肘僅上八根，因之硪眼鷄心亦皆減少，且簽釘時手持硪肘，不須硪辮，爲稍異耳。鐵椿硪亦與土工之鐵硪相似，惟其大則稍遜，厚則過之，牽釘地椿，用石硪居多，鐵硪亦間或用之。（七四頁，五行）

鐵椿帽

【河工要義】亦簽椿之所用，地土堅實處所，椿尖遇之不能深入，因用鐵打成椿尖式樣套入木椿尖上，用釘釘住，方可深簽地底。（五〇頁，一一行）

鐵椿箍

【河器圖説】《廣韻》：『箍，以篾束物也。』大小鐵椿箍均厚五分。簽椿時，驗板[二]之麤細，用箍之大小，按頂套護，庶行硪時不損椿頂。（卷二，三七頁）

【河工要義】簽地丁排椿用之，椿箍以熟鐵打成坯狀，大與椿頭圓徑相同，臨用時套入椿頭，俾硪打不致劈裂。（五〇頁，九行）

點眼

【河工要義】凡下椿，先宜椿兵點就簽椿地方、分量、遠近，又别埽下舊椿，名爲點眼。

簽大椿式

【河器圖説】下埽穩固，應簽大椿。若埽臺舖柴多，椿木撐起，兵仕[三]上面打椿，恐新埽易致落空，必用梯鞋方穩，否則梯尖插入埽臺，急難復退，椿受傷，人落河矣。軟埽臺尤其非此不可。椿惟楊木可用，其性綿；杉木性脆，斷乎不可。梯前後必用晒板，左右有耳，晒板可以容人足。管定椿木，四面用千觔枎鎖緊，椿木以鎖梯枎鎖住梯脚。梯鞋剜木肖鞋形，以承梯脚。（卷三，一一頁）（圖一六〇）

[一] 原書『櫈』下有『椿』字。
[二] 『板』，原書作『椿』。
[三] 『仕』，原書作『在』。

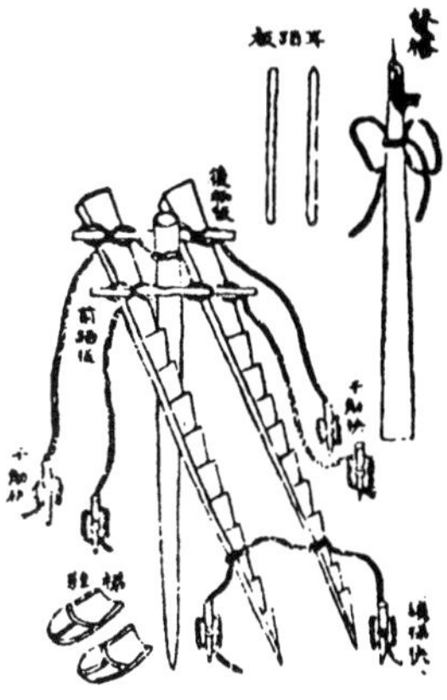

圖一六〇

跴板

【河工要義】跴板者，樁手簽樁時足所跴踏之板也。（七〇頁，五行）

鎖梯柍

【河器圖説】見『簽大樁式』。（圖一六〇）

梯鞋

【河工要義】梯鞋截樁頭用之，長約三尺，每副二根，一頭上面鑿圓槽，一個套入梯尾，拉梯時用之，不致損壞堤土。（七二頁，三行）（圖一六〇）

千觔柍

【河器圖説】見『簽大樁式』。（圖一六〇）

粉尖

【河防輯要】凡樁木打完，尚有三尺樁頂不能打下，不惟有礙捲埽，而且更礙套埽，必將樁頂用木匠割成尖頭，名曰粉尖。

梯架

【河工要義】梯架者，架梯頭以便鎖樁用之高板櫈也。（七〇頁，七行）

戧樁船

【河器圖説】戧樁，爲下埽桎[一]繫揪頭纜之用，所關最重。黄河隄埽寬厚，地尚易擇。惟洪湖下埽，兩面皆水，必須選長大樁木簽釘湖心，以爲根本。而水深浪急，顛簸不定，簽訂[二]甚難。其法，用船二隻，首尾聯以鐵鍊，每船設高櫈一具，上搭磋板，中留空檔安置戧樁，選樁手携硪登板，逐漸打下，較準水深，以入土丈餘爲度。（卷三，一〇頁）（圖一六一）

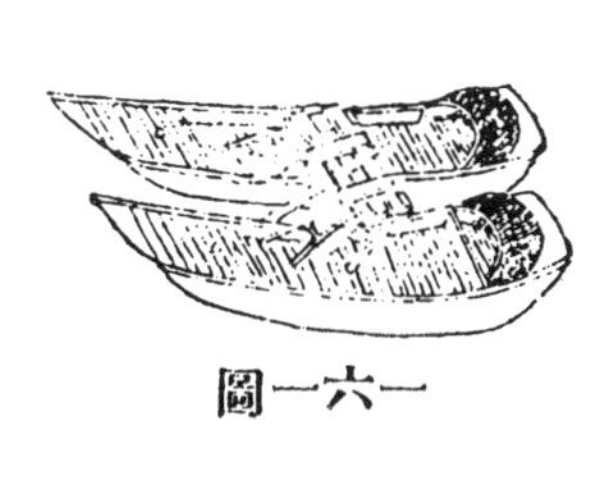

圖一六一

[一]『桎』，原書作『栓』。
[二]『訂』，原書作『釘』。

第八章　閘壩

第一節　閘

閘與牐同，左右插石如門，鑿槽設板以時啓閉，而資宣洩者也。用以引水、洩水、瀦水，均無不可，故有減水、分水、攔潮等閘之名。

閘

【行水金鑑】廣濟河源自五龍口，鑿山取沁水，澆灌民田[一]，至武陟縣入黄河。……按沁水，即酈道元所謂朱溝水也。唐崔宏禮、李元淳相繼疏浚。元世祖時，始名廣濟，有明因之。萬曆間，河内令袁應泰鑿山穿洞，懸閘兩崖之間，受水則啓，障水則閉，以溉民田，引水有濟源，河内孟温武陟入于黄河，渠濶八尺，延袤一百五十里，分二十四堰。（卷五六，一〇頁，六行）【又】建石閘以節水。（卷一二六，一七頁，二一行）【又】因閘通惠河置牐二十有四，跨諸牐之上；通京師内外經行之道，置牐（或橋）百五十有六；牐以制蓄洩，橋以惠往來。……制水有牐，通道有梁，息耗有則，啓閉有常。（卷一〇〇，一頁，一六行；四頁，一三行）

【又】流駛而不積則涸，故閉閘以須其盈，盈而啓之以資其[二]進，漕乃可通。潦溢而不洩必潰，於是有減水閘，溢而減河以入湖，涸而放湖以入河。（卷一〇五，七頁，一五行）

【河工要義】閘者，左右揷石如門，鑿槽設板，以[三]啓閉，而資宣洩者也。用以引水、洩水、瀦水，均無不可。（一四頁，七行）

【河防輯要】建造閘座，收束來源，分洩異漲，護衛下游，相時啓閉，乃湖河蓄洩之關鍵。估建石閘，其高深尺寸，金門寬窄，上迎水雁翅，下分水燕尾之長短，及建閘之方向，應察看河道形勢來源大小酌定，至何處應釘梅花樁，何處應釘馬牙樁，何處應築三和土，暨面石、裏石之如何鋪砌，閘形各殊，建做之法則大略相同。（卷三，一二頁，一五行）

牐（制閘三法）（輪番法）

【山東運河備覽】牐有三：叢石爲之，有龍門，有鴈翅，有龍骨，有燕尾，曰石牐；漕長恐水之洩也，則

[一] 原書「田」下有「經由濟源河内温縣」。
[二] 「資其」，原書作「次而」。
[三] 原書「以」下有「時」字。

木板爲之，視漕之廣狹而多寡焉，中留龍門十有八尺，遇淺則旋[一]，深則否，可導而上下者也，曰活牐；牐水出口，與河上下相懸，爲之壩以留水，與河接也，龍門如制，曰上[二]牐： 皆濟石牐之不及也。（卷一二，二四頁，二行）

【行水金鑑】曰填漕，凡開閘粮船預滿閘槽，以免水勢從旁奔洩，如甘庶置酒杯中，半杯可成滿杯，下槽水可使逆流入上槽。二曰乘水，打閘時船皆銜尾，其間不能以尺，如前船摟過上閘口七分，即付運軍爲牽之，溜夫急回拽後船，循前船水漕而上，使後船毋與水頭鬥，閘夫省路一半，過船快利一倍。三曰審淺，凡下活閘蓄水，如係上水淺，則於船頭將臨淺處安閘，如係下水淺，則于淺尾下流水深處安閘，故活閘必從深淺相交之界，則淺者自深。若騎淺安之，則一半淺者深，一半淺者愈淺矣。（卷一二一，四頁，一行）

【山東運河備覽】當春夏糧運盛行之時，正汶水微弱之際，分流則不足，合流則有餘，宜效輪番法： 如運艘淺於南，則閉南旺北牐，令汶盡南流； 如運艘淺於北，則閉南旺南牐，令汶盡北流； 當其南也，更發瀕南諸湖水濟之，當其北也，更發瀕北諸湖水佐之；泉湖并注，南北合流，即遇旱暵，靡不克濟，此誠力不勢而功倍也。（卷五，二三頁，五行）

減水閘

【河防榷】中砌減水閘二三座，漕盛則閉閘，以防其洩，漕涸則啓閘，以藉其流。（卷三，四二頁，一三行）

【行水金鑑】建減水閘，以司蓄洩。

分水閘

【治河方略】應將張莊口築塞，於其東建分水閘二座以減之。（卷二，一四頁，二行）

攔潮閘

【治河方略】弘治[三]二十年，復濱江建攔潮閘，潮長放船，潮退盤壩。（卷四，三〇頁，二行）

斗門、涵洞、石礎，與閘功用相同，形式大小不一，水門，放淤之用。

斗門

【宋史·河渠志】宋太宗太平興國八年五月，河大決滑州韓村，泛澶、濮、曹、濟諸州民田，（懷）〔壞〕居人廬舍。乃命使者按視遥堤舊址，使回條奏，以爲治遥堤，不如分水勢，其分水河量其遠邇，作爲斗門，啓閉

[一]「旋」，原書作「施」。
[二]「上」，原書作「土」。
[三] 原書無「弘治」，爲《辭源》編者據文義加。

隨時，務乎均齊，通舟運，溉農田，此富庶之資也。〔一〕

【行水金鑑】徐、沛、山東諸湖，在運河西者，分漲以洩河之有餘，曰斗門。（卷一〇五，一頁，二〇行）

【山東運河備覽】於牐之左右，各建減水牐一座，名曰斗門……平時則斗門盡閉，中牐常開，放水入運，一遇洪水，則斗門盡啓，中牐下版五塊，沙泥盡隨斗門入湖。（卷一二，二二頁，二〇行）

涵洞

【河防榷】建涵洞以洩積水，基址亦擇堅實，方可下釘椿砌石，水多則建二孔，少止一孔。（卷四，三九頁，一〇行）

【治河方略】涵洞之用有三：一減水，二淤窪，三溉田〔二〕，然神而明之，更以之擋水，以之衛閘，其用徽〔三〕妙，非久於河者不知也。（卷二，四五頁，八行）

【河工要義】涵洞者，擇堅實基礎，建洞啓閉，以資宣洩之用者也，其洞直穿大堤，酌量河底之高下，以定設洞之位置，砌底築牆，木石皆可。（二〇頁，一〇行）

石⿰石達

【宋史・河渠志】泰州海陵南至揚州泰興，而撤於江，共爲石⿰石達十三，斗門七。〔四〕

【宋史・汪綱傳】興化民田濱黃海，范仲淹築堰以障舄鹵，守毛澤民置石⿰石達，函管以疏運河水勢，歲久皆壞，綱乃增修之。

水門

【行水金鑑】世之言治水者雖多，獨樂浪王景所述著水門之法可取。……置門於水而實其底；令高長水五尺，水少則可拘之以濟運河，水大則疏之使趨於海，如是則有疏〔五〕通之利，無湮塞之患矣。（卷一〇九，五頁，九行）

【治河方略】同上。〔六〕（卷七，二二頁，一〇行）（水門之考據載《黃河水利月刊》二卷三期）

活牐

以木排堵水作暫時之用，名曰活牐。普通用石閘。

【山東運河備覽】每當糧運盛行之時，排木堵水，名爲活牐。（卷一二，二頁，二二行）【又】見『牐』。

〔一〕出處待考。

〔二〕原書『田』下有『固』矣。

〔三〕『徽』，原書作『微』。

〔四〕出處待考。

〔五〕『疏』，原書作『流』。

〔六〕《治河方略》始自『置門於水』，『長』作『常』，『少』作『小』，『疏通』作『通流』。

石閘

【河防榷】建閘節水，必擇堅[一]開基，先挖固工塘，有水即車乾，下[二]地釘樁，將樁頭鋸平，樁縫上用流[三]骨木，地平板鋪底，用灰麻艌過方砌底石，仍于迎水用立石一行，攔門樁二行，跌水用立石二行，攔門樁八行，如地平板鋪完工過半矣。自金門起兩面壘砌完方，鋪海漫雁翅，金門長二丈七尺，兩邊轉角至雁翅，各長五丈，共用石三千一百丈，閘底海漫攔水跌水共用石九百丈，二項共用石四千丈，并鐵錠、鉄銷、鉄鋦、天橋環、地釘樁、龍骨木、地平板、萬年坊、閘板、絞關、閘耳、後[四]軸、托橋、木石灰、香油、檾麻、柴炭等項及各匠工食約共該銀三千兩有奇。（卷四，三八頁，一二行）

石閘口門曰金門，建閘所開挖之基地，曰固工塘。牐(板)〔版〕[五]，插於石槽之木板。鈎牮，啓閉閘板之用。啓板時上下水舟俱泊五十步外，每啓一板輒停半晌，命曰晾板。水小時大閘緊閉，止留隘閘通舟。石則，所以測驗船長用也。

金門

【行水金鑑】閘河地亢，衛河地窪，臨清板閘口，正閘衛兩水交會處所。每歲三四月間，雨少泉澀，閘河既淺，衛水又消，高下陡峻，勢若建瓴，每一啓板，放船無幾，水即盡耗，漕舟多阻。宜於閘口百丈之外，用椿草設築土壩一座，中留金門，安置活板，如閘制然。將啓板閘，先閉活閘，則外有所障，水勢稍緩，而于運艘出口，易于打放，衛水大發，即從速折[六]卸。歲一行之，費無幾何，此亦權宜之要術也。（卷一二六，一四頁，一〇行）

固工塘

【河防榷】建閘節水，必擇堅地開基，先挖固工塘。[七]

牐版

【河器圖説】《玉篇》：『版，片木也。』《集韻》：『以版有所蔽曰牐。』《字典》：『今漕艘往來，臿石左右如門，設版瀦水，時啓閉以通舟。水門容一舟銜尾貫行，門曰牐門，設官司之。』按：啓閉器具有牐版，削木爲之，寬厚各一尺，長二丈四尺，兩頭各鑿一孔，以貫纜繩。牐耳以石爲之，各有孔，每岸三枚，內中耳

〔一〕原書『堅』下有『地』字。
〔二〕原書『下』上有『方』字。
〔三〕『流』，原書作『龍』。
〔四〕『後』，原書作『絞』。
〔五〕『板』，當作『版』，以下徑改。
〔六〕『折』，原書作『拆』。
〔七〕出處待考。

孔，兩頭俱通，以貫牐關，關以檀木爲之，長六尺，圍一尺八寸，中鑿四孔，備運關翅。用時兩端貫閘耳，孔内插翅運之。關翅亦用檀木，每根長丈許，横插關心，以備推絞之用。（卷一，三五頁）

鈎竿

【河器圖説】鈎竿，專用以啓閘板，每根長三丈六尺，圍圓一尺二三寸，其下鐵鈎曲長二尺許，寬二寸，束以鐵箍二道。（卷三，九頁）

晾板

【山東運河備覽】啓閉[一]時上下水舟俱泊五十步之外，每啓一板輒停半晌，命曰晾板，則水勢殺，舟乃不敗。（卷一二，二五頁，二行）

【行水金鑑】每啓一閘板，輒停半晌，名[二]晾板，則水勢殺，舟乃不敗。（卷一二一，二頁，一八行）

隘牐

【行水金鑑】水大則大牐俱開，使水得通流，小則鎖閉大牐，止於隘牐通舟。（卷一〇一，一二頁，一六行）

石則

【行水金鑑】宜於隘牐下岸立石則，遇船入[三]，必須驗量，長不過則，然後放入，違者罪之。（卷一〇一，一四頁，六行）

第二節　壩

壩者，霸也，强制之意，所以止水不使泛溢之謂也。壩之用，爲挑水、攔河、迎水、領水、戧水、束水、減水、滚水、順水、攔水、還水、平水、截沙、囊沙、車船，因而得名焉。

魚鱗壩即小挑水壩，相隔十數丈，形如鱗砌。扇面壩亦挑水壩之一種，圓而長，形如扇面。大壩之下作一小壩，曰托壩。兩岸對頭斜建之壩，曰對壩，又曰對口壩。三面下板中心填土，曰夾土壩。壩之用磯心板以司啓閉者，曰磯心壩。挑河時圈築草壩，曰月壩，又曰越壩。形爲人字之壩，曰人字壩。以條石縱横架砌，如花牆式者，曰玲瓏壩。渾圓如磨盤之壩，曰磨盤壩。

壩

【行水金鑑】河之源，其最微者莫若會通，黄水衝之則隨而他奔，而漕不行，故壩以障其入，源微而支分，則其流益少，而漕亦不行，故壩以障其出。（卷一〇五，七頁，一二行）

[一]『閉』，原書作『板』。
[二]『名』，原書作『命曰』。
[三]原書『入』下有『牐』字。

【新治河】諺云，大堤爲壩；古云，斷堤亦爲壩。要之，壩者，霸也。總以土工身長，具有强制力者，名壩近似。

【河工要義】壩有與閘同其功用，亦有異其功用者，如束水、減水、滚水、磯心諸壩，其功用同，此外則皆異。其形式與做法亦與閘工迥别，建閘有不須雁翅者，築壩則必須上水迎水，一面建雁翅以禦迴溜者也。（一四頁，一五行）

挑水壩

見七章三節。

攔河壩

【治河方略】河不可攔，壩之所以名攔河者，因正河上游，長有沙嘴侵逼，大溜不能直趨正河，而正河之傍，或舊有支河，或原屬窪地，水性就下，遇坎即行，且黄河灘地，凡近堤之處，必低於臨河三四五尺不等，若不早爲攔截，勢必愈趨愈下，日刷日深，近溜各堤，必立成新險，正河亦永不可復。（卷一〇二，九頁，一六行）（圖一六二、一六三）

【河工簡要】凡修築工程，於水之上游建横壩一道，堵截水勢，名曰攔河壩。（卷三，九頁，九行）

【新治河】河不可攔，人皆知之，此壩所以名攔河者，因河不兩行，正河上游如長出沙嘴（名磯心灘），侵逼大溜，不能直趨正河，而正河之旁或舊有支河，或原係窪塘，水性就下，遇坎即行，且黄河灘地，或[一]近堤根處，無不低[二]臨河灘唇數尺，若不早爲攔截，勢必日久刷深，沿堤另成新河，正河逐漸淤塞，而新險自[三]出矣。急宜乘正河有水之日，或緊接大堤，或倚靠高灘，稍稍斜向兩溜初分處，先築土堤一道，長以至水際爲止。土堤兩面，如水勢小，則廂做防風護

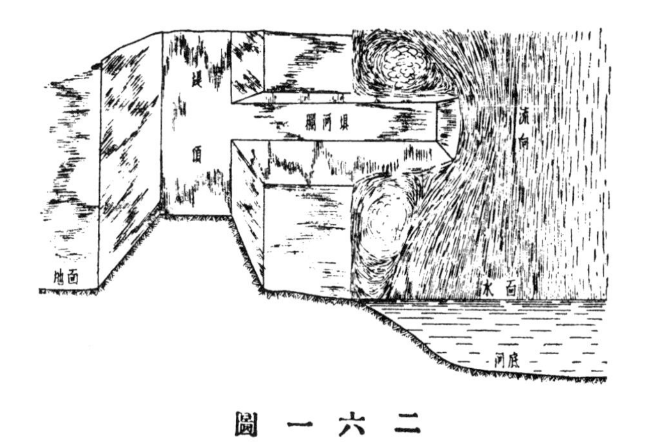

圖一六二

[一]『或』，原書作『凡』。
[二]原書『低』下有『於』字。
[三]『自』，原書作『半』。

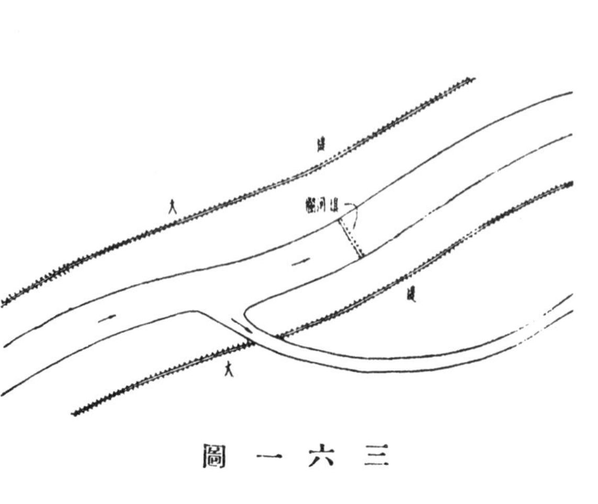

圖一六三

沿； 水勢大則捲下順廂貼邊埽。其沿河堤頭，一面則廂做馬頭埽，務將埽個挨次進至大溜過半之處，使支河溜力不暢，自必仍分大溜趨入正河。時看大〔一〕河之溜，如較前漸次寬深，則向前再進一埽，溜遞增則埽亦遞進，如此一閫（支河曰閫）一闢（正河曰闢），彼消此長，不特正河可浚〔二〕，舊險可平，即上游之沙嘴，亦自隨溜刷去矣。倘遇正河與支河分溜之處，去堤太遠，又無高灘可就，壩基無處生根，則看兩河分流之中，必有高灘相隔，俗名爲龍舌者，不妨將壩基移入支河下流一二百丈或〔三〕堤或高灘之處，創立根基，如前法辨理。倘進埽之後，水已入袖，不能退回，則再於龍舌之上，順水勢另闢〔四〕一引河，亦必日漸寬深，河復故道矣。（上編，卷二，一九頁，一〇行）

【河防輯要】凡修築工程於水之上游，建横壩一道，堵截水勢，名曰攔河壩。【又】河不能攔，或建于新挑引河對岸，逼流歸引，或築于支河旁坌，阻溜入袖，庶乎其可。

【河工要義】凡修築工程，爲水所佔，無從施工者，一面由水之上游，建横壩一道堵截其水，一面于對岸視察地勢，開挖運〔五〕河，引水移向彼岸，以便戽乾正河做工者，名曰攔河壩，亦曰堵閉。（一八頁。八行）

迎水壩

【行水金鑑】康熙三十九年於上壩頭築迎水壩一座，迎挑水勢，使大溜向南，又於對岸挑〔六〕去灘嘴，以順其流，險工漸平。（五八卷，一三頁，一三行）（圖一六四）

〔一〕『大』，原書作『正』。
〔二〕『浚』，原書作『復』。
〔三〕『或』，原書作『近』。
〔四〕『闢』，原書作『開』。
〔五〕『運』，原書作『引』。
〔六〕『挑』，原書作『穵』。

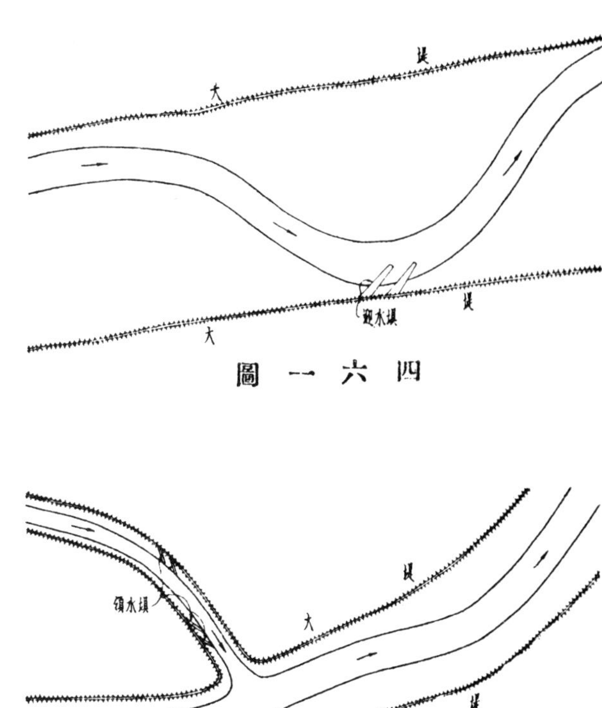

圖一六四

圖一六五

【河工簡要】凡迎溜之處，堤土受傷，必須建壩以抵溜名曰迎水壩。（卷三，八頁，一二行）

領水壩

【河工要義】遇支河之水溜急[一]，不由大河直去，務在上游建築埽壩[二]領水之溜，直歸[三]大河，名曰領水壩。（一七頁，四行）（圖一六五）

戧水壩

【河[四]要義】欲戧水勢，必在上水對面建壩，逼其河道順直[五]，不致泛濫，名曰戧水壩。（一七頁，六行）（圖一六六）

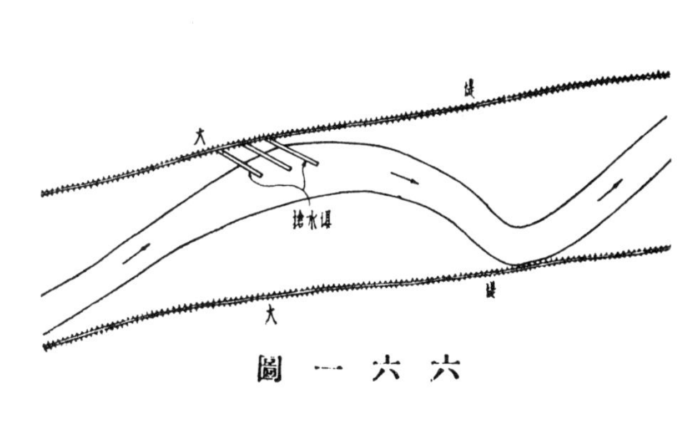

圖一六六

束水壩

【河工簡要】運河水小，建築束水壩，使水不能旁洩，以資運行。（卷三，八頁，一八行）

【河工要義】正河水小，河身淺滯，不利舟楫者，建築

[一]『之水溜急』，原書作『流水急迫』。
[二]原書『埽壩』二字互乙。
[三]『歸』，原書作『臨』。
[四]『河』下當有『工』字。
[五]原書『直』下有『不致日漸成險且防泛虞者』。

束水草壩，使水不能旁洩，以資運行，故曰束水壩。束水壩多設於河面寬大、河流淤阻之處。（一七頁，八行）（圖一六七）

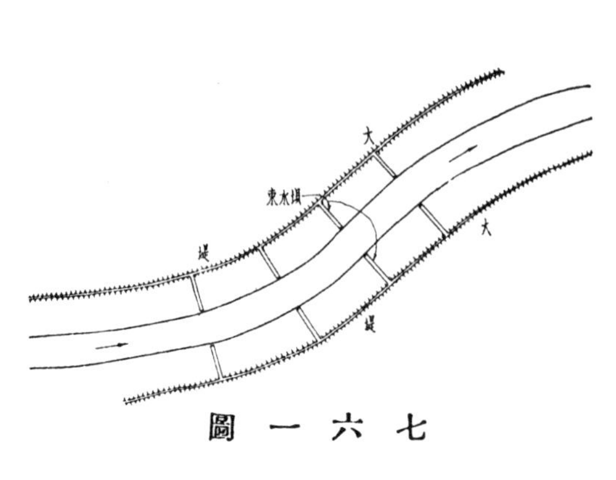

圖一六七

【河工簡要】束水壩只宜於支河内，退後堵築，仍留決口，以作進水停淤之計。（卷二，九頁，一二行）

減水壩

【河防榷】滾水石壩，即減水壩也。爲伏秋水發盈（漕）〔槽〕，恐勢大漫堤，設此分殺水勢，稍消即歸正（漕）〔槽〕，故〔一〕壩必擇要害卑窪去處堅實地基，先下地釘樁木，平下龍骨木，仍用石楂榁鐵榁縫，方鋪石底〔二〕壘砌，雁翅宜長宜坡，跌水宜長，迎水宜短，俱用立石欄〔三〕門樁數層，其他〔四〕釘樁須劄鷹架用懸硪釘下，石縫須用糯汁和灰縫，使水不入。如石壩一座，身〔五〕連雁翅共長三十丈，壩身根濶一丈五尺，收頂一丈二尺，高一尺五寸，迎水濶五尺，跌水石濶二丈四尺四，雁翅各斜長二丈五尺，高九尺。（卷四，三七頁，一三行）（圖一六八）

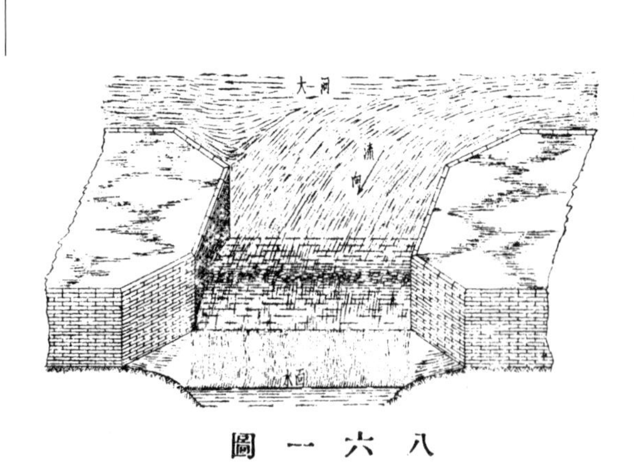

圖一六八

〔一〕原書『故』下有『建』字。
〔二〕『石底』，當從原書作『底石』。
〔三〕『欄』，原書作『攔』。
〔四〕『他』，原書作『地』。
〔五〕原書『身』上有『壩』字。

【又】減水壩者，減其盈溢之水也。（卷三，二〇頁，一一行）（圖見《河上語圖解》五五）

【治河方略】顧西南一帶，自周橋至翟壩三十里，空之而弗堤，曰：　此處地形稍亢，天然減水壩也。（卷二，二頁，二行）

【河工簡要】運河水大，不能容納，建（築）減水閘壩，放水歸湖，保護堤工。（卷三，九頁，二行）

【河工要義】因虞河中水大，不能容納，預建壩座以資分洩水勢，保護堤工之用者，謂之減水壩。（一七頁，一三行）

【河防輯要】減水壩專主分洩，似與河工有損，可以無容建設。殊不知河之深廣各有定數，水之大小莫可預期。水一出槽，勢必由寬就下，四散分流，使足供水面寬闊緩弱正泓，絶與大河毫不相涉，是減壩之設，非未爲保固大堤，正欲分洩有餘，合其力以送河也。【又】減水壩上有封土，如水漲高過壩脊一二尺，即相機減土，宣洩異漲。

滾水壩

【河防榷】剏建滾水壩，以便宣洩。（卷三，二一頁，一行）（圖一六九）

【河防一覽】慮伏秋水發，暴漲傷堤，則於土性堅實之處，築滾水壩[一]。若水高於壩，任其走洩，則水勢可殺，而兩堤無虞矣。（卷七，四頁，一六行）

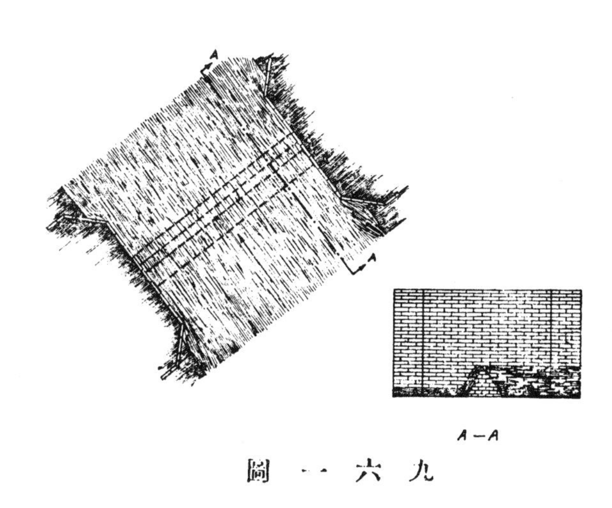

圖一六九

【治河方略】……土質[二]堅實，合無各建滾水石壩一座，比隄稍卑二三尺，濶三十餘丈。萬一水與堤平，任其從壩滾出，則歸（漕）〔槽〕者常盈而無淤塞之患，出（漕）〔槽〕者得洩而無他潰之虞，全河不分，而隄自固矣。（卷八，一三頁，二行）（圖見《河上語圖解》五

[一]『則於土性堅實之處，築滾水壩』，原書作『職等查得占梁上洪之磨臍溝、桃源之陵城、清河之安娘城等處，土性堅實，可築滾水石壩三座』。

[二]『質』，原書作『性』。

四頁）【又】即減水壩也。如〔一〕伏秋水發盈槽〔二〕，恐勢大漫堤，設此分殺水勢，稍消即歸正槽〔三〕，故建壩必擇要害早〔四〕窪去處。（卷八，三五頁，五行）

【河工簡要】運河建築滚水壩，遇水小則攔水濟運，水大則由壩頂滚洩保堤工。（卷三，九頁，四行）

【河工要義】滚水壩，水小則攔水，水大則由壩頂滚洩水勢，以保堤工之壩也。迎水、出水兩面，簽釘排樁，用灰土石料，做成坦水簸箕，務俾吸水一面，不致冲揭壩基，洩水一面，不致滴成坑塘爲妥。壩身以條石亂石灰土或草爲之均可，中間起脊，兩面落坡，河水長至一定分數始能滚洩旁瀉者，謂之滚水壩。（一七頁，一五行）

順水壩

見七章三節。

攔水壩

【河工要義】内外兩河，高下懸殊，如果任水旁瀉，勢必一瀉無餘，因而築壩攔截水勢者，謂之攔水壩。（一七頁，一〇行）

還〔五〕水壩

【新治河】此壩〔六〕迎水横下，抵溜旁行，凡埽灣迴溜及正溜迴溜交滙之處，宜建〔七〕此壩，以免溜勢淘進。惟壩身不宜太長，長則難守。（上編，卷二，一八頁，一〇行）

平水壩

【治河方略】河臣王新命倣東省坎河口壩之制，堆積亂石爲壩，誠爲深慮，然尚虞宣洩不及，當再建一平水大壩，方策〔八〕萬全。（卷二，一四頁，五行）

截沙壩

【河工要義】運河水長，挾沙齊至，壅塞河身，即礙運道，自宜順河建修石壩數層，使水漫過壩頂，沙停壩外，不致壅塞河身，故曰截沙。（一九頁，一三行）

囊沙壩

【河工簡要】運河水長，多由山水驟發，性急勇，一入運道，恐其淤滯，建修亂石壩洞孔掣沙瀉入，不使河道淤瀉。（卷三，九頁，一一行）

【河工要義】囊沙壩應建設於山水未出山，或既出山而猶（未）入運以前。（一九頁，一〇行）

〔一〕『如』，原書作『爲』。
〔二〕『槽』，原書作『漕』。
〔三〕『槽』，原書作『漕』。
〔四〕『早』，原書作『卑』。
〔五〕『還』，疑作『迎』。
〔六〕『壩』，原書作『堤』。
〔七〕『建』，原書作『修』。
〔八〕原書『方策』二字互乙。

車船埽

【河防榷】先築基堅實，埋大木於下，以草土覆之，時灌水其上，令軟滑不傷船埽，東西用將軍柱各四柱，上横施天盤木各二，下施石䆲各二，中置轉軸木各二根，每根爲竅二，貫以絞關木，繫篾纜於船，縛於軸，執絞關木，環軸而推之。（卷四，四〇頁，二行）

【行水金鑑】建車船埽，繫篾纜於船，縛於軸，執絞關木，環軸而推之。（卷一二六，一八頁，二〇行）

魚鱗埽

【治河方略】魚鱗埽即小雞嘴埽，或相去十丈，或相去二十丈，重疊遥接如鱗砌者也。（卷一〇，二七頁，一行）

【河工要義】凡廂埽埽，一工分爲數段，每段頭縮尾翹，形如馬牙蹬基之様。頭藏〔一〕者，恐其來溜冲激，尾翹者，挑水遠出，工程不致受傷。名曰魚鱗埽埽，即小雞嘴埽，相去十丈或相去〔二〕二十丈，重疊遥接，如鱗砌者也。然此埽惟〔三〕用於絞邊拖溜直河〔四〕，或攙用於摟崖順埽之内，其頂冲埽灣〔五〕無所用也。（一六頁，一三行）

扇面埽

【治河方略】扇面埽即挑水埽之圓而長，其形如扇面者是也。（卷一〇，三三頁，九行）（圖一七〇）

【河工簡要】凡河溜直射頂冲之處建築埽台，中間透出抵溜，上下兩邊鑲柴，貼堤防禦，形如扇面，名曰扇面埽。（卷三，八頁，一〇行）

圖一七〇

【河工要義】於河流直射冲射〔六〕之處，建築埽埽，中間

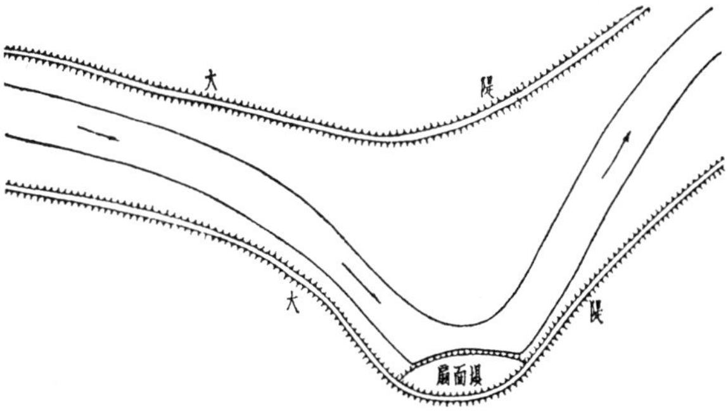

〔一〕『藏』，原書作『縮』。
〔二〕原書無『相去』二字。
〔三〕『惟』，原書作『宜』。
〔四〕『絞邊拖溜直河』，原書作『沿邊直河』。
〔五〕原書『灣』下有『之處』二字。
〔六〕『冲射』，原書作『頂冲』。

遠出抵溜，上下兩邊鑲柴，貼堤防禦，形如扇面，故名扇面壩，即挑水壩之圓而長，其形如扇面者也，下水亦應估藏頭摟崖。（一六頁，七行）

托壩

【新治河】長壩之下，多有迴溜，護沿摟崖勢短，溜已伸腰，力甚猛悍，宜修托壩抵禦之，其長短丈尺，以托出迴溜爲度，所以補助大壩者也。（上编，卷二，一九頁，六行）

【河上語】大壩之下，作一小壩，曰托壩。（四四頁，一行）

對壩

【河上語】兩岸對頭斜建，曰對壩。（四四頁，五行）

（圖一七一）

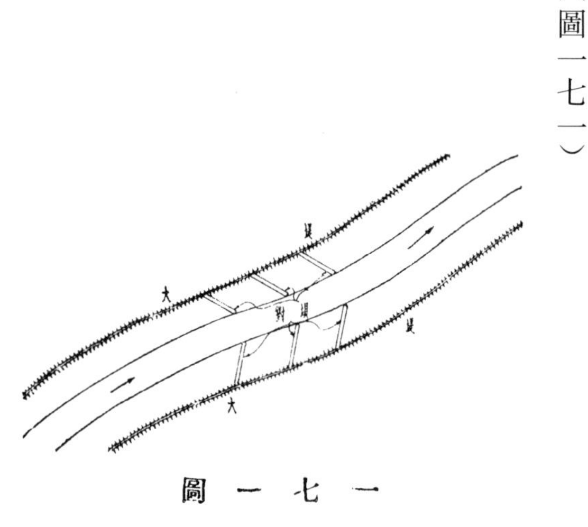

圖一七一

對口壩

【河工要語】兩壩頭相對者，曰對口壩。（五期，專載五頁）

夾土壩（鐵心壩）

【河防輯要】三面下埽，中心填土，名曰鐵心壩，又曰夾土壩。

【河工要義】凡于水中建壩，兩面用柴，中心填土，名曰夾土壩，又曰鐵心壩。運河堵築分溜決口，用此法居多。（二〇頁，三行）

磯心壩

【河工簡要】建築石壩於水洞兩邊，安置磯心石一塊，開槽轄板以便取水[一]，水小則藉磯心石轄板以閉其洞，水大啓板開洞以洩水，名曰磯心。（卷三，九頁，六行）

【河工要義】磯心壩者，建築壩基，安置磯心石塊，鑿槽豁[二]板，以便啓用[三]，水小則藉磯心轄板，以閉其洞，水大則啓板開洞，以洩河水，名曰磯心板。（一八頁，四行）

【河防輯要】建築石壩，壩下水洞兩邊，各置磯心石兩

[一]『水』，原書作『用』。
[二]『豁』，原書作『轄』。
[三]『用』，原書作『閉』。

塊，開槽轄板，以便啓閉。水小則藉磯心石轄板，以閉其洞；水大則啓板開洞以洩水，名曰磯心石壩。

月壩

【河防志】賈讓〔一〕謂東郡白馬故堤亦復數重，民居其間是也，修者謂之堤，短者謂之壩，以其傅堤而立，如偃月形，故謂之月壩，亦名越壩，多於決口修建，決口汕刷深不可立，超而築之，故亦曰越壩，皆以捍禦險溜，重門之障也。（卷四，三一頁，三行）

越壩

【安瀾紀要】修建石工，應於工外臨水一邊，先築越壩〔二〕（土壩）一道，將壩内之水車乾，以便施工。（上卷，五〇頁，六行）（圖一七二）

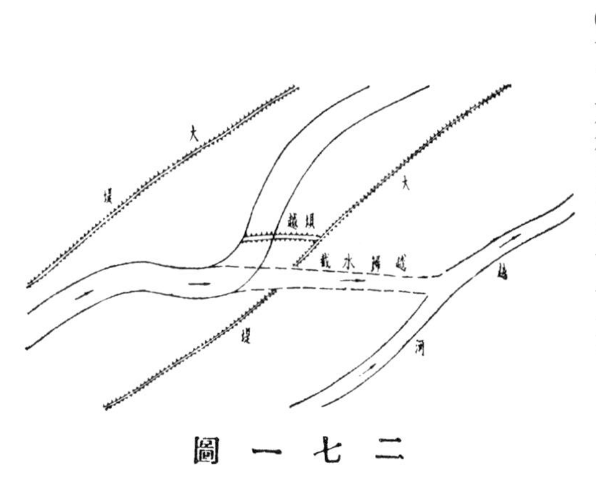

圖一七二

【河工簡要】挑挖河道，先圈築草壩，截水歸越河，俟正河挑成，開壩放水。（卷三，九頁，一五行）

【河工要義】運河挑挖河道，先圈築草壩，截水歸入越河，俟正河挑完開放，名曰越壩。（二〇頁，一行）

人字壩

【河工名謂】形如人字，以減溜勢者。（一五頁）

玲瓏壩

【山東運河備覽】按戴村三壩通長一百二十六丈八尺，北爲玲瓏壩，高七尺，長五十五丈五尺，中爲亂石壩，高六尺二寸，長四十九丈一尺，南爲滚水壩，高五尺，長二十二丈二尺。汶水伏秋漲發，挾沙而來，上清下濁，水由壩面滚入鹽河，沙由玲瓏亂石洞隙隨水滚瀉，冬春水弱，上下俱清，則築土堰匯流濟運，所以水不泛濫，沙不停淤。（卷六，一二頁，九行）（圖一七三）

【河工名謂】用條石縱横架砌如花牆式以洩水者。（一六頁）

〔一〕原書「讓」下有「所」字。

〔二〕「越壩」，乃《辭源》編者據文義增。

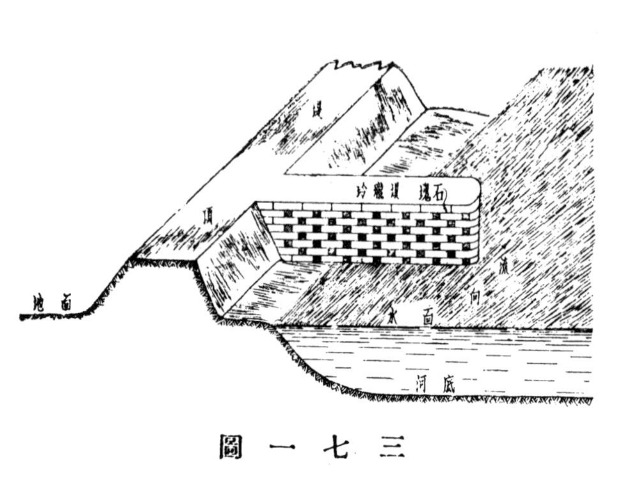

圖一七三

磨盤埽

【河工名謂】埽體渾圓，形如磨盤者。（一六頁）

埽之用料不一，有料埽（即草埽）、稭埽、柳埽、石埽、甎埽、灰埽（即三合土埽）、亂石埽、碎石埽、竹落埽、砌石埽、拋石埽、壘石埽、熳石埽。

料埽

【河上語】料埽，一曰草埽。（四三頁，四行）（圖一七四）

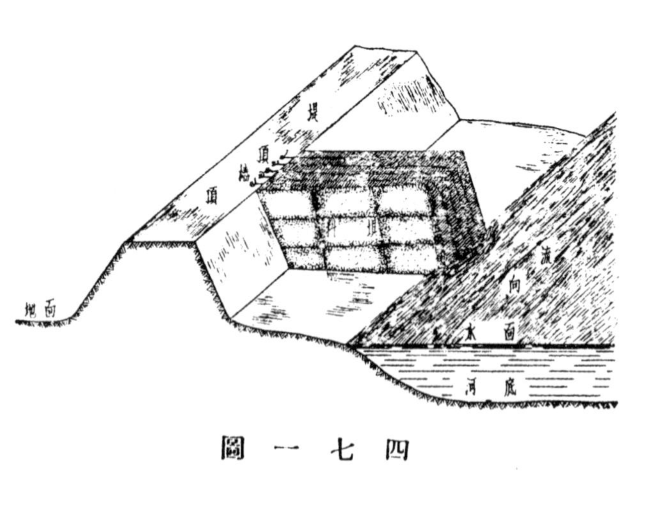

圖一七四

【註】捆廂爲之，與進占同，長椿爲之，與硬廂同。

稭埽

【河工用語】稭修者，曰稭埽。（五期，專載五頁）

柳埽

【河工用語】柳編者曰柳埽。（五期，專載五頁）

石埽

【河工用語】石修者，曰石埽。（五期，專載五頁）（圖一七五）

甎埽

【河上語】（四三頁，六行）（圖一七六）

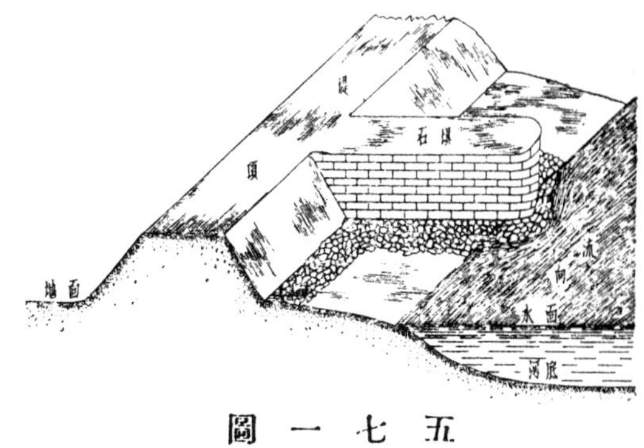

圖一七五

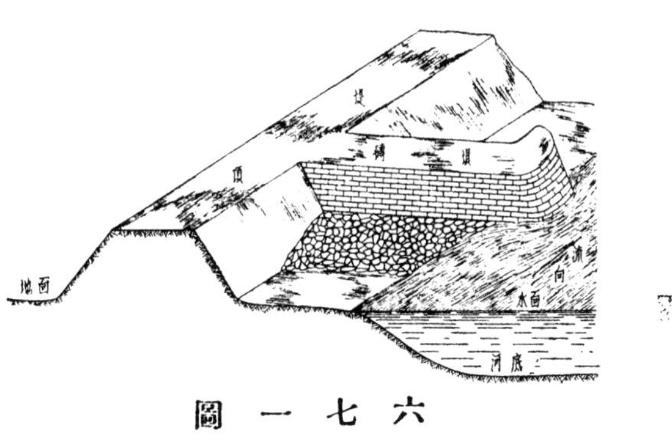

圖一七六

灰壩

【河上語】即三合土壩。（四三頁，二行）（圖一七七）

圖一七七

三合土壩（二三合土壩）

【河上語】石灰一分，沙一分，黃土一分，篩細和勻，澆水築實。（四三頁，三行）

【河工簡要】用石[一]、黃土、烏樟葉共打一處，名曰三合土壩。（卷三，一〇頁，三行）

[一] 原書「石」下有「灰」字。

【河工要義】三合土壩，亦曰灰壩，用石灰、黃土、（搗）〔烏〕樟葉一處匀和，打成坯基，故曰三合土。本河（指永定河）三合土，則用石灰、黃土、江米、白礬匀和而成。（二〇頁，五行）

亂石壩

【河上用語】亂石拋成者，曰亂石壩。（五期，專載五頁）

碎石壩

【河上語】（圖一七八）

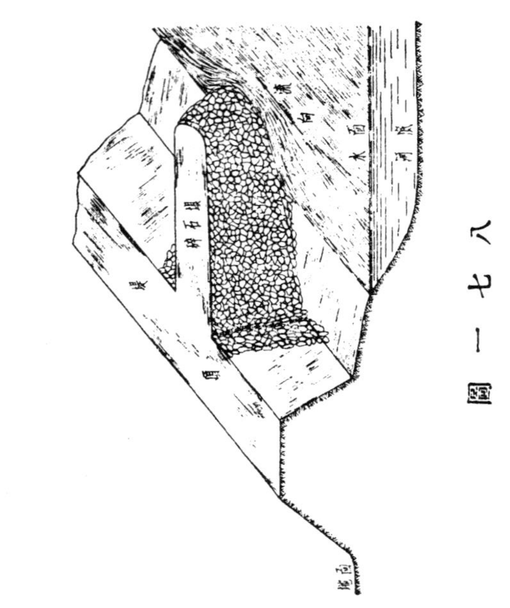

圖一七八

竹絡壩（竹落）（竹簍）

【漢書・溝洫志】河果決淤舘陶及東郡金堤[一]，河堤使者王延世使塞以竹落，長四丈，大九圍，盛以小石兩船，夾載而下之，三十六日河堤成。上曰：東郡河決，流漂二州，校尉延世隄防三旬立塞。其以五年爲河平元年，卒治河者爲着外繇。六月惟延世長於計策，功費約省，用力日寡，朕甚嘉之。其以延世爲光禄大夫，秩中二千石，賜爵關内侯，黄金百斤。（卷二九，一四三頁，二格，三一行）（圖一七九）

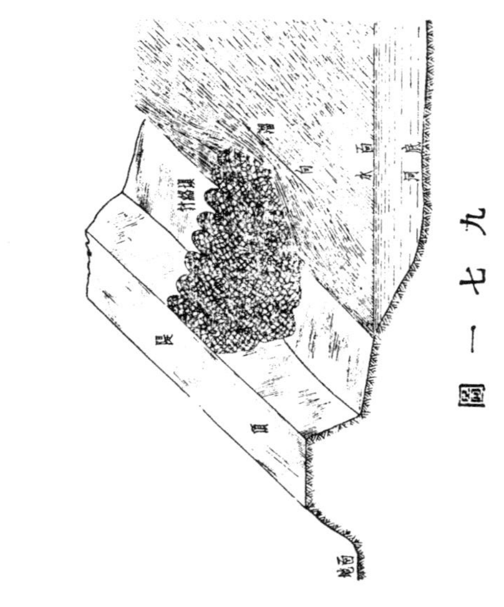

圖一七九

[一] 原書此處尚有文字。

【宋史・程(肪)〔昉〕傳】宋神宗熙寧初，昉爲河北屯田都監，河決棗强釃二股河，導之使東爲鋸牙，下以竹絡，塞決口，加帶御器械。

【河防志】瓠子之歌〔一〕：『隤林竹冒楗石菑。』此竹絡之始也。其後王景塞舘陶以竹絡，長四丈九，圍盛以小石兩船，夾載而下之。後世遵用其法，駱馬湖口之有竹絡壩，自前河臣新命王公始也。（卷四，七三頁，二行）

【河器圖説】『簍，竹籠也。』《急就篇》註：『簍者，疏目之籠，言其孔樓樓然也。』或長或圓，形製不同，或竹或荆，質地不一。河工用以滿貯碎石，爲護埽壅水之用。排砌成壩者，亦名竹絡壩。（卷三，四〇頁）

【河工要義】用毛竹篾編成〔二〕絡，内裝碎石，挨次〔三〕砌如壩様，名曰竹絡壩。（二〇頁，七行）

砌石壩

【河工名謂】壩之上部以石砌成者。（一六頁）

抛石壩

【河工名謂】散抛塊石而成者，曰抛石壩。（一六頁）

壘石壩

【河工名謂】由壩根至頂，每坯均有壩台，如台階然。（一五頁）

墁石壩

【河工名謂】於壩坡用石平鋪者。（一二頁）

壩之中部，曰壩身；臨水一端，曰壩頭；靠岸一端，曰壩尾；壩之上面曰壩頂，下面曰壩底；壩之胚胎，曰壩基；兩壩間之空檔，曰壩檔。

壩身

【河工名謂】壩之中部，曰壩身。（一七頁）

壩頭

【河工名謂】壩之臨水一端，曰壩頭。（一七頁）

壩尾

【河工名謂】壩之靠岸一端，曰壩尾，亦名壩根。（一七頁）

壩頂

【河工名謂】壩之上面。（一七頁）

壩底

【河工名謂】壩之下面。（一七頁）

壩基

【河工名謂】壩之胚胎，曰壩基。（一七頁）

壩檔

【河工名謂】兩壩間之空檔，曰壩檔。（一七頁）

〔一〕原書『歌』下有『曰』字。
〔二〕原書『成』下有『竹』字。
〔三〕原書『次』下有『排』字。

第九章　材料與工具

第一節　材料

杉木、榆木、檀木、松桿、板料、大杉木、槐柏木。

杉木

【河工要義】杉木除椿料外，凡楞木（石工用）、架木（簽排椿、地丁椿架用）、船脆[一]皆用之。（四七頁，九行）

榆木

【河工要義】夯杵、榔頭、硪肘、雞心、牽板等皆用之。（四八頁，一行）

檀木

【河工要義】松篙、松挽之枴把，及棹牙等器用之。（四八頁，五行）

松桿

【河工要義】挽篙、篷桿、扛木等具用之。（四七頁，一二行）

板料

【河工要義】跴板、跳板等之板料，以松板、楊椿或堤柳爲之。（四七頁，一四行）

大杉木

【河工要義】雲梯用之，長六丈，上下方徑約一尺者，可簽龍[二]出號椿；五丈上下方徑約八寸者，可簽頭、二號椿。（四七頁，五行）

槐柏木

【河工要義】八分厚板，挖泥浚淺船料用之。（四七頁，七行）

石料

石料，料石、片石、石子、青石、紅石、白石、蠻石、礫石、石灰石、砂結石、豆渣大石、磚料。

【安瀾紀要】面石必要六面見方。丁石務要長三尺以外。順石務長二尺四五寸[三]。裏石亦要寬厚一尺二寸。（上卷，五〇頁，一行）

料石

【河工要義】料石者，方徑長丈，六方皆見平面之大石料也。（四五頁，四行）

[一]『脆』，原書作『桅』。

[二]原書『龍』下有『門』字。

[三]原書『寸』下有『愈妙，寬厚均要一尺二寸』。

片石

【河工要義】片石者，不成方圓之石料也。以有一二方平面，徑約一尺上下者爲宜。（四五頁，九行）

石子（河光石）

【河工要義】石子亦曰河光石，河中即有，就地取材。（四五頁，一二行）

青石

【河工名謂】石之色青而質堅者。（三八頁）

紅石

【河工名謂】石之色紅者。（三八頁）

白石

【河工名謂】石之色白者。（三八頁）

蠻石

【河工名謂】百斤左右之青紅石塊，皆曰蠻石。（三八頁）

礫石

【河工名謂】大石擊碎之小石。（三七頁）

石灰石

【河工名謂】石之含有石灰質者。（三八頁）

砂結石

【河工名謂】由青砂組成，夏遇高温與陣雨，即暴裂而碎者。（三八頁）

豆渣大石

【河工名謂】質如豆渣者。（三八頁）

磚料

【河工要義】磚料之爲用也，或砌堤，或做埽，或建磚壩與涵洞。（四六頁，一行）

灰步土

灰步土、和灰土、灌漿土、三合土、灰土。

【安瀾紀要】石工砌成壩[一]墊，尾土例用石灰、黃土[二]摻和勻細，築寬三尺，曰灰步土，灰步之後，始爲堤身。（上卷，五二頁，五行）

【河工要義】灰步土者，石堤或閘壩橋樑基底之三合土也。以三合土一尺，打成七寸爲一步，步步礅套，以固根基，故曰灰步。（二八頁，五行）

和灰土

【河工要義】以土和灰而[三]砌石之用之土也。（二八頁，六行）

灌漿土

【河工要義】以土和漿，灌諸石工縫隙，使其乾結一氣

[一]『壩』，原書作『項』。
[二]原書『土』下有『二八、三七』。
[三]原書『而』下有『爲』字。

之土也。（二八頁，六行）

三合土（烏樟葉）

【河防輯要】凡修磚石工程，襯裏須用三（和）〔合〕土打坯，但何謂三（和）〔合〕土？一用石灰，一用黄土，一用烏樟葉，共合一處和勻，做成坯基，即名三合土。

灰土

【河工要義】灰土用灰，因用法不一，而多寡不同，是以有如下三種之分：

（甲）見方一丈，高五寸爲一步，小夯二十四把者，用白灰一千二百二十五斤，黄土二尺一寸，凡閘壩金門出水等處，需用灰土，照此例。

（乙）見方一丈，高五寸爲一步，小夯十六把者，用白灰七百斤，黄土四尺二寸，凡堤壩閘牆基址，需用灰土照此例。

（丙）大式大夯見方一丈，高五寸爲一步者，用白灰三百五十斤，黄土五尺六寸，凡堤閘内尾土併蓋頂處，需用灰土照此例。（四八頁，一一行）

石灰、油灰、灌漿灰、叠砌灰、蔴刀、蔴刀灰、江白米礬、桐油、灰漿。

石灰

【張文瑞公治河條例】石灰米汁短少，河以合甎者，而聯成一片。

油灰

【河工要義】修艌料石石縫及修艌船隻用之。（四九頁，三行）

灌漿灰

【河工要義】大料石工，每單長除叠灰每四十行外，尚須灌漿灰四十斤，每灰漿四十斤，用江米二石，白礬四兩。（四九頁，七行）

叠砌灰

【河工要義】叠砌片石子、磚塊等工用之。（四九頁，五行）

蔴刀

【河工要義】拘抹片光，石縫蔴刀灰，用之蔴刀以舊繩纜剥成蔴屑即是。（五一頁，一〇行）

蔴刀灰

【河工要義】拘抿片石、石子，堤工用之〔一〕。（四九頁，九行）

江米白礬

【河工要義】石工調灰和漿用之。（五二頁，一五行）

桐油

【河工要義】調和油灰用之。（五二頁，一四行）

〔一〕原書『之』下有『片石』。

灰漿

【安瀾紀要】砌石砌磚，彼此本相聯屬，恃有灰漿，聯爲一體，所以成其固也。

正料、雜料、春料、青料、黄料、稭料、葦料、蓆片、苧蔴、青綮、渾蔴、軟草、麥穰、枝料、柳囤、墜柳、柳排、柳簾、楊木穿釘。

正料

【濮陽河上記】治水之術不一，其端憑藉之方，實賴料物。《史記·河渠書》曰：是時東流郡燒草，以故薪柴少，而下淇園之竹以爲楗。司[一]知以薪禦水，自古已然。故堵築大工，首重正料，正料雖有柴、蘆、秫稭之别，大致各工均以秫稭爲多，……河南每垛定爲五萬觔。（乙編，一頁，五行）

雜料

【濮陽河上記】事有相輔而奏其功，物有相因而竟其用。雜料之於正料，亦猶是也。正料固屬重要，而雜料亦不可缺。雜料之大者，如椿木、黄料、青綮、綫蔴、麥穰、竹纜、鐵纜，凡此數類皆大工必須之物。（乙編，一頁，一五行）

春料

【河防志】舊制，歲虞河決，有司常以孟秋預調塞治之物，稍、柴、楗橛、竹石、茭索之類，謂之春料。（卷一，六一頁，五行）

【河工要義】舊志，歲虞河決，有司常以孟秋調塞治之物，稍芟薪柴，楗橛竹石，茭索竹索，凡千餘方，謂之春料。

青料

【河工要義】青葦、青秫稭及玉蜀稭等，當伏秋水漲，工蓄料物用罄，新險叠生，不得不搜羅新料，以資搶護者，則臨時割用附堤官民青葦，或其青秫稭、玉粟稭等，以應工用。青料禦水較勝於舊料，惟其既主[二]成墊，枝幹極嫩，欲其耐久，勢所不能。（三六頁，三行）

黄料

【濮陽河上記】黄料即禾黍之(杆)〔稈〕，用以廂口、包眉，並填塞占頭繩隙之處，取其(杆)〔稈〕細質柔，易於融合。直隸每垛約四五千觔不等，濮工定爲萬觔。需用若干，當照[三]百分之二估計。（乙編，一頁，二〇行）

稭料（秫稭）

【河工要義】稭料者，秫稭也，即高粱之挺幹也，其禦水性略同葦料，而做埽後，經水三年即行斷朽，不若葦料之耐久也。（三五頁，八行）

[一]「司」，原書作「可」。
[二]「主」，原書作「未」。
[三]原書「照」下有「正料」。

葦料

【河工要義】葦料者，以粗大蘆葦爲埽鑲之物料[一]也。用以禦水，不敷[二]水怒，不透水流； 其入水也，可經五年之久，故較稭料爲優。（三五頁，一〇行）

蓆片

【河工要義】葦篾所編之蓆片，河工用處極多，囤灰、瀘灰、柳囤、土櫃、堵漏、挑河及料廠囤蓋雜料皆用之。（五二頁，二行）

苧蔴（好蔴）

【河工要義】亦曰好蔴，油灰修艌用之，硪筋硪辮栓筐繩等，亦以好蔴爲妥。（五一頁，八行）

青縈

【濮陽河上記】青縈爲雜料之大宗，專以擸繩。一經到廠驗收後，即貯入縈房，以避風雨。色以青者爲上，白者次之，黄者又其次也。參和泥土者謂之渾之縈，斯爲最下。縈以捆計，每捆重百餘觔不等，發出擸繩，須記明觔量，以便與繩觔對照。（乙編，一頁，二四行）

渾蔴

【河工名謂】青蔴之參有泥土者。（三五頁）

軟草

【河工要義】軟草以穀草、稻草、荳稭、麥稭及小蘆葦等一切雜草爲之。 軟草經水即腐，其耐久性不及稭料，而禦水性則遠出各料之上，故凡做占埽[三]，眼及每步占埽眉毛，非用軟草廂墊不可。（三五頁，一五行）

枝料

【河工要義】以柳枝爲埽，鑲之料物者，曰枝料。亦有雜楊榆枝而用之者。枝料枝幹較粗，其禦水不及稭葦，而耐久則過之，且體質較重，容易落底着實根基，是以從來埽鑲多以枝料和稭葦軟草做成。（三五頁，一二行）

麥穰

【濮陽河上記】麥穰即大麥之稭，用以建造房屋爲大宗。 若他[四]堵塞漏患，亦間有用者。（乙編，二頁，九行）

柳囤

【河工要義】柳囤以柳幹、柳枝編成囤樣，僅一圓腔，並無底蓋，以高五尺、徑五尺爲最限，大小高低臨時增減亦可，柳囤維石堤搶險，或其攔河築壩用之。（五二頁，九行）

[一] 原書「物料」二字互乙。
[二] 「敷」，原書作「激」。
[三] 原書「埽」下有「其占埽」。
[四] 「若他」，當從原書作「他若」。

墜柳（河燈）

【河工名謂】捆柳成束，下墜塊石，沉於河中，藉以緩溜掛淤者，曰墜柳，亦名河燈。（三六頁）

柳排

【河工名謂】以柳束横豎排列，用鉛絲束結成排，爲做壩掛淤之用者。（三六頁）

柳簾

【河工名謂】用柳束編於柳椿〔一〕，以爲緩溜掛淤之用者。（三六頁）

楊木穿釘

【河工要義】柳囤兩個，用楊穿釘一根，長一丈二尺，徑五寸，透貫〔二〕兩囤，以資牽連穩當之用。（五二頁，一三行）

蒲包

蒲包、蔴袋、布口袋。

【河工要義】亦合龍時，裝土儲諸壩台，以待應用。（五二頁，八行）

蔴袋

【河工要義】蔴袋一項，惟合龍搶險時用之，搶險如堵漏、掛柳、壓埽等用處亦繁，合龍則裝土預儲壩台，金門兜子起首鑲料一二三步，皆須蔴袋蒲包裝土追壓。（五二頁，五行）

布口袋

【河器圖説】《玉篇》：『袋，囊屬。』魚袋、照袋、錦縹袋、藻豆袋、算袋，皆古人携貯什物之具。若今之布口袋，即古有底之囊也。凡遇漫灘走漏時，其進水之穴形勢斜長，非鍋盆所能扣住者，急將口袋裝土，兩人抬下，隨勢堵塞，即可閉氣，然後從容齊集兵夫，夯硪填墊，自保無虞。但袋中土不可裝滿，以六分爲度。（卷三，二六頁）

第二節　工具

木工

斧、鉋、錛、鋸、手鋸、木斧、刨斧、鉞斧、墨筆、墨斗、篾箍頭、曲尺、圍木尺（龍泉碼，漕規碼）。

斧

【河器圖説】《逸雅》：『斧，甫也；甫，始也。凡將制器，始用斧伐木，已及〔三〕制之也。』木斧者，鎖椿之物，倘各繩鬆緊不一，用木斧在椿上捶打緊凑，恐用

〔一〕『椿』，原書作『壩』。

〔二〕原書『透貫』二字互乙。

〔三〕『及』，原書作『乃』。

鐵斧致傷各繩之故。木榔頭，打埽上小木簽、擺枖用之。斧，即鐵斧。（卷三，一六頁）

鉋

【河器圖説】鉋，正木器，大小不一，其式用堅木一塊，腰鑿方匡，面寬底窄，匡面以鐵針横嵌中央，針後豎鐵刃，露出底口半分，上加木版〔一〕插緊不令移動，木匡兩旁有小木柄，手握前推，則木皮從匡口出，用捷於鏟。（卷四，二五頁）

錛

【河器圖説】《集韻》：『奔〔二〕，平木器也。』鐵首木柄，狀如魚尾，鋒利，削椿比斧較易。（卷二，三七頁）（圖一八〇）

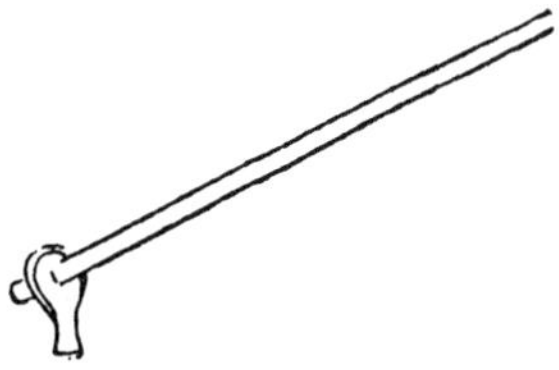

圖一八〇

鋸

【河器圖説】『鋸，解器，鐵葉爲齟齷〔三〕，其齒一左一右，以片解木石也。』（卷四，二五頁）

手鋸

【河器圖説】手鋸，係用鐵葉一片，鑿成齟（齷）〔齬〕，約長尺五，受以木柄，長三寸，爲解〔四〕竹頭、木片之具。（卷四，二六頁）

木斧

【河工要義】以堅實木料爲之，狀如斧而小，一頭圓形略短，一頭扁方形略長，中按木柄，長三四寸，斧長四五寸，鎖椿用。（七二頁，五行）

刨斧

【河工要義】以鐵鍊做成之，長約二尺，一頭横刃，一頭直刃，以便兩面皆可應用，中安木柄，長二尺餘，砍馬面（亦曰做臉），去節枝〔五〕，做尖，分尖（做尖者，將椿尾做成錐形，以便簽入埽内，容易硪打。分尖者，椿已簽好，椿頭露出埽面，必須分去平面，做成尖形，以便加鑲）。他如做橛、砍柳、刨挖、掛柳等項用處尚多，兹不備述。（七二頁，八行）

鉞斧

【運工專刊】鐵製一面成月形，故名鉞斧，裝尺餘長之柄，廂埽時用以斬解柴捆，其背面有鈎，亦廂埽時鈎

〔一〕『版』，原書作『片』。
〔二〕『奔』，原書作『錛』。
〔三〕『齷』，原書作『齬』。
〔四〕原書『解』下有『析』字。
〔五〕『節枝』，當從原書作『枝節』。

取柴料之用。（圖一八一）

圖一八一

墨筆

【河器圖説】墨筆，亦取竹片爲之，其下削扁，用刀劈成細齒，以便醮[一]墨界畫。（卷四，二六頁）

墨斗

【河器圖説】墨斗多以竹筒爲之，高寬各三寸許，下留竹節作底，筒邊各釘竹片長五寸，中安轉軸，再用長棉綫一條，貯墨汁内，一頭扣於軸上，一頭由竹筒兩孔引出，以小竹扣出[二]，用時牽出一彈，用畢仍徐徐收還斗内。（卷四，二六頁）

篾箍頭

【河器圖説】《集韻》：『箍，以篾束物也。』又：『㩴，治履邊也。』今圍柴篾箍，熟竹皮爲之，用漆分畫尺寸。定例：葦營以銅尺二尺八寸爲一束。手鈎，刃細而長，約四五寸，横安木柄。凡柴由溝港筏運到廠，樵兵兩手各持一鈎，勾柴上灘晾曬堆垛，省力而速。（卷四，二五頁）

曲尺

【河器圖説】曲尺，形如勾股弦式，惟股微長，便於手取。股長一尺五六，弦長尺四，勾長一尺，分寸註明勾上。凡製木器，合角對縫，非此不爲功。（卷四，二六頁）

圍木尺（龍泉碼）（漕規碼）

【河器圖説】其制每尺較銅尺大五分，較裁尺小三分，其質以竹篾、熟皮、籐條爲之均可，專備圍收木植之用。俗例龍泉碼離木鼻關口五尺圍起，漕規碼離木鼻關口三尺圍起。（卷一，七頁）

石工

麻龍[三]頭、鐵繩、鐵撬、釣杆、鐵扳子、鐵鋃錘、小鋃錘、鐵手錘、鐵橪、鐵棰、劈棰、鐵鈎、鐵勺、鐵簽、竹把子、鐵錠、鐵銷、鐵片、鐵鋦、舊鋦鐵片、過山鳥、鐵鴨嘴、鐵剷、鐵壯、鐵柱、三稜鐵刀、墊山、鐵攀。

麻籠頭（大木牛）（小木牛）

【河器圖説】《説文》：『杠，横關對舉也。』凡抬條石，人數或四或六或八，視石之輕重大小爲準。其所用杠選大竹爲之，俗名曰牛，中用麻繩打結，名麻籠頭，繫石四角，兜而懸之。竹杠兩頭用麻繩打結，名麻小扣。

[一]『醮』，當作『蘸』。
[二]『出』，原書作『定』。
[三]『龍』，當作『籠』，以下徑改。

橫穿短杠，俗名大木牛。兩頭再各用麻小扣穿小杠，俗名小木牛。（卷四，二一頁）

鐵繩

【河工要義】石料體重，起石下石，皆用鐵繩。（七四頁，一二行）

鐵撬

【河工要義】挪動料石之用，石在地上，非人力徒手所能轉移，必先于縫際插入鷹嘴，而後始用鐵撬，挨次倒換，方能動移，其兩石靠攏或擬分開之處，則皆榥錘之作用。（七四頁，一三行）

【河器圖説】鐵撬，者[一]鐵鍛成長一尺六寸，重十餘觔，爲撬起石塊之用。（卷四，一八頁）（圖一八二）

圖一八二

釣杆（千觔）（虎尾）

【河器圖説】南河修補石工，例應選四添六，舊石塌卸多沉水底，既深且重，人力難施，撈取之法，全仗釣杆。其制，用杉木四根，交叉對縛，仿架網式，安置岸邊，前繫鐵鍊，名曰千觔，後繫極粗麻繩，名曰虎尾，承纜[二]之處鈴名木鐺[三]，然後摸夫水遣河中國[四]引繩扣繫，集夫拉挽虎尾繩釣撈上岸。入行運船，石，水石重辭[五]船浮，非跳板所能上下。裝載之法，或於崖岸設立釣杆，或用本船大桅繫索拉釣，卸亦如之。（卷四，二〇頁）（圖一八三）

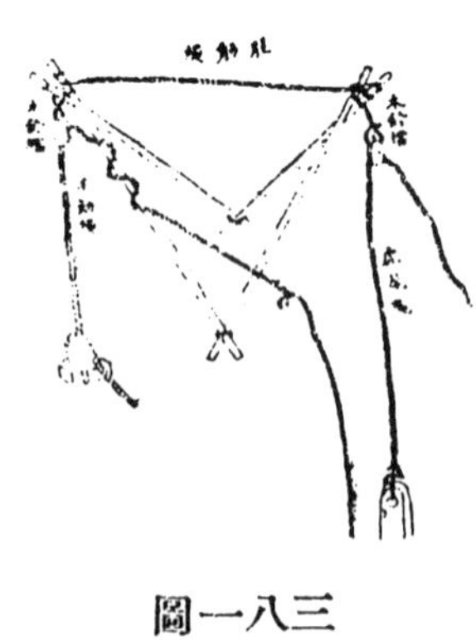

圖一八三

鐵扳子（狠虎）

【河器圖説】鐵扳子，俗名狠虎，形如扁釣[六]，寬厚二寸許，長連灣鈎尺許，上有鐵環。凡（鈎）〔釣〕石，如石在水[七]，半陷土內，釣撈未能得力，即以扳子二個

[一]『者』，原書作『以』。

[二]『纜』，原書作『繩』。

[三]『鈴名木鐺』，原書作『名木鈴鐺』。

[四]『摸夫水遣河中國』，原書作『遣水摸夫入水摸石』。

[五]『入行運船，石，水石重辭』，原書作『又採石裝船行運，石重』。

[六]『釣』，原書作『鈎』。

[七]原書『水』下有『下』字。

分扣釣竿千觔繩上，將扳子彎[一]處栽入土下，緊貼石底，以便釣起。（卷二，三四頁）（圖一八四）

圖一八四

鐵鋃錘

【河器圖說】揚子《方言》：『錘，重也。東齊曰錪，宋魯曰錘。』《集韻》：『撬，舉也。』凡開山採石，山有土戴石、石戴土之分。見山面露有浮石，必先用鋃錘擊之，審定其下有石，然後刨土開採。鋃錘之製，鑄鉄爲首，大者形長而扁，兩頭皆可用，中貫籐條或竹片以爲柄；小者兩頭一方一圓，以木爲柄，約重十五六觔，〔均〕專備劈裁石料之用。（卷四，一八頁）（圖一八五）

鐵鋃錘

圖一八五

小鋃錘

【河器圖說】見『鐵鋃錘』。（圖一八六之3）

鐵手錘

【河器圖說】手錘，尖頭圓底，約重三觔。（卷四，一九頁）（圖一八六之1）

鐵手鏨

【河器圖說】手鏨，圓腦尖嘴。（卷四，一九頁）（圖一八六之2）

鐵櫼

【河器圖說】鐵櫼，上寬下窄，其用與楏同。凡開山，既見石矣，須審山[二]形勢，順石之脈絡，度量所需石料長短厚薄，劃定尺寸。先鑿溝槽，約寬三寸，深二寸，每尺安鐵楏三根，擊以鋃錘，用水浸灌刻許，然後用錘鏨儘擊開採。（卷四，一九頁）（圖一五五之4）

鐵楏（劈楏）（鏨楏）（抬楏）（跳楏）

【河器圖說】鉄楏，圓腦扁嘴，長四、五、六寸不等，……再楏名不同，右[三]平處爲劈楏，直處爲鏨楏，兜底橫

[一]『彎』，原書作『灣』。

[二]原書『山』下有『之』字。

[三]『右』，原書作『在』。

處爲擡樁，得施以鉄撬而石出矣。又黑麻、豆青等名〔一〕皆用鉄樁漸擊漸入，匠人謂之含樁。獨黃麻石用鋼樁一擊即起，匠人謂之跳樁，必須繫以線索，不致遠跳〔二〕，則又石性之不同耳。（卷四，一九頁）（圖一八六之5）

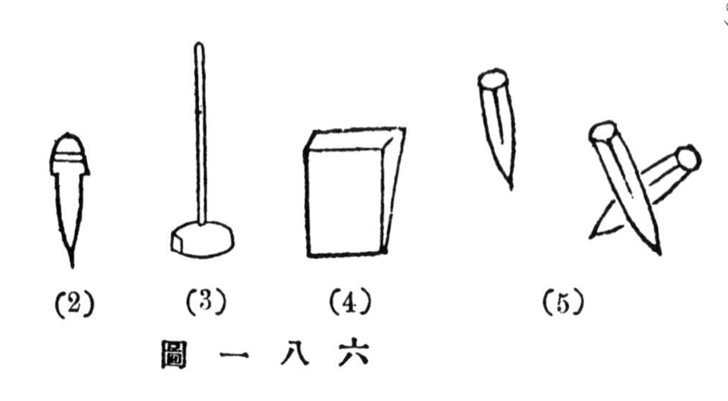

圖一八六

鐵鈎

【河器圖説】石工條石，例應鏨鑿六面見光，然一經排砌，不能無縫，且臨湖石工，後用磚櫃，設非灌漿，斷難膠固。其具有四：曰勺，曰鈎，曰籤，皆以鉄爲之；曰把，以竹爲之。按：《説文》：『勺，挹取也。象形，中有實。』《周禮·考工記》：『勺，一升。』鉄勺用以挹漿，灌時預核層路尺寸，酌定多寡，使漿無糜費。又《玉篇》：『鈎，致也，曲也。』《説文》：『籤，驗也，鋭也。』鐵鈎、鐵籤用以探試石縫、磚櫃，使漿無沾滯。把，《漢書注》：『手培〔三〕之也。』竹把，用以抵〔四〕膩縫隙，使漿（水）皆充滿。（卷二，一四頁）（圖一八七）

圖一八七

鐵勺

【河器圖説】見『鐵鈎』。（圖一八八）

〔一〕『名』，原書作『石』。
〔二〕原書『遠跳』二字互乙。
〔三〕『培』，原書作『掊』。
〔四〕『抵』，原書作『抿』。

鐵簽

【河器圖説】見『鐵鈎』。（圖見卷二，一四前面）

圖一八八

竹把子

【河器圖説】見『鐵鈎』。（圖一八九）

圖一八九

鐵錠

【河器圖説】《通雅》：『（餅）〔鉼〕，亦謂之笏，猶今之謂錠也。』《釋名》：『銷，削也，能有所穿削也。』《玉篇》：『鋦，以鐵縛物也。』河工成規：凡閘壩（對）面石，例在對縫處用鐵錠，轉角處用鐵銷，横接處用鐵鋦，均鑿眼安穩，以資聯絡。又有過山鳥，備砌工轉角之用。舊鋦片、鐵片，備墊塞裏石縫口之用。（卷二，一三頁）（圖一九〇之1）

生鐵錠

【河工要義】大料石堤及閘壩橋工皆用之，兩石接縫處所，必須鑿槽安設[一]鐵錠，俾兩石交相扣接，塊塊聯絡，不致被水冲揭。（四九頁，一四行）

鐵銷

【河器圖説】見『鐵錠』。（圖一九〇之2）

鐵片

【河器圖説】見『鐵錠』。（圖見卷二，一三前面）

鐵鋦

【河器圖説】見『鐵錠』。（圖一九〇之3）

舊鋦鐵片

【河器圖説】見『鐵錠』。（圖見卷二，一三前面）

過山鳥

【河器圖説】見『鐵錠』。（圖一九〇之4）

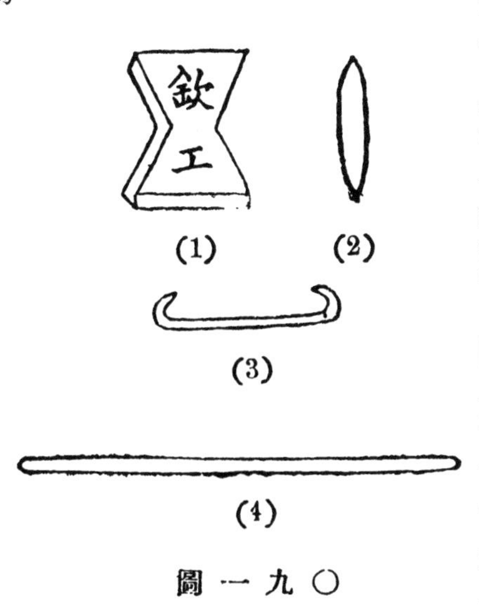

圖一九〇

[一]『設』，原書作『扣』。

鐵鴨嘴

【河器圖說】《釋文》：『鋤，助[一]，去穢助苗也。』首長而扁，一名鴨嘴，本田器，河工修築土石工亦用之。（卷二，三四頁）（圖一九一之3）

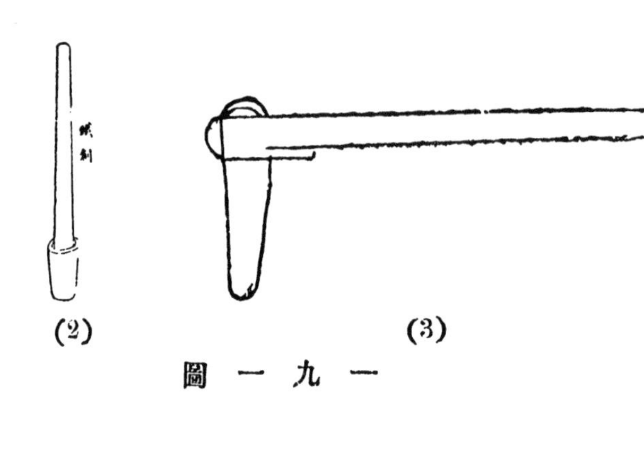

(1)　(2)　(3)

圖一九一

鐵創

【河器圖說】鐵創，長數寸至尺許，圓數寸至一尺，扁

頭，上以堅木爲柄，凡補修石工，水下石縫參差，鐵撬短細，非創不爲功。（卷二，三四頁）（圖一九一之2）

鐵壯（壯夫）

【河器圖說】鐵壯，方不及尺，厚數寸，上方下圓，中孔安木[二]，凡築打灰眉土用之，今則易以石硪。此具久不用，然尚存『壯夫』名目。（卷二，三四頁）（圖一九一之1）

鐵柱

【河工要義】橋工閘壩墻柱用之，既將料石砌成墻柱，安扣鐵錠，猶恐不能得力，因于每層石塊鑿成圓孔，底面穿通，上下相對，柱徑一二寸，視工程酌量定之，孔之大小適可穿柱而止，用時將白礬熬融灌諸孔中，穿入鐵柱，自然連成一氣。（五〇頁，三行）

三稜鐵刀

【河工要義】橋工石柱其迎水一面，砌成斧形，即隨斧之形勢，鑄以三稜鐵刀，以分水勢。（五〇頁，八行）

墊山（單山）（重山）

【安瀾紀要】裏石最忌墊山，墊山者，安石不平，墊用碎石，墊一層者，曰單山，墊兩層者，曰重山。（上卷，

[一] 原書『助』下有『也』字。
[二] 原書『木』下有『柄』字。

六〇頁）〔二〕【又】裏石最忌墊山，墊一層曰單山，墊兩層曰重山。（卷下，五一頁，一六行）

鐵攀

【河工要義】如橋柱既扣鐵錠，又貫鐵柱，復于橋柱兩面相對鑿孔，用扁方鐵攀穿透拉扯，攀之兩頭預留釘孔，露於兩面，貫以上大下小之鐵釘，閘壩磯心，亦有用此法者。（五〇頁，六行）

（汚）〔圬〕工

木灰刀、圓瓦刀、方瓦刀、挖刀、抹刀、花鼓槌、木杴、拍板、木杵、竹灰篩、竹灰籃、灰蘿、條箒、灰（萁）〔箕〕、油灰碾、水椋、灰桶、灰舀、提漿、對漿、漿鍋、漿缸、汁瓢、汁鍋、（木）〔汁〕〔三〕爬、汁缸、木鍬、磚架、泥（沫）〔抹〕、石壯、笊籬、鐵灰杓、漿桶水桶。

木灰刀

【河器圖説】木灰刀，形如瓦刀，刻木爲之，石匠用以勾砌。（卷四，三〇頁）

圓瓦刀

【河器圖説】瓦刀，鑄鐵爲之，長七寸，首長二寸，前窄後寬，餘五寸爲柄，其頭南多圓、北多方，形製不同，均爲削治磚瓦之用，俗名抹刀，一名挖刀，河工苫蓋廠堡、修砌磚櫃所必需也。（卷二，一五頁）（圖一九二之1）

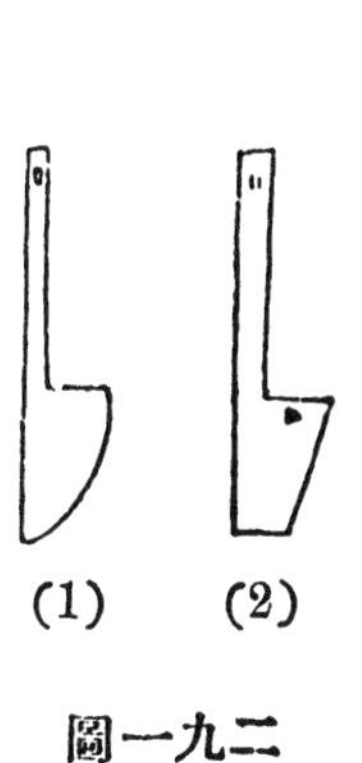

圖一九二

方瓦刀

【河器圖説】（見圖一九二之2）

挖刀

【河器圖説】見『（圖）〔圓〕瓦刀』。

抹刀

【河器圖説】見『（圖）〔圓〕瓦刀』。

花鼓槌

【河器圖説】《集韻》：『槌，擊也。』《唐書》：『槌一鼓爲一巖。』《釋名》：『拍，搏也，以手搏其上也。』又：『掀，舉出也。』又：『杵，擣築也，舂也。』四器皆以木爲之。木（掀）〔杴〕，爲拌和地上散土碎灰用；〔木〕杵，爲拌和桶内米汁與灰土用；花鼓槌、拍板均爲擣築三合土用。其法，先槌後拍，退步緩打，每坯以千百計，候土面露有水珠爲度，俗名出汗，然後再加一坯，自臻堅實矣。（卷二，一二頁）（圖一九三之1）

〔二〕原書該頁無此文，出處待考。

〔三〕『木』，當作『汁』，以下徑改。

木楸

【河器圖説】見『花鼓槌』。(圖一九三之4)

拍板

【河器圖説】見『花鼓槌』。(圖一九三之2)

木杵

【河器圖説】見『花鼓槌』。(圖一九三之3)

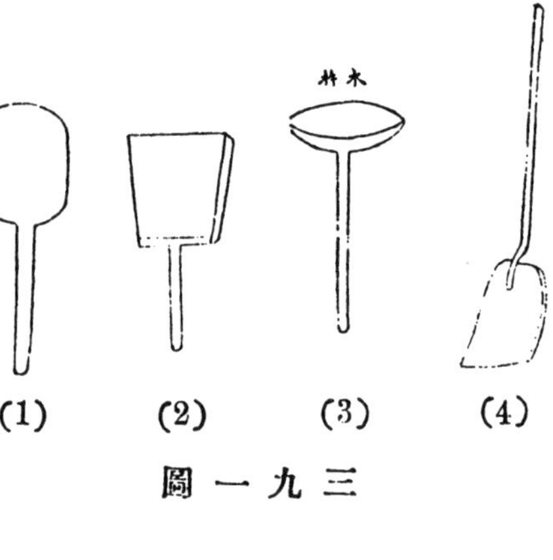
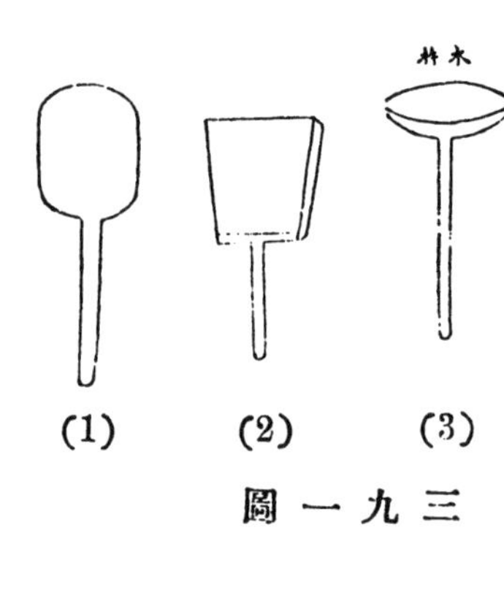

(1)　(2)　(3)　(4)

圖一九三

竹灰篩

【河器圖説】《事物原始》：『篩，竹器，留麤以出細者。』又去穀之(糖)〔糠〕粃者名曰簸箕，自神農氏始。《詩》云『或簸或揚』是也。《農書》：『籃，竹器。』《周禮》：『桃茢。』註：『茢，(苔)〔苕〕帚。所以埽不詳。』凡治三合土，必須細石灰、黄土、沙土，而欲灰土之細，非此四器不爲功。其用篩法，向取三竹竿鼎足支立，近上縛定，掛以長繩，貯灰土於中，從底眼篩下，承以竹籃，其遺於地者，以箕帚〔一〕取，乃得浄細。(卷二，九頁)(圖一九四之2)

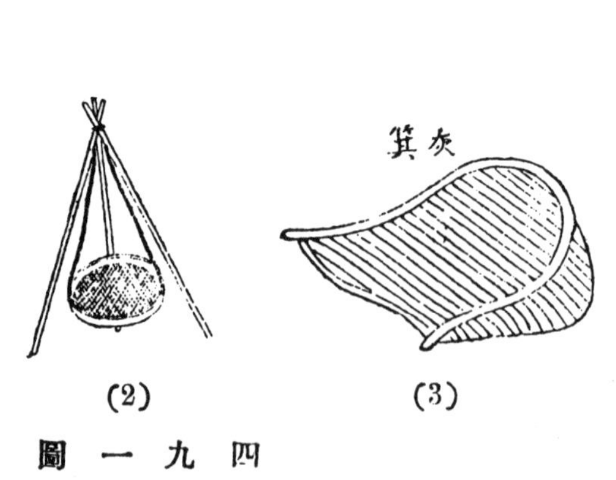

(1)　(2)　(3)

圖一九四

〔一〕原書『帚』下有『掃』字。

竹灰籃

【河器圖説】見『竹灰篩』。（圖見卷二，九頁前面）

灰籮

【河工要義】灰籮抬灰用之，灰篩篩灰用之。（七四頁，一五行）

條箒

【河器圖説】見『竹灰篩』。（圖一九四之1）

灰箕

【河器圖説】見『竹灰篩』。（圖一九四之3）

油灰碾

【河器圖説】《集韻》：『碾，水輾也，轉輪治轂也。』凡修建閘壩，須用油灰，以資膠固。其合製之法，用石碾，石碾週圍砌成石槽，碾盤中央安置碾心木，上下有軸，上置碾擔，下置碾臍，槽内用石碾砣，形如錢，中安木柄，三[一]頭接碾心木，一頭駕牛，俾資旋轉，貯細石灰浄桐油於槽内，務使油灰成膠爲度。（卷二，三六頁）（圖一九五）

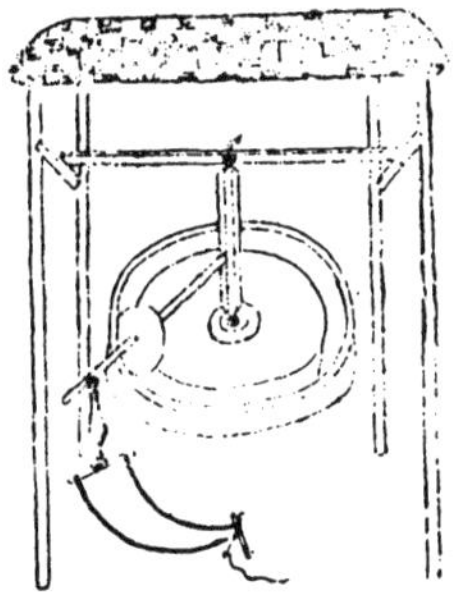

圖一九五

水梡

【河器圖説】《事物原始》：『夏臣昆吾作石灰。』《孔氏雜説》：『俗以和泥灰爲麻擣，出《唐六典》。』南河石工後槽例用三合土，係以灰土及料[二]擣成，其泡灰、和灰之具，有桶有梡。梡，小桶也。又有灰舀，爲挹灰水用。《説文》：『挹，彼注此，謂之舀。』梡，俗字，無考。（卷二，一〇頁）（圖一九六之1）

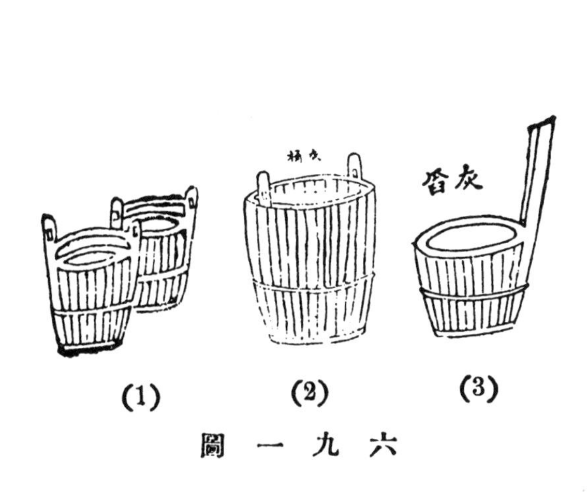

圖一九六

[一]『三』，原書作『一』。

[二]『料』，原書作『米汁』。

灰桶

【河器圖說】見『水梡』。(圖一九六之2)

灰舀

【河器圖說】見『水梡』。(圖一九六之3)

提漿

【安瀾紀要】熬汁既濃(熬米汁也),傾一勺于石灰桶內,旋提旋用者,曰提漿。〔一〕

對漿

【安瀾要義〔二〕】將灰水融化勻淨,再以濃汁對入其中,摻和攪勻,用盡復對者,曰對漿。對漿者,周流充滿灰汁調勻。(上卷,六二頁)〔三〕

漿鍋漿缸

【河工要義】漿鍋熬漿用之,漿缸盛漿用之。(七五頁,二行)

汁瓢

【河器圖說】《說文》:『汁,液也。』又糯,稻之粘者,其汁爲漿。《廣韻》:『鍋,温器。』《正字通》:『俗謂釜爲鍋。』《集韻》:『爬,搔也。』《農書》:『瓢,飲器。許由以一瓢自隨,顏子以瓢〔四〕自樂。』汁鍋、汁爬〔五〕、汁缸皆取漿之器。其法,先以木桶加鍋上接口熬煉糯米成汁,隨時用爬推攪,不使停滯,用瓢酌取驗視濃淡,候滴〔六〕成絲爲度,然後貯以瓦缸,備石工灌漿及拌和三合土之用。(卷二,一一頁)(圖一九七之1)

汁鍋

【河器圖說】見『汁瓢』。(圖一九七之3)

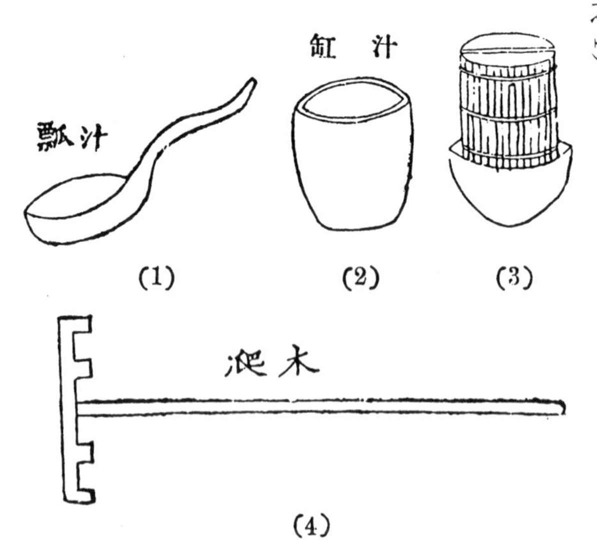

圖一九七

〔一〕出處待考。
〔二〕『要義』,當作『紀要』。
〔三〕原書該頁無此文,出處待考。
〔四〕原書『瓢』上有『一』字。
〔五〕原書『汁爬』下有『汁瓢』。
〔六〕原書『滴』下有『漿』字。

汁爬

【河器圖説】見『汁瓢』。（圖一九七之4）

汁缸

【河器圖説】見『汁瓢』。（圖一九七之2）

木鍁

【河工要義】木鍁，則惟耡灰和漿用之。（七五頁，六行）

磚架

【河器圖説】磚架，以木爲之，中方，兩頭鑿孔，穿繩作繫，便於抽動配平，工次用（者）〔以〕擡磚。（卷四，三〇頁）（圖一九八〔一〕）

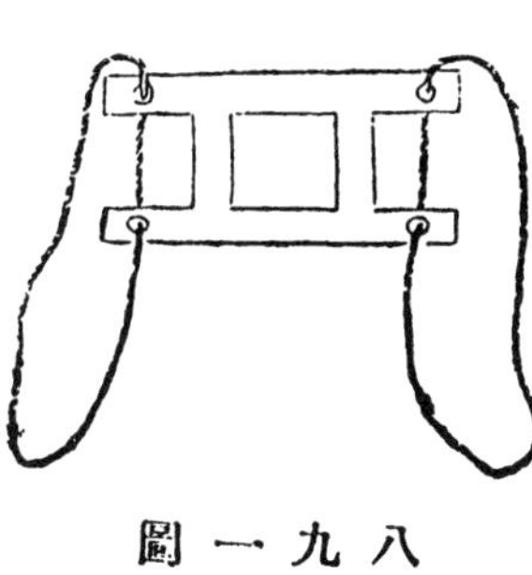

圖一九八

泥抹

【河器圖説】《古史考》：『夏臣昆吾作瓦。』《爾雅·釋宮》：『鏝謂之杇〔二〕。』疏：『鏝者，泥鏝，一名釫〔三〕，塗工之作具也。』《增韻》：『亂曰塗，長曰抹。』今匠人所用泥抹，係以薄鐵爲底，狀如鞋，前尖後寬，上安木柄爲套手，蓋即古之鏝爾。（卷二，一五頁）（圖一九九）

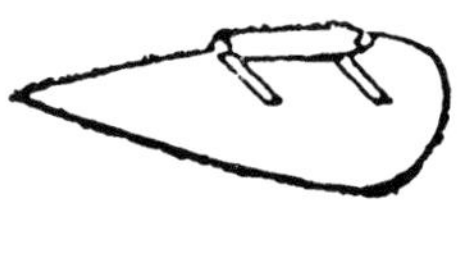

圖一九九

石壯

【河器圖説】凡修建石工，石後砌磚櫃，磚後築灰土，以期堅實。但築打灰土若用硪工，硪係拋打，未免震動磚石，是以舊時用壯。其裝琢〔四〕爲首，上方下圓，四隅有眼，各繫蔴辮，上安木（以）〔柱〕長六尺，柱頂〔五〕四鉄圈緊對壯隅，以繩絆繫〔六〕，柱腰四面有木鼻，用時四人對立，各執其一，再以四人提辮，齊提齊落，然後用夯及木榔頭撲打，則灰土成矣。（卷二，三五頁）（圖二〇〇）

〔一〕原書此處插圖順序顛倒。
〔二〕『杇』，原書作『朽』。
〔三〕『釫』，原書作『釪』。
〔四〕『裝琢』，原書作『製琢石』。
〔五〕原書『頂』下有『有』字。
〔六〕『繫』，原書作『緊』。

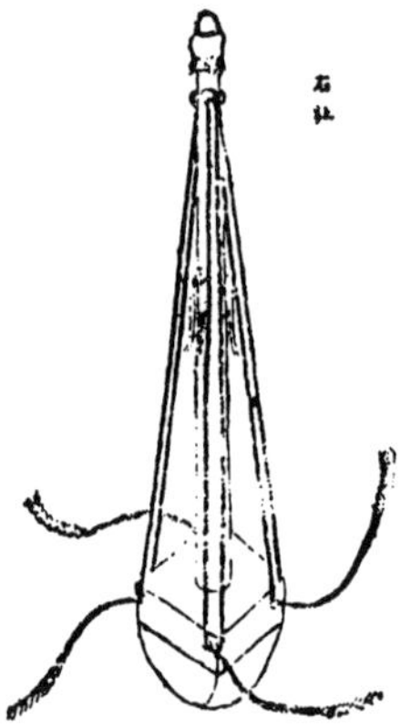

圖二〇〇

笊籬

【河器圖説】笊籬，以竹絲編成，受以長竹柄，凡笆匠編紮既〔一〕，登高貫頂，須和稀泥苫草，以此爲遞送之具。（卷四，二七頁）（圖二〇一）

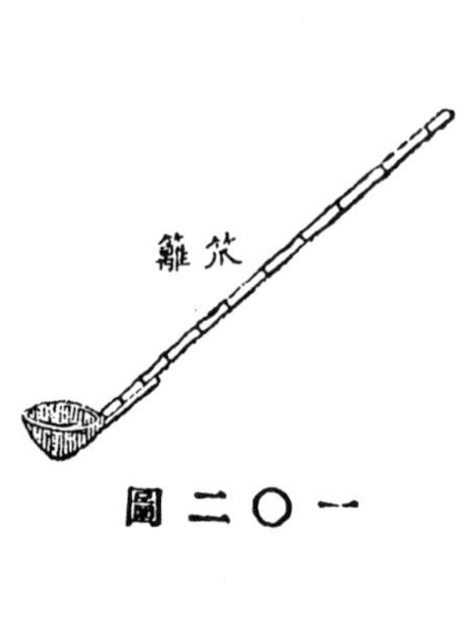

圖二〇一

鐵灰杓

【河工要義】鉄灰杓即以炕〔二〕杓爲之，舀漿裝桶需用灰杓。（七五頁，六行）

漿桶水桶

【河工要義】以木杓白鉄杓爲之均可，漿桶灌漿用之。（七五頁，四行）

雜類

艾、鐮刀、打草鐮、草叉、拐鍬、擁把、竹摟把、木推把、撞橛、抓鈎、皮皷、撬、闕、攔脚板、木（椰）〔榔〕頭、鐵鐝頭。

艾

【河器圖説】《詩》：『奄觀銍艾。』艾，殳也。《穀梁》：『一年不艾而百姓飢。』艾，穫也。《方言》：『刈鈎，自關而東謂之鐮，或謂之鍥。』《三才圖會》：『鍥似刀而上彎，如鐮而下直，其背指原〔三〕，刃長尺許，柄盈二把〔四〕。』『又謂之彎刀，以艾草禾或斫柴篠，農工使之。』春夏之交，堤頂兩坦草長，芟除之用，與鐮有同功焉。（卷一，二六頁）

鐮刀

【河工要義】鐮刀即刈稼割草之鈎鐮刀也，刀形略灣，狀似新月，一頭安設短柄，埽手携帶多係插入腰帶中，因之亦曰腰鐮。（六九頁，八行）

打草鐮

【河器圖説】《逸雅》：『鐮，廉也，體廉薄也，其所刈

〔一〕原書『既』下有『成』字。
〔二〕『炕』，原書作『炒』。
〔三〕『原』，原書作『厚』。
〔四〕『把』，原書作『握』。

稍稍取之，又似廉者也。』《周禮》：『薙氏掌殺草，夏日至而夷之。』鄭注：『鈎鐮迫地，芟之也。』《農桑通訣》：『鐮制不一，有佩鐮，有兩刃鐮，有袴鐮，有鈎鐮，有推鐮。』《方言》：『刈鈎，自關而東謂之鐮，或謂之鍥。』《說文》：『銍，穫禾短鐮也。』《集韻》：『釤，長鐮也。』皆古今通用芟器，打草鐮亦不外是。（卷一，二五頁）（圖二〇二之1）

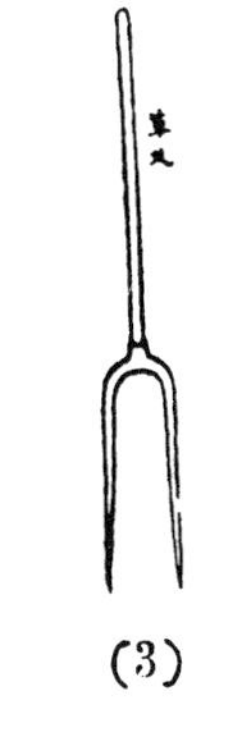

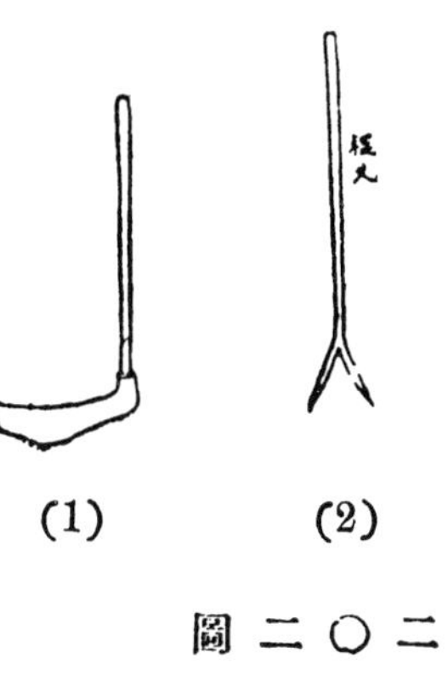

(1)　(2)　(3)

圖二〇二

草叉

【河器圖說】草叉，削木爲柄，鍛鐵爲首，兩齒銛利而長，備燒甎挑漿〔一〕之用。（卷四，二四頁）（圖二〇二之3）

棍叉

【河器圖說】棍叉，鍛鐵爲之，柄圓齒扁，備燒窰撥火之用。（卷四，二四頁）（圖二〇二之2）

拐鍬

【河器圖說】拐鍬，刻木爲首，以鉄片包鑲四邊，中列釘頭，受以丁字長柄，用之拌和熟泥，貯模成墼，俗謂之坯，再用竹刀盪平，脫下曬乾，積有成數，然後入窰燒煉，計更〔二〕成甎。（卷四，二三頁）（圖二〇三）

圖二〇三

擁把

【河器圖說】《物原》：『叔均作耖耙。』《逸雅》：『把，播也，所以播除物也。』《說文》：『把，平田器。』大都鉄爲多，竹次之，木則罕見。木而無齒則莫如擁把是。《前漢・高紀》：『太公擁（慧）〔彗〕。』擁，持也。擁把形如丁字，用以平堤，亦猶擁（慧）〔彗〕云爾。……疏堤〔三〕塊礫，最便。又竹樓〔四〕把，齒亦編竹爲之，料廠工所摟聚碎稭，攤曬濕柴，非此不爲功。（卷一，二七頁）（圖二〇四之1）

〔一〕『漿』，原書作『柴』。
〔二〕『更』，原書作『曰』。
〔三〕原書『堤』下有『頭』字。
〔四〕『樓』，原書作『摟』。

竹摟把

【河器圖説】見『擁把』。(圖二〇四之2)

木推把

【河器圖説】見『擁把』。(圖二〇四之3)

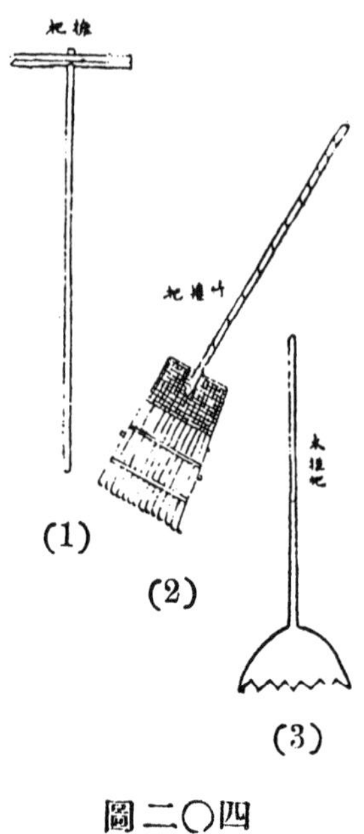

圖二〇四

撞橛

【河器圖説】《説文》：『撞，丮擣也。』『丮，持也，象手有所丮據也，讀若戟。』『擣，手椎也。』壩臺土頭結實，須用撞橛先撞成穴，則鈎杴、掀頭橛易於深入矣。(卷三，七頁)

抓鈎

【河器圖説】《韻會》：『古兵有鈎有鑲，皆劍屬。引來曰鈎，推去曰鑲。』純鈎，劍也；吳鈎，刀也；刈鈎，鐮也。鈎之名不一，鈎之用亦各不同。抓鈎，係(折)〔拆〕廂舊埽所用。《博雅》：『抓，搔也，又搯也。』三股内向，如搔手然，故名。(卷三，一八頁)(圖二〇五)

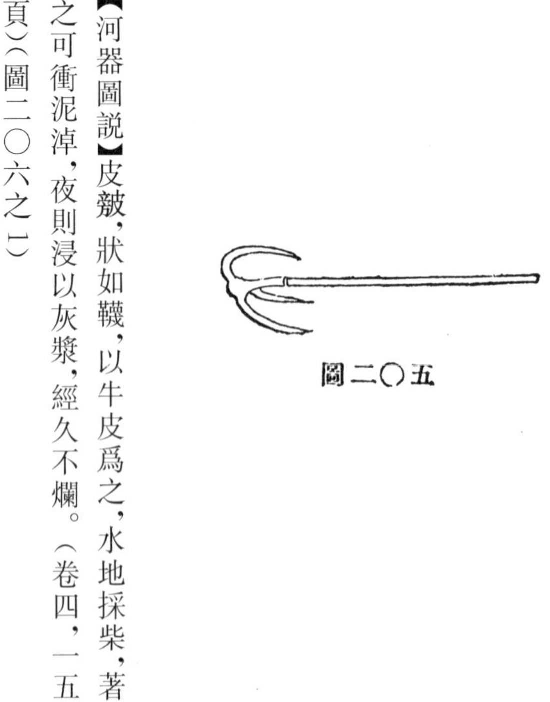

圖二〇五

皮皷

【河器圖説】皮皷，狀如韈，以牛皮爲之，水地採柴，著之可衝泥淖，夜則浸以灰漿，經久不爛。(卷四，一五頁)(圖二〇六之1)

橇

【河器圖説】橇，泥行具也。《史記·夏(木記)〔本紀〕》：『泥行乘橇。孟康曰：「橇，形如箕，擿行泥上。」』《農書》云：『嘗聞向時河水退灘淤地，農人欲就泥裂漫撒麥種，奈泥深恐没，故制木板以爲屐，前頭及兩邊高起如箕，中綴毛繩，前後繫足底板，既闊則步〔一〕不陷。』今之退灘淤地，種麥者著履如木屐，猶泥行乘橇之遺歟！(卷二，一七頁)(圖二〇六之2)

〔一〕原書『步』上有『舉』字。

關（犂）（關翅）（關盤）

【河器圖說】凡遇風逆溜激，牽挽不能得力，上水設關絞行，下水安犂留拽，甚便，至運關之木，人各一根，名曰關翅。安關之所用土堅築，名曰關盤，一名升關壩。（卷四，八頁）

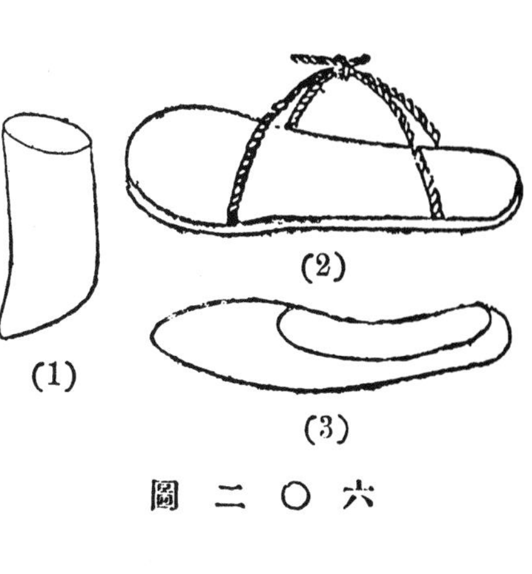

圖二〇六

攔脚板

【河器圖說】攔脚板，狀如屐，長一尺，厚一寸，寬五寸，前後鑿孔，繫繩於履，乾地採柴著之，可禦柴簽。（卷四，一五頁）（圖二〇七）

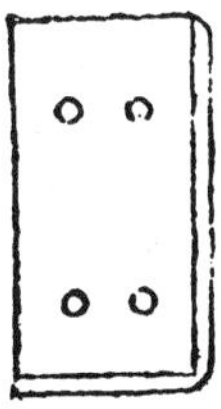

圖二〇七

木（榔）〔榔〕頭

【河器圖說】木榔頭，打埽上小木簽、擺柍用之。（卷三，一六頁）

鐵钁頭（斫斸）

【河器圖說】鉄钁頭，一名斫斸，鋤屬，钁之爲言，掘也，持以刨挖凍土。《物原》：『神農作鉏耨以墾草莽，然後五穀興。』則鋤蓋神農造也。（卷三，一九頁）（圖二〇八）

圖二〇八

【河工要義】掘頭長不及尺，方頭斧刀，設柄于方頭之旁，長二尺餘，掘頭連錘帶刨，亦可兩用。

灰刷、皮灰印、櫻印、木灰印、煤池（粽）〔棕〕印、印桶、插牌、垛牌、擡棚、牌桶、槽桶。

灰刷

【河工要義】收料用之，料既收過，滿刷灰水，以示區別。（八〇頁，一五行）

皮灰印

【河器圖說】皮印以白布作袋，長八寸，牛皮作底，寬五寸。底上鏤字篆押，各爲密記，內貯細灰，用時緩緩印之。（卷二，二頁）（圖二〇九之2）

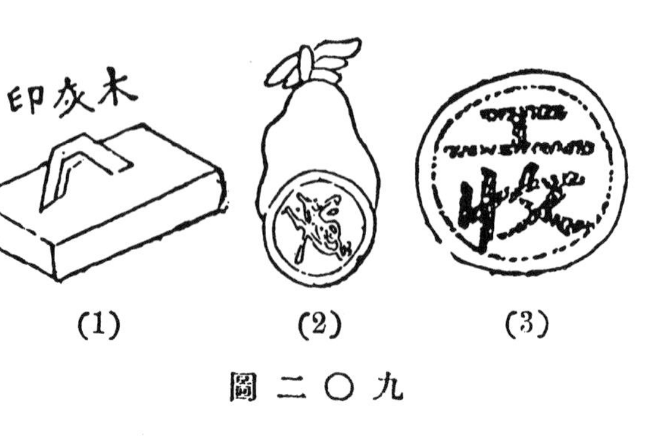

(1)　(2)　(3)

圖二〇九

櫻印

【河器圖説】櫻印，以數寸木板，不拘方圓，編櫻作字。（卷二，三八頁）（圖二〇九之3）

木灰印

【河器圖説】《説文》：『印，執政所持信也，從爪從卩[一]。』象相合之形。《廣韻》：『印，信也，因也，封物相因付也。』古人於圖畫書籍皆有印記。今估土工多有自鐫木印，用石灰爲印泥。（卷二，二頁）（圖二〇九之1）

煤池棕印

【河器圖説】煤池用大小盆裝儲油煤，棕印如棕刷然，

做成字模，收椿用之。每收一椿，除標明椿號外，戳一煤印，以便椿手認明。（八一頁，一行）[二]

印桶

【河器圖説】印桶，以木爲之，身淺梁高，内貯薄縈、灰土、桐油，以便臨工查收時蓋印記識，即遇雨水，不致滌去。（卷二，三八頁）（圖二一〇）

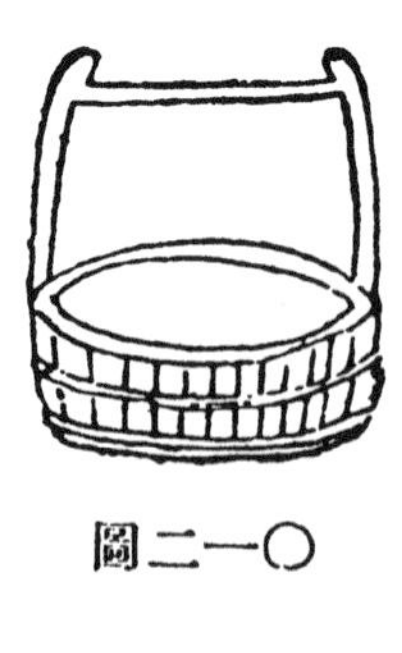

圖二一〇

牐牌

【河工要義】以木板做成之，每號一面，上寫大堤高、寬、長丈，距河遠近若干。

垛牌

【河工要義】用木做成，寬二三寸、長四五寸之小木牌，收料用之，牌上填寫號數，及某人監堆字樣。（八〇頁，一三行）

擡棚

【河工要義】以木支架頂及三面綳蓆，一面留門出入，

[一] 原書『從』下有『卩』字。

[二] 出處有誤，待考。

可以搬移擡動，故曰抬棚。（七九頁，七行）

牌桶

【河工要義】牌桶所以儲錢者也。（七九頁，一四行）

槽桶

【河器圖說】槽桶，以木爲之，大桶五節，節長三丈，底寬一丈，牆高三尺。凡安槽桶，先用麻擣油灰艌縫，隔三尺一擋㈠，上用木質㈡，下用底托，兩牆各設站柱，排釘堅固，然後剷堤。先鋪蘆蓆，上加油布、牛皮，將桶安好，三面用淤土擁護，又取牛皮一張，釘桶口底，上拖出三四尺鋪平，以鐵門壓定，用大釘釘入土坡，兩邊築鉗口墒，方可放水。較量淺深，以次落低，如係積潦，核計水方，扣日可竣，再造槽桶，長短先量隄頂寬窄，庶啓放㈢不致勾刷坡脚。（卷二，三九頁）（圖二一一）

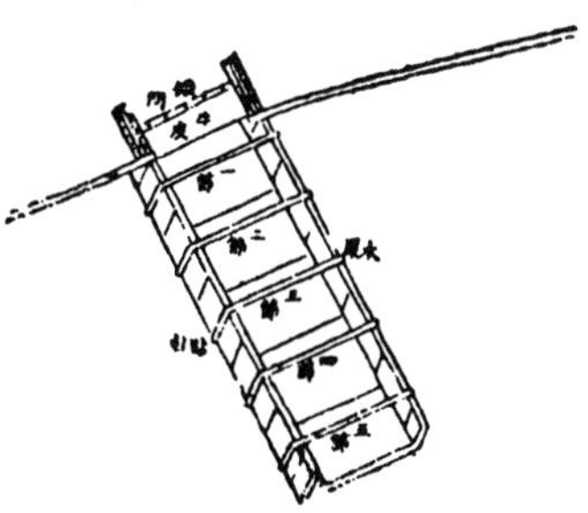

圖二一一

箱、四輪車、軏、千觔軏、眠車、直柱、大戧、股車、轆轤架、天戧（地犁）、（滑水）〔冰滑〕、逼水木、梯支、浮梯、拐、跳棍、拖、齊眉杠、沙帽頭、號旗、牌籤。

箱

【河器圖說】箱，俗名板轂車，即古之行澤車也。……《農書》：『板轂車，其輪用厚澗板木相嵌斲成圓象，就留短轂，無有輻也，泥淖中易于行轉，了不沾塞。』『獨輳著地，如犂托之狀，上有橛以擐牛輓槃索，上下坡坂，絶無軒輊之患。』……今河灘農家尚有此車，爲衝泥裝運料石之用。（卷四，一一頁）（圖二一二）

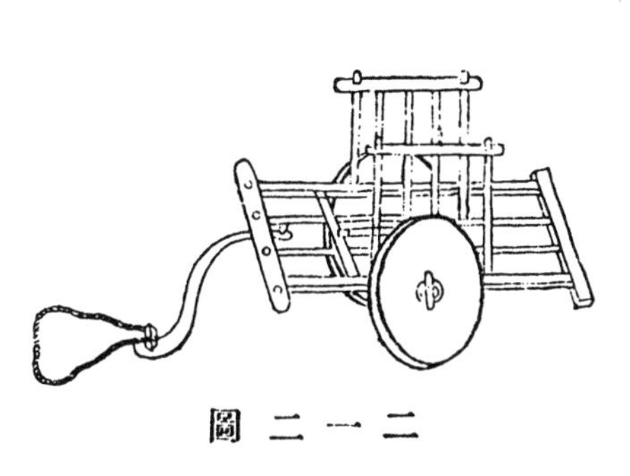

圖二一二

㈠『擋』，原書作『檔』。
㈡『質』，原書作『㾡』。
㈢原書『放』下有『時』字。

四輪車（料車）

【河器圖説】四輪車，即任載之牛車，縛軛以駕牛者，工次用以載稭料，俗謂之料車是也，而什物行李亦以此裝運往來。《物原》：『少昊制牛車，奚仲制馬車。』《稗編》：『漢初馬少，天子且不能具純駟，將相或乘牛車。』晉王導之短轅犢車，王濟之八百里駮，石崇之牛疾奔，人不能追，皆牛車也。今惟四輪車駕牛，間有牛馬兼用，若乘車則無駕牛者矣。（卷四，一〇頁）（圖二一三）

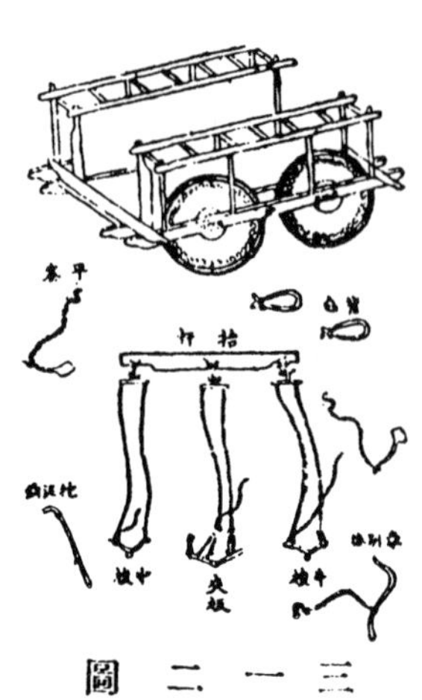

圖二一三

⿰車乇

【河器圖説】《玉篇》：『⿰車乇，疾馳也。』今南河有⿰車乇車，狀如車盤而無輪，其行頗速，專備淤地轉運柴料之用。蓋淤地有輪必陷，負重難行，此則以繩爲轅，駕牛三頭，車盤下用攔〔一〕杆架起，衹以二木貼地平拉，無前軒後輊之患，故易爲力。（卷四，一一頁）（圖二一四）

千觔⿰車乇

【河器圖説】千觔⿰車乇，其製三輪，堅木爲之，每旱運大石料，多用此具。（卷四，一二頁）（圖二一五）

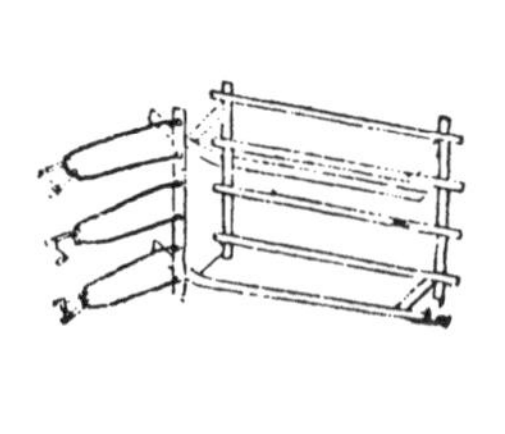

圖二一四

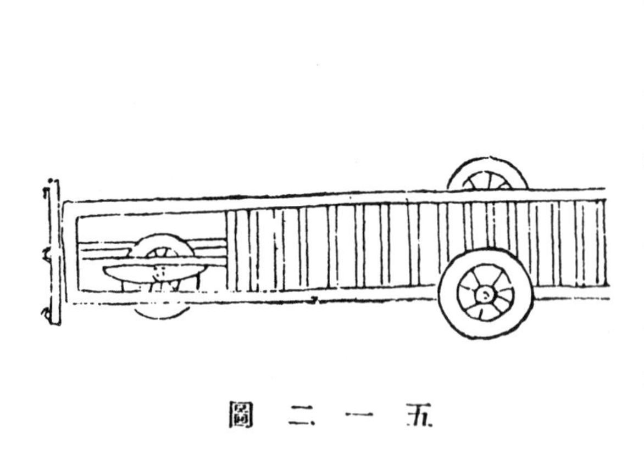

圖二一五

〔一〕『攔』，原書作『欄』。

眠車

【河器圖說】眠車，爲升龍之用，每部長三丈，需用四尺四楓木，每間二尺鑿通交叉圓孔，仍留空處繫纜，扣緊牮木，頂住升關，兩頭用枕木二攔㈠住，再用橫木一根墊起枕木，使前高後底㈡，然後用八尺長檀木棍絞車向前推轉，加緊收纜，則龍身自出，挑溜用力較省。（卷三，三五頁）（圖二一六）

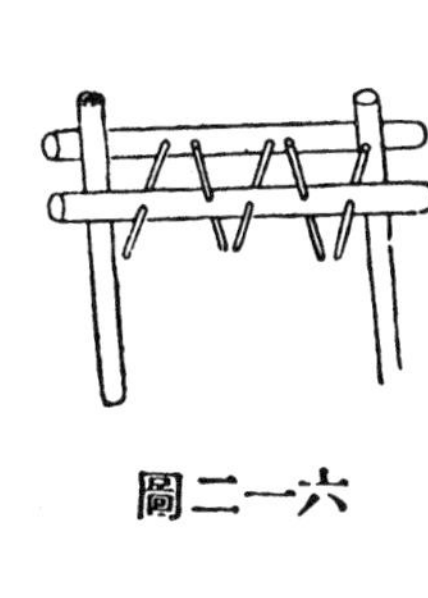
圖二一六

直柱（剪木）

【河器圖說】直柱，爲龍身内繫纜要具，需用三尺八松木，長二丈，下用翦木二根扣緊兩旁，用木九根圍抱排擠，以竹纜三扣箍紮竪於龍身底層，仍於縱橫各木層層擠緊，至出龍面，再用尺二抱木加纜箍定，用以扣緊大纜，方能堅固。（卷三，三六頁）（圖二一七）

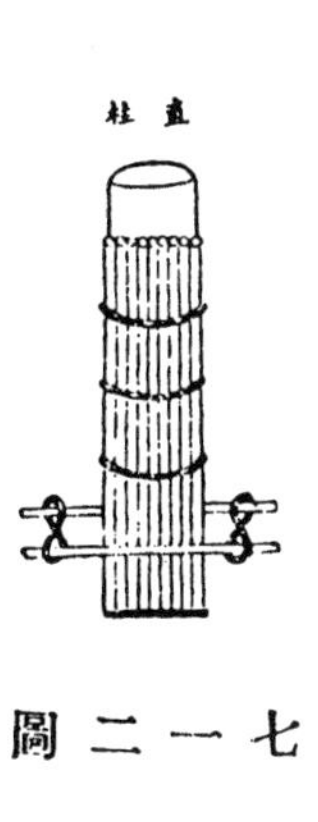

圖二一七

大戧

【河器圖說】大戧，用四尺二松木，長四丈五尺，鋭首象眼，貫以行江大竹纜二條楔緊，以便挽住股車，易於起下。其戧上方眼橫木，係備安戧時繫纜竪立之用。（卷三，三六頁）（圖二一八）

圖二一八

股車

【河器圖說】股車之制，長五尺五寸，兩頭各留七寸五分，鑿交叉圓孔二，中四尺，細二寸，攔㈢於轆轤架上穩子之内，將大戧所繫之纜挽於車身，用人把住纜頭，用檀棍插入圓孔，輪轉戧隨，纜起升牮，定位縱纜，下戧直貫河底，穩住木龍，安土㈣後用以起下，殊省人力。（卷三，三七頁）（圖二二〇）

㈠「攔」，原書作「擱」。
㈡「底」，原書作「低」。
㈢「攔」，原書作「擱」。
㈣「土」，原書作「戧」。

轆轤架

【河器圖説】轆轤架，其式每架用松板二，長五尺，寬一尺三寸，厚三寸，兩頭上下各鑿方眼二，另用五尺長松枋四根，插入眼内楔緊套住大戧，仍於架板邊上兩頭各鑿一寸二分圓孔，加檀木穩子夾住股車，使可旋轉而不旁出。（卷三，三七頁）（圖二一九、二二〇）

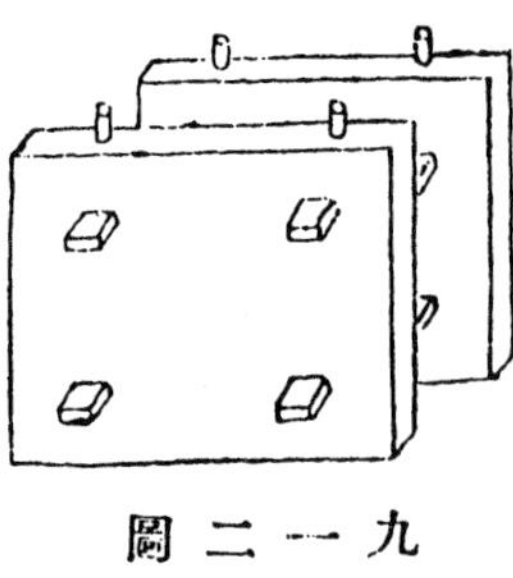

圖二一九

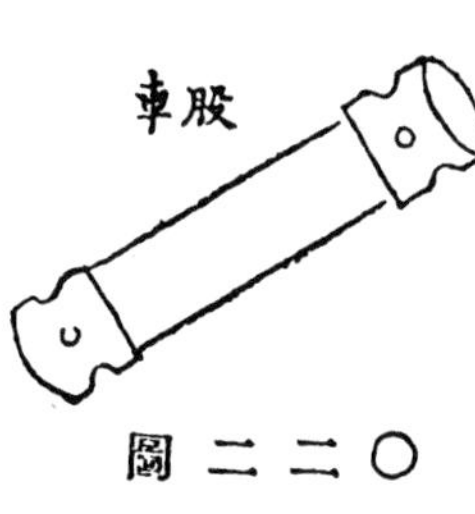

圖二二〇

天戧（地䅶）

【河器圖説】天戧、地䅶，均爲扣帶繫龍大纜之用。天戧，以二尺四木爲之，長二丈，大頭小尾鋭首，旁加管楔，平斜入地五尺。地䅶，以二尺一木爲之，長一丈八尺，做法倣前，斜插入地四尺，䅶尾釘青樁一，戧則腰尾各簽一樁，用纜穩住，使不摇動。（卷三，三八頁）（圖二二一、二二二）

圖二二一

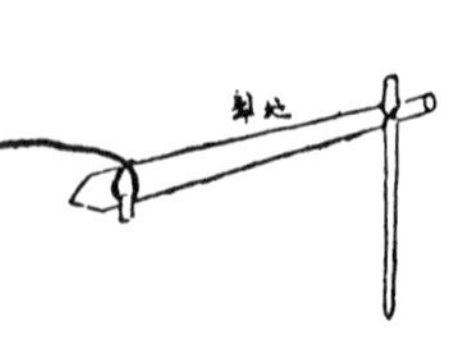

圖二二二

滑水（冰滑）

【河器圖説】《周禮》疏：『滑，通利往來。』冰滑，每排以毛竹十，雙層併疊，每三排以大竹劈片貫串編成。凡安木龍多在霜後，大河冰凌下注，篁纜最易擦損，置此龍旁，以爲外護。（卷三，三九頁）（圖二二三）

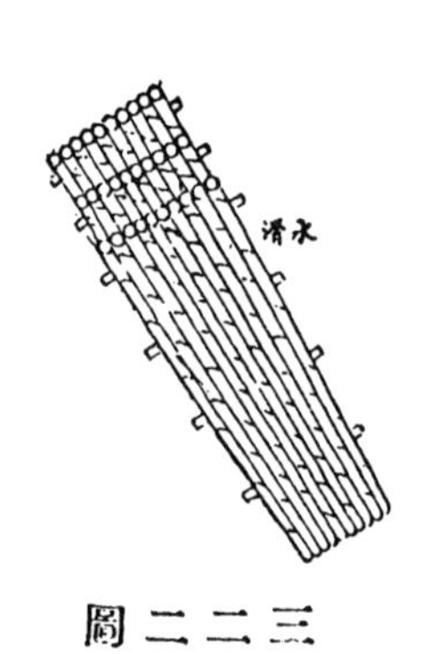

圖二二三

逼水木

【河器圖説】其制，用尺二木六段，長一丈，疊紮三層，側攩龍身外邊，使大溜不能衝入，故名逼水。（卷三，三九頁）（圖二二四）

梯支

【河工要義】梯支長約丈許，木桿爲之，頂上做成月牙木人〔一〕一個，安置結實。拉梯時，用梯支叉柱樁頭，則梯自然不能回步，梯愈起立，梯支逐漸移前，俾兩面拉繩者，得以緩勁前進。（七一頁，一五行）

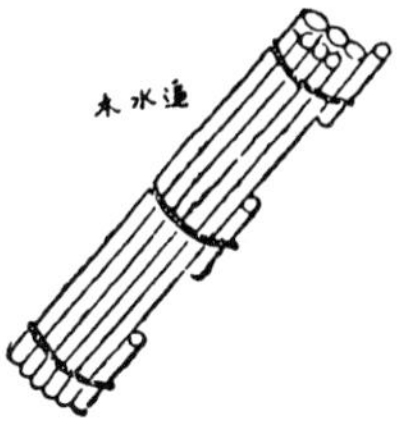

圖二二四

浮梯

【河器圖說】浮梯，以木爲之，修工匠人用以竚足，隨等上下畫線，俾得一律。（卷四，二四頁）（圖二二五）

圖二二五

拐

【河器圖說】拐，係鑄鉄爲首，形如懸膽，重二觔，受以丁字木柄，長二尺二三寸，與鉄杵彷彿，每逢兩樁並縫，用拐搗築，以期堅實。（卷二，三七頁）（圖二二六）

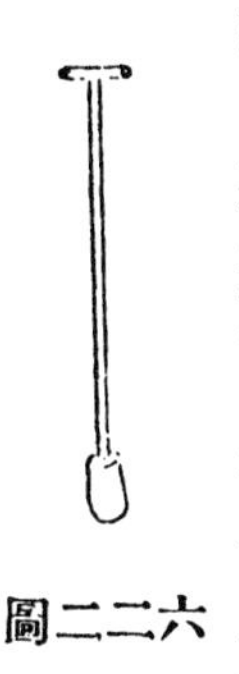

圖二二六

跳棍

【河器圖說】跳棍，一名挑桿，擇堅勁之木爲之，圍圓一尺四五寸，長八九尺至一丈以外，面刻梯級，便於上下踊踏；（稍）〔梢〕刻月牙，便於加勁拴繩，起擴故柍。凡起柍均在埽段穩定以後，柍眼務填補堅實。《說文》：『跳，躍也。』《六書故》：『大爲躍，小爲踊。躍去其所，踊不離其所。』使故柍躍然以去其所，則非跳棍不爲功。（卷三，八頁）（圖二二七）

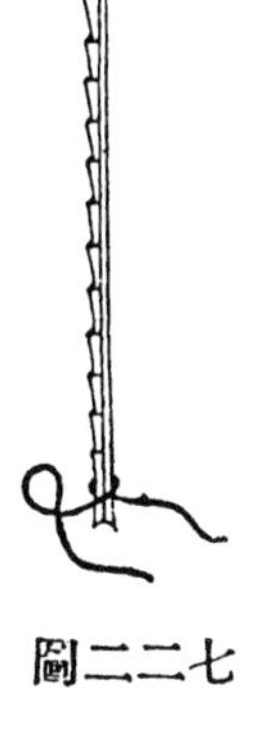

圖二二七

拖（旱車）

【河器圖說】《禮·少儀》疏：『拖，引也。』《集韻》：『拖，牽車也。』拖，一名旱車，江南運石用之，北路石料長大者亦用此具。其法，於拖前遠立長樁，樁頭繫以木鈴，貫以長索，一頭繫住拖上石料，一頭以人力倒挽，人退拖進。一拖不及，再立樁，如法行之，至拖之人數，則以石之大小輕重爲準。（卷四，二二頁）

齊眉杠（紮杆）

【河器圖說】亦名紮杆，進占時命兵夫捆廂船邊，每隔

〔一〕『人』，原書作『叉』。

五尺豎立木杆一根，爲使前眉壁立整齊者。（四〇頁）〔一〕

沙帽頭

【河器圖説】量坯頭厚薄之木杆。（三九頁）〔二〕

號旗

【河器圖説】挑河築堤，分段丈量，每十丈建一小旗，每百丈建一大旗，示兵夫有所遵守，自無舛錯之患，故名曰號旗。（卷一，一二頁）

牌籤

【河器圖説】大小牌籤，木板削成，尺寸不拘，上施白油粉，籤頭塗硃。有工之處，標寫埽壩丈尺段落；無工之處，載明堤高灘面、灘高水面竝堡房離河丈尺，即築土工，亦可以籤分工頭、工尾，註寫原估丈尺。《説文》：『籤，驗也，鋭也。』籤之用與籤之式皆備矣。（卷一，一四頁）

紅船、條船、浚幫、浮錨。

紅船

【濮陽河上記】黄河決口，大都爲荒僻之區，辦工人員初抵工次，無可棲止，是以須備官船以爲辦公止宿之所。且履勘周歷，尤賴船隻。此次調用山東河工中下游大小紅船七艘。初抵工時，各員既悉在舟次辦公，嗣後往來兩壩，勘驗工程，亦均紅船是賴也。（丙編，二頁，一六行）

條船

【河工名謂】河工用以轉運料物之具。（四八頁）

浚幫

【河工名謂】初爲疏濬海口之用，後以運物，二隻相並，俗謂一帮。（四八頁）

浮錨

【河工名謂】錨上繫繩，一端拴於木樁，浮於水面，曰錨浮。（四九頁）

〔一〕出處有誤，待考。

〔二〕出處有誤，待考。

第十章　員工

總辦、督辦、會辦、幇辦、提調、掌壩、武掌壩、隨壩、正料廠、雜料廠。

總辦

【河上語】總辦一員，以道員爲之，亦[一]督辦。（八九頁，二行）

【註】以知水性明溜勢爲上；　綜核款項熟諳工程次之；　聽營弁簸弄，任工員鋪張，斯爲下矣。

督辦

【河上語】督辦即總辦。（八九頁，二行）

會辦

【河上語】會辦一員，以道員或知府爲之，或曰幇辦。（八九頁，三行）

幇辦

【河上語】幇辦即會辦。

提調

【河上語】提調一員，以知府或同知、通判爲之。（八九頁，四行）

掌壩

【河上語】兩壩各一員，以同通州縣爲之。（八九頁，七行）

武掌壩

【河上語】兩壩各一員，以營官爲之。（八九頁，一二行）

正料廠

【河上語】兩壩各一員，皆以州縣爲之。（八九頁，一〇行）

雜料廠

【河上語】兩壩各一員，皆以州縣爲之。（八九頁，一〇行）

堡老、廠老、廠夫、抱料夫、轉運料夫、垛夫、扒摟夫、土夫、夯夫、硪夫、（識字）〔字識〕、淺夫、閘夫、壩夫、溜夫、埽兵、擰繩匠、木匠、鐵匠、泥水匠。

堡老

【河防一覽】每堡僉鄰近堡夫二名，每五堡僉勤能堡老一名，統率各夫[二]晝夜往來巡守栽培柳樹，但有盜決隄防及砍伐隄柳者，即便擒拏送官究治。（卷一

[一] 原書『亦』下有『曰』字。

[二] 原書『夫』上有『堡』字。

四，一六頁，九行)(《行水金鑑》卷三三，三頁，八行)

廠老

【行水金鑑】即於秋後增築棚廠，每廠設廠老一人，廠夫四人守之。(卷三九，七頁，一一行)

抱料夫

【濮陽河上記】壩頭需料，先拉紅旗爲號，抱料夫即由轉運廠抱料上壩，分路並進，委員於扼要處發給現錢，錢數視料之多少酌量發給。大約小捆五六文至十文，大捆十數文至二三十文不等。每逢壓埽，亦即招集此項料夫，派員在埽眉前分別給錢，每人約五六文至十餘文不等，隨發隨令下埽跳占。此事雖屬細微，其中實有操縱之術。如來者不能十分踴躍，宜即放價以廣招徠，否則略爲收縮，亦無不可，要在隨機應變，措置得宜耳。(丙編，一三頁，九行)

轉運料夫

【濮陽河上記】稭料由儲料廠運至轉運料廠，椿繩由雜料廠運至壩上，均須雇用轉運料夫多名，以備運送。此項料夫係按車計算，有發現錢者，亦有由號土內開支者。(丙編，一三頁，一七行)

垛夫

【濮陽河上記】垛料(折)〔拆〕料，宜雇熟諳垛夫[一]，每班八九人至十一二人不等，每日每班可堆十餘垛，每垛給錢一千文。須派員監視，務令堆積堅實，不得稍有空虛。至拆垛時，則由河營派弁監視，令其層層下拆，不得任意亂抽，並嚴禁轉運夫役，毋許上垛，以免踐蹋整料。(丙編，一三頁，二一行)

扒摟夫

【濮陽河上記】稭料上壩，輾轉運送，碎折必多，如料廠、轉運廠、料路、壩頭一帶，所在皆有。此(頂)〔項〕碎料爲數既夥，處置甚難。查前此各工，竟有委棄不顧者，亦有以之燒窰者。委棄固不可，而燒窰亦非得計。此次嚴飭以碎料包填占腹，不可稍有遺棄。除由兩壩河營一律照辦外，並一面派員稽查偷漏，一面招雇扒摟夫、扛夫多名，隨時隨地收檢碎料。扒摟夫專司扒摟，扛夫專司抬運。此項夫役由後路營官節制。(丙編，一四頁，二行)

土夫

【濮陽河上記】土夫一項，爲夫役之大部分，如修堤、壓占、土櫃、後戧，在在需土。濮工兩壩，土夫合計約有二萬餘人，另有土夫頭統之。買土之法有三：一曰現錢土，一曰號土，一曰包方。現錢土專壓占埽底坯，取其迅捷。疇昔多用柳籃，此次改用大筐抬取，以其能多容也。土路過遠，則由鋏車轉運，再以筐買

[一] 原書『夫』下有『多班』。

上壩，由委員分結現錢。價之大小視土多寡爲定，自五六文至二三十文不等。號土則用土車推運，由夫頭統率，每車以土籤爲號，故曰號土，又謂之跑號土。路宜分途並進，並派員在壩頭分別拔籤，每土一車收號籤一、二、三根不等，亦視土之多寡爲定，如土太少，退回土籤，謂之調號。（丙編，一四頁，一〇行）

夯夫（戳夯）（手夯）

【濮陽上河記】面積寬闊之工，宜用硪； 面積狹窄之工，宜用夯。如土櫃、後戗寬徑僅二丈五尺，不足以當硪夫之回旋，不得不改用夯土[一]。夯有戳夯、手夯之別： 四人同築者謂之戳夯，一人獨築者謂之手夯。每加土一尺，打夯一次。夯工以人計算，每人每日發給四百文。此項夯夫兩壩合計數十人。（丙編，一五頁，八行）

硪夫

【濮陽河上記】修築河堤，土貴堅實，非層土層硪不足以臻鞏固。每加土一尺，打硪一次。硪價以方計，不以人計。無論是否，由夫頭估包，抑由委員酌雇，而公家總以每方作價五十文爲例，每盤硪用夫八名。（丙編，一五頁，三行）

字識

【新治河】即書手也，春修簽堤，堤唇派字識一名，登記洞穴。

淺夫

【行水金鑑】至原設隄淺夫約二千名，趁此畫地分工，及至伏秋，令各管河佐貳帶領原設淺夫，使自防守，亦可保無事。（卷三一，一四頁，八行）【又】照得治河原有淺船淺夫，今淺船湮廢日久，淺夫之設，派在郡縣。夫以淺爲名，非謂防河之淺，而挑挖使深乎。今自周三莊至五港口乃全河入海之末下流之處也，此段常深則上[二]無所不深，此段少淺則上無不淺，深則百病全瘳，淺則衆症立見，謂宜修復。昔者疏淺之法，查廟灣餉税加曩時數倍，兵不溢額而税加廣，安所用之，謂[三]裁處爲造淺船二三十隻，調廟灣餘兵百餘名，統以衛職，移鎮其地，以時駕船撈淺。（卷三九，八頁，九行）【又】若高寶湖之用船篦，閘槽之用五齒爬、杏葉杓、水刮板者是也。（卷一二〇，一二頁，一六行）

閘夫

【行水金鑑】若諸閘之啓閉、支篙、執靠、打火者是也。（卷一二〇，一二頁，一八行）

壩夫

【行水金鑑】若奔牛之勒舟，淮安之絞壩者是也。（卷

[一]『土』，原書作『工』。
[二]原書『上』後有『當』字。
[三]原書『謂』下有『宜』字。

一二〇，一二頁，二〇行）

溜夫

【行水金鑑】若河洪之洩溜牽洪，諸閘之絞關執纜者是也。（卷一二〇，一二頁，一九行）

溜夫、洪夫

【行水金鑑】庚申工部復御史陳功漕政五事，一議溜夫黄河綿亘五六百里，中間隨地轉曲牽挽最難，各船有限之夫前後安能調集。查徐、吕二洪設有洪夫約二千名，二洪今淤爲平流，洪夫多用之修築，宜於粮運經行時酌派沿河溜處隨宜調用，此則宜如御史言權宜借調候糧船過盡，仍歸二洪者也，上然之。（卷二八，一一頁，一三行）

埽兵

【金史·河渠志】遂於歸德府刱設巡河官一員，埽兵二百人。（《行水金鑑》卷一五，三頁，九行）

擰繩匠

【濮陽河上記】檾運到廠，即須擰繩。宜擇寬闊之處，多設繩架，每架用匠十一二名，每日擰繩若干。須比較檾觔之輕重爲衡：如每繩重百觔者，每日可擰十五六條；每繩重四五十觔者，每日可擰三四十條；每繩重六七觔者，每日可擰百條。至其工價，則以繩之大小、觔之輕重計算：繩大者觔必重，價宜減；繩小者觔必輕，價宜增。每人平均每日可得三百餘文。此項工匠於開工以前即須招集，庶不致迫不及待。擰繩之場宜派員專司其事，移〔一〕令加工緊擰，毋許怠忽。每擰一繩，必須驗看，能直立一丈〔二〕者，方爲合式，更宜嚴密巡查，以防工匠舞（幣）〔弊〕。（丙編，一五頁，一五行）

木匠

【濮陽河上記】如騎馬樁、木（戧）〔籤〕等，以及其他各項木器，均須木匠爲之，能有熟諳河工木器者，最爲得手。籌辦伊始，工作較繁。（丙編，一六頁，一一行）

鐵匠

【濮陽河上記】鉄匠雖非重要，而製造一切工程器具亦不可缺。開辦時，兩爐可以敷用，興工後可減一爐。每爐需匠四人，濮工兩壩合計〔三〕十餘人。工值與擰繩匠、木匠等。（丙編，一六頁，七行）

泥水匠

【濮陽河上記】建造公所、營垣等工須用泥水匠。工值以房間計算，濮工兩壩約需三百餘人，工竣即行遣散。（丙編，一六頁，一一行）

〔一〕『移』，原書作『務』。
〔二〕原書『丈』下有『餘』字。
〔三〕原書『計』下有『約』字。

參考書籍表

書名	著者	著書時期	版本
《史記·河渠志》	漢司馬遷	漢武帝時，西元前一四〇—八八年	開明書店版《二十五史·史記》
《漢書·溝洫志》	漢班　固	漢明帝時，西元前五八—七四年	開明書店版《二十五史·漢書》
《宋史·河渠志》	元脱脱等	元順帝時，西元一三三三—一三六七年	開明書店版《二十五史·宋史上》
《金史·河渠志》	元脱脱等	元順帝時，西元一三三三—一三六七年	開明書店版《二十五史·金史》
《河防通議》	元沙克什	元至治初元辛酉年，西元一三二一年	中國水利工程學會《水利珍本叢書》
《至正河防記》	元歐陽玄	元至正九年，西元一三四七年	中國水利工程學會《水利珍本叢書》
《問水集》	明劉天和	明嘉靖丙申年，西元一五三六年	中國水利工程學會《水利珍本叢書》
《河防榷》	明潘季馴	明萬曆庚寅年，西元一五九〇年	吴興潘氏藏版
《河防一覽》	明潘季馴	明萬曆庚寅年，西元一五九〇年	清乾隆十三年河道總督署刊本
《八編類纂》	明陳仁錫	明天啓年間，西元一六二一—一六二七年	存素堂藏本
《治河方略》	清靳　輔	清康熙二十八年，西元一六八九年	安瀾堂版
《行水金鑑》	清傅澤洪	清康熙六十年，西元一七二一年	清乾隆間傅氏刊本
《河防志》	清張鵬翮	清雍正三年，西元一七二五年	河道總督署刊本
《河工器具圖》	清郭成功	清乾隆四十年，西元一七七五年	清乾隆六十年静初抄本
《山東運河備覽》	清陸　耀	清乾隆四十年，西元一七七五年	切問齋藏版
《安瀾紀要》	清徐　端	清嘉慶丁卯年，西元一八〇八年	豫省聚文齋版

書名	著者	著書時期	版本
《迴瀾紀要》	清徐端	清嘉慶丁卯年，西元一八〇八年	豫省聚文齋版
《續行水金鑑》	清黎世序	清嘉慶二十五年，西元一八二〇年	
《河工器具圖說》	清麟慶	清道光丙申年，西元一八三六年	雲蔭堂藏版
《河工簡要》	清邱步洲	清光緒十三年，西元一八九七年	原刻本
《河上語圖解》	清蔣楷	清光緒丁酉年，西元一八九七年	黃河水利委員會民國二十三年十二月版
《河工要義》	清章晉墀 清王喬年	清光宣之際，西元一九〇八—一九一一年	河海工科大學鉛字排印本
《新治河全編》	清辛績勳	清光宣之際，西元一九〇八—一九一一年	河海工科大學油印本
《河防輯要》	清周家駒	清宣統辛亥年，西元一九一一年	河海工科大學油印本
《濮陽河上記》	徐世光	民國四年，西元一九一五年	督辦公署刊本
《河工用語》	山東河務局工務科	民國二十二/三年，西元一九三三/四年	山東河務局特刊五/六期
《河工名謂》	黃河水利委員會	民國二十四年，西元一九三五年	黃河水利委員會油印本

《化學史點亮新課程》。

整理人：

鄭小惠，清華大學圖書館數字化部主任。代表著作有《清華記憶——清華大學老校友口述歷史》《清華映像1911—1948》。

童慶鈞，清華大學圖書館館員。代表著作有《〈木龍書〉研究》（碩士論文）、《清華記憶——清華大學老校友口述歷史》。

劉聰明，清華大學圖書館副研究館員。代表著作有

筆畫索引

一、每一名詞之前所列數字在小數點上方者爲名詞第一字之筆畫數，在小數點下方者第二字之筆畫數。

二、每一名詞之後所列數字爲本書頁數。

一畫

二畫

三畫

四畫

五畫

六畫

七畫

八畫

九畫

十畫

十一畫

十二畫

十三畫

十四畫

十五畫

十六畫

十七畫

十八畫

十九畫

二十畫

二十一畫

二十二畫

二十三畫

二十四畫

二十五畫

二十六畫

二十七畫

後記

我國是一個治水歷史悠久的文明古國，遼闊的地域，星羅棋布、水網交織的江河湖泊，千差萬别的氣象水文條件、複雜多樣的地質地貌，使我國成爲歷史悠久的水利大國。我們的先人根據不同的地域條件建造了多種多樣的水利工程：都江堰、鄭國渠、靈渠、黄河大堤、京杭大運河、江浙海塘等工程，都是世界水利史上名聞遐邇的精品之作。然而，我國流傳於世的河工技術類專著却不多，原因除了『前言』中提及的『重道輕器』的思想外，還有一個重要的方面，就是古人撰寫文章多注重文字内容的全面性、完備性，而往往忽略了文獻本身的功能性和針對性。因此，古人撰寫水利典籍時一般先從河流水系的源流、水患發生發展歷史、治河方略等開始闡述，關於河工技術方面的介紹往往濃縮在書中的某個章節中。這就造成了我國古代河工技術類著述較少單獨成書的現象。

本書收録了六種我國古代河工技術類典籍，分别從工程管理、治河工費及其使用規定、河工器具、築壩技術、水利工程專業術語五個方面，對中國古代河工技術進行了詮釋、總結和概括。其中《河工蠡測》是對古代河工技術進行的經驗總結；《欽定河工則例章程》介紹了古代治河工程中的經費使用情况及具體規章；《河工器具圖説》以圖解的形式，圖文并茂地介紹了各種河工器具的結構、作用和原理；《木龍書》記述了『木龍』這種已有效施行數百年的古老治河工具；《粟恭勤公磚壩成案》記述了古人對築壩技術的創造性運用拋磚築壩法；《中國河工辭源》匯輯了二十七種清代及之前的水利典籍中的水利工程專業術語，是一部瞭解河工水利名詞源流不可或缺的重要工具書。

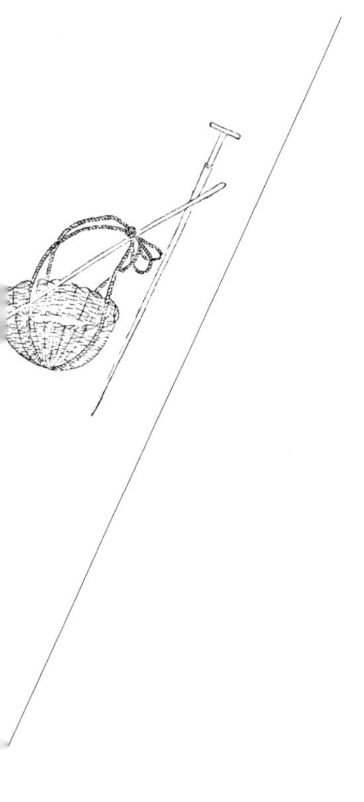

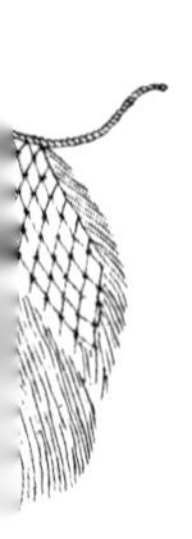

閲讀此書，不難發現，這些從不同側面對古代河工技術進行的歸納總結，都是從治理黃河的經驗中提取出來的。這是由於較之其他大江大河，黃河水患古已有之，黃河的泛濫對中華民族的危害最爲深重，影響最爲廣泛，對國民經濟、人民生命財産造成的損失也最爲慘重。同時，由於黃河携帶大量泥沙，這一獨特的水沙特性使其治理也最爲困難。歷朝歷代封建政府均花費巨大人力、物力、財力治理黃河，明清尤甚。因此，在大量豐富的治黃探索中，古人積累了深刻而全面的實踐經驗，建造了完備的黃河沿綫河防工程體系，總結琢磨出更爲成熟先進的河工技術。這些河工技術能够在一定程度上代表當時的水利科技發展水平。在本書編纂過程中，編者對我國古代治河典籍進行了系統梳理，發現較之其他河流，黃河流域在河工技術方面的文字記載也最爲完備。

除了黃河流域，我國其他流域也有一些河工技術類典籍存世。例如，長江流域，有專門記述荆楚水利工程修防的《荆州萬城堤志》《襄堤成案》《荆楚修疏指要》；有系統介紹錢塘江、曹娥江、錢清江交匯處三江閘的水利工程專志《閘務全書》；沿海地區，有詳細記録浙江海防工程　海塘修築的歷史文獻《海塘録》《兩浙海塘通志》；珠江流域，有記述獨具流域特色的古代水利工程『堤圍』的《桑園圍志》，等等。此外，還有一些記録存在千年以上古老水利工程的珍貴文獻，如記述建成於春秋時期的水利工程芍陂的《芍陂紀事》，記載宋代它山堰的《四明它山水利備覽》，還有水利工程專志《通濟堰志》《木蘭陂集節要》等。這些典籍多成書於清代，描繪并歸納了當時或更早歷史時期先進的水利工程技術。爲全面展示我國古代水利工程技術的各個側面，囿於篇幅、題材和視角，本次收録只選取了黄河流域最具代表性的六種河工技術類歷史文獻，剩餘一些有價值而未入選的典籍，只能寄望來日再选专题整理出版。

本書整理工作在尊重底本字形的基礎上進行標點注釋，儘可能保持底本原貌，對文中異體字不作大規模統一。本次整理對《新舊字形表》以外的一些舊字形進行了統一規範，將其轉化爲新字形繁體字，如將「髙」改爲「高」，將「湏」改爲「須」，將「冐」改爲「冒」，將「夂」改爲「久」，等等。

本次整理對《中國河工辭源》「筆畫索引」中河工名詞的對應頁碼按本書順序進行了重新標注；核對筆畫數，重新排列名詞順序；對河工名詞進行查重，删除重複出現的條目。另外，本書中含有大量河工器具圖，整理采用原樣影印，一般不作技術處理。

隨着我国出土文獻的大量發現和海外漢籍的複製回歸，後人所知的古代治河典籍的種類將愈加豐富，編者對我國古代河工技術類典籍的發掘、梳理工作還將繼續進行，而對這些史料的整理也遠非一日之功，希望能够得到更多專家學者的大力支持。

編者

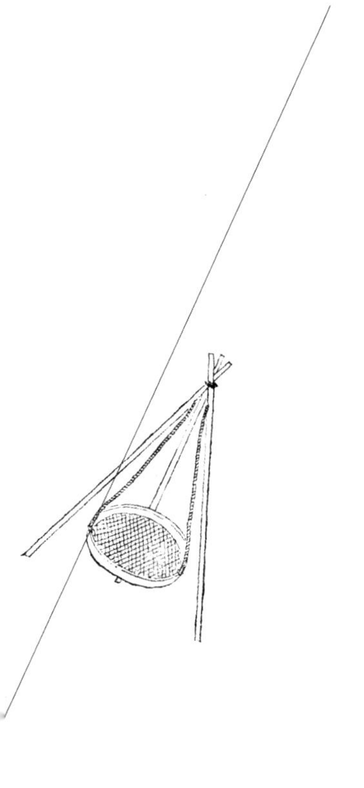